中国东北地区野菜资源编目

主　编　李宏博　李海燕　王　慧
主　审　张淑梅

北方联合出版传媒（集团）股份有限公司
辽宁科学技术出版社

本书出版受以下项目支持：国家人口健康科学数据中心项目（NCMI-KE01N-202208）

图书在版编目（CIP）数据

中国东北地区野菜资源编目 / 李宏博，李海燕，王慧主编 .
—沈阳：辽宁科学技术出版社，2023.10
ISBN 978-7-5591-3307-6

Ⅰ . ①中… Ⅱ . ①李… ②李… ③王… Ⅲ . ①野生植
物—植物资源—编目—东北地区 Ⅳ . ①Q948.523

中国国家版本馆 CIP 数据核字（2023）第 198923 号

出版发行：辽宁科学技术出版社
（地址：沈阳市和平区十一纬路 25 号 邮编：110003）
印 刷 者：辽宁鼎籍数码科技有限公司
经 销 者：各地新华书店
幅面尺寸：210mm×285mm
印 张：35.5
字 数：800千字
出版时间：2023 年 10 月第 1 版
印刷时间：2023 年 10 月第 1 次印刷
责任编辑：陈广鹏
封面设计：周 洁
责任校对：栗 勇

书 号：ISBN 978-7-5591-3307-6
定 价：240.00元

联系电话：024-23280036
邮购热线：024-23284502
http://www.lnkj.com.cn

本书编委会

主　编：李宏博　李海燕　王　慧

副主编：宋立超　廖晶晶　冷玉杰　鲁巍巍

参　编：（按姓氏笔画排序）

王　彪　王浩男　王咏菊　邢巧娟

吕海宁　刘久石　刘天壤　刘宇阳

刘泊林　李艳辉　屈高扬　赵　鑫

赵鹏斌　郝　宁　柴　新　鲁学辉

薛　娇

前　言

野菜，也称为山菜、山野菜或野生蔬菜等，因其营养丰富和保健价值较高而逐渐被越来越多的消费者所青睐。人们采食野菜具有悠久的历史传统，早在人类进入农业文明之前就通过采食野菜和狩猎来满足生存的需要。农业文明出现后，特别是在饥荒的年代，人类采食野菜得以充饥饱腹。随着人们健康意识的增强，野菜自然、粗糙、低热量的特点，正符合现代人对健康食物的追求，野菜不仅是一种食物而且也被作为药品、色素和纤维植物来利用，已经成为药食兼优的佳蔬良药。为满足市场对野菜的需求，近些年来野菜人工栽培逐渐兴起，野菜产业发展的潜力很大，开始展现蓬勃生机，正在向产业化方向发展。

我国的野菜资源相当丰富，但至今还缺乏对这些资源的系统而较深入的研究，从而影响对其有效而合理的开发与应用。野菜产业化的研究是一项集多学科于一体的综合学科，只有多学科联合研究，才能够为野菜产业的发展提供技术支撑。在注重资源保护和基础理论研究的同时，我们更应注意市场的需求，加速科技成果转化，服务于野菜产业的发展。东北地区（含黑龙江省、吉林省、辽宁省和内蒙古东部的兴安盟、呼伦贝尔市、通辽市、赤峰市）有野生植物3000多种，而对于可用于野菜资源的植物种类尚不完全明确，其食用价值也在不断探索和开发中。

本书正是基于农业部东北野菜种质异位保存圃与鉴定中心作为野菜种质资源基础研究平台，以东北地区已发现的植物为线索，以及沈阳农业大学山野菜研究团队长期在植物研究中积累的野菜知识为基础，通过调研东北地区野菜市场、收集民间野菜采食经验、逐种查阅国内文献及国外文献等方式，对东北地区的野菜资源进行了全面的汇总和整理，共计收录中国东北地区产野菜128科472属1223种，为东北地区迄今收录野菜最多的学术著作。

本书为编目类学术著作。编目内容包括每种野菜的俗名、异名、习性、产地、食用价值、药用价值，部分中尚有附注。

俗名指的是中文异名，以便读者以此为线索，更多查阅野菜文献，尤其方便查找国内文献，以对野菜有更多的了解。

异名指的是拉丁异名，以便读者以此为线索，更多查阅野菜文献，尤其方便查找国外文献，以对野菜有更多的了解。

习性包括植物的生长型和生境。

产地包括东北地区的县级产地、中国的省级分布及世界的国家或地区分布。

食用价值包括食用部位及食用方法。

药用价值包括药用部位、药用功效及可治疗的疾病。

附注的主要内容是毒性及不良报道和有关提醒；另外对珍稀濒危植物和国家级保护植物做了交代，以提醒在做好这类植物保护并取得合法手续的前提下方可采食；还对一些外来入侵植物做了交代，以提示读者，采食也是一种外来入侵植物的防治方法。

本书科的顺序按照分子分类学系统排列，科内属、种均按照拉丁字母顺序排列。

2023年3月

目　录

目　录

蕨类植物（Ferns）

木贼科 Equisetaceae

木贼属（问荆属）Equisetum L.

问荆 Equisetum arvense L.

【俗名】问荆木贼；北木贼

【异名】*Equisetum arvense* L. var. *ramulosum* Rupr.；
Equisetum arvense L. var. *boreale* (Bong.) Rupr.

【习性】中小型植物。生河边、路旁湿地或林缘。

【东北地区分布】黑龙江省漠河、呼玛、伊春、嘉荫、北安、萝北等地；吉林省和龙、安图、汪清、镇赉、珲春、蛟河、抚松、集安、延吉等地；辽宁省抚顺、清原、沈阳、新民、本溪、凤城、鞍山、丹东、庄河、大连等地；内蒙古额尔古纳、根河、牙克石、科尔沁右翼前旗、科尔沁左翼后旗、扎鲁特旗、库伦旗、翁牛特旗、敖汉旗、巴林右旗、阿鲁科尔沁旗、克什克腾旗、喀喇沁旗、巴林左旗、东乌珠穆沁旗、锡林浩特等地。

【食用价值】鲜嫩孢子囊茎的节间部分有食用价值。每年3—5月间采集，用开水焯1分钟，用清水反复浸泡后凉拌、炒肉、做汤均可。一次性采集量大时，可盐渍或制成干品以备长期食用，也可冷冻保存。口感滑润如金针菇柄，且无异味。要注意食用安全，详见本种附注。

【药用功效】全草或地上部分入药，具有清热利尿、止血、平肝明目、止咳平喘的功效。

【附注】营养生长期全草有毒，牲畜多食后，初期运动机能发生障碍，步行踉跄、站立困难、后肢麻痹，末期食欲降低，神经活动不正常。急性中毒数小时至1日即倒毙。牲畜如少量长期误食，则呈慢性中毒，出现消瘦、下痢等。所以，千万不要将其营养生长期的全草作为野菜食用，只能食用其繁殖生长期的孢子囊茎的节间！

犬问荆 Equisetum palustre L.

【俗名】不详

【异名】*E. palustre* L. var. *polystachion* Weigel

【习性】中小型植物。生林下湿地或沼泽旁。

【东北地区分布】黑龙江省呼玛、伊春、哈尔滨、黑河、北安等地；吉林省安图、抚松、靖宇、临江、长白等地；辽宁省沈阳、凤城等地；内蒙古额尔古纳、根河、牙克石、鄂伦春、科尔沁右翼前旗、科尔沁左翼后旗、扎鲁特旗、库伦旗、克什克腾旗、宝格达山等地。

【食用价值】鲜嫩孢子囊茎的节间部分有食用价值。每年3—5月间采集，用开水焯1分钟，用清水反复浸泡后凉拌、炒肉、做汤均可。一次性采集量大时，可盐渍或制成干品以备长期食用，也可冷冻保存。口感滑润如金针菇柄，且无异味。要注意食用安全，详见本种附注。

【药用功效】全草或地上部分入药，具有清热利尿、舒筋活血、明目、止血的功效。

【附注】因为植物体含有硫胺素酶，所以，大量食用或药用可能有毒，但少量食用或药用无害。硫胺素酶经过加热或干燥会被彻底破坏。该植物还含有木贼酸。

蔺木贼 Equisetum scirpoides Michoux

【俗名】蔺问荆；小木贼

【异名】*Hippochaete scirpoides* (Michoux.) Farw.

【习性】小型植物。生潮湿针叶林、针阔混交林下。

【东北地区分布】黑龙江省呼玛等地；内蒙古额尔古纳等地。

【食用价值】根状茎是一些美洲土著群体的食物，甜而多汁，据说生吃非常美味；干燥后磨成粉末用于增稠或制成糊状物，也可以用来泡茶。要注意食用安全，详见本种附注。

【药用功效】地上部分入药，具有疏散风热、明目退翳、利湿清热的功效。

【附注】因为植物体含有硫胺素酶，所以，大量食用或药用可能有毒，但少量食用或药用无害。硫胺素酶经过加热或干燥会被彻底破坏。该植物还含有木贼酸。

本种与食用有关的内容参考国外文献整理，初次食用者以少量尝试为宜。

林木贼 Equisetum sylvaticum L.

【俗名】林问荆

【异名】*Equisetum capillare* Hoffmann; *E. sylvaticum* var. *capillare* (Hoffmann) Milde; *E. sylvaticum* f. *multiramosum* Fernald; *E. sylvaticum* var. *multiramosum* (Fernald) Wherry.

【习性】中大型植物。生林下及林缘灌丛中。

【东北地区分布】黑龙江省虎林、密山、呼玛、萝北、伊春、宁安、嫩江、黑河、北安等地；吉

林省安图、抚松、临江、和龙、汪清、桦甸、靖宇、长白等地；辽宁省庄河等地；内蒙古额尔古纳、根河、牙克石、科尔沁右翼前旗、东乌珠穆沁旗等地。

【食用价值】鲜嫩孢子囊茎的节间部分有食用价值。每年3—5月间采集，用开水焯1分钟，用清水反复浸泡后凉拌、炒肉、做汤均可。一次性采集量大时，可盐渍或制成干品以备长期食用，也可冷冻保存。口感滑润如金针菇柄，且无异味。要注意食用安全，详见本种附注。

【药用功效】全草入药，具有止血、收敛、镇痛的功效。

【附注】该种的能育枝与不育枝同期萌发，仅能育枝的孢子囊茎节间能食，不育枝不能食用！

瓶尔小草科 Ophioglossaceae

蕨萁属（假阴地蕨属）Botrypus Michx.

蕨萁 Botrypus virginianus (L.) Michx.

【俗名】北美假阴地蕨

【异名】*Botrychium virginianum* (L.) Sw.

【习性】多年生草本。生林间草地或灌丛。

【东北地区分布】吉林省吉林等地。

【食用价值】有报道称，这种大型多汁的蕨类植物在喜马拉雅山地区煮熟后食用，但没有说明具体食用部位。要注意食用安全，详见本种附注。

【药用功效】全草入药，具有清热解毒、润肺止咳、平肝明目的功效。

【附注】尽管我们还没有发现关于该物种毒性的报告，但一些蕨类植物含有致癌物质，因此，建议谨慎使用。许多蕨类植物还含有硫胺素酶，大量食用或药用可能有毒，但少量食用或药用无害，且硫胺素酶经过加热或干燥会被彻底破坏。

本种与食用有关的内容参考国外文献整理，初次食用者以少量尝试为宜。

紫萁科（紫萁蕨科）Osmundaceae

紫萁属（紫萁蕨属）Osmunda L.

绒紫萁 Claytosmunda claytoniana (L.) Metzgar & Rouhan

【俗名】绒蕨

【异名】*Osmunda claytoniana* L.

【习性】多年生草本。生林区河岸湿地。

【东北地区分布】吉林省安图、长白等地；辽宁省丹东、宽甸、桓仁等地。

【食用价值】拳卷期的幼叶焯水、反复浸泡后可食，腌渍或晒制干菜最安全。要注意食用安全，详见本种附注。

【**药用功效**】根状茎入药，四川民间用于筋骨疼痛。

【**附注**】尽管我们还没有发现关于该物种毒性的报告，但一些蕨类植物含有致癌物质，因此，建议谨慎使用。许多蕨类植物还含有硫胺素酶，大量食用或药用可能有毒，但少量食用或药用无害，且硫胺素酶经过加热或干燥会被彻底破坏。

桂皮紫萁属 Osmundastrum C. Presl

桂皮紫萁 Osmundastrum cinnamomeum (L.) C. Presl

【**俗名**】分株紫萁

【**异名**】*Osmunda cinnamomea* L.; *O. cinnamomea* var.*asiatica* Fernald.

【**习性**】多年生草本。生林下或灌丛湿地。

【**东北地区分布**】黑龙江省尚志、密山、宝清、虎林、饶河、哈尔滨、牡丹江等地；吉林省安图、长白、桦甸、集安、临江、和龙、抚松等地；辽宁省本溪、凤城、宽甸、丹东等地。

【**食用价值**】拳卷期的幼叶焯水、反复浸泡后可食，腌渍或晒制干菜最安全。干制品大量出口日本和韩国，是长白山区的重要山野菜。

【**药用功效**】根状茎入药，具有清热解毒、止血、驱虫、利尿的功效。

【**附注**】味苦，性微寒。

蘋科 Marsileaceae

苹属 Marsilea L.

苹 Marsilea quadrifolia L.

【**俗名**】田字草；破铜钱；四叶菜；叶合草

【**异名**】不详

【**习性**】小型漂浮蕨类。生水田或沟塘中。

【**东北地区分布**】黑龙江省密山等地；吉林省梅河口、柳河、辉南、通化等地；辽宁省大连、普兰店、庄河等地。

【**食用价值**】嫩茎、叶、孢子囊均有食用价值。要注意食用安全，详见本种附注。

嫩茎、叶焯水、反复浸泡后可少量食用，或者蒸熟后晒干菜食用。

孢子囊富含淀粉，磨碎后与面粉等混合，可用于制作面包等。

【**药用功效**】全草入药，具有清热解毒、消肿利湿、止血、安神的功效。

【**附注**】本种为水生植物，如污染水域不宜采食，且仅作为应急食品，在饥荒或没有其他食物的非常时期食用。

槐叶蘋科 Salviniaceae

槐叶苹属 Salvinia Séguier

槐叶苹 Salvinia natans (L.) All.

【俗名】蜈蚣萍

【异名】*Marsilea natans* L.

【习性】小型漂浮蕨类。生水田、沟塘和静水溪河内。

【东北地区分布】黑龙江省虎林、密山、萝北、富裕等地；吉林省蛟河、通化、梅河口、柳河、辉南、集安、安图等地；辽宁省沈阳、新民、盘锦、鞍山等地；内蒙古扎赉特旗等地。

【食用价值】嫩株有食用价值，用沸水焯后，再用清水反复浸泡几遍即可食用，炒食、凉拌、做汤等均可。要注意食用安全，详见本种附注。

【药用功效】全草入药，具有利水通淋、清热止血、清肺泄热的功效。

【附注】本种为水生植物，污染水域不宜采食，且仅作为应急食品，在饥荒或没有其他食物的非常时期食用。

碗蕨科 Dennstaedtiaceae

蕨属 Pteridium Scopoli

蕨 Pteridium aquilinum var. latiusculum (Desv.) Underw. ex A. Heller

【俗名】蕨菜

【异名】*Pteridium aquilinum* auct. non (L.) Kuhn.

【习性】多年生草本。生山坡向阳处、林缘或林间空地。

【东北地区分布】黑龙江省尚志、牡丹江、哈尔滨、呼玛、北安、宁安、黑河、伊春、鹤岗等地；吉林省安图、抚松、和龙、汪清、临江、靖宇等地；辽宁省各地；内蒙古额尔古纳、根河、鄂伦春、科尔沁右翼前旗、敖汉旗、克什克腾旗、喀喇沁旗、宁城、东乌珠穆沁旗、西乌珠穆沁旗等地。

【食用价值】根状茎、嫩芽有食用价值。要注意其有毒报道，详见本种附注。

根状茎富含淀粉，提取的淀粉称"蕨粉"，供食用。

卷曲的嫩芽有食用价值，称"蕨菜"，焯水、反复浸泡后炒食、凉拌均可，腌渍或晒制干菜最安全。

【药用功效】根状茎入药，具有清热、利湿的功效。

【附注】叶、嫩芽及根状茎有毒，牛食后常引起慢性中毒，主要症状有血尿、腹痛、消瘦、贫血、毛粗乱无光，并常有部分脱毛、精神沉郁、呆立凝视、行走缓慢、多卧少立、咀嚼无力、瘤胃蠕动音短而弱；此外，还有血小板和白细胞减少，发生广泛的点状出血，肠肌出现大面积损伤和溃疡。

金星蕨科 Thelypteridaceae

沼泽蕨属 Thelypteris Schmidt.

毛叶沼泽蕨 Thelypteris palustris var. pubescens (Lawson) Fernald

【俗名】沼泽蕨

【异名】*Thelypteris palustris* auct. non (Salisb.) Schott:东北草本植物志1:48. 1958.

【习性】多年生草本。生湿草甸和沼泽地中。

【东北地区分布】黑龙江省密山、虎林、伊春、尚志、牡丹江、黑河等地；吉林省靖宇、敦化、安图、通化、集安、抚松等地；辽宁省西丰、丹东、凤城、清原、新宾、鞍山、大连等地；内蒙古扎兰屯、科尔沁左翼后旗、大青沟、宁城等地。

【食用价值】卷曲的幼叶有食用价值，焯水、反复浸泡后炒食、凉拌均可，腌渍或晒制干菜最安全。要注意食用安全，详见本种附注。

【药用功效】全草入药，具有清热解毒的功效。

【附注】尽管我们还没有发现关于该物种毒性的报告，但一些蕨类植物含有致癌物质，因此，建议谨慎使用。许多蕨类植物还含有硫胺素酶，大量食用或药用可能有毒，但少量食用或药用无害，且硫胺素酶经过加热或干燥会被彻底破坏。

球子蕨科 Onocleaceae

荚果蕨属 Matteuccia Todaro

荚果蕨 Matteuccia struthiopteris (L.) Todaro

【俗名】荚果蕨贯众

【异名】*Osmunda struthiopteris* L.; *Onodea struthiopteris* Hoffm.; *Struthiopteris germanica* Willd.; *Onoclea germanica* Willd.; *Struthiopteris filicastrum* All.; *Pteris sinuata* Thunb.

【习性】多年生草本。生林下、林缘或湿草地。

【东北地区分布】黑龙江省虎林、饶河、宝清、密山、尚志、哈尔滨、伊春、穆棱、宁安等地；

吉林省安图、抚松、临江、汪清、通化、集安、珲春、桦甸等地；辽宁省西丰、宽甸、桓仁、大连、庄河、本溪、丹东、鞍山等地；内蒙古根河、鄂伦春、科尔沁右翼前旗、科尔沁左翼后旗、大青沟、克什克腾旗、喀喇沁旗、宁城等地。

【食用价值】嫩叶柄可食，有黄瓜的清香气味。生品可直接炒食，也可以用开水焯后再炒食、凉拌、做汤，也可制罐头和什锦袋菜。在冬季，可将干叶磨成粉，掺和面粉做面食。

【药用功效】根状茎入药，具有清热解毒、杀虫、止血的功效。

【附注】尽管我们还没有发现关于该物种毒性的报告，但一些蕨类植物含有致癌物质，因此，建议谨慎使用。许多蕨类植物还含有硫胺素酶，大量食用或药用可能有毒，但少量食用或药用无害，且硫胺素酶经过加热或干燥会被彻底破坏。

球子蕨属 Onoclea L.

球子蕨 Onoclea sensibilis var. **interrupta** L.

【俗名】北美球子蕨

【异名】*Onoclea sensibilis* var. *interrupta* Maxim.;
O.interrupta Ching et Chiu; *O. asiatica* Ching et Chiu

【习性】多年生草本。生草甸或灌丛中。

【东北地区分布】黑龙江省虎林、密山、伊春、尚志、宁安等地；吉林省安图、临江、通化、集安、蛟河、和龙、抚松、汪清、珲春等地；辽宁省宽甸、岫岩、桓仁、凤城、丹东、本溪、西丰、清原、长海、庄河、普兰店、彰武等地；内蒙古扎兰屯等地；科尔沁左翼后旗、大青沟等地。

【食用价值】卷曲的幼叶有食用价值，焯水、反复浸泡后炒食、凉拌均可，腌渍或晒制干菜最安全。要注意食用安全，详见本种附注。

【药用功效】北美洲药用植物，根用于妇科疾患、肿胀、痉挛等。

【附注】本种仅作为应急食品，在饥荒或没有其他食物的非常时期食用。

东方荚果蕨属 Pentarhizidium Hayata

东方荚果蕨 Pentarhizidium orientale (Hooker) Hayata

【俗名】不详

【异名】*Matteuccia orientalis* (Hook.) Trev

【习性】多年生草本。生林下溪边。

【东北地区分布】吉林省集安等地。

【食用价值】卷曲的幼叶有食用价值，焯水、反复浸泡后炒食、凉拌均可，腌渍或晒制干菜最安全。

【药用功效】根状茎或茎叶入药，具有祛风、止血的功效。

【附注】尽管我们还没有发现关于该物种毒性的报告，但一些蕨类植物含有致癌物质，因此，建议

谨慎使用。许多蕨类植物还含有硫胺素酶，大量食用或药用可能有毒，但少量食用或药用无害，且硫胺素酶经过加热或干燥会被彻底破坏。

蹄盖蕨科 Athyriaceae

安蕨属 Anisocampium Presl

日本安蕨 Anisocampium niponicum (Mett.) Y. C. Liu

【俗名】华东蹄盖蕨；华北蹄盖蕨；日本蹄盖蕨

【异名】*Athyrium niponicum* (Mett.) Hance; *A. pachyphlebium* C. Chr.

【习性】多年生草本。生林下或林缘湿地。

【东北地区分布】吉林省集安等地；辽宁省沈阳、鞍山、凤城、宽甸、长海、大连等地。

【食用价值】拳卷期的幼叶有食用价值。焯水、反复浸泡后炒食、凉拌等，腌渍或晒制干菜最安全。

【药用功效】根状茎入药，具有清热解毒、消肿止血、驱虫的功效。

【附注】尽管我们还没有发现关于该物种毒性的报告，但一些蕨类植物含有致癌物质，因此，建议谨慎使用。许多蕨类植物还含有硫胺素酶，大量食用或药用可能有毒，但少量食用或药用无害，且硫胺素酶经过加热或干燥会被彻底破坏。

蹄盖蕨属 Athyrium Roth

东北蹄盖蕨 Athyrium brevifrons Nakai ex Kitag.

【俗名】猴腿蹄盖蕨；带岭蹄盖蕨；多齿蹄盖蕨；短叶蹄盖蕨

【异名】*Athyrium multidentatum* (Doell) Ching; *A. dailingense* Ching ex Hsieh

【习性】多年生草本。生林缘、草坡、疏林下或采伐迹地上。

【东北地区分布】黑龙江省塔河、呼玛、哈尔滨、嫩江、牡丹江、桦川、尚志、密山、虎林、宁安、伊春、黑河、宝清、饶河、嘉荫等地；吉林省安图、抚松、临江、长白、和龙、蛟河、敦化、汪清、珲春、集安等地；辽宁省西丰、本溪、凤城、宽甸、桓仁、北镇、鞍山、庄河、大连等地；内蒙古额尔古纳、根河、牙克石、扎兰屯、科尔沁右翼前旗、扎赉特旗、大青沟、巴林右旗、阿鲁科尔沁旗、克什克腾旗、宁城、宝格达山等地。

【食用价值】嫩叶柄有食用价值。焯水、反复浸泡后蘸酱、凉拌、炒食均可，也可腌制咸菜和做什锦袋菜。

【药用功效】根状茎入药，具有清热解毒、驱虫、止血的功效。

【附注】尽管我们还没有发现关于该物种毒性的报告，但一些蕨类植物含有致癌物质，因此，建议谨慎使用。许多蕨类植物还含有硫胺素酶，大量食用或药用可能有毒，但少量食用或药用无害，且硫胺素酶经过加热或干燥会被彻底破坏。

禾秆蹄盖蕨 Athyrium yokoscense (Franch. et Sav.) Christ

【俗名】横须贺蹄盖蕨；厚果蹄盖蕨

【异名】*Asplenium yokoscense* Franch. et Sav.; *Athyrium coreanum* Christ; *Athyrium demissum* Chris; *Athyrium flaccidum* Christ; *Athyrium pachysorum* Christ; *Aspidium* subsp *inulosum* Christ; *Dryopteris* sub *spinulosa* C. Chr.

【习性】多年生草本。生林下石缝或林缘石壁。

【东北地区分布】黑龙江省尚志、伊春、哈尔滨等地；吉林省蛟河、集安等地；辽宁省沈阳、盖州、凤城、宽甸、桓仁、东港、普兰店、金州、庄河、丹东、岫岩等地。

【食用价值】拳卷期的幼叶有食用价值，焯水、反复浸泡后炒食、凉拌等，腌渍或晒制干菜最安全。

【药用功效】根状茎入药，具有驱虫、止血、解毒的功效。

【附注】尽管我们还没有发现关于该物种毒性的报告，但一些蕨类植物含有致癌物质，因此，建议谨慎使用。许多蕨类植物还含有硫胺素酶，大量食用或药用可能有毒，但少量食用或药用无害，且硫胺素酶经过加热或干燥会被彻底破坏。

角蕨属 Cornopteris Nakai

细齿角蕨 Cornopteris crenulatoserrulata (Makino) Nakai

【俗名】东北角蕨；新蹄盖蕨；细齿贞蕨

【异名】*Neoathyrium crenulatoserrulatum* (Makino) Ching et Z. R. Wang

【习性】多年生草本。生林下草地。

【东北地区分布】黑龙江省尚志、虎林、牡丹江等地；吉林省安图、临江、通化、抚松等地；辽宁省本溪、凤城、桓仁等地。

【食用价值】嫩叶柄有食用价值。用沸水焯后，再用清水反复浸泡几遍即可食用，炒食、凉拌、做汤等均可。

【药用功效】不详。

【附注】尽管我们还没有发现关于该物种毒性的报告，但一些蕨类植物含有致癌物质，因此，建议

谨慎使用。许多蕨类植物还含有硫胺素酶，大量食用或药用可能有毒，但少量食用或药用无害，且硫胺素酶经过加热或干燥会被彻底破坏。

对囊蕨属 Deparia Hooker & Greville

朝鲜对囊蕨 Deparia coreana (H. Christ) M. Kato

【俗名】朝鲜蛾眉蕨；朝鲜蹄盖蕨；朝鲜介蕨

【异名】*Dryoathyrium coreanum* (Christ) Tagawa; *Lunathyrium coreanum* (Christ) Ching; *A. coreanum* Christ.

【习性】多年生草本。生山坡草地、沟旁或疏林下。

【东北地区分布】黑龙江省宁安、伊春、尚志等地；吉林省抚松、安图、蛟河、集安等地；辽宁省庄河、鞍山、西丰、本溪、凤城、桓仁、新宾、清原等地。

【食用价值】嫩叶柄有食用价值。用沸水焯后，再用清水反复浸泡几遍即可食用，炒食、凉拌、做汤等均可。

【药用功效】不详。但可参考朝鲜对囊蕨*Deparia coreana* (H. Christ) M. Kato。

【附注】尽管我们还没有发现关于该物种毒性的报告，但一些蕨类植物含有致癌物质，因此，建议谨慎使用。许多蕨类植物还含有硫胺素酶，大量食用或药用可能有毒，但少量食用或药用无害，且硫胺素酶经过加热或干燥会被彻底破坏。

东北对囊蕨 Deparia pycnosora (H. Christ) M. Kato

【俗名】东北蛾眉蕨

【异名】*Lunathyrium pycnosorum* (Christ) Koidz.

【习性】多年生草本。生林下或林缘草地。

【东北地区分布】黑龙江省伊春、尚志、饶河、虎林、哈尔滨、宁安、海林、铁力、桦川等地；吉林省蛟河、珲春、汪清、安图、抚松、集安、长白、靖宇、辉南、柳河、敦化、和龙等地；辽宁省西丰、鞍山、本溪、凤城、宽甸、桓仁等地。

【食用价值】嫩叶柄有食用价值。用沸水焯后，再用清水反复浸泡几遍即可食用，炒食、凉拌、做汤等均可。

【药用功效】根状茎及叶柄残基入药，具有清热解毒、止血、杀虫的功效。

【附注】尽管我们还没有发现关于该物种毒性的报告，但一些蕨类植物含有致癌物质，因此，建议谨慎使用。许多蕨类植物还含有硫胺素酶，大量食用或药用可能有毒，但少量食用或药用无害，且硫胺素酶经过加热或干燥会被彻底破坏。

鳞毛蕨科 Dryopteridaceae

鳞毛蕨属 Dryopteris Adans.

粗茎鳞毛蕨 Dryopteris crassirhizoma Nakai

【俗名】绵马鳞毛蕨；野鸡膀子

【异名】不详

【习性】多年生草本。生山地林下。

【东北地区分布】黑龙江省虎林、饶河、宝清、伊春、尚志、宁安、哈尔滨、桦川、五常、穆棱等地；吉林省安图、抚松、长白、蛟河、临江、汪清、集安、珲春、敦化等地；辽宁省凤城、本溪、岫岩、西丰、桓仁、宽甸、清原、新宾、鞍山、庄河等地。

【食用价值】拳卷期的幼叶有食用价值。焯水、反复浸泡后蘸酱、凉拌、炒食均可，也可腌制咸菜和做什锦袋菜。

【药用功效】根状茎、叶柄残基入药，具有清热解毒、止血、杀虫的功效。

【附注】根状茎有毒，含多种间苯三酚衍生物，其中绵马酸主要作用于消化系统和中枢神经系统，轻度中毒时出现头痛、眩晕、对外界刺激过敏等症状；较为严重者可产生胃肠炎、呼吸短促和弱视；严重中毒时，出现精神错乱、肌强直、阵发性惊厥和昏迷，甚至会因呼吸麻痹而死亡。一旦中毒，恢复起来较为缓慢，并可造成视力持久性损伤。

广布鳞毛蕨 Dryopteris expansa (Presl) Fraser-Jenkins et Jermy

【俗名】不详

【异名】*Nephrodium expansum* Presl; *Dryopteris siranensis* Nakai; *Dryopteris assimilis* S. Walk.; *Dryopteris spinulosa* (Mull.) Hatt. subsp. *assimilis* (S. Walk.) Schididay; *Dryopteris manshurica* Ching

【习性】多年生草本。生林下。

【东北地区分布】黑龙江省伊春、尚志、黑河、五大连池等地；吉林省长白、靖宇、通化、柳河、敦化、安图、汪清、临江、和龙等地；辽宁省新宾、清原、本溪、宽甸、桓仁、鞍山、凤城、建昌等地；内蒙古根河、牙克石、鄂伦春、科尔沁右翼前旗等地。

【食用价值】嫩根、拳卷期的幼叶有食用价值。

根烘烤、剥皮后可以食用，生根很苦，但煮熟后会产生甜味，最好在初秋收获。

拳卷期的幼叶焯水、反复浸泡后可食，蘸酱、凉拌、炒食均可，也可腌制咸菜和做什锦袋菜。

【药用功效】根状茎为驱虫剂，可驱除绦虫。

【附注】尽管我们还没有发现关于该物种毒性的报告，但一些蕨类植物含有致癌物质，因此，建议

谨慎使用。许多蕨类植物还含有硫胺素酶，大量食用或药用可能有毒，但少量食用或药用无害，且硫胺素酶经过加热或干燥会被彻底破坏。

香鳞毛蕨 **Dryopteris fragrans** (L.) Schott

【俗名】疏羽香鳞毛蕨

【异名】*Dryopteris fragrans* var. *remotiuscula* (Kom.) Kom.

【习性】多年生草本。生岩石缝和林中的碎石坡上。

【东北地区分布】黑龙江省黑河、尚志、五大连池等地；吉林省安图、长白等地；辽宁省庄河、大连、桓仁等地；内蒙古额尔古纳、根河、牙克石、扎兰屯、科尔沁右翼前旗、扎赉特旗、西乌珠穆沁旗等地。

【食用价值】叶可制茶。

【药用功效】根状茎入药，提取物对葡萄球菌和真菌有抑制作用，制成软膏可治疗多种皮肤病。

【附注】尽管我们还没有发现关于该物种毒性的报告，但一些蕨类植物含有致癌物质，因此，建议谨慎使用。许多蕨类植物还含有硫胺素酶，大量食用或药用可能有毒，但少量食用或药用无害，且硫胺素酶经过加热或干燥会被彻底破坏。

耳蕨属 Polystichum Roth.

布朗耳蕨 **Polystichum braunii** Fée

【俗名】棕鳞耳蕨

【异名】*Aspidium braunii* Spenn.; *Polystichum shennongense* Ching

【习性】多年生草本。生阔叶林下阴湿处。

【东北地区分布】黑龙江省尚志、伊春、宁安、海林等地；吉林省安图、临江等地；辽宁省凤城、桓仁、宽甸、丹东、本溪、清原、鞍山、海城、庄河等地。

【食用价值】嫩叶柄有食用价值。焯水、反复浸泡后蘸酱、凉拌、炒食均可，也可腌制咸菜和做什锦袋菜。

【药用功效】根状茎或全草入药，具有止血、杀虫、清热解毒的功效。

【附注】尽管我们还没有发现关于该物种毒性的报告，但一些蕨类植物含有致癌物质，因此，建议谨慎使用。许多蕨类植物还含有硫胺素酶，大量食用或药用可能有毒，但少量食用或药用无害，且硫胺素酶经过加热或干燥会被彻底破坏。

戟叶耳蕨 Polystichum tripteron (Kunze) Presl

【俗名】三叉耳蕨；三叶耳蕨

【异名】*Aspidium tripteron* Kunze; *Dryopteris triptera* (Kunze) O. Kuntze; *Ptilopteris triptera* (Kunze) Hayata

【习性】多年生草本。生阔叶林下岩石缝间多阴地。

【东北地区分布】黑龙江省尚志、哈尔滨等地；吉林省蛟河、抚松、集安、临江、敦化、长白、辉南、柳河、通化、安图等地；辽宁省宽甸、桓仁、凤城、本溪、鞍山、庄河等地。

【食用价值】嫩叶柄有食用价值。焯水、反复浸泡后蘸酱、凉拌、炒食均可，也可腌制咸菜和做什锦袋菜。

【药用功效】根状茎及叶入药，具有清热解毒、利尿通淋、活血调经、止痛、补肾的功效。

【附注】尽管我们还没有发现关于该物种毒性的报告，但一些蕨类植物含有致癌物质，因此，建议谨慎使用。许多蕨类植物还含有硫胺素酶，大量食用或药用可能有毒，但少量食用或药用无害，且硫胺素酶经过加热或干燥会被彻底破坏。

❧ 裸子植物（Gymnosperms）❧

麻黄科 Ephedraceae

麻黄属 Ephedra Tourn ex L.

木贼麻黄 Ephedra equisetina Bunge

【俗名】木麻黄；山麻黄

【异名】*Ephedra shennungiana* Tang

【习性】直立小灌木。生干旱地区的山脊、山顶及岩壁等处。

【东北地区分布】内蒙古喀喇沁旗、苏尼特右旗等地。

【食用价值】雌球花的苞片熟时肉质多汁，可食，俗称"麻黄果"。要注意食用安全，详见本种附注。

【药用功效】根、根状茎、茎入药，功效同中麻黄*Ephedra intermedia* Schrenk ex Mey.。

【附注】全草有小毒。

中麻黄 Ephedra intermedia Schrenk ex Mey.

【俗名】西藏中麻黄

【异名】*Ephedra ferganensis* V. Nikitin; *E. glauca* Regel; *E. microsperma* V. Nikitin; *E. persica* (Stapf) V. Nikitin; *E. tesquorum* V. Nikitin; *E. tibetica* (Stapf) V. Nikitin; *E. valida* V. Nikitin.

【习性】灌木。生山坡、沙滩。

【东北地区分布】内蒙古新巴尔虎左旗、科尔沁右翼中旗、科尔沁右翼前旗、扎赉特旗、科尔沁左翼后旗、翁牛特旗、喀喇沁旗、东乌珠穆沁旗、西乌珠穆沁旗、锡林浩特等地。

【食用价值】雌球花的苞片熟时肉质多汁，可食，俗称"麻黄果"。要注意食用安全，详见本种附注。

【药用功效】根、根状茎、茎入药，前二者具有固表止汗的功效，后者具有发汗解表、宣肺平喘、利水消肿的功效。

【附注】全草有小毒。

单子麻黄 Ephedra monosperma Gmel. ex Mey.

【俗名】小麻黄

【异名】*Ephedra minima* Hao

【习性】草本状矮小灌木。生山坡石缝中或林木稀少的干燥地区，海拔1000米左右。

【东北地区分布】内蒙古额尔古纳、牙克石、新巴尔虎左旗、海拉尔、满洲里、科尔沁左翼后旗、翁牛特旗、科尔沁右翼前旗、克什克腾旗、锡林浩特等地。

【食用价值】雌球花的苞片熟时肉质多汁，可食，俗称"麻黄果"。要注意食用安全，详见本种附注。

【药用功效】茎、根入药，功效同中麻黄*Ephedra intermedia* Schrenk ex Mey.。

【附注】虽然未见本种的有毒报道，但同属植物有的有毒。建议谨慎对待，初次食用者以少量尝试为宜。

草麻黄 Ephedra sinica Stapf.

【俗名】华麻黄

【异名】*Ephedra ma-huang* Liu

【习性】草本状灌木。生干燥荒地、沙丘、海岸沙地及草原等处。

【东北地区分布】吉林省通榆、双辽等地；辽宁省彰武、建平、葫芦岛（打渔山）、朝阳（麒麟山）、瓦房店、盖州等地；内蒙古满洲里、新巴尔虎右旗、科尔沁右翼前旗、扎鲁特旗、翁牛特旗、赤峰等地。

【食用价值】雌球花的苞片熟时肉质多汁，可食，俗称"麻黄果"。要注意食用安全，详见本种附注。

【药用功效】根、根状茎、茎入药，前二者具有固表止汗的功效，后者具有发汗解表、宣肺平喘、利水消肿的功效。

【附注】全草及种子有毒，服大量中毒后初表现为中枢兴奋、神经过敏、焦虑不安、烦躁、心悸、心动过速、头痛、眩晕、震颤、出汗及发热，有的有恶心、呕吐、上腹胀痛、瞳孔散大，或有排便困难、心前区疼痛，重度中毒者则视物不清、呼吸困难、惊厥，最后因呼吸衰竭、心室纤颤而死亡。

松科 Pinaceae

云杉属 Picea Dietr.

鱼鳞云杉 Picea jezoensis var. microsperma (Lindl.) Cheng et L. K. Fu

【俗名】兴安鱼鳞云杉

【异名】*Picea jezoensis* var. *ajanensis* (Fisch.) Cheng et L. K. Fu

【习性】常绿乔木。生丘陵地及山坡。

【东北地区分布】黑龙江铁力、伊春、尚志、汤原、勃利、塔河、呼玛、黑河、海林、饶河等地；吉林省抚松、靖宇、临江、集安、长白、安图、和龙等地；内蒙古克什克腾旗等地。

【食用价值】幼球果、内皮层、嫩芽、种子均有食用价值。

幼球果可煮食，中心部分烤熟后香甜可口。

内皮层干燥后磨成粉，做汤时用作增稠剂，也可和谷物一起制作面包。

嫩芽富含维生素C，可制提神茶。

种子含油44.1%，可榨油食用。

【药用功效】树脂入药，具有燥湿祛风、生肌止痛的功效。

【附注】内皮层仅限饥荒等非常时期、食物极度匮乏的情况下食用，以免对树木造成伤害。

长白鱼鳞云杉 Piceajezoensis var. komorovii (V. Vassil.) Cheng et L. K. Fu

【俗名】长白鱼鳞松

【异名】*Picea komarovii* V. N. Vassiljev

【习性】常绿乔木。生针阔混交林中。

【东北地区分布】黑龙江省伊春、鸡西、鸡东、穆棱等地；吉林省临江、抚松、靖宇、长白、安图、珲春、汪清、和龙、敦化等地；辽宁省宽甸、桓仁、本溪、盖州等地。

【食用价值】幼球果、内皮层、嫩芽、种子均有食用价值。

幼球果可煮食，中心部分烤熟后香甜可口。

内皮层干燥后磨成粉，做汤时用作增稠剂，也可和谷物一起制作面包。

嫩芽富含维生素C，可制提神茶。

种子油量较高，可榨油食用。

【药用功效】叶、树皮入药，具有止咳、化痰、平喘的功效。

【附注】内皮层仅限饥荒等非常时期、食物极度匮乏的情况下食用，以免对树木造成伤害。

红皮云杉 Picea koraiensis Nakai

【俗名】高丽云杉

【异名】*Picea intercedens* Nakai; *P. intercedens* var. *glabra* Uyeki; *P. koraiensis* var. *intercedens* (Nakai) Y. L. Chou; *P. koyamae* Shiras var. *koraiensis* (Nakai) Liou & Q. L. Wang; *P. tonaiensis* Nakai

【习性】常绿乔木。生针阔混交林中。

【东北地区分布】黑龙江省塔河、呼玛、尚志、伊春、勃利、汤原、嫩江、黑河等地；吉林省柳河、通化、集安、靖宇、抚松、辉南、长白、临江、安图、和龙、汪清等地；辽宁省宽甸、桓仁等地；内蒙古额尔古纳、根河等地。

【食用价值】雄球花、未成熟的球果、内皮层、种子、芽尖均有食用价值。

雄球花可用作调味品。

未成熟雌球果烤熟后可食，中间部分甜且呈糖浆状。

内皮层可作为应急食品，在饥荒或没有其他食物的非常时期，干燥后磨成粉末，在汤等中用作增稠剂，或与面粉混合制作面包等。

种子富含油脂，可食，但太小。

芽尖可以制成富含维生素C的清凉茶。

【药用功效】叶、枝、树皮入药，具有祛风除湿的功效。

【附注】内皮层仅限饥荒等非常时期、食物极度匮乏的情况下食用，以免对树木造成伤害。

白杆 Picea meyeri Rehd. &. Wils.

【俗名】白杆云杉；白扦云杉

【异名】*Picea meyeri* var. *mongolica* H. Q. Wu; *P.meyeri* f. *pyramidalis* (H. W. Jen & C. G. Bai) L. K. Fu & Nan Li; *P. meyeri* var. *pyramidalis* H. W. Gen & C. G. Bai; *P. mongolica* (H. Q. Wu) W. D. Xu

【习性】常绿乔木。生山地阴坡或半阴坡，或沙地。

【东北地区分布】内蒙古克什克腾旗、喀喇沁旗、白音锡勒牧场、多伦等地。辽宁省盖州、沈阳、兴城、大连等地有栽培。

【食用价值】雄球花、未成熟的球果、内皮层、种子、芽尖均有食用价值。

雄球花可用作调味品。

未成熟雌球果烤熟后可食，中间部分甜且呈糖浆状。

内皮层可作为应急食品，在饥荒或没有其他食物的非常时期，干燥后磨成粉末，在汤等中用作增稠剂，或与面粉混合制作面包等。

种子富含油脂，可食，但太小。

17

芽尖可以制成富含维生素C的清凉茶。

【药用功效】根、树皮、松节、叶、花粉、松脂均可入药。

【附注】内皮层仅限饥荒等非常时期、食物极度匮乏的情况下食用。

青杆 Picea wilsonii Rehder.

【俗名】青杆云杉；青扦云杉

【异名】*Picea mastersii* Mayr; *P. watsoniana* Masters;
P. wilsonii var. *shanxiensis* Silba; *P. wilsonii* var. *watsoniana*
(Masters) Silba

【习性】常绿乔木。园林栽培。在原产地生山地阴坡或半阴坡。

【东北地区分布】内蒙古宁城等地。辽宁省沈阳、盖州、大连等地有栽培。

【食用价值】雄球花、未成熟的球果、内皮层、种子、芽尖均有食用价值。

雄球花可用作调味品。

未成熟雌球果烤熟后可食，中间部分甜且呈糖浆状。

内皮层可作为应急食品，在饥荒或没有其他食物的非常时期，干燥后磨成粉末，在汤等中用作增稠剂，或与面粉混合制作面包等。

种子富含油脂，可食，但太小。

芽尖可以制成富含维生素C的清凉茶。

【药用功效】根、树皮、叶、花粉、松脂均可入药。

【附注】内皮层仅限饥荒等非常时期、食物极度匮乏的情况下食用，以免对树木造成伤害。

松属 Pinus L.

赤松 Pinus densiflora Sieb. et Zucc.

【俗名】灰果赤松；辽东赤松；短叶赤松

【异名】*Pinus densiflora* var *funebris* (Kom.) *Liou et Wang*; *Pinus densiflora* var. *liaotungensis* Liou et Wang; *Pinus densiflora* Sieb. et Zucc. var. *brevifolia* Liou et Wang

【习性】常绿乔木。生于裸露石质山坡、山脊以及林中岩石等处，常组成次生纯林。

【东北地区分布】黑龙江省宁安、东宁、鸡西、鸡东、绥芬河、密山等地；吉林省安图、集安、蛟河、汪清、通化、长白、和龙、九台、敦化等地；辽宁省丹东、宽甸、凤城、岫岩、东港、桓仁、本溪、西丰、庄河、长海、大连、普兰店、金州、瓦房店、盖州、营口等地。

【食用价值】花粉、种子均有食用价值。

花粉可直接入口细细咀嚼，或与蜂蜜混合搅拌在一起食用，也可将花粉磨细成粉末，用时按量以水

冲服。要注意食用安全，详见本种附注。

种子较小，直接食用价值小，以榨油为主。

【药用功效】松节、花粉入药，前者具有祛风湿、止痛的功效，后者具有收敛止血、燥湿敛疮的功效。

【附注】容易过敏者不宜食用松花粉，容易出现皮肤过敏，甚至黏膜水肿、喉头水肿等危险的情况；身体肥胖的人也不宜食用松花粉，因为松花粉具有一定类雌激素的作用，过量食用可能会使人减肥失败；怀孕的女士不宜食用松花粉，对于身体和胎儿没有太多益处。

红松 Pinus koraiensis Sieb. et Zucc.

【俗名】海松；果松；韩松；红果松；朝鲜松

【异名】*Apinus koraiensis* (Siebold & Zuccarini) Moldenke; *Pinus mandschurica* Ruprecht; *P. prokoraiensis* Y. T. Zhao & al.; *Strobus koraiensis* (Siebold & Zuccarini) Moldenke.

【习性】常绿乔木。生湿润缓山坡及排水良好的平地。

【东北地区分布】黑龙江省伊春、饶河、汤原等地；吉林省临江、抚松、长白、安图、敦化、九台等地；辽宁省宽甸、凤城、桓仁、本溪、新宾等地。

【食用价值】花粉、种子均有食用价值。

花粉可直接入口细细咀嚼，或与蜂蜜混合搅拌在一起食用，也可将花粉磨细成粉末，用时按量以水冲服。要注意食用安全，详见本种附注。

种仁大，可直接食用，也可榨油食用。

【药用功效】针叶、松节、花粉、种仁均可入药。

【附注】在2021年8月7日国务院批准的《国家重点保护野生植物名录》中，本种被列为二级保护植物。在做好保护的前提下，取得合法手续，方可利用。

容易过敏者不宜食用松花粉，容易出现皮肤过敏，甚至黏膜水肿、喉头水肿等危险的情况；身体肥胖的人也不宜食用松花粉，因为松花粉具有一定类雌激素的作用，过量食用可能会使人减肥失败；怀孕的女士不宜食用松花粉，对于身体和胎儿没有太多益处。

偃松 Pinus pumila (Pall.) Regel

【俗名】爬松；矮松；干叠松

【异名】*Pinus cembra* L. var. *pumila* Pallas; *P.cembra* var. *pygmaea* Loudon.

【习性】常绿乔木。生海拔1200米以上的山顶或山脊。

【东北地区分布】黑龙江省呼玛、尚志、海林、伊春、黑河等地；吉林省抚松、长白、临江、安图

等地；内蒙古额尔古纳、根河、鄂伦春等地。

【食用价值】花粉、种子均有食用价值。

花粉可直接入口细细咀嚼，或与蜂蜜混合搅拌在一起食用，也可将花粉磨细成粉末，用时按量以水冲服。要注意食用安全，详见本种附注。

种子较大，可直接食用，亦可榨油。

【药用功效】枝叶、花粉、种子、树脂均可入药。

【附注】本种为易危种（Vulnerable species，简称VU）。在做好保护的前提下，方可利用。

容易过敏者不宜食用松花粉，容易出现皮肤过敏，甚至黏膜水肿、喉头水肿等危险的情况；身体肥胖的人也不宜食用松花粉，因为松花粉具有一定类雌激素的作用，过量食用可能会使人减肥失败；怀孕的女士不宜食用松花粉，对于身体和胎儿没有太多益处。

西伯利亚五针松 Pinus sibirica (Loud.) Mayr.

【俗名】西伯利亚红松；新疆五针松；兴安松

【异名】*Pinus hingganensis* H. J. Zhan

【习性】常绿乔木。生海拔900～1300米冷湿的山顶及山坡坡麓地带。

【东北地区分布】黑龙江省漠河等地；内蒙古额尔古纳、根河等地。

【食用价值】花粉、种子均有食用价值。

花粉可直接入口细细咀嚼，或与蜂蜜混合搅拌在一起食用，也可将花粉磨细成粉末，用时按量以水冲服。要注意食用安全，详见本种附注。

种子较大，可直接食用，也可榨油供食用。

【药用功效】松针、松节、花粉、球果、树脂均可入药。

【附注】本种为易危种（Vulnerable species，简称VU），在做好保护的前提下，方可利用。

容易过敏者不宜食用松花粉，容易出现皮肤过敏，甚至黏膜水肿、喉头水肿等危险的情况；身体肥胖的人也不宜食用松花粉，因为松花粉具有一定类雌激素的作用，过量食用可能会使人减肥失败；怀孕的女士不宜食用松花粉，对于身体和胎儿没有太多益处。

樟子松 Pinus sylvestris var. mongolica Litv.

【俗名】海拉尔松

【异名】*Pinus sylvestris* var. *manguiensis* S. Y. Li & Adair; *P. yamazutai* Uyeki.

【习性】常绿乔木。生海拔400～900米山地的山脊、山顶和阳坡以及较干旱的沙地及石砾沙土地区，多成纯林或与落叶松混生。

【东北地区分布】黑龙江省呼玛、黑河、伊春、嘉荫、漠河、宁安、密山、鸡东、穆棱、鸡西等地；内蒙古海拉尔、额尔古纳、根河、牙克石、鄂温克、新巴尔虎左旗、科尔沁右翼前旗等地。各地均有栽培。

【食用价值】花粉、种子均有食用价值。

花粉可直接入口细细咀嚼，或与蜂蜜混合搅拌在一起食用，也可将花粉磨细成粉末，用时按量以水冲服。要注意食用安全，详见本种附注。

种子较小，直接食用价值小，含油7.6%，以榨油为主。

【药用功效】松节、花粉、球果均可入药，松节具有祛风湿、止痛的功效，球果具有祛痰、止咳、平喘的功效，花粉具有收敛止血、燥湿敛疮的功效。

【附注】濒危等级：易危（Vulnerable species，简称VU）。

油松 Pinus tabuliformis Carr.

【俗名】短叶松；红皮松；短叶马尾松；东北黑松；紫翅油松；巨果油松

【异名】*Pinus leucosperma* Maxim.; *Pinus densiflora* Sieb. et Zucc. var. *tabulaeformis* (Carr.) Fort. ex Mast.; *Pinus taihangshanensis* Hu et Yao; *Pinus tokunagai* Nakai

【习性】常绿乔木。生山坡干燥的微酸性及中性沙壤土。

【东北地区分布】辽宁省大连、庄河、金州、鞍山、本溪、新宾、清原、抚顺、开原、铁岭、沈阳、彰武、建平、建昌、凌源、绥中等地；内蒙古翁牛特旗、克什克腾旗、喀喇沁旗、宁城等地。

【食用价值】花粉、种子均有食用价值。

花粉可直接入口细细咀嚼，或与蜂蜜混合搅拌在一起食用，也可将花粉磨细成粉末，用时按量以水冲服。要注意食用安全，详见本种附注。

种仁含蛋白质15.3%、脂肪63.0%、糖类13.0%，但较小，直接食用价值小，以榨油为主。

【药用功效】针叶、松节、花粉均可入药，针叶具有祛风活血、安神、解毒止痒的功效，松节具有祛风除湿、通络止痛的功效，花粉具有收敛止血、燥湿敛疮的功效。

容易过敏者不宜食用松花粉，容易出现皮肤过敏，甚至黏膜水肿、喉头水肿等危险的情况；身体肥胖的人也不宜食用松花粉，因为松花粉具有一定类雌激素的作用，过量食用可能会使人减肥失败；怀孕的女士不宜食用松花粉，对于身体和胎儿没有太多益处。

柏科 Cupressaceae

刺柏属 Juniperus L.

杜松 Juniperus rigida Sieb. et Zucc.

【俗名】软叶杜松；棒儿松；崩松；刚桧

【异名】*Juniperus utilis* Koidzumi; *J. utilis* var. *modesta* Nakai

【习性】常绿乔木。生山地。

【东北地区分布】黑龙江省宁安、绥芬河、呼玛等地；吉林省抚松、靖宇、临江、集安、九台、安图、敦化、和龙等地；辽宁省开原、抚顺、本溪、宽甸、桓仁、普兰店、岫岩、营口、丹东等地；内蒙古巴林右旗、克什克腾旗、喀喇沁旗、西乌珠穆沁旗、锡林浩特、镶黄旗等地。

【食用价值】球果可食用，生食、熟食均可，也可磨成粉作调料。

【药用功效】枝叶、球果入药，具有发汗、利尿、祛风除湿、镇痛的功效。

【附注】不宜多食，也不宜常食，常食可能会过度刺激肾脏。若有严重的肾病或其他的肾感染时，更要避免食用。又因为能通经，怀孕期间不可食用。

侧柏属 Platycladus Spach

侧柏 Platycladus orientalis (L.) Franco

【俗名】香柯树；香树；扁桧；香柏；黄柏

【异名】*Thuja orientalis* L.; *Biota orientalis* (L.) *Endlicher*; *Platycladus stricta* Spach; *Thuja chengii* Borderes & Gaussen; *T. orientalis* var. *argyi* Lemee & H. Léveillé

【习性】常绿乔木。生向阳山坡。

【东北地区分布】辽宁省北镇、朝阳、凌源等地。其他地方常见栽培。

【食用价值】种仁可食，含油8.2%～19.7%，油中脂肪酸组成含棕榈酸、硬脂酸、山嵛酸、油酸、亚油酸、亚麻酸等，适合与谷物一起煮粥。

【药用功效】根皮、枝节、枝梢、叶、树脂、种仁均可入药。

【附注】枝、叶有小毒，人、畜中毒引起腹痛、腹泻、恶心、呕吐、头晕、口吐白沫，有时发生肺水肿、强直性或阵挛性惊厥、循环及呼吸衰竭等症状。

崖柏属 Thuja L.

朝鲜崖柏 Thuja koraiensis Nakai

【俗名】长白侧柏；朝鲜柏

【异名】*Thuja japonica auct.* non Maxim.: Kom.

【习性】常绿灌木或小乔木。生海拔700～1400米山地，喜生空气湿润、土壤富有腐殖质的山谷地区和土壤瘠薄的山脊及裸露的岩石缝上。

【东北地区分布】吉林省延吉、长白、集安、临江、安图等地。

【食用价值】种子含油量22%，可供制肥皂，精炼后也可食用。

【药用功效】枝叶、枝节、种仁均可入药，枝叶具有凉血、止血、生发乌发的功效，枝节具有凉血止血、清热止痢、化痰止咳的功效，种仁具有养心安神、润肠通便的功效。

【附注】本种为濒危物种（Endangered specis，简称EN），只分布于我国长白山和朝鲜，对研究植物地理和植物区系有价值，在2021年8月7日国务院批准的《国家重点保护野生植物名录》中，被列为二级保护植物。在做好保护的前提下，取得合法手续，方可利用。

红豆杉科 Taxaceae

红豆杉属 Taxus L.

东北红豆杉 Taxus cuspidata Sieb. et Zucc.

【俗名】紫杉；赤柏松；米树

【异名】*Taxus baccata* L. subsp. *cuspidata* (Siebold & Zuccarini) *Pilger*; *T. baccata* subsp. *cuspidata* var. *latifolia* Pilger; *T. baccata* var. *microcarpa* Trautvetter; *T. caespitosa* Nakai; *T. cuspidata* var. *latifolia* (Pilger) Nakai

【习性】常绿乔木。多见于以红松为主的针阔混交林内。

【东北地区分布】黑龙江省绥棱、宁安、穆棱等地；吉林省安图、汪清、和龙、临江、抚松、靖宇、长白、敦化等地；辽宁省宽甸、桓仁、本溪等地。

【食用价值】种子的假种皮有食用价值。味甜，可直接食用，也可制作饮料。

【药用功效】枝、叶入药，具有利水、通经的功效。

【附注】叶和茎有毒，含有毒生物碱，一般统称为紫杉碱(taxine)。马、骡、牛、猪和羊等家畜在冬季喜食其叶而发生中毒。急性中毒初期有兴奋、呕吐和流涎，而后出现呼吸困难、心跳缓慢、体温下降、皮肤及四肢厥冷、知觉麻木、便秘；腹部鼓胀、血尿和尿闭等，中毒后期呈现运动失调以致痉挛和昏迷，可因心跳停止而突然死亡。尸检可见有肠胃炎、肾炎、脑充血和水肿等病变。茎和叶的提取物能使兔产生低血糖性惊厥。另外，果实的假种皮虽然甜而可食，但多食也会发生中毒。

在1999年8月4日国务院批准的《国家重点保护野生植物名录》中，本种被列为一级保护植物；在2021年8月7日国务院批准的《国家重点保护野生植物名录》中，本种被列为二级保护植物。在做好保护的前提下，取得合法手续，方可利用。

被子植物（Angiosperms）

莼菜科 Cabombaceae

莼菜属（莼属）Brasenia Schreber

莼菜 Brasenia schreberi J. F. Gmel.

【俗名】莼；水案板

【异名】*Brasenia purpurea* Caspary

【习性】多年生草本。生池塘、河湖或沼泽中。

【产地】黑龙江省伊春林区有记载。

【食用价值】嫩茎叶有食用价值。每百克可食部分

含蛋白质0.75克，糖0.29克，还含有多种维生素和矿物质，以及多种氨基酸。以未露出水面之茎叶食用

最佳。

【药用功效】茎叶入药，具有止呕、清热解毒的功效。

【附注】本种为极危种（Critical specise，简称CR）。在1999年8月4日国务院批准的《国家重点保护野生植物名录》中，本种被列为一级保护植物；在2021年8月7日国务院批准的《国家重点保护野生植物名录》中，本种被列为二级保护植物。在做好保护的前提下，取得合法手续，方可利用。

睡莲科 Nymphaeaceae

芡属 Euryale Salisb.

芡 Euryale ferox Salisb. ex Koenig

【俗名】芡实；鸡头米；鸡头莲；鸡头荷；刺莲藕；假莲藕

【异名】不详

【习性】一年生大型草本。生池沼、水泡中。

【东北地区分布】黑龙江省哈尔滨、呼兰、阿城、双城、肇源、肇东、木兰、延寿、望奎、泰来、杜尔伯特；吉林省前郭尔罗斯、九台、扶余、敦化、珲

春；辽宁省沈阳、新民、法库、铁岭、辽中、彰武、黑山、辽阳、海城、庄河、长海等地。

【食用价值】根状茎、种子、叶柄、花梗均有食用价值。

根状茎肥大，且富含淀粉，可以煮食，也可以提炼淀粉。

种子含淀粉32%，直接食用或供酿酒及制作副食品用。

叶柄和花梗去皮后鲜嫩清香，可作为蔬菜食用。

【药用功效】根、叶、花茎、种仁可入药，根具有散结止痛、止带的功效，叶具有行气和血、祛瘀止血的功效，花茎具有止烦渴、除虚热的功效，种仁具有益肾固精、补脾止泻、除湿止带的功效。

【附注】本种为水生植物，污染水域不宜采食。另外，本种浑身是刺，不能直接用手采摘，一般是先用长柄镰刀从水中割下果柄，使果实漂浮水面，再用捞篮捞起，砍去果柄后晒干，取出种子。随即也可挖取其肥大的短缩茎。

萍蓬草属 Nuphar Smith

萍蓬草 Nuphar pumila (Timm) DC.

【俗名】台湾萍蓬草

【异名】*Nuphar shimadai* Hayata

【习性】多年生草本。生水中。

【东北地区分布】黑龙江省各地；吉林省安图、梅河口；辽宁省凤城、东港；内蒙古鄂伦春等地。

【食用价值】根状茎、种子均有食用价值。

根状茎肥大，且富含淀粉，可以煮食，也可以提炼淀粉。

种子含淀粉32%，直接食用或供酿酒及制作副食品用。

【药用功效】根状茎、种子均可入药，前者具有清虚热、止汗、止咳、止血、祛瘀的功效，后者具有滋补强壮、健胃、调经的功效。

【附注】本种为水生植物，污染水域不宜采食。

睡莲属 Nymphaea L.

睡莲 Nymphaea tetragona Georgi

【俗名】大花睡莲

【异名】*Nymphaea tetragona* var. *crassifoli*a (Hand.-Mazz.) Chu

【习性】多年生草本。生池沼中。

【东北地区分布】黑龙江省伊春、嘉荫、萝北、哈尔滨、尚志、牡丹江、集贤、虎林、密山、齐齐哈尔、北安；吉林省安图、扶余、靖宇、长白；辽宁省昌图、铁岭、新民；内蒙古根河、鄂伦春、科尔沁右翼前旗、扎赉特旗、科尔沁左翼后旗等地。

【食用价值】根状茎、嫩叶均有食用价值。

根状茎含淀粉，可提取淀粉供食用或酿酒。

嫩叶焯水、反复浸泡后少量食用，蒸熟后晒干菜食用最安全。

【药用功效】根状茎、花入药，前者具有消暑、强壮、收敛的功效，后者具有消暑解醒的功效。

【附注】本种为水生植物，污染水域不宜采食。嫩叶仅作为应急食品，在饥荒或没有其他食物的非常时期方可采食。

五味子科 Schisandraceae

五味子属 Schisandra Michx.

五味子 Schisandra chinensis (Turcz.) Baill.

【俗名】白果五味子

【异名】*Schisandra chinensis* var.*leucocarpa* P.H. Huang & L.H. Zhuo

【习性】落叶木质藤本。生阔叶林或山沟溪流旁。

【东北地区分布】黑龙江省小兴安岭、完达山脉、张广才岭和老爷岭等山区，大兴安岭林区有零星分布；吉林省汪清、桦甸、蛟河、敦化、吉林、临江、抚松、安图、长白、靖宇、和龙等地；辽宁省本溪、凤城、宽甸、桓仁、岫岩、丹东、西丰、新宾、清原、建昌、海城、盖州、普兰店、瓦房店、庄河等地；内蒙古鄂伦春、科尔沁右翼前旗、扎赉特旗、突泉、大青沟、敖汉旗、巴林右旗、喀喇沁旗、宁城等地。

【食用价值】嫩叶、嫩茎、果实均有食用价值。

嫩叶开水焯、清水浸泡后有食用价值。

嫩茎作调料。

果实含糖量较高，可鲜食，也可晒干后食用。

【药用功效】干燥成熟果实入药，具有收敛固涩、益气生津、补肾宁心的功效。

【附注】本种的果实有小毒，长期服用会损害肝脏，它的副作用主要表现为发热、头痛、乏力、口干舌燥、有异味感、恶心、呕吐、荨麻疹等。建议适量食用。

马兜铃科 Aristolochiaceae

马兜铃属 Aristolochia L.

北马兜铃 Aristolochia contorta Bunge

【俗名】马斗铃；铁扁担；臭瓜篓；茶叶包；天仙藤；万丈龙；臭罐罐

【异名】不详

【习性】草质藤本。生山沟灌丛间、林缘、溪流旁灌丛中。

【东北地区分布】黑龙江省尚志、依兰；吉林省安图；辽宁省铁岭、西丰、新宾、沈阳、鞍山、凤城、宽甸、长海、金州、庄河；内蒙古科尔沁左翼后旗、扎鲁特旗、红山区、喀喇沁旗等地。

【食用价值】嫩芽可作为应急食品，在饥荒或没有其他食物的非常时期，焯水、浸泡后少食。

【药用功效】根、地上部分、果实均可入药，根具有解毒、消肿、降压的功效，地上部分具有行气活血、利水消肿的功效，果实具有清肺降气、止咳平喘、清肠消痔的功效。

【附注】植物体含有马兜铃酸，种子中含量尤其高。它可导致极难治愈的肾病，最终引发肾衰竭。此外，它还与发生于泌尿系统的罕见癌症有关。中毒症状有恶心、呕吐、腹痛、便血、尿血及蛋白尿、呼吸抑制、血压下降等。

樟科 Lauraceae

山胡椒属 Lindera Thunb.

三桠乌药 Lindera obtusiloba Bl.

【俗名】红叶甘檀

【异名】*Linderamollis* Oliv.; *Lznderacercidifolia* Hemsl.; *Benzoinobtusilobum* (Bl.) O.kuntze; *Benzoin cercidifo*lium (Hemsl.) Rehd.; *Linderapraetermissa* Grierson et Long

【习性】落叶乔木或灌木。生山沟及山坡阔叶林中。

【东北地区分布】辽宁省庄河、金州、普兰店、大连、长海、东港、岫岩等地。

【食用价值】幼芽、嫩叶有食用价值。

幼芽、嫩叶晒干或炒制后可代茶。

嫩叶油炸后用作佛教仪式菜。

【药用功效】树皮、叶入药，具有活血舒筋、散瘀消肿的功效。

【附注】本种与食用有关的内容参考国外文献整理，初次食用者以少量尝试为宜。

金粟兰科 Chloranthaceae

金粟兰属 Chloranthus Swartz

银线草 Chloranthus japonicus Sieb.

【俗名】灯笼花；四叶七；四块瓦；四叶细辛

【异名】*Chloranthus mandshuricus* Rupr.; *Tricercandra japonica* (Sieb.) Nakai

【习性】多年生草本。生山坡杂木林下或沟边草丛中阴湿处。

【东北地区分布】黑龙江省尚志、伊春、饶河、鸡西、嘉荫；吉林省抚松、桦甸、磐石、集安、安图、珲春、柳河；辽宁省西丰、本溪、鞍山、桓仁、宽甸、凤城、丹东、凌源、岫岩、庄河、长海、金州、普兰店、瓦房店、旅顺口；内蒙古科尔沁左翼后旗、宁城等地。

【食用价值】嫩苗焯水、反复浸泡后可炒食、凉拌、蘸酱、腌渍咸菜、晒干菜等。要注意其有毒报道，详见本种附注。

【药用功效】全草或根及根状茎入药，具有活血行瘀、散寒祛风、除湿、解毒的功效。

【附注】为有毒植物，5%的水浸液可杀灭孑孓，大量服用会导致肝脏出血，孕妇绝对禁用！

菖蒲科 Acoraceae

菖蒲属 Acorus L.

菖蒲 Acorus calamus L.

【俗名】臭蒲子；白菖蒲；水菖蒲；白菖

【异名】*Acorus calamus* L. var. *vulgaris* L.; *A. asiaticus* Nakai

【习性】多年生草本。生浅水池塘、水沟旁及水湿地。

【东北地区分布】黑龙江省富锦、虎林、密山、哈尔滨、北安；吉林省双辽、磐石；辽宁省丹东、凤城、宽甸、本溪、桓仁、新宾、清原、抚顺、庄河、普兰店、瓦房店、岫岩、营口、盘锦、北镇、彰武、辽阳、辽中、新民、法库、康平、沈阳、铁岭、开原、昌图、鞍山、台安；内蒙古各地。

【食用价值】根状茎、嫩叶、嫩茎、花序均有食用价值。要注意其有毒报道，详见本种附注。

根状茎富含淀粉，糖渍后可制蜜饯，剥皮后用水反复浸泡去除苦味后可以像水果一样少量生食，烤熟后可作美味蔬菜，晒干后磨粉可作姜、桂皮香料、肉豆蔻等调味料的代用品，还可少量用作茶叶的调香料。

嫩叶开水焯、清水反复浸泡后可以像香草豆荚那样用于风味蛋奶糕。

嫩茎的髓部可以生食，用于美味沙拉。

肉穗花序嫩时味甜，可以少量食用。

【药用功效】干燥根状茎为藏族习用药材，具有温胃、消炎止痛的功效。

【附注】全株有毒，根状茎毒性较大。口服多量时产生强烈的幻视。大鼠腹腔注射菖蒲油 LD_{50}（半数致死量）为221毫克/千克，几分钟内出现呼吸快而浅，阵发性痉挛而后强直性痉挛，最后死亡。要谨慎食用本种的任何部位。

本种与食用有关的内容多参考国外文献整理，初次食用者以少量尝试为宜。

天南星科 Araceae

天南星属 ArisaemaMart.

东北南星 Arisaema amurense Maxim.

【俗名】东北天南星

【异名】*Arisaema amurense* var. *robustum* Engler

【习性】多年生草本。生山地林下、林缘、灌丛间的阴湿地带。

【东北地区分布】黑龙江省尚志、宁安；吉林省抚松、通化、蛟河、安图、靖宇；辽宁省各地；内蒙古科尔沁左翼后旗、大青沟、宁城等地。

【食用价值】刚萌发或叶子尚未完全张开的嫩苗可作为应急食品，在饥荒或者没有其他食物的特殊情况下，焯水、晒制成干菜后，可按照干菜的做法食用。要注意其有毒报道，详见本种附注。

【药用功效】块茎入药，具有散结消肿的功效。

【附注】全株有毒，块茎毒性较大，详见天南星。体内含有氧化钙晶体，入口会有极不舒服的感觉，口腔和舌头似有针扎的感觉。

水芋属 Calla L.

水芋 Calla palustris L.

【俗名】水浮莲

【异名】不详

【习性】多年生草本。常于草甸、沼泽等浅水域成片生长。

【东北地区分布】黑龙江省阿城、尚志、密山、虎林、嘉荫、黑河、东宁；吉林省抚松、敦化、汪清；辽宁省清原、新宾、彰武；内蒙古额尔古纳、牙克石、科尔沁左翼后旗、乌尔其汗、大青沟等地。

【食用价值】根状茎、种子有食用价值。要注意其有毒报道，详见本种附注。

根状茎富含淀粉，干燥后磨成粉末，与面粉等混合制作面包等食物。

种子干燥后可以煮熟食用，也可以和根状茎一起磨粉使用。

【药用功效】全草、根状茎、叶入药，全草用于风湿痛，根状茎具有解毒消肿的功效，叶用于骨髓炎。

【附注】全草有毒。植物体所有部位都存在有毒的氧化钙，如果食用，会感觉口腔和消化道有刺卡在里面。但是，植物体煮熟或干燥后，氧化钙就会被彻底破坏。根接触可能引起瘙痒和发炎。

浮萍属 Lemna L.

浮萍 Lemna minor L.

【俗名】青萍；田萍；浮萍草；水浮萍

【异名】不详

【习性】漂浮植物。生水田、池沼或其他静水水域。

【东北地区分布】黑龙江省虎林、密山、伊春；吉林省靖宇、安图；辽宁省各地；内蒙古海拉尔、新巴尔虎右旗、克什克腾旗、阿尔山、科尔沁右翼前旗等地。

【食用价值】偶尔用作野菜。

【药用功效】全草入药，具有宣散风热、透疹、利尿的功效。

【附注】本种为水生植物，污染水域不宜采食。

紫萍属 Spirodela Schleid.

紫萍 Spirodela polyrrhiza (L.) Schleid.

【俗名】水萍

【异名】Lemma polyrrhiza L.

【习性】漂浮草本。生静水池塘、水田、溪沟内。

【东北地区分布】黑龙江省哈尔滨、伊春；吉林省吉林、长春；辽宁省各地；内蒙古海拉尔、乌兰浩特等地。

【食用价值】偶尔用作野菜。

【药用功效】全草入药，具有发汗解表、透疹止痒、利尿消肿功效。

【附注】本种为水生植物，污染水域不宜采食。

臭菘属 Symplocarpus Salisb.

臭菘 Symplocarpus renifolius Shott ex Tzvel.

【俗名】黑瞎子白菜

【异名】Symplocarpus foetidus auct. non (L.) Salisb.

【习性】多年生草本。生海拔300米以下的潮湿针叶林或混交林下。

【东北地区分布】黑龙江省饶河、穆棱、宝清；吉林省临江等地。

【食用价值】嫩叶可作为应急食品，在饥荒或没有其他食物的非常时期，焯水、反复浸泡后少量食

用，蒸熟后晒干菜食用最安全。要注意其有毒报道，详见本种附注。

【药用功效】根及全草入药，具有强心、镇静、解痉、祛痰、解热、止痛的功效。

【附注】全草有毒。植物体所有部位都存在有毒的氧化钙，如果食用，会感觉口腔和消化道有刺卡在里面。但是，植物体煮熟或干燥后，氧化钙就会被彻底破坏。根接触可能引起瘙痒和发炎。新鲜植物会引起水疱。孕期、哺乳期禁用。肾结石患者禁用。

本种与食用有关的内容参考国外文献整理，初次食用者以少量尝试为宜。

泽泻科 Alismataceae

泽泻属 Alisma L.

东方泽泻 Alisma plantago-aquatica subsp. orientale (Sam.) Sam.

【俗名】泽泻

【异名】*Alisma orientale* Juzepczuk

【习性】多年生草本。生沼泽、河边、稻田中。

【东北地区分布】黑龙江省北安、呼玛、齐齐哈尔、安达、伊春、哈尔滨、阿城、虎林、密山、萝北；吉林省白城、吉林、蛟河、敦化、汪清、珲春、安图、抚松、辉南；辽宁省铁岭、法库、凌源、本溪、北票、彰武、沈阳、盘锦、盖州、凤城、大连；内蒙古根河、海拉尔、额尔古纳、牙克石、新巴尔虎左旗、新巴尔虎右旗、科尔沁左翼后旗、科尔沁右翼前旗、莫力大瓦达斡尔旗、通辽、扎赉特旗等地。

【食用价值】根、叶、叶柄有食用价值。要注意其有毒报道，详见本种附注。

根富含淀粉，可作为应急食品，在饥荒或没有其他食物的非常时期，煮熟可少食。

叶子和叶柄也可作为应急食品，在饥荒或没有其他食物的非常时期，煮熟后少食。

【药用功效】块茎、叶、果实可入药，块茎具有利水渗湿、泄热、化浊降脂的功效，叶用于慢性气管炎、乳汁不通，果实主风痹、消渴、益肾气、补不足、除邪湿。

【附注】全株有毒，地下块茎毒性较大。茎、叶中含有毒汁液，牲畜皮肤触之可发痒、发红、起泡；食后产生腹痛、腹泻等症状，还能引起麻痹。另外，本种为水生植物，污染水域不宜采食。

慈姑属（慈菇属）Sagittaria L.

禾叶慈姑 Sagittaria graminea Michx.

【俗名】不详

【异名】*Sagittaria graminea* var. *chapmanii* J.G.Sm.

【习性】多年生草本。喜生浅水沼泽、河流、河口潮汐区域。

【东北地区分布】辽宁省丹东鸭绿江口。原产北

美洲。

【食用价值】幼芽、根状茎有食用价值。

幼芽煮熟后可作野菜食用。

根状茎肉质坚实，含有4%～7%的蛋白质，还含丰富的淀粉，无异味，煮熟后可食；还可干燥后磨粉，与面粉等混合起来制作馒头、面包等面食。

【药用功效】不详。但可参考本书同属其他植物的药用价值开展研究。

【附注】本种为外来入侵的水生植物，污染水域不宜采食；与食用有关的内容均参考国外文献整理，初次食用者以少量尝试为宜。

浮叶慈姑 Sagittaria natans Pall.

【俗名】小慈菇；小慈姑

【异名】*Sagittaria alpina* Willd.

【习性】多年生草本。生水塘、河流及水沟边。

【东北地区分布】黑龙江省漠河、呼玛、北安、黑河、虎林、宁安、嘉荫、尚志、肇东、哈尔滨；吉林省敦化；辽宁省北票、沈阳；内蒙古牙克石、海拉尔、科尔沁右翼前旗、阿尔山等地。

【食用价值】根状茎含淀粉25%～30%，用以提取慈姑粉或酿酒。

【药用功效】不详。但可参考本书同属其他植物的药用价值开展研究。

【附注】在1999年8月4日及2021年8月7日国务院批准的《国家重点保护野生植物名录》中，本种均被列为二级保护植物。在做好保护的前提下，取得合法手续，方可利用。

野慈姑 Sagittaria trifolia L.

【俗名】三裂慈菇

【异名】*Sagittaria latifolia* auct. non Willd; *S. sagittifolia* auct. non L.

【习性】多年生草本。生池塘、沼泽、沟渠、水田等水域。

【东北地区分布】黑龙江省宁安、虎林、密山、齐齐哈尔、哈尔滨、牡丹江、萝北；吉林省扶余、白城、珲春；辽宁省彰武、北票、法库、沈阳、新民、铁岭、鞍山、新宾、丹东、大连；内蒙古扎赉特旗、新巴尔虎左旗、科尔沁左翼后旗等地。

【食用价值】根状茎、叶、嫩茎均有食用价值。要注意食用安全，详见本种附注。

根状茎富含淀粉，可提取淀粉食用或酿酒，也可以烤熟后食用，据说味道像土豆。

叶和嫩茎开水焯、清水反复浸泡后可作野菜食用，有辛辣味。

【药用功效】全草入药，具有清热解毒、凉血消肿的功效。

【附注】本种为水生植物，污染水域不宜采食。

花蔺科 Butomaceae

花蔺属 Butomus L.

花蔺 Butomus umbellatus L.

【俗名】莪薂

【异名】不详

【习性】多年生草本。生水塘、沟渠的浅水中。

【东北地区分布】黑龙江省齐齐哈尔、哈尔滨、阿城、密山、北安；吉林省镇赉、大安、德惠、农安、双辽、白城、扶余、长春；辽宁省法库、康平、铁岭、沈阳、台安、海城、辽阳、盖州、瓦房店；内蒙古海拉尔、额尔古纳、新巴尔虎左旗、鄂温克、科尔沁右翼前旗、乌兰浩特、科尔沁左翼后旗、扎鲁特旗、锡林浩特等地。

【食用价值】根状茎有食用价值。含淀粉45.67%，去皮后可以煮熟食用，也可以干燥后磨成粉末，加到汤中作增稠剂，或在制作面包时添加到谷物粉中。

【药用功效】茎、叶可入药，具有清热解毒、止咳平喘的功效。

【附注】本种为水生植物，污染水域不宜采食。

水鳖科 Hydrocharitaceae

水鳖属 Hydrocharis L.

水鳖 Hydrocharis dubia (Bl.) Backer

【俗名】不详

【异名】*Pontederia dubia* Blume, Enum.; *Hydrocharisasiatica* Miquel; *H.morsus-ranae* Linnaeus; *Limnobiumdubium* (Blume) Shaffer-Fehre; *Monochoriadubia* (Blume) Miquel

【习性】多年生漂浮水草。生静水池沼中。

【东北地区分布】黑龙江省虎林；辽宁省新民、辽中、沈阳等地。

【食用价值】幼叶柄焯水、浸泡后可作野菜食用。

【药用功效】全草入药，具有解毒、止血敛带的功效。

【附注】本种为水生植物，污染水域不宜采食。

水车前属 Ottelia Pers.

龙舌草 Ottelia alismoides (L.) Pers.

【俗名】水车前；水白菜

【异名】*Stratiotesalismoides* L.; *Damasoniumalismoides* (L.) R. Brown; *Otteliaalismoides* f. *oryzetorum* Komarov; *O. condorensis* Gagnepain; *O. dioecia* S. Z. Yan; *O. indica* Planchon ex Dalzell & A. Gibson, nom. illeg. superfl.; *O.japonica* Miquel

【习性】沉水草本。常生湖泊、沟渠、水塘、水田以及积水洼地。

【东北地区分布】黑龙江省密山、虎林、兴凯湖等地。

【食用价值】幼叶柄、嫩叶焯水、浸泡后可作野菜食用。

【药用功效】全草入药，具有清热化痰、解毒利尿的功效。

【附注】本种为水生植物，污染水域不宜采食。另外，本种是唯一一种同时具备能够利用碳酸氢根、C4代谢途径和CAM代谢途径3种碳浓缩机制于一身的高等植物，对植物光合作用机制和演化的研究具有重要的意义，在2021年8月7日国务院批准的《国家重点保护野生植物名录》中被列为二级保护植物。在做好保护的前提下，取得合法手续，方可利用。

水麦冬科 Juncaginaceae

水麦冬属 Triglochin L.

海韭菜 Triglochin maritima L.

【俗名】亚海韭菜；亚洲海韭菜；圆果水麦冬

【异名】*Triglochin asiatica* (Kitag.) Love & Love

【习性】多年生草本。生海边、盐滩、湿沙地。

【东北地区分布】黑龙江省黑河；吉林省双辽；辽宁省彰武、大连、兴城、丹东、东港；内蒙古海拉尔、满洲里、新巴尔虎左旗、科尔沁右翼前旗、通辽、科尔沁左翼后旗、克什克腾旗等地。

【食用价值】叶柄基部的白色部分及种子有食用价值。要注意其有毒报道，详见本种附注。

叶柄基部的白色部分可以生食或煮熟后食用，有一种温和的甜味，有点像黄瓜，但烹调时会产生奇怪的气味。

种子干燥后磨成粉末可掺入面粉用于制作馒头、面包等食物；烘干后则是咖啡的替代品。

【药用功效】全草、果实入药，全草具有清热养阴、生津止渴的功效，果实具有滋补、止泻、镇静的功效。

【附注】全草有毒，所含的氰苷海韭菜苷，水解后生成氢氰酸而显示毒性。中毒可引起呼吸麻痹，在1~10小时内致死。其食用价值来源于国外报道，需谨慎对待。

水麦冬 Triglochin palustris L.

【俗名】不详

【异名】*Abbotia palustris* (L.) Rafinesque; *Juncagopalustris* (L.) Moench; *Tristemonpalustris* (L.) Rafinesque

【习性】多年生草本。生沼泽地或盐碱湿地。

【东北地区分布】黑龙江省黑河、安达、大庆、呼玛、哈尔滨；吉林省白城、扶余、镇赉；辽宁省建平、康平、丹东、东港、彰武、长海；内蒙古额尔古纳、根河、海拉尔、牙克石、满洲里、新巴尔虎右旗（呼伦池）、科尔沁右翼前旗、阿尔山、科尔沁左翼后旗、克什克腾旗、翁牛特旗、巴林右旗、通辽等地。

【食用价值】叶柄基部的白色部分及种子有食用价值。要注意其有毒报道，详见本种附注。

叶柄基部的白色部分可以生食或煮熟后食用，有一种温和的甜味，有点像黄瓜，但烹调时会产生奇怪的气味。

种子干燥后磨成粉末可掺入面粉用于制作馒头、面包等食物；烘干后则是咖啡的替代品。

【药用功效】全草、果实入药，全草具有清热、利湿、消炎、消肿的功效，果实具有消炎、止泻的功效。

【附注】植物体含有氢氰酸，为有毒植物。其食用价值来源于国外报道，需谨慎对待。

大叶藻科 Zosteraceae

大叶藻属 Zostera L.

宽叶大叶藻 Zostera asiatica Miki

【俗名】海带草

【异名】*Zostera pacifica* S. Watson.

【习性】多年生草本。生浅海中。

【东北地区分布】辽宁省普兰店、金州、庄河、大连等地。

【食用价值】根状茎及叶基部有食用价值。

根状茎又脆又甜，可以咀嚼食用，也可以用作调味品。

叶的基部甜而脆，北美洲土著印第安人将其用作食物。

【药用功效】全草入药，具有清热化痰、软坚散结、利水的功效。

【附注】本种与食用有关的内容均参考国外文献整理，初次食用者以少量尝试为宜。

具茎大叶藻 Zostera caulescens Miki

【俗名】海带草

【异名】不详

【习性】多年生草本。生浅海中。

【东北地区分布】辽宁省大连、普兰店沿海。

【食用价值】根状茎及叶基部有食用价值。

根状茎又脆又甜，可以咀嚼食用，也可以用作调味品。

叶的基部甜而脆，北美洲土著印第安人将其用作食物。

【药用功效】全草入药，具有清热化痰、软坚散结、利水的功效。

【附注】本种与食用有关的内容均参考国外文献整理，初次食用者以少量尝试为宜。

大叶藻 Zostera marina L.

【俗名】海带草

【异名】*Alga marina* (L.) Lamarck

【习性】多年生草本。生浅海中。

【东北地区分布】辽宁省绥中、大连等地。

【食用价值】根状茎及叶基部有食用价值。

根状茎又脆又甜，可以咀嚼食用，也可以用作调味品。

叶的基部甜而脆，北美洲土著印第安人将其用作食物。

【药用功效】全草入药，具有软坚化痰、利水泄热的功效。

【附注】本种与食用有关的内容均参考国外文献整理，初次食用者以少量尝试为宜。

眼子菜科 Potamogetonaceae

眼子菜属 Potamogeton L.

菹草 Potamogeton crispus L.

【俗名】菹草眼子菜

【异名】*Potamogeton crispus* L. var. *serrulatus* auct. non Reich. Miyabe et Kudo.

【习性】多年生草本。生池塘、水沟、稻田、灌渠及缓流河水中。

【东北地区分布】黑龙江省各地；吉林省长白、汪清、临江；辽宁省沈阳、新民、黑山、建昌、普兰店、大连、庄河、长海、本溪、抚顺；内蒙古科尔沁右翼中旗、克什克腾旗、通辽、阿鲁科尔沁旗等地。

【食用价值】嫩叶、嫩茎开水焯、清水反复浸泡后可作野菜食用。要注意食用安全，详见本种

附注。

【药用功效】全草入药，具有清热明目、渗湿利水、通淋、镇痛、消肿的功效。

【附注】本种为水生植物，污染水域不宜采食。

眼子菜 Potamogeton distinctus A. Bennett

【俗名】泉生眼子菜

【异名】*Potamogeton fontigenus* Y. H. Guo et al.

【习性】多年生草本。生水稻田、河渠、水库等处。

【东北地区分布】黑龙江省密山、牡丹江、萝北、哈尔滨；吉林省珲春、安图、长白、柳河、梅河口、通化、集安、辉南；辽宁省开原、康平、法库、沈阳、盘锦、大洼、凌海、兴城、抚顺、清原、鞍山、盖州；内蒙古科尔沁右翼中旗、科尔沁右翼前旗、扎赉特旗、克什克腾旗等地。

【食用价值】嫩叶、嫩茎开水焯、清水反复浸泡后可作野菜食用。要注意食用安全，详见本种附注。

【药用功效】全草、嫩根入药，全草具有清热、利水、止血、消肿、驱蛔的功效，嫩根具有理气和中、止血的功效。

【附注】本种为水生植物，污染水域不宜采食。

薯蓣科 Dioscoreaceae

薯蓣属 Dioscorea L.

穿龙薯蓣 Dioscorea nipponica Makino

【俗名】穿山龙；山常山

【异名】*Dioscorea acerifolia* Uline ex Diels; *D. giraldii* R. Knuth

【习性】缠绕草质藤本。生山坡灌木丛中和稀疏杂木林内及林缘。

【东北地区分布】黑龙江省牡丹江、宁安、五常、尚志、哈尔滨、阿城、虎林、密山、伊春、海林、穆棱、林口、东宁、通河、铁力、庆安；吉林省浑江、抚松、安图、汪清、珲春、蛟河；辽宁省西丰、法库、沈阳、清原、本溪、桓仁、宽甸、凤城、岫岩、朝阳、建昌、凌源、建平、北镇、阜新、鞍山、营口、海城、盖州、大连、瓦房店、铁岭；内蒙古科尔沁右翼前旗、大青沟、敖汉旗、巴林左旗、巴林右旗、克什克腾旗、敖汉旗、喀喇沁旗、宁城、西乌珠穆沁旗、正镶白旗等地。

【食用价值】根状茎、嫩苗有食用价值。要注意食用安全，详见本种附注。

根状茎淀粉含量达50%左右，可提炼淀粉用于酿酒。

嫩苗焯水、浸泡后可炒食、凉拌、蘸酱或腌渍咸菜，也可用作馅料。

【药用功效】干燥根状茎入药，具有祛风除湿、舒筋通络、活血止痛、止咳平喘的功效。

【附注】根状茎有小毒，小鼠腹腔注射煎剂LD_{50}（半数致死量）10～20克/千克，小鼠腹腔注射根状茎的氯仿提取物200毫克/千克或甲醇提取物400毫克/千克后，出现四肢无力、行动迟缓等中毒症状。

薯蓣 Dioscorea polystachya Turcz.

【俗名】山药

【异名】*Dioscorea opposita* auct. non Thunb.

【习性】缠绕草质藤本。生山谷或山坡灌丛间。

【东北地区分布】辽宁省大连、金州、普兰店、长海、绥中、岫岩、丹东、凤城、宽甸等地。黑龙江省牡丹江市及吉林省、辽宁省有栽培。

【食用价值】根状茎、零余子、嫩苗有食用价值。

根状茎肥大，含淀粉25%～30%，可提制淀粉用于制作糕点，也可作野菜食用，炒食、煮食、糖馏等均可。还可以利用剥下的根皮酿酒，每千克出45°白酒17.5千克。

零余子也可食用，宜煮食或煮熟后穿糖葫芦。

嫩苗开水焯、清水反复浸泡后可作野菜食用，凉拌、炒菜、蘸酱均可，大量采集可以腌渍保存或制什锦袋菜。

【药用功效】块茎、茎藤、珠芽入药，块茎具有补脾养胃、生津益肺、补肾涩精的功效，茎藤外用于皮肤湿疹、丹毒，珠芽具有补虚、强腰脚的功效。

【附注】中医提醒，有实邪者忌用山药。

藜芦科（黑药花科）Melanthiaceae

延龄草属 Trillium L.

吉林延龄草 Trillium camschatcense Ker Gawl.

【俗名】白花延龄草

【异名】*Trillium kamtschaticum* Pall. ex Pursh

【习性】多年生草本。生林下、林边或潮湿之处。

【东北地区分布】黑龙江省宝清、伊春、尚志、宁安、海林；吉林省敦化、浑江、珲春、汪清、安图、抚松、蛟河、通化、靖宇、长白；辽宁省宽甸、桓仁等地。

【食用价值】果实可食，食法不详。要注意食用安全，详见本种附注。

【药用功效】根及根状茎入药，具有镇静止痛、止血、解毒的功效。

【附注】根及根状茎有小毒。

本种与食用有关的内容参考国外文献整理，初次食用者以少量尝试为宜。

秋水仙科 Colchicaceae

万寿竹属 Disporum Salisb.

少花万寿竹 Disporum uniflorum Baker

【俗名】黄花宝铎草；宝铎草

【异名】*Disporum sessile* D. Don; *D. flavens* Kitag.

【习性】多年生草本。生林下或山坡草地。

【东北地区分布】辽宁省庄河、鞍山、本溪、绥中等地。

【食用价值】嫩叶可食，开水焯、清水反复浸泡后可作野菜食用。

【药用功效】根及根状茎入药，具有润肺止咳、健脾消食、舒筋活络、清热解毒的功效。

宝珠草 Disporum viridescens (Maxim.) Nakai

【俗名】绿宝铎草

【异名】*Disporumsmilacinum* A. Gray var. *viridescens* Maxim.

【习性】多年生草本。生林下、山坡草地、灌丛。

【东北地区分布】黑龙江省宁安、伊春、尚志、嘉荫、密山、宝清；吉林省通化、浑江、珲春、蛟河、桦甸、汪清、安图；辽宁省沈阳、大连、开原、西丰、鞍山、岫岩、本溪、丹东、东港、凤城、宽甸；内蒙古科尔沁左翼后旗、大青沟等地。

【食用价值】嫩叶开水焯、清水反复浸泡后可作野菜食用。

【药用功效】全草、根入药，全草具有驱虫的功效，根具有清肺化痰、止咳、祛风湿的功效。

菝葜科 Smilacaceae

菝葜属 Smilax L.

菝葜 Smilax china L.

【俗名】金刚兜

【异名】*Coprosmanthus japonicus* Kunth; *Smilaxjaponica* A. Gray; *S. pteropus* Miq.; *S.tequetii* Levl.; *S. taiheiensis* Hay.; *S. china* L. var. *taiheiensis* (Hay.) T. Koyama

【习性】攀缘灌木。生林下、灌丛中、路旁、河谷或山坡上。

【产地】辽宁省庄河和长海（海洋岛）有记录，待调查核实。

【食用价值】根状茎、嫩叶、嫩芽、果实有食用价值。

根状茎可提淀粉，也可酿酒。

嫩芽和嫩叶用作野菜；炒制后可代茶。

果实鲜食有解渴作用。

【药用功效】根状茎、叶入药，前者具有利湿去浊、祛风除痹、解毒散瘀的功效，叶用于痈疖疔疮、烫伤。

白背牛尾菜 **Smilax nipponica** Miq.

【俗名】大伸筋

【异名】*Coprosmanthus simadae* (Masamune) Masamune

【习性】一年生（北方）或多年生（南方）草本，直立或稍攀缘。生林下或山坡草丛中。

【东北地区分布】黑龙江省宁安、海林；辽宁省庄河、凤城、宽甸、本溪、桓仁等地。

【食用价值】嫩芽、嫩叶、果实有食用价值。

嫩芽和嫩叶用作野菜；炒制后可代茶。

果实鲜食有解渴作用。

【药用功效】根、根状茎、叶入药，前二者具有舒筋活血、通络止痛的功效，叶具有解毒消肿的功效。

牛尾菜 **Smilax riparia** A. DC.

【俗名】牛尾草；心叶菝葜；草菝葜

【异名】*Smilax oldhami* Miq. var. *ussuriensis* (Regel) A. DC.

【习性】多年生草质藤本。生林下、灌丛、山坡草丛或山沟中。

【东北地区分布】黑龙江省尚志、宁安、穆棱、虎林、依兰；吉林省通化、安图；辽宁省沈阳、新民、辽阳、鞍山、本溪、桓仁、东港、丹东、凤城、宽甸、清原；内蒙古科尔沁右翼中旗、科尔沁左翼后旗、大青沟等地。

【食用价值】嫩芽、嫩叶、果实均有食用价值。

嫩芽和嫩叶用作野菜；炒制后可代茶。

果实鲜食有解渴作用。

【药用功效】根及根状茎入药，具有补气活血、舒筋通络的功效。

华东菝葜 Smilax sieboldii Miq.

【俗名】黏鱼须菝葜

【异名】*Coprosmanthus oldhamii* (Miquel) Masamune

【习性】攀缘灌木或半灌木。生林下、灌丛、山坡草丛中。

【东北地区分布】黑龙江省张广才岭一带；辽宁省大连、长海、金州、庄河、东港等地。

【食用价值】嫩芽、嫩叶、果实有食用价值。

嫩芽和嫩叶用作野菜；炒制后可代茶。

果实鲜食有解渴作用。

【药用功效】根及根状茎入药，具有祛风、除湿、散瘀、解毒的功效。

百合科 Liliaceae

老鸦瓣属 Amana Honda

老鸦瓣 Amanaedulis (Miq.) Honda

【俗名】光慈姑

【异名】*Tulipa edulis* (Miq.) Baker

【习性】多年生草本。生向阳山坡草地。

【东北地区分布】辽宁省旅顺口、大连、金州、丹东、宽甸、凤城等地。

【食用价值】鳞茎、嫩叶有食用价值。要注意其有毒报道，详见本种附注。

鳞茎含有大量淀粉，也可提取淀粉。

嫩叶可作为应急食品，在饥荒年或无其他食物的特殊时期，开水焯、清水反复浸泡后可少量食用。

【药用功效】鳞茎、花入药，鳞茎具有清热解毒、散结消肿的功效，花具有通淋、止血的功效。

【附注】鳞茎有毒，含秋水仙碱等多种生物碱，不能直接食用，只能提取淀粉。

七筋姑属 Clintonia Raf.

七筋姑 Clintonia udensis Trautv. et Mey.

【俗名】蓝果七筋姑

【异名】*Clintonia alpina* Kunth ex Baker

【习性】多年生草本。生高山疏林下或阴坡疏林下。

【东北地区分布】黑龙江省伊春、尚志、密山、虎林、宁安、饶河、海林、尚志、呼玛；吉林省敦化、抚松、安图、汪清、珲春、临江、长白；辽宁省本

溪、凤城、桓仁、宽甸；内蒙古克什克腾旗、西乌珠穆沁旗等地。

【食用价值】幼叶、嫩芽焯水、浸泡后可作为野菜烹饪。

【药用功效】全草或根入药，具有祛风、败毒、散瘀、止痛的功效，用于跌打损伤、劳伤等症。

【附注】全草有小毒。

猪牙花属 Erythronium L.

猪牙花 Erythronium japonicum Decne.

【俗名】山芋头；片栗

【异名】*Erythronium dens-canis* Linnaeus var. *japonicum* Baker

【习性】多年生草本。生林下润湿地。

【东北地区分布】吉林省浑江、柳河；辽宁省凤城、宽甸、桓仁等地。

【食用价值】鳞茎含淀粉40%～50%，可用于提取淀粉，也可酿酒；在日本，用来加工成片栗粉（日本太白粉）。片栗粉的用法和太白粉一样，一般都是作为料理勾芡之用或是用来增加食物的黏稠度，在炸天妇罗时也会使用片栗粉。

【药用功效】鳞茎入药，用作缓泻剂及片剂的赋形剂。

【附注】敏感人群的皮肤接触鳞茎会导致皮炎。

顶冰花属 Gagea Salisb.

顶冰花 Gagea nakaiana Kitag.

【俗名】朝鲜顶冰花

【异名】*Gagea lutea* (L.) Ker.; *G. lutea* var. *nakaiana* (Kitag.) Q. S. Sun

【习性】多年生草本。生林下及草地。

【东北地区分布】黑龙江省宁安、伊春、阿城、尚志、铁岭；吉林省安图、临江、舒兰；辽宁省沈阳、鞍山、本溪、桓仁、凤城、宽甸、新宾等地。

【食用价值】鳞茎、幼叶可作为应急食品，在饥荒或没有其他食物的非常时期少量食用。

鳞茎煮熟后食用。

幼叶焯水、反复浸泡后少量食用，蒸熟后晒干菜食用最安全。

【药用功效】鳞茎入药，长白山民间用于治疗心脏病。要注意其有毒报道，详见本种附注。

【附注】全株有毒，以鳞茎毒性最大。每年开春，儿童外出采集野菜，误为山韭菜，食数株即可中毒，4克以上可致死，死亡率甚高。食后1小时左右出现症状，有头痛、头晕、呕吐、无力、烦躁不安、语言不清、意识障碍、大小便失禁等，严重者可出现全身抽搐、角弓反张，抽搐后心动过速、心音弱、肢体发冷、呼吸困难等。个别人中毒后有意识障碍、智力下降、瘫痪等后遗症。

百合属 Lilium L.

秀丽百合 Lilium amabile Palib.

【俗名】朝鲜百合

【异名】*Lilium fauriei* H. Léveillé & Vaniot

【习性】多年生草本。生山坡、灌丛间及柞林内。

【东北地区分布】辽宁省丹东、凤城、东港、沈阳等地。

【食用价值】嫩苗、鳞茎、花、花蕾有食用价值。

嫩苗开水焯、清水反复浸泡后可作野菜食用。

鳞茎富含淀粉，可食用或酿酒。

花及花蕾水焯、晒干菜食用。

【药用功效】不详。但可参考本书同属其他植物的药用价值开展研究。

【附注】在2021年8月7日国务院批准的《国家重点保护野生植物名录》中，本种被列为二级保护植物。在做好保护的前提下，取得合法手续，方可利用。

条叶百合 Lilium callosum Sieb. et Zucc.

【俗名】东北野百合

【异名】*Liliumcallosum* var. *stenophyllum* Baker

【习性】多年生草本。生山坡、草甸、湿草地、林缘。

【东北地区分布】黑龙江省密山、萝北、虎林、安达、穆棱；吉林省抚松、靖宇、临江、长白；辽宁省沈阳、凌源、义县；内蒙古科尔沁左翼后旗、扎鲁特旗、扎赉特旗等地。

【食用价值】鳞茎含淀粉，供食用。

【药用功效】鳞茎入药，具有润肺止咳、宁心安神的功效。

【附注】中医提醒，患有风寒外感者不宜食用这类植物。

垂花百合 Lilium cernuum Kom.

【俗名】松叶百合

【异名】*Lilium cernuum* var. *atropurpureum* Nakai; *L. changbaishanicum* J. J. Chien; *L. graminifolium* H. Léveillé & Vaniot; *L.palibinianum* Y. Yabe

【习性】多年生草本。生山坡草地或林缘。

【东北地区分布】黑龙江省东宁；吉林省浑江、汪清、安图、和龙；辽宁省金州、庄河、岫岩、本

溪、桓仁、宽甸、凤城、新宾、清原、西丰、葫芦岛、北镇等地。

【食用价值】嫩苗、鳞茎、花、花蕾有食用价值。

嫩苗开水焯、清水反复浸泡后可作野菜食用。

鳞茎富含淀粉，可食用或酿酒。

花及花蕾水焯、晒干菜食用。

【药用功效】干燥肉质鳞叶入药，具有养阴润肺、清心安神的功效。

【附注】中医提醒，患有风寒外感者不宜食用这类植物。

渥丹 Lilium concolor Salisb.

【俗名】山丹

【异名】*Lilium mairei* Lévl.

【习性】多年生草本。生山坡、林缘或灌丛间、路旁。

【东北地区分布】黑龙江省哈尔滨、黑河、虎林、密山、伊春；吉林省安图、汪清、永吉；辽宁省大连、瓦房店、建平、凌源、兴城、义县、法库、朝阳、鞍山、西丰、岫岩、本溪；内蒙古巴林右旗、鄂温克、宁城、扎鲁特旗等地。

【食用价值】嫩苗、鳞茎、花、花蕾有食用价值。

嫩苗开水焯、清水反复浸泡后可作野菜食用。

鳞茎含淀粉20%，可食用或酿酒。

花及花蕾水焯、晒干菜食用。

【药用功效】鳞茎、花、花蕊可入药，鳞茎具有除烦热、润肺、止咳、安神的功效，花具有活血化瘀的功效，花蕊具有活血的功效。

【附注】中医提醒，患有风寒外感者不宜食用这类植物。

有斑百合 Lilium concolor var. **pulchellum** (Fisch.) Regel

【俗名】布渥丹

【异名】*Lilium concolor* var. *buschianum* (Lodd.) Baker

【习性】多年生草本。生阳坡草地和林下湿地。

【东北地区分布】黑龙江省伊春、鹤岗、富锦、黑河、宁安、牡丹江、依兰、双城；吉林省长春、通化、桦甸、汪清；辽宁省沈阳、鞍山、岫岩、凌源、清原、建平、北镇、西丰、庄河、长海；内蒙古牙克石、扎兰屯、额尔古纳、鄂伦春、科尔沁右翼前旗、扎赉特旗、巴林左旗、克什克腾旗、喀喇沁旗、宁城、锡林浩特等地。

【食用价值】嫩苗、鳞茎、花、花蕾均有食用价值。

嫩苗开水焯、清水反复浸泡后可作野菜食用。

鳞茎含淀粉20%，可食用或酿酒。

花及花蕾水焯、晒干菜食用。

【药用功效】鳞茎在东北地区作"百合"入药，具有润肺化痰、止咳、滋养、强壮、宁心安神、补中除烦的功效。

【附注】中医提醒，患有风寒外感者不宜食用这类植物。

东北百合 Liliumdistichum Nakai ex Kamib.

【俗名】轮叶百合

【异名】不详

【习性】多年生草本。生山坡林下、林缘、草丛。

【东北地区分布】黑龙江省牡丹江、海林、萝北、饶河、宁安、密山、尚志、阿城；吉林省通化、浑江、抚松、安图、珲春、敦化、蛟河、汪清、长白；辽宁省金州、普兰店、庄河、鞍山、岫岩、西丰、丹东、宽甸、凤城、本溪、桓仁等地。

【食用价值】嫩苗、鳞茎、花、花蕾有食用价值。

嫩苗开水焯、清水反复浸泡后可作野菜食用。

鳞茎含淀粉26%～30%，可食用或酿酒。

花及花蕾水焯、晒干菜食用。

【药用功效】干燥肉质鳞叶入药，具有养阴润肺、清心安神的功效。

【附注】中医提醒，患有风寒外感者不宜食用这类植物。

凤凰百合 Lilium floridum J. L. Ma & Y. J. Li

【俗名】不详

【异名】不详

【习性】多年生草本。生山坡林下。

【产地】模式标本产辽宁省凤城凤凰山。

【食用价值】嫩苗、鳞茎、花、花蕾有食用价值。

嫩苗开水焯、清水反复浸泡后可作野菜食用。

鳞茎富含淀粉，可食用或酿酒。

花及花蕾水焯、晒干菜食用。

【药用功效】不详。但可参考本书同属其他植物的药用价值开展研究。

【附注】中医提醒，患有风寒外感者不宜食用这类植物。

竹叶百合 **Lilium hansonii** Leichtlin ex Baker

【俗名】不详

【异名】*Lilium medeoloides* A. Gray var. *obovata* Franchet & Savatier

【习性】多年生草本。生林缘或林内。

【东北地区分布】黑龙江省尚志；吉林省临江。

【食用价值】鳞茎含淀粉，可酿酒和食用。

【药用功效】不详。但可参考本书同属其他植物的药用价值开展研究。

【附注】中医提醒，患有风寒外感者不宜食用这类植物。

卷丹 **Lilium lancifolium** Thunb.

【俗名】虎皮百合

【异名】*Lilium tigrinum* Ker

【习性】多年生草本。生山坡灌木林下、草地、路边或水旁。

【东北地区分布】黑龙江省宁安；吉林省通化、安图；辽宁省大连、凤城、北镇、鞍山、沈阳、义县等地。各地常见栽培。

【食用价值】嫩苗、鳞茎、花、花蕾有食用价值。

嫩苗开水焯、清水反复浸泡后可作野菜食用。

鳞茎含淀粉65%~70%，可食用或制糖、酿酒。

花及花蕾水焯、晒干菜食用。

【药用功效】鳞叶入药，具有养阴润肺、清心安神的功效。

【附注】中医提醒，患有风寒外感者不宜食用这类植物。另外，嫩苗味苦，需要反复换水浸泡。

大花卷丹 **Lilium leichtlinii** var. **maximowiczii** (Regel) Baker

【俗名】不详

【异名】*Lilium maximowiczii* Regel; *L.pseudotigrinum* Carrière

【习性】多年生草本。生谷底沙地。

【东北地区分布】黑龙江省宁安；吉林省珲春、安图；辽宁省鞍山、凤城、宽甸、桓仁、新宾等地。

【食用价值】嫩苗、鳞茎、花、花蕾有食用价值。

嫩苗开水焯、清水反复浸泡后可作野菜食用。

鳞茎富含淀粉，可食用或酿酒。

花及花蕾水焯、晒干菜食用。

【药用功效】鳞茎入药，具有清热解毒、润肺止咳、宁心安神的功效。

【附注】中医提醒，患有风寒外感者不宜食用这类植物。

毛百合 Lilium pensylvanicum Ker Gawl.

【俗名】卷莲百合；卷莲花

【异名】*Lilium dauricum* Ker-Gawler

【习性】多年生草本。生山坡、林下、林缘、路边草地。

【东北地区分布】黑龙江省宁安、牡丹江、伊春、尚志、呼玛、宝清、宁安、黑河、穆棱、密山、萝北；吉林省浑江、珲春、和龙、抚松、安图、靖宇、桦甸、长白、通化；辽宁省庄河、本溪、桓仁、沈阳、清原、西丰；内蒙古额尔古纳、根河、海拉尔、牙克石、扎兰屯、鄂伦春、鄂温克、科尔沁右翼前旗、阿尔山、扎赉特旗等地。

【食用价值】嫩苗、鳞茎、花、花蕾有食用价值。

嫩苗开水焯、清水反复浸泡后可作野菜食用。

鳞茎含淀粉25%～30%，可食用或酿酒。

花及花蕾水焯、晒干菜食用。

【药用功效】干燥肉质鳞叶入药，具有养阴润肺、清心安神的功效。

【附注】中医提醒，患有风寒外感者不宜食用这类植物。

山丹 Lilium pumilum DC.

【俗名】细叶百合

【异名】*Lilium tenuifolium* Fisch.

【习性】多年生草本。生草地或多石质山坡。

【东北地区分布】黑龙江省牡丹江、宁安、哈尔滨、肇东、尚志、杜尔伯特、嫩江、呼玛、大庆、明水、克东、绥化、铁力、安达、黑河、绥化、萝北；吉林省白城、双辽、和龙、安图、长春；辽宁省大连、沈阳、昌图、法库、凤城、丹东、义县、北镇、兴城、凌源、建平、建昌；内蒙古海拉尔、满洲里、额尔古纳、牙克石、鄂伦春、陈巴尔虎旗、新巴尔虎右旗、科尔沁右翼前旗、科尔沁右翼中旗、科尔沁左翼后旗、巴林左旗、巴林右旗、阿尔山、通辽、扎赉特旗、乌兰浩特、克什克腾旗、宁城、东乌珠穆沁旗、锡林浩特、镶黄旗等地。

【食用价值】嫩苗、鳞茎、花、花蕾有食用价值。

嫩苗开水焯、清水反复浸泡后可作野菜食用。

鳞茎富含淀粉，可食用或酿酒。

花及花蕾水焯、晒干菜食用。

【药用功效】鳞叶入药，具有养阴润肺、清心安神的功效。

【附注】中医提醒，患有风寒外感者不宜食用这类植物。

扭柄花属 Streptopus Michx.

丝梗扭柄花 Streptopus koreanus (Kom.) Ohwi

【俗名】不详

【异名】*Streptopus streptopoides* var. *koreanus* (Kom.) Kitam.

【习性】多年生草本。生林下。

【东北地区分布】黑龙江省伊春、宁安、尚志、海林；吉林省安图、抚松、长白；辽宁省桓仁。

【食用价值】幼叶、嫩枝、果实有食用价值。

幼叶和嫩枝生食、熟食均可，有类似黄瓜的味道。

橘红色浆果直径约6毫米，生食、熟食均可，有类似西瓜的味道。

【药用功效】根入药，具有健脾利湿、消食的功效。

卵叶扭柄花 Streptopus ovalis (Ohwi) Wang et Y. C. Tang

【俗名】金刚草；黄瓜鲜；羹匙菜

【异名】*Disporum ovale* Ohwi

【习性】多年生草本。生山地林下、林缘、灌丛间及草丛中。

【东北地区分布】吉林省集安；辽宁省庄河、岫岩、凤城、宽甸、丹东、本溪、桓仁、新宾等地。

【食用价值】嫩苗、果实有食用价值。

嫩苗的基部有类似黄瓜的味道，故此，山区人称它"山黄瓜"，可少量生食，也可以焯水、浸泡后作为蔬菜食用。

果实也可食用。

【药用功效】根入药，具有清热解毒的功效。

油点草属 Tricyrtis Wall.

黄花油点草 Tricyrtis pilosa Wall.

【俗名】柔毛油点草

【异名】*Tricyrtis maculata* (D. Don) Machride

【习性】多年生草本。生山坡林下、路旁等处。

【东北地区分布】辽宁省凌源。

【食用价值】叶和幼芽焯水、浸泡后可作为野菜

食用。

【药用功效】根入药，具有安神除烦、健脾止渴、活血消肿的功效。

兰科 Orchidaceae

山兰属 Oreorchis Lindl.

山兰 Oreorchispatens (Lindl.) Lindl.

【俗名】不详

【异名】*Oreorchis wilsonii* Rolfe ex Adamson

【习性】多年生草本。生林下。

【东北地区分布】黑龙江省尚志、饶河；吉林省桦甸；辽宁省大连、清原、新宾、凤城、桓仁、宽甸、岫岩等地。

【食用价值】假鳞茎可生食或熟食，含有丰富的黄油状物质，北美印第安人喜欢煮熟后食用，年轻女性喜欢生吃，因为她们认为生吃有丰胸作用。

【药用功效】全草、假鳞茎入药，全草具有滋阴清肺、化痰止咳的功效，假鳞茎具有解毒行瘀、杀虫消痈的功效。

【附注】本种与食用有关的内容均参考国外文献整理，初次食用者以少量尝试为宜。

舌唇兰属 Platanthera L. C. Rich.

细距舌唇兰 Platanthera bifolia (L.) Richard

【俗名】双叶舌唇兰

【异名】*Platanthera metabifolia* F. Maekawa

【习性】多年生草本。生山坡林下或湿草地中。

【东北地区分布】黑龙江、吉林、辽宁。

【食用价值】块茎煮熟后可食；干燥后研磨成粉末可以制成饮料，也可以与面粉混合制作面包等。

【药用功效】欧洲药用植物，块茎作白及药用，称欧洲白及（salep）。

【附注】本种与食用有关的内容均参考国外文献整理，初次食用者以少量尝试为宜。

绶草属 Spiranthes L. C. Rich.

绶草 Spiranthes sinensis (Pers.) Ames

【俗名】扭劲草；盘龙参；一线香

【异名】*Neottiasinensis* Persoon

【习性】多年生草本。生林缘、稍湿草地、林下。

【东北地区分布】黑龙江省虎林、黑河、齐齐哈尔、安达、哈尔滨、伊春、依兰、饶河、密山、呼玛、塔河；吉林省通化、安图、汪清、珲春、长春、通榆、长白；辽宁省凌源、北镇、彰武、康平、沈阳、鞍山、海城、本溪、桓仁、丹东、宽甸、大连、金州、普兰店；内蒙古根河、额尔古纳、牙克石、扎兰屯、鄂伦春、鄂温克、新巴尔虎左旗、阿荣旗、科尔沁右翼前旗、巴林右旗、扎赉特旗、乌兰浩特、阿鲁科尔沁旗、克什克腾旗、宁城、白音锡勒牧场、正蓝旗等地。

【食用价值】嫩苗、块茎有食用价值。

嫩苗开水焯、清水反复浸泡后可作野菜食用。

块茎富含淀粉，磨碎后过滤制成的淀粉可以酿酒。

【药用功效】根和全草入药，具有滋阴益气、凉血解毒、涩精的功效。

鸢尾科 Iridaceae

鸢尾属 Iris L.

玉蝉花 Iris ensata Thunb.

【俗名】紫花鸢尾；东北鸢尾

【异名】*Iris ensata* var. *spontanea* (Makino) Nakai

【习性】多年生草本。生河岸水湿地。

【东北地区分布】黑龙江省黑河、嫩江、北安、呼玛、密山、虎林、宁安、萝北、富锦、海林、依兰、伊春、尚志；吉林省安图、抚松、靖宇、珲春、汪清、敦化、临江、和龙；辽宁省西丰、岫岩、北镇、沈阳；内蒙古额尔古纳、鄂伦春、阿鲁科尔沁旗等地。

【食用价值】根状茎可提取食用淀粉。

【药用功效】根状茎、花、种子入药，根状茎具有清热解毒、消食、开胸消胀的功效，花具有清热凉血、利尿消肿的功效，种子具有清热利湿的功效。

马蔺 Iris lactea var. chinensis (Fisch.) Koidz.

【俗名】马莲

【异名】*Iris pallasii* Fisch. var. *chinensis* Fisch.

【习性】多年生草本。生境同正种。

【东北地区分布】黑龙江省肇东、安达、哈尔滨、宁安、北安、富锦、阿城；吉林省长春、双辽、磐石；辽宁省凌源、葫芦岛、兴城、凌海、北镇、阜新、彰武、沈阳、本溪、桓仁、凤城、宽甸、丹东、鞍

山、海城、庄河、大连、长海；内蒙古海拉尔、满洲里、新巴尔虎左旗、新巴尔虎右旗、扎鲁特旗、翁牛特旗、阿鲁科尔沁旗、科尔沁右翼前旗等地。

【食用价值】种子含淀粉38.75%，可以炒食，也可以磨成粉与面粉一起制作糕点、馒头等面食，或用于酿酒，也常用于牙粉制作。

【药用功效】根、叶、花、种子入药，根具有清热解毒的功效，叶具有清热通淋的功效，花具有清热凉血、止血、利尿消肿的功效，种子具有清热利湿、解毒、止血的功效。

山鸢尾 Iris setosa Pall. ex Link

【俗名】不详

【异名】不详

【习性】多年生草本。生海拔1500～2500米的亚高山湿草甸或沼泽地及林缘。

【东北地区分布】黑龙江省东南部山区；吉林省安图、抚松、长白、浑江、和龙等地。

【食用价值】根、种子有食用价值。

根可提炼食用淀粉。

烘焙和磨碎的种子是咖啡的替代品。

【药用功效】根、根状茎、花入药，具有清热解毒、杀虫的功效。

【附注】本种与食用有关的部分内容参考国外文献整理，初次食用者以少量尝试为宜。

阿福花科（独尾草科）Asphodelaceae

萱草属 Hemerocallis L.

黄花菜 Hemerocallis citrina Baroni

【俗名】朝鲜萱草

【异名】Hemerocallis coreana Nakai

【习性】多年生草本。生山坡、山谷、荒地或林缘。

【东北地区分布】黑龙江省宁安；辽宁省大连、长海、瓦房店等地。东北各地有栽培。

【食用价值】根、嫩苗、花有食用价值。要注意其有毒报道，详见本种附注。

根可供酿酒。

嫩苗焯水、浸泡后也有食用价值。

花经过蒸、晒后即金针菜或黄花菜，远销国内外。

【药用功效】根、嫩苗、花蕾入药，根具有利水、凉血的功效，嫩苗、花蕾具有利湿热、宽胸膈的

功效。

　　【附注】该属植物有毒，根部毒性较大，毒素主要为秋水仙碱。鲜品炒食会在体内氧化，产生剧毒，轻则引起喉干、恶心、呕吐或腹胀、腹泻，严重的还会血尿、血便，所以一般不宜鲜食。如果非要鲜食，食前一定要先用开水焯，再用清水反复浸泡，而且食量不可多。经干制或盐渍的黄花菜，体内的毒素被破坏，再食用就不会出现问题。

北黄花菜 Hemerocallis lilio-asphodelus L.

　　【俗名】黄花萱草

　　【异名】*Hemerocallis flava* (L.) L.

　　【习性】多年生草本。生山坡、草地。

　　【东北地区分布】黑龙江省伊春、黑河、大庆、虎林、安达、集贤、密山、萝北、宁安、呼玛、嘉荫、牡丹江、海林；吉林省汪清、珲春、安图、前郭尔罗斯；辽宁省大连、金州、铁岭、西丰、法库、兴城、彰武、北镇、海城；内蒙古额尔古纳、牙克石、科尔沁右翼前旗、阿尔山、克什克腾旗、科尔沁左翼后旗、扎鲁特旗等地。

　　【食用价值】嫩苗、花有食用价值。要注意其有毒报道，详见本种附注。

　　嫩苗焯水、浸泡后也有食用价值。

　　花焯水、浸泡后可食，晒干食用更安全。

　　【药用功效】根、嫩苗、花蕾入药，根具有清热利尿、凉血止血的功效，嫩苗、花蕾具有利湿热、宽胸膈的功效。

　　【附注】全株有毒，根部毒性较大。详见黄花菜*Hemerocallis citrina* Baroni。

大苞萱草 Hemerocallis middendorffii Mey.

　　【俗名】大花萱草

　　【异名】*Hemerocallis dumortieri* var. *middendorffii* (Trautv. et C. A. Mey.) Kitam.

　　【习性】多年生草本。生山坡、林缘、草甸。

　　【东北地区分布】黑龙江省牡丹江、宁安、伊春、密山、海林、哈尔滨、饶河、尚志、嘉荫、萝北；吉林省浑江、抚松、安图、珲春、桦甸、通化；辽宁省清原、本溪、桓仁、凤城、岫岩、丹东、法库、庄河等地。

　　【食用价值】嫩苗、花均有食用价值。要注意其有毒报道，详见本种附注。

　　嫩苗焯水、浸泡后也有食用价值。

　　花焯水、浸泡后可食，晒干食用更安全。

　　【药用功效】根及根状茎入药，具有利水、凉血的功效。

　　【附注】全株有毒，根部毒性较大。详见黄花菜*Hemerocallis citrina* Baroni。

小黄花菜 Hemerocallis minor Mill.

【俗名】不详

【异名】*Hemerocallis flava* (L.) L. var. *minor* (Miller) M. Hotta

【习性】多年生草本。生湿草地、林间及山坡稍湿草地。

【东北地区分布】黑龙江省牡丹江、宁安、虎林、尚志、五常、齐齐哈尔、泰来、杜尔伯特、佳木斯、鹤岗、伊春、萝北、密山、黑河、富锦、阿城；吉林省桦甸、磐石、抚松、安图、汪清、通化、临江、双辽、通榆、珲春；辽宁省大连、普兰店、营口、本溪、桓仁、凤城、东港、沈阳、义县、绥中、凌源；内蒙古根河、海拉尔、额尔古纳、牙克石、鄂伦春、鄂温克、科尔沁右翼前旗、科尔沁左翼后旗、通辽、翁牛特旗、巴林右旗、巴林左旗、克什克腾旗、喀喇沁旗、宁城、东乌珠穆沁旗、锡林浩特、多伦等地。

【食用价值】嫩苗、花有食用价值。要注意其有毒报道，详见本种附注。

嫩苗焯水、浸泡后也有食用价值。

花焯水、浸泡后可食，晒干食用更安全。

【药用功效】根、嫩苗入药，根具有利水、凉血的功效，嫩苗具有利湿热、宽胸、消食的功效。

【附注】全株有毒，根部毒性较大。人食用鲜花不慎易引起中毒，主要表现为头晕、恶心、呕吐、腹痛、腹泻、四肢无力等。根对兔子和狗中毒症状表现为瞳孔散大、对光反射消失、失明、心律不齐、全身震颤、呼吸困难、后肢瘫痪和膀胱潴尿等，小鼠中毒所引起的病理变化，主要表现为脑、脊髓白质部和视神经纤维普遍软化和髓鞘脱失，灰质部的病变一般均轻微；此外，肝、肾细胞有不同程度的浊肿，肺部有瘀血或斑状出血。

石蒜科 Amaryllidaceae

葱属 Allium L.

阿尔泰葱 Allium altaicum Pall.

【俗名】不详

【异名】*Allium ceratophyllum* Besser ex Schultes & J. H. Schultes; *A. sapidissimum* Pallas ex Schultes & J. H. Schultes

【习性】多年生草本。生乱石山坡或草地。

【东北地区分布】内蒙古额尔古纳、巴林右旗、西乌珠穆沁旗等地。

【食用价值】鳞茎、嫩叶、花有食用价值。

鳞茎、嫩叶可蘸酱生食，也可以炒菜、做汤、腌咸菜，或像葱蒜那样作调料。

花可以像韭菜花一样腌制后作调料食用，也可用于沙拉装饰。

【药用功效】鳞茎入药，用于坏血病、消化不良。

黄花葱 Allium condensatum Turcz.

【俗名】黄花韭

【异名】*Allium jaluanum* Nakai

【习性】多年生草本。生山地草甸上。

【东北地区分布】黑龙江省大庆、伊春、虎林、密山、牡丹江、鸡西、肇东、呼玛、宁安、萝北、依兰、安达；吉林省蛟河、镇赉、双辽；辽宁省大连、金州、凤城、葫芦岛、北镇、法库、凌海、凌源、喀左、建平；内蒙古海拉尔、鄂温克、陈巴尔虎旗、新巴尔虎左旗、新巴尔虎右旗、扎鲁特旗、巴林右旗、扎赉特旗、敖汉旗、阿鲁科尔沁旗、克什克腾旗、东乌珠穆沁旗、锡林浩特、正蓝旗、多伦、正镶白旗、镶黄旗等地。

【食用价值】嫩叶、花葶、花有食用价值。

嫩叶、鳞茎可蘸酱生食，也可以炒菜、做汤、腌咸菜，或像葱蒜那样作调料。

花可以像韭菜花一样腌制后作调料食用，也可用于沙拉装饰。

【药用功效】不详。但可参考本书同属其他植物的药用价值开展研究。

【附注】植物体内因含有丙烯基硫化物及挥发油而具有强烈的辛辣味和苦味，很多人接受不了。

硬皮葱 Allium ledebourianum Roem.

【俗名】不详

【异名】*Allium maximowiczii* Regel

【习性】多年生草本。生海拔1800米以下的湿润草地、沟边、河谷以及山坡和沙地上。

【东北地区分布】黑龙江省海林、大庆、北安、黑河、逊克、尚志；吉林省抚松、安图；内蒙古海拉尔、额尔古纳、牙克石、鄂伦春、阿尔山、克什克腾旗、东乌珠穆沁旗、锡林浩特、宝格达山等地。

【食用价值】幼叶可供食用，蘸酱生食，也可以炒菜、做汤、腌咸菜，或像葱蒜那样作调料。

【药用功效】祁连山药用植物，蕴藏量较大，当地以全草入药。

对叶山葱 Allium listera Stearn

【俗名】对叶韭

【异名】*Allium victorialis* L. var. *listera* (Stearn) J. M. Xu

【习性】多年生草本。生林下。

【东北地区分布】吉林省东丰、东辽；辽宁省建

昌、凌源等地。

【食用价值】叶芽、叶可食。

叶芽或葱背儿（假茎）最适合蘸大酱生吃，就像吃大葱那样。

叶子展开后最常见的吃法是把其作为可食性包裹使用，韩国和日本料理用茖葱叶子来包饭、包菜一起吃；还可以煮汤，感觉是菠菜的味道，却没有菠菜的涩味，鲜而微甜；包饺子的味道妙不可言；炒鸡蛋其口感胜过韭菜炒鸡蛋；还可以挂糊油炸，炸后膨大酥松，日本称其为天妇罗，外焦里嫩，鲜香无比。

【药用功效】不详。但可参考茖葱*Allium victorialis* L.。

薤白 Allium macrostemon Bunge

【俗名】小根蒜

【异名】*Allium nipponicum* Franch. et Sav.

【习性】多年生草本。生干燥草地、田野间或林缘。

【东北地区分布】黑龙江省各地；吉林省桦甸、磐石、永吉、双辽、吉林；辽宁省沈阳、鞍山、大连、瓦房店、铁岭、昌图、清原、丹东、宽甸、东港、本溪、桓仁、鞍山、北镇、兴城、绥中；内蒙古科尔沁左翼后旗、喀喇沁旗、敖汉旗、翁牛特旗、科尔沁右翼中旗、扎赉特旗、宁城等地。

【食用价值】嫩叶、花葶、花有食用价值。

嫩叶、花葶可蘸酱生食，也可以炒菜、做汤、腌咸菜，或像葱蒜那样作调料。

花可以像韭菜花一样腌制后作调料食用，也可用于沙拉装饰。

【药用功效】鳞茎、叶入药，鳞茎具有通阳散结、行气导滞的功效，叶具有杀虫止痒、温肺定喘的功效。

单花韭 Allium monanthum Maxim.

【俗名】多花韭

【异名】*Allium monanthum* var. *floribundum* Z.J.Zhong & X.T.Huang

【习性】多年生草本。生山坡或林下。

【东北地区分布】黑龙江省尚志、宁安、虎林、伊春；吉林省九台、长白；辽宁省鞍山、本溪、桓仁、西丰、凤城、宽甸等地。

【食用价值】嫩苗、鳞茎、花有食用价值。

嫩苗、鳞茎可蘸酱生食，也可以炒菜、做汤、腌咸菜，或像葱蒜那样作调料。

花可以像韭菜花一样腌制后作调料食用，也可用于沙拉装饰。

【药用功效】不详。但可参考本书同属其他植物的药用价值开展研究。

蒙古韭 Allium mongolicum Regel

【俗名】蒙古葱

【异名】不详

【习性】多年生草本。生荒漠、沙地或干旱山坡。

【东北地区分布】辽宁省西部地区；内蒙古新巴尔虎右旗、科尔沁右翼前旗、乌兰浩特、克什克腾旗、苏尼特左旗、苏尼特右旗、阿巴嘎旗、镶黄旗等地。

【食用价值】嫩叶、花葶、花均有食用价值。

嫩叶、花葶可蘸酱生食，也可以炒菜、做汤、腌咸菜，或像葱蒜那样作调料。

花可以像韭菜花一样腌制后作调料食用，也可用于沙拉装饰。

【药用功效】全草入药，具有温中壮阳的功效。

蒙古野韭 Allium prostratum Trevir.

【俗名】蒙古野葱

【异名】*Allium deflexum* Fisch. ex Schult. et Schult. f.

【习性】多年生草本。生多石山坡。

【东北地区分布】辽宁省金州、旅顺口；内蒙古满洲里等地。

【食用价值】嫩叶、花葶、花有食用价值。

嫩叶、花葶可蘸酱生食，也可以炒菜、做汤、腌咸菜，或像葱蒜那样作调料。

花可以像韭菜花一样腌制后作调料食用，也可用于沙拉装饰。

【药用功效】不详。但可参考本书同属其他植物的药用价值开展研究。

野韭 Allium ramosum L.

【俗名】不详

【异名】*Allium lancipetalum* Y. P. Hsu; *A. odorum* Linnaeus; *A. potaninii* Regel; *A. tataricum* Linnaeus f.; *A. weichanicum* Palibin

【习性】多年生草本。生向阳山坡、草坡或草地上。

【东北地区分布】黑龙江省哈尔滨、伊春、密山、齐齐哈尔、孙吴、安达、阿城；吉林省珲春、九台、通榆；辽宁省大连、沈阳、丹东、东港、凤城、彰武、凌源、喀左；内蒙古海拉尔、额尔古纳、陈巴尔虎旗、鄂伦春、新巴尔虎左旗、新巴尔虎右旗、扎莱特旗、巴林右旗、克什克腾旗、喀喇沁旗、宁城、东乌珠穆沁旗、锡林浩特、多伦等地。

【食用价值】嫩叶、花葶、花均有食用价值。

嫩叶、花葶可蘸酱生食，也可以炒菜、做汤、腌咸菜，或像葱蒜那样作调料。

花可以像韭菜花一样腌制后作调料食用，也可用于沙拉上点缀。

【药用功效】全草入药，具有活血化瘀的功效。

北葱 Allium schoenoprasum L.

【俗名】虾夷葱

【异名】*Allium sibiricum* L.; *A. raddeanum* Regel

【习性】多年生草本。生潮湿的草地、河谷、山坡或草甸。

【东北地区分布】内蒙古宁城等地。辽宁省大连有栽培。

【食用价值】鳞茎、嫩叶、花有食用价值，且各个部位食用后对消化系统和血液循环都有改善食欲、促进消化、降压、滋补作用。

鳞茎可代替大葱用于烹调。

嫩叶生食、熟食均可，也可晒干供以后食用，是沙拉的绝佳调味品，也可以用作汤等的调味品。

花可以用作沙拉等菜品的装饰。

【药用功效】全草、根入药，具有通气发汗、散寒解表的功效。

山韭 Allium senescens L.

【俗名】山葱

【异名】*Allium baicalense* Willd.

【习性】多年生草本。生山坡、草地、路旁。

【东北地区分布】黑龙江省嫩江、鸡西、鸡东、大庆、绥芬河、哈尔滨、伊春、黑河、萝北、泰来、阿城、克山、虎林、密山、齐齐哈尔、逊克、宁安；吉林省长春、浑江、蛟河、汪清、敦化、安图、前郭尔罗斯、镇赉、通榆、珲春；辽宁省法库、新宾、清原、凤城、桓仁、本溪、大连、庄河、金州、长海、开原、北镇、彰武；内蒙古海拉尔、额尔古纳、满洲里、新巴尔虎左旗、鄂伦春、科尔沁右翼前旗、突泉、扎鲁特旗、大青沟、翁牛特旗、阿鲁科尔沁旗、克什克腾旗、喀喇沁旗、东乌珠穆沁旗、锡林浩特、镶黄旗、多伦等地。

【食用价值】嫩叶、花葶、花有食用价值。

嫩叶、花葶可蘸酱生食，也可以炒菜、做汤、腌咸菜，或像葱蒜那样作调料。

花可以像韭菜花一样腌制后作调料食用，也可用于沙拉上点缀。

【药用功效】鳞茎、叶入药，鳞茎具有抗菌消炎的功效，叶具有温中行气的功效。

辉韭 Allium strictum Schrader

【俗名】辉葱

【异名】*Allium volhynicum* Bess.; *A. schrenkii* Regel; *A. bogdoicolum* Regel; *A. lineare* L. var. *strictum* Krylov

【习性】多年生草本。生山坡、林下、湿地或草地上。

【东北地区分布】黑龙江省呼玛、尚志、宝清、虎林、安达、黑河；吉林省抚松、珲春、安图；辽宁省庄河、本溪；内蒙古额尔古纳、牙克石、鄂伦春、鄂温克、陈巴尔虎旗、巴林右旗、克什克腾旗、阿尔山、科尔沁右翼前旗、锡林浩特等地。

【食用价值】嫩叶、花均有食用价值。

嫩叶可蘸酱生食，也可以炒菜、做汤、腌咸菜，或像葱蒜那样作调料。

花可以像韭菜花一样腌制后作调料食用，也可用于沙拉上点缀。

【药用功效】全草、种子入药，具有辛温发表、壮阳止浊、收敛止泻的功效。

球序韭 Allium thunbergii G. Don

【俗名】球序薤

【异名】*Allium japonicum* Regel

【习性】多年生草本。生山坡、草地、湿地、林下。

【东北地区分布】黑龙江省宁安、鸡东、哈尔滨、佳木斯、虎林、安达、大庆、密山、饶河、萝北；吉林省吉林、九台、浑江、抚松、通化、安图、九台、和龙、汪清；辽宁省各地；内蒙古科尔沁右翼前旗、科尔沁右翼中旗、扎赉特旗、突泉、克什克腾旗、翁牛特旗、喀喇沁旗、宁城、敖汉、多伦等地。

【食用价值】嫩叶、花葶、花均有食用价值。

嫩叶、花葶可蘸酱生食，也可以炒菜、做汤、腌咸菜，或像葱蒜那样作调料。

花可以像韭菜花一样腌制后作调料食用，也可用于沙拉上点缀。

【药用功效】全草、鳞茎入药，全草具有益肾、主大小便数、去烦热的功效，鳞茎具有理气、散结、止痛的功效。

韭 Allium tuberosum Rottler ex Spreng

【俗名】韭菜；久菜

【异名】*Alliummargyi* H. Léveillé; *A. chinense* Maximowicz

【习性】多年生草本。生干山坡上，常见栽培。

【东北地区分布】黑龙江省大庆、孙吴、宁安；吉

林省双辽；辽宁省各地；内蒙古科尔沁右翼前旗。各地普遍栽培。

【食用价值】叶、花葶、花均有食用价值。

叶、花葶可作野菜食用。

花可腌制韭菜花酱。

【药用功效】全草、根、种子入药，全草具有健胃、提神、止汗固涩的功效，根具有温中、行气、散瘀、解毒的功效，种子具有补肝肾、暖腰膝、助阳、固精的功效。

茖葱 Allium victorialis L.

【俗名】不详

【异名】*Allium latissimum* Prokhanov; *A. microdictyum* Prokhanov

【习性】多年生草本。生阴湿山坡、林下、草地或沟边。

【东北地区分布】黑龙江省东部林区、小兴安岭；吉林省安图、珲春；辽宁省凤城、宽甸、丹东；内蒙古克什克腾旗、喀喇沁旗、宁城、巴林右旗、正镶白旗等地。

【食用价值】叶芽、叶可食。

叶芽或葱背儿（假茎）最适合蘸大酱生吃，就像吃大葱那样。

叶子展开后最常见的吃法是把其作为可食性包裹使用，韩国和日本料理用茖葱叶子来包饭、包菜一起吃；还可以煮汤，感觉是菠菜的味道，却没有菠菜的涩味，鲜而微甜；包饺子的味道妙不可言；炒鸡蛋其口感胜过韭菜炒鸡蛋；还可以挂糊油炸，炸后膨大酥松，日本称其为天妇罗，外焦里嫩，鲜香无比。

【药用功效】全草、鳞茎、种子入药，全草具有散瘀、止血、镇痛的功效，鳞茎除瘴气恶毒，种子用于泄精。

天门冬科 Asparagaceae

天门冬属 Asparagus L.

兴安天门冬 Asparagus dauricus Fisch. ex Link

【俗名】不详

【异名】*Asparagus gibbus* Bunge; *A. tuberculatus* Bunge ex Iljin.

【习性】多年生草本。生沙丘、多沙坡地和干燥山坡上。

【东北地区分布】黑龙江省大庆、肇源、肇东、阿城、富裕、宁安、海林、哈尔滨；吉林省镇赉、双辽、长岭；辽宁省新民、清原、绥中、兴城、喀左、锦州、凌源、北镇、义县、彰武、建昌、盖州、

瓦房店、大连、长海；内蒙古海拉尔、满洲里、额尔古纳、牙克石、扎兰屯、鄂伦春、鄂温克、新巴尔虎左旗、新巴尔虎右旗、科尔沁右翼前旗、科尔沁右翼中旗、扎赉特旗、乌兰浩特、通辽、翁牛特旗、敖汉旗、巴林右旗、阿鲁科尔沁旗、扎鲁特旗、克什克腾旗、喀喇沁旗、宁城、多伦等地。

【食用价值】嫩芽焯水、浸泡后凉拌、炒食等均可。

【药用功效】全草、根、果实，全草具有舒筋活血的功效，根具有利尿的功效，果实用于心脏病。

长花天门冬 Asparagus longiflorus Franch.

【俗名】长花龙须菜

【异名】不详

【习性】多年生草本。生山坡、林下或灌丛中。

【东北地区分布】黑龙江省阿城、牡丹江；内蒙古科尔沁右翼前旗、阿尔山、巴林右旗、乌兰浩特等地。

【食用价值】嫩芽焯水、浸泡后凉拌、炒食等均可。

【药用功效】根入药，具有清隐热旧热的功效。

南玉带 Asparagus oligoclonos Maxim.

【俗名】南龙须菜

【异名】*Asparagus oligoclonos* var. *purpurascens* X. J. Xue & H. Yao; *A. tamaboki* Yatabe

【习性】多年生草本。生山坡、林下、灌丛间。

【东北地区分布】黑龙江省牡丹江、宁安、海林、虎林、大庆、安达、密山；吉林省长春、双辽、安图、汪清、珲春、磐石；辽宁省沈阳、法库、辽阳、鞍山、西丰、昌图、本溪、新宾、清原、丹东、东港、宽甸、兴城、北镇、建平、凤城、盖州、彰武、大连、庄河、长海；内蒙古牙克石、科尔沁右翼前旗、扎赉特旗、科尔沁左翼后旗、奈曼旗、乌兰浩特、巴林右旗、锡林浩特等地。

【食用价值】嫩芽焯水、浸泡后凉拌、炒食等均可。

【药用功效】根入药，具有清热解毒、止咳平喘、利尿的功效。

龙须菜 Asparagus schoberioides Kunth

【俗名】雉隐天冬

【异名】*Asparagus schoberioides* var. *subsetaceus* Franchet; *A. sieboldii* Maximowicz.

【习性】多年生草本。生林间或林内。

【东北地区分布】黑龙江省牡丹江、哈尔滨、伊春、黑河、尚志、牡丹江、密山、饶河、宁安、依兰；吉林省浑江、珲春、安图、和龙、抚松、桦甸、

蛟河、磐石；辽宁省沈阳、鞍山、本溪、清原、北镇、凤城、普兰店、大连、桓仁、朝阳、庄河、营口、兴城、西丰；内蒙古鄂伦春、鄂温克、扎赉特旗、科尔沁右翼前旗、科尔沁左翼后旗、克什克腾旗、阿鲁科尔沁旗、喀喇沁旗、宁城、东乌珠穆沁旗、西乌珠穆沁旗、锡林浩特等地。

【食用价值】嫩芽焯水、浸泡后凉拌、炒食等均可。

【药用功效】全草、根、根状茎均可入药，全草具有止血利尿的功效，根及根状茎具有润肺降气、下痰止咳的功效。

绵枣儿属 Barnardia Lindley

绵枣儿 Barnardia japonica (Thunb.) Schult. & Schult. f.

【俗名】不详

【异名】*Scilla sinensis* (Lour.) Merr.; *S. scilloides* (Lindl.) Druce

【习性】多年生草本。生山坡、草地、路旁或林缘。

【东北地区分布】黑龙江省安达、牡丹江、杜尔伯特、林甸、龙江、大庆、齐齐哈尔；吉林省镇赉、双辽；辽宁省大连、瓦房店、庄河、长海、丹东、东港、凌源、葫芦岛、彰武、绥中、北镇、凌海、义县、法库、盖州、开原、西丰；内蒙古扎兰屯、鄂伦春、扎赉特旗、突泉、科尔沁左翼中旗、科尔沁右翼中旗、翁牛特旗、敖汉旗等地。

【食用价值】嫩叶可作为应急食品，在饥荒或没有其他食物的非常时期，焯水、反复浸泡后少量食用，蒸熟后晒干菜食用最安全。要注意食用安全，详见本种附注。

【药用功效】鳞茎或全草入药，具有活血解毒、消肿止痛的功效。

【附注】全草有毒，鳞茎毒性较大，鳞茎的提取液对小鼠离体子宫有显著兴奋作用，大量引起痉挛。

铃兰属 Convallaria L.

铃兰 Convallaria keiskei Miq.

【俗名】不详

【异名】*Convallaria keiskei* var. *trifolia* Y. C. Chu et al.; *C.majalis* var. *manshurica* Komarov; *Convallaria majalis* auct. non L.:中国植物志15:2. 1978.

【习性】多年生草本。生林下、林缘。

【东北地区分布】黑龙江省牡丹江、宁安、穆棱、嘉荫、萝北、集贤、勃利、伊春、呼玛、佳木斯、齐齐哈尔、阿城、塔河、尚志、虎林、密山、黑河；吉林省通化、浑江、九台、安图、抚松、蛟河、敦化、汪清、珲春；辽宁省丹东、东港、凤城、本溪、桓仁、新宾、清原、鞍山（千山）、西丰、开原、铁岭、北镇、建平、庄河、沈阳；内蒙古根河、额尔古纳、牙克石、扎兰屯、鄂伦春、鄂温克、

科尔沁右翼前旗、阿尔山、科尔沁左翼后旗、巴林右旗、克什克腾旗、扎赉特旗、东乌珠穆沁旗等地。

【食用价值】嫩苗、花及花蕾有食用价值。要注意食用安全，详见本种附注。

嫩苗焯水、反复浸泡后可以作为蔬菜少量食用，或者加入味噌汤中。

花和花蕾少量用于熏茶。

【药用功效】全草、根入药，具有强心、利尿的功效。

【附注】全草有毒，花、根毒性较大。铃兰制剂对少数患者可产生厌食、流涎、恶心、呕吐等症状，有的出现头晕、头痛、心悸等。

另有国外报道称，虽然本种的所有部分都有毒，然而，毒性原理显示，口服时人体吸收非常差，因此不太可能发生中毒，并给出了食用方法。

玉簪属 Hosta Tratt.

东北玉簪 Hosta ensata F. Mackawa

【俗名】剑叶玉簪

【异名】*Hosta ensata* F. Mackawa var. *foliate* P. Y. Fu et Q. S. Sun

【习性】多年生草本。生林缘、灌丛、阴湿山地。

【东北地区分布】黑龙江省依兰、海林；吉林省桦甸、浑江、集安、抚松、安图、通化；辽宁省辽阳、庄河、本溪、凤城、宽甸、桓仁、清原、北镇等地。

【食用价值】嫩苗焯水、浸泡后可炒食、凉拌、蘸酱或腌渍咸菜，也可用作馅料。

【药用功效】全草、根、叶、花入药，具有清热解毒、消肿止痛、生肌的功效。

山麦冬属 Liriope Lour.

矮小山麦冬 Liriope minor (Maxim.) Makino

【俗名】不详

【异名】*Ophiopogon spicatus* (Thunberg) Ker Gawler var. *minor* Maxim.; *Liriopecernua* (Koidzumi) Masamune; *L. graminifolia* (L.) Baker var. *minor* (Maxim.) Baker

【习性】多年生草本。生山坡。

【东北地区分布】辽宁省旅顺口、长海。

【食用价值】块根可食，适于炖肉、熬粥、泡酒。

【药用功效】块根入药，具有养阴润肺、清心除烦、益胃生津的功效。

山麦冬 Liriope spicata Lour.

【俗名】麦门冬；土麦冬；麦冬

【异名】*Convallariaspicata* Thunberg; *Liriopespicata* var. *humilis* F. Z. Li

【习性】多年生草本。生山坡、山谷林下、路旁或湿地。

【东北地区分布】辽宁省大连、旅顺口、长海等沿海地区。

【食用价值】块根可食，一般是糖渍后食用，也可适量用于炖肉、熬粥、泡酒。

【药用功效】块根入药，具有养阴润肺、清心除烦、益胃生津的功效。

舞鹤草属 Maianthemum Web.

两色鹿药 Maianthemum bicolor (Nakai) Cubey

【俗名】不详

【异名】*Smilacina bicolor* Nakai

【习性】多年生草本。生林下多石砾地。

【东北地区分布】吉林省通化；辽宁省宽甸、凤城、桓仁等地。

【食用价值】幼苗焯水、浸泡后作为野菜食用。

【药用功效】药用部位与功效参考鹿药*Maianthemum japonicum* (A. Gray) La Frankie。

舞鹤草 Maianthemum bifolium (L.) F. W. Schmidt.

【俗名】二叶舞鹤草

【异名】*Convallaria bifolia* L.; *Smilacina bifolia* (L.) Desfontaines

【习性】多年生草本。生高山阴坡林下。

【东北地区分布】黑龙江省牡丹江、伊春、密山、尚志、海林、黑河、饶河、虎林、宁安、呼玛、嘉荫；吉林省敦化、通化、吉林、抚松、长白、浑江、和龙、安图、蛟河；辽宁省开原、凤城、宽甸、本溪、桓仁、清原、抚顺；内蒙古额尔古纳、根河、牙克石、鄂伦春、科尔沁右翼前旗、克什克腾旗、阿尔山、宁城、巴林右旗、宝格达山等地。

【食用价值】幼叶、果实有食用价值。

幼叶焯水、浸泡后作为野菜食用。

果实可鲜食，也可烘干后煮食。

【药用功效】全草入药，具有凉血、止血的功效。

兴安鹿药 Maianthemum dahuricum (Turcz. ex Fisch. & C. A. Mey.) La Frankie

【俗名】不详

【异名】*Smilacina dahurica* Turcz. ex Fisch; *Asteranthemum dahuricum* (Turcz. ex Fischer & C. A. Meyer) Kunth

【习性】多年生草本。生林下。

【东北地区分布】黑龙江省宁安、海林、尚志、北安、呼玛、伊春、虎林；吉林省浑江、抚松、靖宇、安图、汪清；辽宁省义县、抚顺；内蒙古额尔古纳、根河、牙克石、鄂伦春、宁城等地。

【食用价值】幼苗焯水、浸泡后作为蔬菜食用。

【药用功效】根状茎及根入药，具有补气益肾、祛风除湿、活血调经的功效。

北方舞鹤草 Maianthemum dilatatum (Alph. Wood) A. Nelson & J. F. Macbr.

【俗名】舞鹤草；扩叶舞鹤草

【异名】*Maianthemum bifolium* var. *dilatatum* Alph. Wood; *Smilacina dilatata* (Alph.Wood) Nutt. ex Baker

【习性】多年生草本。生针叶林及针阔混交林中。

【东北地区分布】黑龙江省伊春、海林；吉林省敦化、浑江、汪清、抚松、安图、吉林等地；辽宁省凤城。

【食用价值】幼叶、果实有食用价值。

幼叶焯水、浸泡后作为野菜食用。

果实可鲜食，也可烘干后煮食。

【药用功效】全草入药，具有凉血止血的功效。

鹿药 Maianthemum japonicum (A. Gray) La Frankie.

【俗名】山糜子

【异名】*Smilacina japonica* A. Gray

【习性】多年生草本。生林下阴湿处或岩缝中。

【东北地区分布】黑龙江省海林、饶河、嘉荫、宁安、海林、哈尔滨、伊春、尚志；吉林省浑江、安图、蛟河、抚松、舒兰、通化、长白；辽宁省大连、鞍山、开原、本溪、桓仁、凤城、宽甸、凌源、义县等地。

【食用价值】幼苗焯水、浸泡后作为野菜食用。

【药用功效】根状茎及根入药，具有补气益肾、祛风除湿、活血调经的功效。

三叶鹿药 **Maianthemum trifolium** (L.) Sloboda

【俗名】不详

【异名】*Smilacina trifolia* (L.) Desf.; *Convallaria trifolia* L.; *Asteranthemum trifolium* (L.) Kunth; *Tovaria trifolia* (L.) Necker ex Baker; *Vagnera trifolia* (L.) Morong

【习性】多年生草本。生海拔400～700米的林下。

【东北地区分布】黑龙江省伊春、呼玛；吉林省靖宇、长白；内蒙古额尔古纳、根河、牙克石等地。

【食用价值】幼苗焯水、浸泡后作为蔬菜食用。

【药用功效】药用部位与功效同鹿药*Maianthemum japonicum* (A. Gray) La Frankie。

黄精属 Polygonatum Mill.

五叶黄精 **Polygonatum acuminatifolium** Kom.

【俗名】不详

【异名】*Polygonatum quinquefolium* Kitag.

【习性】多年生草本。生林下。

【东北地区分布】黑龙江省尚志、五常；吉林省浑江、蛟河；辽宁省大连、西丰、清原等地。

【食用价值】根状茎、嫩苗、嫩叶柄有食用价值。要注意食用安全，详见本种附注。

根状茎富含淀粉，并含糖和生物碱，鲜嫩时可少量食用，生食或熟食均可，也可提炼淀粉用于制作糕点、酿酒等。

嫩苗、嫩叶柄可少量生食，也可焯水、浸泡后作为蔬菜食用。

【药用功效】药用同黄精*Polygonatum sibiricum* Delar. ex Redoute。

【附注】虽然未见本种的有毒报道，但是，本属多种植物的根状茎生品有毒。参见黄精*Polygonatum sibiricum* Delar. ex Redoute。

长苞黄精 **Polygonatum desoulayi** Kom.

【俗名】长苞玉竹

【异名】不详

【习性】多年生草本。生林下。

【东北地区分布】黑龙江省伊春、尚志；辽宁省凤城、本溪等地。

【食用价值】根状茎、嫩苗、嫩叶柄有食用价值。要注意食用安全，详见本种附注。

根状茎富含淀粉，并含糖和生物碱，鲜嫩时可少量食用，生食或熟食均可，也可提炼淀粉用于制糕点、酿酒等。

嫩苗、嫩叶柄可少量生食，也可焯水、浸泡后作为蔬菜食用。

【药用功效】根状茎入药，具有养阴润燥、生津止渴的功效。

【附注】虽然未见本种的有毒报道，但是，本属多种植物的根状茎生品有毒。参见黄精*Polygonatumsibiricum* Delar. ex Redoute。

小玉竹 Polygonatum humile Fisch. ex Maxim.

【俗名】不详

【异名】*Polygonatum humillimum* Nakai; *P. officinale* Allioni var. *humile* (Fischer ex Maxim.) Baker

【习性】多年生草本。生林下、林缘、山坡、草地。

【东北地区分布】黑龙江省牡丹江、宁安、海林、呼玛、密山、嘉荫、伊春、阿城；吉林省珲春、汪清、蛟河、九台、通化、安图、和龙、桦甸、抚松、双辽、集安；辽宁省大连、凤城、宽甸、本溪、清原、新宾、法库、沈阳、岫岩、西丰；内蒙古额尔古纳、牙克石、鄂伦春、鄂温克、阿荣旗、科尔沁右翼前旗、突泉、奈曼旗、克什克腾旗、巴林右旗、喀喇沁旗、奈曼旗、宁城、东乌珠穆沁旗（宝格达山）、西乌珠穆沁旗、多伦等地。

【食用价值】根状茎、嫩苗、嫩叶柄有食用价值。要注意食用安全，详见本种附注。

根状茎富含淀粉，并含糖和生物碱，鲜嫩时可少量食用，生食或熟食均可，也可提炼淀粉用于制糕点、酿酒等。

嫩苗、嫩叶柄可少量生食，也可焯水、浸泡后作为蔬菜食用。

【药用功效】药用部位与药用功效同玉竹Polygonatum odoratum (Mill.) Druce。

【附注】虽然未见本种的有毒报道，但是，本属多种植物的根状茎生品有毒。参见黄精*Polygonatumsibiricum* Delar. ex Redoute。

毛筒玉竹 Polygonatum inflatum Kom.

【俗名】小苞黄精

【异名】*Polygonatum inflatum* var. *rotundifolium* Hatusima; *P. virens* Nakai

【习性】多年生草本。生林下或林边。

【东北地区分布】黑龙江省尚志；吉林省浑江、通化、桦甸、蛟河、安图、抚松、靖宇、和龙；辽宁省庄河、鞍山、本溪、凤城、宽甸、岫岩、清原、西丰等地。

【食用价值】根状茎、嫩苗、嫩叶柄有食用价值。要注意食用安全，详见本种附注。

根状茎富含淀粉，并含糖和生物碱，鲜嫩时可少量食用，生食或熟食均可，也可提炼淀粉用于制糕点、酿酒等。

嫩苗、嫩叶柄可少量生食，也可焯水、浸泡后作为蔬菜食用。

【药用功效】药用同玉竹*Polygonatum odoratum* (Mill.) Druce。

【附注】虽然未见本种的有毒报道，但是，本属多种植物的根状茎生品有毒。参见黄精*Polygonatumsibiricum* Delar. ex Redoute。

二苞黄精 **Polygonatum involucratum** (Franch. et Sav.) Maxim.

【俗名】二苞玉竹

【异名】*Periballanthus involucratus* Franchet & Savatier; *Polygonatumplatyphyllum* Franchet

【习性】多年生草本。生林下或阴湿山坡。

【东北地区分布】黑龙江省牡丹江、宁安、海林、尚志；吉林省珲春、靖宇、安图、蛟河、通化；辽宁省本溪、桓仁、鞍山、丹东、宽甸、凤城、庄河、清原、凌海、绥中、义县、西丰；内蒙古宁城、喀喇沁旗等地。

【食用价值】根状茎、嫩苗、嫩叶柄有食用价值。要注意食用安全，详见本种附注。

根状茎富含淀粉，并含糖和生物碱，鲜嫩时可少量食用，生食或熟食均可，也可提炼淀粉用于制作糕点、酿酒等。

嫩苗、嫩叶柄可少量生食，也可焯水、浸泡后作为蔬菜食用。

【药用功效】根状茎入药，具有平肝熄风、养阴明目、清热凉血的功效。

【附注】虽然未见本种的有毒报道，但是，本属多种植物的根状茎生品有毒。参见黄精*Polygonatum sibiricum* Delar. ex Redoute。

热河黄精 **Polygonatum macropodium** Turcz.

【俗名】多花黄精；大玉竹；小叶珠

【异名】*Polygonatum umbellatum* Baker

【习性】多年生草本。生林下或林缘草地。

【东北地区分布】辽宁省大连、瓦房店、鞍山、岫岩、本溪、桓仁、阜新、朝阳、建昌、凌源、建平、绥中、义县、北镇；内蒙古翁牛特旗、赤峰、喀喇沁旗等地。

【食用价值】根状茎、嫩苗、嫩叶柄有食用价值。要注意食用安全，详见本种附注。

根状茎富含淀粉，并含糖和生物碱，鲜嫩时可少量食用，生食或熟食均可，也可提炼淀粉用于制作糕点、酿酒等。

嫩苗、嫩叶柄可少量生食，也可焯水、浸泡后作为蔬菜食用。

【药用功效】药用部位与药用功效同玉竹*Polygonatum odoratum* (Mill.) Druce。

【附注】虽然未见本种的有毒报道，但是，本属多种植物的根状茎生品有毒。参见黄精*Polygonatumsibiricum*

Delar. ex Redoute。

玉竹 Polygonatum odoratum (Mill.) Druce

【俗名】铃铛菜；尾参；地管子

【异名】*Convallaria odorata* Miller; *C. polygonatum* Linnaeus; *Polygonatum hondoense* Nakai ex Koidzumi

【习性】多年生草本。生向阳山坡、林内、灌丛中。

【东北地区分布】黑龙江省各地；吉林省浑江、长春、通化、安图、和龙、汪清、珲春、敦化、蛟河、九台；辽宁省沈阳、法库、鞍山、本溪、桓仁、新宾、铁岭、昌图、西丰、大连、庄河、普兰店、盖州、营口、丹东、凤城、宽甸、东港、岫岩、凌海、绥中、北镇、义县、建平、建昌、凌源、阜新；内蒙古海拉尔、额尔古纳、牙克石、满洲里、鄂伦春、科尔沁右翼前旗、科尔沁右翼中旗、科尔沁左翼后旗、突泉、扎鲁特旗、巴林右旗、奈曼旗、阿鲁科尔沁旗、林西、阿尔山、克什克腾旗、锡林浩特、正蓝旗、多伦等地。

【食用价值】根状茎、嫩苗、嫩叶柄有食用价值。要注意食用安全，详见本种附注。

根状茎富含淀粉（干时含量25.6%～30.6%），并含糖和生物碱，鲜嫩时可少量食用，生食或熟食均可，也可提炼淀粉用于制作糕点、酿酒等。

嫩苗、嫩叶柄可少量生食，也可焯水、浸泡后作为蔬菜食用。

【药用功效】干燥根状茎入药，具有养阴润燥、生津止渴的功效。

【附注】根状茎有小毒，其煎剂及酊剂小量使离体蛙心搏动迅速增强，大剂量则使心跳减弱甚至停止。

黄精 Polygonatum sibiricum Delar. ex Redoute

【俗名】东北黄精；鸡爪参；老虎姜；笔管菜；黄鸡菜；鸡头黄精

【异名】*Polygonatum chinense* Kunth

【习性】多年生草本。生向阳草地、山坡、灌丛附近及林下。

【东北地区分布】黑龙江省龙江、泰来、杜尔伯特、肇东、肇州；吉林省双辽、镇赉；辽宁省大连、长海、鞍山、本溪、盖州、彰武、凌源、建昌、法库；内蒙古海拉尔、额尔古纳、牙克石、满洲里、新巴尔虎左旗、扎赉特旗、科尔沁右翼前旗、阿尔山、科尔沁左翼后旗、大青沟、奈曼旗、巴林右旗、翁牛特旗、克什克腾旗、宁城、锡林浩特、苏尼特左旗、多伦等地。

【食用价值】根状茎、嫩苗、嫩叶柄有食用价值。要注意食用安全，详见本种附注。

根状茎富含淀粉（干时含量68.46%），并含糖和生物碱，鲜嫩时可少量食用，生食或熟食均可，也可提炼淀粉用于制作糕点、酿酒等。

嫩苗、嫩叶柄可少量生食，也可焯水、浸泡后作为蔬菜食用。

【药用功效】干燥根状茎入药，具有养阴润肺、补脾益气、滋肾填精的功效。

【附注】生黄精有毒。将生黄精及清蒸品的水提醇沉液按450克/千克（24小时）（相当于原生药）剂量给小鼠灌服，结果，生品组小鼠全部死亡，而炮制组小鼠无死亡，均活功正常，说明黄精炮制后毒性明显降低。

狭叶黄精 Polygonatum stenophyllum Maxim.

【俗名】不详

【异名】*Polygonatum verticillatum* (L.) Allioni var. *stenophyllum* (Maxim.) Baker

【习性】多年生草本。生林下、林缘、草甸或灌丛中。

【东北地区分布】黑龙江省镜泊湖、尚志、依兰、宁安、林口、哈尔滨；吉林省磐石；辽宁省昌图、开原、本溪、桓仁、清原、凤城、庄河；内蒙古扎兰屯、鄂伦春、科尔沁右翼前旗、科尔沁左翼后旗、突泉、大青沟等地。

【食用价值】根状茎、嫩苗、嫩叶柄有食用价值。要注意食用安全，详见本种附注。

根状茎富含淀粉，并含糖和生物碱，鲜嫩时可少量食用，生食或熟食均可，也可提炼淀粉用于制作糕点、酿酒等。

嫩苗、嫩叶柄可少量生食，也可焯水、浸泡后作为蔬菜食用。

【药用功效】根状茎入药，具有平肝熄风、养阴明目、清热凉血的功效。

【附注】虽然未见本种的有毒报道，但是，本属多种植物的根状茎生品有毒。参见黄精*Polygonatum sibiricum* Delar. ex Redoute。

鸭跖草科 Commelinaceae

鸭跖草属 Commelina L.

饭包草 Commelina benghalensis L.

【俗名】竹叶菜；马耳草；圆叶鸭跖草

【异名】*Commelina cavaleriei* H. Léveillé

【习性】一年生草本。生长在阴湿地或林下潮湿的地方。

【东北地区分布】辽宁省大连、金州、长海、旅顺口等地。

【食用价值】嫩苗、嫩叶可食，炒食、做汤、做馅、煮面条、涮火锅等均可；晒干或炒制后可泡茶喝。

【药用功效】全草入药，具有清热解毒、利水消肿的功效。

鸭跖草 **Commelina communis** L.

【俗名】竹叶菜；鸭趾草；挂梁青；鸭儿草；竹芹菜

【异名】*Commelina coreana* H. Léveillé & Vaniot

【习性】一年生草本。生路旁、田边、山沟湿地。

【东北地区分布】东北地区各地；内蒙古鄂伦春、牙克石、扎兰屯、莫力达瓦达斡尔旗、科尔沁左翼后旗、科尔沁右翼前旗、喀喇沁旗、宁城等地。

【食用价值】嫩苗、嫩叶可食，炒食、做汤、做馅、煮面条、涮火锅等均可；晒干或炒制后可泡茶喝。

【药用功效】干燥地上部分入药，具有清热泻火、解毒、利水消肿的功效。

水竹叶属 Murdannia Royle

疣草 **Murdannia keisak** (Hassak.) Hand.-Mazz.

【俗名】不详

【异名】*Aneilema keisak* Hasskarl; *A. coreanum* H. Léveillé & Vaniot; *A.oliganthum* Franchet; *A. taquetii* H. Léveillé

【习性】一年生草本。生水边湿地或水沟旁。

【东北地区分布】黑龙江省尚志；吉林省珲春；辽宁省沈阳、新民、辽中、北镇、本溪、桓仁、凤城、宽甸、庄河、普兰店；内蒙古扎赉特旗等地。

【食用价值】嫩茎叶开水焯、清水反复浸泡后可作野菜食用。

【药用功效】根入药，具有清热解毒、利尿消肿的功效。

雨久花科 Pontederiaceae

雨久花属 MonochoriaPresl

鸭舌草 **Monochoria vaginalis** (Bunm. f.) Presl.

【俗名】不详

【异名】*Pontederia vaginalis* N. L. Burman; *Boottia mairei* H. Léveillé

【习性】多年生草本。生稻田、沟旁、浅水池塘等水湿处。

【东北地区分布】黑龙江省密山、宁安、虎林；吉林省安图、集安；辽宁省康平、沈阳、盖州、彰武；内蒙古扎赉特旗等地。

【食用价值】嫩茎、叶焯水、浸泡后可作野菜食用。

【药用功效】全草入药，具有清热解毒、清肝凉血、消肿止痛的功效。

【附注】本种为水生植物，污染水域不宜采食。

雨久花 Monochoria korsakowii Regel et Maack

【俗名】不详

【异名】*Monochoria vaginalis* (N. L. Burman) C. Presl ex Kunth var. *korsakowii* (Regel & Maack) Solms

【习性】多年生草本。生池塘和稻田中。

【东北地区分布】黑龙江省齐齐哈尔、哈尔滨、尚志、依兰、牡丹江、伊春、宁安、密山、萝北；吉林省四平、九台、安图、珲春；辽宁省新民、彰武、康平、开原、西丰、沈阳、凤城、营口、庄河、普兰店、大连；内蒙古莫力达瓦达斡尔旗、科尔沁右翼前旗、扎赉特旗、科尔沁右翼前旗、大青沟、敖汉旗等地。

【食用价值】嫩茎、叶焯水、浸泡后可作野菜食用。

【药用功效】全草或地上部分入药，具有清热解毒、止咳平喘、祛湿消肿、明目的功效。

【附注】本种为水生植物，污染水域不宜采食。

香蒲科 Typhaceae

黑三棱属 Sparganium L.

小黑三棱 Sparganium emersum Rehm.

【俗名】不详

【异名】*Sparganium simplex* Huds.

【习性】多年生草本。生沼泽或水沟、水塘及缓流的河边。

【东北地区分布】黑龙江省北安、呼玛、黑河、伊春、萝北、虎林、阿城；吉林省吉林；辽宁省大连、北票、桓仁、宽甸、本溪、丹东；内蒙古额尔古纳、海拉尔、扎兰屯、鄂温克、通辽、科尔沁右翼前旗、扎赉特旗、锡林浩特等地。

【食用价值】嫩茎煮熟后可以食用。

【药用功效】块茎入药，功效同黑三棱*Sparganium eurycarpum* subsp. *coreanum* (H. Lév.) C. D. K. Cook & M. S. Nicholls。

【附注】本种为水生植物，污染水域不宜采食。

黑三棱 Sparganium eurycarpum subsp. coreanum (H. Lév.) C. D. K. Cook & M. S. Nicholls

【俗名】不详

【异名】*Sparganium coreanum* Levl.; *S. stoloniferum* Buch. -Ham. ; *S. ramosum* Huds. subsp. *stoloniferum* Graebn.

【**习性**】多年生草本。生水塘、河流或水沟边及沼泽中。

【**东北地区分布**】黑龙江省富裕、齐齐哈尔、富锦、依兰、萝北、集贤、哈尔滨；吉林省扶余；辽宁省凌源、彰武、康平、开原、铁岭、抚顺、新民、辽阳、丹东、宽甸、桓仁、金州、大连、普兰店；内蒙古额尔古纳、新巴尔虎右旗、新巴尔虎左旗、科尔沁右翼前旗、扎赉特旗、科尔沁左翼后旗、大青沟、巴林右旗、阿鲁科尔沁旗、锡林浩特等地。

【**食用价值**】嫩茎煮熟后可以食用。

【**药用功效**】干燥块茎入药，具有破血行气、消积止痛的功效。

【**附注**】本种为水生植物，污染水域不宜采食。

香蒲属 Typha L.

水烛 Typha angustifolia L.

【**俗名**】狭叶香蒲；蜡烛草

【**异名**】*Typha angustifolia* var. *australis* (Schumach.) Rohrb.

【**习性**】多年生草本。生河流、池塘浅水处及湿地。

【**东北地区分布**】黑龙江省伊春、哈尔滨；吉林省双辽、安图；辽宁省彰武、盘山、沈阳、新民、台安、抚顺、桓仁、宽甸、盘锦；内蒙古牙克石、额尔古纳、鄂伦春、科尔沁右翼前旗、科尔沁右翼中旗、扎赉特旗、翁牛特旗、敖汉旗、巴林右旗、苏尼特右旗等地。

【**食用价值**】假茎的白嫩部分名"蒲菜"，地下匍匐茎尖端幼嫩部分称"草芽"，雄花粉称为"蒲黄"，均有食用价值。

【**药用功效**】全草、根状茎、花粉、莆渣、果穗均可入药。

【**附注**】本种为水生植物，污染水域不宜采食。

长白香蒲 Typhachang baiensis M. J. Wu et Y. T. Zhao

【**俗名**】长白山香蒲

【**异名**】不详

【**习性**】多年生草本。生海拔1000米。

【**东北地区分布**】吉林省长白山（模式产地）。

【**食用价值**】假茎的白嫩部分名"蒲菜"，地下匍匐茎尖端幼嫩部分称"草芽"，雄花粉称为"蒲黄"，均有食用价值。

【药用功效】全草、根状茎、花粉、果穗均可入药。

【附注】本种为水生植物，污染水域不宜采食。

达香蒲 Typha davidiana (Kronf.) Hand.-Mazz.

【俗名】蒙古香蒲

【异名】*Typha laxmanni* Lepech. var. *davidiana* (Krnf.) C. F. Fang

【习性】多年生草本。生河边、水洼边。

【东北地区分布】黑龙江省伊春、佳木斯、萝北、哈尔滨、阿城、密山、虎林；吉林省白城、珲春、安图；辽宁省北票、新宾、新民、沈阳、辽阳、台安、盘锦、大连、长海；内蒙古额尔古纳、海拉尔、牙克石、新巴尔虎左旗、科尔沁右翼前旗、科尔沁右翼中旗、通辽等地。

【食用价值】假茎的白嫩部分名"蒲菜"，地下匍匐茎尖端幼嫩部分称"草芽"，雄花粉称为"蒲黄"，均有食用价值。

【药用功效】全草、根状茎、花粉、果穗均可入药。

【附注】本种为水生植物，污染水域不宜采食。

长苞香蒲 Typha domingensis Pers.

【俗名】大苞香蒲

【异名】*Typha angustifolia* L. var. *angustata* (Bory et Chaub.) Jord.; *T. angustata* Bory et Chaubard

【习性】多年生草本。生河流、池塘浅水处及湿地。

【东北地区分布】黑龙江省哈尔滨、虎林、密山；辽宁省西丰、铁岭、彰武、北镇、沈阳、本溪、新宾、台安、海城、盘锦；内蒙古海拉尔、科尔沁左翼后旗、翁牛特旗等地。

【食用价值】假茎的白嫩部分名"蒲菜"，地下匍匐茎尖端幼嫩部分称"草芽"，雄花粉称为"蒲黄"，均有食用价值。

【药用功效】全草、根状茎、花粉、莆渣、果穗均可入药。

【附注】本种为水生植物，污染水域不宜采食。

宽叶香蒲 Typha latifolia L.

【俗名】香蒲

【异名】*Typha latifolia* f. *remota* Skvortsov

【习性】多年生草本。生水泡边及沼泽中。

【东北地区分布】黑龙江省密山、虎林、嘉荫、阿城、哈尔滨、伊春、呼玛、北安；吉林省汪清、珲春、安图、蛟河、辉南、临江、抚松、长白；辽宁省桓仁、本溪、宽甸、清原、新宾、北票、沈阳；内蒙古牙克石、扎赉特旗、赤峰等地。

【食用价值】假茎的白嫩部分名"蒲菜"，地下匍匐茎尖端幼嫩部分称"草芽"，雄花粉称为"蒲黄"，均有食用价值。

【药用功效】全草、根状茎、花粉、果穗均可入药。

【附注】本种为水生植物，污染水域不宜采食。

无苞香蒲 Typha laxmannii Lepech.

【俗名】短穗香蒲；拉氏香蒲

【异名】*Typha laxmannii* var. *davidiana* (Kronf.) C.F.Fang

【习性】多年生草本。生水甸及湿润的河泛地或静水湖、河、水洼边。

【东北地区分布】黑龙江省呼玛、哈尔滨、伊春、宁安；吉林省白城、镇赉；辽宁省长海、铁岭、法库、本溪、抚顺、辽阳；内蒙古额尔古纳、牙克石、鄂伦春、鄂温克、科尔沁右翼前旗、扎赉特旗、科尔沁左翼后旗、大青沟、克什克腾旗、通辽、翁牛特旗、敖汉旗、巴林右旗、东乌珠穆沁旗、锡林浩特等地。

【食用价值】假茎的白嫩部分名"蒲菜"，地下匍匐茎尖端幼嫩部分称"草芽"，雄花粉称为"蒲黄"，均有食用价值。

【药用功效】全草、根状茎、花粉、果穗均可入药。

【附注】本种为水生植物，污染水域不宜采食。

短序香蒲 Typha lugdunensis P. Chabert

【俗名】不详

【异名】*Typha gracilis* Jord.

【习性】多年生草本。生沟边、沼泽、低洼湿地等地。

【东北地区分布】内蒙古通辽。

【食用价值】假茎的白嫩部分名"蒲菜"，地下匍匐茎尖端幼嫩部分称"草芽"，雄花粉称为"蒲黄"，均有食用价值。

【药用功效】全草、根状茎、花粉、果穗均可入药。

【附注】本种为水生植物，污染水域不宜采食。

小香蒲 Typha minima Funck

【俗名】不详

【异名】*Rohrbachia minima* (Funck ex Hoppe) Mavrodiev

【习性】多年生草本。生沙丘间湿地及河滩低湿地。

【东北地区分布】黑龙江省哈尔滨、安达、萝北；吉林省白城、镇赉、双辽；辽宁省彰武、铁岭、桓仁、宽甸、东港；内蒙古海拉尔、通辽、科尔沁左翼后旗、翁牛特旗、巴林右旗等地。

【食用价值】假茎的白嫩部分名"蒲菜"，地下匍匐茎尖端幼嫩部分称"草芽"，雄花粉称为"蒲黄"，均有食用价值。

【药用功效】全草、根状茎、花粉、果穗均可入药。

【附注】本种为水生植物，污染水域不宜采食。

香蒲 Typha orientalis Presl

【俗名】东方香蒲

【异名】*Typha latifolia* L. var. orientalis (C. Presl) Rohrbach

【习性】多年生草本。生池塘、沟渠、河流缓流带。

【东北地区分布】黑龙江省伊春、安达、依兰、饶河、阿城、哈尔滨、密山、齐齐哈尔、萝北；吉林省蛟河、安图、双辽、镇赉、珲春；辽宁省大连、铁岭、西丰、沈阳、彰武、辽阳、本溪、东港；内蒙古海拉尔、牙克石、科尔沁左翼后旗、通辽等地。

【食用价值】假茎的白嫩部分名"蒲菜"，地下匍匐茎尖端幼嫩部分称"草芽"，雄花粉称为"蒲黄"，均有食用价值。

【药用功效】全草、根状茎、花粉、果穗均可入药。

【附注】本种为水生植物，污染水域不宜采食。

球序香蒲 Typha pallida Pob.

【俗名】不详

【异名】不详

【习性】多年生草本。生河沟、塘边、水塘、沼泽或低洼湿地等。

【东北地区分布】内蒙古克什克腾旗达里诺尔湖。

【食用价值】假茎的白嫩部分名"蒲菜"，地下匍匐茎尖端幼嫩部分称"草芽"，雄花粉称为"蒲黄"，均有食用价值。

【药用功效】全草、根状茎、花粉、果穗均可入药。

【附注】本种为水生植物，污染水域不宜采食。

灯芯草科（灯心草科）Juncaceae

地杨梅属 Luzula DC.

头序地杨梅 Luzula capitata (Miq.) Nakai

【俗名】地杨梅

【异名】不详

【习性】多年生草本。生草地。

【东北地区分布】吉林省浑江。

【食用价值】种子煮熟后可食，也可以磨粉与面粉一起制作面包等面食。

【药用功效】全草或果实入药，具有清热解毒的功效。

多花地杨梅 Luzula multiflora (Retz.) Lej.

【俗名】不详

【异名】*Juncus multiflorus* Retz.; *Luzula campestris* (Linn.) DC. var. *multiflora* (Retz.) Celak.; *L.multiflora* (Retz.) Lej. subsp. *occidentalis* V. Krecz.

【习性】多年生草本。生海拔2200～3600米的山坡草地、林缘水沟旁、溪边潮湿处。

【东北地区分布】黑龙江省牡丹江；内蒙古牙克石、宝格达山等地。

【食用价值】种子煮熟后可食，也可以磨粉与面粉一起制作面包等面食。

【药用功效】全草或果实入药，具有清热解毒的功效。

华北地杨梅 Luzula oligantha Sam.

【俗名】长白地杨梅

【异名】不详

【习性】多年生草本。常生海拔1900～3700米的山坡林下、荒草地。

【东北地区分布】黑龙江省牡丹江、密山、穆棱；吉林省安图、抚松、长白、吉林等地。

【食用价值】种子煮熟后可食，也可以磨粉与面粉一起制作面包等面食。

【药用功效】不详。但可参考本书同属其他植物的药用价值开展研究。

淡花地杨梅 Luzula pallescens Swartz

【俗名】锈地杨梅

【异名】*Juncus pallescens* Wahl.; *Luzula campestris* DC. var. *pallescens* Wahl.

【习性】多年生草本。生山坡林下、路边、荒草地。

【东北地区分布】黑龙江省哈尔滨、黑河、嫩江、嘉荫、穆棱、虎林、宝清、密山、东宁；吉林省汪清、安图、珲春；辽宁省本溪、清原、桓仁、新宾；内蒙古额尔古纳、根河、牙克石、科尔沁右翼前旗、克什克腾旗等地。

【食用价值】种子煮熟后可食，也可以磨粉与面粉一起制作面包等面食。

【药用功效】不详。但可参考本书同属其他植物的药用价值开展研究。

火红地杨梅 Luzula rufescens Fisch. ex E. Mey.

【俗名】不详

【异名】不详

【习性】多年生草本。生林缘湿草地、山坡路旁、田间、沼泽潮湿处。

【东北地区分布】黑龙江省黑河、伊春、尚志、呼玛、新林；吉林省安图、浑江、通榆；辽宁省凤城、本溪；内蒙古额尔古纳、根河、牙克石、科尔沁右翼前旗、阿尔山等地。

【食用价值】种子煮熟后可食，也可以磨粉与面粉一起制作面包等面食。

【药用功效】不详。但可参考本书同属其他植物的药用价值开展研究。

云间地杨梅 Luzula wahlenbergii Rupr.

【俗名】不详

【异名】不详

【习性】多年生草本。生海拔2400～2700米的山坡荒地。

【东北地区分布】黑龙江省尚志；吉林省安图、长白等地。

【食用价值】种子煮熟后可食，也可以磨粉与面粉一起制作面包等面食。

【药用功效】不详。但可参考本书同属其他植物的药用价值开展研究。

莎草科 Cyperaceae

三棱草属 Bolboschoenus (Ascherson) Palla

扁秆荆三棱 Bolboschoenus planiculmis (F. Schmidt) T. V. Egorova

【俗名】扁秆藨草

【异名】*Scirpus planiculmis* Fr. Schmidt

【习性】多年生草本。生湿地、河边、沼泽。

【东北地区分布】黑龙江省安达、大庆、哈尔滨；吉林省双辽、白城、靖宇、镇赉；辽宁省铁岭、北镇、彰武、葫芦岛、绥中、新民、沈阳、盖州、金州、大连、长海；内蒙古各地。

【食用价值】块茎及根状茎富含淀粉，可用作酿酒原料。

【药用功效】根状茎或全草入药，具有止咳、破血、通经、补气、消积、止痛的功效。

【附注】本种为水生植物，污染水域不宜采食。

荆三棱 Bolboschoenus yagara (Ohwi) Y. C. Yang & M. Zhan

【俗名】不详

【异名】*Scirpus fluviatilis* (Torr.) A. Gray; *S. yagara* Ohwi

【习性】多年生草本。生湿地、河岸。

【东北地区分布】黑龙江省哈尔滨、依兰；吉林省小白山；辽宁省彰武、沈阳、长海、清原；内蒙古扎赉特旗。

【食用价值】块茎、嫩茎有食用价值。

块茎嫩时富含淀粉，有甜奶味，可以生食或煮食。

嫩茎剥皮后食用。

【药用功效】块茎入药，具有破血行气、消积止痛的功效。

【附注】本种为水生植物，污染水域不宜采食。

薹草属 Carex L.

弓喙薹草 Carex capricornis Meinsh. ex Maxim.

【俗名】弓嘴薹草；羊角薹草

【异名】不详

【习性】多年生草本。生河岸或沼泽湿地。

【东北地区分布】黑龙江省哈尔滨、虎林；吉林省和龙、镇赉；辽宁省彰武、沈阳、大连、清原；内蒙古新巴尔虎左旗、科尔沁左翼后旗、大青沟等地。

【食用价值】果实富含淀粉，可磨粉食用或酿酒。

【药用功效】不详。但可参考本书同属其他植物的药用价值开展研究。

皱果薹草 Carex dispalata Boott ex A. Gray

【俗名】薹草；弯嘴薹草；弯囊薹草

【异名】*Carex pollens* C. B. Clarke; *Carex dispalata* Boot var. *costata* Kukenth.

【习性】多年生草本。生沼泽、河边湿地。

【东北地区分布】黑龙江省尚志、哈尔滨；吉林省浑江、抚松、桦甸、汪清、蛟河、安图；辽宁省开原、新宾、沈阳、丹东；内蒙古大青沟等地。

【食用价值】幼嫩根状茎、种子有食用价值。

幼嫩根状茎洗净后可以煮食或蒸食。

种子很小，难以采集，饥荒等非常时期可以采集代粮。

【药用功效】不详。但可参考本书同属其他植物的药用价值开展研究。

筛草 Carex kobomugi Ohwi

【俗名】砂砧薹草

【异名】*Carex macrocephala* Willd. var. *longibracteata* Oliver; *C. macrocephala* Willd. var. *kobomugi* Miyabe et Kudo

【习性】多年生草本。生海边沙地。

【东北地区分布】黑龙江省密山、虎林；吉林省安图；辽宁省绥中、大连、长海等地。

【食用价值】幼嫩根状茎、种子有食用价值。

幼嫩根状茎洗净后可以煮食或蒸食。

种子可磨粉食用或酿酒。

【药用功效】果实入药，具有健脾补虚、降逆止呕的功效。

假尖嘴薹草 Carex laevissima Nakai

【俗名】不详

【异名】不详

【习性】多年生草本。生草甸及林缘草地。

【**东北地区分布**】黑龙江省哈尔滨、伊春、呼玛、尚志、密山、虎林、齐齐哈尔、漠河、嘉荫；吉林省吉林、浑江、蛟河、临江、安图、珲春、敦化；辽宁省开原、彰武、丹东、清原、鞍山、大连；内蒙古额尔古纳、扎兰屯、鄂伦春、鄂温克、科尔沁右翼前旗、喀喇沁旗等地。

【**食用价值**】幼嫩根状茎、种子有食用价值。

幼嫩根状茎洗净后可以煮食或蒸食。

种子含淀粉，可磨粉食用或酿酒。

【**药用功效**】不详。但可参考本书同属其他植物的药用价值开展研究。

尖嘴薹草 Carex leiorhyncha C. A. Mey.

【**俗名**】不详

【**异名**】不详

【**习性**】多年生草本。生湿地或森林地区草甸上。

【**东北地区分布**】黑龙江省哈尔滨、伊春、阿城、北安、尚志、黑河、呼玛、萝北、爱辉；吉林省浑江、长春、汪清、靖宇、抚松、安图、和龙、敦化、蛟河、长白；辽宁省清原、丹东、凤城、宽甸、本溪、桓仁、昌图、铁岭、西丰、兴城、北镇、义县、沈阳、鞍山、金州；内蒙古根河、牙克石、扎兰屯、鄂伦春、鄂温克、科尔沁右翼前旗、科尔沁右翼中旗、扎赉特旗、扎鲁特旗、克什克腾旗、喀喇沁旗、乌兰浩特、阿尔山、宁城、东乌珠穆沁旗等地。

【**食用价值**】幼嫩根状茎、种子有食用价值。

幼嫩根状茎洗净后可以煮食或蒸食。

种子含淀粉，可磨粉食用或酿酒。

【**药用功效**】不详。但可参考本书同属其他植物的药用价值开展研究。

翼果薹草 Carex neurocarpa Maxim.

【**俗名**】不详

【**异名**】不详

【**习性**】多年生草本。生湿地或草甸。

【**东北地区分布**】黑龙江省哈尔滨、齐齐哈尔、嫩江、伊春、尚志、阿城、萝北；吉林省珲春、双辽、怀德、公主岭、吉林；辽宁省锦州、盘山、沈阳、本溪、桓仁、凤城、宽甸、清原、新宾、庄河、瓦房店、长海；内蒙古额尔古纳、牙克石、扎兰屯、科尔沁右翼前旗、扎赉特旗、乌兰浩特、扎鲁特旗等地。

【食用价值】幼嫩根状茎、种子有食用价值。

幼嫩根状茎洗净后可以煮食或蒸食。

种子含淀粉，可磨粉食用或酿酒。

【药用功效】全草入药，具有凉血、止血、解表透疹的功效。

灰株薹草 Carex rostrata Stokes ex With.

【俗名】不详

【异名】*Carex ampullacea* Good.; *Carex inlata* Suter.

【习性】多年生草本。生沼泽地或高山草甸，海拔2400米左右。

【东北地区分布】黑龙江省伊春、萝北；吉林省安图；内蒙古额尔古纳、牙克石、扎兰屯、鄂温克、科尔沁右翼前旗、阿尔山、扎赉特旗、克什克腾旗、锡林浩特、宝格达山等地。

【食用价值】幼嫩根状茎、种子有食用价值。

幼嫩根状茎洗净后可以煮食或蒸食。

种子很小，难以采集，饥荒等非常时期可以采集代粮。

【药用功效】不详。但可参考本书同属其他植物的药用价值开展研究。

莎草属 Cyperus L.

香附子 Cyperus rotundus L.

【俗名】莎草；香附；香头草；梭梭草；金门莎草

【异名】*Cyperus rotundus* var. *quimoyensis* L.K.Dai

【习性】多年生草本。生河岸沙地及潮湿的盐渍土上。

【东北地区分布】辽宁省长海、大连等地。

【食用价值】块茎、种子有食用价值。

块茎生食味道不佳，略带苦味，煮熟后味道口感都得以改善。

种子很小，难以采集，饥荒等非常时期可以采集代粮。

【药用功效】根状茎、叶入药，根状茎具有疏肝解郁、调经止痛、理气调中的功效，叶具有行气、开郁、祛风的功效。

水葱属 Schoenoplectus (Reichenbach) Palla

水葱 Schoenoplectus tabernaemontani (C. C. Gmel.) Palla

【俗名】南水葱

【异名】*Scirpus tabernaemontani* C.C.Gmel.; *Scirpus validus* Vahl

【习性】多年生草本。生沼泽和浅水中。

【东北地区分布】黑龙江省哈尔滨、阿城、塔河、穆棱、孙吴、虎林、密山、黑河、爱辉、呼玛、伊春、萝北；吉林省双辽、白城、珲春、前郭尔罗斯、靖宇、九台、浑江、和龙、安图、敦化、汪清、磐石；辽宁省彰武、新宾、沈阳、本溪、大连、长海、盖州；内蒙古海拉尔、额尔古纳、满洲里、鄂温克、新巴尔虎左旗、新巴尔虎右旗、科尔沁右翼前旗、乌兰浩特、阿尔山、扎赉特旗、扎鲁特旗、通辽等地。

【食用价值】根、嫩芽、嫩茎有食用价值。

根富含淀粉，生食、熟食均可。

嫩芽煮熟后食用。

嫩茎的基部可以放在沙拉中生吃。

花粉可以放入汤或粥中食用，也可以与面粉混合，用于制作面包。

种子磨成粉末可用于制作面包等。

【药用功效】茎入药，具有渗湿利尿的功效。

【附注】本种为水生植物，污染水域不宜采食。

禾本科 Poaceae（Gramineae）

看麦娘属 Alopecurus L.

看麦娘 Alopecurus aequalis Sobol.

【俗名】棒棒草

【异名】*Alopecurus aristulatus* Michx.; *Alopecurus amurensis* (Kom.) Kom.

【习性】一年生草本。生田边及潮湿之地。

【东北地区分布】黑龙江省各地；吉林省珲春、安图、磐石、桦甸、和龙、靖宇、长白；辽宁省绥中、兴城、北镇、沈阳、鞍山、铁岭、丹东、东港、凤城、本溪、桓仁、清原、新宾、盖州、长海、庄河；内蒙古额尔古纳、海拉尔、牙克石、扎兰屯、科尔沁右翼前旗、阿尔山、扎赉特旗、扎鲁特旗、克什克腾旗、东乌珠穆沁旗、宝格达山等地。

【食用价值】种子煮熟了可以做粥食用，也可以磨成面粉用于制作蛋糕。

【药用功效】全草、种子入药，全草具有利水消肿、解毒的功效，种子用于水肿、水痘、蛇咬伤。

【附注】种子小，较难收集，仅限饥荒等食物匮乏的非常时期采食。

燕麦属 Avena L.

野燕麦 Avena fatua L.

【俗名】乌麦；燕麦草；南燕麦

【异名】*Avena meridionalis* (Malz.) Roshev.

【习性】一年生草本。生荒芜田野或为田间杂草。

【东北地区分布】黑龙江省尚志、大庆、安达、牡丹江；辽宁省大连；内蒙古科尔沁右翼前旗（白狼）、翁牛特旗等地。

【食用价值】颖果含淀粉60%，可磨粉、制糖、酿酒，印第安人以其种子作为粮食的代用品。

【药用功效】全草、种子入药，全草具有补虚损的功效，种子具有补虚、止汗的功效。

【附注】为外来入侵植物。

菵草属 Beckmannia Host

菵草 Beckmannia syzigachne (Steud.) Fernald

【俗名】水稗子

【异名】*Beckmannia baicalensis* (I. V. Kusnezow) Hultén

【习性】一年生草本。生湿地、水沟边及浅的流水中。

【东北地区分布】黑龙江省伊春、哈尔滨、阿城、塔河、密山、宁安、克山、大庆、呼玛、嫩江、铁力、尚志、虎林、勃利、萝北、安达、黑河、孙吴；吉林省珲春、靖宇、安图、长白、磐石、敦化、临江、镇赉、双辽、公主岭、延吉、和龙；辽宁省彰武、绥中、兴城、北镇、盘锦、沈阳、抚顺、本溪、桓仁、清原、铁岭、丹东、大连、金州、长海；内蒙古各地。

【食用价值】谷粒可食用，比较适合煮粥。

叶子中的一种精油被用作糖果和软饮料的调味品，有强烈的香草味，被用于伏特加中。

【药用功效】全草、种子入药，具有祛热、利肠胃、益气利的功效。

【附注】本种为湿地生植物，污染环境不宜采食。

沿沟草属 Catabrosa Beauv.

沿沟草 Catabrosa aquatica (L.) Beauv.

【俗名】不详

【异名】*Aira aquatica* L.; *Poaairoides* Koel.; *Glyceria aquatica* (L.) J. S. et C. B.

【习性】多年生直立草本。生河旁、池沼及水溪边。

【东北地区分布】内蒙古兴安北部、呼伦贝尔、克什克腾旗、兴安南部。

【食用价值】种子可食，可用来做馅饼，或者被磨成粉末做汤和炖菜时用作增稠剂，或者用于蛋糕、面包等食物。

【药用功效】全草入药，具有清热、消炎的功效。

【附注】种子小，较难收集，仅限饥荒等食物匮乏的非常时期采食。

蒺藜草属 Cenchrus L.

狼尾草 Cenchrus alopecuroides (L.) Thunb.

【俗名】狗尾巴草；芮草；老鼠狼；狗仔尾

【异名】*Pennisetum alopecuroides* (L.) Spreng.; *Panicum alopecuroides* L.

【习性】多年生草本。生路旁、山坡、田岸、沟旁。

【东北地区分布】黑龙江省尚志、大庆；辽宁省绥中、葫芦岛、营口、金州、大连、长海等地。

【食用价值】种子煮熟了可以做粥食用，也可以磨成面粉用于制作面食。

【药用功效】全草、根、根状茎入药，全草具有明目、散血的功效，根及根状茎具有清肺止咳、解毒的功效。

【附注】种子可像谷物一样食用，烘烤后可作咖啡代用品。

单蕊草属 Cinna L.

单蕊草 Cinna latifolia (Trev.) Griseb.

【俗名】不详

【异名】*Agrostis latifolia* Trev.

【习性】多年生草本。生林缘、林间空地及水边。

【东北地区分布】黑龙江省饶河、尚志、呼玛、海林、伊春、汤原；吉林省安图、抚松、长白、和龙、敦化；辽宁省本溪、桓仁、宽甸；内蒙古巴林右旗、克什克腾旗等地。

【食用价值】种子可食，比较适合煮粥。

【药用功效】不详。

【附注】种子小，较难收集，仅限饥荒等食物匮乏的非常时期采食。

发草属 Deschampsia Beauv.

发草 Deschampsia caespitosa (L.) P. Beauv.

【俗名】东方发草

【异名】*Deschampsia orientalis* (Hultén) B. S. Sun

【习性】多年生草本。生海拔1500～4500米的河滩地、灌丛中及草甸草原。

【东北地区分布】黑龙江省新林、呼玛、塔河；吉林省长白、安图、抚松；内蒙古额尔古纳、根河、牙克石、阿尔山、科尔沁右翼前旗、扎赉特旗、东乌珠穆沁旗（宝格达山）等地。

【食用价值】种子可以磨粉食用。

【药用功效】不详。

【附注】种子小，较难收集，仅限饥荒等食物匮乏的非常时期采食。

马唐属 Digitaria Hall.

马唐 Digitaria sanguinalis (L.) Scop.

【俗名】蹲倒驴

【异名】*Panicum sanguinale* L.; *Paspalum sanguinale* (L.) Lamarck

【习性】一年生草本。生山坡草地、荒野、路旁。

【东北地区分布】黑龙江省密山、尚志、哈尔滨、五常、大庆、肇东；吉林省珲春、白山、通榆；辽宁省彰武、西丰、铁岭、沈阳、大连、金州、瓦房店、营口等地。

【食用价值】种子磨粉后可制成面食。

【药用功效】全草入药，具有明目、润肺、调中、清热止血的功效。

【附注】国外有报道称，叶子可能含有氰化物。种子小，较难收集，仅限饥荒等食物匮乏的非常时期采食。

稗属 Echinochloa Beauv.

水田稗 Echinochloa oryzoides (Ard.) Fritsch.

【俗名】不详

【异名】*Echinochloa crusgalli* var. *oryzicola* (Vasing) Ohwi

【习性】一年生草本。生水田中及水湿处。

【东北地区分布】黑龙江省佳木斯、依兰、哈尔滨、呼玛、伊春；吉林省珲春、安图、镇赉；辽宁省清原、凌源、锦州、盖州；内蒙古科尔沁右翼中旗、突泉、扎赉特旗、扎鲁特旗、科尔沁左翼后旗、奈曼旗、赤峰、宁城、巴林右旗等地。

【食用价值】种子磨粉可代粮。

【药用功效】不详。但可参考本书同属其他植物的药用价值开展研究。

【附注】种子小，较难收集，仅限饥荒等食物匮乏的非常时期采食。

偃麦草属 Elytrigia Desv.

偃麦草 Elytrigia repens (L.) Desvaux ex B. D. Jackson

【俗名】不详

【异名】*Triticum repens* Linn.

【习性】多年生草本。生沟谷、草甸、河边、滩地，也有栽培。

【东北地区分布】黑龙江省呼玛、肇东、林甸、密山、萝北、虎林、黑河、孙吴、哈尔滨；辽宁省沈阳、大连；内蒙古额尔古纳、海拉尔、鄂温克、新巴尔虎左旗、根河、牙克石、海拉尔、阿尔山、东乌珠穆沁旗、锡林浩特等地。

【食用价值】根状茎、嫩芽有食用价值。

幼嫩根状茎含有淀粉和酶，而且非常甜，煮熟后食用；干燥后磨成粉末，可以与小麦粉一起制作面包；烘烤后是咖啡的替代品。

嫩芽可以放在沙拉中生吃，略带甜味，可用作春季补品。

【药用功效】根状茎入药，煎剂用于治疗尿失禁、发热黄疸、月经不调等。

野黍属 Eriochloa Kunth

野黍 Eriochloa villosa (Thunb.) Kunth

【俗名】唤猪草；拉拉草

【异名】*Panicum villosum* Thunb.; *Panicum tuberculiflorum* Steud.; *Eriochloa villosa* var. *setenantha* Ohwi

【习性】一年生草本。生旷野、山坡或潮湿地。

【东北地区分布】黑龙江省哈尔滨、阿城、呼兰、肇东、齐齐哈尔；吉林省汪清、蛟河、延吉、珲春；辽宁省彰武、北镇、西丰、开原、新宾、清原、本溪、桓仁、大连；内蒙古海拉尔、扎兰屯、莫力达瓦达斡尔旗、鄂伦春、科尔沁右翼前旗、科尔沁右翼中旗、扎赉特旗、科尔沁左翼后旗、通辽等地。

【食用价值】果实可食，煮粥或提炼淀粉。

【药用功效】全草入药，用于火眼、结膜炎、视力模糊。

【附注】种子小，较难收集，仅限饥荒等食物匮乏的非常时期采食。

茅香属 Hierochloe R. Br.

茅香 Hierochloe odorata (L.) Beauv.

【俗名】毛鞘茅香

【异名】*Hierochloe odorata* (L.) Beauv. var. *pubescens* kryl.; *Anthoxanthum nitens* (G. H.Weber) Y. Schouten & Veldkamp

【习性】多年生草本。生阴坡、河漫滩或湿润草地。

【东北地区分布】黑龙江省呼玛、伊春；吉林省桦甸、安图；辽宁省庄河、桓仁、凌源；内蒙古海拉尔、鄂温克、扎兰屯、陈巴尔虎旗、科尔沁右翼前旗、扎赉特旗、通辽、东乌珠穆沁旗、西乌珠穆沁旗、锡林浩特、阿巴嘎旗等地。

【食用价值】种子、叶子有食用价值。

种子可以掺入大米、小米煮粥食用。

叶子中的一种精油被用作糖果和软饮料的调味品，有强烈的香草味，被用于伏特加中。

【药用功效】根部、花序入药，根部具有凉血、止血、清热利尿的功效，花序具有温胃、止呕的功效。

【附注】植物体内含有的香豆素有毒，甚至会致癌，药用内服和食用时需谨慎。

白茅属 Imperata Cyr.

白茅 Imperata cylindrica (L.) Beauv.

【俗名】印度白茅

【异名】*Imperata cylindrica* var. *major* (Nees) C.E.Hubb.

【习性】多年生草本。生路旁、山坡、草地、田边、沟岸等处。

【东北地区分布】黑龙江省哈尔滨、阿城、帽儿山；吉林省双辽；辽宁省彰武、绥中、北镇、兴城、昌图、沈阳、大连；内蒙古科尔沁右翼前旗、扎赉特旗、科尔沁左翼后旗、科尔沁右翼中旗、阿鲁科尔沁旗等地。

【食用价值】根状茎、嫩芽、嫩花序有食用价值。要注意食用安全，详见本种附注。

根状茎含果糖、葡萄糖、甘露醇、柠檬酸等，味甜，嫩时可煮食。

嫩芽焯水、浸泡后可炒食、凉拌、蘸酱或腌制小咸菜。

嫩花序焯水、浸泡后可凉拌或蘸酱食。

另外，植物体燃烧后的灰分可代替食盐用于烹饪。

【药用功效】根状茎、叶、花序入药，根状茎具有凉血止血、清热利尿的功效，叶具有祛风除湿的功效，花序具有止血、定痛的功效。

花序的提取物小鼠腹腔灌胃有镇静活性，其作用强度可与苯巴比妥钠相比。

【附注】白茅根煎剂25克/千克给家兔灌胃，36小时后出现运动迟缓，呼吸加快，但不久恢复正常。白茅根煎剂给小鼠灌胃的LD_{50}（半数致死量）大于160克/千克；静注白茅根精制水溶液小鼠的LD_{50}（半数致死量）为（21.42 ± 1.09）克/千克。

落草属 Koeleria Pers.

阿尔泰落草 Koeleria altaica (Dom.) Kryl.

【俗名】不详

【异名】*Koeleria eriostachya* var. *altaica* Domin

【习性】多年生密丛草本。生草原地带。

【东北地区分布】内蒙古牙克石、翁牛特旗、克什克腾旗、锡林浩特等地。

【食用价值】种子煮熟了可以做粥食用，也可以磨成面粉用于制作蛋糕。

【药用功效】不详。

【附注】种子小，较难收集，仅限饥荒等食物匮乏的非常时期采食。

芒落草 Koeleria litvinowii Dom.

【俗名】矮落草

【异名】*Trisetum litvinowii* (Dom.) Nevski

【习性】多年生密丛草本。生山坡草地。

【东北地区分布】辽宁省凤城、大连、鞍山等地。

【食用价值】种子煮熟了可以做粥食用，也可以磨成面粉用于制作蛋糕。

【药用功效】不详。

【附注】种子小，较难收集，仅限饥荒等食物匮乏的非常时期采食。

落草 Koeleria macrantha (Ledeb.) Schult.

【俗名】不详

【异名】*Koeleria cristata* (L.) Pers.; *Aira cristata* Linn.; *Poacristata* (Linn.) Linn.

【习性】多年生密丛草本。生山坡、草地或路旁。

【东北地区分布】黑龙江省哈尔滨、鹤岗、嫩江、集贤、大庆、伊春、安达、黑河、孙吴、萝北、富锦、嘉荫、密山、杜尔伯特、阿城、龙江、加格达奇；吉林省安图、通化、双辽、磐石；辽宁省昌图、铁岭、彰武、北镇、黑山、建平、兴城、沈阳、法

库、盖州、瓦房店、金州、大连、长海、东港；内蒙古额尔古纳、新巴尔虎右旗、满洲里、根河、海拉尔、牙克石、科尔沁右翼前旗、科尔沁左翼右旗、扎赉特旗、扎鲁特旗、新巴尔虎左旗、乌兰浩特、阿尔山、通辽、翁牛特旗、克什克腾旗等地。

【食用价值】种子煮熟了可以做粥食用，也可以磨成面粉用于制作蛋糕。

【药用功效】不详。

【附注】种子小，较难收集，仅限饥荒等食物匮乏的非常时期采食。

粟草属 Milium L.

粟草 Milium effusum L.

【俗名】不详

【异名】*Melica effusa* (Linn.) Salisb.; *Paspalum effusum* (Linn.) Rasp.

【习性】多年生草本。生林下及阴湿草地。

【东北地区分布】黑龙江省伊春、饶河、尚志、阿城、带岭；吉林省安图、抚松、白山；辽宁省新宾、清原、凤城、宽甸、本溪、桓仁、沈阳、开原、鞍山等地。

【食用价值】种子煮熟后可食；或者磨成粉末，用于制作面包等。

【药用功效】不详。

【附注】种子小，较难收集，仅限饥荒等食物匮乏的非常时期采食。

芦苇属 Phragmites Adanson

芦苇 Phragmites australis (Clav.) Trin.

【俗名】热河芦苇

【异名】*Phragmites communis* Trin.; *Ph. jeholensis* Honda

【习性】多年生高大直立草本。生池沼、河旁，在沙丘边缘及盐碱地上亦可生长。

【东北地区分布】东北地区各地。

【食用价值】嫩芽、根状茎、茎、种子有食用价值。

嫩芽（叶子长出来之前）可以作蔬菜食用。

幼嫩根状茎可以生食，也可以像土豆一样熟食，还可以剁碎加入汤或粥中。

茎富含碳水化合物，可提炼糖。

种子可磨粉作粮食用。

【药用功效】嫩苗、根状茎、嫩茎、箨叶、叶、花均可入药。

【附注】本种常为水生，污染水域不宜采食。

狗尾草属 Setaria Beauv.

断穗狗尾草 Setaria arenaria Kitag.

【俗名】不详

【异名】*Setaria viridis* var. *sinica* Ohwi

【习性】一年生草本。生海拔1000～1300米的沙丘阳坡。

【东北地区分布】黑龙江省大兴安岭；内蒙古额尔古纳、根河、海拉尔、扎兰屯、科尔沁右翼前旗、赤峰、翁牛特旗、科尔沁左翼后旗、东乌珠穆沁旗、西乌珠穆沁旗、锡林浩特等地。

【食用价值】种子可像谷物一样食用，烘烤后可作咖啡代用品。

【药用功效】不详。但可参考本书同属其他植物的药用价值开展研究。

【附注】种子小，较难收集，仅限饥荒等食物匮乏的非常时期采食。

大狗尾草 Setaria faberi Herrmann

【俗名】法氏狗尾草

【异名】*Setaria autumnalis* Ohwi

【习性】一年生草本。生山坡、路旁、田园或荒野。

【东北地区分布】黑龙江省黑河、嫩江、尚志、密山、虎林；辽宁省桓仁、宽甸、新宾、清原、长海、大连；内蒙古阿鲁科尔沁旗、翁牛特旗等地。

【食用价值】种子可像谷物一样食用，烘烤后可作咖啡代用品。

【药用功效】全草或根入药，具有清热消疳、杀虫止痒的功效。

【附注】种子小，较难收集，仅限饥荒等食物匮乏的非常时期采食。

幽狗尾草 Setaria parviflora (Poiret) Kerguélen

【俗名】不详

【异名】*Cenchrus parviflorus* Poiret; *Chaetochloa geniculata* (Poiret) Millspaugh & Chase; *Panicum geniculatum* Poiret; *P. pallidefuscum* Schumacher

【习性】一年生或短命多年生植物，有基部芽或短的多节根茎。生山坡、路边、荒地。

【产地】吉林省有分布记录。原产北美洲。

【食用价值】种子可像谷物一样食用，烘烤后可作咖啡代用品。

【药用功效】不详。但可参考本书同属其他植物的药用价值开展研究。

【附注】为外来入侵植物。种子小，较难收集，仅限饥荒等食物匮乏的非常时期采食。

金色狗尾草 Setaria pumila (Poiret) Roemer & Schultes

【俗名】金狗尾草；棕色狗尾草

【异名】*etaria glauca* auct. non (L.) Beauv.

【习性】一年生草本。生荒野、路旁。

【东北地区分布】东北地区各地。

【食用价值】种子可以像大米一样作为食用，甜食或咸味食品均可以，也可以磨成粉末制成粥、蛋糕、布丁等。

【药用功效】全草入药，具有清热、明目、止泻的功效。

【附注】种子小，较难收集，仅限饥荒等食物匮乏的非常时期采食。

狗尾草 Setaria viridis (L.) Beauv.

【俗名】谷莠子

【异名】*Setaria viridis* var. *purpurascens* Maxim.

【习性】一年生草本。生荒野、道旁，亦为田间杂草。

【东北地区分布】东北地区各地。

【食用价值】种子可像谷物一样食用，烘烤后可作咖啡代用品。

【药用功效】全草入药，具有清热解毒、祛风明目、除热祛湿、消肿、杀虫的功效。

【附注】种子小，较难收集，仅限饥荒等食物匮乏的非常时期采食。

高粱属 Sorghum Moench

石茅 Sorghum halepense (L.) Pers.

【俗名】宿根高粱；阿拉伯高粱；亚剌伯高粱；琼生草；詹森草

【异名】*Holcus halepensis* Linn.; *Andropogon arundinaceus* Scop.; *Andropogon sorghum* (Linn.) Brot. subsp. halepensis Hack.; *Andropogon halepensis* (Linn.) Brot. var. *genuinus* (Hack.) Stapf

【习性】多年生草本。生山谷、河边、荒野或耕地中。

【东北地区分布】辽宁省大连。原产地中海沿岸各国及西非、印度、斯里兰卡等地，已传入世界各大洲。

【食用价值】种子有食用价值，可以煮粥，也可以磨成面粉用于制作面食。

【药用功效】为印度、塞浦路斯药用植物，全草的汁液口服治疗发热，根、根状茎及地上部分用于感冒、黏膜炎、呼吸系统疾病。

【附注】本种为外来入侵植物，根状茎发达，为难消除的恶性杂草。花粉会引起枯草热。体内含有少量氰氢酸。

菰属 Zizania L.

菰 Zizania latifolia (Griseb.) Stapf.

【俗名】菰荽笋；茭白

【异名】*Zizania caduciflora* (Turcz.) Hand.-Mazz.

【习性】多年生高大直立草本。水生或沼生。

【东北地区分布】黑龙江省伊春、虎林、哈尔滨、密山；吉林省安图；辽宁省沈阳、新民、普兰店；内蒙古额尔古纳、海拉尔、根河、科尔沁右翼前旗、扎赉特旗、科尔沁右翼后旗、大青沟等地。

【食用价值】嫩茎秆、种子有食用价值。

嫩茎秆被菰黑粉菌*Yenia esculenta* (P.Henn.) Liou刺激而形成的纺锤形肥大部分（菌瘿）称"茭白"，是美味的蔬菜。

种子称"菰米""菰实"，作为食物有营养保健价值。

【药用功效】根部、茭白、菰米入药，根部具有除胸中烦、解酒、消食的功效，茭白具有解热毒、除烦渴、利二便的功效，菰米具有清热除烦、生津止渴的功效。

【附注】本种为水生植物，污染水域不宜采食。

罂粟科 Papaveraceae

白屈菜属 Chelidonium L.

白屈菜 Chelidonium majus L.

【俗名】土黄连；水黄连；断肠草；见肿消；观音草；黄连；八步紧；山黄连

【异名】*Chelidonium grandiflorum* DC.; *C. majus* var. *grandiflorum* DC.

【习性】多年生草本。生山谷湿润地、水沟边、住宅附近。

【东北地区分布】东北地区各地及内蒙古根河、牙克石、科尔沁右翼前旗、扎赉特旗、大青沟、克什克腾旗等地。

【食用价值】叶可作为应急食品食用，饥荒或非常时期，没有其他食物，用开水焯一下，用清水反复浸泡后少食。

【药用功效】全草、根入药，全草具有解痉止痛、止咳平喘的功效，根具有破瘀消肿、止血、止痛的功效。

【附注】全草有毒，可作农药。所含橘黄色乳汁味苦辣，对皮肤刺激性强，触及嘴唇使之肿大，咽下则引起呕吐、腹痛、痉挛和昏睡。植物体晒干后毒性会大大降低。

紫堇属 Corydalis DC.

黄堇 Corydalis pallida (Thunb.) Pers.

【俗名】珠果紫堇；球果紫堇；山黄堇

【异名】*Fumaria pallida* Thunb.; *Sophorocapnospallida* (Thunb.) Turcz; *Corydalispallida* var. *tenuis* Yatabe; *C. pallida* var. *ramosissima* Kom.; *C. formosana* Hayata var. *microphylla* Sasaki; *C. taiwanensis* Ohwi

【习性】二年生草本。生林间空地、火烧迹地、林缘、坡地、河滩石砾及铁路两旁沙质地。

【东北地区分布】黑龙江省尚志、密山、阿城、伊春等东部山地；吉林省磐石、汪清、安图、桦甸、浑江等地；辽宁省凤城、开原、绥中、凌源、宽甸、桓仁、本溪、金州、大连、鞍山；内蒙古科尔沁右翼前旗、喀喇沁旗等地。

【食用价值】嫩苗可作为应急食品，饥荒或非常时期，没有其他食物，用开水焯一下，用清水反复浸泡后少食。要注意其同属植物的有毒报道，详见本种附注。

【药用功效】全草、根入药，全草具有清热解毒、消肿、杀虫的功效，根具有清热、解毒、杀虫的功效。

【附注】虽然未见该种有毒报道，但是同属有的种类有毒，特别是根部毒性大。中毒后呈酒醉状，有嗜睡、呕吐、瞳孔缩小、脉搏减弱、昏迷、呼吸急促、心肌麻痹等。鉴于此，要谨慎食用该种。非饥荒等非常情况不要食用，如果食用，一定要先用开水焯、再用清水反复浸泡，晒干后再食用更加安全。食用量要少，且不宜连续食用。

黄花地丁 Corydalis raddeana Regel

【俗名】小黄紫堇

【异名】*Corydalis ochotensis* Turcz. var. *raddeana* (Regel) Nakai

【习性】一年生或二年生草本。生林内石砬子旁、杂木林下、溪流两旁、采伐迹地。

【东北地区分布】黑龙江省尚志、海林、呼玛、伊春；吉林省安图、长白、抚松、蛟河、珲春、浑江；辽宁省岫岩、凤城、普兰店、西丰、宽甸、本溪、大连、丹东；内蒙古鄂伦春等地。

【食用价值】嫩苗可作为应急食品，饥荒或非常时期，没有其他食物，用开水焯一下，用清水反复

浸泡后少食。要注意其同属植物的有毒报道，详见本种附注。

【药用功效】药用同黄紫堇*Corydalis ochotensis* Turcz.。

【附注】虽然未见该种有毒报道，但是同属有的种类有毒，特别是根部毒性大。中毒后呈酒醉状，有嗜睡、呕吐、瞳孔缩小、脉搏减弱、昏迷、呼吸急促、心肌麻痹等。鉴于此，要谨慎食用该种。非饥荒等非常情况不要食用，如果食用，一定要先用开水焯、再用清水反复浸泡，晒干后再食用更加安全。食用量要少，且不宜连续食用。

珠果黄堇 Corydalis speciosa Maxim.

【俗名】狭裂珠果紫堇

【异名】*Corydalis pallida* (Thunb.) Pers. var. *speciosa* (Maxim.) Kom.

【习性】多年生草本。生林缘、路边或水边多石地。

【东北地区分布】黑龙江省张广才岭、完达山和老爷岭山地；吉林省舒兰、安图、桦甸、抚松；辽宁省鞍山、凤城、宽甸、桓仁、本溪、庄河、瓦房店、大连；内蒙古科尔沁右翼前旗等地。

【食用价值】嫩苗可作为应急食品，饥荒或非常时期，没有其他食物，用开水焯一下，用清水反复浸泡后少食。要注意其有毒报道，详见本种附注。

【药用功效】全草或根入药，具有清热解毒、消肿止痛的功效。

【附注】全草有毒，特别是根部毒性大。中毒后呈酒醉状，有嗜睡、呕吐、瞳孔缩小、脉搏减弱、昏迷、呼吸急促、心肌麻痹等。

防己科 Menispermaceae

木防己属 Cocculus DC.

木防己 Cocculus orbiculatus (L.) DC.

【俗名】日本木防己

【异名】*Cocculus trilobus* (Thunb.) DC.

【习性】落叶木质藤本。生丘陵、山坡低地、路旁草地及低山灌木丛中。

【东北地区分布】辽宁省大连、旅顺口、长海等地。

【食用价值】饥荒等非常时期，嫩叶开水焯、清水反复浸泡后可少食。

【药用功效】根、茎、叶、花入药，根具有祛风通络、消肿止痛、行水利尿、强筋壮骨的功效，茎具有祛风除湿、止痛的功效，叶具有祛风、除湿、消肿的功效，花具有解毒化痰的功效。

【附注】根、叶有毒，多食可导致呼吸中枢及心脏麻痹。全草可作杀虫药。

小檗科 Berberidaceae

小檗属 Berberis L.

黄芦木 Berberis amurensis Rupr.

【俗名】大叶小檗

【异名】*Berberis vulgaris* var. *amurensis* (Ruprecht) Regel

【习性】落叶灌木。生山地林缘、溪边或灌丛中。

【东北地区分布】黑龙江省尚志、海林、虎林、勃利、宁安、密山、伊春、嘉荫；吉林省抚松、长白、和龙、安图、临江；辽宁省本溪、凤城、盖州、桓仁、宽甸、庄河、大连、凌源、建平、朝阳；内蒙古大青沟、克什克腾旗、喀喇沁旗、宁城、正镶白旗等地。

【食用价值】嫩叶、果实有食用价值。

嫩叶具酸味，可以生食，也可以水焯后蘸酱或调拌凉菜。

果实味道酸甜，用水冲洗后直接食用，也可制成果酒、果汁、果露等。

【药用功效】根入药，具有清热燥湿、泻火解毒的功效。

【附注】本属植物的根有毒，主含小檗碱、小檗胺、巴马亭、药根碱、尖刺碱、异汉防己碱、木兰花碱等生物碱。

细叶小檗 Berberis poiretii Schneid.

【俗名】不详

【异名】*Berberis poiretii* var. *biseminalis* P. Y. Li

【习性】落叶灌木。生山坡路旁或溪边。

【东北地区分布】吉林省集安、吉林、通化、梅河口；辽宁省沈阳、庄河、鞍山、本溪、凤城、宽甸、昌图、新宾、清原、凌源、建昌、兴城、锦州；内蒙古克什克腾旗、喀喇沁旗、宁城、西乌珠穆沁旗、锡林浩特、正蓝旗等地。黑龙江省哈尔滨市有栽培。

【食用价值】嫩叶、果实有食用价值。

嫩叶具酸味，可以生食，也可以水焯后蘸酱或调拌凉菜。

果实味道酸甜，用水冲洗后直接食用，也可制成果酒、果汁、果露等。

【药用功效】根、根皮入药，具有清热解毒、健胃的功效。

【附注】本属植物的根有毒，主含小檗碱、小檗胺、巴马亭、药根碱、尖刺碱、异汉防己碱、木兰花碱等生物碱。

红毛七属（类叶牡丹属）Caulophyllum Michx.

红毛七 Caulophyllum robustum Maxim.

【俗名】类叶牡丹；葳严仙

【异名】*Leontice robustum* (Maxim.) Diels

【习性】多年生直立草本。生山坡阴湿肥沃地或针阔叶混交林下。

【东北地区分布】黑龙江省饶河、尚志、阿城、伊春等东部山区；吉林省珲春、汪清、安图、敦化、蛟河、浑江；辽宁省庄河、鞍山、本溪、凤城、桓仁、宽甸、清原、西丰等地。模式标本产黑龙江。

【食用价值】嫩苗焯水、反复浸泡后食用，或者晒干后再食。要注意其有毒报道，详见本种附注。

【药用功效】根及根状茎入药，具有祛风通络、活血通经、散瘀止痛的功效。

【附注】地上部分和根状茎含有毒生物碱，小鼠腹腔注射根状茎的水、乙醇和乙醚提取物1000毫克/千克，出现活动减少，共济失调，惊厥死亡。

毛茛科 Ranunculaceae

类叶升麻属 Actaea L.

兴安升麻 Actaea dahurica Turcz. ex Fisch. & C. A. Mey.

【俗名】升麻

【异名】*Cimicifuga dahurica* (Turcz.) Maxim.

【习性】多年生草本。生林缘灌丛、草垫、疏林下或山坡草地。

【东北地区分布】黑龙江省伊春、海伦、德都等全省各山地；吉林省安图、通化、抚松、汪清、蛟河、临江；辽宁省抚顺、新宾、清原、本溪、宽甸、桓仁、庄河、鞍山、岫岩、凌源、建昌；内蒙古根河、牙克石、鄂伦春、科尔沁右翼前旗、扎赉特旗、罕山、敖汉旗、巴林右旗、阿鲁科尔沁旗、克什克腾旗、喀喇沁旗、宁城、东乌珠穆沁旗、西乌珠穆沁旗等地。模式标本采自大兴安岭。

【食用价值】嫩茎、嫩叶有食用价值。要注意其有毒报道，详见本种附注。

早春展叶前幼嫩的茎开水焯、清水反复浸泡后可以炒食、凉拌或蘸酱食。

嫩叶可采用与叶柄一样的加工方法，但煮的时间要短些，食用方法除与叶柄一样，还可剁馅加猪肉包饺子。

【药用功效】干燥根状茎入药，具有发表透疹、清热解毒、升举阳气的功效。

【附注】全株有毒。人服用大剂量后出现头痛、震颤、四肢强直性抽搐、阴茎异常勃起等。小鼠腹腔注射全草的氯仿提取物500毫克/千克，出现翻正反射消失、呼吸弱、瘫痪，最后死亡。

大三叶升麻 Actaea heracleifolia (Kom.) J. Compton

【俗名】窟窿牙根；龙眼根

【异名】*Cimicifuga heracleifolia* Kom.

【习性】多年生草本。生林下、灌丛或山坡草地。

【东北地区分布】黑龙江省密山、萝北、绥芬河等东部山区；吉林省集安；辽宁省抚顺、本溪、丹东、岫岩、大连、庄河、金州、普兰店等地。

【食用价值】嫩茎、嫩叶有食用价值。要注意其有毒报道，详见本种附注。

早春展叶前幼嫩的茎开水焯、清水反复浸泡后可以炒食、凉拌或蘸酱食。

嫩叶可采用与叶柄一样的加工方法，但煮的时间要短些，食用方法除与叶柄一样，还可剁馅加猪肉包饺子。

【药用功效】干燥根状茎入药，具有发表透疹、清热解毒、升举阳气的功效。

【附注】全株有毒。人服用大剂量后出现头痛、震颤、四肢强直性抽搐、阴茎异常勃起等。小鼠腹腔注射全草的氯仿提取物500毫克/千克，出现翻正反射消失、呼吸弱、瘫痪、最后死亡。

单穗升麻 Actaea simplex (DC.) Wormsk. ex Prantl

【俗名】野菜升麻

【异名】*Cimicifuga simplex* Wormsk ex DC.; *C. foctida* var. *racemosa* Yabe; *C. ussuriensis* Oettigen

【习性】多年生草本。生林缘、草甸或河岸湿草地。

【东北地区分布】黑龙江省伊春、密山、虎林、宁安、尚志、桦川、北安等山地；吉林省蛟河、抚松、和龙、安图、敦化、长白；辽宁省本溪、桓仁、宽甸、岫岩、庄河、西丰、新宾；内蒙古根河、鄂伦春、科尔沁右翼前旗、扎鲁特旗、克什克腾旗、喀喇沁旗、东乌珠穆沁旗（宝格达山）等地。

【食用价值】嫩茎、嫩叶有食用价值。要注意食用安全，详见本种附注。

早春展叶前幼嫩的茎开水焯、清水反复浸泡后可以炒食、凉拌或蘸酱食。

嫩叶可采用与叶柄一样的加工方法，但煮的时间要短些，食用方法除与叶柄一样，还可剁馅加猪肉包饺子。

【药用功效】根状茎入药，具有清热解毒、散风、升阳发表、发表透疹的功效。

【附注】虽然未见本种的有毒报道，但是毛茛科的许多种类有毒，鉴于此，本种也要谨慎食用，尤其不能生食，食前一定要先用开水焯，再用清水反复浸泡。

耧斗菜属 Aquilegia L.

白山耧斗菜 Aquilegia flabellate Siebold & Zucc.

【俗名】阿穆尔耧斗菜；长白耧斗菜；黑水耧斗菜

【异名】*Aquilegia flabellata* var. *pumila* Kudo; *A. japonica* Nakai

【习性】多年生草本。生高山岩石上。

【东北地区分布】黑龙江省呼玛、海林；吉林省安图、抚松；辽宁省桓仁；内蒙古根河（大黑山）等地。

【食用价值】嫩苗、花葶、花有食用价值。要注意食用安全，详见本种附注。

嫩苗、花葶、花焯水、浸泡后可炒食、凉拌、蘸酱或腌渍咸菜，也可剁馅加猪肉包饺子。花晾干或炒制后可用作茶叶的替代品。

【药用功效】全草入药，具有止血的功效。

【附注】种子可作驱虫剂。建议谨慎食用。

尖萼耧斗菜 Aquilegia oxysepala Trautv. et C. A. Mey.

【俗名】不详

【异名】*Aquilegia vulgaris* var. *oxysepala* (Trautv. et C. A. Mey.) Regel

【习性】多年生草本。生林下、林缘及山麓草地。

【东北地区分布】黑龙江省尚志、阿城、伊春；吉林省吉林、浑江、磐石、抚松、珲春、安图、桦甸、汪清；辽宁省本溪、凤城、宽甸、桓仁、岫岩、庄河、瓦房店；内蒙古牙克石、鄂伦春等地。

【食用价值】嫩苗、花葶、花焯水、浸泡后可炒食、凉拌、蘸酱或腌渍咸菜，也可剁馅加猪肉包饺子。要注意食用安全，详见本种附注。

【药用功效】全草入药，具有调经、活血的功效。

【附注】虽然未见本种的毒性报道，但本属有的种全草及种子有毒，花期毒性最大。建议谨慎食用。

细距耧斗菜 Aquilegia turczaninowii Kamelin & Gubanov

【俗名】不详

【异名】*Aquilegia leptoceras* Fisch.

【习性】多年生草本。生山地森林。

【东北地区分布】黑龙江省大兴安岭。

【食用价值】嫩苗、花葶、花焯水、浸泡后可炒食、凉拌、蘸酱或腌渍咸菜，也可剁馅加猪肉包饺子。要注意食用安全，详见本种附注。

【药用功效】不详。但可参考本书同属其他植物的药用价值开展研究。

【附注】虽然未见本种的毒性报道，但本属有的种全草及种子有毒，花期毒性最大。建议谨慎食用。

耧斗菜 Aquilegia viridiflora Pall.

【俗名】不详

【异名】不详

【习性】多年生草本。生山坡石质地、湿草地。

【东北地区分布】黑龙江省哈尔滨、伊春、尚志、呼玛、黑河；吉林省浑江、安图；辽宁省旅顺口、大连、长海；内蒙古海拉尔、根河、牙克石、满洲里、科尔沁右翼前旗、扎赉特旗、翁牛特旗、巴林左旗、巴林右旗、克什克腾旗、红山区、西乌珠穆沁旗、镶黄旗等地。

【食用价值】嫩苗、花葶、花焯水、浸泡后可炒食、凉拌、蘸酱或腌渍咸菜，也可剁馅加猪肉包饺子。要注意食用安全，详见本种附注。

【药用功效】全草入药，具有调经止血、清热解毒的功效。

【附注】全草及种子有毒，花期毒性最大。

华北耧斗菜 Aquilegia yabeana Kitag.

【俗名】紫霞耧斗；五铃花

【异名】*Aquilegia oxysepala* var. *yabeana* (Kitag.) Munz

【习性】多年生草本。生山地草坡或林边。

【东北地区分布】辽宁省喀左、凌源、建昌；内蒙古翁牛特旗、克什克腾旗、喀喇沁旗等地。

【食用价值】根、嫩苗、花葶、花有食用价值。要注意食用安全，详见本种附注。

根含糖类，可作饴糖或酿酒。

嫩苗、花葶、花焯水、浸泡后可炒食、凉拌、蘸酱或腌渍咸菜，也可剁馅加猪肉包饺子。

【药用功效】全草、根入药，全草用于痛经、瘰疬、蛇咬伤等，根用于风寒感冒。

【附注】虽然未见本种的毒性报道，但本属有的种全草及种子有毒，花期毒性最大。建议谨慎食用。

铁线莲属 Clematis L.

转子莲 Clematis patens Morr. et Decne.

【俗名】大花铁线莲

【异名】*Clematis coerulea* Lindl.

【习性】多年生草质藤本。生山坡草地或灌丛。

【东北地区分布】辽宁省丹东、东港、凤城、宽甸、普兰店、金州、庄河；内蒙古敖汉旗大黑山等地。

【食用价值】嫩苗、嫩梢、花有食用价值。

嫩苗、嫩梢食前先用开水焯，再用清水反复浸泡，食用方法多种多样，炒菜、凉拌、蘸酱均可，大量采集时可腌渍成咸菜或制成干菜。

花食前也要先用开水焯，再用清水浸泡一段时间。

【药用功效】根入药，具有祛瘀、利尿、解毒的功效。

【附注】虽然未见本种的有毒报道，但本属有的种根及根茎有毒，全草可作农药。建议谨慎食用。

齿叶铁线莲 **Clematis serratifolia** Rehd.

【俗名】不详

【异名】*Clematis orientalis* L. var. *serrata* Maxim.; *C. orientalis* var. *wilfordi* Maxim.; *C. intricata* Bunge var. *wilfordi* (Maxim.) Kom.; *C. orientalis* var. *serrata* (Maxim.) Kom.

【习性】多年生草质藤本。生山坡、林下、山沟溪流旁灌丛及河套。

【东北地区分布】黑龙江省东宁、尚志；吉林省抚松、汪清、珲春、和龙、安图、敦化；辽宁省抚顺、新宾、清原、西丰、本溪、宽甸、桓仁、凤城、岫岩、丹东、庄河、凌源等地。

【食用价值】嫩芽可作为应急食品，在饥荒或没有其他食物的非常时期，焯水、浸泡后少食。

【药用功效】根状茎或地上部分入药，具有除风利湿、利尿止泻、腹胀肠鸣。

【附注】虽然未见本种的有毒报道，但本属有的种根及根茎有毒，全草可作农药。建议谨慎食用。

辣蓼铁线莲 **Clematis terniflora** var. **mandshurica** (Rupr.) Ohwi

【俗名】东北铁线莲

【异名】*Clematis mandshurica* Rupr.

【习性】多年生草质藤本。生林缘、山坡灌丛、阔叶林下。

【东北地区分布】黑龙江省哈尔滨、绥芬河、集贤、嫩江、鸡西、密山、虎林、穆棱、黑河、富锦、宁安、萝北、伊春、逊克、嘉荫、鹤岗；吉林省安图、靖宇、和龙、汪清、珲春、桦甸、通化、长春、吉林；辽宁省沈阳、抚顺、西丰、清原、昌图、鞍山、本溪、凤城、宽甸、桓仁、丹东、庄河、长海、大连、北镇、锦州；内蒙古莫力达瓦达斡尔等地。

【食用价值】嫩苗、嫩梢、花有食用价值。

嫩苗、嫩梢食前先用开水焯，再用清水反复浸泡，食用方法多种多样，炒菜、凉拌、蘸酱均可，大

量采集时可腌渍成咸菜或制成干菜。

花食前也要先用开水焯，再用清水浸泡一段时间。

【药用功效】干燥根和根状茎入药，具有祛风湿、通络止痛、消骨鲠的功效。

【附注】根及根茎有毒，全草可作农药。食用嫩苗要熟食，不能生食，就是说食前一定要先用开水焯，再用清水反复浸泡。

白头翁属 Pulsatilla Adans.

朝鲜白头翁 Pulsatilla cernua (Thunb.) Bercht. et Opiz.

【俗名】灰花白头翁

【异名】*Pulsatilla cernua* f. *plumbea* J. X. Ji & Y. T. Zhao

【习性】多年生草本。生山坡草地、灌丛间。

【东北地区分布】黑龙江省虎林、饶河、伊春、萝北；吉林省蛟河、安图、抚松、长春；辽宁省沈阳、本溪、桓仁、宽甸、凤城、清原、新宾、鞍山、丹东、普兰店、瓦房店、金州；内蒙古科尔沁右翼前旗、扎赉特旗、喀喇沁旗、赤峰市红山区等地。

【食用价值】嫩叶和幼嫩根状茎开水焯、清水反复浸泡后可作蔬菜少量食用。要注意食用安全，详见本种附注。

【药用功效】根入药，具有清热解毒、收敛、消炎、凉血止痢的功效。

【附注】根还可作杀虫、防病农药。

毛茛属 Ranunculus L.

茴茴蒜 Ranunculus chinensis Bunge

【俗名】回回蒜毛茛；回回蒜

【异名】*Ranunculus pensylvanicus* var. *chinensis* Maxim.; *R. brachyrhynchus* Chien

【习性】多年生草本。生山谷、溪流旁、路旁湿草地。

【东北地区分布】黑龙江省萝北、伊春、哈尔滨、牡丹江；吉林省汪清、磐石、靖宇、双辽等地，浑江、长春、白城；辽宁省沈阳、西丰、彰武、北镇、凌源、鞍山、大连、庄河、岫岩；内蒙古额尔古纳、扎兰屯、鄂伦春、科尔沁右翼前旗、科尔沁左翼中旗和后旗、扎鲁特旗、敖汉旗、巴林右旗、阿鲁科尔沁旗、喀喇沁旗、宁城、锡林浩特等地。

【食用价值】嫩苗可作为应急食品，在饥荒或没有其他食物的非常时期，焯水、浸泡后少食。要注意其有毒报道，详见本种附注。

【药用功效】全草、果实入药，具有清热解毒、消炎退肿、平喘、降压、祛湿、杀虫、截疟、退翳的功效。

【附注】全草有毒。人中毒后主要症状为肠胃炎、疝痛、下痢，甚至便血、呕吐、瞳孔散大，严重者可引起痉挛。小鼠腹腔注射20克/千克全草的乙醇提取物，2～3分钟后，2/5小鼠共济失调，3/5死亡。

毛茛 Ranunculus japonicas Thunb.

【俗名】五虎草

【异名】*Ranunculus japonicus* Thunb. var. *latissimus* Kitag.

【习性】多年生草本。生湿草地、水边、沟谷、山坡、林下。

【东北地区分布】东北三省各地；内蒙古根河、牙克石、扎兰屯、鄂伦春、鄂温克、新巴尔虎右旗、阿荣旗、科尔沁右翼前旗、扎赉特旗、科尔沁左翼后旗、扎鲁特旗、翁牛特旗、敖汉旗、巴林左旗、阿鲁科尔沁旗、克什克腾旗、喀喇沁旗、宁城、东乌珠穆沁旗、锡林浩特、正蓝旗等地。

【食用价值】嫩苗可作为应急食品，在饥荒或没有其他食物的非常时期，焯水、浸泡后少食。要注意其有毒报道，详见本种附注。

【药用功效】全草及根入药，具有清热、清肝利胆、退黄、定喘、截疟、消肿、镇痛、杀虫的功效。

【附注】全株有毒。花的毒性最大，其次为叶和茎。人中毒后最初表现为烦躁不安、口内灼热肿胀、咀嚼困难，继而呕吐、疝痛、下痢、尿血、脉搏徐缓、呼吸困难、瞳孔散大、衰竭、失去知觉，最后痉挛死亡。一般不作内服药，皮肤有破损及过敏者禁用，孕妇慎用。

匍枝毛茛 Ranunculus repens L.

【俗名】不详

【异名】*Ranunculus repens* L. var. *major* Nakai; *R. repens* L. f. *polypetalum*. S. H. Li et Y. H. Huang

【习性】多年生草本。生沟边草地。

【东北地区分布】黑龙江省伊春、哈尔滨、阿城、克山、北安、尚志；吉林省安图、磐石、靖宇、浑江、长白、辉南、吉林、临江；辽宁省本溪、桓仁、抚顺、新宾；内蒙古额尔古纳、根河、牙克石、鄂伦春、鄂温克、科尔沁右翼前旗、阿尔山、克什克腾旗等地。

【食用价值】幼苗可作为应急食品，在饥荒或没有其他食物的非常时期，焯水、反复浸泡后少量食用，蒸熟后晒干菜食用最安全。要注意其有毒报道，详见本种附注。

【药用功效】全草入药，具有利湿、消肿、止痛、退翳、截疟、杀虫的功效。

【附注】植物的所有部分都有毒，加热或干燥或毒素会被破坏。这种植物还有一种强烈的辛辣汁液，会导致皮肤起泡。

松叶毛茛 Ranunculus reptans L.

【俗名】不详

【异名】*Ranunculus flammula* var. *reptans* Fleisch.; *R. flagellifolius* Nakai; *R. reptans* var. *flagellifolius* (Nakai) Ohwi

【习性】多年生草本。生河边湿地。

【东北地区分布】黑龙江省呼玛、漠河；内蒙古额尔古纳、根河、牙克石等地。

【食用价值】幼苗、根可食，但有毒，仅作为应急食品，在饥荒或没有其他食物的非常时期食用。要注意其有毒报道，详见本种附注。

幼苗焯水、浸泡后作为蔬菜少量食用。

嫩根烤熟后食用。

【药用功效】不详。但可参考本书同属其他植物的药用价值开展研究。

【附注】植物的所有部分都有毒，加热或干燥毒素会被破坏。这种植物还有一种强烈的辛辣汁液，会导致皮肤起泡。

石龙芮 Ranunculus sceleratus L.

【俗名】不详

【异名】*Hecatonia palustris* Lour.

【习性】多年生草本。生山沟湿地、河边湿地。

【东北地区分布】黑龙江省哈尔滨、牡丹江、黑河、嫩江、漠河、爱辉、呼玛；吉林省磐石、桦甸；辽宁沈阳、新宾、长海、庄河、普兰店、金州、大连；内蒙古海拉尔、额尔古纳、根河、牙克石、新巴尔虎左旗、新巴尔虎右旗、科尔沁右翼前旗、科尔沁左翼后旗、通辽、翁牛特旗、克什克腾旗、赤峰市红山区、锡林浩特、正蓝旗等地。

【食用价值】嫩苗可作为应急食品，在饥荒或没有其他食物的非常时期，焯水、浸泡后少食。要注意其有毒报道，详见本种附注。

【药用功效】全草、果实入药，全草具有解毒、消肿、散结、清肝、利胆、活血、截疟、补阴润燥、祛风除湿、利关节的功效，果实具有和胃、益肾、明目、祛风湿的功效。

【附注】全草有毒，花毒性较大，不能内服，误食可致口腔灼热、随后肿胀、咀嚼困难、剧烈腹泻、脉搏缓慢、呼吸困难、瞳孔散大，严重者可致死亡。另外，本种的汁液非常辛辣，能引起皮肤起水泡。

唐松草属 Thalictrum L.

唐松草 Thalictrum aquilegiifolium var. sibiricum Regel et Tiling

【俗名】翼果唐松草；翼果白蓬草；翅果唐松草

【异名】*Thalictrum contortum* L.; *T. aquilegifolium* var. *asiaticum* Nakai; *T. aquilegifolium* ssp. *asiaticum* (Nakai) Kitag.

【习性】多年生草本。生山坡灌丛、溪流旁、林缘草地、阔叶林下。

【东北地区分布】黑龙江省尚志、鹤岗、伊春、北安、集贤、富锦、密山、孙吴、呼玛；吉林省浑江、抚松、安图、汪清、珲春、双辽；辽宁省西丰、本溪、凤城、宽甸、桓仁、新宾、岫岩、庄河；内蒙古额尔古纳、根河、牙克石、扎兰屯、鄂伦春、鄂温克、科尔沁右翼前旗、扎赉特旗、巴林右旗、阿鲁科尔沁旗、克什克腾旗、喀喇沁旗、宁城、东乌珠穆沁旗（宝格达山）等地。

【食用价值】嫩苗或嫩茎尖用开水焯、用清水浸泡后可食，蘸酱、凉拌、炒肉或做汤均可。一次性采集较大量时，可盐渍。要注意其有毒报道，详见本种附注。

【药用功效】全草或根及根状茎入药，具有清热解毒的功效。

【附注】全草有毒，根的毒性最大，茎叶次之，所含唐松草碱小鼠静脉注射的致死剂量为71毫克/千克。鉴于此，不能生食，食前一定要先用开水焯，再用清水反复浸泡。

花唐松草 Thalictrum filamentosum Maxim.

【俗名】花白蓬草

【异名】*Thalictrum clavatum* var. *filamentosum* (Maxim.) Finet et Gagnep.

【习性】多年生草本。生山地林下或灌丛下。

【东北地区分布】黑龙江省宝清、饶河；吉林省安图、珲春等地。

【食用价值】嫩苗或嫩茎尖用开水焯、用清水浸泡后可食，蘸酱、凉拌、炒肉或做汤均可。一次性采集较大量时，可盐渍。要注意其有毒报道，详见本种附注。

【药用功效】不详。但可参考本书同属植物的药用价值。

【附注】唐松草属植物全株有毒，根毒性较大，茎叶次之，所含唐松草碱小鼠静脉注射的致死剂量为71毫克/千克。鉴于此，食用该类植物前一定要先用开水焯，再用清水反复浸泡。

亚欧唐松草 Thalictrum minus L.

【俗名】欧亚唐松草

【异名】不详

【习性】多年生草本。生海拔1400～2700米山地草坡、田边、灌丛中或林中。

【东北地区分布】黑龙江省伊春、密山、宁安、黑河、呼玛等山地；内蒙古额尔古纳、根河、鄂伦春、鄂温克、科尔沁右翼前旗、科尔沁右翼中旗、克什

克腾旗、喀喇沁旗、阿鲁科尔沁旗、巴林左旗、巴林右旗、翁牛特旗、西乌珠穆沁旗、锡林浩特等地。

【食用价值】嫩苗或嫩茎尖用开水焯、用清水浸泡后可食，蘸酱、凉拌、炒肉或做汤均可。一次性采集较大量时，可盐渍。要注意其有毒报道，详见本种附注。

【药用功效】根及根状茎入药，具有清热、燥湿、解毒的功效。

【附注】唐松草属植物全株有毒，根毒性较大，茎叶次之，所含唐松草碱小鼠静脉注射的致死剂量为71毫克/千克。鉴于此，食用该类植物前一定要先用开水焯，再用清水反复浸泡。

瓣蕊唐松草 Thalictrum petaloideum L.

【俗名】肾叶白蓬草

【异名】*Thalictrum petaloideum* var. *latifoliolatum* Kitag.

【习性】多年生草本。生山坡草地。

【东北地区分布】黑龙省哈尔滨、牡丹江、安达；吉林省吉林、长春；辽宁省宽甸；内蒙古额尔古纳、根河、牙克石、扎兰屯、科尔沁右翼前旗、克什克腾旗、宁城、东乌珠穆沁旗、西乌珠穆沁旗、锡林浩特等地。

【食用价值】嫩苗或嫩茎尖用开水焯、用清水浸泡后可食，蘸酱、凉拌、炒肉或做汤均可。一次性采集较大量时，可盐渍。要注意其有毒报道，详见本种附注。

【药用功效】根及根状茎入药，具有清热解毒、健胃消食、清肝明目的功效。

【附注】唐松草属植物全株有毒，根毒性较大，茎叶次之，所含唐松草碱小鼠静脉注射的致死剂量为71毫克/千克。鉴于此，食用该类植物前一定要先用开水焯，再用清水反复浸泡。

箭头唐松草 Thalictrum simplex L.

【俗名】箭头白蓬草

【异名】不详

【习性】多年生草本。生山坡草地、沟谷湿地、林缘草地。

【东北地区分布】黑龙江省伊春、安达、哈尔滨、阿城、萝北、集贤、密山、东宁、爱辉、孙吴、呼玛；吉林省吉林、白城、珲春、汪清、安图；辽宁省沈阳、开原、彰武、北镇、鞍山、岫岩、本溪、宽甸、东港、长海、大连；内蒙古牙克石、根河、满洲里、海拉尔；科尔沁右翼前旗、科尔沁右翼中旗、科尔沁左翼后旗、大青沟、东乌珠穆沁旗（宝格达山）等地。

【食用价值】嫩苗或嫩茎尖用开水焯、用清水浸泡后可食，蘸酱、凉拌、炒肉或做汤均可。一次性采集较大量时，可盐渍。要注意其有毒报道，详见本种附注。

【药用功效】全草入药，具有清热燥湿、杀菌止痢、解毒尿的功效。

【附注】全株有毒，根毒性较大，茎叶次之。所含箭头唐松草碱小鼠静脉注射的致死剂量为71毫克/千克。鉴于此，食用该类植物前一定要先用开水焯，再用清水反复浸泡。

展枝唐松草 Thalictrum squarrosum Steph. ex Willd.

【俗名】展叶白蓬草；猫爪子

【异名】*Thalictrum trigynum* Fisch. ex DC.; *T. purdomii* J. J. Clarke

【习性】多年生草本。生沙地、林下。

【东北地区分布】黑龙江省哈尔滨、大庆、宁安、安达、肇源、肇东；吉林省临江、长白、通榆、前郭尔罗斯、安图、抚松、集安、通化、辉南；辽宁省彰武、宽甸、桓仁、清原；内蒙古海拉尔、牙克石、满洲里、陈巴尔虎旗、新巴尔虎左旗、科尔沁右翼前旗、敖汉旗、巴林右旗、阿鲁科尔沁旗、克什克腾旗、喀喇沁旗、赤峰、东乌珠穆沁旗、锡林浩特、正蓝旗、多伦、太仆寺旗、镶黄旗等地。

【食用价值】嫩苗或嫩茎尖用开水焯、用清水浸泡后可食，蘸酱、凉拌、炒肉或做汤均可。一次性采集较大量时，可盐渍。要注意其有毒报道，详见本种附注。

【药用功效】全草入药，具有清热解毒、健胃、制酸、发汗的功效。

【附注】唐松草属植物全株有毒，根毒性较大，茎叶次之，所含唐松草碱小鼠静脉注射的致死剂量为71毫克/千克。鉴于此，食用该类植物前一定要先用开水焯，再用清水反复浸泡。

深山唐松草 Thalictrum tuberiferum Maxim.

【俗名】深山白蓬草

【异名】不详

【习性】多年生草本。生针叶林或针阔混交林下苔藓植物多的地方。

【东北地区分布】黑龙江省宁安等东部山区；吉林省抚松、长白、敦化、安图、汪清、珲春、通化；辽宁省岫岩、本溪、凤城、宽甸、桓仁等地。

【食用价值】嫩苗或嫩茎尖用开水焯、用清水浸泡后可食，蘸酱、凉拌、炒肉或做汤均可。一次性采集较大量时，可盐渍。要注意其有毒报道，详见本种附注。

【药用功效】根入药，具有清热解毒的功效。

【附注】唐松草属植物全株有毒，根毒性较大，茎叶次之，所含唐松草碱小鼠静脉注射的致死剂量为71毫克/千克。鉴于此，食用该类植物前一定要先用开水焯，再用清水反复浸泡。

莲科 Nelumbonaceae

莲属 Nelumbo Adanson

莲 Nelumbo nucifera Gaertn.

【俗名】荷花；芙蕖；芙蓉；菡萏

【异名】*Nymphaea nelumbo* L.; *Nelumbium nuciferum* Gaertn.; *Nelumbium speciosum* Willd.

【习性】多年生水生草本。自生或栽培于池塘内。

【东北地区分布】黑龙江省五常、虎林、富锦、宝清、汤原、依兰、方正、木兰、宁安、肇源；辽宁省桓仁、金州、普兰店、海城、辽阳、辽中、新民、台安、绥中、彰武、沈阳；内蒙古科尔沁左翼后旗等地。

【食用价值】藕、叶、莲子有食用价值。

藕含淀粉35%～40%，可提制藕粉。

叶为茶的代用品。

莲子含淀粉45%～50%，煮粥良品。

【药用功效】根状茎、叶、叶柄、花柄、花托、花蕾、雄蕊、种子、种皮等均可入药。

【附注】本种野生种群为国家二级保护植物。

芍药科 Paeoniaceae

芍药属 Paeonia L.

芍药 Paeonia lactiflora Pall.

【俗名】芍药花；将离；白芍；赤芍；白药

【异名】*Paeonia albiflora* Pall.

【习性】多年生草本。园林栽培，也见野生山坡、阔叶林下。

【东北地区分布】黑龙江省伊春、嫩江、集贤、爱辉、呼玛；吉林省大安、和龙、临江；辽宁沈阳、鞍山、西丰、彰武、建平、凌源、兴城、宽甸；内蒙古海拉尔、额尔古纳、根河、牙克石、扎兰屯、鄂伦春、陈巴尔虎旗、科尔沁右翼前旗、扎赉特旗、科尔沁左翼后旗、大青沟、翁牛特旗、敖汉旗、巴林左旗、巴林右旗、阿鲁科尔沁旗、克什克腾旗、喀喇沁旗、宁城、赤峰、东乌珠穆沁旗、西乌珠穆沁旗、锡林浩特、多伦等地。

【食用价值】嫩苗、嫩根有食用价值。

嫩苗焯水、浸泡后可炒食、凉拌、蘸酱或腌渍咸菜，也可剁馅加猪肉包饺子。

嫩根磨碎后提取淀粉可酿酒。

【药用功效】根入药，根据炮制方法的不同，中药材名有"白芍"和"赤芍"。白芍具有养血调经、敛阴止汗、柔肝止痛、平抑肝阳的功效，赤芍具有清热凉血、散瘀止痛的功效。

【附注】芍药的甲醇提取物6克/千克腹腔注射，大鼠和小鼠自发运动抑制、竖毛、下痢、呼吸抑制后大鼠半数死亡，小鼠在2天内全部死亡。

草芍药 Paeonia obovata Maxim.

【俗名】卵叶芍药；山芍药；白花草芍药

【异名】*Paeonia japonica* (Makino) Miyabe et Takeda; *P. obovata* Maxim. var. *japonica* Makino

【习性】多年生草本。生阔叶林或针阔混交林下或林缘。

【东北地区分布】黑龙江省伊春、尚志等全省山地；吉林省集安、柳河、靖宇、汪清、临江、浑江、桦甸、蛟河、珲春、安图、抚松、长白；辽宁省抚顺、西丰、清原、新宾、岫岩、本溪、宽甸、桓仁、凤城、丹东、庄河、营口、鞍山、凌源；内蒙古克什克腾旗、喀喇沁旗、宁城等地。

【食用价值】嫩苗、嫩根有食用价值。

嫩苗焯水、浸泡后可炒食、凉拌、蘸酱或腌渍咸菜，也可剁馅加猪肉包饺子。

嫩根磨碎后提取淀粉可酿酒。

【药用功效】根入药，具有活血化瘀、泻肝清热的功效。

【附注】虽然未见本种的有毒报道，但同属植物有的有毒。建议谨慎对待，初次食用者以少量尝试为宜。

茶藨子科 Grossulariaceae

茶藨子属（茶藨属）Ribes L.

高茶藨子 Ribes altissimum Turcz. ex Pojark.

【俗名】不详

【异名】*Ribes triste* Turcz.; *R. petraeum* Wulfen var. *altissimum* (Turcz. ex Pojark.) Jancz.

【习性】落叶灌木。生于山坡针叶林或针阔混交林下或林缘。

【东北地区分布】黑龙江省伊春大平台乡。

【食用价值】果实成熟后可生食，也可加工果汁、果酱等。

【药用功效】根皮、果实入药，根皮具有舒筋活血的功效，果实具有滋补强壮的功效。

刺果茶藨子 Ribes burejense Fr. Schmidt.

【俗名】刺果茶藨；刺醋李；刺李；刺梨

【异名】*Grossularia burejensis* (Fr. Schmidt) Berger

【习性】落叶灌木。生山地针阔混交林中或溪流旁。

【东北地区分布】黑龙江省小兴安岭、铁力、带岭、哈尔滨、尚志、老爷岭；吉林省安图、抚松、漫江、松江、长白山；辽宁省沈阳、大连；内蒙古喀喇沁旗（旺业甸）等地。

【食用价值】果实、根有食用价值。

果实有刺，味酸，可供食用，但以制作果汁和果酒为宜。

中国东北地区民间也用其根浸酒饮用。

【药用功效】茎枝、果实入药，具有清热燥湿、利水、调经的功效。

双刺茶藨子 Ribes diacanthum Pall.

【俗名】楔叶茶藨

【异名】不详

【习性】落叶灌木。生沙丘、沙质草原及河岸边。

【东北地区分布】黑龙江省大兴安岭加格达奇一带；吉林省长白山、漫江、靖宇；内蒙古海拉尔、额尔古纳、扎兰屯、鄂伦春、鄂温克、科尔沁右翼前旗、克什克腾旗、西乌珠穆沁旗、锡林浩特、正蓝旗等地。

【食用价值】果实可供食用，以制作果汁和果酒为宜。

【药用功效】枝条、果实入药，具有清热解毒、祛风消肿的功效。

华蔓茶藨子 Ribes fasciculatum var. chinense Maxim.

【俗名】华茶藨

【异名】*Ribes billiardii* Carr.; *R. chifuense* Hance

【习性】落叶灌木。生山坡灌木林下。

【东北地区分布】辽宁省旅顺口。

【食用价值】成熟果实颜色鲜红，可提取红色素用作食品添加剂；也可以可直接食用或用于制果酱、果酒、果汁、蜜饯等。

【药用功效】根、果实入药，根具有凉血清热、调经的功效，果实具有清热解毒的功效。

白花茶藨子 Ribes fragrans Pall.

【俗名】臭茶藨子

【异名】*Ribes graveolens* auct. non Bunge

【习性】落叶灌木。生于偃松林隙及林缘。

【东北地区分布】内蒙古大兴安岭西坡（呼伦贝尔额尔古纳国家级自然保护区）。

【食用价值】果实味道甜，味道爽口，可生食，也可加工果汁、果酱等。

【药用功效】不详。但可参考本书同属其他植物的药用价值开展研究。

【附注】本种为近年在中国发现的物种，大兴安岭西坡为该种的自然分布区最南端。目前只发现1个种群，分布区狭窄，种群数量不大，应以保护为主。

陕西茶藨子 Ribes giraldii Jancz.

【俗名】腺毛茶藨

【异名】不详

【习性】落叶灌木。生山坡、沟谷或海岸岩石上。

【东北地区分布】辽宁省金州、大连、旅顺口、阜蒙等地。

【食用价值】成熟果实颜色鲜红，可提取红色素用作食品添加剂；也可以可直接食用或用于制果酱、果酒、果汁、蜜饯等。

【药用功效】不详。但可参考本书同属其他植物的药用价值开展研究。

糖茶藨子 Ribes himalense Royle ex Decne.

【俗名】糖茶藨

【异名】*Ribes emodense* Rehder

【习性】落叶灌木。生山谷、河边灌丛及针叶林下和林缘。

【东北地区分布】内蒙古科尔沁右翼中旗、翁牛特旗、阿鲁科尔沁旗、克什克腾旗、喀喇沁旗等地。

【食用价值】果实成熟后可生食，也可加工果汁、果酱等。

【药用功效】茎枝的内层皮或果实入药，具有清热解毒的功效。

密刺茶藨子 Ribes horridum Rupr. ex Maxim.

【俗名】刺腺茶藨

【异名】*Ribes lacustre* (Pers.) Poir. var. *horridum* (Rupr. ex Maxim.) Jancz.

【习性】落叶灌木。生岳桦林下或针叶林内及林缘，海拔1500~2100米。

【东北地区分布】吉林安图（长白山）。

【食用价值】果实可供食用，但有腺毛，味酸，不宜直接食用，制作果汁和果酒为宜。

【药用功效】不详。但可参考本书同属其他植物的药用价值开展研究。

长白茶藨子 Ribes komarovii A. Pojark.

【俗名】长白茶藨

【异名】*Ribes maximowicxianum* Kom. var. *saxatile* Kom.

【习性】落叶灌木。生山坡阔叶林中或林缘。

【东北地区分布】黑龙江省尚志、哈尔滨、绥芬河、东宁；吉林省集安、通化、临江、安图、和龙、蛟河、汪清；辽宁省清原、本溪、凤城、宽甸、桓仁、庄河等地。

【食用价值】成熟果实颜色鲜红，可提取红色素用作食品添加剂；也可以直接食用或用于制果酱、果酒、果汁、蜜饯等。

【药用功效】果实入药，具有发汗解毒的功效。

阔叶茶藨子 Ribes latifolium Jancz.

【俗名】大叶茶藨

【异名】*Ribes petraeum* Wulfen f. *tomentosum* Maxim.; *R. petraeum* var. *typicum* Matsum.

【习性】落叶灌木。生落叶松林下、林缘或路边。

【东北地区分布】吉林省长白山区。

【食用价值】果实成熟后可生食，也可加工果汁、果酱等。

【药用功效】不详。但可参考本书同属其他植物的药用价值开展研究。

东北茶藨子 Ribes mandshuricum (Maxim.) Kom.

【俗名】东北茶藨；山麻子；满洲茶藨子；东北醋李；狗葡萄；山樱桃；灯笼果

【异名】*Ribes multiflorum* Kit. ex Roem. et Schult. var. *mandshuricum* Maxim.; *R. petraeum* Wulfen var. *mongolica* Franch.

【习性】落叶灌木。生阔叶林或针阔叶混交林下。

【东北地区分布】黑龙江省尚志、依兰、虎林、哈尔滨、密山、饶河、宁安、海林、黑河、伊春；吉林省集安、通化、抚松、靖宇、临江、柳河、辉南、长白、安图、汪清、蛟河、吉林；辽宁省西丰、清原、本溪、宽甸、桓仁、丹东、凌源、普兰店、庄河；内蒙古巴林右旗、阿鲁科尔沁旗等地。

【食用价值】成熟果实颜色鲜红，可提取红色素用作食品添加剂；也可以可直接食用或用于制果酱、果酒、果汁、蜜饯等。种子可榨油。

【药用功效】果实入药，具有疏风解表、散寒的功效。

尖叶茶藨子 Ribes maximowiczianum Kom.

【俗名】尖叶茶藨；北方茶藨；远东茶藨；马氏醋李

【异名】*Ribes alpinum* Linn. var. *mandshuricum* Maxim.; *R. maximowicxii* Kom.; *R. distans* Jancz.; *R. tricuspe* Nakai

【习性】落叶灌木。生混交林中或林下。

【东北地区分布】黑龙江省伊春、海林、勃利、宁安、呼玛、尚志；吉林省安图、和龙、汪清、临江、抚松、长白；辽宁省本溪、桓仁、宽甸、凤城等地。

【食用价值】成熟果实颜色鲜红，可提取红色素用作食品添加剂；也可以直接食用或用于制果酱、果酒、果汁、蜜饯等。

【药用功效】果实入药，具有清热、生津止渴的功效。

黑茶藨子 Ribes nigrum L.

【俗名】黑果茶藨；兴安茶藨；黑加仑

【异名】*Ribes pauciflorum* Turcz. ex Pojark.

【习性】落叶灌木。生湿润谷底、沟边或坡地云杉林、落叶松林或针、阔混交林下。

【东北地区分布】黑龙江省呼玛、漠河、塔河；内蒙古额尔古纳、根河、牙克石、鄂伦春、科尔沁右翼前旗、阿尔山、宝格达山等地。辽宁省沈阳、西丰、开原、抚顺、新宾、本溪、桓仁、喀左等地及东北多地常有栽培。

【食用价值】果实含有非常丰富的维生素C、磷、镁、钾、钙、花青素、酚类物质，有预防痛风、贫血、水肿、关节炎、风湿病、口腔和咽喉疾病、咳嗽等保健作用，在欧洲，一直是果汁生产的重要原料之一，也用于生产果酱、果子冻、利口酒、乳制品和果酒的风味剂或着色剂等。

【药用功效】根皮、果实入药，根皮具有舒筋活血的功效，果实具有滋补强壮的功效。

英吉利茶藨子 Ribes palczewskii (Janch.) Pojark.

【俗名】英吉里茶藨

【异名】*Ribes pubescens* Kom.; *R. rubrum* Linn. var. *palczewckii* Jancz.; *R. densiflorum* Liou; *R.liouanum* Kitagawa; *R. spicatum* Rob. subsp. *palczewskii* (Jancz.) Malyschev; *R. liouii* C. Wang et C. Y. Yang

【习性】落叶灌木。生山坡落叶松林下、水边杂木林及灌丛中，或以红松为主的针阔叶混交林下。

【东北地区分布】黑龙江省漠河、塔河、呼玛、伊春、黑河、孙吴；内蒙古额尔古纳、根河、牙克石、鄂伦春、科尔沁右翼前旗、宝格达山等地。

【食用价值】果实成熟后可生食，也可加工果汁、果酱等。

【药用功效】不详。但可参考本书同属其他植物的药用价值开展研究。

水葡萄茶藨子 Ribes procumbens Pall.

【俗名】水葡萄茶藨；乌苏里茶藨

【异名】*Ribes ussuriense* Jancz.

【习性】落叶灌木。生低海拔地区落叶松林下、杂木林内阴湿处及河岸旁。

【东北地区分布】黑龙江省呼玛、漠河、塔河、密山、虎林；内蒙古额尔古纳、根河、牙克石、科尔沁右翼前旗、阿尔山。

【食用价值】果实成熟后味甜芳香，可供生食及制作果酱和饮料等。

【药用功效】不详。但可参考本书同属其他植物的药用价值开展研究。

美丽茶藨子 Ribes pulchellum Turcz.

【俗名】美丽茶藨；小叶茶藨

【异名】不详

【习性】落叶灌木。生多石砾山坡、沟谷、黄土丘陵或阳坡灌丛中。

【东北地区分布】吉林省前郭尔罗斯；辽宁省法库；内蒙古科尔沁右翼中旗、扎赉特旗、大青沟、巴林左旗、巴林右旗、克什克腾旗、锡林浩特、正蓝旗、正镶白旗、太仆寺旗等地。

【食用价值】果实可供食用。未成熟的果实硬而味酸，主要用于制作馅饼、果酱、果酒及饮料等；在树上自然成熟后则变得甜和而柔软，可以直接食用。

【药用功效】茎枝、果实入药，具有解表散寒、解毒的功效。

红茶藨子 Ribes rubrum L.

【俗名】紫花茶藨；红醋栗

【异名】*Ribes atropurpureum* C.A.Mey.

【习性】落叶灌木。生山地阴坡林下。是寒冷地区优良的绿化观赏植物，黑龙江地区长期栽培。

【东北地区分布】内蒙古科尔沁右翼前旗（白狼）、阿尔山等地。黑龙江等地区长期栽培。

【食用价值】果实成熟后可生食，也可加工果汁、果酱等。

【药用功效】果实用作清凉剂、芳香剂、酸味剂。

毛茶藨子 Ribes spicatum Robs.

【俗名】毛茶藨；密花茶藨；密穗茶藨

【异名】*Ribes pubescens* (Hartm.) Hedl.; *Ribes liouanum* Kitag.

【习性】落叶灌木。生土壤干旱和瘠薄的山坡灌丛和岩石裸露的山顶。

【东北地区分布】黑龙江大兴安岭地区；内蒙古额尔古纳、根河、牙克石、阿尔山等地。

【食用价值】果实成熟后可生食，也可加工果汁、果酱等。

【药用功效】不详。但可参考本书同属其他植物的药用价值开展研究。

矮茶藨子 Ribes triste Pall.

【俗名】矮茶藨

【异名】*Ribes melancholicum* Sievers ex Pall.; *R. albinervium* Michaux; *R. rubrum* Torrey & Gray; *R. propinquum* Turcz.; *R. ciliosum* Howell; *Coreosmatristis* Lunell

【习性】落叶灌木。生云杉、冷杉林下或针、阔叶混交林下及杂木林内。

【东北地区分布】黑龙江省呼玛、尚志、伊春；吉林省安图、抚松；内蒙古额尔古纳、牙克石、阿尔山、科尔沁右翼前旗等地。

【食用价值】果实成熟后可生食，也可加工果汁、果酱等。

【药用功效】不详。但可参考本书同属其他植物的药用价值开展研究。

虎耳草科 Saxifragaceae

落新妇属 Astilbe Buch.-Ham. ex D. Don

落新妇 Astilbe chinensis (Maxim.) Franch et Sav.

【俗名】红升麻；小升麻

【异名】*Hoteia chinensis* Maxim.; *Astilbe chinensis* (Maxim.) Franch. et Savat. var. *davidii* Franch.; *A. davidii* (Franch.) Henry

【习性】多年生草本。生山谷溪边或林边。

【东北地区分布】黑龙江省依兰、饶河、密山、宁安、尚志、阿城、孙吴、伊春；吉林省安图、抚松、蛟河、桦甸、汪清、珲春；辽宁省铁岭、西丰、清原、凤城、宽甸、本溪、桓仁、丹东、鞍山、凌源、庄河、瓦房店；内蒙古科尔沁左翼后旗、敖汉旗、喀喇沁旗、宁城等地。

【食用价值】嫩苗有食用价值。放到开水中焯一会儿，捞出放到清水中反复浸泡，然后可蘸酱、凉拌、炒菜等，大量采集可以腌渍保存或制成什锦袋菜。

【药用功效】全草和根状茎入药，具有祛风除湿、强筋壮骨、活血化瘀、止痛、镇咳的功效。

【附注】根有毒，小鼠腹腔注射根的氯仿提取物1000毫克/千克，全部死亡。

大落新妇 Astilbe grandis Stapf ex Wils.

【俗名】朝鲜落新妇

【异名】*Astilbe koreana* (Kom.) Nakai; *A. chinensis* (Maxim.) Franch. var. *koreana* Kom.

【习性】多年生草本。生阔叶林下或灌丛中。

【东北地区分布】黑龙江省依兰、饶河、密山、宁安、尚志、伊春、牡丹江；吉林省抚松、蛟河、安图、浑江、通化；辽宁省庄河、瓦房店、铁岭、清原、本溪、凤城、宽甸、岫岩、桓仁、丹东、北镇等地。

【食用价值】嫩苗有食用价值。放到开水中焯一会儿，捞出放到清水中反复浸泡，然后可蘸酱、凉拌、炒菜等，大量采集可以腌渍保存或制成什锦袋菜。

【药用功效】根状茎入药，具有祛风除湿、强筋壮骨、活血祛瘀、止痛、止咳的功效。

【附注】虽然未见本种的毒性报道，但同属有的物种根有毒。

大叶子属（山荷叶属）Astilboides Engl.

大叶子 Astilboides tabularis (Hemsl.) Engler et Irmsch.

【俗名】山荷叶；大脖梗子

【异名】*Saxifraga tabularis* Hemsl.; *Rodgersia tabularis* Kom.

【习性】多年生草本。生山坡阔叶林下或山谷沟边。

【东北地区分布】吉林省长白、抚松、浑江、柳河、通化、集安、靖宇；辽宁省凤城、宽甸、本溪、抚顺、岫岩、庄河等地。

【食用价值】根状茎、嫩芽、嫩叶柄有食用价值。

根状茎含淀粉37.64%～51.63%，可提取淀粉供酿酒。

嫩芽、嫩叶柄焯水、浸泡后可炒食、凉拌或蘸酱食，也可剁馅加猪肉包饺子或包子，大量采集可以腌渍保存或制成什锦袋菜。

【药用功效】根状茎及全草入药，具有收涩、固肠止泻的功效。

金腰属（金腰子属）Chrysosplenium L.

五台金腰 Chrysosplenium serreanum Hand.

【俗名】互叶金腰；金腰子

【异名】*Chrysosplenium alternifolium* auct. non L.

【习性】多年生草本。生林区湿地或溪畔。

【东北地区分布】黑龙江省海林、尚志、嘉荫、呼中、北安、伊春；吉林省临江、柳河、通化、集安、抚

松；辽宁省西丰、本溪、宽甸、桓仁、鞍山；内蒙古额尔古纳、根河、牙克石、鄂伦春、科尔沁右翼前旗、喀喇沁旗等地。

【食用价值】嫩叶可以添加到沙拉中食用，有明显的苦味，适合在炎热的天气里少食。

【药用功效】全草入药，具有泻湿热、退黄疸的功效。

【附注】本种与食用有关的内容参考国外文献整理，建议谨慎对待，初次食用者以少量尝试为宜。

槭叶草属 Mukdenia Koidz.

槭叶草 Mukdenia rossii (Oliv.) Koidz.

【俗名】爬山虎；腊八菜；丹顶草

【异名】*Saxifraga rossii* Oliv.; *Aceriphyllum rossii* (Oliv.) Engl.

【习性】多年生草本。生湿润的石褶子缝或山谷石缝间。

【东北地区分布】吉林省浑江、集安；辽宁省本溪、凤城、宽甸、丹东、岫岩等地。

【食用价值】嫩芽焯水、浸泡后可炒食、凉拌或蘸酱食，也可剁馅加猪肉包饺子或包子，大量采集可以腌渍保存或制成什锦袋菜。

【药用功效】全草入药，具有宁心安神的功效。

景天科 Crassulaceae

八宝属 Hylotelephium H. Ohba

八宝 Hylotelephium erythrostictum (Miq.) H. Ohba

【俗名】景天

【异名】*Sedum erythrostictum* Miq.

【习性】多年生草本。生山坡草地或沟边。

【东北地区分布】黑龙江省萝北、哈尔滨、阿城；吉林省靖宇、安图；内蒙古海拉尔、扎兰屯、鄂伦春、克什克腾旗、喀喇沁旗、宁城、东乌珠穆沁旗、锡林浩特等地。

【食用价值】嫩苗焯水、浸泡后可食用，晒干菜食用更安全。

【药用功效】全草入药，具有清热解毒、散瘀消肿、止血的功效。

钝叶瓦松 Hylotelephium malacophyllum (Pall.) J.M.H.Shaw

【俗名】不详

【异名】*Orostachys malacophylla* (Pall.) Fisch.

【习性】多年生草本。生山坡林下及多石山坡和沙岗。

【东北地区分布】黑龙江省爱辉、萝北、密山、呼玛、讷河；吉林省浑江、安图、和龙、汪清；辽宁省彰武；内蒙古海拉尔、满洲里、鄂温克、牙克石、新巴尔虎左旗、新巴尔虎右旗、赤峰、克什克腾旗、赤峰市红山区、东乌珠穆沁旗、锡林浩特、正蓝旗、镶黄旗、太仆寺旗等地。

【食用价值】嫩苗焯水、浸泡后可食用，晒干菜食用更安全。

【药用功效】地上部分入药，具有止血、止痢、敛疮的功效。

白八宝 Hylotelephium pallescens (Freyn) H. Ohba

【俗名】白景天

【异名】*Sedum pallescens* Freyn

【习性】多年生草本。生河边石砾滩及林下草地上。

【东北地区分布】黑龙江省爱辉、萝北、饶河、密山、虎林、宁安、呼玛、黑河、伊春；吉林省蛟河、和龙、安图、抚松、汪清；辽宁省桓仁、清原、沈阳、西丰；内蒙古额尔古纳、根河、海拉尔、科尔沁右翼前旗、科尔沁右翼中旗等地。

【食用价值】嫩苗焯水、浸泡后可食用，晒干菜食用更安全。

【药用功效】全草入药，具有清热解毒、镇静止痛的功效。

长药八宝 Hylotelephium spectabile (Boreau) H. Ohba

【俗名】长药景天；心叶八宝；心叶景天

【异名】*Hylotelephium pseudospectabile* (Praeg.) S. H. Fu; *Sedum spectabile* Boreau

【习性】多年生草本。生多石山坡及干石墙隙。

【东北地区分布】黑龙江省尚志、海林、五常、宁安、庆安、铁力；吉林省吉林、和龙、安图、集安；辽宁省本溪、桓仁、鞍山、西丰、普兰店、大连、旅顺口、金州、北镇；内蒙古满洲里、喀喇沁旗等地。

【食用价值】嫩苗焯水、浸泡后可食用，晒干菜食用更安全。

【药用功效】全草入药，具有清热解毒、活血化瘀、祛风消肿、止血止痛、排脓的功效。

华北八宝 Hylotelephium tatarinowii (Maxim.) H. Ohba

【俗名】华北景天

【异名】*Sedum tatarinowii* Maxim.

【习性】多年生草本。生海拔1000～3000米处山地石缝中。

【东北地区分布】内蒙古科尔沁右翼前旗、巴林右旗、克什克腾旗、喀喇沁旗、太仆寺旗等地。

【食用价值】嫩苗焯水、浸泡后可食用，晒干菜食用更安全。

【药用功效】全草入药，具有解毒消炎、止渴、调经、止血生肌的功效。

紫八宝 Hylotelephium telephium L.

【俗名】紫景天

【异名】*Hylotelephium triphyllum* (Haworth) Holub; *H. purpureum* (L.) Holub; *Sedum purpureum* L.

【习性】多年生草本。生山坡草原上或林下阴湿山沟边。

【东北地区分布】黑龙江省呼玛、漠河、密山、爱辉、尚志、宁安、大兴安岭；吉林省敦化、九台；辽宁省西丰；内蒙古海拉尔、额尔古纳、根河、牙克石、扎兰屯、科尔沁右翼前旗、扎鲁特旗等地。

【食用价值】嫩苗焯水、浸泡后可食用，晒干菜食用更安全。

【药用功效】全草入药，具有止血消炎、清热解毒、镇痛的功效。

轮叶八宝 Hylotelephium verticillatum (L.) H. Ohba.

【俗名】轮叶景天

【异名】*Sedum verticillatum* L.

【习性】多年生草本。生山坡草丛中或沟边阴湿处。

【东北地区分布】黑龙江省呼玛、宁安；吉林省桦甸、敦化、安图；辽宁省庄河、本溪、新宾、岫岩等地。

【食用价值】嫩苗焯水、浸泡后可食用，晒干菜食用更安全。

【药用功效】全草入药，具有解毒消肿、止痛、止血的功效。

珠芽八宝 Hylotelephium viviparum (Maxim.) H. Ohba

【俗名】珠芽景天；零余子景天

【异名】*Sedum viviparum* Maxim.

【习性】多年生草本。生混交林内、阴湿的石碴子处及沙质地。

【东北地区分布】黑龙江省海林；吉林省抚松、安图、和龙、集安、汪清；辽宁省庄河、丹东、本溪、凤城、北镇、辽阳等地。

【药用功效】全草入药，具有散寒、理气、止痛、消肿、止血、截疟的功效。

瓦松属 Orostachys (DC.) Fisch.

黄花瓦松 Orostachys spinosa (L.) C. A. Mey.

【俗名】不详

【异名】*Cotyledon spinosa* L.; *Sedum spinosum* (L.) Thunb.

【习性】二年生草本。生山坡石缝中、林下岩石上及屋顶上。

【东北地区分布】黑龙江省孙吴、饶河、呼玛、尚志、绥芬河；吉林省安图、蛟河、吉林；辽宁省金州、瓦房店、庄河、鞍山、营口、东港、新宾、清原、西丰；内蒙古海拉尔、额尔古纳、根河、牙克石、扎兰屯、满洲里、鄂伦春、鄂温克等地。

【食用价值】嫩苗开水焯、清水浸泡后晒干，冬季时作菜食。要注意食用安全，详见本种附注。

【药用功效】地上部分入药，具有止血、敛疮、止痢的功效。

【附注】本属很多种类有毒，需谨慎食用。

费菜属 Phedimus Rafinesque

费菜 Phedimus aizoon (L.) 't Hart

【俗名】土三七；景天三七

【异名】*Sedum aizoon* L.

【习性】多年生草本。生多石质山坡、灌丛间、草甸子及沙岗上。

【东北地区分布】黑龙江省绥芬河、哈尔滨、阿城、尚志、伊春、虎林、密山、宁安、牡丹江、黑河、大兴安岭；吉林省安图、汪清、珲春、蛟河、桦甸、临江、抚松、靖宇、吉林、九台、通榆；辽宁省各地；内蒙古额尔古纳、根河、牙克石、扎兰屯、陈巴尔虎旗、科尔沁右翼前旗、科尔沁左翼后旗、喀喇沁旗、东乌珠穆沁旗、锡林浩特等地。

【食用价值】嫩苗焯水、浸泡后可作野菜食用。

【药用功效】全草入药，具有止血、化瘀的功效。

堪察加费菜 Phedimus kamtschaticus (Fisch.) 't Hart

【俗名】北景天；堪察加景天

【异名】*Sedum kamtschaticum* Fisch

【习性】多年生草本。生多石质山坡岩石上。

【东北地区分布】黑龙江省大兴安岭；吉林省珲春、汪清、集安；辽宁省大连、瓦房店、金州、北镇、

宽甸；内蒙古满洲里、新巴尔虎右旗、科尔沁右翼前旗等地。

【食用价值】嫩苗焯水、浸泡后可食用，晒干菜食用更安全。

【药用功效】全草或根入药，具有活血、止血、宁心、利湿、消肿、解毒的功效。

扯根菜科 Penthoraceae

扯根菜属 Penthorum Gronov. ex L.

扯根菜 Penthorum chinense Pursh

【俗名】干黄草；水杨柳；水泽兰

【异名】*Penthorum intermedium* Turcz.; *P. humile* Regel et Maack; *P. sedoides* L. var. *chinense* (Pursh) Maxim.

【习性】多年生草本。多生长在水边湿地。

【东北地区分布】黑龙江省伊春、依兰、密山、哈尔滨；吉林省珲春、汪清、安图、吉林；辽宁省新民、抚顺、新宾、西丰、铁岭、康平、本溪、桓仁、凤城、宽甸、海城、庄河、大连、旅顺口；内蒙古乌兰浩特、扎赉特旗等地。

【食用价值】嫩苗焯水、浸泡后可炒食、凉拌或蘸酱食，也可剁馅加猪肉包饺子或包子，大量采集可以腌渍保存或制成什锦袋菜。

【药用功效】全草入药，具有通经活血、行水、除湿、消肿、祛瘀止痛的功效。

【附注】本种为湿地生植物，污染水域不宜采食。

小二仙草科 Haloragaceae

狐尾藻属 Myriophyllum L.

穗状狐尾藻 Myriophyllum spicatum L.

【俗名】狐尾藻；泥茜；聚藻

【异名】不详

【习性】多年生沉水草本。生池塘或河流较缓的水中。

【东北地区分布】黑龙江省哈尔滨；辽宁省大连、瓦房店、普兰店、辽中、新民、北镇、盘锦、康平、法库、彰武；内蒙古各地。

【食用价值】根状茎可以食用，味甜质脆，北美印第安人喜食。

【药用功效】全草入药，具有清热解毒、活血、通便的功效。

【附注】本种与食用有关的内容参考国外文献整理，初次食用者以少量尝试为宜。另外，本种为水生植物，污染水域不宜采食。

乌苏里狐尾藻 Myriophyllum ussuriense (Regel) Maxim.

【俗名】三裂狐尾藻

【异名】*Myriophyllum propinquum* auct. non A. Cunn.

【习性】多年生沉水草本。生小池塘或沼泽水中。

【东北地区分布】黑龙江省萝北等地。

【食用价值】嫩苗开水焯、清水反复浸泡后可作野菜食用。

【药用功效】不详。但可参考本书同属其他植物的药用价值开展研究。

【附注】本种为易危种（Vulnerable species，简称VU），在1999年8月4日和2021年8月7日国务院批准的《国家重点保护野生植物名录》中，均被列为二级保护植物。在做好保护的前提下，取得合法手续，方可利用。

狐尾藻 Myriophyllum verticillatum L.

【俗名】轮叶狐尾藻

【异名】*Myriophyllum limosum* Hect. ex P. DC.

【习性】多年生沉水草本。生池塘。

【东北地区分布】黑龙江省伊春、密山、萝北、阿城、哈尔滨、齐齐哈尔；吉林省双辽、浑江、安图、珲春；辽宁省瓦房店、普兰店、旅顺口、沈阳、辽中、新民、法库、康平、彰武、凌源、北镇；内蒙古海拉尔、扎兰屯、通辽、赤峰等地。

【食用价值】嫩苗开水焯、清水反复浸泡后可作野菜食用。

【药用功效】全草入药，具有清热解毒的功效。

【附注】本种与食用有关的内容参考国外文献整理，初次食用者以少量尝试为宜。另外，本种为水生植物，污染水域不宜采食。

葡萄科 Vitaceae

蛇葡萄属 Ampelopsis Michaux

东北蛇葡萄 Ampelopsis glandulosa var. brevipedunculata (Maxim.) Momiy.

【俗名】蛇葡萄

【异名】*Ampelopsis heterophylla* var. *brevipedunculata* (Regel) C. L. Li; *A. brevipedunculata* (Maxim.) Trautv.

【习性】木质藤本。生山坡及林下。

【东北地区分布】黑龙江省，地点不详；吉林省梅河口、集安、通化、柳河、临江、抚松、靖宇、敦化、

安图；辽宁省抚顺、沈阳、葫芦岛、建昌、建平、北镇、大连、金州、普兰店、瓦房店、庄河、长海、盖州、岫岩、桓仁、西丰；内蒙古宁城等地。

【食用价值】块根、嫩叶、果实有食用价值。

块根富含淀粉，可提取淀粉供酿酒。

嫩叶焯水、浸泡后可少食。

果实肉薄，无直接食用价值，但可酿酒。

【药用功效】根皮入药，具有清热解毒、祛风活络、止痛止血的功效。

光叶蛇葡萄 Ampelopsis glandulosa var. **hancei** (Planch.) Momiy.

【俗名】不详

【异名】*Ampelopsis heterophylla* (Thunb.) Sieb. & Zucc. var. *hancei* Planch.; *A. brevipedunculata* (Maxim.) Trautv. var. *maximowiczii* (Regel.) Rehd.

【习性】木质藤本。生山坡及林下。

【东北地区分布】黑龙江省，地点不详；辽宁省鞍山、大连、盖州、西丰、清原、沈阳、北镇、建昌、凌源等地。

【食用价值】块根、嫩叶、果实有食用价值。

块根富含淀粉，可提取淀粉供酿酒。

嫩叶焯水、浸泡后可少食。

果实肉薄，无直接食用价值，但可酿酒。

【药用功效】根皮入药，用于风湿关节痛、呕吐、泄泻、溃疡病等。

葎叶蛇葡萄 Ampelopsis humulifolia Bunge

【俗名】葎叶白蔹；小接骨丹

【异名】*Cissus humulifolia* (Bge.) Regel; *C. davidiana* Carr.; *Vitisdavidiana* Nict.; *A. heterophylla* Sieb. & Zucc. var. *bungei* Planch.

【习性】木质藤本。生山沟地边或灌丛林缘或林中。

【东北地区分布】黑龙江省，地点不详；辽宁大连、瓦房店、旅顺口、金州、鞍山、本溪、凌源、建平、建昌、绥中、北镇、开原、阜新、彰武、营口、盖州；内蒙古科尔沁左翼后旗、敖汉旗、巴林左旗、宁城等地。

【食用价值】嫩叶、果实有食用价值。

嫩叶焯水、浸泡后可少食。

果实肉薄，无直接食用价值，但可酿酒。

【药用功效】根皮入药，具有活血散瘀、祛风湿、散瘀肿、解毒的功效。

白蔹 Ampelopsis japonica (Thunb.) Makino

【俗名】五爪藤；黄狗蛋

【异名】*Paullinia japonica* Thunberg; *Ampelopsis mirabilis* Diels & Gilg; *A. napiformis* Carrière; *A. serianiifolia* Bunge

【习性】木质藤本。生山坡地边、灌丛或草地。

【东北地区分布】黑龙江省哈尔滨、依兰；吉林省双辽；辽宁省沈阳、大连、金州、瓦房店、普兰店、抚顺、凌源、法库、昌图、营口等地。

【食用价值】块根、嫩叶、果实有食用价值。

块根含淀粉21.1%~40.0%，可提取淀粉供酿酒。

嫩叶焯水、浸泡后可少食。

果实肉薄，无直接食用价值，但可酿酒。

【药用功效】块根、果实入药，块根具有清热解毒、消痈散结、敛疮生肌的功效，果实具有清热、消痈的功效。

地锦属（爬山虎属）Parthenocissus Planch.

地锦 Parthenocissus tricuspidata (Sieb. et Zucc.) Planch.

【俗名】爬山虎；土鼓藤；红葡萄藤；趴墙虎

【异名】*Ampelopsis tricuspidata* Sieb. & Zucc.; *Cissus thunbergii* Sieb. & Zucc.; *Vitisinconstans* Miq.; *Quinaria tricuspidata* Koehne; Psedera *tricuspidata* Rehd.

【习性】木质藤本。常攀缘于墙壁或岩石上。

【东北地区分布】辽宁省丹东、凤城、桓仁、营口、庄河、瓦房店、金州、大连等地。黑龙江省哈尔滨市有栽培。

【食用价值】果实、树叶有食用价值。

果实肉薄，直接食用价值不大，但可酿酒。

树液甜，可作甜味剂，春天植物进入生长期时采集。

【药用功效】藤茎或根入药，具有祛风止痛、活血通络、清热解毒的功效。

葡萄属 Vitis L.

山葡萄 Vitis amurensis Rupr.

【俗名】野葡萄；阿穆尔葡萄

【异名】*Vitis vinifera* L. f. *amurensis* Regel; *V. amurensis* Rupr. var. *genuina* Skvorts.

【习性】木质藤本。生山坡、沟谷林中或灌丛。

【东北地区分布】黑龙江省尚志、依兰、伊春、萝北、密山；吉林省长春、蛟河、通化、临江、抚松、靖宇、长白、珲春、和龙、汪清、安图；辽宁省各地；内蒙古科尔沁右翼前旗、扎赉特旗、大青沟、敖汉旗、喀喇沁旗、宁城、多伦等地。

【食用价值】果实、嫩茎叶有食用价值。

果实酸甜可口、汁液丰富，可生食，也可酿酒、制果汁、果露等。

嫩茎叶味酸，可少量生食，也可以焯水浸泡后凉拌、蘸酱等。

【药用功效】根、藤、果实入药，根或茎藤具有祛风止痛的功效，果实具有清热利尿的功效。

蒺藜科 Zygophyllaceae

蒺藜属 Tribulus L.

蒺藜 Tribulus terrestris L.

【俗名】白蒺藜；蒺藜狗

【异名】*Tribulus terrestris* var. *sericeus* Andersson ex Svenson

【习性】一年生草本。生石砾质地、沙质地、路旁、河岸、荒地、田边。

【东北地区分布】黑龙江省哈尔滨、齐齐哈尔、阿城、泰来；吉林省辽源、白城、通榆、镇赉、洮安；辽宁省各地；内蒙古海拉尔、满洲里、新巴尔虎左旗、新巴尔虎右旗、科尔沁右翼前旗、扎鲁特旗、科尔沁左翼前旗、赤峰、巴林左旗、翁牛特旗、乌兰浩特、阿鲁科尔沁旗、宁城等地。

【食用价值】嫩芽可作为应急食品，在饥荒或没有其他食物的非常时期，焯水、浸泡后少食。要注意其有毒报道，详见本种附注。

【药用功效】果实入药，具有平肝解郁、活血祛风、明目、止痒的功效。

【附注】全草有毒，马食嫩茎会中毒，羊食后引起头、耳肿胀，称"头黄肿病"，俗称"大头病"。植物中并含有毒剂量的亚硝酸钾，可引起窒息，水提取物有轻度降压作用；醇提取物对麻醉狗有兴奋呼吸的作用，大鼠腹腔注射LD_{50}（半数致死量）为56.4毫克/千克，症状有兴奋不安、竖毛、震颤等，然后深度抑制而死。刺果可引起机械性损伤。人内服白蒺藜粉出现腥红热样药疹。

豆科 Fabaceae（Leguminosae）

合欢属 Albizia Durazz.

合欢 Albizia julibrissin Durazz.

【俗名】芙蓉树

【异名】*Albizia julibrissin* f. *rosea* (Carr.) Rehd.

【习性】落叶乔木。生山坡或栽培。

【产地】辽宁省长海、大连偶见野生，其他地方栽培。

【食用价值】嫩叶、花有食用价值。

嫩叶开水焯、清水浸泡后可作野菜食用，也可做粥、泡酒、煮水喝；晒干或炒制后可代茶。

花可参嫩叶食用。

【药用功效】树皮、花入药，树皮具有解郁安神、活血消肿的功效，花具有解郁安神的功效。

紫穗槐属 Amorpha L.

紫穗槐 Amorpha fruticosa L.

【俗名】紫槐；棉槐；棉条；椒条

【异名】*Amorpha occidentalis* Abrams; *Amorpha virgata* Small

【习性】落叶灌木。园林栽培。

【产地】黑龙江省哈尔滨、辽宁省铁岭以南及吉林省、内蒙古的一些地区历史上有栽培，现有野生或半野生状态。

【食用价值】荚果磨碎后可用作调味品。要注意食用安全，详见本种附注。

【药用功效】花、种子入药，花具有清热、凉血、止血的功效，种子用于杀虫。

【附注】植物体内含有生物碱，对牲畜有毒。

两型豆属 Amphicarpaea Elliot

两型豆 Amphicarpaea edgeworthii Benth.

【俗名】三籽两型豆

【异名】*Amphicarpaea trisperma* (Miq.) Baker ex Jack.

【习性】一年生缠绕性草本。生林缘、疏林下、灌丛草地。

【东北地区分布】黑龙江省勃利、伊春；吉林省九台、安图、吉林、和龙、蛟河、珲春、临江、通

化；辽宁省各地；内蒙古赤峰、科尔沁右翼中旗、敖汉旗等地。

【食用价值】嫩苗、种子、嫩豆荚有食用价值。

嫩苗焯水、浸泡后作野菜食。

种子和嫩荚果煮食，种子还可制作豆酱、豆芽及糕点馅料。

【药用功效】全草及根入药，具有消食、解毒的功效。

黄耆属 Astragalus L.

高山黄耆 Astragalus alpinus L.

【俗名】高山黄芪

【异名】*Astragalus salicetorum* Komarov

【习性】多年生草本。生海拔1800～2200米的山坡草地。

【东北地区分布】内蒙古根河、额尔古纳、牙克石等地。

【食用价值】本属植物的种子和茎皮皆含黄芪胶。详见黄耆*Astragalus membranaceus* (Fisch.) Bunge。

【药用功效】不详。但可参考本书同属其他植物的药用价值开展研究。

【附注】本属植物无直接食用价值，但因植物体内含有的黄芪胶而有间接食用价值。

北蒙古黄芪 Astragalus borealimongolicus Y.Z.Zhao

【俗名】内蒙古黄耆

【异名】不详

【习性】多年生草本。生草原带的沙地、沙质草原、山地灌丛及林缘。

【东北地区分布】内蒙古满洲里南山。

【食用价值】本属植物的种子和茎皮皆含黄芪胶。详见黄耆*Astragalus membranaceus* (Fisch.) Bunge。

【药用功效】根入药，具有补气固表、利尿托毒、排脓的功效。

【附注】本属植物无直接食用价值，但因植物体内含有的黄芪胶而有间接食用价值。

草珠黄耆 Astragalus capillipes Fisch. ex Bunge

【俗名】毛细柄黄耆

【异名】不详

【习性】多年生草本。生河谷沙地、向阳山坡及路旁草地。

【东北地区分布】辽宁省西部地区；内蒙古宁城等地。

【食用价值】本属植物的种子和茎皮皆含黄芪胶。详见黄芪*Astragalus membranaceus* (Fisch.) Bunge。

【药用功效】不详。但可参考本书同属其他植物的药用价值开展研究。

【附注】本属植物无直接食用价值，但因植物体内含有的黄芪胶而有间接食用价值。

中国黄芪 Astragalus chinensis L. f.

【俗名】华黄芪；华黄芪；地黄芪

【异名】*Glycyrrhiza costulata* Hand. -Mazz.

【习性】多年生草本。生向阳山坡、路旁砂地和草地上。

【东北地区分布】黑龙江省哈尔滨、佳木斯、依兰；吉林省双辽、长春、德惠；辽宁省盘锦、营口、铁岭；内蒙古新巴尔虎右旗、满洲里、科尔沁右翼前旗、乌兰浩特、科尔沁左翼后旗、奈曼旗、通辽等地。

【食用价值】本属植物的种子和茎皮皆含黄芪胶。详见黄芪*Astragalus membranaceus* (Fisch.) Bunge。

【药用功效】种子入药，具有补肝肾、固精、明目的功效。

【附注】本属植物无直接食用价值，但因植物体内含有的黄芪胶而有间接食用价值。

鹰嘴黄芪 Astragalus cicer L.

【俗名】鹰嘴紫云英

【异名】不详

【习性】多年生草本。生河流、沟渠等湿地。

【产地】辽宁省朝阳市大凌河沿岸。原产欧洲。

【食用价值】本属植物的种子和茎皮皆含黄芪胶。详见黄芪*Astragalus membranaceus* (Fisch.) Bunge。

【药用功效】不详。但可参考本书同属其他植物的药用价值开展研究。

【附注】本属植物无直接食用价值，但因植物体内含有的黄芪胶而有间接食用价值。

达乌里黄芪 Astragalus dahuricus (Pall.) DC.

【俗名】兴安黄芪；兴安黄芪；达乌里黄芪；黄甫川黄芪

【异名】*Astragalus dahuricus* (Pall.)DC. f. *huangfuchuanensis* L. Q. Zhao

【习性】一年生草本。生向阳山坡、河岸砂砾地、路旁等处。

【东北地区分布】黑龙江省阿城、依兰、哈尔滨、齐齐哈尔；吉林省珲春、汪清、和龙、长春、吉林、通化；辽宁省新宾、康平、法库、彰武、凌源、朝阳、沈阳、海城、盖州、金州、旅顺口；内蒙古

科尔沁右翼前旗（索伦）、扎鲁特旗、莫力达瓦达斡尔旗、翁牛特旗、赤峰、宁城、克什克腾旗等地。

【食用价值】本属植物的种子和茎皮皆含黄芪胶。详见黄耆*Astragalus membranaceus* (Fisch.) Bunge。

【药用功效】种子入药，具有补肾益肝、固精明目的功效。

【附注】全草有毒，含有生物碱。本属植物无直接食用价值，但因植物体内含有的黄芪胶而有间接食用价值。

草原黄耆 **Astragalus dalaiensis** Kitag.

【俗名】草原黄芪

【异名】不详

【习性】多年生草本。生干旱草地。

【东北地区分布】内蒙古新巴尔虎右旗（呼伦池达赉湖附近）、科尔沁右翼前旗、阿尔山等地。

【食用价值】本属植物的种子和茎皮皆含黄芪胶。详见黄耆*Astragalus membranaceus* (Fisch.) Bunge。

【药用功效】不详。但可参考本书同属其他植物的药用价值开展研究。

【附注】本属植物无直接食用价值，但因植物体内含有的黄芪胶而有间接食用价值。

丹麦黄耆 **Astragalus danicus** Retz.

【俗名】丹黄耆

【异名】*Astragalus arenarius* auct. non Linn.: Pall. Astrag. 43. t. 34. 1800.; *A. hypoglottis* auct. non Linn.: DC. Prodr. 2: 281. 1825.

【习性】多年生草本。生草地或向阳的山坡上。

【东北地区分布】内蒙古牙克石（伊列克得）等地。

【食用价值】本属植物的种子和茎皮皆含黄芪胶。详见黄耆*Astragalus membranaceus* (Fisch.) Bunge。

【药用功效】不详。但可参考本书同属其他植物的药用价值开展研究。

【附注】本属植物无直接食用价值，但因植物体内含有的黄芪胶而有间接食用价值。

乳白花黄耆 **Astragalus galactites** Pall.

【俗名】白花黄耆；白花黄芪；乳白黄耆；乳白花黄芪

【异名】*Astragalus otosemius* Kitagawa

【习性】多年生草本。生海拔1000～3500米的草原沙质土上及向阳山坡。

【东北地区分布】黑龙江省大庆、富裕、安达（萨尔图）、杜尔伯特；吉林省双辽、镇赉、白城；内蒙古海拉尔、新巴尔虎左旗、新巴尔虎右旗、满洲里、科尔沁右翼前旗、扎赉特旗、乌兰浩特、科尔

沁左翼后旗，赤峰、锡林浩特、正蓝旗、镶黄旗、苏尼特左旗、苏尼特右旗等地。

【食用价值】本属植物的种子和茎皮皆含黄芪胶。详见黄耆 *Astragalus membranaceus* (Fisch.) Bunge。

【药用功效】全草、根入药，全草具有利水、消水肿、清脾肺热的功效，根具有强壮补气、排脓生肌、利水止汗的功效。

【附注】本属植物无直接食用价值，但因植物体内含有的黄芪胶而有间接食用价值。

荒漠黄耆 Astragalus grubovii Sanchir

【俗名】卵果黄芪

【异名】*Astragalus alaschanensis* H. C. Fu; *A. dengkouensis* H. C. Fu

【习性】多年生草本。生荒漠区的沙荒地带。

【东北地区分布】内蒙古新巴尔虎右旗等地。

【食用价值】本属植物的种子和茎皮皆含黄芪胶。详见黄耆 *Astragalus membranaceus* (Fisch.) Bunge。

【药用功效】不详。但可参考本书同属其他植物的药用价值开展研究。

【附注】本属植物无直接食用价值，但因植物体内含有的黄芪胶而有间接食用价值。

新巴黄耆 Astragalus hsinbaticus P. Y. Fu et Y. A. Chen

【俗名】新巴黄芪

【异名】*Astragalus quasitesticulatus* Bar. et Chu ex Liou et al.

【习性】多年生草本。多生干草原沙质土上。

【东北地区分布】辽宁彰武；内蒙古新巴尔虎右旗呼伦池（达赉湖）附近。

【食用价值】本属植物的种子和茎皮皆含黄芪胶。详见黄耆 *Astragalus membranaceus* (Fisch.) Bunge。

【药用功效】不详。但可参本书同属其他植物的药用价值开展研究。

【附注】本属植物无直接食用价值，但因植物体内含有的黄芪胶而有间接食用价值。

小叶黄耆 Astragalus hulunensis P. Y. Fu et Y. A. Chen

【俗名】小叶黄芪

【异名】*Astragalus zacharensis* Bunge

【习性】多年生草本。生干山坡石砾地。

【东北地区分布】内蒙古克什克腾旗、满洲里等地。

【食用价值】本属植物的种子和茎皮皆含黄芪胶。详见黄耆 *Astragalus membranaceus* (Fisch.) Bunge。

【药用功效】不详。但可参考本书同属其他植物的药用价值开展研究。

【附注】本属植物无直接食用价值，但因植物体内含有的黄芪胶而有间接食用价值。

北黄耆 Astragalus inopinatus Boriss.

【俗名】北黄芪

【异名】*Astragalus inopinatus* subsp. *oreogenus* Jurtzev

【习性】多年生草本。生落叶松林的林缘草甸。

【东北地区分布】内蒙古根河、牙克石、额尔古纳。

【食用价值】本属植物的种子和茎皮皆含黄芪胶。详见黄耆*Astragalus membranaceus* (Fisch.) Bunge。

【药用功效】不详。但可参考本书同属其他植物的药用价值开展研究。

【附注】本属植物无直接食用价值，但因植物体内含有的黄芪胶而有间接食用价值。

斜茎黄耆 Astragalus laxmannii Jacq.

【俗名】斜茎黄芪；直立黄芪

【异名】*Astragalus adsurgens* Pall.

【习性】多年生草本。生向阳草地、山坡、灌丛、林缘。

【东北地区分布】黑龙江省哈尔滨、肇东、肇源、大庆、依兰、集贤、漠河、克山、呼玛、安达、伊春；吉林省通化、汪清、安图、靖宇、抚松、通榆、镇赉、洮南；辽宁省金州、瓦房店、沈阳、彰武；内蒙古额尔古纳、满洲里、海拉尔、牙克石、扎兰屯、新巴尔虎右旗、新巴尔虎左旗、鄂温克、翁牛特旗、扎鲁特旗、克什克腾旗、通辽、赤峰等地。

【食用价值】本属植物的种子和茎皮皆含黄芪胶。详见黄耆*Astragalus membranaceus* (Fisch.) Bunge。

【药用功效】种子入药，具有补肝肾、固精、明目的功效。

【附注】本属植物无直接食用价值，但因植物体内含有的黄芪胶而有间接食用价值。

海滨黄耆 Astragalus marinus Boriss.

【俗名】海滨黄芪

【异名】*Astragalus marinus* subsp. *boreomarinus* (A.P.Khokhr.) N.S.Pavlova

【习性】多年生草本。生境不详。

【东北地区分布】乌苏里江以东、以南直至沿海一带及额尔古纳。兴凯湖附近有记载，待调查核实。

【食用价值】本属植物的种子和茎皮皆含黄芪胶。详见黄耆*Astragalus membranaceus* (Fisch.) Bunge。

【药用功效】不详。但可参考本书同属其他植物的药用价值开展研究。

【附注】本属植物无直接食用价值，但因植物体内含有的黄芪胶而有间接食用价值。

草木樨状黄耆 Astragalus melilotoides Pall.

【俗名】草木犀黄耆；草木樨黄耆

【异名】*Indigofera melilotoides* Hance

【习性】多年生草本。生向阳干山坡或路旁草地。

【东北地区分布】黑龙江省大兴安岭、哈尔滨以西草原地区；吉林省镇赉；辽宁省康平、法库、彰武、建平、凌源、沈阳、锦州；内蒙古额尔古纳、海拉尔、牙克石、满洲里、科尔沁右翼前旗、赤峰等地。

【食用价值】本属植物的种子和茎皮皆含黄芪胶。详见黄耆*Astragalus membranaceus* (Fisch.) Bunge。

【药用功效】全草和种子入药，全草具有祛风湿、止咳、化痰的功效，种子具有补肾益肝、固精明目的功效。

【附注】本属植物无直接食用价值，但因植物体内含有的黄芪胶而有间接食用价值。

黄耆 Astragalus membranaceus (Fisch.) Bunge

【俗名】黄芪；膜荚黄芪

【异名】*Phaca membranacea* Fisch.; *Astragalus propinquus* B. Schischk.; *Astragalus penduliflorus* auct. non Lam.: Kom. in Acta Hort. Petrop. 22: 587. 1904.

【习性】多年生草本。生林缘、灌丛、林间草地、疏林下、山坡草地等处。

【东北地区分布】黑龙江省大兴安岭、小兴安岭及完达山一带山区；吉林省安图、和龙、汪清、敦化、珲春；辽宁省鞍山、本溪、岫岩、丹东、凤城、清原、庄河；内蒙古额尔古纳、牙克石、阿荣旗、巴林右旗、乌兰浩特、克什克腾旗、科尔沁右翼前旗等地。

【食用价值】从茎皮部分泌出的胶，称为黄芪胶，属复杂的多糖类物质。种子也含胶。这种胶遇水溶胀，有很高的吸水性和持水性，在食品工业中用于制作果冻、沙拉和蛋黄酱等，也用在制造软糖和冰淇淋中。

【药用功效】根、茎叶入药，根具补气升阳、固表止汗、利水消肿、生津养血、行滞通痹、脱毒排脓、敛疮生肌的功效，茎叶具有生津止渴、舒筋活血、消肿疗疮的功效。

【附注】本属植物无直接食用价值，但因植物体内含有的黄芪胶而有间接食用价值。

细弱黄耆 Astragalus miniatus Bunge

【俗名】细茎黄耆；细弱黄芪

【异名】*Astragalus ervoides* Turczaninow

【习性】多年生草本。生干山坡向阳草地或草原。

【东北地区分布】内蒙古满洲里、新巴尔虎左旗、新巴尔虎右旗、扎赉特旗、东乌珠穆沁旗等地。

【食用价值】本属植物的种子和茎皮皆含黄芪胶。详见黄耆*Astragalus membranaceus* (Fisch.) Bunge。

【药用功效】根入药，具有补气固表、利尿托毒、排脓、敛疮生肌的功效，用于气虚乏力、食少便溏、中气下陷、久泻脱肛、便血崩漏、表虚自汗、痈疽难溃、久溃不敛、血虚萎黄、内热消渴、慢性肾炎蛋白尿。

【附注】本属植物无直接食用价值，但因植物体内含有的黄芪胶而有间接食用价值。

小米黄耆 **Astragalus satoi** Kitag.

【俗名】小米黄芪

【异名】*Astragalus austriacus* auct. non Linn. Kitagawa

【习性】多年生草本。生山地草甸草原中或灌丛间。

【东北地区分布】黑龙江省呼玛；内蒙古牙克石、满洲里、宁城等地。

【食用价值】本属植物的种子和茎皮皆含黄芪胶。详见黄耆*Astragalus membranaceus* (Fisch.) Bunge。

【药用功效】不详。但可参考本书同属其他植物的药用价值开展研究。

【附注】本属植物无直接食用价值，但因植物体内含有的黄芪胶而有间接食用价值。

糙叶黄耆 **Astragalus scaberrimus** Bunge

【俗名】糙叶黄芪；粗糙紫云英；春黄芪；春黄耆

【异名】*Astragalus giraldianus* Ulbr.; *A. harmsii* Ulbr.

【习性】多年生草本。生山坡石质草地、河砂地。

【东北地区分布】黑龙江省西北部；吉林省双辽；辽宁省大连、金州、建平、凌源、彰武；内蒙古海拉尔、新巴尔虎左旗、新巴尔虎右旗、满洲里、乌兰浩特、科尔沁右翼前旗、赤峰等地。

【食用价值】本属植物的种子和茎皮皆含黄芪胶。详见黄耆*Astragalus membranaceus* (Fisch.) Bunge。

【药用功效】根和种子入药。

根入药，在国外曾作抗肿瘤药。

种子入药，具有补肾益肝、固精明目的功效。

【附注】本属植物无直接食用价值，但因植物体内含有的黄芪胶而有间接食用价值。

辽西黄耆 Astragalus sciadophorus Franch.

【俗名】伞花黄耆

【异名】不详

【习性】多年生草本。生河边沙地上。

【产地】模式标本产辽宁省建平、朝阳和义县
一带。

【食用价值】本属植物的种子和茎皮皆含黄芪胶。详见黄耆 *Astragalus membranaceus* (Fisch.) Bunge。

【药用功效】不详。但可参考本书同属其他植物的药用价值开展研究。

【附注】本属植物无直接食用价值，但因植物体内含有的黄芪胶而有间接食用价值。

湿地黄耆 Astragalus uliginosus L.

【俗名】湿地黄芪

【异名】不详

【习性】多年生草本。生林下湿草地及沼泽地带。

【东北地区分布】黑龙江省萝北、密山、虎林、饶
河、阿城、伊春、牡丹江；吉林省安图、汪清、抚松、
珲春；内蒙古额尔古纳、牙克石、陈巴尔虎旗、科尔沁右翼前旗五岔沟、索伦等地。

【食用价值】本属植物的种子和茎皮皆含黄芪胶。详见黄耆 *Astragalus membranaceus* (Fisch.) Bunge。

【药用功效】根入药，具有清肝明目的功效。

【附注】本属植物无直接食用价值，但因植物体内含有的黄芪胶而有间接食用价值。

小果黄耆 Astragalus zacharensis Bunge

【俗名】察哈尔黄芪

【异名】*Astragalus tataricus* Franch.

【习性】多年生草本。生山坡草地或沙地上。

【东北地区分布】辽宁省西部；内蒙古满洲里、克
什克腾旗等地。

【食用价值】本属植物的种子和茎皮皆含黄芪胶。详见黄耆 *Astragalus membranaceus* (Fisch.) Bunge。

【药用功效】不详。但可参考本书同属其他植物的药用价值开展研究。

【附注】本属植物无直接食用价值，但因植物体内含有的黄芪胶而有间接食用价值。

锦鸡儿属 Caragana Fabr.

树锦鸡儿 Caragana arborescens (Amm.) Lam.

【俗名】蒙古锦鸡儿

【异名】*Caragana sibirica* Medik.

【习性】落叶灌木或小乔木。生林间、林缘。

【东北地区分布】黑龙江宝清、饶河、尚志；辽宁西北部努鲁儿虎山；内蒙古海拉尔。辽宁省大连、沈阳、盖州等地有栽培。

【食用价值】嫩叶、种子有食用价值。

嫩叶焯水、浸泡后可作野菜食。

种子含有12.4%的脂肪，36%的蛋白质，被推荐为救济食品和大陆性气候区的主要作物，可以煮食，也可以磨粉与面粉一起做面食。

【药用功效】全株、根皮入药，全株具有滋养、通乳、利尿、祛风湿的功效，根皮具有通乳、利湿的功效。

极东锦鸡儿 Caragana fruticosa (Pall.) Bess.

【俗名】不详

【异名】*Robinia altagana* Pallas var. *fruticosa* Pallas

【习性】落叶灌木。生山坡灌丛。

【东北地区分布】黑龙江省尚志（帽儿山）、宝清、饶河；辽宁省宽甸、法库、凌源。俄罗斯（远东地区）、朝鲜也有分布。

【食用价值】嫩叶、种子有食用价值。

嫩叶焯水、浸泡后可作野菜食。

种子可以煮食，也可以磨粉与面粉一起做面食。

【药用功效】不详。但可参考本书同属其他植物的药用价值开展研究。

柠条锦鸡儿 Caragana korshinskii Kom.

【俗名】中间锦鸡儿；白柠条

【异名】*Caragana intermedia* Kuang et H. C. Fu

【习性】落叶灌木。生半固定和固定沙地。

【东北地区分布】辽宁西部；内蒙古锡林郭勒盟。

【食用价值】嫩叶、种子有食用价值。

嫩叶焯水、浸泡后可作野菜食。

种子可以煮食，也可以磨粉与面粉一起做面食。

【药用功效】全草、种子入药，全草具有滋阴养血、活血止血的功效，种子具有燥湿解毒、杀虫止痒的功效。

毛掌叶锦鸡儿 Caragana leveillei Kom.

【俗名】母猪鬃

【异名】*Caragana sinica* var. *longipedunculata* C. W. Chang

【习性】落叶灌木。生干山坡及山顶部。

【东北地区分布】辽宁省大连、辽阳。

【食用价值】嫩叶、种子有食用价值。

嫩叶焯水、浸泡后可作野菜食。

种子可以煮食，也可以磨粉与面粉一起做面食。

【药用功效】不详。但可参考本书同属其他植物的药用价值开展研究。

金州锦鸡儿 Caragana litwinowii Kom.

【俗名】不详

【异名】*Caragana zahlbruckneri* subsp. *litwinowii* (Kom.) Yakovlev

【习性】落叶灌木。生山坡及山顶。

【东北地区分布】辽宁省金州、葫芦岛。

【食用价值】嫩叶、种子有食用价值。

嫩叶焯水、浸泡后可作野菜食。

种子可以煮食，也可以磨粉与面粉一起做面食。

【药用功效】不详。但可参考本书同属其他植物的药用价值开展研究。

东北锦鸡儿 Caragana manshurica Kom.

【俗名】骨担草

【异名】*Caragana microphylla* f. *manshurica* Komarov

【习性】落叶灌木。生干山坡及林缘。

【东北地区分布】辽宁省抚顺，也有栽培。

【食用价值】嫩叶、种子有食用价值。

嫩叶焯水、浸泡后可作野菜食。

种子可以煮食，也可以磨粉与面粉一起做面食。

【药用功效】不详。但可参考本书同属其他植物的药用价值开展研究。

小叶锦鸡儿 Caragana microphylla Lam.

【俗名】灰色小叶锦鸡儿；绿色小叶锦鸡儿

【异名】*Caragana altagana* Poir

【习性】落叶灌木。生山坡、沙丘与干燥坡地。

【东北地区分布】黑龙江省，地点不详；吉林省大安；辽宁省大连、长海、沈阳、义县、建平；内蒙古海拉尔、满洲里、新巴尔虎右旗、科尔沁右翼前旗、科尔沁右翼中旗、科尔沁左翼后旗、翁牛特旗、敖汉旗、巴林右旗、阿鲁科尔沁旗、克什克腾旗、东乌珠穆沁旗、西乌珠穆沁旗、锡林浩特、正蓝旗、苏尼特左旗等地。

【食用价值】嫩叶、种子有食用价值。

嫩叶焯水、浸泡后可作野菜食。

种子可以煮食，也可以磨粉与面粉一起做面食。

【药用功效】全草、根、花、果实、种子入药，全草具有滋阴养血、活血止血的功效，根具有祛痰、止咳的功效，花具有降血压的功效，果实具有清热解毒的功效，种子具有祛风止痒、解毒、杀虫的功效。

北京锦鸡儿 Caragana pekinensis Kom.

【俗名】灰叶黄刺条

【异名】*Caragana zahlbruckneri* var. *pekinensis* (Kom.) Yakovlev

【习性】落叶灌木。生低山山坡或黄土丘陵。

【东北地区分布】辽宁省金州、葫芦岛。

【食用价值】嫩叶、种子有食用价值。

嫩叶焯水、浸泡后可作野菜食。

种子可以煮食，也可以磨粉与面粉一起做面食。

【药用功效】不详。但可参考本书同属其他植物的药用价值开展研究。

红花锦鸡儿 Caragana rosea Turcz.

【俗名】金雀儿；黄枝条

【异名】*Caragana wenhsiensis* C. W. Chang; *C. wenhsienensis* C. W. Chang var. *inermis* C. W. Chang

【习性】落叶灌木。生山坡、山脊及灌丛中。

【东北地区分布】辽宁省北镇、黑山、凌源、旅顺口（蛇岛）；内蒙古喀喇沁旗、宁城、赤峰、翁牛特旗等地。

【食用价值】嫩叶、种子有食用价值。

嫩叶焯水、浸泡后可作野菜食。

种子可以煮食，也可以磨粉与面粉一起做面食。

【药用功效】根入药，具有健脾强胃、活血催乳、利尿通经的功效。

山扁豆属 Chamaecrista Moench

豆茶决明 Chamaecrista nomame (Makino) H.Ohashi

【俗名】豆茶山扁豆

【异名】*Senna nomame* (Makino) T. C. Chen; *Cassia nomame* (Sieb.) Kitag.

【习性】一年生草本。生向阳草地、山坡、河边及荒地。

【东北地区分布】吉林省集安；辽宁省西丰、清原、新宾、沈阳、桓仁、本溪、凤城、宽甸、丹东、岫岩、普兰店、庄河、金州、大连、锦州、葫芦岛等地。

【食用价值】嫩苗、叶、种子有食用价值。

嫩苗焯水、浸泡后可作野菜食用。

叶子炒制后可作茶叶代用品。

种子晒干、磨粉后可适量加入到面食中。

【药用功效】全草入药，具有清肝明目、健脾利湿、止咳化痰、清热利尿、润肠通便的功效。

【附注】虽然未见本种的有毒报道，但同属植物有的全株有毒。建议谨慎食用。

猪屎豆属（野百合属）Crotalaria L.

紫花野百合 Crotalaria sessiliflora L.

【俗名】野百合；农吉利

【异名】*Crotalaria brevipes* Champ.

【习性】直立草本。生路边、山坡、荒地等处。

【东北地区分布】吉林省集安；辽宁省抚顺、鞍山、桓仁、宽甸、凤城、丹东、庄河、普兰店、金州、大连、长海等地。

【食用价值】种子内胚乳含多糖胶，多糖胶在食品工业中具有增稠、稳定、成胶等特点。要注意其有毒报道，详见本种附注。

【药用功效】全草入药，具有清热、利湿、解毒的功效。

【附注】全草有毒，种子毒性较大。人误服后中毒症状有头晕、头痛、恶心、呕吐、食欲不振，严重者可因腹水和肝昏迷而死亡。

皂荚属 Gleditsia L.

山皂荚 Gleditsia japonica Miq.

【俗名】山皂角

【异名】*Gleditsiahorrida* (Thunb.) Makino; *G. koraiensis* Nakai ex Mori.; *G. japonica* Miq. var. *koraiensis* (Nakai) Nakai

【习性】落叶乔木。生山沟、阔叶林、山坡。

【东北地区分布】吉林省公主岭、集安；辽宁省沈阳、鞍山、海城、本溪、凤城、宽甸、桓仁、丹东、大连、北镇、绥中等地。黑龙江省哈尔滨、佳木斯等地及辽宁省各地常见栽培。

【食用价值】嫩叶、种子有食用价值。要注意食用安全，详见本种附注。

嫩叶开水焯、清水反复浸泡后可作野菜食用，无异味，口感好，适合与猪肉一起包饺子。

种子含多糖胶类，烤熟后煮烂可拌糖少食。

【药用功效】棘刺、果实入药，棘刺具有活血祛瘀、消肿排脓、下乳的功效，果实具有祛痰开窍的功效。

【附注】豆荚、种子、叶及茎皮均有毒。参皂荚。

野皂荚 Gleditsia microphylla Gordon ex Y. T. Lee

【俗名】短荚皂角

【异名】*Gleditsia heterophylla* auctt. non Raf.:中国树木分类学 508. 1937.

【习性】落叶灌木或小乔木。生山坡阳处或路边。

【东北地区分布】辽宁省凌源。

【食用价值】种子含多糖胶，在食品工业中，具有增稠、稳定、成胶等特点。

【药用功效】不详。但可参考本书同属其他植物的药用价值开展研究。

【附注】虽然未见本种的有毒报道，但同属植物有的有毒，初次食用者以少量尝试为宜。

大豆属 Glycine L.

宽叶蔓豆 Glycine gracilis Skv.

【俗名】细茎大豆

【异名】*Glycine soja* var. *gracilis* (Skvortsov) L. Z. Wang

【习性】一年生草本。生田边、路旁、沟边及宅旁的草地上或稍湿草地上。

【东北地区分布】黑龙江省哈尔滨、大庆、尚志、宁安、依兰；吉林省安图、珲春、通化；辽宁省

各地；内蒙古翁牛特旗等地。

【食用价值】嫩苗、种子有食用价值。

嫩苗焯水、浸泡后可食用；炒制后可代茶。

种子可榨食用油，也可以制豆腐、豆酱、酱油。

【药用功效】不详。但可参考本书同属其他植物的药用价值开展研究。

野大豆 Glycine soja Sieb. et Zucc.

【俗名】小落豆；小落豆秧；落豆秧；山黄豆；乌豆；野黄豆

【异名】*Glycine ussuriensis* Regel et Maack; *Rhynchosiaargyi* Levl.; *G. soja* Sieb. et Zucc. var. *ovata* Skv. S; *G. formosana* Hosokawa

【习性】一年生草本。多生山野及河流沿岸、湿草地附近。

【东北地区分布】黑龙江省各地；吉林省安图、九台、吉林、珲春、蛟河；辽宁省各地；内蒙古科尔沁右翼前旗、乌兰浩特、科尔沁左翼中旗、敖汉旗、巴林右旗、阿鲁科尔沁旗、克什克腾旗、喀喇沁旗、宁城等地。

【食用价值】嫩苗、种子有食用价值。

嫩苗焯水、浸泡后可作为野菜食用；炒制后可代茶。

成熟种子含有20%的油和30%～45%的蛋白质，晒干后可以磨成面粉，添加到谷物面粉中，或用于制作面条等；日本人用烤过的种子和磨碎的种子制成一种粉末，称为"Kinako"，具有坚果味和香味，用于许多流行的糖果中；发芽的种子可以生吃，也可以添加到煮熟的菜肴中；烤过的种子可以当作花生一样的零食来吃；强烈烘烤和磨碎的种子可用作咖啡替代品；还可以制成许多发酵食品，如味噌和豆豉；还可以用来制作豆浆，代替牛奶；还可提取食用油，用于烹调或用作沙拉等的调料。未成熟的种子可以像豌豆一样烹饪和使用，也可以在沙拉中生吃。

【药用功效】茎、叶、根及种子入药，茎、叶及根具有清热敛汗、舒筋止痛的功效，种子具有补益肝肾、祛风解毒的功效。

【附注】种子生食有毒，必须彻底煮熟后才能食用。长期治疗的哮喘患者、过敏性鼻炎患者、乳腺癌患者忌食。

为大豆近缘种，耐盐碱、抗寒、抗病性好，在大豆育种上有价值。在1999年8月4日和2021年8月7日国务院批准的《国家重点保护野生植物名录》中，均被列为二级保护植物。

甘草属 Glycyrrhiza L.

刺果甘草 Glycyrrhiza pallidiflora Maxim.

【俗名】头序甘草

【异名】不详

【习性】多年生直立草本。生湿草地、荒地及河谷坡地。

【东北地区分布】黑龙江省宁安、依兰、哈尔滨、呼玛；吉林省扶余、大安；辽宁省彰武、清原、沈阳、本溪、抚顺、鞍山、营口、庄河、大连；内蒙古科尔沁右翼中旗、科尔沁右翼前旗、扎鲁特旗、乌兰浩特、敖汉旗、巴林右旗、阿鲁科尔沁旗、科尔沁左翼后旗等地。

【食用价值】根含甘草甜素，是优良的甜味剂资源。

【药用功效】根、果实入药，根具有杀虫的功效，果实具有催乳的功效。

甘草 Glycyrrhiza uralensis Fisch.

【俗名】甜根子；甜草；国老

【异名】*Glycyrrhiza glandulifera* Ledeb.; *Glycyrrhiza-asperima* var. *uralensis* Regel; *Glycyrrhizaasperima* var. *desertorum* Regel

【习性】多年生直立草本。生干旱沙地、河岸砂质地、山坡草地及盐渍化土壤中。

【东北地区分布】黑龙江省肇州、泰来、肇源、林甸、肇东、安达、杜尔伯特；吉林省前郭尔罗斯、农安、扶余、乾安、通榆、长岭、大安、洮安；辽宁省建平、北票、阜新、黑山、彰武、康平；内蒙古全区。

【食用价值】甘草根含有甘草皂苷，其甜度比蔗糖高100~500倍，提纯品甜度约为蔗糖的250倍，用于糖果、药品、饮料等。

【药用功效】根、根状茎入药，具有补脾益气、清热解毒、祛痰止咳、缓急止痛、调和诸药的功效。

【附注】在2021年8月7日国务院批准的《国家重点保护野生植物名录》中，本种被列为二级保护植物。在做好保护的前提下，取得合法手续，方可利用。

岩黄耆属 Hedysarum L.

山岩黄耆 Hedysarum alpinum L.

【俗名】山岩黄芪；中国岩黄耆；粗壮岩黄耆

【异名】*Hedysarum alpinum* var. *chinense* B. Fedtschenko; *H. chinense* (B. Fedtschenko) Handel-Mazzetti; *H.smithianum* Handel-Mazzetti

【习性】多年生草本。生河谷草甸和泛滥地林下，沼泽化的针、阔叶林。

【东北地区分布】黑龙江省漠河、呼玛；内蒙古额尔古纳、根河、牙克石、鄂伦春、鄂温克、陈巴尔虎旗、科尔沁右翼前旗、扎鲁特旗、巴林右旗、阿鲁科尔沁旗、克什克腾旗、东乌珠穆沁旗、西乌珠穆沁旗等地。

【食用价值】根可以食用，生食或者煮熟后食用均可以，也可以干燥后磨成粉末食用，据说有胡萝卜般的味道，秋天至春天收获，经过霜冻后味道最好。

【药用功效】根作"黄耆"的下品入药，具有止汗、强壮、益气固表、脱毒生肌、补气利尿的功效。

【附注】本种与食用有关的内容均参考国外文献整理，文献同时指出，本种可能有毒。建议谨慎对待，初次食用者以少量尝试为宜。

拟蚕豆黄耆 Hedysarum vicioides Turcz.

【俗名】长白岩黄耆

【异名】*Hedysarum ussurense* Schisch. et Kom.

【习性】多年生草本。生山地砾石山坡和岳桦林下、林缘、亚高山和高山草甸、岩壁和古老冰碛物上。

【东北地区分布】黑龙江省呼玛；吉林省安图、抚松、长白等地。

【食用价值】根可以生食或者煮熟后食用，也可以干燥后磨成粉末食用。

【药用功效】根入药，具有益气、消肿利尿、托毒排脓、疗疮生肌、解热、止汗、强壮的功效。

【附注】虽然未见本种的有毒报道，但同属植物有的可能有毒。建议谨慎对待，初次食用者以少量尝试为宜。

木蓝属 Indigofera L.

花木蓝 Indigofera kirilowii Maxim. ex Palib.

【俗名】花槐蓝；吉氏木蓝

【异名】*Indigofera macrostachya* Bunge (1858), not Ventenat (1804).

【习性】落叶灌木。生向阳山坡、山脚或岩隙间。

【东北地区分布】吉林省梅河口、集安；辽宁省凌源、朝阳、阜新、建平、北镇、义县、葫芦岛、沈阳、本溪、鞍山、岫岩、盖州、大连、旅顺口、金州；内蒙古科尔沁沙地、敖汉旗等地。黑龙江省森林植物园有栽培。

【食用价值】种子含油18.6%，还含有丰富的淀粉，可榨油食用，也可以磨粉与面粉一起蒸馒头食用。

【药用功效】根、叶入药，根具有清热解毒、消肿止痛、通便的功效，叶捣碎有止血的功效。

鸡眼草属 Kummerowia Schindl.

长萼鸡眼草 Kummerowia stipulacea (Maxim.) Makino

【俗名】短萼鸡眼草；竖毛鸡眼草；圆叶鸡眼草；野苜蓿草；掐不齐

【异名】*Lespedeza stipulacea* Maximowicz; *L. striata* (Thunberg) Hooker & Arnott var. *stipulacea* (Maximowicz) Debeaux; *Microlespedeza stipulacea* (Maxim-owicz) Makino

【习性】一年生草本。生路旁、山坡、河岸草地、砂质地及稍潮湿草地。

【东北地区分布】黑龙江省哈尔滨、依兰、黑河、萝北；吉林省各地；辽宁省各地；内蒙古扎兰屯、鄂伦春、科尔沁右翼前旗、翁牛特旗、敖汉旗、巴林右旗、阿鲁科尔沁旗、喀喇沁旗、宁城等地。

【食用价值】嫩苗、种子有食用价值。

嫩苗焯水、浸泡后可炒食、凉拌、蘸酱或腌渍咸菜。

种子可掺入米中煮粥。

【药用功效】全草入药，具有清热解毒、健脾利湿、活血利尿、止痢止泻的功效。

鸡眼草 Kummerowia striata (Thunb.) Schindl.

【俗名】掐不齐；公母草；牛黄黄；三叶人字草；鸡眼豆

【异名】*Hedysarum striatum* Thunberg; *Lespedeza striata* (Thunberg) Hooker & Arnott; *Microlespedeza striata* (Thunberg) Makino

【习性】一年生草本。生山坡、路旁、田边及山脚下草地。

【产地】东北地区各地；内蒙古科尔沁左翼后旗、大青沟等地。

【食用价值】嫩苗、种子有食用价值。

嫩苗焯水、浸泡后可炒食、凉拌、蘸酱或腌渍咸菜。

种子可掺入米中煮粥。

【药用功效】全草入药，具有清热解毒、活血、利尿、止泻的功效。

山黧豆属 Lathyrus L.

大山黧豆 Lathyrus davidii Hance

【俗名】茳芒香豌豆

【异名】*Lathyrus davidii* var. *roseus* C.W. Chang

【习性】多年生草本。生林缘、疏林下灌丛、草坡或林间溪流附近。

【东北地区分布】东北地区各地；内蒙古牙克石、敖汉旗等地。

【食用价值】嫩苗焯水、浸泡后可食用。

【药用功效】全草、种子入药，全草用于痛经、子宫内膜炎，种子具有清热解毒、止痛化痰的功效。

【附注】虽然未见本种的有毒报道，但本属许多种类含有有毒物质，以种子毒性最强。能产生山黧豆中毒，发生痉挛性截瘫、疼痛、感觉过敏和感觉异常。鉴于此，建议谨慎食用，尤其不能生食。

海滨山黧豆 Lathyrus japonicus Willd.

【俗名】海滨香豌豆；日本山黧豆

【异名】*Lathyrus maritimus* (L.) Bigelow

【习性】多年生草本。生海滨沙地。

【东北地区分布】辽宁省金州、长海、丹东。

【食用价值】嫩苗、种子有食用价值。

嫩苗焯水、浸泡后可食用。

未成熟的种子可以生吃，也可以像豌豆一样煮熟后食用；成熟的种子可作为应急食品，在饥荒或没有其他食物的非常时期，煮熟或发芽后用于沙拉；烤好后的种子是咖啡的替代品。

【药用功效】全草、种子入药，全草用于黄疸、尿少、外伤，种子具有清热利湿、利水消肿、止痛的功效。

【附注】花期植株和种子有毒，家禽过多食用会中毒。种子中含有有毒氨基酸，大量摄入这种氨基酸会导致神经系统的一种非常严重的疾病，称为"绞痛症"，少量摄入（不应超过饮食的30%）则非常安全，且营养丰富。

三脉山黧豆 Lathyrus komarovii Ohwi

【俗名】具翅香豌豆

【异名】*Orobus alatus* Maxim.; *Lathyrus alatus* (Maxim.) Kom.

【习性】多年生草本。生林下及草地等处。

【东北地区分布】黑龙江省宁安、伊春、密山、虎林、饶河、呼玛、黑河、嘉荫；吉林省安图、汪清、敦化、临江；辽宁省本溪；内蒙古额尔古纳、鄂伦春等地。

【食用价值】嫩苗焯水、浸泡后可食用。

【药用功效】全草入药，具有清热解毒、利尿、止痛的功效。

【附注】虽然未见本种的有毒报道，但本属许多种类含有有毒物质，以种子毒性最强。能产生山黧

豆中毒，发生痉挛性截瘫、疼痛、感觉过敏和感觉异常。鉴于此，建议谨慎食用，尤其不能生食。

毛山黧豆 Lathyrus palustris subsp. pilosus (Cham.) Hulten

【俗名】山黧豆

【异名】*Lathyrus palustris* var. *pilosus* (Cham) Ledeb.

【习性】多年生草本。多生湿草地、林缘草地及河岸。

【东北地区分布】黑龙江省小兴安岭以东、以南各地；吉林省各山区；辽宁省各山区；内蒙古海拉尔、莫力达瓦达斡尔旗、牙克石、扎兰屯、新巴尔虎左旗、科尔沁右翼前旗、扎赉特旗、科尔沁左翼后旗、克什克腾旗、东乌珠穆沁旗、锡林浩特、阿巴嘎旗等地。

【食用价值】嫩苗焯水、浸泡后可食用。

【药用功效】全草、种子入药，全草具有散风除湿、解毒止痛的功效，种子具有活血破瘀、解毒止痛、祛风除湿、解表散寒的功效。

【附注】豆荚和种子有毒。

牧地山黧豆 Lathyrus pratensis L.

【俗名】牧地香豌豆

【异名】*Lathyrus pratensis* subsp. *hallersteinii* (Baumg.) Nyman

【习性】多年生草本。生山坡草地、疏林下、路旁阴处。

【东北地区分布】黑龙江省哈尔滨、牡丹江、宁安；吉林省安图、长白等地。

【食用价值】嫩苗焯水、浸泡后可食用。

【药用功效】全草、叶、种子入药，全草具有清热解毒、利湿的功效，叶具有祛痰止咳的功效，种子具有活血化瘀的功效。

【附注】虽然未见本种的有毒报道，但本属许多种类含有有毒物质，以种子毒性最强。能产生山黧豆中毒，发生痉挛性截瘫、疼痛、感觉过敏和感觉异常。鉴于此，建议谨慎食用，尤其不能生食。

山黧豆 Lathyrus quinquenervius (Miq.) Litv. ex Kom. et Alis

【俗名】五脉山黧豆；五脉香豌豆

【异名】*Vicia quinquenervia* Miq.

【习性】多年生草本。生林缘、草甸、沙地、山坡。

【东北地区分布】黑龙江省安达、哈尔滨、尚志、富锦、集贤；吉林省安图、靖宇、敦化、汪清、镇赉、洮安、双辽、桦甸、浑江；辽宁省长海、昌图、彰武、建平、沈阳；内蒙古海拉尔、牙克石、扎兰屯、陈巴尔虎旗、科尔沁右翼前旗、扎赉特旗、巴林右旗、阿鲁科尔沁旗、宁城、锡林浩特等地。

【食用价值】嫩苗焯水、浸泡后可食用。

【药用功效】全草入药，具有祛风除湿、止痛的功效。

【附注】本属许多种类含有有毒物质，以种子毒性最强。能产生山黧豆中毒，发生痉挛性截瘫、疼痛、感觉过敏和感觉异常。鉴于此，建议谨慎食用，尤其不能生食。

胡枝子属 Lespedeza Michx.

胡枝子 Lespedeza bicolor Turcz.

【俗名】随军茶

【异名】*Lespedeza bicolor* var. *japonica* Nakai; *L. ionocalyx* Nakai; *L. veitchii* Ricker

【习性】落叶灌木。生荒山坡的灌木丛或杂木林间。

【东北地区分布】黑龙江省各林区；吉林省东部山区及中部半山区；辽宁省各地；内蒙古牙克石、扎兰屯、鄂伦春、科尔沁右翼前旗、科尔沁左翼后旗、扎鲁特旗、巴林左旗、巴林右旗、阿鲁科尔沁旗、克什克腾旗、喀喇沁旗、宁城、镶黄旗、太仆寺旗、多伦、苏尼特右旗等地。

【食用价值】嫩芽、花、种子有食用价值。

嫩芽和花焯水、浸泡后可食用，炒制后可代茶。

种子可磨粉，与面粉一起蒸馒头食用。

【药用功效】枝、叶入药，具有润肺清热、利尿通淋的功效。

长叶胡枝子 Lespedeza caraganae Bunge

【俗名】长叶铁扫帚

【异名】不详

【习性】落叶小灌木。生山坡上。

【东北地区分布】辽宁省大连、长海等地。

【食用价值】嫩芽焯水、浸泡后可食用，炒制后可代茶。

【药用功效】不详。但可参考本书同属其他植物的药用价值开展研究。

短梗胡枝子 Lespedeza cyrtobotrya Miq.

【俗名】不详

【异名】*Lespedeza anthobotrya* Ricker; *Lespedeza kawachiana* Nakai

【习性】落叶灌木。生干山坡、灌丛中或杂木林中。

【东北地区分布】吉林省集安、长春；辽宁省西丰、彰武、抚顺、岫岩、宽甸、凤城、丹东、盖州、兴城、金州、大连、庄河、普兰店、瓦房店等地。

【食用价值】嫩芽、花、种子有食用价值。

嫩芽和花焯水、浸泡后可食用，炒制后可代茶。

种子可磨粉，与面粉一起蒸馒头食用。

【药用功效】全株或茎叶入药，具有润肺清热、利尿通淋的功效。

兴安胡枝子 Lespedeza davurica (Laxm.) Schindl.

【俗名】达乌里胡枝子；达呼里胡枝子；毛果胡枝子

【异名】*Trifolium dauricum* Laxm.; *Hedysarum trichocarpum* Stephan ex Willd.; *Lespedeza trichocarpum* (Stephan) Pers.; *L. medicaginoides* Bunge

【习性】落叶小灌木。生干山坡、草地、路旁及海滨沙地。

【东北地区分布】黑龙江省呼玛、安达、哈尔滨、密山、肇东、依兰、萝北、依兰；吉林省安图、吉林、通榆、长春、九台、珲春、镇赉；辽宁省西丰、法库、彰武、凌源、喀左、建昌、建平、北镇、兴城、绥中、沈阳、抚顺、本溪、金州、大连；内蒙古陈巴尔虎旗、新巴尔虎左旗、新巴尔虎右旗、扎兰屯、科尔沁右翼前旗、扎赉特旗、科尔沁左翼后旗、巴林右旗、阿鲁科尔沁旗、克什克腾旗、林西、锡林浩特、多伦等地。

【食用价值】嫩芽、花、种子有食用价值。

嫩芽和花焯水、浸泡后可食用，炒制后可代茶。

种子可磨粉，与面粉一起蒸馒头食用。

【药用功效】全草或根入药，具有解表散寒的功效。

尖叶铁扫帚 Lespedeza juncea (L. f.) Pers.

【俗名】尖叶胡枝子

【异名】*Hedysarum junceum* Linnaeus f.; *Lespedeza cystoides* Nakai; *L. hedysaroides* (Pallas) Kitagawa; *L. hedysaroides* var. *subsericea* (Komarov) Kitaga-wa

【习性】落叶小灌木。生山坡灌丛间。

【**东北地区分布**】黑龙江省呼玛、伊春、安达、密山、宁安、肇东、依兰、萝北、东宁、哈尔滨、克山；吉林省九台、通榆、长春、吉林、镇赉、长白、临江、和龙、珲春、抚松；辽宁省西丰、开原、铁岭、彰武、朝阳、建平、凌源、建昌、葫芦岛、沈阳、本溪、清原、新宾、抚顺、鞍山、庄河、普兰店、金州；内蒙古海拉尔、额尔古纳、根河、牙克石、扎兰屯、鄂伦春、鄂温克、新巴尔虎左旗、新巴尔虎右旗、科尔沁右翼前旗、扎赉特旗、科尔沁左翼后旗、扎鲁特旗、克什克腾旗、喀喇沁旗、林西、西乌珠穆沁旗、锡林浩特、镶黄旗等地。

【**食用价值**】嫩芽焯水、浸泡后可食用，炒制后可代茶。

【**药用功效**】全草入药，具有止泻利尿、止血的功效。

宽叶胡枝子 Lespedeza maximowiczii Schneid.

【**俗名**】不详

【**异名**】*Lespedeza buergeri* Miq. var. *praecox* Nakai；*L. friebana* Schindl.

【**习性**】落叶灌木。生山坡或杂木林下。

【**东北地区分布**】辽宁省长海、金州。

【**食用价值**】嫩芽、花、种子有食用价值。

嫩芽和花焯水、浸泡后可食用，炒制后可代茶。

种子可磨粉，与面粉一起蒸馒头食用。

【**药用功效**】不详。但可参考本书同属其他植物的药用价值开展研究。

绒毛胡枝子 Lespedeza tomentosa (Thunb.) Sieb. ex Maxim.

【**俗名**】山豆花；球序绒毛胡枝子

【**异名**】*Lespedeza tomentosa* var. *globiracemosa* S. L. Tung & Z. Lu；*Hedysarum tomentosum* Thunb.；*H. villosa* Willd.；*Lespedezavillosa* Pers.；*Desmodiumtomentosum* DC.

【**习性**】落叶灌木。生干旱的山坡及干草地。

【**东北地区分布**】黑龙江省大兴安岭山区；吉林省集安、九台；辽宁省西丰、开原、法库、阜新、朝阳、建昌、北镇、葫芦岛、北票、绥中、沈阳、抚顺、本溪、丹东、鞍山、营口、庄河、金州、大连；内蒙古巴林右旗、敖汉旗、宁城等地。

【**食用价值**】嫩芽焯水、浸泡后可食用，炒制后可代茶。

【**药用功效**】全株或根入药，具有清热止血、祛湿镇咳、健脾补虚的功效。

马鞍树属 Maackia Rupr. et Maxim.

朝鲜槐 Maackia amurensis Rupr. et Maxim.

【**俗名**】懐槐；山槐；高丽槐

【异名】*Cladrastis amurensis* (Ruprecht) Bentham; *M. amurensis* Rupr. et Maxim. var. *typica* Schneid.

【习性】落叶乔木。生阔叶林内、林边、溪流、灌木丛间。

【东北地区分布】黑龙江省宁安、孙吴、萝北、伊春、密山、集贤；吉林省安图、临江、抚松、和龙、汪清、长白、蛟河、公主岭、敦化、珲春；辽宁省庄河、瓦房店、绥中、凌源、桓仁、盖州、沈阳、抚顺等地。

【食用价值】在饥荒年或因特别情况食物短缺情况下，嫩叶开水焯、清水反复浸泡可以少量食用。要注意其有毒报道，详见本种附注。

【药用功效】茎枝、花入药，茎枝具有祛风除湿、止血的功效，花具有止血的功效。

【附注】本种含6种以上生物碱，以种子含量最高，达2.67%；茎皮次之，为0.45%。科学实验显示，小鼠皮下注射茎皮的水提取物后出现痉挛、呼吸麻痹以致死亡；树皮的水和醇的提取物还能降低兔的血压，使心跳加快，亦能产生呼吸麻痹。

苜蓿属 Medicago L.

野苜蓿 Medicago falcata L.

【俗名】黄花苜蓿

【异名】*Medicago saliva* L. subsp. *falcata* (L.) Arcangeli

【习性】多年生草本。生沙质偏旱耕地、山坡、草原及河岸杂草丛中。

【东北地区分布】黑龙江省西部草原地区；辽宁省抚顺、彰武；内蒙古海拉尔、牙克石、满洲里、新巴尔虎右旗、新巴尔虎左旗、鄂温克、科尔沁右翼前旗、扎赍特旗、巴林右旗、克什克腾旗、东乌珠穆沁旗、锡林浩特、正镶白旗等地。

【食用价值】嫩苗、种子有食用价值。

嫩苗焯水、浸泡后作野菜食用。

种子可以烤焦后食用，或者磨成粉末用于面食。

【药用功效】全草入药，具有消炎解毒、宽中下气、健脾补虚、降压、利尿、消肿的功效。

【附注】本种与食用有关的内容多参考国外文献整理，初次食用者以少量尝试为宜。

天蓝苜蓿 Medicago lupulina L.

【俗名】天蓝

【异名】不详

【习性】一、二年生或多年生草本。生湿草地、路旁、田边。

【东北地区分布】黑龙江省依兰、宁安、哈尔滨、富裕、克山；吉林省汪清；辽宁省大连、长海、鞍山、凌源、彰武；内蒙古额尔古纳、鄂温克、科尔沁右翼前旗、巴林右旗、克什克腾旗、锡林浩特等地。

【食用价值】嫩苗、种子有食用价值。

嫩苗焯水、浸泡后作野菜食用。

种子可以烤焦后食用，或者磨成粉末用于面食。

【药用功效】全草入药，具有清热利湿、止咳平喘、凉血止血、舒筋活络的功效。

【附注】有报道称，种子含有胰蛋白酶抑制剂，会干扰某些帮助蛋白质消化的酶，但种子先发芽，这种酶就会被破坏。食用种子时可参考这一报道。

草木犀属 Melilotus Mill.

白花草木犀 Melilotus albus Desr.

【俗名】白花草木樨；白香草木樨

【异名】*Sertula alba* (Desr.) Kuntze

【习性】一、二年生草本。生路旁、田边、草地。

【产地】分布东北地区各地；内蒙古鄂伦春、科尔沁右翼前旗、科尔沁左翼后旗、克什克腾旗、翁牛特旗、赤峰、锡林浩特等地。

【食用价值】嫩苗、嫩豆荚、种子、花有食用价值。

花期干燥全草可放在啤酒内增加芳香味。

嫩苗焯水、浸泡后作野菜食用，也可以鲜时少量添加到沙拉中。

嫩豆荚鲜时可以做汤。

种子可用作豆类和豌豆汤的调味品，还可酿酒或榨油。

鲜花可生食，也可熟食。

【药用功效】全草入药，具有清热解毒、化湿杀虫、截疟、止痢的功效。

【附注】干叶有毒，毒性同草木犀 *Melilotus suaveolens* Ledeb.。但新鲜叶未见毒性报道。本种与食用有关的内容均参考国外文献整理，初次食用者以少量尝试为宜。

细齿草木犀 Melilotus dentatus (Waldst. et Kit.) Pers.

【俗名】细齿草木樨

【异名】*Trifolium dentatum* Waldst. et Kit.; *Melilotusbrachystachya* Bunge

【习性】二年生草本。生草地、林缘及盐碱草甸。

【产地】分布黑龙江省哈尔滨、大庆、安达；吉林省靖宇；辽宁省沈阳、葫芦岛、新民、大连；内蒙古额尔古纳、海拉尔、根河、牙克石、新巴尔虎右旗、满洲里、克什克腾旗、扎鲁特旗等地。

【食用价值】嫩苗、种子有食用价值。

嫩苗焯水、浸泡后作为蔬菜食用。

种子可以酿酒，也可以榨油。

【药用功效】全草入药，具有芳香化浊、截疟的功效。

【附注】虽然未见本种的有毒报道，但同属植物有的有毒。建议谨慎对待，初次食用者以少量尝试为宜。

印度草木犀 **Melilotus indica** (L.) All.

【俗名】小花草木犀

【异名】*Trifoliumindica* L.; *Melilotusparviflora* Desf.

【习性】二年生草本。生草地、林缘、路旁、田野、海滨砂地。

【产地】辽宁省宽甸、鞍山、昌图等地有栽培或逸生。原产印度，现世界各地引种试验，在南、北美洲已沦为农田杂草。

【食用价值】嫩苗、种子有食用价值。

嫩苗焯水、浸泡后作为蔬菜食用。

种子可以酿酒，也可以榨油。

【药用功效】全草入药，具有清热解毒、敛阴止汗的功效。

【附注】有文献报道，干叶可能有毒，有驱虫作用，可放在床上以驱除臭虫。但新鲜叶相当安全。

草木犀 **Melilotus suaveolens** Ledeb.

【俗名】草木樨

【异名】*Melilotus officinalis* auct. non (L.) Pall.

【习性】二年生草本。生草地、林缘、路旁、田野、海滨沙地。

【产地】分布黑龙江省密山、萝北、哈尔滨、宁安、尚志、北安、佳木斯、伊春、呼玛、安达；吉林省安图（长白山）、和龙、汪清、珲春、临江、镇赍、九台；辽宁省凌源、彰武、岫岩、锦州、沈阳、鞍山、大连；内蒙古额尔古纳、根河、海拉尔、满洲里、鄂伦春、鄂温克、科尔沁左翼后旗、扎鲁特旗、赤峰、翁牛特旗、东乌珠穆沁旗、锡林浩特、苏尼特左旗等地。原产欧洲，欧洲地中海东岸、中东、中亚、东亚均有分布。

【食用价值】嫩苗、种子有食用价值。

嫩苗焯水、浸泡后作为蔬菜食用。

种子可以酿酒，也可以榨油。

【药用功效】全草、根入药，全草具有清热解毒、芳香化浊、利尿通淋、化湿、截疟、杀虫的功

效，根具有清热解毒、疗疮的功效。

【附注】全草在干燥后因贮存不当，如温度过高，湿度在50%以上而发霉时对牲畜有毒，这种毒性可保持3～4年而不消失。牛、羊和马食发霉的干草后，可见皮下出血乃致皮肤肿胀，甚至脏器和黏膜也可见广泛出血，并导致多种并发症，如食欲减退、肌强直、跛行、神经麻痹、严重贫血甚至失明，牲畜可因出血过多而突然死亡。

膨果豆属 Phyllolobium Fischer

背扁膨果豆 Phyllolobium chinense Fischer

【俗名】扁茎黄耆；扁茎黄芪；夏黄耆；背扁黄耆；蔓黄芪

【异名】*Astragalus complanatus* R. Br. ex Bunge

【习性】多年生草本。生路边、沟岸、草坡及干草场。

【东北地区分布】黑龙江省哈尔滨；吉林省洮安、通榆、镇赉；辽宁省凌源、朝阳、北票、海城、阜新、彰武、沈阳；内蒙古科尔沁右翼中旗、奈曼旗、巴林右旗、喀喇沁旗、赤峰市红山区等地。

【食用价值】种子和茎皮含黄芪胶，一种增稠剂，白色至浅黄色，半透明，无臭、无味、口感黏滑。

【药用功效】干燥成熟种子入药，具有补肾助阳、固精缩尿、养肝明目的功效。

葛属 Pueraria DC.

葛麻姆 Pueraria montana var. lobata (Willd.) Sanjappa & Pradeep

【俗名】野葛；葛

【异名】*Pueraria lobata* (Willd.) Ohwi

【习性】缠绕藤本，茎草质或基部木质。生山坡、草丛、路旁等处。

【东北地区分布】吉林省通化、集安、抚松、和龙、敦化、珲春；辽宁省本溪、桓仁、鞍山、宽甸、丹东、大连、凌源等地。

【食用价值】根、嫩芽、花有食用价值。

鲜根含淀粉19%～20%，提炼出的淀粉可制凉粉、糕点、粉丝，也可用于酿酒，也可像藕粉一样用沸水冲泡成糊食用。

嫩芽开水焯、清水浸泡后作野菜食用。

葛花焯水、浸泡后也可食用。

【药用功效】根、藤、叶、花、种子均可入药，其中根具有退热、生津止渴、透疹、升阳止泻、通经络、解酒毒的功效。

刺槐属 Robinia L.

刺槐 Robinia pseudoacacia L.

【俗名】洋槐

【异名】*Robinia pyramidalis* Pépin

【习性】落叶乔木。园林栽培或荒山绿化。

【产地】黑龙江省鸡西、哈尔滨等地及东北各地常见栽培，以辽宁省栽培最为集中。中国各地广泛栽培。原产美国东部，欧洲、亚洲、非洲等均有栽培。

【食用价值】花芳香，可少量生食，以蒸食为主，或者焯水、浸泡后作为野菜食用。

国外还有刺槐花做饮料、种子煮食、嫩荚果煮食、荚果皮制麻醉药品和醉人的饮料等报道。要注意其有毒报道，详见本种附注。

【药用功效】树皮、叶、花、果实入药，具有清热解毒、祛风止痛、收敛止血、利尿、镇静、扩张支气管、止泻的功效。

【附注】植物体的各个部分均有毒，树皮毒性最大。刺槐的幼芽及幼叶作副食品，可因机体对洋槐过敏或烹调不当，或食用过多，以及食后再经日光照射等因素而发生中毒，中毒多发生在食后2～20天之间，表现为脸和手部水肿，局部刺疼、浊痛或胀痛，发痒，全身无力。用食醋及蒲公英200克煎服，暂时避免日光照射，2～3天即可缓解。

槐属 Styphnolobium Schott

槐 Styphnolobium japonicum (L.) Schott

【俗名】槐树；国槐

【异名】*Sophora japonica* L.

【习性】落叶乔木。生山坡、林缘肥沃湿润土壤。

【东北地区分布】辽宁省绥中、凌源、朝阳、建平、喀左、兴城、葫芦岛等地。黑龙江省哈尔滨及东北多地常见栽培。

【食用价值】嫩叶、花、种子有食用价值。要注意其有毒报道，详见本种附注。

嫩叶、花经过开水焯、清水反复浸泡，去除苦味后可作蔬菜少量食用。

种子提炼出的淀粉可食用或酿酒。

【药用功效】根、嫩枝、叶、树皮、花、果实及树脂均可入药，其中花及花蕾具有凉血止血、清肝泻火的功效。

【附注】花、叶、茎皮和荚果有毒。人食花和叶中毒出现面部水肿、皮肤发热、发痒。叶和荚果还能刺激肠胃黏膜，产生疝痛和下痢。

车轴草属 Trifolium L.

野火球 Trifolium lupinaster L.

【俗名】红五叶；野火荻

【异名】*Lupinaster pentaphyllus* Moench.; *Pentaphyllon lupinaster* Pers.; *L. purpurascens* Fisch. ex DC.

【习性】多年生草本。生山地灌丛中。

【东北地区分布】黑龙江省哈尔滨、伊春、鹤岗、阿城、北安、密山、爱辉、嫩江；吉林省珲春、汪清、安图、和龙、抚松、吉林、白山、松原；辽宁省瓦房店、彰武、西丰、新宾、海城；内蒙古额尔古纳、牙克石、海拉尔、满洲里、鄂温克、科尔沁右翼前旗、阿尔山、扎鲁特旗、克什克腾旗、宁城、东乌珠穆沁旗、锡林浩特等地。

【食用价值】嫩苗焯水、浸泡后可炒食、凉拌、蘸酱或腌渍咸菜，也可剁馅加猪肉包包子，大量采集可以腌渍保存或制成什锦袋菜。

【药用功效】全草入药，具有止咳、镇痛、散结的功效。

野豌豆属 Vicia L.

山野豌豆 Vicia amoena Fisch. ex DC.

【俗名】落豆秧；豆豌豌

【异名】*Vicia amoena* var. angusta Freyn; *V. amoena* var. *macrophylla* Litw. ex B. Festsch

【习性】多年生草本。生山坡、灌丛、林缘、草地等处。

【东北地区分布】东北三省各地；内蒙古额尔古纳、海拉尔、牙克石、扎兰屯、科尔沁右翼前旗、科尔沁左翼后旗、扎鲁特旗、克什克腾旗、阿尔山、通辽、巴林右旗、宁城、东乌珠穆沁旗、锡林浩特等地。

【食用价值】幼苗、嫩茎叶、种子有食用价值。

幼苗和嫩茎叶焯水、浸泡后可食用；炒制后可代茶叶。

种子煮熟或烤熟后可食；也可以晒干后磨成粉末，然后与谷类面粉混合制成面包、饼干、蛋糕等。

【药用功效】全草入药，具有祛风湿、活血、舒筋、止痛的功效，用于风湿关节痛、闪挫伤、无名肿毒、阴囊湿疹。

【附注】虽然未见本种的有毒报道，但同属植物有的有毒。初次食用者以少量尝试为宜。

黑龙江野豌豆 Vicia amurensis Oett.

【俗名】龙江野豌豆；圆叶草藤

【异名】*Vicia japonica* A. Gray var. *pratensis* Kom.; *Vicia ussuriensis* Oett. (lapsu) in Kom. et Alis.; *Vicia*

amurensis Oett. var. *pratensi* (Kom.) Hama; *Vicia pallida* var. *pratensis* (Kom) Nakai

【习性】多年生草本。生林缘、灌丛、草甸、山坡、路旁等处。

【东北地区分布】黑龙江省黑河、呼玛、宁安、哈尔滨、饶河、密山、虎林；吉林省安图、抚松、吉林、和龙、珲春、汪清、通化、靖宇；辽宁省昌图、西丰、清原、新宾、沈阳、抚顺、本溪、桓仁、岫岩、营口、瓦房店、普兰店、大连、凌源、建昌、绥中；内蒙古额尔古纳、根河、牙克石、鄂伦春、鄂温克、陈巴尔虎旗、翁牛特旗、科尔沁右翼前旗等地。

【食用价值】幼苗、嫩茎叶、种子有食用价值。

幼苗和嫩茎叶焯水、浸泡后可食用；炒制后可代茶叶。

种子煮熟或烤熟后可食；也可以晒干后磨成粉末，然后与谷类面粉混合制成面包、饼干、蛋糕等。

【药用功效】全草入药，具有散风祛湿、活血止痛、解毒的功效。

【附注】虽然未见本种的有毒报道，但同属植物有的有毒。初次食用者以少量尝试为宜。

大花野豌豆 Vicia bungei Ohwi

【俗名】三齿萼野豌豆

【异名】*Vicia tridentata* Bunge

【习性】一、二年生缠绕或匍匐状草本。生田边、路旁、湿地、荒地。

【东北地区分布】辽宁省大连、长海、盖州、沈阳及辽西地区。内蒙古有记录。

【食用价值】幼苗、嫩茎叶、种子有食用价值。

幼苗和嫩茎叶焯水、浸泡后可食用；炒制后可代茶叶。

种子煮熟或烤熟后可食；也可以晒干后磨成粉末，然后与谷类面粉混合制成面包、饼干、蛋糕等。

【药用功效】全草入药，具有清热解毒的功效。

【附注】虽然未见本种的有毒报道，但同属植物有的有毒。初次食用者以少量尝试为宜。

千山野豌豆 Vicia chianshanensis (P. Y. Fu et Y. A. Chen) Xia

【俗名】不详

【异名】*Vicia ramuliflora* (Maxim.) Ohwi f. *chianshanensis* P. Y. Fu et Y. A. Chen

【习性】多年生草本。生山坡杂木林中、坡地及路旁。

【东北地区分布】辽宁省鞍山市千山。

【食用价值】幼苗、嫩茎叶、种子有食用价值。

幼苗和嫩茎叶焯水、浸泡后可食用；炒制后可代茶叶。

种子煮熟或烤熟后可食；也可以晒干后磨成粉末，然后与谷类面粉混合制成面包、饼干、蛋糕等。

【药用功效】不详。但可参考本书同属其他植物的药用价值开展研究。

【附注】虽然未见本种的有毒报道，但同属植物有的有毒。初次食用者以少量尝试为宜。

广布野豌豆 Vicia cracca L.

【俗名】草藤；落豆秧

【异名】*Ervum cracca* (Linnaeus) Trautvetter; *Vicia cracca* f. *canescens* Maximowicz; *V. cracca* var. *canescens* (Maximo-wicz) Franchet & Savatier; *V. cracca subsp. heteropus* Freyn

【习性】多年生草本。生山坡、林缘、灌丛、草地等处。

【东北地区分布】黑龙江省五常、塔河、尚志、漠河、呼玛、依兰、宝清、伊春、宁安、密山、虎林、鹤岗、萝北、哈尔滨、黑河、嘉荫、鸡东；吉林省抚松、安图、珲春、蛟河、磐石、九台、汪清、和龙、通化、临江、靖宇；辽宁省西丰、清原、本溪、凤城、桓仁、丹东、庄河、长海；内蒙古额尔古纳、根河、海拉尔、牙克石、满洲里、陈巴尔虎旗、鄂温克、扎赉特旗、翁牛特旗、巴林右旗、克什克腾旗、宁城、东乌珠穆沁旗、锡林浩特等地。

【食用价值】幼苗、嫩茎叶、种子有食用价值。

幼苗和嫩茎叶焯水、浸泡后可食用；炒制后可代茶叶。

种子煮熟或烤熟后可食；也可以晒干后磨成粉末，然后与谷类面粉混合制成面包、饼干、蛋糕等。

【药用功效】全草入药，具有清热止咳、散瘀止血的功效。

【附注】虽然未见本种的有毒报道，但同属植物有的有毒。初次食用者以少量尝试为宜。

索伦野豌豆 Vicia geminiflora Trautv.

【俗名】不详

【异名】不详

【习性】多年生草本。生河岸柳丛间草地。

【东北地区分布】内蒙古科尔沁右翼前旗（索伦附近）、陈巴尔虎旗、突泉等。

【食用价值】幼苗、嫩茎叶、种子有食用价值。

幼苗和嫩茎叶焯水、浸泡后可食用；炒制后可代茶叶。

种子煮熟或烤熟后可食；也可以晒干后磨成粉末，然后与谷类面粉混合制成面包、饼干、蛋糕等。

【药用功效】不详。但可参考本书同属其他植物的药用价值开展研究。

【附注】虽然未见本种的有毒报道，但同属植物有的有毒。初次食用者以少量尝试为宜。

东方野豌豆 Vicia japonica A. Gray

【俗名】日本野豌豆

【异名】*Vicia pallida* Turcz.; *Ervumamoenum* var. *pallida* Trautv.; *Vicia japonica* A. Gray. var. *laxiracemis* Ohwi

【习性】多年生草本。生海拔600～3700米山崖、河谷、坡地林下。

【东北地区分布】黑龙江省伊春、爱辉、黑河、嫩江、宁安、萝北、尚志、哈尔滨、阿城、呼玛；吉林省靖宇、汪清、珲春、安图、临江；辽宁省庄河、大连、沈阳、长海、丹东；内蒙古额尔古纳、根河、牙克石、鄂伦春、科尔沁右翼前旗、扎赉特旗、巴林右旗、翁牛特旗等地。

【食用价值】幼苗、嫩茎叶、种子有食用价值。

幼苗和嫩茎叶焯水、浸泡后可食用；炒制后可代茶叶。

种子煮熟或烤熟后可食；也可以晒干后磨成粉末，然后与谷类面粉混合制成面包、饼干、蛋糕等。

【药用功效】全草、根入药，全草具有散风祛湿、活血止痛的功效，根具有消肿排脓的功效。

【附注】虽然未见本种的有毒报道，但同属植物有的有毒。初次食用者以少量尝试为宜。

大龙骨野豌豆 Vicia megalotropis Ledeb.

【俗名】窄叶大龙骨野豌豆；窄叶大龙骨巢菜

【异名】*Ervum megalotropis* (Ledebour) Trautvetter; *Vicia humilis* Rong He; *V. megalotropis* f. *steno-phylla* Franchet

【习性】多年生草本。生岩缝、沙地。

【东北地区分布】内蒙古陈巴尔虎旗。

【食用价值】幼苗、嫩茎叶、种子有食用价值。

幼苗和嫩茎叶焯水、浸泡后可食用；炒制后可代茶叶。

种子煮熟或烤熟后可食；也可以晒干后磨成粉末，然后与谷类面粉混合制成面包、饼干、蛋糕等。

【药用功效】不详。但可参考本书同属其他植物的药用价值开展研究。

【附注】虽然未见本种的有毒报道，但同属植物有的有毒。初次食用者以少量尝试为宜。

多茎野豌豆 Vicia multicaulis Ledeb.

【俗名】豆豌豌

【异名】*Ervum megalotropis* (Ledebour) Trautvetter var. *multi-caulis* (Ledebour) Trautvetter; *V. nervata* Siplivinsky

【习性】多年生草本。生石砾、沙地、草甸、丘

陵、灌丛。

【东北地区分布】黑龙江省大兴安岭及西部草原地区；辽宁省凌源、庄河、金州；内蒙古海拉尔、额尔古纳、根河、牙克石、满洲里、陈巴尔虎旗、鄂温克（红花尔基）、科尔沁右翼前旗、阿尔山、科尔沁左翼中旗、巴林右旗、翁牛特旗、克什克腾旗、锡林浩特等地。

【食用价值】幼苗、嫩茎叶、种子有食用价值。

幼苗和嫩茎叶焯水、浸泡后可食用；炒制后可代茶叶。

种子煮熟或烤熟后可食；也可以晒干后磨成粉末，然后与谷类面粉混合制成面包、饼干、蛋糕等。

【药用功效】全草入药，具有祛风除湿、活血止痛的功效。

【附注】虽然未见本种的有毒报道，但同属植物有的有毒。初次食用者以少量尝试为宜。

头序歪头菜 Vicia ohwiana Hosokawa

【俗名】短序歪头菜；长齿歪头菜

【异名】*Vicia unijuga* A. Br. var. *apoda* Maxim.; *V. unijuga* A. Br. var. *ohwiaua* (Hosokawa) Nakai

【习性】多年生草本。生向阳山坡、灌丛、草地和林缘。

【东北地区分布】黑龙江省哈尔滨、萝北、密山、宁安；吉林省安图、蛟河、临江、抚松、和龙、珲春、吉林；辽宁省凌源、西丰、本溪、凤城、岫岩、丹东、鞍山、营口、大连等地。

【食用价值】幼苗、嫩茎叶、种子有食用价值。

幼苗和嫩茎叶焯水、浸泡后可食用；炒制后可代茶叶。

种子煮熟或烤熟后可食；也可以晒干后磨成粉末，然后与谷类面粉混合制成面包、饼干、蛋糕等。

【药用功效】全草入药，具有补虚调肝、理气止痛、清热利尿的功效。

【附注】虽然未见本种的有毒报道，但同属植物有的有毒。初次食用者以少量尝试为宜。

大叶野豌豆 Vicia pseudorobus Fisch. et C. A. Mey.

【俗名】假香野豌豆；大叶草藤

【异名】不详

【习性】多年生草本。生林缘、灌丛、山坡草地、路旁。

【东北地区分布】黑龙江省呼玛、伊春、安达、哈尔滨、鸡东、克山、饶河、尚志、萝北、虎林、密山、宁安；吉林省安图、汪清、珲春、吉林、九台、桦甸；辽宁省各地；内蒙古额尔古纳、根河、海拉尔、牙克石、鄂伦春、扎赉特旗、扎鲁特旗、巴林右旗、克什克腾旗、宁城、锡林浩特、正蓝旗、太仆寺旗等地。

【食用价值】幼苗、嫩茎叶、种子有食用价值。

幼苗和嫩茎叶焯水、浸泡后可食用；炒制后可代茶叶。

种子煮熟或烤熟后可食；也可以晒干后磨成粉末，然后与谷类面粉混合制成面包、饼干、蛋糕等。

【药用功效】全草、嫩茎、叶入药，全草具有清热解毒的功效，嫩茎、叶具有祛风湿、活血、舒筋、止痛的功效。

【附注】虽然未见本种的有毒报道，但同属植物有的有毒。初次食用者以少量尝试为宜。

北野豌豆 **Vicia ramuliflora** (Maxim.) Ohwi

【俗名】不详

【异名】*Orobus ramuliforus* Maxim

【习性】多年生草本。多散生林下、林缘及林间草甸。

【东北地区分布】黑龙江省伊春（带岭）、尚志县（帽儿山）、饶河、宁安、呼玛；吉林省汪清、抚松、敦化、珲春、安图；辽宁省新宾、本溪、桓仁、宽甸、鞍山、庄河；内蒙古额尔古纳、根河、牙克石、科尔沁右翼前旗、克什克腾旗、宝格达山等地。

【食用价值】幼苗、嫩茎叶、种子有食用价值。

幼苗和嫩茎叶焯水、浸泡后可食用；炒制后可代茶叶。

种子煮熟或烤熟后可食；也可以晒干后磨成粉末，然后与谷类面粉混合制成面包、饼干、蛋糕等。

【药用功效】全草入药，具有清热解毒、散风祛湿、活血止痛的功效。

【附注】虽然未见本种的有毒报道，但同属植物有的有毒。初次食用者以少量尝试为宜。

救荒野豌豆 **Vicia sativa** L.

【俗名】大巢菜

【异名】*Vicia communis* Rouy

【习性】一年生或二年生草本。饲料作物。

【产地】黑龙江省哈尔滨、肇东及内蒙古的一些地方有栽培或逸生。

【食用价值】幼苗、叶、嫩豆荚、种子有食用价值。要注意其有毒报道，详见本种附注。

幼苗、叶、嫩豆荚焯水、浸泡后可作野菜食用；叶炒制后可代茶。

种子煮熟后可以食用，不太可口，也不太容易消化，但是很有营养；可以晒干后磨成粉末，然后与谷类面粉混合制成面包、饼干、蛋糕等，补充了谷物中的蛋白质，使营养成分更加丰富。

【药用功效】全草或种子入药，具有清热利湿、和血祛瘀的功效。

【附注】全草有毒，其毒性随生长期而变化，以花期和结实期毒性最大。牲畜以慢性中毒为主，马和牛在食入该植物1个月内发病，一般于15天开始体态消瘦，出现特有的神经症状，如昏睡，步态蹒跚，中毒中期转为兴奋，末期再次出现昏睡，还伴有便秘、黄疸、疝痛、血尿、脱毛等。尸检可见内脏充血、肠炎等，脊髓髓质等呈粉红色。急性中毒死亡不多见。

细叶野豌豆 Vicia tenuifolia Roth

【俗名】三齿草藤；黑子野豌豆

【异名】*Vicia brachytropis* Karelin & Kirilov; *V. cracca* Linnaeus subsp. *tenuifolia* (Roth) Gaudin; *V. cracca* var. *tenuifolia* (Roth) Beck.

【习性】多年生草本。生干旱草原、坡地、草甸或林中。

【东北地区分布】黑龙江省齐齐哈尔附近。

【食用价值】幼苗、嫩茎叶、种子有食用价值。

幼苗和嫩茎叶焯水、浸泡后可食用；炒制后可代茶叶。

种子煮熟或烤熟后可食；也可以晒干后磨成粉末，然后与谷类面粉混合制成面包、饼干、蛋糕等。

【药用功效】不详。但可参考本书同属其他植物的药用价值开展研究。

【附注】虽然未见本种的有毒报道，但同属植物有的有毒。初次食用者以少量尝试为宜。

歪头菜 Vicia unijuga A. Br.

【俗名】豆叶菜；偏头草；鲜豆苗；山豌豆；豆苗菜；三叶；两叶豆苗；草豆

【异名】*Orobus lathyroides* Linn.; *Vicia unijuga* A. Br. var. *breviramea* Nakai i; *Vicia unijuga* A. Br. var. *angustifolia* Nakai; *Vicia bifolia* Nakai

【习性】多年生草本。生山坡草地、灌丛、林下等处。

【产地】黑龙江省呼玛、安达、北安、嫩江、宁安、尚志、黑河、伊春、鹤岗；吉林省安图、和龙、汪清、珲春、抚松、长白；辽宁省建平、凌源、建昌、义县、北镇、法库、清原、桓仁、本溪、鞍山、海城、岫岩、庄河、大连；内蒙古科尔沁右翼前旗、巴林右旗、锡林浩特、宝格达山等地。

【食用价值】幼苗、嫩茎叶、种子有食用价值。

幼苗和嫩茎叶焯水、浸泡后可食用；炒制后可代茶叶。

种子含淀粉40%，煮熟或烤熟后可食；也可以晒干后磨成粉末，然后与谷类面粉混合制成面包、饼干、蛋糕等。

【药用功效】全草、根、嫩叶入药，具有补虚调肝、理气止痛、清热利尿的功效。

【附注】虽然未见本种的有毒报道，但同属植物有的有毒。初次食用者以少量尝试为宜。

柳叶野豌豆 Vicia venosa (Willd.) Maxim.

【俗名】脉叶野豌豆；脉基巢菜；细脉巢菜；脉草藤

【异名】*Orobus venosus* Windex Link; *Orobusvenosus* Willd. var. *willdenowianus* Turcz.; *Vicia venosa* (Willd.) Maxim. var. *willdenowiana* Maxim.

【习性】多年生草本。生海拔600～1800米山脚、针阔叶混交林下湿草地。

【东北地区分布】黑龙江省伊春等大兴安岭、小兴安岭地区；吉林省抚松县（长白山）；内蒙古额尔古纳、根河、牙克石、科尔沁右翼前旗、阿尔山、巴林右旗、克什克腾旗等地。

【食用价值】幼苗、嫩茎叶、种子有食用价值。

幼苗和嫩茎叶焯水、浸泡后可食用；炒制后可代茶叶。

种子煮熟或烤熟后可食；也可以晒干后磨成粉末，然后与谷类面粉混合制成面包、饼干、蛋糕等。

【药用功效】不详。但可参考本书同属其他植物的药用价值开展研究。

【附注】虽然未见本种的有毒报道，但同属植物有的有毒。初次食用者以少量尝试为宜。

长柔毛野豌豆 Vicia villosa Roth

【俗名】柔毛苕子；毛苕子；毛叶苕子

【异名】*Cracca villosa* Gren. et Godr.

【习性】一年生草本，攀援或蔓生。饲料作物，有逸生。

【东北地区分布】黑龙江完达山地区。内蒙古有引种栽培。

【食用价值】幼苗、嫩茎叶、种子有食用价值。

幼苗和嫩茎叶焯水、浸泡后可食用；炒制后可代茶叶。

种子煮熟或烤熟后可食；也可以晒干后磨成粉末，然后与谷类面粉混合制成面包、饼干、蛋糕等。

【药用功效】种子入药，具有行气通经、消肿止痛、催生下乳的功效。

【附注】虽然未见本种的有毒报道，但同属植物有的有毒。初次食用者以少量尝试为宜。

豇豆属 Vigna Savi

贼小豆 Vigna minima (Roxb.) Ohwi et Ohashi

【俗名】野小豆；山绿豆

【异名】*Phaseolus minimus* Roxb.

【习性】一年生草本。生山坡、灌丛、湿润的沙质地。

【东北地区分布】辽宁省抚顺、桓仁、东港、大连、鞍山等地。

【食用价值】种子可食，煮粥或发豆芽均可。

【药用功效】种子入药，具有清热、利尿、消肿、行气、止痛的功效。

三裂叶绿豆 Vigna radiata var. **sublobata** (Roxburgh) Verdcourt

【俗名】黑种豇豆；海绿豆

【异名】*Vigna stipulata* Hayata; *Vigna demissus* (Kitag.) S. M. Zhang; *Phaseolus demissus* Kitag.

【习性】一年生草本。生海边丘陵岩石缝隙间或盐渍性沙地上或受干扰的荒地。

【东北地区分布】辽宁省大连、金州、旅顺口。

【食用价值】种子可食，煮粥或发豆芽均可，参考绿豆食用即可。

【药用功效】不详。但可参考本书同属其他植物的药用价值开展研究。

远志科 Polygalaceae

远志属 Polygala L.

瓜子金 Polygala japonica Houtt.

【俗名】日本远志

【异名】*Polygala japonica* var. *angustifolia* Koidzumi; *P. japonica* f. *ovatifolia* Chodat; *P. luzoniensis* Merrill; *P. sibirica* Linnaeus var. *japonica* (Houttuyn) Ito; *P. taquetii* H. Léveillé

【习性】多年生草本。生多石砾草地、干山坡及杂木林下。

【东北地区分布】黑龙江省密山、虎林；吉林省桦甸；辽宁省丹东、本溪、凤城、新宾、沈阳、岫岩、庄河、大连等地。

【食用价值】嫩叶和根可作为应急食品，在饥荒或没有其他食物的非常时期，焯水、浸泡后少食。

【药用功效】全草入药，具有祛痰止咳、活血消肿、解毒止痛的功效。

【附注】本种与食用有关的内容均参考国外文献整理，初次食用者以少量尝试为宜。

西伯利亚远志 Polygala sibirica L.

【俗名】卵叶远志；宽叶远志

【异名】*Polygala sibirica* var. *latifolia* Regel; *Polygala japonica* var. *cinerascens* Franchet; *Polygala sibirica* var. *stricta* Debeaux

【习性】多年生草本。生山坡、干草地及柞树林旁。

【东北地区分布】黑龙江省爱辉、黑河、宝清、富锦、呼玛、安达、伊春；吉林省桦甸、通化、梅河口；辽宁省凌源、绥中、义县、北镇、金州、庄河、瓦房店、大连、长海；内蒙古根河、牙克石、扎兰屯、鄂伦春、科尔沁右翼前旗、扎赉特旗、奈曼旗、翁牛特旗、巴林右旗、喀喇沁旗、宁城、锡林浩特等地。

【**食用价值**】嫩叶和根可作为应急食品，在饥荒或没有其他食物的非常时期，焯水、浸泡后少食。

【**药用功效**】根入药，具有安神益智、交通心肾、祛痰、消肿的功效。

【**附注**】本种与食用有关的内容均参考国外文献整理，初次食用者以少量尝试为宜。

远志 Polygala tenuifolia Willd.

【**俗名**】细叶远志

【**异名**】*Polygala sibirica* Linnaeus var. *angustifolia* Ledebour; *P. sibirica* var. *tenuifolia* (Willdenow) Backer & Moore

【**习性**】多年生草本。生多石砾山坡和路旁、灌丛及杂木林中。

【**东北地区分布**】黑龙江省黑河、密山、宁安、富锦、爱辉、集贤、富锦、萝北、宝清、安达、阿城、哈尔滨；吉林省白城、镇赉、双辽、汪清、安图、洮南；辽宁省凌源、建平、义县、彰武、绥中、葫芦岛、北镇、昌图、开原、西丰、桓仁、本溪、沈阳、营口、盖州、瓦房店、普兰店、大连；内蒙古全区。

【**食用价值**】嫩叶和根可作为应急食品，在饥荒或没有其他食物的非常时期，焯水、浸泡后少食。

【**药用功效**】全草、根入药，全草具有安神、化痰、消肿的功效，根具有安神益智、交通心肾、祛痰、消肿的功效。

【**附注**】本种与食用有关的内容参考国外文献整理，建议谨慎对待，初次食用者以少量尝试为宜。

蔷薇科 Rosaceae

龙芽草属（龙牙草属）Agrimonia L.

托叶龙芽草 Agrimonia coreana Nakai

【**俗名**】朝鲜龙牙草

【**异名**】*Agrimonia pilosa* Ledeb. var. *coreana* (Nakai) Liou et Cheng

【**习性**】多年生草本。生林缘及山坡灌丛旁。

【**东北地区分布**】吉林省抚松、珲春；辽宁省庄河、鞍山、凤城、本溪、新宾、绥中等地。

【**食用价值**】嫩苗焯水、反复浸泡后可食用。

【**药用功效**】全草或根状茎入药，具有收敛、止血、补血、驱虫的功效。

龙芽草 Agrimonia pilosa Ledeb.

【俗名】龙牙草；瓜香草；老鹤嘴；石打穿；金顶龙芽；仙鹤草；路边黄；地仙草

【异名】*Agrirmonia viscidula* Bge.; *A. pilosa* Ldb. var. *viscidula* Kom.; *A. japonica* (Miq.) Koidz.; *A. pilosa* Ldb. var. *japonica* (Miq.) Nakai

【习性】多年生草本。生荒山坡草地、路旁、草甸、林下、林缘及山下河边等地。

【东北地区分布】黑龙江省呼玛、虎林、集贤、尚志、哈尔滨、伊春、萝北、汤原、黑河、宁安、密山、鸡西；吉林省和龙、安图、九台、临江、抚松、靖宇、长白、永吉、汪清、珲春；辽宁省各地；内蒙古额尔古纳、根河、海拉尔、牙克石、鄂伦春、鄂温克、科尔沁右翼前旗、科尔沁左翼后旗、大青沟、喀喇沁旗、巴林右旗、阿鲁科尔沁旗、扎鲁特旗、宁城、锡林浩特、宝格达山等地。

【食用价值】嫩苗焯水、反复浸泡后可食用。

【药用功效】根状茎、地上部分入药，带有不定芽之根状茎具有杀虫的功效，干燥地上部分具有收敛止血、截疟、止痢、解毒、补虚的功效。

蕨麻属 Argentina Hill.

蕨麻 Argentina anserina (L.) Rydb.

【俗名】鹅绒委陵菜

【异名】*Potentilla anserina* L.

【习性】多年生草本。生湿沙地、湿草地、水边。

【东北地区分布】黑龙江省哈尔滨、爱辉、富裕、尚志、双城、肇东、嘉荫；吉林省双辽、长白、集安、扶余、镇赉、白城；辽宁省黑山、彰武、凌源、建平、绥中、新宾、沈阳、长海、东港；内蒙古满洲里、海拉尔、牙克石、莫力达瓦达斡尔、科尔沁右翼前旗、扎鲁特旗等地。

【食用价值】块根、嫩茎叶有食用价值。

块根可供制甜品及酿酒用。在甘肃、青海、西藏高寒地区，本种有块根，但包括东北地区在内的其他地区，无块根或少有块根或块根极小。

嫩茎叶焯水、浸泡后可食用；炒制后可代茶。

【药用功效】全草、块根入药，全草具有凉血止血、解毒利湿的功效，块根具有健脾益胃、生津止渴、益气补血、利湿的功效。

【附注】国外有报道称，本种可能会引起胃肠不适。

假升麻属 Aruncus L.

假升麻 Aruncus sylvester Kostel.

【俗名】棣棠升麻

【异名】*Spiraea aruncus* L.; *Ulmaria aruncus* Hill; *Aruncus asiaticus* Pojark.; *Aruncus dioicus* (Walter) Fernald var. *vulgaris* (Maxim.) Hara

【习性】多年生高大草本。生山沟、山坡杂木林下。

【东北地区分布】黑龙江省呼玛、黑河、尚志、宝清、宁安、密山、伊春、爱辉、萝北、虎林；吉林省浑江、安图、抚松、蛟河、珲春、靖宇、长白、辉南、柳河、通化、汪清；辽宁省庄河、丹东、岫岩、凤城、本溪、鞍山；内蒙古额尔古纳、根河、牙克石、鄂伦春、鄂温克、科尔沁右翼前旗、阿尔山、克什克腾旗、东乌珠穆沁旗（宝格达山）等地。

【食用价值】嫩苗焯水、浸泡后可炒食、凉拌或蘸酱食用，也可剁馅加猪肉包饺子或包子，大量采集可以腌渍保存或制成什锦袋菜。

【药用功效】根入药，具有散瘀止痛的功效。

山楂属 Crataegus L.

光叶山楂 Crataegus dahurica Koehne ex C. K. Schneid.

【俗名】不详

【异名】*Crataegus purpurea* Bosc. ex DC.; *C. sanguinea* var. *glabra* Maxim.; *C. chitaensis* Sarg.

【习性】落叶乔木。生河岸林间草地或沙丘坡上。

【东北地区分布】黑龙江省呼玛、黑河、嘉荫、哈尔滨；吉林省抚松、磐石；内蒙古额尔古纳、海拉尔、根河、牙克石、鄂温克、科尔沁右翼前旗（白狼）等地。辽宁省沈阳有栽培。

【食用价值】成熟果实可生吃，也可做果酱、果糕、饮料等。

【药用功效】果实、叶入药，具有消食化积、散瘀的功效。

毛山楂 Crataegus maximowiczii Schneid.

【俗名】北票山楂

【异名】*Crataegus maximowiczii* var. *ninganensis* S. Q. Nie et B. J. Jen; *C. beipiaogensis* S. L.Tung & X. J.Tian

【习性】落叶乔木。生杂木林中或林边、河岸沟边及路边。

【东北地区分布】黑龙江省呼玛、黑河、萝北、密山、穆棱、宁安、富锦、哈尔滨、虎林；吉林省抚松、长白、临江、安图、珲春、汪清；内蒙古额尔古纳、巴林右旗、鄂温克、克什克腾旗、科尔沁右翼前旗、锡林浩特等地。

【食用价值】成熟果实可生吃，也可做果酱、果糕、饮料等。

【**药用功效**】果实入药，具有消积、降压、开胃的功效。

山楂 Crataegus pinnatifida Bunge

【**俗名**】红果；酸楂

【**异名**】*Mespilus pinnatifida* K. Koch；*Crataegusoxyacantha* var. *pinnatifida* Regel；*Crataeguspinnatifida* vr. *songarica* Dippel

【**习性**】落叶乔木。生山坡林缘及灌丛中。

【**东北地区分布**】黑龙江省哈尔滨、黑河、依兰、密山；吉林省临江、吉林、九台、敦化、桦甸、珲春、和龙；辽宁省各地；内蒙古海拉尔、根河、科尔沁右翼前旗、扎赉特旗、科尔沁左翼后旗、大青沟、敖汉旗、巴林左旗、阿鲁科尔沁旗、喀喇沁旗、宁城等地。

【**食用价值**】嫩叶、果实有食用价值。

嫩叶可直接食用，也可焯水、浸泡后食用。

成熟果实含淀粉糖14.5%，可生吃；果胶含量高，选取好的果实提取后，可调配成山楂果冻、山楂饮料、山楂果酱等食品，或用作其他果品、食品、饮料中的添加剂。

【**药用功效**】根、叶、果实入药，其中，果实具有消食健胃、行气散瘀、化浊降脂的功效。

辽宁山楂 Crataegus sanguinea Pall.

【**俗名**】血红山楂

【**异名**】*Mespilus sanguinea* Spach；Crataegus *sanguinea* var. *genuiiza* Maxim.

【**习性**】落叶乔木。生山坡或河沟旁杂木林中。

【**东北地区分布**】黑龙江省黑河、哈尔滨、呼玛、宁安、东宁；吉林省抚松；辽宁省开原；内蒙古海拉尔、额尔古纳、根河、鄂伦春、科尔沁右翼前旗（白狼）及阿尔山、阿鲁科尔沁旗、克什克腾旗、东乌珠穆沁旗、西乌珠穆沁旗、锡林浩特、正蓝旗、多伦等地。

【**食用价值**】成熟果实可生吃，也可做果酱、果糕、饮料等。

【**药用功效**】果实入药，具有健胃消食、止痢止泻、降压、行气散瘀的功效。

金露梅属 Dasiphora Raf.

金露梅 Dasiphora fruticosa (L.) Rydb.

【**俗名**】金老梅

【**异名**】*Potentilla fruticosa* L.；*Pentaphylloides fruticosa* (L.) O.Schwarz

【**习性**】落叶灌木。生山坡草地、砾石坡、灌丛及林缘。

【**东北地区分布**】黑龙江省呼玛、黑河、牡丹江（镜泊湖）；吉林省抚松、长白、安图、和龙；内蒙古额尔古纳、根河、牙克石、鄂伦春、科尔沁右翼前旗、翁牛特旗、阿鲁科尔沁旗、克什克腾旗、东乌珠穆沁旗、西乌珠穆沁旗、锡林浩特、正蓝旗等地。

【食用价值】嫩叶晒干或炒制后可代茶叶。

【药用功效】根、枝、叶、花均可入药，其中，枝条具有涩肠止泻的功效，叶具有清暑热、益脑清心、健胃、调经的功效，花具有化湿健脾的功效。

仙女木属 Dryas L.

东亚仙女木 Dryas octopetala var. asiatica (Nakai) Nakai

【俗名】宽叶仙女木；多瓣木

【异名】*Dryas ajanensis* Juzepczuk; *D. nervosa* Juzepczuk; *D. tschonoskii* Juzepczuk.

【习性】常绿半灌木。生高山草原。

【东北地区分布】吉林省抚松、安图、长白；辽宁省桓仁；内蒙古乌兰浩特等地。

【食用价值】嫩叶炒制后可用作茶叶的替代品。

【药用功效】花期前后全株具有收敛和促消化作用。

【附注】仙女木属中国仅此1变种，对研究植物区系有一定的意义。

白鹃梅属 Exochorda Lindl.

齿叶白鹃梅 Exochorda serratifolia S. Moore

【俗名】榆叶白鹃梅；锐齿白鹃梅

【异名】*Exochorda racemosa* subsp. *serratifolia* (S. Moore) F. Y. Gao et Maesen

【习性】落叶灌木。生山坡、河边、灌木丛中。

【东北地区分布】辽宁省朝阳、北票、建平、喀左、凌源、铁岭、鞍山等地。

【食用价值】嫩叶、花蕾有食用价值。

嫩叶焯水、浸泡后可凉拌，也可蘸酱食用。

花蕾可代茶饮。

【药用功效】根皮、茎皮入药，具有强筋壮骨、活血止痛、健胃消食的功效。

蚊子草属 Filipendula Mill.

槭叶蚊子草 Filipendula glaberrima Nakai

【俗名】不详

【异名】*Filipendula purpurea* auct. non Maxim.

【习性】多年生草本。生林缘、林下及湿草地。

【东北地区分布】黑龙江省宁安、伊春（带岭）、尚志、阿城、宝清、加格达奇、松岭、呼中；吉林省抚松、浑江、长白、安图、汪清、珲春；辽宁省新宾、清原、凤城、桓仁、宽甸、本溪等地。

【食用价值】幼芽尖焯水、浸泡后可炒食、凉拌、蘸酱或腌渍咸菜。

【药用功效】全草、根、叶、花入药，其中，叶具有发汗的功效，花具有止血、止痢、驱蚊的功效。

草莓属 Fragaria L.

吉林草莓 Fragaria mandshurica Staudt

【俗名】东北草莓

【异名】不详

【习性】多年生草本。生山坡草地。

【产地】模式标本产于吉林省。辽宁省凤城（白云山）也有分布。

【食用价值】嫩叶、果实有食用价值。

嫩叶炒制后可代茶。

果实成熟后可直接食用，也可供制果酒、果酱等。

【药用功效】不详。但可参考本书同属其他植物的药用价值开展研究。

东方草莓 Fragaria orientalis Lozinsk.

【俗名】红颜草莓

【异名】*Fragaria cosymbosa* Lozinsk.; *F. uniflora* Lozinsk.

【习性】多年生草本。生山坡草地或林下。

【东北地区分布】黑龙江省爱辉、虎林、饶河、尚志、伊春、依兰、勃利；吉林省汪清、珲春、抚松、安图、浑江、长白、靖宇、集安、和龙；辽宁省宽甸；内蒙古额尔古纳、牙克石、鄂伦春、鄂温克、科尔沁右翼前旗、克什克腾旗、西乌珠穆沁旗、宝格达山等地。

【食用价值】嫩叶、果实有食用价值。

嫩叶炒制后可代茶。

果实成熟后可直接食用，也可供制果酒、果酱等。

【药用功效】全草入药，具有止渴生津祛痰的功效。

野草莓 **Fragaria vesca** L.

【俗名】绿叶东方草莓

【异名】*Fragaria orientalis* var. *concolor* (Kitag.) Liou & C.Y. Li.; *Fragaria concolor* Kitag.

【习性】多年生草本。生山坡草地、林下。

【东北地区分布】吉林省安图、抚松。

【食用价值】嫩叶、果实有食用价值。

嫩叶炒制后可代茶。

果实成熟后可直接食用，也可供制果酒、果酱等。

【药用功效】全草入药，具有清热解毒、补肺利咽的功效。

路边青属（水杨梅属）Geum L.

路边青 **Geum aleppicum** Jacq

【俗名】水杨梅；五气朝阳草

【异名】*Geum aleppicum* var. *bipinnatum* (Batalin) Handel-Mazzetti; *G. potaninii* Juzepczuk; *G. strictum* Aiton; *G. vidalii* Franchet & Savatier.

【习性】多年生草本。生山坡半阴处或路边、河边。

【东北地区分布】东北地区各地；内蒙古额尔古纳、牙克石、鄂伦春、鄂温克、科尔沁右翼前旗、扎赉特旗、巴林左旗、克什克腾旗、喀喇沁旗、宁城、锡林浩特、宝格达山等地。

【食用价值】嫩苗焯水、浸泡后可炒食、凉拌、蘸酱或腌渍咸菜。

【药用功效】干燥全草入药，具有益气健脾、补血养阴、润肺化痰的功效。

苹果属 Malus Mill.

山荆子 **Malus baccata** (L.) Borkh.

【俗名】山定子

【异名】*Malus pallasiana* Juzep.

【习性】落叶乔木。生山坡、山谷杂木林中及溪流旁。

【东北地区分布】黑龙江省黑河、呼玛、萝北、嘉

荫、孙吴、齐齐哈尔、宁安、尚志、伊春、哈尔滨、虎林；吉林省东部长白山区和中部半山区各地；辽宁省各地；内蒙古海拉尔、额尔古纳、牙克石、鄂伦春、鄂温克、科尔沁右翼前旗、突泉、科尔沁左翼后旗、大青沟、敖汉旗、巴林左旗、巴林右旗、阿鲁科尔沁旗、克什克腾旗、喀喇沁旗、宁城、东乌珠穆沁旗、西乌珠穆沁旗、锡林浩特、阿巴嘎旗、正蓝旗等地。

【食用价值】嫩叶、果实有食用价值。

嫩叶可代茶。

成熟果实可鲜食，还可制果酒、饮料、果脯、果酱、果冻、罐头等；民间喜欢将其果实与白糖放在一起蒸熟食用或将种子去掉，取果肉做成圆饼供长年食用。

【药用功效】果实入药，具有清热解毒的功效。

【附注】种子中含有有毒物质氢氰酸。

金县山荆子 Malus jinxianensis J. Q. Deng & J. Y. Hong

【俗名】不详

【异名】*Malus baccata* (L.) Borkh. var. *jinxianensis* (J. Q. Deng et T. Y. Hong) C. Y. Li

【习性】落叶乔木。生山坡杂木林中。

【东北地区分布】辽宁省旅顺口、金州等地。

【食用价值】嫩叶、果实有食用价值。

嫩叶可代茶。

成熟果实可鲜食，还可制果酒、饮料、果脯、果酱、果冻、罐头等；民间喜欢将其果实与白糖放在一起蒸熟食用或将种子去掉，取果肉做成圆饼供长年食用。

【药用功效】不详。但可参考本书同属其他植物的药用价值开展研究。

【附注】种子中含有有毒物质氢氰酸。

山楂海棠 Malus komarovii (Sarg.) Rehd.

【俗名】山苹果；薄叶山楂

【异名】*Crataegus komarovii* Sarg.; *Crataegus tenuifolia* auct. non Britton.

【习性】落叶乔木。生林缘、疏林、灌木丛中。

【东北地区分布】吉林省安图、珲春、和龙、长白、抚松等地。

【食用价值】果实成熟后可食，但较小，直接食用价值不高，适合制饮料、酿酒等。

【药用功效】不详。但可参考本书同属其他植物的药用价值开展研究。

【附注】本种为濒危物种（Endangered specis，简称EN）。在2021年8月7日国务院批准的《国家重点保护野生植物名录》中，本种被列为二级保护植物。外部形态较为特殊，对研究长白山植物区系及蔷

薇科某些属内和属间的亲缘关系均具有一定的意义；也是培养矮化、抗寒苹果新品种的优良砧木。仅零星分布于长白山，由于森林砍伐，自然植被及生态环境遭到破坏，野生动物啃食其果实，种群数量逐渐减少，天然更新越来越弱。

毛山荆子 **Malus mandshurica** (Maxim.) Kom. ex Juz.

【俗名】不详

【异名】*Malus baccata* (L.) Borkh. var. *mandshurica* (Maxim.) Schneid.

【习性】落叶乔木。生山坡杂木林中、山顶、山沟。

【东北地区分布】黑龙江省哈尔滨、尚志、宁安、呼玛；吉林省临江、通化、柳河、梅河口、辉南、集安、抚松、靖宇、长白、安图；辽宁省大连、旅顺口、普兰店、瓦房店、庄河、长海、沈阳、盖州、凤城；内蒙古牙克石、通辽、喀喇沁旗等地。

【食用价值】嫩叶、果实有食用价值。

嫩叶可代茶。

成熟果实可鲜食，还可制果酒、饮料、果脯、果酱、果冻、罐头等；民间喜欢将其果实与白糖放在一起蒸熟食用或将种子去掉，取果肉做成圆饼供长年食用。

【药用功效】叶、花蕾用于痉挛性疼痛、急性腹泻。

【附注】种子中含有有毒物质氢氰酸。

绣线梅属 Neillia D. Don

小米空木 **Neillia incisa** (Thunb.) S. H. Oh

【俗名】小野珠兰；稀米菜；檬子树青阳

【异名】*Stephanandra incisa* (Thunb.) Zabel; *Spiraea incise* Thunb.; *Stephanandra flexuosa* Sieb. & Zucc.

【习性】落叶灌木。生干山坡灌丛中或沟边溪流旁草地。

【东北地区分布】辽宁省岫岩、桓仁、宽甸、凤城、东港、长海等地。

【食用价值】嫩叶、嫩芽开水焯、清水浸泡后可作野菜食用。

【药用功效】根入药，用于咽喉痛。

委陵菜属 Potentilla L.

委陵菜 **Potentilla chinensis** Ser.

【俗名】一白草；生血丹；扑地虎；五虎噙血；天青地白；萎陵菜

【异名】*Potentilla exaltata* Bge.; *P. chinensis* Ser. subsp. *trigonodonta* Hand.-Mazz.; *P. chinensis* Ser. var.

xerogens Hand.-Mazz.

【习性】多年生草本。生山坡草地、沟谷、林缘、灌丛或疏林下。

【东北地区分布】东北三省各地；内蒙古扎兰屯、鄂伦春、鄂温克、阿荣旗、科尔沁右翼前旗、扎赉特旗、科尔沁左翼后旗、阿鲁科尔沁旗、宁城、多伦等地。

【食用价值】嫩苗焯水、浸泡后可炒食、凉拌或蘸酱食用，也可剁馅加猪肉包包子，大量采集可以腌渍保存或制成什锦袋菜。

【药用功效】干燥全草入药，具有清热解毒、凉血止痢的功效。

翻白草 Potentilla discolor Bunge

【俗名】翻白委陵菜；翻白萎陵菜；鸡腿根；鸡爪参；天藕；叶下白

【异名】*Potentilla formosana* Hance；*P. discolor* Bge. var. *formosana* Franch.

【习性】多年生草本。生丘陵、路旁和沟边。

【东北地区分布】黑龙江省哈尔滨、杜尔伯特、大庆、安达；吉林省安图、梅河口、靖宇、通化；辽宁省凌源、建昌、绥中、沈阳、鞍山、庄河、瓦房店、长海、凤城、丹东；内蒙古扎兰屯、鄂伦春、科尔沁右翼前旗、扎赉特旗、科尔沁左翼后旗等地。

【食用价值】块根、嫩苗有食用价值。

块根洗净后可生食，也可煮稀饭或碾碎后掺入面粉中作主食。

嫩苗焯水、浸泡后可作菜食。

【药用功效】干燥带根全草入药，具有清热解毒、止血、止痢的功效。

【附注】多年生块根木质化，不能食用；仅当年生块根肉质可食。

匍枝委陵菜 Potentilla flagellaris Willd. ex Schlecht.

【俗名】蔓委陵菜；鸡儿头苗

【异名】*Potentilla reptans* L. var. *angustiloba* Ser.；*P. nemoralis* Bge.

【习性】多年生草本。生草甸、山谷和路旁。

【东北地区分布】黑龙江省佳木斯、哈尔滨、阿城、大庆、安达、双城、伊春；吉林省扶余、磐石、通榆；辽宁省建平、凌源、北镇、沈阳、凤城、昌图、金州、长海、大连；内蒙古额尔古纳、牙克石、扎兰屯、鄂伦春、鄂温克、陈巴尔虎旗、科尔沁右翼前旗、阿尔山、巴林右旗、突泉、扎鲁特旗、乌兰浩特、科尔沁左翼后旗、翁牛特旗、扎赉特旗等地。

【食用价值】嫩苗焯水、浸泡后可作菜食。

【药用功效】全草入药，具有清热解毒的功效。

莓叶委陵菜 Potentilla fragarioides L.

【俗名】雉子筵；毛猴子

【异名】*Potentilla fragarioides* L. var. *major* Maxim.; *P. fragarioides* L. var. *typica* Maxim.; *P. fragarioides* L. var. *sprengeliana* (Lehm.) Maxim.

【习性】多年生草本。生沟边、草地、灌丛及疏林下。

【东北地区分布】黑龙江省哈尔滨、尚志、虎林、阿城、伊春、黑河、呼玛、嘉荫、密山；吉林省浑江、抚松、安图、通化、桦甸、柳河、敦化、蛟河；辽宁省凌源、建昌、朝阳、绥中、凤城、庄河、桓仁、丹东、东港、瓦房店、盖州、西丰、开原、鞍山、沈阳；内蒙古额尔古纳、根河、牙克石、扎兰屯、鄂伦春、阿荣旗、科尔沁右翼前旗、科尔沁左翼后旗、扎赉特旗、巴林右旗、宝格达山等地。

【食用价值】嫩苗焯水、浸泡后可炒食、凉拌或蘸酱食，也可剁馅加猪肉包包子，大量采集可以腌渍保存或制成什锦袋菜。

【药用功效】全草、根及根状茎入药，具有益中气、补阴虚、止血的功效。

蛇莓 Potentilla indica (Andy.) Wolf

【俗名】蛇泡草；龙吐珠；三爪风

【异名】*Duchesnea indica* (Andr.) Focke

【习性】多年生草本。生山坡、路旁、沟边或田埂杂草中。

【东北地区分布】吉林省集安、辉南、靖宇；辽宁省桓仁、宽甸、凤城、鞍山、大连等地。

【食用价值】果实成熟后可少食，但味道、口感不佳，且要注意其有毒报道，详见本种附注。

【药用功效】全草入药，具有清热解毒、散瘀消肿、凉血、调经、祛风化痰的功效。

【附注】全草含毒武，特别是乳汁部分，水浸液可治农业害虫，还能杀蛆、灭孑孓。

多裂委陵菜 Potentilla multifida L.

【俗名】细叶委陵菜

【异名】*Potentilla multzfida* L. var. *angustifolia* Lehm.; *P. multifida* L. var. *hypoleuca* (Turcz.) Wolf; *P. plurijuga* Hand. -Mazz.; *P. multifida* L. var. *sericea* Bar. et Skv. ex Liou

【习性】多年生草本。生高海拔山坡草地、沟谷及林缘。

【东北地区分布】黑龙江省爱辉、哈尔滨、呼玛；吉林省安图；辽宁省西部；内蒙古额尔古纳、根河、海拉尔、牙克石、鄂伦春、鄂温克、新巴尔虎右旗、科尔沁右翼前旗、扎鲁特旗、东乌珠穆沁旗、锡林浩特等地。

【食用价值】根富含淀粉，煮熟后有食用价值。

【药用功效】带根全草入药，具有清热解毒的功效。

石生委陵菜 Potentilla rupestris L.

【俗名】白花委陵菜

【异名】*Potentilla inquinans* Turcz.

【习性】多年生草本。生砾石坡上，海拔1000～1100米。

【东北地区分布】黑龙江省安达、杜尔伯特、肇东、哈尔滨；吉林省抚松；内蒙古额尔古纳、根河、科尔沁右翼前旗等地。

【食用价值】嫩叶炒制后可代茶。

【药用功效】不详。但可参考本书同属其他植物的药用价值开展研究。

【附注】委陵菜属植物的花通常黄色、稀白色或紫红色，东北地区唯本种花白色，应以保护为主。

朝天委陵菜 Potentilla supina L.

【俗名】伏委陵菜；铺地委陵菜

【异名】*Potentilla paradoxa* Nutt.

【习性】多年生草本。生荒地、路旁、村边、河边及林缘湿地。

【东北地区分布】黑龙江省呼玛、杜尔伯特、萝北、密山、虎林、伊春、双城、鹤岗、哈尔滨、密山、黑河、嫩江；吉林省双辽、安图、桦甸、吉林、浑江、集安、梅河口、柳河、辉南、通化、扶余、白城、汪清、和龙；辽宁省丹东、鞍山、盖州、沈阳、西丰、葫芦岛、北镇、彰武、凌源、大连；内蒙古海拉尔、扎兰屯、牙克石、新巴尔虎右旗、科尔沁右翼前旗、阿尔山、扎鲁特旗等地。

【食用价值】嫩苗焯水、浸泡后可炒食、凉拌或蘸酱食，也可剁馅加猪肉包包子，大量采集可以腌渍保存或制成什锦袋菜。

【药用功效】全草或地上部分入药，具有止血、固精、收敛、滋补的功效。

扁核木属 Prinsepia Royle

东北扁核木 Prinsepia sinensis (Oliv.) Oliv. ex Bean

【俗名】东北蕤核；辽宁扁核木

【异名】*Plagiosyermum sinense* Oliv.; *Prinsepia chinensis* Oliv. ex Kom.

【习性】落叶灌木。生山沟杂木林及林缘灌丛中。

【东北地区分布】黑龙江省尚志、哈尔滨；吉林省长白、靖宇、临江、辉南、通化、安图；辽宁省庄河、宽甸、凤城、桓仁、本溪、清原；内蒙古宁城（黑里河林场）。

【食用价值】果实、种子有食用价值。

果实成熟时味道酸甜，香气浓郁，可直接食用，也可用于酿酒、制果汁、制果酱、制饮料。种子可榨油食用。

【药用功效】种子入药，具有清肝明目的功效。

李属 Prunus L.

野杏 Prunus armeniaca var. ansu Maxim.

【俗名】山杏

【异名】*Prunus ansu* Kom.; *Armeniaca vulgaris* var. *ansu* (Maxim.) Yu et Lu

【习性】落叶乔木。多散生向阳石质山坡，栽培或野生。

【东北地区分布】内蒙古南部。

【食用价值】果实、树胶有食用价值。

果实成熟后可直接食用，也可制果酱、饮料、果干等。

树干受伤后能分泌出杏胶，胶的性质与桃胶类同，参考桃胶食用即可。

【药用功效】种仁入药，具有降气止咳平喘、润肠通便的功效。

【附注】虽然未见本种的有毒报道，但杏仁味苦，不宜直接食用。

山桃 Prunus davidiana (Carr.) Franch.

【俗名】山毛桃；北京桃

【异名】*Amygdalus davidiana* (Carr.) de Vos ex Henry

【习性】落叶乔木。生山坡、山谷、荒野疏林及灌丛内。

【东北地区分布】辽宁省凌源。

【食用价值】种子（仁）含油50.9%，可榨油供食用。

【药用功效】根、根皮、树皮、叶、花、果实、种子均可入药。

【附注】种子和叶中含有有毒物质氢氰酸。

欧李 Prunus humilis Bunge

【俗名】酸丁；乌拉奈；钙果

【异名】*Cerasus humilis* (Bunge) Sok.

【习性】落叶灌木。生荒山坡或沙丘边。

【东北地区分布】黑龙江省依兰；吉林省双辽、前郭尔罗斯、通榆；辽宁省建昌、建平、朝阳、兴城、葫芦岛、绥中、彰武、北镇、义县、法库、铁岭、沈阳、鞍山、盖州、瓦房店、大连、金州、旅顺口、凤城；内蒙古科尔沁左翼后旗、大青沟、克什克腾旗、科尔沁右翼中旗、巴林右旗、扎赉特旗、多伦等地。

【食用价值】果实富含钙，故被称为"钙果"，成熟后味道酸甜可口，可直接食用，也可制果酱、果汁或酿酒。

【药用功效】种仁入药，具有润肠通便、下气利水的功效。

【附注】种子和叶中含有有毒物质氢氰酸。

郁李 Prunus japonica Thunb.

【俗名】秧李；爵梅；复花郁李；菊李；棠棣；策李

【异名】*Cerasus japonica* (Thunb.) Lois.

【习性】落叶灌木。生山坡灌丛。

【东北地区分布】黑龙江省完达山脉、张广才岭山区；吉林省集安、长白、吉林；辽宁省西丰、桓仁、本溪、凤城等地。

【食用价值】果实成熟时可食，味道酸甜，可生食，也可酿酒、制饮料。

【药用功效】根、种仁入药，根具有清热、杀虫、行气破积的功效，种仁具有润肠通便、下气利水的功效。

【附注】种子和叶中含有有毒物质氢氰酸。

毛叶山樱花 Prunus leveilleana Koehne

【俗名】山樱桃；毛樱花；毛山樱花；辽东山樱

【异名】*Prunus verecunda* (Koidz.) Koehne; *P. serrulata* Lindl. var. *pubescens* (Makino) Wils.; *Cerasus serrulata* var. *pubescens* (Makino) Yu et Li

【习性】落叶乔木。生山坡阔叶林中、山谷溪流沿岸。

【东北地区分布】黑龙江省哈尔滨；吉林省集安；辽宁省东港、丹东、凤城、宽甸、桓仁、本溪、大连、瓦房店、沈阳、盖州等地。

【食用价值】果实、树胶有食用价值。

果实可生食，还可以制果酒、饮料等，也可提取食用色素。

树干受伤后能分泌树胶，胶的性质与桃胶类同，参考桃胶食用即可。

【药用功效】种子入药，具有解毒、利尿、透发麻疹的功效。

【附注】种子和叶中含有有毒物质氢氰酸。

斑叶稠李 Prunus maackii Rupr.

【俗名】山桃稠李；披针形斑叶稠李

【异名】*Padus maackii* (Rupr.) Kom. f. *lanceolata* Yu et Ku; *Padus maackii* (Rupr.) Kom.

【习性】落叶乔木。生林中溪流旁、林缘。

【东北地区分布】黑龙江省海林、尚志、伊春、密山、虎林、哈尔滨；吉林省集安、通化、靖宇、抚松、长白、临江、汪清、蛟河、敦化、安图、和龙；辽宁省庄河、桓仁、本溪、宽甸等地。

【食用价值】果实成熟时可食，酸甜可口，可直接生食，还可以制果酒、果汁、果酱等，也可提取食用色素。

【药用功效】果实、叶入药，具有止痢的功效。

【附注】果实中含有单宁，一次性食用过多易引起便秘。所以，要少食。

东北杏 Prunus mandshurica (Maxim.) Koehne

【俗名】辽杏

【异名】*Armeniaca mandshurica* (Maxim.) Skv.; *Prunus armeniaca* L. var. *mandshurica* Maxim.

【习性】落叶乔木。园林栽培。生向阳山坡林下。

【东北地区分布】黑龙江省东宁、宁安、穆棱、林口、五常、阿城、哈尔滨；吉林省抚松、桦甸；辽宁省鞍山、盖州、营口、丹东、凤城、桓仁、宽甸、本溪、清原等地。

【食用价值】果实、果仁、树胶有食用价值。

果实成熟时味道酸甜，但肉薄，直接食用价值不大。

杏仁可制杏仁茶、杏仁乳、杏仁露、糕点、糖果等，也可榨油。

树干受伤后能分泌出杏胶，胶的性质与桃胶类同，参考桃胶食用即可。

【药用功效】种仁入药，具有降气止咳平喘、润肠通便的功效。

【附注】杏仁味苦，小孩误食10～20粒、成人40～60粒即可中毒，一般在食后1～2小时内出现症状，初觉苦涩，有流涎、恶心、呕吐、腹痛、腹泻、头痛、头晕、全身无力、呼吸困难、烦躁不安和恐惧感、心悸，严重者昏迷、意识消失、紫绀、瞳孔散大、惊厥，最后因呼吸衰竭而死。服大量时，

2～10分钟可致死。多食杏仁油也可引起中毒。

黑樱桃 Prunus maximowiczii Rupr.

【俗名】深山樱

【异名】*Cerasus maximowiczii* (Rupr.) Kom.; *Padus maximowiczii* (Rupr.) Sokolov

【习性】落叶乔木。生阳坡杂木林中或有腐殖质土石坡上。

【东北地区分布】黑龙江省小兴安岭、完达山脉、张广才岭、老爷岭等山区；吉林省抚松、临江、安图、敦化、和龙、珲春；辽宁省本溪、桓仁、宽甸、鞍山等地。

【食用价值】果实、树胶有食用价值。

果实成熟时可生食，还可以制果酒、果脯、果汁、罐头、蜜饯、果干等，也可提取食用色素。

树干受伤后能分泌树胶，胶的性质与桃胶类同，参考桃胶食用即可。

【药用功效】果实入药，具有收敛、发汗的功效。

【附注】种子和叶中含有有毒物质氢氰酸。

稠李 Prunus padus L.

【俗名】臭李子；臭耳子

【异名】*Padus avium* Mill.; *P. racemosa* (Lam.) Gilib.

【习性】落叶乔木。生山中溪流沿岸及沟谷地带。

【东北地区分布】黑龙江省海林、尚志、哈尔滨、黑河、伊春、呼玛；吉林省安图、抚松、柳河、蛟河、临江、长白、桦甸、珲春、汪清；辽宁省丹东、宽甸、凤城、桓仁、本溪、沈阳、鞍山、庄河、凌源；内蒙古海拉尔、额尔古纳、牙克石、鄂伦春、鄂温克、科尔沁右翼前旗、科尔沁左翼后旗、大青沟、阿鲁科尔沁旗、克什克腾旗、西乌珠穆沁旗、锡林浩特、宝格达山、正蓝旗等地。

【食用价值】嫩叶、花、果实有食用价值。

饥荒等非常时期，嫩叶开水焯、清水反复浸泡后可作蔬菜少量食用。

花可嚼食。

果实成熟时可生食，还可以制果酒、果脯、果汁、罐头、蜜饯、果干等，也可提取食用色素。

【药用功效】叶、果实入药，叶具有镇咳祛痰的功效，果实具有止泻痢的功效。

【附注】种子和叶中含有有毒物质氢氰酸。果实中含有单宁，一次性食用过多易引起便秘，所以，要少食。

山杏 Prunus sibirica L.

【俗名】西伯利亚杏

【异名】*Armeniaca sibirica* (L.) Lam.; *Prunus sibirica* L. var. *pubescens* (Kost.) Nakai

【习性】落叶乔木。生阳坡杂木林中、固定沙丘上。

【东北地区分布】黑龙江省安达、大庆、哈尔滨；吉林省梅河口、长春、双辽；辽宁省北镇、阜新、建平、凌源、建昌、绥中、金州、沈阳；内蒙古海拉尔、额尔古纳、牙克石、鄂温克、科尔沁右翼前旗、科尔沁左翼后旗、大青沟、巴林右旗、克什克腾旗、东乌珠穆沁旗、锡林浩特等地。

【食用价值】果实、果仁、树胶有食用价值。

果实成熟时味道酸甜，但肉薄，直接食用价值不大。

杏仁可制杏仁茶、杏仁乳、杏仁露、糕点、糖果等，也可榨油。

树干受伤后能分泌出杏胶，胶的性质与桃胶类同，参考桃胶食用即可。

【药用功效】种仁入药，具有降气止咳平喘、润肠通便的功效。

【附注】杏仁味苦，小孩误食10～20粒、成人40～60粒即可中毒，一般在食后1～2小时内出现症状，初觉苦涩，有流涎、恶心、呕吐、腹痛、腹泻、头痛、头晕、全身无力、呼吸困难、烦躁不安和恐惧感、心悸，严重者昏迷、意识消失、紫绀、瞳孔散大、惊厥，最后因呼吸衰竭而死。服大量时，2～10分钟可致死。多食杏仁油也可引起中毒。

毛樱桃 Prunus tomentosa Thunb.

【俗名】山豆子；梅桃；山樱桃；野樱桃；山樱桃梅

【异名】*Cerasus tomentosa* (Thunb.) Wall.

【习性】落叶灌木。生山坡灌丛中。

【东北地区分布】吉林省延边、通化；辽宁省丹东、宽甸、桓仁、本溪、庄河、大连、瓦房店、金州、鞍山、北镇、义县、沈阳；内蒙古喀喇沁旗、宁城、正镶白旗等地。黑龙江省各地常见栽培。

【食用价值】果实成熟后酸甜、多汁，可直接食用，也可制果酱、果汁、饮料或酿酒。

【药用功效】果实、种仁入药，果实具有益气固精的功效，种仁具有润燥滑肠、下气、利水的功效。

【附注】种子和叶中含有有毒物质氢氰酸。

榆叶梅 Prunus triloba Lindl.

【俗名】截叶榆叶梅

【异名】*Prunus triloba* var. *truncate* Kom.; *Amygdalus triloba* (Lindl.) Ricker

【习性】落叶灌木。生低至中海拔的坡地或沟旁林下或林缘。

【东北地区分布】辽宁省凌源、建平、阜新等地。东北各地城镇常见栽培。

【食用价值】果肉薄，直接食用价值较低，制饮料尚可。

【药用功效】种仁入药，具有润燥、滑肠、下气、利水、利尿、缓泻的功效。

【附注】种子和叶中含有有毒物质氢氰酸。

东北李 Prunus ussuriensis Kov. et Kost.

【俗名】乌苏里李；山李子

【异名】*Prunus salicina* Lindl. var. *mandshurica* (Skv.) Skv. et Bar.

【习性】落叶小乔木至灌木状。生沟谷溪流沿岸及林缘。

【东北地区分布】黑龙江省张广才岭山区；吉林省安图、临江、长白；辽宁省凤城、本溪、清原、西丰等地。

【食用价值】果实、树胶有食用价值。

果实成熟后可直接食用，也可制果酱、饮料等。

树干受伤后能分泌树胶，胶的性质与桃胶类同，参考桃胶食用即可。

【药用功效】根、果实入药，具有清热、下气的功效。

【附注】种子和叶中含有有毒物质氢氰酸。

梨属 Pyrus L.

杜梨 Pyrus betulifolia Bunge

【俗名】棠梨；土梨；海棠梨；野梨子；灰梨

【异名】不详

【习性】落叶乔木。园林栽培。

【产地】吉林省、辽宁省、内蒙古有栽培。

【食用价值】叶、花、果实有食用价值。

嫩叶开水焯、清水浸泡后可作野菜食用；老叶可代茶。

花晒干、磨粉，用于馅饼等食物中。

果实成熟后可食，但非常小，直接食用价值不高，适合制饮料、酿酒等。

【药用功效】树皮、枝叶、果实入药，树皮用于皮肤溃疡，枝叶具有疏肝和胃、缓急止泻的功效，果实具有消食止痢之功效。

和尚梨 Pyrus corymbifera Nakai

【俗名】不详

【异名】不详

【习性】落叶乔木。生山坡。

【东北地区分布】辽宁省金州大黑山（模式标本产地）。

【食用价值】果实小，直接食用价值不大，适合制饮料、酿酒等。

【药用功效】不详。但可参考本书同属其他植物的药用价值开展研究。

【附注】本种为大连地区特产树种，作为梨属种质资源，分布区狭窄，种群数量少，应以保护为主。

河北梨 Pyrus hopeiensis Yu

【俗名】不详

【异名】*Pyrus hopeiensis* var. *peninsula* D. K. Zang et W. D. Peng

【习性】落叶乔木。生山坡丛林边。

【东北地区分布】吉林省集安；辽宁省凌源、阜新、盖州等地。

【食用价值】果实成熟后可食，但因果实小，直接食用价值不高，适合制饮料、酿酒等。

【药用功效】果实入药，具有祛痰止咳、健胃消食、润肺止痢的功效。

【附注】极危（Critical specise，简称CR）。

秋子梨 Pyrus ussuriensis Maxim.

【俗名】花盖梨；酸梨；沙果梨；野梨；青梨；山梨；青皮梨；香水梨；安梨；京白梨；鸭广梨；南果梨

【异名】*Pyrus simonii* Carr.；*Pyrus sinensis* var. *ussuriensis* Makino

【习性】落叶乔木。生山脊和河谷的杂木林中。

【东北地区分布】黑龙江省小兴安岭、完达山脉、张广才岭、老爷岭等山区；吉林省东部山区及中部半山区各地；辽宁省各地；内蒙古鄂伦春、科尔沁左翼后旗、大青沟、敖汉旗、巴林右旗、喀喇沁旗、宁城等地。

【食用价值】果实成熟后供鲜食或加工用。

【药用功效】树皮、叶、果实、果皮入药，功效同白梨Pyrus bretschneideri Rehd.。

蔷薇属 Rosa L.

刺蔷薇 **Rosa acicularis** Lindl.

【俗名】大叶蔷薇

【异名】*Rosa gmelini* Bunge

【习性】落叶灌木。生海拔800米以上山坡及山顶林中。

【东北地区分布】黑龙江省呼玛、黑河、伊春、富锦、穆棱、萝北、尚志、海林、嘉荫；吉林省抚松、临江、长白、安图、敦化、珲春、汪清、和龙；辽宁省庄河、宽甸、桓仁、本溪；内蒙古额尔古纳、海拉尔、满洲里、牙克石、阿尔山、巴林右旗、克什克腾旗等地。

【食用价值】嫩芽、花瓣、果实、种子有食用价值。

嫩芽富含维生素C，开水焯、清水浸泡后可作野菜食用；炒制后可代茶。

花瓣可食，单吃微甜而有少许苦味，糖渍后味道更好。

成熟果实可做果酱、果酒、果脯等，也可提取黄色染料。

种子是维生素E的好原料，去除种子周围的毛后，磨成粉，与面粉等混合食用。

【药用功效】根、花、果实入药，根用于关节痛，花用于急慢性赤痢、口腔糜烂，果实用于坏血病、消化不良。

【附注】果肉下种子周围有一层毛，如果吞下去会对口腔和消化道有刺激作用，食用果实时需要注意这个问题。

腺齿蔷薇 **Rosa albertii** Regei

【俗名】俄罗斯大果蔷薇

【异名】不详

【习性】落叶灌木。园林栽培。

【产地】辽宁省沈阳、大连有栽培。

【食用价值】叶、花瓣、果实有食用价值。

叶炒制后可代茶，富含维生素C。

花瓣直接食用微甜而有少许苦味，糖渍后味道更好。

果实可做果酱、果酒、果脯等，也可提取黄色染料。

【药用功效】根入药，具有活血化瘀、祛风除湿、解毒收敛的功效。

【附注】果肉下种子周围有一层毛，如果吞下去会对口腔和消化道有刺激作用，食用果实时需要注意这个问题。

山刺玫 Rosa davurica Pall.

【俗名】刺玫蔷薇；刺玫果；红根

【异名】*Rosa willdenowii* Spreng.; *R. cinnamomea* L. var. *davurica* (Pall.) Rupr.; *R. davurica* Pall. f. *pubescens* Liou

【习性】落叶灌木。生山坡、山脚及路旁灌丛中。

【东北地区分布】黑龙江省呼玛、黑河、嘉荫、虎林、牡丹江、密山、哈尔滨、尚志、鸡西、鸡东、伊春、宁安、富锦、绥芬河、宝清、鹤岗、萝北；吉林省临江、通化、抚松、靖宇、蛟河、安图、吉林、九台、和龙、珲春、汪清、长春、桦甸；辽宁省各地；内蒙古额尔古纳、牙克石、鄂伦春、鄂温克、科尔沁右翼前旗、扎赉特旗、科尔沁左翼后旗、大青沟、敖汉旗、克什克腾旗、喀喇沁旗、宁城、西乌珠穆沁旗、锡林浩特、正蓝旗等地。

【食用价值】花瓣、果实、种子有食用价值。

花瓣直接食用微甜而有少许苦味，糖渍后味道更好。

鲜果含维生素C1500～2300毫克/100克，还含B族维生素、维生素K、维生素E、维生素P、糖类、多种矿物元素、橙皮苷、果胶等，成熟后可做果酱、果酒、果脯等，还可提取黄色染料。

种子是维生素E的好原料，去除种子周围的毛后，磨成粉，与面粉等混合食用。

【药用功效】根、花、果实入药，其中，花具有止血活血、健胃理气、调经、止咳祛痰、止痢止血的功效，果实具有健脾消积、止痛、调经通淋的功效。

【附注】果肉下种子周围有一层毛，如果吞下去会对口腔和消化道有刺激作用，食用果实时需要注意这个问题。

长白蔷薇 Rosa koreana Kom.

【俗名】不详

【异名】不详

【习性】落叶灌木。生阴湿而排水良好的针叶林或针阔混交林下。

【东北地区分布】黑龙江省黑河、铁力、伊春、海林、尚志、北安；吉林省抚松、安图；辽宁省凤城、庄河等地。

【食用价值】花瓣、果实有食用价值。

花瓣直接食用微甜而有少许苦味，糖渍后味道更好。

果实成熟后可做果酱、果酒、果脯等，也可提取黄色染料。

【药用功效】根、叶、花、果实入药，具有活血调经、健胃消食、涩精止带的功效。

【附注】果肉下种子周围有一层毛，如果吞下去会对口腔和消化道有刺激作用，食用果实时需要注意这个问题。

伞花蔷薇 Rosa maximowicziana Regel.

【俗名】刺玫果、酸溜溜、钩脚藤、牙门杠、牙门太

【异名】不详

【习性】落叶灌木。生长在林缘和灌木丛中。

【东北地区分布】辽宁省宽甸、凤城、丹东、岫岩、庄河、长海、普兰店、瓦房店、绥中等地。

【食用价值】嫩枝、花瓣、果实有食用价值。

嫩枝嚼食带甜味。

花瓣可以鲜食，也可以像玫瑰和月季那样在盛花期时大量收集，用糖腌渍成糕以备少花时作为甜食的配料使用。

果实可做果酱、果酒、饮料等。

【药用功效】果实入药，具有益肾、涩精、止泻的功效。

【附注】果肉下种子周围有一层毛，如果吞下去会对口腔和消化道有刺激作用，食用果实时需要注意这个问题。

玫瑰 Rosa rugosa Thunb.

【俗名】滨茄子；滨梨；海蓬花

【异名】*Rosa ferox* Lawrance; *R. pubescens* Baker

【习性】落叶灌木。生低地及海岛。

【东北地区分布】吉林省珲春；辽宁省庄河、长海、金州、大连、东港、营口（鲅鱼圈）等地。

【食用价值】嫩芽、花瓣、果实、种子有食用价值。

嫩芽开水焯、清水浸泡后可作野菜食用，也可泡茶饮。

花瓣微甜，略带苦味，泡茶饮，或制玫瑰酱用于蜜饯、甜点调香提味；含红色素，可利用花瓣提取玫瑰油后的残渣，红色素含量0.8%，主要成分为胡萝卜素、花青素及黄酮类，用于食品、饮料生产；鲜花含油0.03%，油为黄色，有时带绿黄色，用途很广，是各种高级香水、香皂与化妆香精中不可少的香料，是调配多种花型香精的主剂，也是重要的食品香精。

果实可鲜食，但果肉不厚，更适合做饮料、果酒、茶品等。

种子是维生素E的好原料，去除种子周围的毛后，磨成粉，与面粉等混合食用。

【药用功效】花蕾入药，具有行气解郁、活血、止痛的功效。

【附注】本种为濒危种（Endangered specis，简称EN），仅分布于北方低地和海岛。2021年8月7日国务院批准的《国家重点保护野生植物名录》中，被列为二级保护植物。在做好保护的前提下，取得合法手续，方可利用。

果肉下种子周围有一层毛，如果吞下去会对口腔和消化道有刺激作用，食用果实时需要注意这个问题。

悬钩子属 Rubus L.

北悬钩子 Rubus arcticus L.

【俗名】不详

【异名】不详

【习性】多年生草本。生海拔1200米左右的山坡、林下及沟旁。

【东北地区分布】黑龙江省伊春、呼玛、海林；吉林省安图；内蒙古额尔古纳、根河、牙克石、鄂伦春、科尔沁右翼前旗、阿尔山、克什克腾旗等地。

【食用价值】果实、嫩叶有食用价值。

果实成熟后味道酸甜，可生食，制果酱、饮料或酿酒，还可以提取一种紫色到暗蓝色的染料。

嫩叶在开水中焯一下，用水浸泡后食用，也可晒制干菜。

【药用功效】果实、叶入药，果实具有补肝肾、明目的功效，叶具有收敛的功效。

兴安悬钩子 Rubus chamaemorus L.

【俗名】不详

【异名】*Rubus chamaemorus* var. *pseudochamaemorus* (Tolm.) Hult,n

【习性】多年生草本。生林中，埋在苔藓层下。

【东北地区分布】黑龙江省大兴安岭山区；吉林省长白山区；内蒙古大兴安岭。

【食用价值】果实味美，可直接食用，也可制凝胶剂、蜜饯、啤酒等。

【药用功效】不详。但可参考本书同属其他植物的药用价值开展研究。

牛叠肚 Rubus crataegifolius Bunge

【俗名】山楂叶悬钩子；托盘；马林果

【异名】*Rubus wrightii* A. Gray

【习性】落叶灌木。生山坡灌木丛或林边。

【东北地区分布】黑龙江省哈尔滨、尚志、萝北、虎林、勃利、密山；吉林省临江、抚松、磐石、安图、珲春、汪清、和龙；辽宁省各地；内蒙古扎兰屯、喀喇沁旗、宁城等地。

【食用价值】果实、嫩叶有食用价值。

果实成熟后味道酸甜，可生食，制果酱、饮料或酿酒。

嫩叶在开水中焯一下，用水浸泡后食用，也可晒制干菜。

【药用功效】根、果实入药，根具有清热解毒、调经活血的功效，果实具有补肝肾、缩小便的功效。

矮悬钩子 Rubus humilifolius C. A. Mey.

【俗名】葎草叶悬钩子

【异名】不详

【习性】多年生草本。生林下、林缘。

【东北地区分布】黑龙江省呼玛；内蒙古牙克石（乌尔其汗）、额尔古纳等地。

【食用价值】果实可食，还可以提取一种紫色到暗蓝色的染料用于食品、饮料等染色。

【药用功效】不详。但可参考本书同属其他植物的药用价值开展研究。

复盆子 Rubus idaeus L.

【俗名】覆盆子；绒毛悬钩子

【异名】*Rubus idaeus* subsp. *vulgatus* Arrhenius

【习性】落叶灌木。生林缘、灌丛、荒地，也有栽培。

【东北地区分布】黑龙江省伊春、饶河、尚志；吉林省安图、抚松、临江。辽宁省凤城、宽甸等地有栽培。

【食用价值】嫩枝条、叶、果实有食用价值。

春天新发的嫩枝条去皮后可以像芦笋一样做菜吃。

叶子晒干或炒制后可代茶。

果实成熟后供食用，可直接食用，也可制果酱、果酒、饮料等。

【药用功效】茎、果实入药，具有固精补肾、明目的功效。

绿叶悬钩子 Rubus komarovii Nakai

【俗名】不详

【异名】*Rubus kanayamensis* Levl

【习性】落叶灌木。生海拔500～1500米的山坡林缘、石坡和林间采伐迹地。

【东北地区分布】黑龙江尚志、伊春、呼玛；吉林省安图、抚松、长白等地。

【食用价值】果实成熟后味道酸甜，可生食，制果酱、饮料或酿酒。

【药用功效】全株、果实入药，全株具有收敛止血的功效，果实具有补肝益肾、涩精缩尿之功效。

茅莓 Rubus parvifolius L.

【俗名】茅莓悬钩子；婆婆头；红梅消；藕田藨；小叶悬钩子；蛇泡簕

【异名】*Rubustriphyllus* Thunb.; *R. triphyllus* Thunb. var. subconcolor Card.; *R. parvifolius* L. var.

triphyllus (Thunb.) Nakai; *R. triphyllus* Thunb. var. *concolor* Makino

【习性】落叶灌木。生山坡灌丛、山沟多石质地以及杂木林中和林缘。

【东北地区分布】吉林省集安、通化；辽宁省西丰、宽甸、本溪、桓仁、凤城、丹东、东港、庄河、长海、大连、金州、瓦房店、盖州、营口、绥中等地。

【食用价值】嫩株、嫩叶、果实有食用价值。

幼嫩植株可作咖啡代用品。

嫩叶开水焯、清水反复浸泡可以少量食用。

果实成熟时用清水冲洗后可直接食用，大量采集可制果酱、果酒、饮料等。

【药用功效】全草入药，具有散瘀、止痛、解毒、杀虫的功效。

库页悬钩子 Rubus sachalinensis H. Lév.

【俗名】毛叶悬钩子；毛托盘

【异名】*Rubus matsumuranus* Levl. et Vant.

【习性】落叶灌木。生山坡湿地密林下、疏林内、林间草地。

【东北地区分布】黑龙江省海林、嫩江、黑河、伊春、宁安、呼玛、饶河；吉林省抚松、靖宇、长白、安图、汪清；辽宁省宽甸、岫岩、凤城；内蒙古牙克石、鄂伦春、鄂温克、科尔沁右翼前旗、克什克腾旗、喀喇沁旗、西乌珠穆沁旗等地。

【食用价值】果实、嫩叶有食用价值。

果实成熟后味道酸甜，可生食，制果酱、饮料或酿酒，还可以提取一种紫色到暗蓝色的染料。

嫩叶在开水中焯一下，用水浸泡后食用，也可晒制干菜。

【药用功效】全草、根、茎、枝叶入药，全草、根具有解毒、止血、止带、祛痰、消炎的功效，茎、枝叶具有解毒、祛痰、消炎的功效。

石生悬钩子 Rubus saxatilis L.

【俗名】天山悬钩子

【异名】*Cylactis saxatilis* (L.) Á.L've

【习性】多年生草本。生高海拔石砾地，灌丛或针、阔叶混交林下。

【东北地区分布】黑龙江省伊春、富锦、黑河、呼玛、嘉荫；吉林省安图；内蒙古额尔古纳、根河、牙克石、鄂伦春、鄂温克、科尔沁右翼前旗、阿鲁科尔沁旗、巴林右旗、克什克腾旗、喀喇沁旗、宁城、西乌珠穆沁旗等地。

【食用价值】果实成熟后味道酸甜，可生食，制果酱、饮料或酿酒。

【药用功效】全株、果实入药，全株具有补肝健胃、祛风止痛的功效，果实具有补肾固精、助阳明目、缩小便的功效。

地榆属 Sanguisorba L.

宽蕊地榆 Sanguisorba applanata Yu et Li

【俗名】不详

【异名】*Sanguisorba obtusa* Maxim. var. *amoena* auct. non Jesson 1916.

【习性】多年生草本。生山沟阴湿处、溪边或疏林下。

【东北地区分布】辽宁省长海等地。

【食用价值】嫩苗焯水、浸泡后用于炒食、做汤或腌制酸菜，炒制后则代茶饮。根含淀粉可酿酒。

【药用功效】根入药，具有凉血止血、解毒敛疮的功效。

地榆 Sanguisorba officinalis L.

【俗名】腺地榆

【异名】*Sanguisorba officinalis* L. var. *longa* Kitag.; *S. officinalis* var. *latifoliata* Liou et C. Y. Li; *S. officinalis* var. *dilutiflora* (Kitag.) Liou et C. Y. Li; *S. glandulosa* Kom.

【习性】多年生草本。生干山坡、柞林缘、草甸及灌丛间。

【东北地区分布】黑龙江省依兰、哈尔滨、尚志、大庆、漠河、穆棱、密山、虎林；吉林省安图、临江、长白、九台、吉林、长春、前郭尔罗斯、汪清、珲春；辽宁省各地；内蒙古额尔古纳、海拉尔、满洲里、新巴尔虎右旗、新巴尔虎左旗、鄂伦春、科尔沁左翼后旗、科尔沁右翼前旗、阿鲁科尔沁旗、翁牛特旗、巴林右旗、克什克腾旗、宁城、赤峰等地。

【食用价值】根、嫩苗、嫩叶、花穗有食用价值。

根富含淀粉，可提取淀粉供食用或酿酒。

嫩苗、嫩叶和花穗有清新雅致的黄瓜香味，因而有"黄瓜香"之美誉。中国各地的居民喜欢焯水、浸泡后用于炒食、做汤或腌制酸菜，炒制后则代茶饮；欧美国家吃法较多，主要用于做沙拉、做汤、烧鱼，也有将其浸泡在啤酒或夏季清凉饮料里以增加风味。

【药用功效】根入药，具有凉血止血、解毒敛疮的功效。

细叶地榆 Sanguisorba tenuifolia Fisch. ex Link

【俗名】垂穗粉花地榆

【异名】*Sanguisorba tenuifolia* Fisch. var. *purpurea* Trautv. et Mey.; *S. affinis* C. A. Mey. ex Regel et Tiling; *S. teruifolia* Korsh.; *Poteriumtenuifolium* Franch. & Sav.

【习性】多年生草本。生湿地、草甸、林缘。

【东北地区分布】黑龙江省萝北、克山、安达、伊春、大庆、呼玛、漠河、新林；吉林省汪清、珲春、蛟河、安图；辽宁省彰武、法库、锦州；内蒙古额尔古纳、牙克石、鄂伦春、鄂温克、扎鲁特旗等地。

【食用价值】嫩苗焯水、浸泡后可食用。

【药用功效】根入药，具有凉血止血、解毒敛疮的功效。

珍珠梅属 Sorbaria (Ser.) A. Br. ex Aschers.

珍珠梅 Sorbaria sorbifolia (L.) A. Br.

【俗名】山高粱条子；高楷子；八本条；华楸珍珠梅；东北珍珠梅

【异名】*Spiraea sorbifolia* L.

【习性】落叶灌木。生山坡疏林、山脚、溪流沿岸。

【东北地区分布】黑龙江省呼玛、哈尔滨、饶河、海林、宝清、密山、尚志、伊春、黑河、萝北；吉林省集安、抚松、靖宇、长白、安图、珲春、敦化、蛟河、汪清、和龙；辽宁省营口、海城、庄河、岫岩、凤城、宽甸、本溪、桓仁、新宾、清原、西丰；内蒙古额尔古纳、根河、牙克石、鄂伦春、科尔沁右翼前旗、突泉、东乌珠穆沁旗（宝格达山）等地。

【食用价值】饥荒等非常时期，嫩叶和嫩芽开水焯、清水反复浸泡后可作蔬菜少量食用。

【药用功效】茎皮、枝条、果穗入药，具有活血祛瘀、消肿止痛的功效。

【附注】叶和花中含有少量有毒物质氢氰酸。

花楸属 Sorbus L.

水榆花楸 Sorbus alnifolia (Sieb. et Zucc.) K. Koch.

【俗名】水榆；黄山榆；花楸；枫榆；千筋树；粘枣子

【异名】*Micromeles alnifolia* (Sieb. & Zucc.) Koehne; *Micromeles tiliifolia* Koehne; *Pyrusmiyabei* Sarg.

【习性】落叶乔木。生山坡、山沟或山顶混交林或灌木丛中，也见栽培。

【东北地区分布】黑龙江省哈尔滨、尚志、宁安；吉林省长白区各地；辽宁省各地。

【食用价值】成熟果实可食，用于制果酱、果汁、果酒、果糕、果冻、果醋、蜜饯等，也可制成干

粉，用于巧克力和糖果馅；还可提取色素用于食品工业。

【药用功效】果实入药，具有强壮补虚的功效。

【附注】种子可能含有氢氰酸，少量的氢氰酸已被证明能刺激呼吸和改善消化，也被认为对癌症的治疗有益。然而，过量会导致呼吸衰竭甚至死亡。

北京花楸 Sorbus discolor (Maxim.) Maxim.

【俗名】白果花楸；北平花楸树；红叶花楸；白果臭山槐；黄果臭山槐

【异名】*Pyrus discolor* Maxim.; *Sorbus pekinensis* Koehne; *Pyrus pekinensis* Card.

【习性】落叶乔木。生山地阳坡阔叶混交林中。

【东北地区分布】内蒙古喀喇沁旗。

【食用价值】成熟果实可食，用于制果酱、果汁、果酒、果糕、果冻、果醋、蜜饯等，也可制成干粉，用于巧克力和糖果馅；还可提取色素用于食品工业。

【药用功效】树皮、果实入药，具有祛痰镇咳、健脾利水的功效。

【附注】种子可能含有氢氰酸，少量的氢氰酸已被证明能刺激呼吸和改善消化，也被认为对癌症的治疗有益。然而，过量会导致呼吸衰竭甚至死亡。

花楸树 Sorbus pohuashanensis (Hance) Hedl.

【俗名】花楸；红果臭山槐；绒花树；山槐子；马加木

【异名】*Pyrus pohuashanensis* Hance; *Sorbus amurensis* Koehne; *Sorbus manshuriensis* Kitag.

【习性】落叶乔木。生山坡、山谷杂木林中。

【东北地区分布】黑龙江省尚志、塔河、呼玛、嘉荫、伊春、桦川、哈尔滨、黑河；吉林省集安、长白、抚松、通化、安图、蛟河、珲春、和龙、汪清、临江、敦化；辽宁省桓仁、宽甸、凤城、本溪、新宾、岫岩、庄河、盖州、营口、鞍山；内蒙古额尔古纳、根河、牙克石、科尔沁右翼前旗、阿尔山、扎鲁特旗、突泉、巴林右旗、巴林左旗、阿鲁科尔沁旗、克什克腾旗、喀喇沁旗、林西、宁城。

【食用价值】成熟果实可食，用于制果酱、果汁、果酒、果糕、果冻、果醋、蜜饯等，也可制成干粉，用于巧克力和糖果馅；还可提取色素用于食品工业。

【药用功效】茎、茎皮和果实入药，具有镇咳祛痰、健脾利水的功效。

【附注】种子可能含有氢氰酸，少量的氢氰酸已被证明能刺激呼吸和改善消化，也被认为对癌症的治疗有益。然而，过量会导致呼吸衰竭甚至死亡。

绣线菊属 Spiraea L.

绣球绣线菊 Spiraea blumei G. Don

【俗名】珍珠绣球；补氏绣线菊

【异名】*Spiraea obtusa* Nakai

【习性】落叶灌木。生向阳山坡、杂木林内或路旁。

【东北地区分布】黑龙江省呼玛；辽宁省建昌、建平、凌源、海城、本溪、凤城、开原；内蒙古科尔沁右翼前旗、敖汉旗（大黑山）等地。黑龙江省哈尔滨市有栽培。

【食用价值】叶炒制后可代茶。

【药用功效】根及根皮入药，具有调气止痛、散瘀利湿的功效。

绣线菊 Spiraea salicifolia L.

【俗名】柳叶绣线菊；空心柳；马尿溲

【异名】*Spiraea salicifolia* L. var. *lanceolata* auct. non Torr. et Gray. : Maxim.

【习性】落叶灌木。生山坡下、路旁、河流岸旁。

【东北地区分布】黑龙江省伊春、尚志、哈尔滨、萝北、虎林、勃利、密山、鸡东、集贤、饶河、宁安、呼玛、黑河、嘉荫；吉林省集安、通化、临江、长白、安图、蛟河、靖宇、吉林、汪清、珲春、抚松、敦化、和龙；辽宁省宽甸、桓仁、本溪、新宾、清原、庄河；内蒙古额尔古纳、根河、牙克石、鄂伦春、科尔沁右翼前旗、扎赉特旗、克什克腾旗、喀喇沁旗、东乌珠穆沁旗（宝格达山）等地。

【食用价值】嫩叶开水焯、清水浸泡后可作野菜食用。

【药用功效】全草或根入药，具有活血调经、利水通便、化痰止咳的功效。

胡颓子科 Elaeagnaceae

胡颓子属 Elaeagnus L.

牛奶子 Elaeagnus umbellata Thunb.

【俗名】秋胡颓子；剪子果；甜枣；麦粒子

【异名】*Elaeagnus crispa* Thunb; *E. parvifolia* Wall.; *E. coreanus* Levl.; *E. salicifolia* Don ex Loudon

【习性】落叶灌木或小乔木。生向阳疏林或灌丛中。

【东北地区分布】辽宁省葫芦岛、庄河、长海、金州、大连、东港；内蒙古赤峰等地。

【食用价值】成熟果实多汁，酸度适中，含果胶0.19%、糖8.3%、蛋白质4.5%、灰分1%，维生素C含量约为每百克12毫克，可鲜食，还可以制果酱、蜜饯等，还可酿酒、熬糖。

种子可以与果肉一起食用，尽管种子外壳纤维状。

【药用功效】根、叶、果实入药，具有清热利尿、止血的功效。

沙棘属 Hippophae L.

中国沙棘 Hippophae rhamnoides subsp. sinensis Rousi

【俗名】沙棘

【异名】*Hippophae rhamnoides* auct. non L.:辽宁植物志(上册):1162. 1988.

【习性】落叶灌木或乔木。常生谷地、干涸河床地或山坡。

【东北地区分布】辽宁省建平、凌源、彰武；内蒙古克什克腾旗、敖汉旗、喀喇沁旗、巴林左旗、巴林右旗、正蓝旗。东北各地有栽培。

【食用价值】嫩叶、果实有食用价值。

嫩叶含有丰富的多糖、黄酮类、多酚类、三萜和甾体类化合物以及维生素、蛋白质、氨基酸和矿物元素等成分，炒制后可代茶，既止渴生津，又润肠通便。

成熟果实含64%的糖胶质，味道酸甜，可鲜食，也可制果子露、果酱、果羹、果冻等。

【药用功效】果实为蒙古族、藏族习用药材，具有健脾消食、止咳祛痰、活血祛瘀的功效。

鼠李科 Rhamnaceae

鼠李属 Rhamnus L.

柳叶鼠李 Rhamnus erythroxylon Pall.

【俗名】黑格铃；黑疙瘩；红木鼠李

【异名】不详。

【习性】落叶灌木或乔木。生干旱沙丘、荒坡乱石中或山坡灌丛中。

【东北地区分布】内蒙古新巴尔虎右旗、翁牛特旗、锡林浩特、阿巴嘎旗等地。

【食用价值】叶有浓香味，在陕西民间用以代茶。

【药用功效】叶入药，具有消食健胃、清热去火的功效。

【附注】鼠李属很多种类都是有毒植物，毒性或大或小，食用或药用时要注意。

朝鲜鼠李 Rhamnus koraiensis Schneid.

【俗名】不详

【异名】不详

【习性】落叶灌木或小乔木。生低海拔的杂木林或灌丛中。

【东北地区分布】吉林省吉林；辽宁省本溪、桓仁、宽甸、丹东、凤城、岫岩；内蒙古喀喇沁旗、宁城等地。

【食用价值】芽和嫩叶可炒制茶叶。

【药用功效】根、树皮、果实入药，根具有解毒敛疮的功效，树皮具有清热通便的功效，果实具有清热利湿、止咳祛痰、解毒杀虫的功效。

【附注】鼠李属很多种类都是有毒植物，毒性或大或小，食用或药用时要注意。

东北鼠李 Rhamnus yoshinoi Makino

【俗名】长梗鼠李；吉野鼠李

【异名】*Rhamnus schneideri* L. et V.; *R. schneiberi* L. et V. var. *manshurica* Nakai

【习性】落叶灌木或小乔木。生向阳山坡或灌丛中。

【东北地区分布】黑龙江省哈尔滨、伊春、宁安；吉林省长春、九台、吉林、集安、临江、长白、汪清、安图；辽宁省沈阳、凌源、西丰、新宾、清原、本溪、桓仁、宽甸、丹东、凤城、东港、岫岩、鞍山、大连、瓦房店、庄河、长海、盖州、北镇、义县、建昌等地。

【食用价值】芽和嫩叶可炒制茶叶。

【药用功效】根、树皮、果实入药，根具有解毒敛疮的功效，树皮具有清热通便的功效，果实具有清热利湿、止咳祛痰、解毒杀虫的功效。

【附注】鼠李属很多种类都是有毒植物，毒性或大或小，食用或药用时要注意。

枣属 Ziziphus Mill.

酸枣 Ziziphus jujuba var. spinosa (Bunge) Hu ex H. F. Chow.

【俗名】棘；酸枣树；角针；硬枣；山枣树

【异名】*Ziziphus vulgaris* Lam. var. *spinosa* Bunge; *Z. sativa* Gaertn. var. *spinosa* (Bunge) Schneid.; *Z. spinosa* (Bunge) Hu ex Chen; *Z. jujuba* auct. non Mill.

【习性】落叶灌木或乔木。生向阳或干燥山坡、山谷、丘陵等地。

【东北地区分布】辽宁省大连、瓦房店、普兰店、庄河、盖州、海城、阜新、北镇、锦州、兴城、

绥中、朝阳、北票、建平、建昌、喀左、凌源；内蒙古库伦旗等地。

【食用价值】嫩芽、果实有食用价值。

嫩芽可炒制茶叶，具有鲜、嫩、薄、透的特点，含有丰富的蛋白质及钙、磷、铁等矿物质，还含有多种维生素以及三萜烯酸、氯原酸、黄酮类化合物等成分，有促进新陈代谢、改善失眠等作用。

果实肉薄，但含有丰富的维生素C，生食或制作果酱、果酒；经过脱皮、磨粉后还可制作酸枣面。

【药用功效】根皮、棘刺、叶、花、种子均可入药，其中，叶具有清热解毒、敛疮生肌的功效，花具有敛疮、明目的功效，种子具有养心益肝、宁心安神、敛汗、生津的功效。

【附注】种子有小毒。

榆科 Ulmaceae

刺榆属 Hemiptelea Planch.

刺榆 Hemiptelea davidii (Hance) Planch.

【俗名】枢；钉枝榆；刺榆针子

【异名】*Planera davidii* Hance; *Hemiptelea davidiana* Priem.; *Zelkova davidii*(Hance) Hemsl.; *Z.davidiana* (Priem.) Bean

【习性】落叶小乔木。生村旁路边及山坡次生林中。

【东北地区分布】吉林省长白、靖宇、集安、辉南、通化、磐石等地；辽宁省彰武、葫芦岛、沈阳、鞍山、海城、大连、丹东、凤城、庄河等地；内蒙古科尔沁左翼后旗等地。黑龙江省森林植物园有引种。

【食用价值】嫩叶焯水、浸泡后，口感滑嫩，适合做汤。

【药用功效】根皮、树皮、叶入药，具有解毒消肿的功效。

榆属 Ulmus L.

黑榆 Ulmus davidiana Planch.

【俗名】东北黑榆；栓枝黑榆

【异名】*Ulmus davidiana* Planch. var. *mandshurica* Skv.; *Ulmus davidiana* Planch. var. *pubescens* Skv.

【习性】落叶乔木。生石灰岩山地及谷地。

【东北地区分布】吉林省桦甸、双辽、蛟河等地；辽宁省旅顺口、鞍山、盖州、凤城等地。

【食用价值】嫩芽、嫩果、内皮层有食用价值。

嫩叶、嫩果开水焯、清水浸泡后可作野菜食用。

饥荒等非常时期，内皮晒干，磨粉，用作汤的增稠剂，或掺合面粉后蒸馒头、烙饼等。

【药用功效】枝、叶入药，嫩枝具有行血通经、活络止痛的功效，枝、叶具有利水消肿、清热、驱虫的功效。

裂叶榆 Ulmus laciniata (Trautv.) Mayr.

【俗名】青榆；大青榆；麻榆；大叶榆；黏榆

【异名】*Ulmus montana* Withering var. *laciniata* Trautvetter；*U. major* Hohenacker var. *heterophylla* Maximowicz

【习性】落叶乔木。生溪流旁或山坡上。

【东北地区分布】黑龙江省饶河、哈尔滨、尚志、伊春、嘉荫等地；吉林省靖宇、辉南、集安、柳河、长白、抚松、通化、安图、和龙等地；辽宁省大连、沈阳、鞍山、本溪、桓仁、宽甸、凤城等地；内蒙古喀喇沁旗等地。

【食用价值】嫩芽、嫩果、内皮层有食用价值。

饥荒等非常时期，嫩叶和嫩果开水焯、清水浸泡后可食，但叶较糙、果实较硬，口感不如榆树。内皮层磨成的粉可在汤等中用作增稠剂，或与谷物混合制作馒头、面包等食物。

【药用功效】果实入药，长白山民间用于消积杀虫。

大果榆 Ulmus macrocarpa Hance

【俗名】黄榆

【异名】*Ulmus macrocarpa* var. *mongolica* Liou et Li；*U. macrocarpa* var. *nana* Liou et Li

【习性】落叶乔木或灌木。生山地、丘陵及固定沙丘上。

【东北地区分布】东北地区各地。

【食用价值】饥荒等非常时期，嫩叶和嫩果开水焯、清水浸泡后可食，但叶较糙、果实较硬，口感不佳。

【药用功效】果实入药，具有祛痰、利尿、杀虫的功效。

榔榆 Ulmus parvifolia Jacq.

【俗名】小叶榆；秋榆；掉皮榆；豺皮榆；挠皮榆；构树榆

【异名】*Ulmus chinensis* Pers.；*U. japonica* Sieb.；*Planera parvifolia* Sweet；*Ulmus campestris* L. var. *chinensis* Loudon；*Microptelea parvifolia* Spach；*Ulmus sieboldii* Daveau

【习性】落叶乔木。生平原、丘陵、山坡及谷地。

【产地】辽宁省熊岳、大连、旅顺口有栽培。

【食用价值】嫩叶、嫩果、内皮层有食用价值。

嫩叶、未成熟果实生食或熟食均可。

内皮层煮熟后食用，质地黏稠；烘干后磨成粉末，可在汤等中用作增稠剂，或与谷物混合制作馒头、面包等食物。

【药用功效】根皮、树皮、茎、叶、果实入药，根皮、树皮具有利水、通淋、消痈的功效，茎具有通络止痛的功效，茎叶具有清热解毒、通络止痛的功效，果实具有安神健脾的功效。

榆树 Ulmus pumila L.

【俗名】白榆；家榆

【异名】*Ulmus campestris* Linnaeus var. pumila (L.) Maxim.; *U. pumila* var. *microphylla* Persoon; *U. manshurica* Nakai

【习性】落叶乔木。多生山麓、丘陵、沙地上，常见栽培。

【东北地区分布】东北地区各地。

【食用价值】嫩芽、嫩果、内皮层有食用价值。

嫩叶、嫩果开水焯、清水浸泡后适合做汤或包饺子。

树皮含淀粉和黏质，磨成的粉叫榆皮粉，是救荒食品，饥荒等非常时期，内皮晒干，磨粉，用作汤的增稠剂，或掺合面粉后蒸馒头、烙饼等。

【药用功效】根皮、树皮、叶、果实入药，根皮、树皮具有利水、通淋、消肿的功效，叶具有利小便的功效，花具有清热定惊、利尿疗疮的功效，果实具有清湿热、杀虫的功效。

大麻科 Cannabaceae

大麻属 Cannabis L.

大麻 Cannabis sativa L.

【俗名】野大麻

【异名】*Cannabis sativa* var. *ruderalis* (Janisch.) S. Z. Liou; *C. sativa* f. *ruderalis* (Janisch.) Chu

【习性】一年生直立草本。有二亚种，中国各地通常栽培原亚种ssp. *sativa*，具较高而细长稀疏分枝的茎和长而中空的节间，用于生产纤维和油；另有一亚种为ssp. *indica* (Lamarck) Small et Cron-quist，植株较小，多分枝而具短而实心的节间，用于生产违禁品——"大麻烟"，中国禁止栽培。

【产地】东北各地曾经作为麻用纤维植物普遍栽培，现少见栽培，多为野生。

【食用价值】国外有将种子烘干后作调料或添加到糕点中的报道，国内有食用嫩叶的报道。鉴于其为全株有毒的植物，建议谨慎食用其任何部位，非饥荒或非常时期勿食。详见本种附注。

【药用功效】根、茎皮纤维、叶、雄花、种仁入药，其中，雄花具有通经、活血的功效，种仁具有润燥、滑肠、通淋、活血的功效。

【附注】全株有毒，花毒性较大。叶食后初觉兴奋，后呈酩酊状态，进而抑制以致深睡。大麻仁的作用是综合性的，据报道，在食入大麻仁60～125克后，1～2小时内即可出现中毒症状，主要为恶心、呕吐、腹泻、四肢麻木、哭闹、定向力丧失、惊厥、瞳孔散大、昏睡以至昏迷。大麻仁油也有毒，食用该油炸的油条后出现头晕、头痛、口干、眼花、视力模糊以及心跳加快、血压下降等症状，估计最低中毒量为19克。牛马等牲畜误食新鲜的茎叶或饮用浸有茎叶的水后而中毒，但死亡的很少，中毒后引起昏睡、疝痛、四肢跟跄、肌肉震颤、心悸亢进等。

朴属 Celtis L.

黑弹树 Celtis bungeana Bl.

【俗名】小叶朴；黑弹朴

【异名】*Celtis amphibola* C. K. Schneider; *C. davidiana* Carrière; *C. gongshanensis* X. W. Li & G. S. Fan; *C. mairei* H. Léveillé; *C. yangquanensis* E. W. Ma

【习性】落叶乔木。生路旁、山坡、灌丛中或林边。

【东北地区分布】吉林省前郭尔罗斯等地；辽宁省大连、凌源、彰武、建昌、北镇、沈阳、鞍山、凤城等地；内蒙古大青沟、宁城等地。黑龙江省森林植物园有引种。

【食用价值】嫩叶、果实有食用价值。

嫩叶炒制后可代茶。

果型小、种仁大、果肉薄，直接食用价值不大，适于制饮料或酿酒。

【药用功效】树干、树皮或枝条入药，具有祛痰、止咳、平喘的功效。

狭叶朴 Celtis jessoensis Koidz.

【俗名】不详

【异名】不详

【习性】落叶乔木。生向阳湿润的山坡。

【东北地区分布】辽宁省沈阳、鞍山、本溪、建昌、北镇等地。

【食用价值】嫩叶、果实有食用价值。

嫩叶炒制后可代茶。

果型小、种仁大、果肉薄，直接食用价值不大，适于制饮料或酿酒。

【药用功效】不详。但可参考本书同属其他植物的药用价值开展研究。

大叶朴 Celtis koraiensis Nakai

【俗名】不详

【异名】*Celtis aurantiaca* Nakai; *C. koraiensis* var. *aurantiaca* (Nakai) Kitagawa

【习性】落叶乔木。生山坡或沟谷杂木林中。

【东北地区分布】辽宁省沈阳、北镇以南各地。黑龙江省、吉林省有引种，有冻害，生长不良。

【食用价值】果实可食，但果形小、果肉薄，直接食用价值不大，适于制饮料或酿酒。

【药用功效】根、茎、叶入药，具有止咳、平喘的功效。

葎草属 Humulus L.

葎草 Humulus scandens (Lour.) Merr.

【俗名】拉拉藤；葛勒子秧；勒草；拉拉秧；割人藤；拉狗蛋

【异名】*Antidesma scandens* Loureiro; *Humulopsis scandens* (Loureiro) Grudzinskaja; *Humulus japonicus* Siebold & Zuccarini

【习性】一年生草本。生沟边、路旁、田野间、石砾质沙地及灌丛间。

【东北地区分布】黑龙江省各地；吉林省安图、九台等地；辽宁省各地；内蒙古牙克石、科尔沁右翼前旗、突泉、科尔沁左翼后旗、大青沟、宁城等地。

【食用价值】嫩苗、果穗有食用价值。要注意食用安全，详见本种附注。

嫩苗焯水、浸泡后可作菜食用。

果穗可代啤酒花用。

【药用功效】全草、根、雌花穗、果穗入药，其中，全草具有清热解毒、利尿消肿的功效。

【附注】为有毒植物，也是中国秋季花粉症的致敏植物之一，使用需谨慎，有花粉过敏史的人一定要在其盛花期远离它！

桑科 Moraceae

构属 Broussonetia L'Hert. ex Vent.

构树 Broussonetia papyrifera (L.) L'Herit. ex Vent.

【俗名】褚桃；褚；谷桑；谷树；构

【异名】*Morus papyrifera* Linnaeus; *Smithiodendron artocarpioideum* Hu

【习性】落叶乔木。生山坡、山谷或平原。

【东北地区分布】辽宁省长海。辽宁省大连、盖州等地有栽培。

【食用价值】嫩叶、果实有食用价值。

嫩叶开水焯、清水反复浸泡后可当蔬菜食用。

果实成熟后可食用，虽然果肉不多，但味道酸甜，直接食用、做饮料、酿酒均可。

【药用功效】嫩根、根皮、树皮、茎皮部之乳汁、枝条、叶、果实、种子均可入药，其中，果实具有补肾清肝、明目、利尿的功效。

桑属 Morus L.

桑 Morus alba L.

【俗名】桑树；野桑；家桑；蚕桑

【异名】*Morus atropurpurea* Roxb.; *M. alba* Linn. var. *atropurpurea* (Roxb.) Bur.

【习性】落叶乔木。生山坡疏林中，常见栽培。

【东北地区分布】黑龙江省西部草原地区及东部地区；吉林省大安、东丰、双辽、和龙、珲春等地；辽宁省黑山、彰武、法库、沈阳、辽阳、鞍山、本溪、凤城、宽甸、庄河、金州、大连、长海等地；内蒙古科尔沁右翼中旗、科尔沁左翼后旗、大青沟等地。

【食用价值】叶、嫩芽、内皮层、果实有食用价值。

嫩叶开水焯、清水反复浸泡后可做汤、下面条；叶或者食桑叶的蚕屎可提取水溶性绿色染料，主要成分为叶绿素，可用于食品染色。

嫩芽晒干或炒制后可代茶。

内皮层晒干、磨粉，用作汤等增稠剂，或与面粉混合制馒头、面包等食品。

聚合果名桑椹、桑果，可生食，也可加工果浆、饮料等；桑椹果汁及果皮含红色素，紫红色，水溶性，主要成分为矢车菊素-3-葡萄糖苷和碧冬茄素-3-芸香糖苷，对热稳定性好，可用于食品、饮料生产。

【药用功效】根、根皮、树皮中之白色液汁、枝、叶、果实均可入药，其中，桑叶具有疏散风热、清肺润燥、清肝明目的功效，果实具有滋阴补血、生津润燥的功效。

【附注】有资料称，未成熟的果实含有迷幻剂，勿食。

鸡桑 Morus australis Poir.

【俗名】小叶桑；集桑；山桑

【异名】*Morus acidosa* Griffith

【习性】落叶乔木。生石灰岩山地或林缘及荒地。

【东北地区分布】辽宁省本溪、凤城、宽甸、旅顺口（蛇岛）等地。

【食用价值】叶、嫩芽、内皮层、果实有食用价值。

嫩叶开水焯、清水反复浸泡后可做汤、下面条；叶可提取水溶性绿色染料，主要成分为叶绿素，可用于食品染色。

嫩芽晒干或炒制后可代茶。

内皮层晒干、磨粉，用作汤等增稠剂，或与面粉混合制馒头、面包等食品。

聚合果名桑椹、桑果，可生食，也可加工果浆、饮料等；桑椹果汁及果皮含红色素，紫红色，水溶性，主要成分为矢车菊素-3-葡萄糖苷和碧冬茄素-3-芸香糖苷，对热稳定性好，可用于食品、饮料生产。

【药用功效】根、根皮、叶、果实均可入药，其中，叶具有清热解毒、解表的功效。

蒙桑 Morus mongolica (Bureau) Schneid.

【俗名】蒙古桑

【异名】*Morus alba* Linnaeus var. *mongolica* Bureau;
M. barkamensis S. S. Chang; *M. deqinensis* S. S. Chang

【习性】落叶乔木。生向阳山坡及低地。

【东北地区分布】吉林省双辽等地；辽宁省凌源、建平、义县、北镇、鞍山、金州、大连等地；内蒙古科尔沁右翼中旗、科尔沁左翼后旗、敖汉旗、巴林右旗等地。黑龙江省哈尔滨市有栽培。

【食用价值】叶、嫩芽、内皮层、果实有食用价值。

嫩叶开水焯、清水反复浸泡后可做汤、下面条；叶可提取水溶性绿色染料，主要成分为叶绿素，可用于食品染色。

嫩芽晒干或炒制后可代茶。

内皮层晒干、磨粉，用作汤等增稠剂，或与面粉混合制馒头、面包等食品。

聚合果名桑椹、桑果，可生食，也可加工果浆、饮料等；桑椹果汁及果皮含红色素，紫红色，水溶性，主要成分为矢车菊素-3-葡萄糖苷和碧冬茄素-3-芸香糖苷，对热稳定性好，可用于食品、饮料生产。

【药用功效】根白皮、叶、果实入药，其中，叶具有清热、祛风、清肺止咳、凉血明目的功效，果实具有益肠胃、补肝肾、养血祛风的功效。

荨麻科 Urticaceae

苎麻属 Boehmeria Jacq.

小赤麻 Boehmeria japonica (L. fil.) Miq.

【俗名】细穗苎麻；细野麻；东北苎麻

【异名】*Boehmeria spicata* (Thunb.) Thunb.; *B. gracilis* C. H. Wright; *B. tricuspis* var. *unicuspis* Makino ex Ohwi

【习性】多年生草本。生山坡草地及沟旁草地。

【东北地区分布】辽宁省鞍山、桓仁、本溪、凤城、大连等地。

【食用价值】嫩苗、茎、叶有食用价值。

嫩苗入开水中焯一下，用清水反复浸泡后即可食用，食用方法多种多样，蘸酱、凉拌、炒食、做汤均可，也可腌渍咸菜。

茎和叶子晒干后磨成粉，与谷物粉混合可用于面包等面食。

【药用功效】全草、根、叶入药，全草或叶具有利尿消肿、解毒透疹的功效，根具有活血消肿、清热解毒的功效。

赤麻 Boehmeria silvestrii (Pamp.) W. T. Wang

【俗名】三裂苎麻；长白苎麻；长白苎麻；悬铃木叶苎麻

【异名】*Boehmeria tricuspis* (Hance) Makino

【习性】多年生草本。生沟边草地、林下或山坡路旁。

【东北地区分布】黑龙江省宁安、东宁的老爷岭山地等地；吉林省辉南、和龙等地；辽宁省宽甸、本溪、桓仁等地。

【食用价值】嫩苗入开水中焯一下，用清水反复浸泡后即可食用，食用方法多种多样，蘸酱、凉拌、炒食、做汤均可，也可腌渍咸菜。

【药用功效】全草、根入药，全草用于跌打损伤，根具有活血止血、解毒消肿的功效。

艾麻属 Laportea Gaudich.

珠芽艾麻 Laportea bulbifera (Sieb. et Zucc.) Wedd.

【俗名】零余子荨麻；铁秤铊；火麻；珠芽螫麻；顶花螫麻

【异名】*Laportea sinensis* C. H. Wright

【习性】多年生草本。生山地林下或林边。

【东北地区分布】黑龙江省尚志、五常、海林、密山、虎林、饶河等地；吉林省抚松、蛟河、集安、靖宇、敦化、长白、安图、临江、桦甸、磐石、永吉、舒兰等地；辽宁省本溪、凤城、宽甸、桓仁、丹东、大连、新宾、清原、西丰等地。

【食用价值】嫩苗入开水中焯一下，用清水反复浸泡后即可食用，食用方法多种多样，蘸酱、凉拌、炒食、做汤均可，也可腌渍咸菜。要注意食用安全，详见本种附注。

【药用功效】全草、根入药，具有祛风除湿、活血调经、利水化石、消肿的功效。

【附注】刺毛有毒，应避免直接接触。

冷水花属 Pilea Lindl.

透茎冷水花 Pilea pumila (L.) A. Gray

【俗名】肥肉草

【异名】*Pilea mongolica* Wedd.; *P. viridissima* Makino; *Urtica pumila* L.

【习性】一年生草本。生林下、林缘、河边草甸。

【东北地区分布】黑龙江省尚志、伊春及哈尔滨附近松花江河谷地带等地；吉林省吉林、蛟河、安图、扶余、长白、集安、敦化、和龙等地；辽宁省沈阳、鞍山、本溪、桓仁、庄河、金州等地；内蒙古科尔沁右翼中旗、科尔沁左翼后旗等地。

【食用价值】嫩苗入开水中焯一下，用清水反复浸泡后即可食用，食用方法多种多样，蘸酱、凉拌、炒食、做汤均可，也可腌渍咸菜。

【药用功效】根、茎、叶入药，具有利尿解热、安胎、消肿解毒的功效。

荫地冷水花 Pilea pumila var. hamaoi (Makino) C. J. Chen

【俗名】阴地冷水花

【异名】*Pilea hamaoi* Makino

【习性】一年生草本。生湿润而多阴的林下、山坡、岩石间。

【东北地区分布】黑龙江省宁安、伊春等地；吉林省蛟河、安图、珲春等地；辽宁省宽甸、桓仁等地；内蒙古科尔沁左翼后旗等地。

【食用价值】嫩苗入开水中焯一下，用清水反复浸泡后即可食用，食用方法多种多样，蘸酱、凉拌、炒食、做汤均可，也可腌渍咸菜。

【药用功效】药用同透茎冷水花*Pilea pumila* (L.) A. Gray。

荨麻属 Urtica L.

狭叶荨麻 Urtica angustifolia Fisch ex Hornem.

【俗名】螫麻子

【异名】*Urtica dioica* L. var. *angustifolia* Ledeb.

【习性】多年生草本。生林下、林缘湿地、水沟子边。

【东北地区分布】黑龙江省哈尔滨、尚志、兴凯湖、饶河、带岭、伊春、呼玛、塔河、宝清、宁安、密山、黑河等地；吉林省抚松、临江、磐石、桦甸、九台、和龙、安图、汪清、珲春等地；辽宁省沈阳、鞍山、宽甸、桓仁、大连等地；内蒙古根河、牙克石、扎兰屯、鄂伦春、鄂温克、科尔沁右翼前旗、扎赉特旗、科尔沁左翼后旗、克什克腾旗、东乌珠穆沁旗等地。

【食用价值】嫩苗焯水、浸泡后可食用，味道和口感可以和菠菜相媲美，欧洲人很早以前就将其作为盘菜的配料，如荨麻布丁、荨麻奶油汤等。要注意食用安全，详见本种附注。

【药用功效】全草、根入药，

全草具有祛风通络、平肝定惊、消积通便、解毒的功效，根具有祛风、活血、止痛的功效。

【附注】根、叶有毒，服用过量可致剧烈呕吐、腹痛、头晕、心悸，以致虚脱。刺毛也有毒，其毒性是皮肤接触后立即引起刺激性皮炎，主要症状有搔痒、严重烧痛感、红肿，有如荨麻疹状。

麻叶荨麻 Urtica cannabina L.

【俗名】螫麻子

【异名】*Urtica cannabina* f. *angustiloba* Chu

【习性】多年生草本。生坡地、河漫滩、溪旁等处。

【东北地区分布】黑龙江省肇东等地；辽宁省沈阳、朝阳、凌源、北镇等地；内蒙古海拉尔、扎兰屯、牙克石、新巴尔虎右旗、鄂伦春、科尔沁右翼前旗、扎赉特旗、科尔沁左翼后旗、扎鲁特旗、克什克腾旗、赤峰、宁城、东乌珠穆沁旗、西乌珠穆沁旗、锡林浩特、正蓝旗、正镶白旗、太仆寺旗等地。

【食用价值】幼叶和嫩芽是一种营养丰富的食物，富含维生素和矿物质，焯水、浸泡后可做汤或炖菜；嫩芽还可酿造荨麻啤酒（Nettle beer）。要注意食用安全，详见本种附注。

【药用功效】全草、根入药，全草具有祛风湿、解痉的功效，根具有祛风、活血、止痛的功效。

【附注】根、叶有毒，服用过量可致剧烈呕吐、腹痛、头晕、心悸，以致虚脱。刺毛也有毒，接触皮肤，立即产生剧烈疼痛，但嫩时无毒。茎皮主要含蚁酸、丁酸和酸性刺激性物质。

宽叶荨麻 Urtica laetevirens Maxim.

【俗名】螫麻子；齿叶荨麻；哈拉海；蝎子草；痒痒草；虎麻草

【异名】*Urtica silvatica* Hand.-Mazz.

【习性】多年生草本。生山沟林下、林缘、溪流旁。

【东北地区分布】黑龙江省尚志、饶河、伊春等地；吉林省临江、安图、汪清、靖宇、长白、抚松等地；辽宁省清原、西丰、鞍山、凤城、宽甸、桓仁、庄河等地。

【食用价值】嫩苗焯水、浸泡后可食用，味道和口感可以和菠菜相媲美，欧洲人很早以前就将其作为盘菜的配料，如荨麻布丁、荨麻奶油汤等。要注意食用安全，详见本种附注。

【药用功效】全草、根、种子入药，具有祛风定惊、消食通便的功效。

【附注】根、叶有毒，服用过量可致剧烈呕吐、腹痛、头晕、心悸，以致虚脱。刺毛也有毒，其毒性是皮肤接触后立即引起刺激性皮炎，主要症状有瘙痒、严重烧痛感、红肿，有如荨麻疹状，应避免直接接触。

乌苏里荨麻 Urtica laetevirens subsp. cyanescens (Kom.) C. J. Chen

【俗名】螫麻子

【异名】*Urtica cyanescens* Kom.

【习性】多年生草本。生红松林或混交林下和溪谷阴湿处。

【东北地区分布】黑龙江省伊春、五常、翠峦、乌敏河、带岭、饶河等地；吉林省临江、和龙、安图、汪清等地；辽宁省鞍山（千山）。

【食用价值】幼叶和嫩芽是一种营养丰富的食物，富含维生素和矿物质，焯水、浸泡后可做汤或炖菜。要注意食用安全，详见本种附注。

【药用功效】全草入药，用于风寒咳嗽、风湿疼痛、皮肤瘙痒、幼儿惊吐、糖尿病。

【附注】刺毛有毒，应避免直接接触。

欧荨麻 Urtica urens L.

【俗名】螫麻子

【异名】不详

【习性】多年生草本。生庭院附近、杂草地及路旁。

【东北地区分布】辽宁省清原、桓仁、鞍山（千山龙泉寺）。

【食用价值】幼叶和嫩芽焯水、浸泡后可做汤或炖菜。要注意食用安全，详见本种附注。

【药用功效】全草入药，具有祛风湿、解痉、和血的功效。

【附注】刺毛有毒，应避免直接接触。

壳斗科（山毛榉科）Fagaceae

栎属 Quercus L.

麻栎 Quercus acutissima Carr.

【俗名】扁果麻栎；北方麻栎

【异名】*Quercus acutissima* var. *depressinucata* H. W. Jen & R. Q. Gao; *Q. lunglingensis* Hu

【习性】落叶乔木。生低山缓坡土层深厚肥沃处。

【东北地区分布】吉林省集安等地；辽宁省海城、盖州、金州、大连等地。

【食用价值】嫩叶、果实有食用价值。

嫩叶开水焯、清水反复浸泡后可作蔬菜少食。

种子含淀粉50.4%～62.9%，晒干后磨粉，去除单宁后用作汤品增稠剂或与面粉混合制面包等食物，也可酿酒或作饲料，烘烤后还可作咖啡的代用品。

【药用功效】树皮、果实、壳斗（总苞）入药，根皮或树皮具有涩肠止痢、消瘰疬、除恶疮的功效，壳斗具有涩肠固脱、收敛、止血的功效，果实具有涩肠固脱的功效。

【附注】虽然未见本种的有毒报道，但同属某些植物的叶有毒。

槲栎 Quercus aliena Bl.

【俗名】青冈树

【异名】*Quercus hirsutula* Blume

【习性】落叶乔木。生杂木林内。

【东北地区分布】辽宁省抚顺、新宾、本溪、桓仁、鞍山、宽甸、凤城、丹东、庄河、金州、大连等地。

【食用价值】种子含淀粉60%～70%，晒干后磨粉，去除单宁后用作汤品增稠剂或与面粉混合制面包等食物，也可酿酒或作饲料，烘烤后还可作咖啡的代用品。

【药用功效】根、树皮、叶、壳斗、种仁入药，根、树皮、壳斗具有收敛、止痢的功效，叶用于恶疮，种仁具有止泻痢的功效。

【附注】虽然未见本种的有毒报道，但同属某些植物的叶有毒。

槲树 Quercus dentata Thunb.

【俗名】柞栎；波罗栎；波罗叶

【异名】*Quercus obovata* Bunge; *Q. dentata* subsp. *eudentata* A. Camus

【习性】落叶乔木。常生山麓阳坡的杂木林内。

【东北地区分布】黑龙江省东南部山地，依兰、桦南、勃利、密山、林口、穆棱、宁安、鸡东等地；吉林省磐石、珲春、通化、长白等地；辽宁省各地。

【食用价值】种子含淀粉50%～65%，晒干后磨粉，去除单宁后用作汤品增稠剂或与面粉混合制面包等食物，也可酿酒或作饲料，烘烤后还可作咖啡的代用品。

【药用功效】树皮、叶、种子入药，树皮具有解毒消肿、涩肠、止血的功效，叶具有清热利尿、活血止血的功效，种子具有涩肠止痢的功效。

【附注】叶有毒，其次是壳斗。牛、马、羊和家兔等长期大量采食后会引起中毒。牛主要症状有食欲减退、反刍减少或困难、便秘、横卧、尿粉红色、乳汁分泌减少直至停止，此外有高热、震颤、衰弱等症状。尸体剖检发现有出血性胃肠炎，尤以肾膀胱炎最为显著，肾容积增大2～3倍，表面有溢血斑、肾盂炎、输尿管崩坏或被纤维素凝固物闭塞，膀胱常有萎缩、空虚，内有少量浓色血尿，黏膜有炎症。

金州栎 Quercus maccormickii Carr.

【俗名】凤城栎

【异名】*Quercus fenchengensis* H. W. Jen et L. M. Wang

【习性】落叶乔木。生山坡杂木林中。

【东北地区分布】辽宁省金州、凤城等地。

【食用价值】种子富含淀粉，晒干后磨粉，去除单宁后用作汤品增稠剂或与面粉混合制面包等食物，也可酿酒或作饲料，烘烤后还可作咖啡的代用品。

【药用功效】不详。但可参考本书同属其他植物的药用价值开展研究。

【附注】虽然未见本种的有毒报道，但同属某些植物的叶有毒。

蒙古栎 Quercus mongolica Fisch. ex Turcz.

【俗名】蒙栎；柞树

【异名】*Quercus crispula* Blume; *Q. crispula* var. *manschurica* Koidzumi; *Q. grosseserrata* Blume; *Q. kirinensis* Nakai

【习性】落叶乔木。生阳坡。

【东北地区分布】黑龙江省鹤岗、虎林、哈尔滨、依兰、萝北、宁安、呼玛、黑河、密山、伊春、尚志等地；吉林省安图、抚松、临江、和龙、九台、汪清、珲春、蛟河、集安等地；辽宁省各地；内蒙

古阿荣旗、扎兰屯、鄂伦春、扎赉特旗、科尔沁左翼后旗、大青沟、扎鲁特旗、翁牛特旗、巴林右旗、克什克腾旗、宁城、多伦等地。

【食用价值】种子含淀粉55.76%，晒干后磨粉，去除单宁后用作汤品增稠剂或与面粉混合制面包等食物，也可酿酒或作饲料，烘烤后还可作咖啡的代用品。

【药用功效】根皮、树皮、叶、果实入药，根皮、树皮具有利湿、清热、解毒的功效，果实具有健脾止泻、收敛止血、涩肠固脱、解毒消肿的功效。

【附注】虽然未见本种的有毒报道，但同属某些植物的叶有毒。

柞槲栎 Quercus × mongolico-dentata Nakai

【俗名】不详

【异名】不详

【习性】落叶乔木。生海拔100～200米的山坡。

【东北地区分布】辽宁省金州、鞍山（千山）、丹东等地。

【食用价值】种子富含淀粉，晒干后磨粉，去除单宁后用作汤品增稠剂或与面粉混合制面包等食物，也可酿酒或作饲料，烘烤后还可作咖啡的代用品。

【药用功效】树皮、叶、种子入药，树皮用于恶疮、瘰疬、痢疾、肠风下血，叶用于吐血、衄血、血痢、血痔、淋病，种子用于涩肠止痢。

【附注】虽然未见本种的有毒报道，但同属某些植物的叶有毒。

枹栎 Quercus serrata Thunb.

【俗名】绒毛枹栎；短柄枹栎

【异名】*Quereus glandulifera* Blume; *Quercus serrata* var. *brevipetiolata* (A. DC.) Nakai; *Quercus glandulifera* Bl. var. *brevipetiolata* (A. DC.) Nakai

【习性】落叶乔木。生山地或沟谷林中。

【东北地区分布】辽宁省本溪、凤城、宽甸、桓仁等地。

【食用价值】种子含淀粉50.0%～68.7%，供酿酒和作饮料。

【药用功效】果实、果壳入药，果实具有养胃健脾的功效，果壳具有清热润肺、收敛固涩的功效。

【附注】虽然未见本种的有毒报道，但同属某些植物的叶有毒。

栓皮栎 Quercus variabilis Bl.

【俗名】塔形栓皮栎

【异名】*Quercus bungeana* F. B. Forbes; *Q. chinensis* Bunge (1833), not Abel (1818); Q. var*i*abilis var.

megaphylla T. B. Chao; *Q. variabilis* var. *pyramidalis* T. B. Chao & al.

【习性】落叶乔木。常生向阳坡地或杂木林内。

【东北地区分布】辽宁省丹东、东港、庄河、大连、金州、兴城、绥中等地。

【食用价值】种子含淀粉50.4%～63.5%，晒干后磨粉，去除单宁后用作汤品增稠剂或与面粉混合制面包等食物，也可酿酒或作饲料，烘烤后还可作咖啡的代用品。

【药用功效】果壳、种仁入药，果壳具有止咳涩肠的功效，壳斗或果实具有健胃、收敛、止血痢、止咳、涩肠的功效。

【附注】虽然未见本种的有毒报道，但同属某些植物的叶有毒。

辽东栎 Quercus wutaishanica Mayr

【俗名】辽宁栎

【异名】*Quercus liaotungensis* Koidzumi; *Q. mongolica* var. *liaotungensis* (Koidz.) Nakai

【习性】落叶乔木。生低山向阳坡地杂木林中。

【东北地区分布】黑龙江省穆棱、宁安、东宁等地；吉林省长春、东丰、吉林等地；辽宁铁岭、清原、沈阳、抚顺、新宾、本溪、桓仁、宽甸、凤城、岫岩、丹东、金州、大连等地；内蒙古额尔古纳、科尔沁右翼前旗、扎鲁特旗、翁牛特旗、宁城、克什克腾旗、科尔沁左翼后旗等地。

【食用价值】种子含淀粉40%～63.4%，晒干后磨粉，去除单宁后用作汤品增稠剂或与面粉混合制面包等食物，也可酿酒或作饲料，烘烤后还可作咖啡的代用品。

【药用功效】根皮、树皮、壳斗（总苞）、果实入药，根皮和树皮具有收敛、止泻的功效，总苞具有收敛、止血、止泻的功效，果实具有健脾止泻、收敛止血的功效。

【附注】叶有毒，其次是壳斗。牛、马、羊和家兔等长期大量采食后会引起中毒。牛主要症状有食欲减退、反刍减少或困难、便秘、横卧，尿粉红色、乳汁分泌减少直至停止，此外有高热、震颤、衰弱等症状。尸体剖检发现有出血性胃肠炎，尤以肾膀胱炎最为显著，肾容积增大2～3倍，表面有溢血斑、肾盂炎、输尿管崩坏或被纤维素凝固物闭塞，膀胱常有萎缩、空虚，内有少量浓色血尿，黏膜有炎症。

胡桃科 Juglandaceae

胡桃属 Juglans L.

胡桃楸 Juglans mandshurica Maxim.

【俗名】核桃楸

【异名】*Juglans stenocarpa* Maxim.; *J. collapsa* Dode

【习性】落叶乔木。生阔叶林或沟谷。

【东北地区分布】黑龙江省哈尔滨、宁安等地；吉林省安图、抚松、桦甸等地；辽宁省各山区；内蒙古科尔沁左翼后旗、大青沟、乌兰浩特、喀喇沁旗、宁城等地。

【食用价值】果仁含油68.2%，可生食、烤食，也可榨油食用。

【药用功效】树皮、青果、种仁入药，枝皮或干皮具有泻热、明目、止痢的功效，未成熟果实或果皮具有行气止痛、杀虫止痒的功效，种仁具有敛肺定喘、温肾润肠的功效。

【附注】枝、叶、皮有毒，可作农药，用于毒鱼、杀虫等。

枫杨属 Pterocarya Kunth

枫杨 Pterocarya stenoptera DC.

【俗名】麻柳；蜈蚣柳

【异名】*Pterocarya laevigata* Lavallee; *P. chinensis* Lavallee; *P. japonica* Lavallee; *P. japonica* Dipp.; *P. esquirollii* Levl.; *Acer mairei* Levl.

【习性】落叶乔木。生河滩或山涧溪谷两岸。

【东北地区分布】辽宁省大连、庄河、丹东、东港、岫岩、宽甸、本溪、沈阳、盖州等地。

【食用价值】果实富含淀粉，可用于酿酒。

【药用功效】根、根皮、树皮、枝、叶、果实入药，根或根皮具有祛风止痛、杀虫止痒、解毒敛疮的功效，树皮具有解毒、杀虫止痒、祛风止痛的功效，叶具有祛风止痛、杀虫止痒、解毒敛疮的功效，果实具有温肺止咳、解毒敛疮的功效。

【附注】叶、树皮有毒。叶内用可引起腹泻，并有轻度头昏、头痛、咽干、腹痛等反应，可用作杀虫药，灭钉螺和孑孓，杀蛆等。

桦木科 Betulaceae

桦木属 Betula L.

硕桦 Betula costata Trautv.

【俗名】风桦；枫桦

【异名】*Betula ermanii* Chamisso var. *costata* (Trautvetter) Regel; *B. ulmifolia* Siebold & Zuccarini var. *costata* (Trautvetter) Regel

【习性】落叶乔木。生山腰及上部的杂木林内。

【东北地区分布】黑龙江省伊春、饶河、海林、尚志等地；吉林省敦化、汪清、安图、抚松、临江、长白等地；辽宁省清原、抚顺、新宾、本溪、桓仁、宽甸、凤城、岫岩、庄河等地；内蒙古喀喇沁旗、宁城等地。

【食用价值】树干中的汁液味甜，且含有多种氨基酸和多种矿物质及微量元素，可以直接饮用，也可加工成饮料。

【药用功效】不详。但可参考本书同属其他植物的药用价值开展研究。

黑桦 **Betula dahurica** Pall.

【俗名】不详

【异名】*Betula dahurica* var. *oblongifolia* Liou; *Betula dahurica* var. *tiliaefolia* Liou; *Betulada hurica* var. *ovalifolia* Liou; *Betula dahurica* f. *oblongifolia* (Liou) Tung.

【习性】落叶乔木。生低山向阳山坡、山麓较干燥处或杂木林内。

【东北地区分布】黑龙江省漠河、呼玛、五大连池、嫩江、伊春、饶河、密山、嘉荫、汤原、鸡西、绥芬河、宁安等地；吉林省安图、临江、汪清、九台、吉林等地；辽宁省清原、抚顺、新宾、本溪、桓仁、宽甸、凤城、岫岩、旅顺口、金州、庄河等地；内蒙古额尔古纳、根河、牙克石、扎兰屯、鄂伦春、科尔沁右翼前旗、扎鲁特旗、翁牛特旗、巴林左旗、巴林右旗、克什克腾旗、喀喇沁旗、宁城、林西、东乌珠穆沁旗、多伦等地。

【食用价值】树干中的汁液味甜，且含有多种氨基酸和多种矿物质及微量元素，可以直接饮用，也可加工成饮料。

【药用功效】芽、树皮入药，芽用于胃病，树皮用于黄疸。

白桦 **Betula platyphylla** Suk.

【俗名】粉桦；桦皮树

【异名】*Betula platyphylla* Suk. var. *mandshurica* (Regel) Hara

【习性】落叶乔木。散生山地中上部杂木林内。

【东北地区分布】黑龙江省密山、呼玛、哈尔滨、伊春、海林、桦南、牡丹江、五大连池、虎林、萝北、宁安、尚志等地；吉林省临江、抚松、安图、蛟河、敦化、汪清、珲春、长白等地；辽宁省桓仁、宽甸、建昌等地；内蒙古额尔古纳、根河、牙克石、扎兰屯、鄂伦春、鄂温克、科尔沁右翼前旗、扎鲁特旗、翁牛特旗、巴林右旗、阿鲁科尔沁旗、克什克腾旗、喀喇沁旗、宁城、林西、锡林浩特等地。

【食用价值】树干中的汁液味甜，且含有多种氨基酸和多种矿物质及微量元素，可以直接饮用，也可加工成饮料。

【药用功效】树皮、汁液、叶入药，树皮具有清热利湿、祛痰止咳、解毒消肿的功效，汁液具有止咳的功效，叶具有利尿的功效。

赛黑桦 Betula schmidtii Regel

【俗名】辽东桦

【异名】*Betula schmidtii* var. *angustifolia* Makino & Nemoto

【习性】落叶乔木。常生向阳山坡或多岩石处。

【东北地区分布】吉林省临江、集安等地；辽宁省本溪、凤城、宽甸等地。

【食用价值】树干中的汁液味甜，且含有多种氨基酸和多种矿物质及微量元素，可以直接饮用，也可加工成饮料。

【药用功效】不详。但可参考本书同属其他植物的药用价值开展研究。

鹅耳枥属 Carpinus L.

鹅耳枥 Carpinus turczaninowii Hance

【俗名】穗子榆

【异名】*Carpinus paxii* H. Winkl.; *Carpinuschowii* Hu; *Carpinus turczaninowii* Hance var. *chungnanensis* P. C. Kuo

【习性】落叶乔木。生山坡或山谷林中。

【东北地区分布】辽宁省朝阳、建平、喀左、凌源、建昌、丹东、东港、长海、大连等地。

【食用价值】种子含油，可供食用或工业用。

【药用功效】树皮、叶入药，用于跌打损伤。

榛属 Corylus L.

榛 Corylus heterophylla Fisch. ex Trautv.

【俗名】榛子；平榛

【异名】*Corylus avellana* L. var. *davurica* Ldb.

【习性】落叶灌木或小乔木。常丛生裸露向阳坡地或林缘低平处。

【东北地区分布】黑龙江省哈尔滨、呼玛、尚志、饶河、宁安、黑河、萝北、密山、伊春、集贤等地；吉林省安图、珲春、吉林、集安、抚松、汪清、通化等地；辽宁省各地；内蒙古牙克石、鄂伦春、科尔沁右翼前旗、扎赉特旗、大青沟、喀喇沁旗等地。

【食用价值】种仁含淀粉20%～25%、蛋白质16.2%～18.0%、油脂46.7%～61.0%，还含有维生素、矿物质等营养物质，营养价值高，可生食、炒食、制作糕点，亦可榨油。

【药用功效】雄花、种仁入药，雄花具有止血、消肿、敛疮的功效，种仁具有调中、开胃、明目的功效。

毛榛 Corylus mandshurica Maxim. et Rupr.

【俗名】角榛

【异名】*Corylus mandshurica* var. *brevituba* Nakai; *C. mandshurica* f. *glandulosa* Tung

【习性】落叶灌木或小乔木。散生低山地的林内或灌丛中。

【东北地区分布】黑龙江省伊春、黑河、虎林、宝清、哈尔滨、尚志、饶河等地；吉林省敦化、珲春、临江、长白、和龙、安图、抚松、汪清等地；辽宁省抚顺、新宾、本溪、桓仁、宽甸、凤城、北镇、朝阳、建平、凌源、建昌、瓦房店、庄河等地；内蒙古喀喇沁旗、宁城等地。

【食用价值】果仁含油63.8%，可食用，亦可榨油。

【药用功效】雄花、果仁入药，雄花具有止血、消肿、敛疮的功效，果仁具有益气、调中、滋养开胃、止咳明目的功效。

葫芦科 Cucurbitaceae

裂瓜属 Schizopepon Maxim.

裂瓜 Schizopepon bryoniifolius Maxim.

【俗名】不详

【异名】*Schizopepon bryoniifolius* var. *japonicus* Cogniaux; *S. bryoniifolius* var. *paniculatus* Komarov

【习性】一年生攀缘草本。生山沟林下或水沟旁。

【东北地区分布】黑龙江省尚志、宁安、伊春、汤原；吉林省敦化、九台、临江、抚松、靖宇、汪清、安图；辽宁省庄河、沈阳、本溪、桓仁、清原、西丰；内蒙古科尔沁右翼前旗、阿鲁科尔沁旗、喀喇沁旗、宁城、西乌珠穆沁旗等地。

【食用价值】嫩苗焯水、浸泡后可菜食。

【药用功效】全草入药，具有清热解毒、利尿的功效。

刺果瓜属（刺瓜藤属、野胡瓜属）Sicyos L.

刺果瓜 Sicyos angulatus L.

【俗名】棱角西克斯；刺瓜藤

【异名】不详

【习性】一年生草本。生林缘、水沟、农田等地。

【产地】分布辽宁省大连、庄河、长海、昌图等地。原产北美洲。

【食用价值】幼苗、嫩茎叶、种子有食用价值。

嫩叶或嫩苗入开水中焯一下，用清水反复浸泡后可食，蘸酱、凉拌、炒菜、做汤、做馅均可。

种子用法参考西瓜子。

【药用功效】根、种子入药，用作苦味剂、利尿剂。

【附注】为外来入侵植物。

赤瓟属 Thladiantha Bunge

赤瓟 Thladiantha dubia Bunge

【俗名】气包；王瓜

【异名】不详

【习性】攀缘草质藤本。生居民区附近、山坡、林缘、田边。

【东北地区分布】黑龙江省哈尔滨；吉林省吉林、通化、珲春；辽宁省沈阳、大连、长海、盖州、鞍山、岫岩、丹东、凤城、宽甸、本溪、桓仁、新宾、彰武、北镇、西丰；内蒙古扎兰屯、科尔沁右翼中旗、扎赉特旗、科尔沁左翼大青沟、扎鲁特旗、敖汉旗等地。

【食用价值】嫩苗、根、果实有食用价值。

嫩苗焯水、浸泡后可食用。

根洗净后可煮食，也可提取淀粉酿酒。

果肉味道鲜美，汁液丰富，可直接生食或制果酱、果汁、饮料等。

【药用功效】根、果实入药，根具有清热解毒、活血通乳的功效，果实具有降逆、利湿、祛痰、活血、化瘀的功效。

栝楼属 Trichosanthes L.

栝楼 Trichosanthes kirilowii Maxim.

【俗名】药瓜；瓜蒌

【异名】*Trichosanthes obtusiloba* C. Y. Wu ex C. Y. Cheng et Yuch

【习性】多年生攀缘草本。生山谷疏林中。

【东北地区分布】辽宁省大连、金州、长海等地。各地有栽培。

【食用价值】块根、叶、嫩苗、嫩果、种子可食用。

块根含淀粉64.86%，提炼出来的淀粉可食用，要注意其有毒报道，详见本种附注。

叶和嫩苗开水焯、清水反复浸泡后可作蔬菜少量食用。

嫩果腌渍后可以食用，成熟果实的果肉可以食用。

种子含油51.0%，榨油供食用。

【药用功效】根、叶、果实、果皮、种子均可入药，其中，根具有清热泻火、生津止渴、消肿排脓的功效，种子具有清肺化痰、滑肠通便的功效。

【附注】根提取物剧毒。脾胃虚寒、大便溏泄者慎服。反乌头。少数患者可出现过敏反应。可提炼淀粉，不能直接食用。

卫矛科 Celastraceae

南蛇藤属 Celastrus L.

刺苞南蛇藤 Celastrus flagellaris Rupr.

【俗名】刺南蛇藤

【异名】*Celastrus ciliidens* Miquel

【习性】落叶藤状灌木。生林下、河边、石坡上。

【东北地区分布】吉林省抚松、长白；辽宁省清原、本溪、宽甸、丹东、大连、长海、瓦房店、岫岩等地。

【食用价值】嫩芽焯水、清水反复浸泡后可晒制干菜食用，但要注意其有毒报道，详见本种附注。

【药用功效】根、茎、果实入药，具有祛风除湿、活血止痛的功效。

【附注】全株有毒，民间作杀虫农药，其根皮水浸液可杀蔬菜害虫。

南蛇藤 Celastrus orbiculatus Thunb.

【俗名】金银柳；金红树；过山风

【异名】*Celastrus articulatus* Thunberg; *C. articulatus* var. pubescens Makino; *C.jeholensis* Nakai; *C. oblongifolius* Hayata; *C. tartarinowii* Ruprecht

【习性】落叶藤状灌木。生丘陵、山沟或多石灰质山坡的灌丛中。

【东北地区分布】黑龙江省哈尔滨、集贤；吉林省集安；辽宁省各地；内蒙古大青沟等地。

【食用价值】嫩芽焯水、清水反复浸泡后可晒制干菜食用，但要注意其有毒报道，详见本种附注。

【药用功效】根、藤、叶、果实入药，根、藤具有祛风活血、消肿止痛的功效，叶具有解毒、散瘀的功效，果实具有安神镇静的功效。

【附注】全株有毒，民间作杀虫农药，其根皮水浸液可杀蔬菜害虫。

卫矛属 Euonymus L.

卫矛 Euonymus alatus (Thunb.) Sieb.

【俗名】鬼箭羽

【异名】*Euonymus sacrosanctus* Koidz.

【习性】落叶灌木。生针阔混交林中、林缘及山坡草地。

【东北地区分布】黑龙江省哈尔滨、富锦、勃利、宝清、宁安、尚志、虎林、饶河、密山、伊春；吉林省和龙、安图、敦化、汪清、珲春、长白、吉林、抚松、蛟河、桦甸、通化、集安；辽宁省鞍山、瓦房店、大连、庄河、东港、桓仁、沈阳；内蒙古巴林右旗、克什克腾旗、喀喇沁旗、宁城、科尔沁左翼后旗等地。

【食用价值】嫩芽、花有食用价值。

嫩芽焯水、浸泡后可炒食、凉拌或蘸酱食，也可剁馅加猪肉包饺子或包子，大量采集可以腌渍保存或制成什锦袋菜。

花炒制后可代茶。

【药用功效】根、带翅的枝或叶入药，具有行血通经、散瘀止痛的功效。

【附注】孕妇、气虚崩漏者禁服。

西南卫矛 Euonymus hamiltonianus Wall.

【俗名】短柄卫矛；毛脉西南卫矛

【异名】*Euonymus sieboldianus* Blume; *Euonymus hamiltonianus* Wall. ex Roxb. f. *lanceifolius* (Loes.) C. Y. Cheng

【习性】落叶小乔木。生海岸带山林中或一般山林中。

【东北地区分布】辽宁省长海、旅顺口（蛇岛）、新宾、本溪等地。黑龙江省、辽宁省有栽培。

【食用价值】嫩芽焯水、浸泡后可炒食、凉拌或蘸酱食，也可剁馅加猪肉包饺子或包子，大量采集可以腌渍保存或制成什锦袋菜。

花炒制后可代茶。

【药用功效】根、根皮、茎皮、枝叶、果实入药，具有活血、止血、祛风除湿、强筋骨的功效。

【附注】本种在东北地区，仅生于海岸带，不但果期观赏价值高，而且有保护海岸带的作用，也为鸟类提供了栖息环境和食物。

白杜 Euonymus maackii Rupr.

【俗名】华北卫矛；丝棉木

【异名】*Euonymus maackii* var. *trichophyllus* Y. B. Chang

【习性】落叶小乔木。生河岸、溪谷、杂木林中或坡地。

【东北地区分布】黑龙江省嫩江、虎林、饶河、依兰、富锦、逊克、黑河、伊春、萝北、密山、宁安、哈尔滨；吉林省长春、扶余、双辽、洮南、抚松、敦化；辽宁省彰武、阜新、义县、葫芦岛、沈阳、西丰、抚顺、鞍山、营口、金州、大连、庄河、桓仁、丹东、本溪；内蒙古额尔古纳、海拉尔、鄂温克、科尔沁右翼前旗、大青沟、敖汉旗、巴林右旗、奈曼旗等地。

【食用价值】嫩叶炒制后可代茶。

【药用功效】全株入药，具有祛风湿、活血、止血的功效。

黄心卫矛 Euonymus macropterus Rupr.

【俗名】翅卫矛

【异名】*Kalonymus macroptera* (Rupr.) Prokh.

【习性】落叶灌木。生山地林中。

【东北地区分布】黑龙江省哈尔滨、尚志、勃利、海林、宁安；吉林省蛟河、柳河、临江、长白、和龙、安图；辽宁省清原、本溪、宽甸、桓仁、丹东、庄河等地。

【食用价值】饥荒等非常时期，嫩芽开水焯、清水反复浸泡后可作蔬菜少量食用。

【药用功效】不详。但可参考本书同属其他植物的药用价值开展研究。

【附注】本种与食用有关的内容有的参考国外文献整理，初次食用者以少量尝试为宜。

垂丝卫矛 Euonymus oxyphyllus Miq.

【俗名】球果卫矛

【异名】*Euonymus robusta* Nakai

【习性】落叶灌木。生低山坡地杂木林内。

【东北地区分布】辽宁省大连、庄河。

【食用价值】可作为应急食品，在饥荒或者没有其他食物可提供的非常时期，嫩芽开水焯、清水反复浸泡后可作蔬菜少量食用。

【药用功效】根、根皮、树皮、果实入药，具有活血化瘀、通经逐水的功效。

【附注】本种在东北地区分布区狭窄，数量极少，应加以保护。

东北卫矛 Euonymus sachalinensis (F. Schmidt) Maxim.

【俗名】短翅卫矛；凤城卫矛；库页卫矛

【异名】*Euonymus planipes* (Koehne.) Koehne.; *E. maximowiczianus* (Prokh.) Varosh

【习性】落叶灌木或小乔木。生阔叶林或针阔混交林中。

【东北地区分布】黑龙江省，地点不详；吉林省长白；辽宁省西丰、清原、本溪、凤城、宽甸、岫岩、鞍山、盖州、营口、庄河等地。

【食用价值】可作为应急食品，在饥荒或者没有其他食物可提供的非常时期，嫩芽开水焯、清水反复浸泡后可作蔬菜少量食用。

【药用功效】韩国药用植物，叶入药，也有食用价值。

【附注】本种与食用有关的内容有的参考国外文献整理，初次食用者以少量尝试为宜。

酢浆草科 Oxalidaceae

酢浆草属 Oxalis L.

白花酢浆草 Oxalis acetosella L.

【俗名】山酢浆草

【异名】不详

【习性】多年生草本。生针叶林、针阔混交林、阔叶林下及灌丛下阴湿地。

【东北地区分布】黑龙江省伊春、尚志、海林；吉林省汪清、珲春、安图、抚松、浑江；辽宁省本溪、桓仁、宽甸、凤城、盖州、庄河等地。

【食用价值】嫩苗焯水、反复浸泡后可少食。要注意食用安全，详见本种附注。

【药用功效】全草入药，具有活血化瘀、清热解毒的功效。

【附注】虽然未见本种的有毒报道，但同属植物有的有毒。建议谨慎对待，初次食用者以少量尝试为宜。

酢浆草 Oxalis corniculata L.

【俗名】酸三叶；鸠酸

【异名】*Oxalis repens* Thunb.; *O. chinensis* Haw; *O. fontana* Bunge; *Acetosella chinensis* (Haw) O. Kuntze

【习性】一年生草本。生林下、山坡、路旁、荒地。

【东北地区分布】黑龙江省各地；吉林省临江、柳河、梅河口、辉南、集安、抚松、靖宇、长白；辽宁省北镇、新民、沈阳、抚顺、鞍山、本溪、桓仁、宽甸、凤城、岫岩、大连、金州、旅顺口等地。

【食用价值】嫩苗焯水、反复浸泡后可少食。要注意食用安全，详见本种附注。

【药用功效】全草入药，具有清热解毒、利湿、止咳祛痰、消肿的功效。

【附注】全草有毒，人大量食后出现流涎、呕吐、腹泻、脉搏缓慢、肌肉颤动、瞳孔放大、抽搐、强直性痉挛、血尿、呼吸困难、发绀、虚脱。牛羊大量食后可引起胃肠炎甚至死亡。

直酢浆草 Oxalis stricta L.

【俗名】酸溜溜

【异名】*Oxalis corniculata* L. var. *stricta* (L.) Huang et L. R. Xu

【习性】一年生草本。生山坡、林下、山沟、路旁、河谷及山区田边。

【东北地区分布】吉林省吉林；辽宁省沈阳、鞍山、本溪、凤城、丹东、岫岩、庄河、金州、大连等地。

【食用价值】嫩苗焯水、反复浸泡后可少食。要注意食用安全，详见本种附注。

【药用功效】全草入药，具有杀虫、止痛、散热、消肿、祛瘀的功效。

【附注】全草有毒，鲜草捣烂加等量的水浸泡，可防治蚜、螟等虫害，其他参考酢浆草。

金丝桃科 Hypericaceae

金丝桃属 Hypericum L.

黄海棠 Hypericum ascyron L.

【俗名】长柱金丝桃；湖南连翘；牛心菜；山辣椒

【异名】*Roscyna gmelinii* Spach

【习性】多年生草本。生山坡林缘及草丛中、向阳山坡及河岸湿地。

【东北地区分布】黑龙江省哈尔滨、伊春、阿城、尚志、虎林、饶河、依兰、爱辉；吉林省长春、浑江、蛟河、抚松、安图；辽宁省各地；内蒙古根河、牙克石、扎兰屯、鄂伦春、鄂温克、阿荣旗、科尔沁右翼前旗、扎赉特旗、科尔沁左翼后旗、大青沟、扎鲁特旗、敖汉旗、巴林左旗、巴林右旗、阿鲁科尔沁旗、克什克腾旗、喀喇沁旗、宁城、东乌珠穆沁旗（宝格达山）等地。

【食用价值】嫩苗、叶有食用价值。要注意食用安全，详见本种附注。

嫩苗焯水、浸泡后可炒食、凉拌、蘸酱或腌渍咸菜。

叶晒干或炒制后可作茶叶代用品。

【药用功效】全草或地上部分入药，具有清热解毒、平肝、止血凉血、消肿的功效。

另有文献报道，种子泡酒服，可治胃病，并可解毒和排脓。

【附注】全草有毒，煎剂灌胃对小鼠的LD_{50}（半数致死量）为70.71 ± 3.64克/千克，腹腔注射为18.64 ± 0.98克/千克。

短柱金丝桃 **Hypericum ascyron** subsp. **gebleri** (Ledeb.) N. Robson

【俗名】不详

【异名】*Hypericum gebleri* Ledeb.

【习性】多年生草本。生山坡林缘及草丛中、向阳山坡及河岸湿地。

【东北地区分布】黑龙江省各地；吉林省抚松、安图、珲春、长白、汪清、临江；辽宁省北镇、绥中、凤城、鞍山；内蒙古根河市满归、科尔沁右翼前旗等地。

【食用价值】嫩苗、叶有食用价值。

嫩苗焯水、浸泡后可炒食、凉拌、蘸酱或腌渍咸菜。

叶晒干或炒制后可作茶叶代用品。

【药用功效】全草、叶、花入药，全草具有凉血、止血、平肝、消肿、散结、排脓、清热解毒的功效，叶、花具有清热解毒的功效。

【附注】全草有毒，参考黄海棠*Hypericum ascyron* L.。

赶山鞭 **Hypericum attenuatum** Choisy

【俗名】乌腺金丝桃；小茶；小金丝桃；女儿茶；小便草

【异名】*Hypericum attenuatum* var. *fruticulosum* F.Schmidt

【习性】多年生草本。生田野、半湿草地、山坡草地、林下及石砾地。

【东北地区分布】黑龙江省集贤、依兰、北安、哈尔滨等山地及森林草原地带；吉林省汪清、九台、吉林、长春、抚松；辽宁省凌源、北镇、建平、本溪、桓仁、凤城、清原、瓦房店、沈阳、阜新、鞍山、丹东、大连；内蒙古海拉尔、根河、牙克石、扎兰屯、鄂伦春、鄂温克、科尔沁右翼前旗、扎赉特旗、扎鲁特旗、翁牛特旗、敖汉旗、巴林左旗、巴林右旗、阿鲁科尔沁旗、克什克腾旗、喀喇沁旗、宁城、东乌珠穆沁旗、西乌珠穆沁旗、锡林浩特等地。

【食用价值】民间用全草代茶叶用，故又名"小茶叶"。

【药用功效】全草入药，具有止血、镇痛、通乳的功效。

【附注】全草有小毒。

堇菜科 Violaceae

堇菜属 Viola L.

鸡腿堇菜 Viola acuminata Ledeb.

【俗名】鸡脚堇菜；鸡腿菜；胡森堇菜；红铧头草

【异名】*Viola micrantha* Turcz.; *V. laciniosa* A. Gray;
V. canina L. var. *acuminata* (Ledeb.) Regel; *V. acuminata*
Ledeb, subsp. *austro-ussuriensis* W. Beck.

【习性】多年生或二年生草本。生杂木林林下、林
缘、灌丛、山坡草地或溪谷湿地等处。

【东北地区分布】黑龙江省哈尔滨、黑河、饶河、呼玛、漠河、伊春、嘉荫、宝清、尚志、阿城、
伊春；吉林省长白、珲春、和龙、汪清、安图、抚松、靖宇、桦甸、梅河口、集安、蛟河、九台、浑
江、通化、辉南、柳河、吉林；辽宁省各地；内蒙古额尔古纳、牙克石、扎兰屯、鄂伦春、科尔沁右翼
前旗、科尔沁左翼后旗、科尔沁左翼中旗、敖汉旗、阿鲁科尔沁旗、克什克腾旗、喀喇沁旗、宁城、赤
峰市红山区、东乌珠穆沁旗等地。

【食用价值】嫩苗沸水焯、清水泡后，炒食、做汤、制馅、凉拌、煮菜粥或与面蒸食均可。

【药用功效】全草入药，具有清热解毒、消肿止痛的功效。

【附注】植物体含黏胶液，不宜一次性大量食用或者连续数日食用，因为过多食用会使眼皮发生轻
微浮肿。

朝鲜堇菜 Viola albida Palibin

【俗名】不详

【异名】*Viola dissecta* Ledeb. var. *chaerophylloides*
(Regel) Makino; V. *dissecta* Ledeb. var. *albida* (Palib.) Nakai

【习性】多年生草本。生阔叶林或灌丛下。

【东北地区分布】辽宁省凤城、本溪、宽甸、庄河
等地。

【食用价值】嫩苗沸水焯、清水泡后，炒食、做汤、制馅、凉拌、煮菜粥或与面蒸食均可。

【药用功效】不详。但可参考本书同属其他植物的药用价值开展研究。

【附注】植物体含黏胶液，不宜一次性大量食用或者连续数日食用，因为过多食用会使眼皮发生轻
微浮肿。

菊叶堇菜 Viola albida var. takahashii (Nakai) Nakai

【俗名】辽东堇菜；菊叶朝鲜堇菜

【异名】*Viola × takdhashii* (Nakai) Taken. ex P. Y. Fu et Y. C. Teng; *V. savatieri* auct. non Makino

【习性】多年生草本。生阔叶林林下含腐殖质的土壤上。

【东北地区分布】辽宁省凤城、庄河等地。

【食用价值】嫩苗沸水焯、清水泡后，炒食、做汤、制馅、凉拌、煮菜粥或与面蒸食均可。

【药用功效】不详。但可参考本书同属其他植物的药用价值开展研究。

【附注】植物体含黏胶液，不宜一次性大量食用或者连续数日食用，因为过多食用会使眼皮发生轻微浮肿。

如意草 Viola arcuata Blume

【俗名】堇菜；额穆尔堇菜

【异名】*Viola hamiltoniana* D. Don; *V. verecunda* A. Gray; *V. amurica* W. Becker

【习性】多年生草本。生湿草地、山坡草丛、灌丛、林缘、田野、宅旁等处。

【东北地区分布】黑龙江省伊春、饶河、尚志、方正、汤原、虎林、密山、穆棱、宁安、东宁、林口、安达；吉林省舒兰、通化、安图、敦化、抚松、靖宇、浑江；辽宁省桓仁、凤城、宽甸、丹东；内蒙古额尔古纳等地。

【食用价值】嫩苗沸水焯、清水泡后，炒食、做汤、制馅、凉拌、煮菜粥或与面蒸食均可。

【药用功效】全草入药，具有温经通络、止血、接骨功效。

【附注】植物体含黏胶液，不宜一次性大量食用或者连续数日食用，因为过多食用会使眼皮发生轻微浮肿。

野生堇菜 Viola arvensis Murray

【俗名】田野堇菜

【异名】*Viola arvensis* subsp. *kitaibeliana* (Schult.) Mateo & Figuerola

【习性】一年生或二年生草本。园林栽培或逸生。

【产地】黑龙江省哈尔滨市帽儿山镇和伊春市嘉荫县有分布。原产于非洲北部、亚洲西南部和欧洲。

【食用价值】嫩苗沸水焯、清水泡后，炒食、做汤、制馅、凉拌、煮菜粥或与面蒸食均可。

【药用功效】全草入药，具有祛痰、利尿、消炎的功效。

【附注】植物体含黏胶液，不宜一次性大量食用或者连续数日食用，因为过多食用会使眼皮发生轻微水肿。

双花堇菜 Viola biflora L.

【俗名】短距黄堇；孪生堇菜；短距黄花堇菜；肾叶堇菜

【异名】*Viola biflora* L. var. *platyphylla* Franch.; *V. tayemonii* Hayata; *V. biflora* L.; *V. kanoi* Sasaki; *V. biflora* L. *valdepilosa* Hand. -Mazz.; *V. nudicaulis* (W. Beck.) S. Y. Chen

【习性】多年生或二年生草本。生高山及亚高山地带草甸、灌丛或林缘、岩石缝隙间。

【东北地区分布】黑龙江省尚志；吉林省抚松、安图、长白；辽宁省宽甸、凤城；内蒙古牙克石、扎兰屯、科尔沁右翼前旗、敖汉旗、喀喇沁旗、宁城等地。

【食用价值】嫩苗、叶有食用价值。

嫩苗沸水焯、清水泡后，炒食、做汤、制馅、凉拌、煮菜粥或与面蒸食均可。

叶晒干或炒制后可制茶。

【药用功效】根状茎、叶、花入药，根状茎具有凉血化瘀的功效，叶、花用于创伤、接骨。

【附注】植物体含黏胶液，不宜一次性大量食用或者连续数日食用，因为过多食用会使眼皮发生轻微浮肿。

兴安圆叶堇菜 Viola brachyceras Turcz.

【俗名】不详

【异名】不详

【习性】多年生草本。生落叶松林林下、林区河岸或水甸子。

【东北地区分布】黑龙江省伊春、密山；吉林省蛟河、安图；内蒙古额尔古纳、根河、牙克石、科尔沁右翼前旗等地。

【食用价值】嫩苗沸水焯、清水泡后，炒食、做汤、制馅、凉拌、煮菜粥或与面蒸食均可。

【药用功效】不详。但可参考本书同属其他植物的药用价值开展研究。

【附注】植物体含黏胶液，不宜一次性大量食用或者连续数日食用，因为过多食用会使眼皮发生轻微浮肿。

南山堇菜 Viola chaerophylloides (Regel) W. Bckr.

【俗名】胡堇草；细芹叶堇

【异名】*Violapinnata* L. var. *chaerophylloides* Regel; *V. disssecta* Ledeb. var. *chaerophylloides* (Regel) Makino

【习性】多年生草本。生阔叶林下或林缘、溪谷阴湿处、阳坡灌丛及草坡。

【东北地区分布】辽宁省清原、本溪、宽甸、凤城、东港、庄河、瓦房店、普兰店、大连、鞍山；内蒙古翁牛特旗等地。

【食用价值】嫩苗沸水焯、清水泡后，炒食、做汤、制馅、凉拌、煮菜粥或与面蒸食均可。

【药用功效】全草入药，用于风热咳嗽、气喘无痰、跌打损伤、疮疖肿毒、毒蛇咬伤等。

【附注】植物体含黏胶液，不宜一次性大量食用或者连续数日食用，因为过多食用会使眼皮发生轻微浮肿。

球果堇菜 Viola collina Bess.

【俗名】毛果堇菜；圆叶毛堇菜

【异名】*Violahirta* L. var. *collina* (Bess.) Bagel

【习性】多年生草本。生林下、山坡草地、阴湿的草地。

【东北地区分布】黑龙江省哈尔滨、伊春、阿城、尚志、宁安；吉林省抚松、磐石、梅河口、集安、通化、辉南、柳河、临江、靖宇、长白、珲春、安图；辽宁省桓仁、本溪、凤城、庄河、瓦房店、金州、大连、营口、鞍山、岫岩、沈阳；内蒙古扎兰屯、扎赉特旗、乌兰浩特、敖汉旗、克什克腾旗、喀喇沁旗、宁城、赤峰市红山区、东乌珠穆沁旗等地。

【食用价值】嫩苗沸水焯、清水泡后，炒食、做汤、制馅、凉拌、煮菜粥或与面蒸食均可。

【药用功效】全草入药，具有清热解毒、散瘀消肿的功效。

【附注】植物体含黏胶液，不宜一次性大量食用或者连续数日食用，因为过多食用会使眼皮发生轻微浮肿。

掌叶堇菜 Viola dactyloides Roem.

【俗名】不详

【异名】*Viola dactyloides* var. *multipartita* W. Becker

【习性】多年生或二年生草本。生山地落叶阔叶林及针阔混交林林下或林缘腐殖质层较厚的土壤上；在灌丛或岩石阴处缝隙中也有生长。

【东北地区分布】黑龙江省伊春（五营）、北安（五大连池）、呼玛；吉林省安图县长白山；辽宁省旅顺口（蛇岛）；内蒙古牙克石、扎兰屯、鄂温克、科尔沁右翼前旗、赤峰市红山区等地。

【食用价值】嫩苗沸水焯、清水泡后，炒食、做汤、制馅、凉拌、煮菜粥或与面蒸食均可。

【药用功效】不详。但可参考本书同属其他植物的药用价值开展研究。

【附注】植物体含黏胶液，不宜一次性大量食用或者连续数日食用，因为过多食用会使眼皮发生轻微浮肿。

大叶堇菜 Viola diamantiaca Nakai

【俗名】不详

【异名】*Viola diamantiaca* Nakai var. *glabrior* Kitag.

【习性】多年生草本。生林下及边缘地。

【东北地区分布】吉林省靖宇；辽宁省本溪、桓仁、宽甸、凤城、岫岩、庄河等地。

【食用价值】嫩苗沸水焯、清水泡后，炒食、做汤、制馅、凉拌、煮菜粥或与面蒸食均可。

【药用功效】全草入药，具有清热解毒、凉血止血的功效。

【附注】植物体含黏胶液，不宜一次性大量食用或者连续数日食用，因为过多食用会使眼皮发生轻微浮肿。

裂叶堇菜 Viola dissecta Ledeb.

【俗名】裂叶白斑堇菜

【异名】*Viola lii* Kitag.

【习性】多年生草本。生向阳山坡草地、林下、林缘。

【东北地区分布】黑龙江省哈尔滨、齐齐哈尔、安达、呼玛、泰来、大庆、五大连池；吉林省安图、长白、通榆、长春、九台、大安、乾安、抚松、靖宇；辽宁省清原、本溪、海城、庄河、瓦房店、金州、大连、法库、凌源、建平；内蒙古根河、牙克石、扎兰屯、陈巴尔虎旗、科尔沁右翼前旗、扎赉特旗、突泉、乌兰浩特、扎鲁特旗、克什克腾旗等地。

【食用价值】嫩苗沸水焯、清水泡后，炒食、做汤、制馅、凉拌、煮菜粥或与面蒸食均可。

【药用功效】全草入药，具有清热解毒、消痈肿的功效。

【附注】植物体含黏胶液，不宜一次性大量食用或者连续数日食用，因为过多食用会使眼皮发生轻微浮肿。

溪堇菜 Viola epipsiloides Á. Löve & D. Löve

【俗名】不详

【异名】*Viola epipsila* auct. non Ledeb.：东北草本植物志6:89. 1977.

【习性】多年生草本。生针叶林下、林缘、灌丛、草地或溪谷湿地苔藓群落中。

【东北地区分布】黑龙江省尚志、伊春、呼玛；吉林省敦化、安图；辽宁省宽甸、庄河；内蒙古牙克石、科尔沁右翼前旗等地。

【食用价值】嫩苗沸水焯、清水泡后，炒食、做汤、制馅、凉拌、煮菜粥或与面蒸食均可。

【**药用功效**】不详。但可参考本书同属其他植物的药用价值开展研究。

【**附注**】植物体含黏胶液，不宜一次性大量食用或者连续数日食用，因为过多食用会使眼皮发生轻微浮肿。

兴安堇菜 Viola gmeliniana Roem. et Schult.

【**俗名**】不详

【**异名**】*Viola fusiformis* Sm.; *V. fischeri* Sweet

【**习性**】多年生草本。生山坡灌丛、河岸灌丛及沙地或沙丘草地。

【**东北地区分布**】黑龙江省黑河、密山、呼玛、爱辉；内蒙古海拉尔、额尔古纳、牙克石、扎兰屯、陈巴尔虎旗、科尔沁右翼前旗、乌兰浩特等地。

【**食用价值**】嫩苗沸水焯、清水泡后，炒食、做汤、制馅、凉拌、煮菜粥或与面蒸食均可。

【**药用功效**】不详。但可参考本书同属其他植物的药用价值开展研究。

【**附注**】植物体含黏胶液，不宜一次性大量食用或者连续数日食用，因为过多食用会使眼皮发生轻微浮肿。

西山堇菜 Viola hancockii W. Beck.

【**俗名**】房山堇菜

【**异名**】*Viola hancockii* var. *fangshanensis* J. W. Wang

【**习性**】多年生草本。生阴坡阔叶林林下、林缘、山村附近水沟边。

【**东北地区分布**】辽宁省庄河、凤城。

【**食用价值**】嫩苗沸水焯、清水泡后，炒食、做汤、制馅、凉拌、煮菜粥或与面蒸食均可。

【**药用功效**】不详。但可参考本书同属其他植物的药用价值开展研究。

【**附注**】植物体含黏胶液，不宜一次性大量食用或者连续数日食用，因为过多食用会使眼皮发生轻微浮肿。

毛柄堇菜 Viola hirtipes S. Moore

【**俗名**】大深山堇菜

【**异名**】*Viola phalacrocarpa* Maxim. var. *pallida* Yatabe; *V. miyabei* Makino; *V. hirtipedoides* W. Beck.

【**习性**】多年生草本。生阔叶林林下、林缘或灌丛、山坡草地等处。

【**东北地区分布**】吉林省柳河、安图；辽宁省桓仁、本溪、鞍山、凤城、东港、丹东、宽甸、大连、庄河等地。

【食用价值】嫩苗沸水焯、清水泡后，炒食、做汤、制馅、凉拌、煮菜粥或与面蒸食均可。

【药用功效】不详。但可参考本书同属其他植物的药用价值开展研究。

【附注】植物体含黏胶液，不宜一次性大量食用或者连续数日食用，因为过多食用会使眼皮发生轻微浮肿。

白花堇菜 Viola lactiflora Nakai

【俗名】宽叶白花堇菜

【异名】*Viola limprichtiana* W Beck

【习性】多年生草本。生草地。

【东北地区分布】辽宁省大连。

【食用价值】嫩苗沸水焯、清水泡后，炒食、做汤、制馅、凉拌、煮菜粥或与面蒸食均可。

【药用功效】全草入药，用于五劳七伤、全身疼痛。

【附注】植物体含黏胶液，不宜一次性大量食用或者连续数日食用，因为过多食用会使眼皮发生轻微浮肿。

堪察加堇菜 Viola langsdorffii Fischer ex Gingins

【俗名】不详

【异名】*Viola kamtschadalorum* W. Becker & Hult.

【习性】多年生或二年生草本。生林缘、灌丛、山坡草地。

【东北地区分布】黑龙江省漠河等地。

【食用价值】嫩苗沸水焯、清水泡后，炒食、做汤、制馅、凉拌、煮菜粥或与面蒸食均可。

【药用功效】不详。但可参考本书同属其他植物的药用价值开展研究。

【附注】植物体含黏胶液，不宜一次性大量食用或者连续数日食用，因为过多食用会使眼皮发生轻微浮肿。

东北堇菜 Viola mandshurica W. Becker

【俗名】紫花地丁

【异名】*Viola alisoviana* Kiss f. *intermedia* (Kitagawa) Takenouchi; V. *hsinganensis* Takenouchi

【习性】多年生草本。生草地、草坡、灌丛、林缘、疏林下、田野荒地及河岸沙地等处。

【东北地区分布】黑龙江省哈尔滨、阿城、尚志、齐齐哈尔、大庆、伊春、嘉荫、萝北、呼玛、安达；吉林省珲春、桦甸、蛟河、梅河口、集安、通化、辉南、柳河、临江、抚松、靖宇、长白、安图；

辽宁省西丰、开原、新宾、桓仁、宽甸、本溪、凤城、东港、岫岩、庄河、瓦房店、长海、北镇、沈阳、鞍山、大连、丹东；内蒙古额尔古纳、根河、牙克石、扎兰屯、科尔沁右翼前旗、乌兰浩特、科尔沁左翼后旗、宁城等地。

【食用价值】嫩苗沸水焯、清水泡后，炒食、做汤、制馅、凉拌、煮菜粥或与面蒸食均可。

【药用功效】全草入药，具有清热解毒、凉血消肿、散瘀的功效。

【附注】植物体含黏胶液，不宜一次性大量食用或者连续数日食用，因为过多食用会使眼皮发生轻微浮肿。

奇异堇菜 Viola mirabilis L.

【俗名】伊吹堇菜

【异名】*Viola brachysepala* Maximowicz; *V. mirabilis* var. *brachysepala* (Maximowicz) Regel; *V. mirabilis* var. *brevicalcarata* Nakai; *V. mirabilis* var. *glaberrima* W. Becker

【习性】多年生或二年生草本。生阔叶林或针阔混交林下、林缘、山地灌丛及草坡等处。

【东北地区分布】黑龙江省呼玛、富锦、萝北、伊春；吉林省九台、长春、安图、龙井；辽宁省沈阳、凤城、宽甸、本溪、桓仁；内蒙古根河、牙克石、鄂伦春、陈巴尔虎旗、科尔沁右翼前旗、乌兰浩特、克什克腾旗、东乌珠穆沁旗等地。

【食用价值】嫩苗沸水焯、清水泡后，炒食、做汤、制馅、凉拌、煮菜粥或与面蒸食均可。

【药用功效】全草入药，具有清热解毒、凉血消肿、散瘀的功效。

【附注】植物体含黏胶液，不宜一次性大量食用或者连续数日食用，因为过多食用会使眼皮发生轻微浮肿。

蒙古堇菜 Viola mongolica Franch.

【俗名】长距堇菜

【异名】*Viola dolichoceras* C. J. Wang

【习性】多年生草本。生山坡草地、石砾地及路旁草地。

【东北地区分布】黑龙江省哈尔滨、伊春、呼玛；辽宁省西丰、新宾、本溪、凤城、东港、丹东、鞍山、庄河、瓦房店、金州、大连、绥中、喀左；内蒙古扎兰屯、科尔沁右翼前旗、科尔沁右翼中旗、突泉、乌兰浩特、翁牛特旗、喀喇沁旗、东乌珠穆沁旗等地。

【食用价值】嫩苗沸水焯、清水泡后，炒食、做汤、制馅、凉拌、煮菜粥或与面蒸食均可。

【药用功效】全草入药，具有清热解毒、凉血消肿、散瘀的功效。

【附注】植物体含黏胶液，不宜一次性大量食用或者连续数日食用，因为过多食用会使眼皮发生轻微浮肿。

大黄花堇菜 Viola muehldorfii Kiss.

【俗名】不详

【异名】*Viola lasiostipes* Naka

【习性】多年生或二年生草本。生针阔混交林林下或林缘腐殖质较丰富的湿润土壤上，或生溪边。

【东北地区分布】黑龙江省伊春（带岭）、尚志（帽儿山）；吉林省临江；辽宁省桓仁、宽甸。

【食用价值】嫩苗沸水焯、清水泡后，炒食、做汤、制馅、凉拌、煮菜粥或与面蒸食均可。

【药用功效】不详。但可参考本书同属其他植物的药用价值开展研究。

【附注】植物体含黏胶液，不宜一次性大量食用或者连续数日食用，因为过多食用会使眼皮发生轻微浮肿。

东方堇菜 Viola orientalis (Maxim.) W. Beck.

【俗名】黄花堇菜

【异名】*Viola xanthopetala* Nakai

【习性】多年生草本。多生山坡草地、灌丛、林缘、阔叶林下及腐殖土层较厚处。

【东北地区分布】黑龙江省哈尔滨；吉林省安图、珲春；辽宁省本溪、桓仁、宽甸、凤城、丹东、东港、庄河等地。

【食用价值】嫩苗沸水焯、清水泡后，炒食、做汤、制馅、凉拌、煮菜粥或与面蒸食均可。

【药用功效】全草入药，具有清热解毒、凉血消肿、散瘀的功效。

【附注】植物体含黏胶液，不宜一次性大量食用或者连续数日食用，因为过多食用会使眼皮发生轻微浮肿。

白花地丁 Viola patrinii DC. ex Ging.

【俗名】白花堇菜

【异名】*Viola patrinii* DC. ex Ging. var. *subsagitata* Maxim.; *V. patrinii* DC. ex Ging. f. *hispida* W. Beck.; *V. primulaefolia* L.; *V. primulaefolisa* L. var. *glabra* Nakai

【习性】多年生草本。生草甸、河岸湿地、灌丛及林缘较阴湿地带。

【东北地区分布】黑龙江省哈尔滨、尚志、齐齐哈尔、伊春、嘉荫、萝北、呼玛、阿城；吉林省安图、抚松、桦甸、蛟河、通化、柳河、临江；辽宁省桓仁、凤城、大连、庄河、沈阳；内蒙古海拉尔、根河、牙克石、扎兰屯、阿荣旗、扎赉特旗、乌兰浩特、东乌珠穆沁旗等地。

【食用价值】嫩苗沸水焯、清水泡后，炒食、做汤、制馅、凉拌、煮菜粥或与面蒸食均可。

【药用功效】全草入药，具有祛风火、散瘀血、通经、消肿、解毒的功效。

【附注】植物体含黏胶液，不宜一次性大量食用或者连续数日食用，因为过多食用会使眼皮发生轻微浮肿。

北京堇菜 Viola pekinensis (Regel) W. Beck.

【俗名】辽西堇菜

【异名】*Viola liaosiensis* P. Y. Fu et Y. C. Teng

【习性】多年生草本。生山麓及山坡草地。

【东北地区分布】辽宁省建平、凌源、阜新、绥中、建昌；内蒙古大青沟等地。

【食用价值】嫩苗沸水焯、清水泡后，炒食、做汤、制馅、凉拌、煮菜粥或与面蒸食均可。

【药用功效】不详。但可参考本书同属其他植物的药用价值开展研究。

【附注】植物体含黏胶液，不宜一次性大量食用或者连续数日食用，因为过多食用会使眼皮发生轻微浮肿。

茜堇菜 Viola phalacrocarpa Maxim.

【俗名】白果堇菜；秃果堇菜

【异名】*Viola conilii* Franch. et Sav.

【习性】多年生草本。生向阳山坡、草地、灌丛及林间、林缘、采伐迹地等处。

【东北地区分布】黑龙江省尚志；吉林省安图、蛟河、永吉、柳河、抚松；辽宁省桓仁、本溪、凤城、东港、庄河、北镇、绥中、建平、凌源、锦州、沈阳、丹东、大连；内蒙古喀喇沁旗等地。

【食用价值】嫩苗沸水焯、清水泡后，炒食、做汤、制馅、凉拌、煮菜粥或与面蒸食均可。

【药用功效】全草入药，具有清热解毒、消肿的功效。

【附注】植物体含黏胶液，不宜一次性大量食用或者连续数日食用，因为过多食用会使眼皮发生轻微浮肿。

紫花地丁 Viola philippica Cav.

【俗名】宝剑草；瓷菜瘑

【异名】*Viola yedoensis* Makino; *V. yedoensis* f. *intermedia* Kitag.; *V. yedoensis* f. *candida* Kitag.

【习性】多年生草本。生田间、荒地、山坡草丛、林缘或灌丛中。

【东北地区分布】黑龙江省哈尔滨、阿城、杜尔伯特、呼玛；吉林省梅河口、集安、通化、辉南、

柳河、抚松、靖宇、汪清、长白、九台、乾安、通榆、浑江、长春；辽宁省各地；内蒙古扎兰屯、乌兰浩特、科尔沁左翼后旗、科尔沁右翼前旗、突泉、翁牛特旗、克什克腾旗、喀喇沁旗等地。

【食用价值】嫩苗沸水焯、清水泡后，炒食、做汤、制馅、凉拌、煮菜粥或与面蒸食均可。

【药用功效】全草入药，具有清热解毒、凉血消肿的功效。

【附注】植物体含黏胶液，不宜一次性大量食用或者连续数日食用，因为过多食用会使眼皮发生轻微浮肿。亦含苷类及黄酮化合物。

早开堇菜 Viola prionantha Bunge

【俗名】毛花早开堇菜

【异名】*Viola prionantha* Bunge var. *trichantha* C. J. Wang

【习性】多年生草本。生向阳草地、山坡、荒地、路旁。

【东北地区分布】东北三省各地；内蒙古海拉尔、牙克石、扎兰屯、科尔沁右翼前旗、科尔沁右翼中旗、扎赉特旗、敖汉旗、喀喇沁旗、宁城等地。

【食用价值】嫩苗沸水焯、清水泡后，炒食、做汤、制馅、凉拌、煮菜粥或与面蒸食均可。

【药用功效】全草入药，具有清热解毒、凉血消肿的功效。

【附注】植物体含黏胶液，不宜一次性大量食用或者连续数日食用，因为过多食用会使眼皮发生轻微浮肿。

立堇菜 Viola raddeana Regel

【俗名】直立堇菜

【异名】*Viola deltoidea* Yatabe

【习性】多年生草本。生河流两岸的灌丛林下或湿草地。

【东北地区分布】黑龙江省逊克、爱辉、黑河、嫩江、哈尔滨；内蒙古扎兰屯等地。

【食用价值】嫩苗沸水焯、清水泡后，炒食、做汤、制馅、凉拌、煮菜粥或与面蒸食均可。

【药用功效】不详。但可参考本书同属其他植物的药用价值开展研究。

【附注】植物体含黏胶液，不宜一次性大量食用或者连续数日食用，因为过多食用会使眼皮发生轻微浮肿。

辽宁堇菜 Viola rossii Hemsl. ex Forb. et Hemsl.

【俗名】洛氏堇菜；洛雪堇菜；庐山堇菜

【异名】*Viola franchetii* H. de Boiss.; *V. matsumurae* Makino

【习性】多年生草本。生针阔混交林或阔叶林林下或林缘、灌丛、山坡草地。

【东北地区分布】辽宁省本溪、桓仁、丹东、凤城、宽甸、鞍山、岫岩、庄河；内蒙古科尔沁左翼后旗等地。

【食用价值】嫩苗沸水焯、清水泡后，炒食、做汤、制馅、凉拌、煮菜粥或与面蒸食均可。

【药用功效】全草入药，具有清热解毒、止血的功效。

【附注】植物体含黏胶液，不宜一次性大量食用或者连续数日食用，因为过多食用会使眼皮发生轻微浮肿。

库页堇菜 Viola sacchalinensis H. Boiss.

【俗名】库叶堇菜

【异名】*Viola caning* Ledeb. var. *kamtschatica* Ging.; *V. sylvestris* Ledeb.; *V. sylvestris* Kitaib. var. *typica* Maxim.; *V. komarovii* W. Beck.; *V. mutsuensis* W. Beck.

【习性】多年生或二年生草本。生山地林下或林缘。

【东北地区分布】黑龙江省伊春、宁安、呼玛；吉林省安图、抚松、长白、浑江；辽宁省凤城、宽甸；内蒙古海拉尔、额尔古纳、牙克石、科尔沁右翼前旗、克什克腾旗、东乌珠穆沁旗等地。

【食用价值】嫩苗沸水焯、清水泡后，炒食、做汤、制馅、凉拌、煮菜粥或与面蒸食均可。

【药用功效】全草入药，具有清热解毒的功效。

【附注】植物体含黏胶液，不宜一次性大量食用或者连续数日食用，因为过多食用会使眼皮发生轻微浮肿。

深山堇菜 Viola selkirkii Pursh ex Goldie.

【俗名】一口血

【异名】*Viola kamtschatica* Ging.; *V. umbrosa* Fries; *V. imberbis* Ledeb.; *V. borealis* Weinm.; *V. selkirkii* Pursh ex Gold. var. *angustistipulata* W. Beck.

【习性】多年生草本。生针阔混交林、落叶阔叶林、溪谷、沟旁阴湿处等地。

【东北地区分布】黑龙江省伊春、嘉荫、饶河、依兰；吉林省珲春、抚松、安图；辽宁省法库、铁岭、本溪、桓仁、宽甸、凤城、大连、金州、鞍山、北镇、绥中；内蒙古科尔沁右翼前旗、扎赉特旗、扎鲁特旗、科尔沁左翼后旗等地。

【食用价值】嫩苗沸水焯、清水泡后，炒食、做汤、制馅、凉拌、煮菜粥或与面蒸食均可。

【药用功效】全草入药，具有清热解毒、消炎消肿的功效。

【附注】植物体含黏胶液，不宜一次性大量食用或者连续数日食用，因为过多食用会使眼皮发生轻微浮肿。

细距堇菜 Viola tenuicornis W. Becker

【俗名】红萼堇菜；弱距堇菜

【异名】*Viola rhodosepala* Kitag.

【习性】多年生草本。生山坡草地较湿润处、灌木林中、林下或林缘。

【东北地区分布】黑龙江省尚志、哈尔滨、呼玛；吉林省长春、桦甸、蛟河；辽宁省本溪、盖州、瓦房店、金州、绥中、凌源、建平、大连、鞍山、沈阳、阜新、朝阳；内蒙古牙克石、扎兰屯、大青沟等地。

【食用价值】嫩苗沸水焯、清水泡后，炒食、做汤、制馅、凉拌、煮菜粥或与面蒸食均可。

【药用功效】全草入药，具有清热解毒、散瘀消肿的功效。

【附注】植物体含黏胶液，不宜一次性大量食用或者连续数日食用，因为过多食用会使眼皮发生轻微浮肿。

毛萼堇菜 Viola tenuicornis subsp. trichosepala W. Beck

【俗名】不详

【异名】*Viola variegata* var. *chinensis* Bunge; *V. trchosepala* (W. Beck.) Juz.

【习性】多年生草本。生山地阳坡或旷野较干旱的环境。

【东北地区分布】黑龙江省东南部；吉林省中部；辽宁省凌源、瓦房店等地。

【食用价值】嫩苗沸水焯、清水泡后，炒食、做汤、制馅、凉拌、煮菜粥或与面蒸食均可。

【药用功效】不详。但可参考本书同属其他植物的药用价值开展研究。

【附注】植物体含黏胶液，不宜一次性大量食用或者连续数日食用，因为过多食用会使眼皮发生轻微浮肿。

凤凰堇菜 Viola tokubuchiana var. takedana (Makino) F. Maekawa

【俗名】不详

【异名】*Viola funghuangensis* P. Y. Fu et Y. C. Teng; *V. monbeigii* auct. non. W. Becker:中国植物志51:55. 1991.

【**习性**】多年生草本。生林缘、向阳山坡、腐殖土层较厚的林缘。

【**东北地区分布**】吉林省抚松、安图；辽宁省西丰、清原、宽甸、本溪、凤城、庄河、岫岩、鞍山（千山）等地。

【**食用价值**】嫩苗沸水焯、清水泡后，炒食、做汤、制馅、凉拌、煮菜粥或与面蒸食均可。

【**药用功效**】不详。但可参考本书同属其他植物的药用价值开展研究。

【**附注**】植物体含黏胶液，不宜一次性大量食用或者连续数日食用，因为过多食用会使眼皮发生轻微浮肿。

斑叶堇菜 Viola variegata Fisch. ex Link.

【**俗名**】不详

【**异名**】*Viola variegata* Fisch. ex Link var. *typical* Regel; *V. tenuicornis* W. Beck. subsp. *primorskajensis* W. Beck.; *V. baicalensis* W. Beck

【**习性**】多年生草本。生草地、撂荒地、草坡及山坡的石质地、疏林地或灌丛间。

【**东北地区分布**】黑龙江省萝北、阿城、哈尔滨、尚志、齐齐哈尔、大庆、呼玛、安达；吉林省柳河、临江、珲春、安图、磐石；辽宁省西丰、开原、铁岭、本溪、桓仁、宽甸、凤城、岫岩、绥中、建平、抚顺、丹东、庄河、金州、大连；内蒙古额尔古纳、海拉尔、牙克石、扎兰屯、鄂温克、科尔沁右翼前旗、乌兰浩特、阿鲁科尔沁旗、克什克腾旗、喀喇沁旗、宁城、赤峰市红山区、东乌珠穆沁旗、锡林浩特等地。

【**食用价值**】嫩苗沸水焯、清水泡后，炒食、做汤、制馅、凉拌、煮菜粥或与面蒸食均可。

【**药用功效**】全草入药，具有清热解毒、凉血止血的功效。

【**附注**】植物体含黏胶液，不宜一次性大量食用或者连续数日食用，因为过多食用会使眼皮发生轻微浮肿。

蓼叶堇菜 Viola websteri Hemsl.

【**俗名**】朝鲜蓼叶堇菜

【**异名**】不详

【**习性**】多年生或二年生草本。生山地疏林下。

【**东北地区分布**】吉林省桦甸、安图、集安（鸭绿江畔之老岭，模式标本采集地）；辽宁省宽甸。

【**食用价值**】嫩苗沸水焯、清水泡后，炒食、做汤、制馅、凉拌、煮菜粥或与面蒸食均可。

【药用功效】不详。但可参考本书同属其他植物的药用价值开展研究。

【附注】植物体含黏胶液，不宜一次性大量食用或者连续数日食用，因为过多食用会使眼皮发生轻微浮肿。

阴地堇菜 Viola yezoensis Maxim.

【俗名】不详

【异名】*Viola pycnophylla* Fr. et Sav.; *V. yatabei* Makino

【习性】多年生草本。生阔叶林林下、山地灌丛间及山坡草地。

【东北地区分布】辽宁省金州、大连、凌源、建昌、西丰、本溪、鞍山；内蒙古牙克石、扎兰屯、扎鲁特旗等地。

【食用价值】嫩苗沸水焯、清水泡后，炒食、做汤、制馅、凉拌、煮菜粥或与面蒸食均可。

【药用功效】全草入药，具有清热利湿、解毒消肿的功效。

【附注】植物体含黏胶液，不宜一次性大量食用或者连续数日食用，因为过多食用会使眼皮发生轻微浮肿。

杨柳科 Salicaceae

杨属 Populus L.

山杨 Populus davidiana Dode

【俗名】晚叶山杨

【异名】*Populus davidiana f. foliotardus* X.S.Zhang & H.Y.Jiang

【习性】落叶乔木。生山地阳坡。

【东北地区分布】东北各地山区。

【食用价值】嫩芽焯水、浸泡后有食用价值，腌渍咸菜或拌面蒸食均可。

【药用功效】根皮、树皮、枝、叶入药，具有清热解毒、祛风、止咳、行瘀凉血、驱虫的功效。

香杨 Populus koreana Rehd.

【俗名】大青杨

【异名】不详

【习性】落叶乔木。多生河岸、溪边谷地。

【东北地区分布】黑龙江省哈尔滨、尚志、伊春、黑河、海林等地；吉林省柳河、梅河口、辉南、集安、

靖宇、长白、安图、磐石、抚松、临江、通化、珲春、汪清等地；辽宁桓仁、宽甸等东部山区；内蒙古额尔古纳等地。

【食用价值】嫩芽焯水、浸泡后有食用价值，腌渍咸菜或拌面蒸食均可。

【药用功效】根皮、树皮、枝、叶入药，具有清热解毒、祛风、止咳、行瘀凉血、驱虫的功效。

小叶杨 Populus simonii Carr.

【俗名】南京白杨；河南杨；明杨；青杨

【异名】*Populus laurifolia* Ledeb. var. *simonii* Rgl.

【习性】落叶乔木。野生或栽培。

【产地】黑龙江省西部草原地区，辽宁省凌源地区，内蒙古通辽有自生。各地常见栽培。

【食用价值】嫩芽焯水、浸泡后有食用价值，腌渍咸菜或拌面蒸食均可。

【药用功效】树皮、芽入药，树皮具有清热解毒、祛湿凉血、止咳驱虫的功效，芽具有止痛、消炎、活血化瘀的功效。

大青杨 Populusus suriensis Kom.

【俗名】不详

【异名】*Populusus maximowiczii* Henry var. barbinervis Nakai

【习性】落叶乔木。生河岸边、沟谷坡地的针阔混交林中。

【东北地区分布】黑龙江省哈尔滨、尚志、伊春、饶河、黑河、五大连池等地；吉林省安图、临江、抚松、汪清、和龙、集安等地；辽宁省本溪、凤城、桓仁、盖州等东部林区等地；内蒙古牙克石、扎兰屯等地。

【食用价值】嫩芽焯水、浸泡后有食用价值，腌渍咸菜或拌面蒸食均可。

【药用功效】不详。但可参考本书同属其他植物的药用价值开展研究。

柳属 Salix L.

细柱柳 Salix gracilistyla Miq.

【俗名】红毛柳

【异名】*Salix thunbergiana* Blume ex Anderss.; *S. gracilistyla* Miq. var. *latifolia* Skv.; *S. gracilistyla* Miq. var. *acuminata* Skv.

【习性】落叶灌木。生山区溪流旁。

【东北地区分布】黑龙江省尚志、饶河、萝北、宝清、伊春、海林、哈尔滨、穆棱、密山、黑河、

孙吴、依兰等地；吉林省珲春、安图、和龙、敦化、临江、舒兰、抚松、靖宇、通化、集安等地；辽宁省宽甸、桓仁、新宾、丹东、凤城、本溪、东港、沈阳、新民、鞍山、盖州、庄河、瓦房店、普兰店、大连等地；内蒙古海拉尔、额尔古纳等地。

【食用价值】嫩叶、花蕾、内皮层有食用价值。

嫩叶和花蕾开水焯、清水反复浸泡后可作蔬菜少食，味道不甚可口。

老叶可偶尔代茶。

饥荒等非常时期，内皮层晒干后磨成粉，可与面粉一起制作面包、糕点等，略有涩味，但要注意其有毒报道，详见本种附注。

【药用功效】根、茎皮、枝、叶、花序、果实入药，

根具有利水通淋、泻火除湿的功效，茎皮具有祛风利湿、消肿止痛的功效，枝、叶具有消肿散结、利水、解毒透疹的功效，花序具有散瘀止血的功效，果实具有止血、祛湿、溃痛的功效。

【附注】叶、皮有小毒，误食后引起出汗、口渴、呕吐、血管扩张、耳鸣、视觉障碍，严重时呼吸困难，嗜睡，最后丧失知觉。

旱柳 Salix matsudana Koidz.

【俗名】不详

【异名】*Salix jeholensis* Nakai

【习性】落叶乔木。生河流、水塘岸边。

【东北地区分布】东北各地，平原地区普遍栽培。

【食用价值】嫩芽焯水、浸泡后有食用价值。

【药用功效】根、根须、树皮、树枝、种子入药，具有清热除湿、消肿止痛的功效。

【附注】本属植物某些种的叶、皮有小毒，误食后引起出汗、口渴、呕吐、血管扩张、耳鸣、视觉障碍，严重时呼吸困难，嗜睡，最后丧失知觉。

日本三蕊柳 Salix nipponica Franch. & Sav.

【俗名】三蕊柳

【异名】*Salix triandra* L. var. *nipponica* (Franch. et Sav.) Seeme

【习性】落叶乔木或灌木。生溪流或河流两岸。

【东北地区分布】黑龙江省呼玛、爱辉、密山、虎林、穆棱、富裕、富锦、依兰、伊春、尚志、阿城、哈尔滨等地；吉林省安图、通化、永吉、蛟河、桦甸、汪清、长春等地；辽宁省桓仁、本溪、沈阳、新民、凤城、东港、海城、台安、盖州、庄河、普兰店、大连等地；内蒙古扎兰屯、海拉尔、科尔沁右翼前旗、科尔沁左翼后旗等地。

【食用价值】嫩芽焯水、浸泡后有食用价值。

【药用功效】树皮入药，具有解热、抗菌的功效。

【附注】本属植物某些种的叶、皮有小毒，误食后引起出汗、口渴、呕吐、血管扩张、耳鸣、视觉障碍，严重时呼吸困难，嗜睡，最后丧失知觉。

五蕊柳 Salix pentandra L.

【俗名】不详

【异名】*Pleiarina pentandra* (L.) N. Chao et G. T. Gong

【习性】落叶乔木或灌木。生水甸子或山间溪流旁和湿地。

【东北地区分布】黑龙江省黑河、呼玛、伊春、萝北、嘉荫、集贤、汤原、饶河、绥芬河等地；吉林省安图、和龙、长白等地；内蒙古额尔古纳、根河、牙克石、扎兰屯、鄂伦春、科尔沁右翼前旗、克什克腾旗、喀喇沁旗、东乌珠穆沁旗、正蓝旗、多伦等地。

【食用价值】嫩芽焯水、浸泡后有食用价值。

【药用功效】根、枝、叶、花序入药，根具有祛风除湿的功效，枝、叶具有清热解毒、散瘀消肿的功效，花序具有止泻的功效。

【附注】本属植物某些种的叶、皮有小毒，误食后引起出汗、口渴、呕吐、血管扩张、耳鸣、视觉障碍，严重时呼吸困难，嗜睡，最后丧失知觉。

粉枝柳 Salix rorida Laksch.

【俗名】不详

【异名】*Salix rorids* Laksch. var. *oblanceolata* Y. L. Chou et Skv.; *S. rorida* Laksch. var. *pendula* Skv.

【习性】落叶灌木。生林区山地及溪流旁。

【东北地区分布】黑龙江省哈尔滨、尚志、汤原、饶河、伊春、穆棱、嫩江、黑河、宝清、宁安、呼玛等地；吉林省靖宇、安图、临江、抚松、蛟河、汪清、珲春、集安、长白等地；辽宁省西丰、凤城、本溪、沈阳、盖州、大连等地；内蒙古额尔古纳、根河、鄂伦春、科尔沁右翼前旗、宝格达山等地。

【食用价值】嫩叶、花蕾、内皮层有食用价值。

嫩叶和花蕾开水焯、清水反复浸泡后可作蔬菜少食，味道不甚可口。

老叶可偶尔代茶。

饥荒等非常时期，内皮层晒干后磨成粉，可与面粉一起制面包、糕点等，略有涩味，但要注意其有毒报道，详见本种附注。

【药用功效】不详。但可参考本书同属其他植物的药用价值开展研究。

【附注】叶、皮有小毒，误食后引起出汗、口渴、呕吐、血管扩张、耳鸣、视觉障碍，严重时呼吸困难，嗜睡，最后丧失知觉。

蒿柳 Salix schwerinii E. L. Wolf.

【俗名】绢柳；清钢柳

【异名】*Salix viminalis* auct. non L.

【习性】落叶灌木。生溪流旁、河边、林缘水湿地。

【东北地区分布】黑龙江省哈尔滨、富锦、五大连池、方正、虎林、饶河、尚志、伊春、黑河、密山、萝北、宝清、呼玛等地；吉林省安图、抚松、长白、蛟河、双辽、扶余、珲春、通化、集安、敦化、临江、桦甸等地；辽宁省西丰、桓仁、新宾、沈阳、抚顺、鞍山、海城、盖州、普兰店、大连、本溪、宽甸、凤城、丹东、东港、岫岩、庄河等地；内蒙古额尔古纳、根河、牙克石、鄂伦春、科尔沁右翼前旗、喀喇沁旗、宁城、宝格达山等地。

【食用价值】嫩叶、花蕾、内皮层有食用价值。

嫩叶和花蕾开水焯、清水反复浸泡后可作蔬菜少食，味道不甚可口。

老叶可偶尔代茶。

饥荒等非常时期，内皮层晒干后磨成粉，可与面粉一起制作面包、糕点等，略有涩味，但要注意其有毒报道，详见本种附注。

【药用功效】根、嫩枝、叶、芽入药，具有清热解毒、祛风湿的功效。

【附注】叶、皮有小毒，误食后引起出汗、口渴、呕吐、血管扩张、耳鸣、视觉障碍，严重时呼吸困难，嗜睡，最后丧失知觉。

大戟科 Euphorbiaceae

铁苋菜属 Acalypha L.

铁苋菜 Acalypha australis L.

【俗名】血见愁；鬼见愁；红眼斑；海蚌含珠

【异名】*Acalypha pauciflora* Hornem.

【习性】一年生草本。生田间路旁、荒地、河岸沙砾地、山沟山坡林下。

【东北地区分布】黑龙江省哈尔滨、宁安、伊春；吉林省蛟河、汪清、临江、长白；辽宁省各地；内蒙古扎兰屯、敖汉旗、翁牛特旗等地。

【食用价值】嫩枝叶焯水、浸泡后可炒食、凉拌、做汤或蘸酱食，也可剁馅加猪肉包饺子或包子，大量采集可以腌渍保存或制成什锦袋菜。

【药用功效】全草或地上部分入药，具有清热解毒、利水、化痰止咳、杀虫、收敛止血之功效。

大戟属 Euphorbia L.

泽漆 Euphorbia helioscopia L.

【俗名】泽漆大戟；五朵云；五灯草；五风草

【异名】不详

【习性】一年生草本。生山沟、路旁、荒野和山坡。

【东北地区分布】辽宁省沈阳、营口、丹东、庄河、长海等地。

【食用价值】嫩茎、幼叶有食用价值。

嫩茎煮熟后食用。

幼叶可作茶叶替代品。

【药用功效】全草入药，具有逐水消肿、祛痰、散瘀解毒、散结、杀虫的功效。

【附注】全株有毒。汁液中含有一种有毒的乳胶，具有强烈的刺激性，会导致皮肤光敏反应和严重炎症，尤其是与眼睛或开放切口接触时伤害更加严重，如入眼内有失明危险，内服过量引起腹痛、腹泻、呕吐、严重者脱水。即使在干燥的植物材料中，毒性仍然很高。这种汁液还具有致癌作用。茎叶滤液可防治小麦吸浆虫、麦蚜虫、红蜘蛛及棉蚜虫等。要谨慎食用或药用。

本种与食用有关的内容均参考国外文献整理，初次食用者以少量尝试为宜。

地锦 Euphorbia humifusa Willd. ex Schlecht.

【俗名】地锦大戟；地锦草；铺地锦；田代氏大戟

【异名】*Euphorbia pseudochamaesyce* Fisch.; *E. tashimi* Hayata; *Chamaesyce tashiroi* Hara

【习性】一年生草本。生原野荒地、路旁、田间、山坡等地。

【东北地区分布】黑龙江省安达、哈尔滨、宁安；吉林省镇赉、抚松、汪清、蛟河、和龙、安图；辽宁省各地；内蒙古各地。

【食用价值】嫩苗可作为应急食品，在饥荒或没有其他食物的非常时期，焯水、浸泡后少食。要注意食用安全，详见本种附注。

【药用功效】干燥全草入药，具有清热解毒、凉血止血、利湿退黄的功效。

【附注】全草有毒。汁液含有毒性很高的乳胶，会使敏感性皮肤产生不适，接触到眼睛或伤口会产生更加严重的伤害。植株晒干后有毒物质仍然保留很高的含量。不宜长时间或经常性接触这种植物的汁液，因为这种汁液还可能有致癌作用。

本种与食用有关的内容参考国外文献整理，建议谨慎对待，初次食用者以少量尝试为宜。

钩腺大戟 Euphorbia sieboldiana Morr. & Decne.

【俗名】锥腺大戟

【异名】*Euphorbia savaryi* Kiss.

【习性】多年生草本。生山坡林下、林缘。

【东北地区分布】吉林省浑江；辽宁省本溪、凤城、桓仁、瓦房店、庄河、长海；内蒙古额尔古纳、巴林右旗、科尔沁右翼前旗、东乌珠穆沁旗（宝格达山）等地。

【食用价值】嫩茎叶可作为应急食品，在饥荒或没有其他食物的非常时期，焯水、浸泡后可少食。要注意食用安全，详见本种附注。

【药用功效】根、根皮入药，具有散结杀虫、利尿泻下的功效。

【附注】汁液中含有一种有毒的乳胶，具有强烈的刺激性，会导致皮肤光敏反应和严重炎症，尤其是与眼睛或开放切口接触时伤害更加严重。即使在干燥的植物材料中，毒性仍然很高。这种汁液还具有致癌作用。要谨慎对待。

本种与食用有关的内容参考国外文献整理，建议谨慎对待，初次食用者以少量尝试为宜。

亚麻科 Linaceae

亚麻属 Linum L.

宿根亚麻 Linum perenne L.

【俗名】多年生亚麻；豆麻

【异名】*Linum sibiricum* DC.

【习性】多年生草本。生干旱草原、沙砾质干河滩和干旱的山地阳坡疏灌丛或草地。

【东北地区分布】内蒙古额尔古纳、海拉尔、新牙克石、满洲里、巴尔虎左旗、新巴尔虎右旗、鄂温克、突泉、科尔沁右翼前旗、科尔沁右翼中旗、科尔沁左翼后旗、巴林右旗、克什克腾旗、锡林浩特、正蓝旗等地。其他地方常见栽培。

【食用价值】种子含油量丰富，可以煮食，也可以榨油食用。要注意其有毒报道，详见本种附注。

【药用功效】花、果实、种子入药，花及种子具有通经利尿的功效，果实用于皮肤病。

【附注】生种子含有氰化物，有毒，不能食用。煮熟后的种子十分安全。

叶下珠科 Phyllanthaceae

白饭树属（叶底珠属）Flueggea Willd.

一叶萩 Flueggea suffruticosa (Pall.) Baill.

【俗名】叶底珠

【异名】*Securinega suffruticosa* (Pall.) Rechder

【习性】落叶灌木。生干山坡灌丛中及山坡向阳处。

【东北地区分布】黑龙江省伊春、黑河、呼玛、密山、哈尔滨、通河、依兰、安达；吉林省汪清、珲春、抚松、靖宇、通化、长春、扶余、九台、前郭尔罗斯、双辽、通榆、吉林、集安；辽宁省各地；内蒙古额尔古纳、鄂伦春、鄂温克、科尔沁右翼前旗、大青沟、扎鲁特旗、奈曼旗、巴林右旗、宁城、林西、西乌珠穆沁旗、锡林浩特、太仆寺旗等地。

【食用价值】较嫩的茎叶，用开水焯一下可以凉拌食用，也可腌成酱菜投放市场。要注意其有毒报道，详见本种附注。

【药用功效】叶、花入药，具有祛风活血、补肾强筋的功效。

【附注】全株有毒，新鲜的较干燥的毒性大，树液有刺激作用，茎叶引起的中毒症状与马钱子碱相似，先是强直性抽搐、惊厥，最后死于呼吸停止。马、牛、羊误食引起肠胃炎、疝痛、出血性下痢，进食大量时引起痉挛。

牻牛儿苗科 Geraniaceae

牻牛儿苗属 Erodium L' Her.

芹叶牻牛儿苗 Erodium cicutarium (L) L' Her. ex Ait.

【俗名】不详

【异名】*Geranium cicutarium* L.

【习性】一年生或二年生草本。生山地沙砾质山坡、沙质平原草地、荒地等处。

【东北地区分布】黑龙江漠河；辽宁省大连；内蒙古喀喇沁旗、宁城县。

【食用价值】幼苗、幼茎、嫩根有食用价值。

幼苗生食、煮食均可，味道鲜美，营养丰富，可添加到沙拉、三明治、汤等中。

幼茎可生食。

嫩根可似口香糖咀嚼。

【药用功效】全草入药，具有收敛、止痢、止血、利尿的功效。

【附注】本种与食用有关的内容均参考国外文献整理，初次食用者以少量尝试为宜。

牻牛儿苗 Erodium stephanianum Willd.

【俗名】太阳花

【异名】*Geranium stephanianum* Poir.; *G. multifidium* Patrin ex DC.

【习性】多年生草本。生山坡或河岸沙地，也见荒地。

【东北地区分布】黑龙江省哈尔滨、杜尔伯特、安达；吉林省镇赉、和龙、通榆、安图、延吉；辽宁省凌源、建平、北镇、兴城、彰武、阜新、沈阳、大连；内蒙古各盟。

【食用价值】嫩苗焯水、浸泡后可食用。

【药用功效】地上部分入药，具有祛风湿、通经络、清热毒、止泻痢的功效。

老鹳草属 Geranium L.

东北老鹳草 Geranium erianthum DC.

【俗名】北方老鹳草；北方老观草；大花老鹳草

【异名】*Geranium orientale* Freyn

【习性】多年生草本。生林下、林缘草地。

【东北地区分布】黑龙江省海林、尚志、呼玛；吉林省抚松、长白、安图；辽宁省本溪、宽甸、桓仁；内蒙古克什克腾旗、宁城等地。

【食用价值】嫩叶可作为应急食品，在饥荒或没有其他食物的非常时期，焯水、反复浸泡后少量食用，或者蒸熟后晒干菜。

鲜花也有食用价值，方法不详。

【药用功效】全草入药，具有祛风、活血、通络、清热的功效。

【附注】本种与食用有关的内容均参考国外文献整理，初次食用者以少量尝试为宜。

尼泊尔老鹳草 Geranium nepalense Sweet

【俗名】五叶草；少花老鹳草

【异名】*Geranium fangii* R. Knuth

【习性】多年生草本。生山地阔叶林林缘、灌丛、荒山草坡。

【东北地区分布】辽宁省大连、鞍山；内蒙古锡林郭勒集宁区。

【食用价值】嫩叶、嫩果有食用价值。

嫩叶焯水、反复浸泡后可作菜食。

嫩果新鲜时可咀嚼。

【药用功效】全草入药，具有清热利湿、祛风、止咳、止血、生肌、收敛的功效。

【附注】本种与食用有关的内容均参考国外文献整理，初次食用者以少量尝试为宜。

毛蕊老鹳草 Geranium platyanthum Duthie

【俗名】毛蕊老观草

【异名】*Geranium eriostemon* Fisch. ex DC.

【习性】多年生草本。生山地林下、灌丛和草甸。

【东北地区分布】黑龙江省宁安、尚志、伊春、萝北、呼玛、嘉荫、黑河、爱辉；吉林省安图、抚松、桦甸、汪清、珲春、通化；辽宁省桓仁、岫岩；内蒙古额尔古纳、根河、牙克石、扎兰屯、鄂伦春、鄂温克、陈巴尔虎旗、科尔沁右翼前旗、科尔沁右翼中旗、扎赉特旗、科尔沁左翼后旗、扎鲁特旗、克什克腾旗、东乌珠穆沁旗、锡林浩特、正蓝旗等地。

【食用价值】根富含淀粉，可提取食用淀粉或酿酒。

【药用功效】全草入药，具有疏风通络、强筋健骨的功效。

千屈菜科 Lythraceae

水苋菜属 Ammannia L.

多花水苋菜 Ammannia multiflora Roxb.

【俗名】多花水苋

【异名】*Ammannia parviflora* DC.

【习性】一年生草本。生湿地或水田中。

【东北地区分布】辽宁省瓦房店。

【食用价值】种子可以煮熟后食用，也可以磨成粉末与面粉一起制作蛋糕等面食。

【药用功效】不详。

【附注】本种与食用有关的内容参考国外文献整理，初次食用者以少量尝试为宜。

千屈菜属 Lythrum L.

千屈菜 Lythrum salicaria L.

【俗名】水柳

【异名】*Lythrum salicaria* var. *tomentosum* (Mill.) DC.

【习性】多年生草本。生河边、沼泽湿地。

【东北地区分布】黑龙江省萝北、饶河、鸡西、宁安、密山、虎林；吉林省镇赉、敦化、安图、长白、珲春、蛟河、集安、汪清、和龙、抚松、吉林；辽宁省凌源、喀左、大连、瓦房店、普兰店、长海；内蒙古牙克石、扎兰屯、鄂伦春、科尔沁右翼前旗、大青沟、克什克腾旗、喀喇沁旗等地。

【食用价值】嫩苗焯水、浸泡后可炒食、凉拌或蘸酱食，也可剁馅加猪肉包饺子或包子，大量采集可以腌渍保存或制成什锦袋菜。

【药用功效】全草、根状茎、花入药，具有清热解毒、凉血、止血、收敛的功效。

节节菜属 Rotala L.

节节菜 Rotala indica (Willd.) Koehne

【俗名】节节草；水马兰

【异名】*Peptis indica* Willd.; *Ammannia peploides* Spreng

【习性】一年生草本。常生稻田中或湿地上。

【东北地区分布】吉林长白山区；辽宁省沈阳、铁岭。

【食用价值】嫩苗焯水、浸泡后可炒食、凉拌、蘸酱或腌渍咸菜，也可用作馅料。

【药用功效】全草入药，具有清热解毒的功效。

菱属 Trapa L.

细果野菱 Trapa incisa Siebold & Zucc.

【俗名】四角刻叶菱；叶菱

【异名】*Trapa maximowiczii* Korsh.

【习性】多年生草本。多生水泡中。

【东北地区分布】黑龙江省尚志；吉林省扶余（陶赖昭）；辽宁省开原、普兰店等地。

【食用价值】嫩茎叶、果肉有食用价值。

嫩茎叶是优质蔬菜，炒食、凉拌菜、放汤均佳，我国南方百姓喜食之。

果实较小，果肉含淀粉57.4%～60.0%，且富含铁，可生食、煮食或提制淀粉。

【药用功效】根、茎、叶、果柄、果壳、果肉及果肉捣汁澄出的淀粉均可入药，其中，果实具有健胃止痢、抗癌的功效。

【附注】1999年8月4日和2021年8月7日国务院批准的《国家重点保护野生植物名录》中，本种均被列为二级保护植物。在做好保护的前提下，取得合法手续，方可利用。

本种为水生植物，污染水域不宜采食。

欧菱 Trapa natans L.

【俗名】丘角菱；东北菱；格菱；越南菱；耳菱；黑水菱；弓角菱；冠菱；漂浮菱

【异名】*Trapa japonica* Fler.; *T. manshurica* Flerow; *T. pseudoincisa* Nakai; *T. bicornis* Osbeck var. *cochinchinensis* (Lour.) H. Gluck ex Steenis; *T. potaninii* V. Vassil.; *T. amurensis* Fler.; *T. litwinowii* V. Vassil; *T.*

arcuata S. H. Li et Y. L. Chang; *T. bispinosa* Roxb.

【习性】多年生草本。生水塘及水塘中。

【东北地区分布】黑龙江省哈尔滨、密山、依兰、齐齐哈尔、宁安县（镜泊湖）、肇源、东宁；吉林省珲春、安图、扶余；辽宁省庄河、普兰店、沈阳、新民、凌海、北镇、开原、铁岭、丹东、海城；内蒙古鄂伦春、科尔沁右翼前旗、扎赉特旗、乌兰浩特市乌兰哈达苏木、科尔沁左翼后旗、科尔沁左翼中旗等地。

【食用价值】嫩茎叶、果肉有食用价值。

嫩茎叶是优质蔬菜，炒食、凉拌菜、放汤均佳，我国南方百姓喜食之。

果肉淀粉含量达68.46%，且富含铁，可生食、煮食或提制淀粉。

【药用功效】茎、叶、果柄、果壳、果肉及果肉捣汁澄出的淀粉均可入药，其中，果实具有补脾、止泻、止渴的功效。

【附注】本种为水生植物，污染水域不宜采食。

柳叶菜科 Onagraceae

柳兰属 Chamerion (Raf.) Raf. ex Holub

柳兰 Chamerion angustifolium (L.) Holub

【俗名】白花柳兰

【异名】*Chamaenerion angustifolium* (L.) Scop.; *Chamaenerion angustifolium* (L.) Scop. var. *albium* Y.Zhang & J.Y.Ma; *Epilobium angustifolium* L.

【习性】多年生直立草本。生开阔地、林缘、山坡或河岸及山谷的沼泽地。

【东北地区分布】黑龙江省哈尔滨、伊春、虎林、尚志、嘉荫、爱辉、鹤岗、密山、宁安、萝北、集贤；吉林省梅河口、集安、通化、辉南、柳河、临江、抚松、敦化、汪清、靖宇、长白、珲春、和龙、安图；辽宁省瓦房店、凌源、桓仁、宽甸、岫岩；内蒙古海拉尔、根河、牙克石、扎兰屯、鄂伦春、科尔沁右翼前旗、翁牛特旗、敖汉旗、巴林右旗、阿鲁科尔沁旗、克什克腾旗、喀喇沁旗、宁城、东乌珠穆沁旗、锡林浩特等地。

【食用价值】嫩苗、嫩叶、嫩根、茎髓、花有食用价值。

嫩苗、嫩叶和幼嫩的茎尖可少量拌入混合沙拉，开水焯、清水反复浸泡后或晒干后作为蔬菜烹饪最安全。

嫩根有甜味，生食、熟食均可，也可以磨成粉末与面粉混合做面食。

嫩茎或老茎的髓略带甜味，肉质细嫩，令人愉悦，可以用作汤中的调味品，但茎是一种很好的泻药，最好不要空腹食用。

叶可代茶，味道甜美，在俄罗斯被称为卡波里茶（kaporie）。

花朵含苞待放时的幼嫩花茎也可食用，方法参考嫩苗、嫩叶、嫩茎尖。

【药用功效】全草或根状茎入药，具有下乳、润肠、调经活血、止血生肌、消肿止痛、续筋接骨的功效。

【附注】有报道称，叶子炮制的草药会使人昏迷，要谨慎对待。

本种与食用有关的内容均参考国外文献整理，初次食用者以少量尝试为宜。

露珠草属 Circaea L.

水珠草 Circaea canadensis subsp. quadrisulcata (Maxim.) Boufford

【俗名】露珠草

【异名】*Circaea quadrisulcata* (Maxim.) Franch. et Sav.; *C. quadrisulcata* f. *viridicalyx* (Hara) Kitag.; *C. lutetiana* L. subsp. *quadrisulcata* (Maxim.) Asch. & Magnus

【习性】多年生草本。生针阔叶混交林下、灌丛间、河岸或林下阴湿地、山坡草地。

【东北地区分布】黑龙江省哈尔滨、阿城、伊春、宁安、呼玛、宝清；吉林省抚松、敦化、珲春、汪清、安图、蛟河、九台；辽宁省庄河、普兰店、瓦房店、岫岩、凤城、宽甸、新宾、清原、本溪、桓仁、鞍山、西丰、铁岭、建昌；内蒙古科尔沁右翼前旗、科尔沁右翼中旗、扎赉特旗、大青沟、敖汉旗等地。

【食用价值】嫩苗焯水、浸泡后可炒食、凉拌或蘸酱食，大量采集可以腌渍保存或制成什锦袋菜。

【药用功效】全草入药，具有清热解毒、利尿通经、化瘀止血的功效。

露珠草 Circaea cordata Royle

【俗名】牛泷草；曲毛露珠草

【异名】*Circaea hybrida* Hand.-Mazz.

【习性】多年生草本。生山坡灌丛下及路旁草地。

【东北地区分布】黑龙江省伊春、饶河、尚志、哈尔滨、阿城、虎林、宁安；吉林省临江、安图、和龙、珲春；辽宁省庄河、凤城、宽甸、本溪、桓仁、西丰、新宾、清原、鞍山、沈阳、朝阳；内蒙古敖汉旗等地。

【食用价值】嫩苗焯水、浸泡后可炒食、凉拌或蘸酱食，大量采集可以腌渍保存或制成什锦袋菜。

【药用功效】全草入药，具有清热解毒、生肌的功效。

南方露珠草 Circae amollis Sieb. et Zucc.

【俗名】细毛谷蓼

【异名】*Circaea coreana* H. Lev.; *C. coreana* var. *sinensis* H. Lev

【习性】多年生草本。生灌丛中及路旁草地。

【东北地区分布】辽宁省丹东、庄河等地。

【食用价值】嫩苗焯水、浸泡后可炒食、凉拌或蘸酱食，大量采集可以腌渍保存或制成什锦袋菜。

【药用功效】全草或根入药，具有清热解毒、理气止痛、祛瘀生肌、杀虫的功效。

柳叶菜属 Epilobium L.

柳叶菜 Epilobium hirsutum L.

【俗名】水朝阳花；鸡脚参

【异名】*Chamaenerion hirsutum* (L.) Scop.; *Epilobium villosum* Thunb.; *E. tomentosum* Vent.; *E. hirsutum* var. *tomentosum* (Vent.) Boiss

【习性】多年生草本。生山沟溪流旁、沟边和沼泽地等湿地。

【东北地区分布】吉林省汪清、前郭尔罗斯；辽宁省桓仁、彰武、西丰、凌源、大连、金州、辽阳；内蒙古大青沟等地。

【食用价值】嫩苗、嫩叶、茎尖可食。

嫩苗、嫩叶和幼嫩的茎尖可少量拌入混合沙拉，开水焯、清水反复浸泡后或晒干后作为蔬菜烹饪最安全。

叶可代茶，俄罗斯人经常饮用，被称为卡波里茶（kaporie）。叶有时也会因有咸味而被吸食。

【药用功效】全草入药，具有清热解毒、利湿止泻、消食理气、活血接骨的功效。

【附注】一份报告说，这种植物可能有毒；另一种说法是它会导致癫痫样痉挛。建议谨慎对待。本种与食用有关的内容均参考国外文献整理，初次食用者以少量尝试为宜。

小花柳叶菜 Epilobium parviflorum Schreber

【俗名】不详

【异名】*Epilobium parviflorum* var. *vestitum* Benth.; *E. vestitum* Benth.

【习性】多年生草本。生山区河谷、溪流、湖泊湿润地及向阳及荒坡草地。

【东北地区分布】内蒙古克什克腾旗等地。

【食用价值】嫩苗、嫩叶和幼嫩的茎尖可少量拌入混合沙拉，开水焯、清水反复浸泡后或晒干后作为蔬菜烹饪最安全。

【药用功效】全草、根入药，具有清热解毒、疏风镇咳的功效。

【附注】虽然未见本种的有毒报道，但同属植物有的有毒。建议谨慎对待，初次食用者以少量尝试为宜。

月见草属 Oenothera L.

月见草 Oenothera biennis L.

【俗名】夜来香

【异名】*Oenothera muricata* L.; *Onagra biennis* (L.) Scop.; *Onagra muricata* (L.) Moench

【习性】二年生草本。生山坡、草地、沙质地、荒地或河岸沙砾地。

【东北地区分布】黑龙江省尚志、依兰、密山；吉林省蛟河、通化、临江、抚松、靖宇、珲春、汪清、安图；辽宁省各地；内蒙古乌兰浩特、赤峰等地。原产北美，现世界温带与亚热带地区广布。

【食用价值】根、嫩苗、花、嫩果、种子有食用价值。

嫩根肉质甜美，口感细腻，可煮食，也可切片炒食，大量采集可腌制咸菜或酿酒。

嫩苗开水焯、清水浸泡后可作野菜食用。

花味甜，用于沙拉或配菜。

嫩果煮熟后可以食用。

种子含油22.6%～30.1%，其中含γ-亚麻酸达9.2%，可用于提炼食用油。

【药用功效】根入药，具有祛风湿、强筋骨的功效，月见草油也有药用价值。

【附注】食用种子油要注意以下问题：未成年人不适合服用，患有子宫肌瘤的女性要遵从医生嘱咐使用，女性经期之间不适宜服用，经期量多的女性减少服用。

小花月见草 Oenothera parviflora L.

【俗名】不详

【异名】*Oenothera biennis* L. var. *parviflora* (L.) Torrey. & A. Gray

【习性】二年生草本。生荒坡、沟边湿润处。

【产地】辽宁省有逸生记录。原产美国东部与中部。

【食用价值】根、嫩苗、花、嫩果、种子有食用价值。

嫩根肉质甜美，口感细腻，可煮食，也可切片炒食，大量采集可腌制咸菜或酿酒。

嫩苗开水焯、清水浸泡后可作野菜食用。

花味甜，用于沙拉或配菜。

嫩果煮熟后可以食用。

种子含油22.6%～30.1%，其中含Y-亚麻酸达9.2%，可用于提炼食用油。

【药用功效】药用价值同月见草。

【附注】食用种子油要注意以下问题：未成年人不适合服用，患有子宫肌瘤的女性要遵从医生嘱咐使用，女性经期之间不适宜服用，经期量多的女性减少服用。

长毛月见草 Oenothera villosa Thunb.

【俗名】不详

【异名】*Oenothera villosa* var. *strigosa* (Rydb.) Dorn

【习性】二年生草本。生开阔田园边、荒地、沟边较湿润处。

【东北地区分布】辽宁省大连等地。原产北美洲，后传播至南美、欧洲、亚洲、非洲南部。

【食用价值】根、嫩苗、花、嫩果、种子有食用价值。

嫩根肉质甜美，口感细腻，可煮食，也可切片炒食，大量采集可腌制咸菜或酿酒。

嫩苗开水焯、清水浸泡后可作野菜食用。

花味甜，用于沙拉或配菜。

嫩果煮熟后可以食用。

种子含油22.6%～30.1%，其中含Y-亚麻酸达9.2%，可用于提炼食用油。

【药用功效】不详。但可参考本书同属其他植物的药用价值开展研究。

【附注】食用种子油要注意以下问题：未成年人不适合服用，患有子宫肌瘤的女性要遵从医生嘱咐使用，女性经期之间不适宜服用，经期量多的女性减少服用。

省沽油科 Staphyleaceae

省沽油属 Staphylea L.

省沽油 Staphylea bumalda DC.

【俗名】水条

【异名】*Bumalda trifolia* Thunb.

【习性】落叶灌木。生路旁、山地或丛林中。

【东北地区分布】吉林省集安、柳河；辽宁省庄河、本溪、凤城、桓仁、宽甸等地。

【食用价值】嫩芽焯水、清水反复浸泡后可食用。

【药用功效】根、果实入药，根具有活血化瘀的功效，果实具有润肺止咳的功效。

白刺科 Nitrariaceae

白刺属 Nitraria L.

小果白刺 Nitraria sibirica Pall.

【俗名】西伯利亚白刺；白刺；酸胖；卡密

【异名】*Nitraria schoberi* L. var. *sibirica* DC.；*N. sinesis* Kitag.

【习性】落叶矮小灌木。生盐渍低洼地、海边沙地、荒漠地。

【东北地区分布】吉林省通榆；辽宁省锦州、葫芦岛、盘锦、大连；内蒙古海拉尔、新巴尔虎左旗、新巴尔虎右旗、科尔沁右翼中旗、阿鲁科尔沁旗、扎赉特旗、翁牛特旗、克什克腾旗、东乌珠穆沁旗、锡林浩特、苏尼特左旗、苏尼特右旗、二连浩特等地。

【食用价值】果实酸甜有食用价值。

【药用功效】果实、种子入药，果实具有调经活血、消食健胃的功效，种子具有调经活血、消食健脾的功效。

【附注】果实酸甜有食用价值。

漆树科 Anacardiaceae

黄栌属 Cotinus (Tourn.) Mill.

毛黄栌 Cotinus coggygria Scop. var. pubescens Engl.

【俗名】柔毛黄栌；红栌

【异名】不详

【习性】落叶乔木。生阴湿的石缝或溪沟边。

【东北地区分布】辽宁省朝阳，大连、盖州、沈阳等地有栽培。

【食用价值】嫩芽焯水、浸泡后可食，凉拌、做汤、清炒、油炸均可。

【药用功效】根、树枝及叶入药，根具有祛风毒、活血散瘀的功效，枝叶具有清热解毒、活血止痛的功效。

【附注】嫩芽味苦，食用前要用开水焯、清水反复浸泡。

盐肤木属 Rhus L.

盐肤木 Rhus chinensis Mill.

【俗名】五倍子树；盐麸木；山梧桐

【异名】*Schinus indicus* Burm.; *Rhus semialata* Murr.; *R. semialata* var. *osbeckii* DC.; *R. osbeckii* Decaisne ex Steud.

【习性】落叶小乔木或灌木。生山坡、沟谷、杂木林中。

【东北地区分布】辽宁省绥中、沈阳、盖州、金州、大连、庄河、长海、普兰店、本溪、丹东、宽甸、桓仁等地。

【食用价值】嫩叶、果实有食用价值。

嫩叶开水焯、清水浸泡后可作蔬菜少量食用。要注意其有毒报道，详见本种附注。

果实有酸味，泡水代醋用，生食酸咸止渴，还可作盐的代用品。

【药用功效】叶子上的虫瘿及根、根皮、树皮、枝、叶、花、果实均可入药，其中，叶子上的虫瘿之中药材名为"五倍子"，具有敛肺降火、涩肠止泻、敛汗、止血、收湿敛疮的功效。

【附注】该属植物易使人产生过敏性反应，由数小时到数日的潜伏期之后，脸及唇、手指、胳膊、脖子等红肿起来。

黄连木属 Pistacia L.

黄连木 Pistacia chinensis Bunge

【俗名】木黄连；黄连芽；黄儿茶；鸡冠果；药树；茶树；凉茶树；黄连茶

【异名】*Pistacia formosana* Matsumura; *P. philippinensis* Merrill & Rolfe; *Rhusargyi* H. Léveillé; *R. gummifera* H. Léveillé

【习性】落叶乔木。生海岸带山林中。

【东北地区分布】辽宁省旅顺口区。

【食用价值】嫩芽、种子有食用价值。

嫩芽焯水、浸泡后可作蔬菜；炒制后可代茶。

种子烘烤后可食。

【药用功效】根、树皮、叶、叶芽入药，树皮、叶具有清热解毒的功效，叶芽具有清热、解毒、止渴的功效。

无患子科 Sapindaceae

枫属（槭属）Acer L.

色木枫 Acer mono Maxim.

【俗名】色木槭

【异名】*Acer pictum* subsp. *mono* (Maximowicz) H. Ohashi; *A. truncatum* subsp. *mono* (Maxim.) E. Murr.

【习性】落叶乔木。生林中、林缘及河岸两旁。

【东北地区分布】黑龙江省桦川、伊春、哈尔滨、宝清、密山、宁安、饶河、尚志、虎林、嘉荫；吉林省九台、蛟河、敦化、珲春、吉林、安图、抚松、靖宇、临江；辽宁省丹东、凤城、桓仁、本溪、新宾、岫岩、建昌、凌源、清原、鞍山、绥中、兴城、北镇、朝阳、彰武、大连、沈阳、法库、西丰、海城；内蒙古科尔沁左翼后旗、乌兰浩特、喀喇沁旗、翁牛特旗、科尔沁右翼中旗、林西、巴林左旗、巴林右旗、克什克腾旗、宁城、正镶白旗、正蓝旗等地。

【食用价值】嫩叶、种子、树液有食用价值。

嫩叶开水焯、清水反复浸泡后可作野菜食用，炒制后可代茶。

种子榨油供工业用或食用。

树液中含有大量的糖分，可以制饮料或浓缩成糖浆后作为甜味剂用于许多食品。

【药用功效】枝、叶入药，具有祛风除湿、活血逐瘀的功效。

紫花枫 Acer pseudo-sieboldianum (Pax.) Kom.

【俗名】紫花槭；假色槭；丹枫

【异名】*Acer circumlobatum* var. pseudo-*sieboldianum* Pax; *A. siebold-anum* var. *mandshuricum* Maxim.

【习性】落叶乔木。生阔叶林、针阔混交林及林缘。

【东北地区分布】黑龙江省东南部；吉林省安图、抚松、靖宇、临江、长白、珲春；辽宁省宽甸、桓仁、凤城、清原、本溪、抚顺、沈阳、盖州、北镇、鞍山、岫岩、瓦房店、庄河等地。

【食用价值】树液、叶、种子有食用价值。

树液中含有大量的糖分，可以制饮料或浓缩成糖后作为甜味剂用于许多食品。

叶子包在小点心等食物上，烤熟后点心等食物上会有甜味。

种子表面有甜味渗出，小朋友喜欢舔食。

【药用功效】不详。但可参考本书同属其他植物的药用价值开展研究。

【附注】本种与食用有关的内容均参考国外文献整理，初次食用者以少量尝试为宜。

茶条枫 Acer tataricum subsp. ginnala (Maxim.) Wesm.

【俗名】茶条槭

【异名】*Acer ginnala* Maxim.

【习性】落叶小乔木。生山坡、稀疏林下及林缘。

【东北地区分布】黑龙江省宁安、尚志、密山、哈尔滨、伊春、萝北、饶河、黑河、嘉荫、虎林；吉林省安图、靖宇、抚松、临江、长白、吉林、永吉、珲春、桦甸、蛟河；辽宁省西丰、抚顺、清原、本溪、凤城、桓仁、庄河、瓦房店、营口；内蒙古科尔沁左翼后旗、巴林右旗、克什克腾旗、西乌珠穆沁旗、锡林浩特等地。

【食用价值】嫩叶炒制后可作茶的代用品。

【药用功效】嫩叶和幼芽入药，具有清肝明目、抗菌的功效。

元宝枫 Acer truncatum Bunge

【俗名】元宝槭；平基槭

【异名】*Acer laetum* var. *truncatum* (Bunge) Regel; *A. lobelii* subsp. *truncatum* (Bunge). Wesmael; *A. lobulatum* Nakai; *A. lobulatum* var. *rubripes* Nakai

【习性】落叶乔木。生林中。

【东北地区分布】黑龙江省哈尔滨；吉林省安图、抚松、临江、双辽；辽宁省新宾、沈阳、盖州、凤城、宽甸、东港、庄河、朝阳、北镇、彰武；内蒙古宁城、翁牛特旗、扎鲁特旗、科尔沁左翼后旗等地。

【食用价值】嫩芽、嫩叶、种子、树液有食用价值。

嫩芽、嫩叶开水焯、清水反复浸泡后可作野菜食用，炒制后可代茶。

种仁含油量达50%，为优质食用油。

树液中含有大量的糖分，可以制饮料或浓缩成糖浆后作为甜味剂用于许多食品。

【药用功效】根皮入药，具有祛风除湿、舒筋活络的功效。

栾树属 Koelreuteria Laxm.

栾树 Koelreuteria paniculata Laxm.

【俗名】栾；木栾；栾华；五乌拉叶；乌拉；乌拉胶；黑色叶树；石栾树；黑叶树；木栏牙

【异名】*Koelreuteria apiculata* Rehder & E. H. Wilson; *K. bipinnata* Franchet var. *apiculata* F. C. How & C. N. Ho; *K. chinensis* (Murray) Hoffmannsegg

【习性】落叶乔木。生山坡杂木林中。

【东北地区分布】辽宁省旅顺口（蛇岛）、瓦房店、凌源等地。

【食用价值】嫩芽、种子有食用价值。

嫩芽民间称"木兰芽""木栾芽"或"木栏菜"，开水焯、清水浸泡后可作野菜食用，营养丰富，香气独特，具有补充营养、促进食欲的作用。

种子烤熟后可以食用。

【药用功效】根皮、花入药，根皮、花具有清肝明目的功效。

文冠果属 Xanthoceras Bunge

文冠果 Xanthoceras sorbifolium Bunge

【俗名】文冠木；文官果；土木瓜；木瓜；温旦革子

【异名】不详

【习性】落叶灌木或小乔木。生丘陵山坡等处，常见栽培。

【东北地区分布】吉林省双辽；辽宁省凌源、彰武等西部地区；内蒙古科尔沁左翼后旗、大青沟、通辽、扎鲁特旗、赤峰、宁城、翁牛特旗、喀喇沁旗等地。各地有栽培。

【食用价值】嫩叶、花、种子有食用价值。

嫩叶、花开水焯、清水浸泡后可作蔬菜等食用。

种子嫩时白色可食，风味似板栗。

【药用功效】木材、枝叶、果实入药，木材、枝叶具有祛风除湿、消肿止痛、收敛的功效，果实用于麻风、鼻渊流涕、瘰疬疥疮、风寒湿痹。

芸香科 Rutaceae

白鲜属（白藓属）Dictamnus L.

白鲜 Dictamnus dasycarpus Turcz.

【俗名】白藓；八股牛

【异名】*Dictamnus albus* var. *dasycarpus* (Turcz.) T. N. Liu et Y. H. Chang; *D. albus* subsp. *dasycarpus* (Turcz.) Kitag.

【习性】多年生草本。生山坡及丛林中。

【东北地区分布】黑龙江省哈尔滨、集贤、汤原、庆安、黑河、爱辉、伊春、嘉荫、萝北、友谊、密山、尚志；吉林省磐石、蛟河、安图、长白；辽宁省各地；内蒙古海拉尔、额尔古纳、牙克石、扎兰屯、鄂伦春、鄂温克、科尔沁右翼前旗、扎赉特旗、大青沟、翁牛特旗、敖汉旗、巴林左旗、克什克腾旗、喀喇沁旗、宁城、西乌珠穆沁旗等地。

【食用价值】嫩叶炒制后可代茶，有柠檬般的清新芳香。

【药用功效】干燥根皮入药，具有清热燥湿、祛风解毒的功效。

【附注】根状茎有毒，可制农药，小鼠腹腔注射根皮的氯仿提取物600毫克/千克，引起活动减少、四肢无力、死亡。另有报道，人接触到其蒴果，随后曝晒于阳光下，能够引起皮炎，症状是先出现斑疹，不规则的红色斑点，偶尔有豆粒大小的水泡。

黄檗属 Phellodendron Rupr.

黄檗 Phellodendron amurense Rupr.

【俗名】黄波罗；关黄柏；檗木；黄檗木；黄波椤树；黄伯栗；元柏；黄柏

【异名】*Phellodendron japonicum* auct. non Max.

【习性】落叶乔木。生山坡杂木林中或山间谷地。

【东北地区分布】黑龙江省集贤、虎林、宝清、尚志、伊春、黑河、嫩江、密山、哈尔滨；吉林省珲春、汪清、和龙、安图、临江、抚松、蛟河、桦甸；辽宁省各地；内蒙古扎兰屯、鄂伦春、科尔沁左翼后旗、扎赉特旗、大青沟等地。

【食用价值】嫩叶可作为野菜食用，但味道苦，焯水后需要反复浸泡。

【药用功效】树皮、果实入药，树皮具有清热燥湿、泻火除蒸、解毒疗疮的功效，果实具有止咳祛痰的功效。

【附注】本种为易危种（Vulnerable species，简称VU），1999年8月4日和2021年8月7日国务院批准的《国家重点保护野生植物名录》中，均被列为二级保护植物。在做好保护的前提下，取得合法手续，方可利用。

四数花属 Tetradium Loureiro

臭檀吴萸 Tetradium daniellii (Benn.) T. G. Hartley

【俗名】臭檀；臭檀吴茱萸

【异名】*Evodia daniellii* (Benn.) Hemsl.

【习性】落叶乔木。生沟边及疏林，也见栽培。

【东北地区分布】辽宁省金州、大连、旅顺口、盖州、鞍山、凌源、绥中等地。

【食用价值】种子含油32.0%～41.0%，属干油性，半透明，有光泽，适用于油漆工业，还可制发油，也可进一步加工为食用油。

【药用功效】果实入药，具有祛风散寒、下气止痛、祛痰化滞、燥湿的功效。

花椒属 Zanthoxylum L.

青花椒 Zanthoxylum schinifolium Sieb. et Zucc.

【俗名】山花椒；香椒子；崖椒

【异名】*Fagara schinifolia* (Sieb. et Zucc.) Engl.; *Xanthoxylum mantschuricum* Benn.; *Zanthoxylum pteropodium* Hayata; *F. pteropoda* (Hayata) Liu

【习性】落叶灌木。生山坡疏林中。

【东北地区分布】辽宁省绥中、营口、凤城、宽甸、岫岩、庄河、金州、大连等地。

【食用价值】嫩芽、叶、花、果实有食用价值。

嫩芽可炒羊肉，也可焯水、浸泡后凉拌。要注意其有毒报道，详见本种附注。

花和嫩果放少许盐腌一下，之后可用于炒鸡蛋。要注意其有毒报道，详见本种附注

成熟果实富含芳香油，其中，鲜果含芳香油0.6%，干果含芳香油4%～9%，均可用作调料。

【药用功效】根、叶、果皮入药，根、叶具有清热解毒、行气止血的功效，果皮具有温中止痛、杀虫止痒的功效。

【附注】叶、果含多种生物碱。非水溶性部分有镇痛及降压作用。狗静脉注射9.4毫克/千克，出现垂头、伏地、后肢痛觉迟钝，肌松作用持续20分钟，如再增加剂量，则出现翻正反射消失，最后死亡。

野花椒 Zanthoxylum simulans Hance.

【俗名】刺椒；黄椒；天角椒；香椒

【异名】*Zanthoxylum podocarpum* Hemsl.; *Fagara podocarpa* (Hemsl.) Engl.; *Z. simulans* var. *podocarpum* (Hemsl.) Huang; *Z. setosum* Hemsl.; *F. setosa* (Hemsl.) Engl.; *Z. argyi* Levl.

【习性】落叶小乔木或灌木。生山坡。

【产地】辽宁省凌源、熊岳、庄河、普兰店、大连等地有分布，野生或栽培。

【食用价值】叶和果实均含芳香油，其中，干果含芳香油4%～9%。二者均可直接用作食品加香调料。

【药用功效】根、根皮、叶、果实、果皮、种子均可入药，其中，叶具有祛风散寒、健胃驱虫、除湿止泻、活血通经的功效，果实具有温中止痛、杀虫止痒的功效。

【附注】叶、果含多种生物碱。非水溶性部分有镇痛及降压作用。兔静脉注射水溶性生物碱的垂头剂量平均为10.86毫克/千克，对横纹肌有可逆松弛作用，可被新斯的明所对抗；狗静脉注射9.4毫克/千克，出现垂头、伏地、后肢痛觉迟钝；肌松作用持续20分钟，如再增加剂量，则出现翻正反射消失，最后死亡。

苦木科 Simaroubaceae

臭椿属 Ailanthus Desf.

臭椿 Ailanthus altissima (Mill.) Swingle

【俗名】樗；皮黑樗；黑皮樗；南方椿树；椿树；黑皮椿树；灰黑皮椿树

【异名】*Toxicodendron altissima* Mill.; *Alboniaperegrind* Buchoz; *Rhuscacodendron* Ehrh.; *Ailanthus glandulosa* Desf.; *Pongelion glandulosum* Pierre

【习性】落叶乔木。生山坡或林中。

【东北地区分布】辽宁省鞍山、岫岩、盖州、瓦房店、普兰店、庄河、大连、凌源、建昌等地。内蒙古大青沟有栽培。

【食用价值】饥荒等非常时期，嫩芽或嫩叶开水焯、清水反复浸泡后可作蔬菜少量食用。要注意其有毒报道，详见本种附注

【药用功效】根皮、树皮（干皮）、叶、果实入药，其中，叶具有清热燥湿、杀虫的功效，果实具有活血祛风、清热利湿的功效。

【附注】植物体有毒，叶、树皮可作土农药。叶子味道难闻，能引起头痛、恶心等不良反应，家畜食之有中毒反应。花粉可引起过敏性反应，接触过该树的园丁可能生皮疹。

锦葵科 Malvaceae

苘麻属 Abutilon Miller

苘麻 Abutilon theophrasti Medic

【俗名】椿麻；塘麻；孔麻；青麻；白麻；桐麻；磨盘草；车轮草

【异名】*Abutilon avicennae* Gaertn.; *Sidaabutilon* Linn.; *Abutilon abutilon* (Linn.) Huth; *Abutilon theophrasti* var. *chinense* (Skvort.) S. Y. Hu

【习性】一年生亚灌木状草本。生路旁、荒地、田野。

【产地】东北各地常见栽培，并逸生。

【食用价值】嫩果、成熟种子有食用价值。

幼嫩果实可以生食。

成熟的种子晒干后可以添加到汤中，也可以添加到面包中，但是食前要先用清水浸泡一段时间，去除异味。

【药用功效】全草、根、叶、种子入药，全草或叶具有清热利湿、解毒开窍的功效，根具有利湿解毒的功效，种子具有清热解毒、利湿、退翳的功效。

【附注】为外来入侵植物。

盘果苘属（单花葵属、阿洛葵属）Anoda Cavanilles

阿洛葵 Anoda cristata (L.) Schlecht.

【俗名】冠萼蔓锦葵

【异名】*Anoda cristata* var. *albiflora* Heuchr.

【习性】一年生草本。在原产地常见于沟渠、路边荒地，更多见于农田。

【东北地区分布】辽宁省金州、大连。原产美洲，现亚洲有分布。

【食用价值】在墨西哥，本种是当地人喜食的传统食品，食法不详。

【药用功效】枝、叶、花入药，具有发汗、祛痰的功效。

【附注】本种为外来入侵植物，与食用有关的内容均参考国外文献整理，初次食用者以少量尝试为宜。

扁担杆属 Grewia L.

扁担杆 Grewia biloba G. Don.

【俗名】娃娃拳；孩儿拳头；扁担木

【异名】*Grewia glabrescens* Benth.; *G. parviflora* Bunge var. glabrescens Rebd. et Wils.; *G. esquirolii* Levl.; *Celostruseuonymoidea* Levl.; *Grewiatenuifolia* Kanehira et Sasaki

【习性】落叶灌木。生山坡或山沟边。

【东北地区分布】辽宁省长海、金州等地。

【食用价值】果实小，肉薄，但味甜，可直接生食，也可酿酒。

【药用功效】根、枝、叶入药，具有健脾养血、祛风湿、消痞的功效。

木槿属 Hibiscus L.

野西瓜苗 Hibiscus trionum L.

【俗名】香铃草；灯笼花；小秋葵；火炮草

【异名】*Hibiscus africanus* Miller; *Hibiscus ternatus* Cavan.; *Trionum annuum* Medicus; *Hibiscus trionum* var. *ternatus* DC.

【习性】一年生草本。生路旁、田埂、荒坡等地。

【**东北地区分布**】黑龙江省宁安、萝北、爱辉、齐齐哈尔、阿城、哈尔滨；吉林省镇赉、汪清、珲春、敦化、安图、浑江、吉林；辽宁省各地；内蒙古各地。

【**食用价值**】嫩苗焯水、浸泡后可炒食、凉拌、蘸酱或腌渍咸菜，也可剁馅加猪肉包饺子。

【**药用功效**】根、全草、种子入药，根或全草具有清热解毒、祛风除湿、止咳利尿的功效，种子具有润肺止咳、补肾的功效。

【**附注**】本种为外来入侵植物，大量繁殖会危害旱田作物和蔬菜。

锦葵属 Malva L.

小花锦葵 Malva parviflora L.

【**俗名**】小叶锦葵

【**异名**】不详

【**习性**】多年生草本。生于受干扰的温暖而干燥的环境。

【**产地**】内蒙古通辽等地有栽培和逸生。原产欧洲西南部和地中海地区的印度。

【**食用价值**】叶子和嫩苗焯水、浸泡后适合做汤、下面条等。

【**药用功效**】茎叶入药，具有清热解毒、利尿、止痛、疗疮的功效。

野葵 Malva verticillata L.

【**俗名**】北锦葵；冬葵

【**异名**】*Malva mohileviensis* Bow.

【**习性**】二年生草本。生杂草地、山坡、庭院和住宅附近。

【**东北地区分布**】黑龙江省哈尔滨、齐齐哈尔、富裕、黑河、萝北、宁安、安达；吉林省白城、镇赉、长白、和龙、汪清、安图；辽宁省金州、建平、凌源、彰武、清原、桓仁；内蒙古各地。

【**食用价值**】嫩苗、嫩果焯水、浸泡后适合做汤、下面条等。

【**药用功效**】全草、根、叶、果实、种子入药，其中，叶或嫩苗具有清热、行水、滑肠的功效。

椴树属（椴属）Tilia L.

紫椴 Tilia amurensis Rupr.

【**俗名**】毛紫椴

【**异名**】*Tilia amurensis* var. *araneosa* C. Wang & S.D. Zhao

【**习性**】落叶乔木。生山坡林中。

【**东北地区分布**】黑龙江省哈尔滨、尚志、黑河、嫩江、孙吴、大庆、伊春、萝北、宝清、勃利、密山、宁安、安达；吉林省蛟河、通化、临江、抚松、靖宇、长白、敦化、珲春、和龙、汪清、安图；辽宁省大连、瓦房店、普兰店、庄河、沈阳、铁岭、法库、朝阳、凌源、建昌、彰武、北镇、义县、绥中、清原、本溪、桓仁、鞍山、丹东、凤城、营口、盖州；内蒙古科尔沁左翼后旗、扎鲁特旗、喀喇沁旗、宁城等地。

【**食用价值**】嫩芽、花有食用价值。

嫩芽焯水、浸泡后可食用，可做汤、炒食，也可以与玉米面一起蒸食。

花入药，也可制清新草本茶。

【**药用功效**】花入药，具有发汗解热、抑菌的功效。

【**附注**】本种为易危种（Vulnerable species，简称VU），1999年8月4日和2021年8月7日国务院批准的《国家重点保护野生植物名录》中，均被列为二级保护植物。在做好保护的前提下，取得合法手续，方可利用。

西伯利亚椴 Tilia cordata subsp. sibirica (Bayer) Pigott

【**俗名**】西伯利亚紫椴

【**异名**】*Tilia sibirica* Fisch. ex Bayer; *Tilia amurensis* var. *sibirica* (Fisch. ex Bayer) Y.C.Chu

【**习性**】落叶乔木。生山坡。

【**东北地区分布**】黑龙江省黑河及大兴安岭和小兴安岭北坡的其他地方；吉林省西部；辽宁省西部；内蒙古东部。

【**食用价值**】嫩芽、花有食用价值。

嫩芽焯水、浸泡后可食用，可做汤、炒食，也可以与玉米面一起蒸食。

花入药，也可制清新草本茶。

【**药用功效**】花入药，具有发汗、解热、抑菌的功效。

辽椴 Tilia mandshurica Rupr. et Maxim.

【**俗名**】糠椴；大叶椴

【**异名**】*Tilia pekingensis* Rupr. ex Maxim.

【**习性**】落叶乔木。生山间、沟谷、杂木林中。

【**东北地区分布**】黑龙江省尚志、依兰、伊春、饶河、勃利、虎林、密山；吉林省临江、抚松、长白、敦

化、珲春、安图；辽宁省各山区；内蒙古敖汉旗、克什克腾旗、喀喇沁旗、多伦、宁城等地。

【食用价值】嫩芽、花、树皮有食用价值。

嫩芽焯水、浸泡后可食用，可做汤、炒食，也可以与玉米面一起蒸食。

花入药，也可制清新草本茶。

树皮制得的浆粉可做粥食，也可以和面粉一起蒸馒头。

【药用功效】根、花入药，根用于感冒、肾盂肾炎、口腔溃疡、咽喉肿痛，花具有发汗解热、抑菌的功效。

蒙椴 Tilia mongolica Maxim.

【俗名】小叶椴；白皮椴；米椴

【异名】不详

【习性】落叶乔木。生向阳山坡及岩石间隙或沙丘上。

【东北地区分布】辽宁省北镇、朝阳、建昌、凌源、绥中、喀左、金州、大连、营口、盖州、法库、本溪、丹东等地；内蒙古科尔沁右翼前旗、科尔沁右翼中旗、翁牛特旗、巴林右旗、克什克腾旗、喀喇沁旗、多伦、太仆寺旗等地。

【食用价值】嫩芽、花有食用价值。

嫩芽焯水、浸泡后可食用。

花可制清新草本茶。

【药用功效】花入药，具有发汗、镇痉、解热的功效。

瑞香科 Thymelaeaceae

瑞香属 Daphne L.

东北瑞香 Daphne pseudo-mezereum A. Gray

【俗名】长白瑞香

【异名】*Daphne koreana* Nakai

【习性】落叶灌木。生海拔600～1800米的针阔混交林及针叶林的林下和林缘。

【东北地区分布】吉林省长白、临江、抚松、靖宇、和龙、安图；辽宁省桓仁、本溪、凤城等地。

【食用价值】果实成熟后可酿酒、制饮料，还可提取食用色素。

【药用功效】全株、根入药，具有温中散寒、舒筋活络、活血化瘀、止痛的功效。

木樨草科（木犀草科）Resedaceae

木樨草属（木犀草属）Reseda L.

黄木犀草 Reseda lutea L.

【俗名】细叶木犀草；黄木樨草

【异名】不详

【习性】多年生草本。生铁路沿线及附近的丘陵地区。

【东北地区分布】分布辽宁省大连、旅顺口、金州等地。原产欧洲及地中海地区。

【食用价值】嫩苗焯水、浸泡后可炒食、凉拌或蘸酱食，也可剁馅加猪肉包饺子或包子，大量采集可以腌渍保存或制成什锦袋菜。

【药用功效】根为土耳其民族药，用于胃痛。

【附注】本种为外来入侵植物。

十字花科 Brassicaceae (Cruciferae)

鼠耳芥属 Arabidopsis (DC.) Heynh.

圆叶鼠耳芥 Arabidopsis halleri (L.) O'Kane & Al-Shehbaz

【俗名】圆叶南芥；欧洲拟南芥

【异名】*Arabis halleri* L.

【习性】多年生草本。生高山沙砾质土壤的林下、草丛中或岩石缝中。

【东北地区分布】黑龙江省大兴安岭及小兴安岭北部；吉林省抚松、安图；辽宁省凤城、抚顺等地。

【食用价值】嫩叶焯水、浸泡后作为绿色蔬菜食用。

【药用功效】不详。

叶芽鼠耳芥 Arabidopsis halleri subsp. gemmifera (Matsum.) O'Kane & Al-Shehbaz

【俗名】叶芽南芥；叶芽拟南芥

【异名】*Arabis gemmifera* (Matsum.) Makino; *Arabis coronata* Nakai

【习性】多年生草本。生山坡林下或水沟边。

【东北地区分布】吉林省抚松、安图；辽宁省宽甸。

【食用价值】嫩叶焯水、浸泡后作为绿色蔬菜食用。

【药用功效】不详。

琴叶鼠耳芥 Arabidopsis lyrata subsp. **kamchatica** (Fisch. ex DC.) O'Kane & Al-Shehbaz

【俗名】琴叶南芥；堪察加拟南芥

【异名】*Arabis lyrata* var. *kamchatica* Fisch. ex DC.

【习性】多年生草本。生高山冻原、林下。

【东北地区分布】吉林省安图等地。

【食用价值】嫩叶可添加到沙拉中生食，也可焯水、浸泡后作为绿色蔬菜食用。

【药用功效】不详。

兴安鼠耳芥 Arabidopsis lyrata subsp. **petraea** (L.) O'Kane & Al-Shehbaz

【俗名】兴安南芥

【异名】*Arabis amurensis* N. Busch

【习性】多年生草本。生境不详。

【产地】大兴安岭有分布记录，待调查核实。

【食用价值】嫩叶可添加到沙拉中生食，也可焯水、浸泡后作为绿色蔬菜食用。

【药用功效】不详。

南芥属 Arabis L.

硬毛南芥 Arabis hirsuta (L.) Scop.

【俗名】毛南芥；野南芥菜；毛筷子芥；箭叶南芥；新疆南芥；紫花硬毛南芥；卵叶硬毛南芥

【异名】*Turritis hirsuta* Linnaeus；*Arabishirsuta* var. *nipponica* (Franchet & Savatier) C. C. Yuan & T. Y. Cheo; *A. hirsuta* var. *purpurea* Y. C. Lan & T. Y. Cheo

【习性】一年生或二年生草本。生干燥山坡及路边草丛中。

【东北地区分布】黑龙江省密山、呼玛、虎林、哈尔滨；吉林省抚松、安图；辽宁省海城、开原、新宾、宽甸、桓仁；内蒙古海拉尔、牙克石、鄂伦春、鄂温克、科尔沁右翼前旗、扎赉特旗、克什克腾旗、宝格达山等地。

【食用价值】嫩苗焯水、浸泡后可炒食、凉拌、蘸酱或腌渍咸菜，也可用作馅料。

【药用功效】果实入药，具有清热解毒、消肿的功效。

山芥属 Barbarea R. Br.

山芥 Barbarea orthoceras Ledeb.

【俗名】山芥菜

【异名】*Barbarea vulgaris* R. Br. var. *orthoceras* (ledeb.) Regel; *B. cochlcarifolia* Boiss.; *B.patens* Boiss.; *B. sibirica* (Regel) Nakai; *B. hondoensis* Nakai

【习性】二年生草本。生湿地、溪谷、杂木林内。

【东北地区分布】黑龙江省伊春、哈尔滨、阿城、尚志、嘉荫、密山、呼玛、虎林、黑河；吉林省临江、浑江、抚松、通化、集安、柳河、长白、蛟河、安图；辽宁省新宾、本溪、岫岩、凤城、宽甸、庄河；内蒙古额尔古纳、根河、牙克石、鄂伦春、阿尔山等地。

【食用价值】嫩苗有幼嫩茎叶可少量生食，焯水、浸泡后再食用更加安全。

【药用功效】果实入药，具有祛痰、散寒、消肿止痛的功效。

【附注】虽然未见本种的有毒报道，但同属某些植物的叶有不良作用。

欧洲山芥 Barbarea vulgaris R. Br.

【俗名】不详

【异名】*Erysimum barbarea* L.; *Erysimum arcuatum* Opiz ex Presl; *Barbarea arcuata* (Opiz ex Presl) Reich.

【习性】二年生草本。生草原带的沟边、河滩、草地、路边潮湿处。

【东北地区分布】内蒙古呼伦贝尔。

【食用价值】叶、花茎有食用价值。要注意其有毒报道，详见本种附注。

幼叶可切碎后加入到沙拉中食用，较老的叶子可以焯水、浸泡后食用。

幼嫩的花茎在花开放前可以像西蓝花一样烹饪。

【药用功效】叶入药，具有开胃、治便秘、利尿的功效。

【附注】有一份报告称，过多摄入叶子会导致肾功能衰竭。

本种与食用有关的内容均参考国外文献整理，初次食用者以少量尝试为宜。

芸苔属 Brassica L.

欧洲油菜 Brassica napus L.

【俗名】不详

【异名】*Brassica oleracea* var. *pseudocolza* H. Lév.

【习性】一、二年生草本。生荒地。

【东北地区分布】黑龙江省（某农场）和辽宁省（大连某港口）。原产欧洲。

【食用价值】嫩叶、花茎、种子有食用价值。要注意其有毒报道，详见本种附注。

嫩叶可以添加到沙拉中食用，也可以焯水、浸泡后作野菜食用。

未成熟的花茎烹饪方式与西蓝花基本相同。

种子可提炼食用油；也可以像绿豆那样生芽后炒食、做汤或添加到沙拉和三明治中；也可磨成粉末代芥末用于调味。

【药用功效】西班牙药用植物。茎用作解热剂，用于感冒、咳嗽、天花、痘疮。

【附注】本种某些品种的种子中所含的油可能富含芥酸，而芥酸是有毒的。虽然已经选育了一些几乎不含芥酸的现代品种，但是野生状态下，具体品种不详，按照有毒物种对待最为妥当。

本种与食用有关的内容均参考国外文献整理，初次食用者以少量尝试为宜。

匙荠属 Bunias L.

匙荠 Bunias cochlearioides Murr.

【俗名】不详

【异名】*Leiocarpaea cochlearioides* (Murray) D.A.German & Al-Shehbaz

【习性】一年生草本。生沙质荒漠、草原、荒地等处。

【东北地区分布】黑龙江省大庆、安达、泰来、哈尔滨；吉林省镇赉；辽宁省台安；内蒙古新巴尔虎右旗等地。

【食用价值】幼茎、嫩叶、花蕾、花茎有食用价值。

幼茎、嫩叶有淡淡的卷心菜味道，放在混合沙拉中很好吃，焯水浸泡后再食更受欢迎。

花蕾和花茎的味道温和宜人，甜度细腻，也有卷心菜般的味道。

【药用功效】不详。

【附注】本种与食用有关的内容均参考国外文献整理，初次食用者以少量尝试为宜。

疣果匙荠 Bunias orientalis L.

【俗名】瘤果匙荠；疣果荠

【异名】*Bunias perennis* Sm.

【习性】一年生草本。生田野、草地。

【东北地区分布】辽宁省沈阳、西丰等地。

【食用价值】幼茎、嫩叶、花蕾、花茎有食用价值。

幼茎、嫩叶有淡淡的卷心菜味道，放在混合沙拉中很好吃，焯水浸泡后再食更受欢迎。

花蕾和花茎的味道温和宜人，甜度细腻，也有卷心菜般的味道。

【药用功效】不详。

【附注】本种与食用有关的内容均参考国外文献整理，初次食用者以少量尝试为宜。

亚麻荠属 Camelina Crantz.

亚麻荠 Camelina sativa (L.) Crantz

【俗名】不详

【异名】*Myagrum sativum* L.; *Camelinasativa* (L.) Crantz var. *glabrata* DC.; *Camelina glabrata* auct. non Fritsch ex N. Zinger:内蒙古植物志2:316. 1978.

【习性】一年生草本。生田边、撂荒地、山坡路旁或杂草地。

【东北地区分布】黑龙江省呼玛、哈尔滨、漠河；辽宁省大连；内蒙古海拉尔、额尔古纳、牙克石、鄂伦春等地。

【食用价值】种子富含油脂，从种子中提炼的油可用作发光剂和润肤剂，精炼后可以食用。

【药用功效】不详。

荠属 Capsella Medic.

荠 Capsella bursa-pastoris (L.) Medic.

【俗名】荠菜；地米菜；菱角菜

【异名】*Thlaspi bursa-pastoris* L.

【习性】一、二年生草本。生草地、田边、路旁、耕地或杂草地等处。

【东北地区分布】东北地区各地及内蒙古呼伦贝尔盟、科尔沁右翼前旗、大青沟、翁牛特旗、克什克腾旗、喀喇沁旗等地。

【食用价值】嫩苗为春季百姓最喜欢的野菜之一，煮汤、作馅均受欢迎。

花晒干或炒制后可代茶预防感冒。

【药用功效】全草入药，具有凉血止血、清热利尿、明目、降压、解毒的功效。

碎米荠属 Cardamine L.

天池碎米荠 Cardamine changbaiana Al-Shehbaz

【俗名】不详

【异名】*Cardamine resedifolia* var. *morii* Nakai

【习性】多年生草本。生高山石缝间或山坡干沙地上，海拔1700～2500米。

【东北地区分布】吉林省长白、抚松、安图等地。

【食用价值】幼苗和茎尖焯水、浸泡后可炒食、凉拌、蘸酱或腌渍咸菜，也可用作馅料。

【药用功效】不详。但可参考本书同属其他植物的药用价值开展研究。

弯曲碎米荠 Cardamine flexuosa With.

【俗名】曲枝碎米荠

【异名】*Cardamine sylvatica* Link; *C. hirsuta* L. var. *sylvatica* (Link) Hook. f. et T. Anders.; *C.hirsuta* L. subsp. *flexuosa* With. ex Forbes et Hemsl.

【习性】一、二年生草本。生田边、路旁及较湿的草地。

【东北地区分布】辽宁省大连、丹东等地。

【食用价值】嫩苗焯水、浸泡后可炒食、凉拌、蘸酱或腌渍咸菜，也可用作馅料。

【药用功效】全草入药，具有清热利湿、养心安神、收敛、止带、消炎的功效。

碎米荠 Cardamine hirsuta L.

【俗名】粗毛碎米荠；宝岛碎米荠

【异名】*Cardamine hirsuta* var. *formosana* Hayata

【习性】一年生草本。生山坡、路旁、荒地及耕地的草丛中。

【东北地区分布】辽宁省岫岩、庄河、金州等地。

【食用价值】嫩苗、嫩茎叶和花均可食，主要用作沙拉等的配菜或调味品，也可以焯水、浸泡后作为蔬菜食用；晒干或烘烤后可代茶饮。

【药用功效】全草入药，具有清热解毒、祛风除湿、利尿的功效。

弹裂碎米荠 Cardamine impatiens L.

【俗名】水菜花；水花菜

【异名】*Cardamine basisagittata* W. T. Wang; *C. dasycarpa* Marschall von Bieberstein; *C. glaphyropoda* O. E. Schulz; *C. glaphyropoda* var. *crenata* T. Y. Cheo & R. C. Fang

【习性】一、二年生草本。生路旁、山坡、沟谷、水边或阴湿地。

【东北地区分布】吉林省双辽；辽宁省宽甸等地。

【食用价值】幼苗、种子有食用价值。

幼苗和茎尖焯水、浸泡后可炒食、凉拌、蘸酱或腌渍咸菜，也可用作馅料。

种子含油率36%，可榨油供食用或药用。

【药用功效】全草入药，具有清热利湿、利尿解毒、活血调经的功效。

翼柄碎米荠 Cardamine komarovii Nakai

【俗名】不详

【异名】*Alliaia auriculata* Kom.; *Arabis cebennensis* DC. van. *coreana* LevI.

【习性】多年生草本。生林区河边及林下溪边阴湿地。

【东北地区分布】黑龙江省尚志；吉林省安图、蛟河、临江、浑江、集安；辽宁省本溪、桓仁、宽甸等地。

【食用价值】幼苗和茎尖焯水、浸泡后可炒食、凉拌、蘸酱或腌渍咸菜，也可用作馅料。

【药用功效】不详。但可参考本书同属其他植物的药用价值开展研究。

白花碎米荠 Cardamine leucantha (Tausch) O. E. Schulz

【俗名】不详

【异名】*Dentaria leucantha* Tausch; *Cardamine cathayensis* Migo; *C. dasyloba* (Turczaninow) Miquel; *C. leucantha* var. *crenata* D. C. Zhang

【习性】多年生草本。生林下、林缘、灌丛下、湿草地、溪流附近及林区路旁等处。

【东北地区分布】黑龙江省伊春、宝清、尚志、阿城、宁安及东部山区；吉林省安图、临江、梅河口、集安、抚松、汪清、珲春、舒兰、蛟河；辽宁省西丰、清原、开原、抚顺、新宾、鞍山、本溪、桓仁、岫岩、凤城、宽甸、庄河；内蒙古额尔古纳、根河、鄂伦春、扎赉特旗等地。

【食用价值】嫩苗焯水、浸泡后可炒食、凉拌、蘸酱或腌渍咸菜，也可用作馅料；炒制后可代茶叶。

【药用功效】根及根状茎或全草入药，具有清热解毒、解痉、化痰止咳、活血止痛的功效。

水田碎米荠 Cardamine lyrata Bunge

【俗名】小水田荠；水田荠；苹果草

【异名】*Cardamine argyi* H. Léveillé

【习性】多年生草本。生水田边、溪边及浅水处。

【东北地区分布】黑龙江省哈尔滨、嫩江、北安、密山、虎林、呼玛；吉林省双辽、安图、梅河口、柳河、长白；辽宁省沈阳；内蒙古额尔古纳、扎兰屯、海拉尔、科尔沁右翼前旗等地。

【食用价值】幼嫩的茎叶焯水、浸泡后可炒食、凉拌、蘸酱或腌渍咸菜，也可用作馅料。

【药用功效】全草入药，具有清热解毒、凉血、调经、明目去翳的功效。

大叶碎米荠 Cardamine macrophylla Willd.

【俗名】华中碎米荠；钝圆碎米荠；重齿碎米荠；多叶碎米荠

【异名】*Cardamine macrophylla* var. *crenata* Trautvetter; *C. macrophylla* var. *dentariifolia* J. D. Hooker & T. Anderson

【习性】多年生草本。生山坡灌木林下、沟边、石隙、高山草坡水湿处。

【东北地区分布】内蒙古克什克腾旗（大局子林场）。

【食用价值】嫩苗焯水、浸泡后可炒食、凉拌、蘸酱或腌渍咸菜，也可用作馅料。

【药用功效】全草入药，具有消肿、补虚的功效。

小花碎米荠 Cardamine parviflora L.

【俗名】东北小花碎米荠；假弯曲碎米荠

【异名】*Cardamine parviflora* var. *manshurica* Kom.; *C. manshurica* (Kom.) Nakai; *C. flexuosa* With. var. *fallax* (O. E. Schulz) T. Y. Cheo et R. C. Fang

【习性】一、二年生草本。生河边湿地。

【东北地区分布】黑龙江省哈尔滨、绥芬河流域；辽宁省长海；内蒙古科尔沁右翼前旗、扎赉特旗等地。

【食用价值】嫩苗焯水、浸泡后可炒食、凉拌、蘸酱或腌渍咸菜，也可用作馅料；晒干或炒制后可代茶。

【药用功效】不详。但可参考本书同属其他植物的药用价值开展研究。

草甸碎米荠 Cardamine pratensis L.

【俗名】不详

【异名】*Cardamine pratensis* f. *arctica* O.E.Schulz

【习性】多年生草本。生湿润草原、河边、溪旁和林区、林缘湿地。

【东北地区分布】黑龙江省各地；内蒙古额尔古纳、扎兰屯、牙克石、阿尔山、科尔沁右翼前旗等地。

【食用价值】叶、茎尖、花、花蕾有食用价值。

叶子和茎尖富含维生素和矿物质，尤其是维生素C含量特别高，但味道辛辣，可少量用作沙拉的调味剂。

鲜花和花蕾也有辛辣味，也可少量用作沙拉的调味剂。

【药用功效】全草入药，具有清热解毒、强心利尿、发汗、通阻的功效。

浮水碎米荠 Cardamine prorepens Fisch. ex DC.

【俗名】伏水碎米荠

【异名】*Cardamine hirsuta* Pall.; *C. pubescens* Steven; *C. pilosa* Willd.; *C. borealis* Andrz. ex DC.; *C. pratensis* L. var. *prorepens* Fisch. ex Maxim.

【习性】多年生草本。生林内河边、溪边、山沟边及山顶草原湿地。

【东北地区分布】黑龙江省各地；吉林省抚松县（长白山）；辽宁省凤城、宽甸、桓仁；内蒙古海拉尔、额尔古纳、牙克石、扎兰屯、科尔沁右翼前旗等地。

【食用价值】幼苗和茎尖焯水、浸泡后可炒食、凉拌、蘸酱或腌渍咸菜，也可用作馅料。

【药用功效】不详。但可参考本书同属其他植物的药用价值开展研究。

裸茎碎米荠 Cardamine scaposa Franch.

【俗名】落叶梅

【异名】*Cardamine denudata* O. E. Schulz

【习性】多年生草本。生山坡灌丛中及林下潮湿处。

【东北地区分布】内蒙古宁城（黑里河林区）。

【食用价值】幼苗和茎尖焯水、浸泡后可炒食、凉拌、蘸酱或腌渍咸菜，也可用作馅料。

【药用功效】全草入药，具有清热解毒的功效。

圆齿碎米荠 Cardamine scutata Thunb.

【俗名】长白碎米荠；大顶叶碎米荠；长白山碎米荠

【异名】*Cardamine baishanensis* P.Y.Fu; *C. scutata* Thunb. var. *longiloba* P. Y. Fu

【习性】一、二年生草本。生海拔1000米以上的湿地上。

【东北地区分布】吉林省安图；辽宁省桓仁、宽甸等地。

【食用价值】幼苗和茎尖焯水、浸泡后可炒食、凉拌、蘸酱或腌渍咸菜，也可用作馅料。

【药用功效】种子入药，具有利尿的功效。

细叶碎米荠 Cardamine trifida (Lam. ex Poir.) B.M.G.Jones

【俗名】碎叶石芥花

【异名】*Cardamine schulziana* Baehni; *Dentaria trifida* Lamarck ex Poiret, Encycl. Suppl. 2: 465. 1812; *D. alaunica* Golitsin; *D. tenuifolia* Ledebour

【习性】多年生草本。生湿润草原和坡林下。

【东北地区分布】黑龙江省伊春、尚志、呼玛、北安、哈尔滨；吉林省安图县长白山；内蒙古额尔古纳、牙克石、阿尔山、克什克腾旗、科尔沁右翼前旗等地。

【食用价值】幼苗和茎尖焯水、浸泡后可炒食、凉拌、蘸酱或腌渍咸菜，也可用作馅料。

【药用功效】不详。但可参考本书同属其他植物的药用价值开展研究。

垂果南芥属 Catolobus Al-Shehbaz

垂果南芥 Catolobus pendulus (L.) Al-Shehbaz

【俗名】唐芥；扁担蒿

【异名】*Arabis pendula* L.

【习性】二年生草本。生山坡、路旁、林下、河岸等处。

【东北地区分布】黑龙江省各地；吉林省通化、长白、珲春、和龙、安图、汪清；辽宁省北镇、沈阳、抚顺、清原、西丰、法库、本溪、桓仁、鞍山、营口、岫岩、凤城、宽甸、丹东、普兰店、金州、大连；内蒙古海拉尔、根河、额尔古纳、牙克石、鄂温克、鄂伦春、莫力达瓦达斡尔旗、扎赉特旗、赤峰、巴林左旗、巴林右旗、林西、阿鲁科尔沁旗、宁城、喀喇沁旗、克什克腾旗、敖汉旗、科尔沁左翼后旗、扎鲁特旗等地。

【食用价值】嫩苗焯水、浸泡后可炒食、凉拌、蘸酱或腌渍咸菜，也可用作馅料。

【药用功效】果实入药，具有清热解毒、消肿的功效。

离子芥属（离子草属）Chorispora R. Br. ex DC.

离子芥 Chorispora tenella (Pall.) DC.

【俗名】离子草；荠儿菜；红花荠菜

【异名】*Raphanus tenellus* Pall.; *Chorispermum tenellus* R. Br.

【习性】一年生草本。生沟边、草地、田地。

【东北地区分布】辽宁省旅顺口、大连、金州等地。

【食用价值】嫩苗、嫩叶可以蘸酱或做沙拉生食，也可以焯水、浸泡后食用。

【药用功效】不详。

香芥属 Clausia Kornuch-Trotzky

毛萼香芥 Clausia trichosepala (Turcz.) Dvorak

【俗名】香芥；香花芥

【异名】*Hesperis trichosepala* Turcz.

【习性】二年生直立草本。生山坡。

【东北地区分布】黑龙江省宁安；辽宁省凌源；内蒙古扎兰屯、科尔沁右翼前旗、扎赉特旗、西乌珠穆沁旗、多伦等地。

【食用价值】嫩苗和嫩茎叶焯水、浸泡后可炒食、凉拌、蘸酱或腌渍咸菜，也可用作馅料。

【药用功效】全草入药，具有利尿的功效。

播娘蒿属 Descurainia Webb et Berth.

播娘蒿 Descurainia sophia (L.) Schur

【俗名】腺毛播娘蒿

【异名】*Descurainia sophia* (L.) Schur.; *Sisymbriumsophza* L.; *D. sophia* var. *glabrata* N. Busch

【习性】二年生草本。生杂草地、住宅附近、山坡、沙质地或盐碱地。

【东北地区分布】黑龙江省哈尔滨、北安、尚志；吉林省磐石；辽宁省大连、旅顺口、长海、铁岭；内蒙古海拉尔、牙克石、科尔沁右翼前旗、阿尔山、扎赉特旗等地。

【食用价值】嫩苗、种子有食用价值。

嫩苗焯水、浸泡后可炒食、凉拌、蘸酱或腌渍咸菜，也可用作馅料。

种子含有25.5%～29.9%的蛋白质、26.9%～39.7%的脂肪和3.6%～3.9%的灰分，有辛辣的味道，磨粉可用作芥末的替代品，也可以与玉米粉混合用于制作面包或作为汤等的增稠剂，也可以像绿豆一样发芽后添加到沙拉中，还可以制成营养凉爽的饮料，也可榨油食用。

【药用功效】种子入药，具有泻肺平喘、利水消肿的功效。

【附注】为有毒植物，种子含强心苷，对鸽静脉注射LD_{50}（半数致死量）为2.125克/千克。

二行芥属（二列芥属）Diplotaxis DC.

二行芥 Diplotaxis muralis (L.) DC.

【俗名】二列芥；双趋芥

【异名】*Sisymbrium murale* L.; *Brassica muralis* (Linnaeus) Boissier; *Sinapis muralis* (Linnaeus) R. Brown

【习性】一、二年生草本。生海边湿地、路旁、庭院等地。

【东北地区分布】辽宁省大连、旅顺口、金州。

【食用价值】幼苗及花果期的叶子肥嫩而少纤维，且有芝麻菜的味道，焯水后可以作为蔬菜食用，还可以拌沙拉或者蘸酱生食，食用等级与我们熟悉的荠菜平级。

【药用功效】不详。

【附注】为外来入侵植物。

薄叶二行芥 Diplotaxis tenuifolia (L.) de Candolle

【俗名】细叶二行芥

【异名】*Diplotaxis tenuifolia* var. *integrifolia* W.D.J.Koch

【习性】多年生草本。

【东北地区分布】辽宁省旅顺口有栽培，有逸生于路旁。

【食用价值】叶子生食，有似萝卜叶的辣味，也有似芝麻菜的香味，是混合沙拉的绝佳配料。单株产量很高，从早春到秋天都可采集。

【药用功效】意大利药用植物。

【附注】为外来入侵植物。

花旗杆属（花旗竿属） Dontostemon Andrz.

花旗杆 Dontostemon dentatus (Bunge) Ledeb.

【俗名】花旗竿；齿叶花旗杆

【异名】*Andreoskia dentatus* Bunge; *Dontostemon eglandulsus* C. A. Mey.

【习性】一、二年生草本。生山坡路旁、林缘、石质地、草地。

【东北地区分布】黑龙江省各山区；吉林省汪清、安图、桦甸、扶余、敦化、抚松、汪清、永吉；辽宁省各地；内蒙古额尔古纳、根河、牙克石、扎兰屯、鄂伦春、科尔沁右翼前旗、扎赉特旗、大青沟、喀喇沁旗、宁城等地。

【食用价值】嫩苗焯水、浸泡后可炒食、凉拌、蘸酱或腌渍咸菜，也可用作馅料。

【药用功效】全草及种子入药，具有利尿的功效。

葶苈属 Draba L.

葶苈 Draba nemorosa L.

【俗名】不详

【异名】*Draba nemoralis* Ehrhart; *D. nemorosa* var. *brevisilicula* Zapalowicz; *D. nemorosa* var. *hebecarpa* Lindblom

【习性】一年或二年生草本。生耕地旁、田间、路边、草地、山边及林下。

【东北地区分布】黑龙江省各地；吉林省安图、柳河；辽宁省开原、沈阳、辽阳、鞍山、抚顺、本溪、凤城、瓦房店、金州、庄河、大连、宽甸、丹东；内蒙古额尔古纳、根河、牙克石、鄂伦春、鄂温克、海拉尔、科尔沁右翼前旗、克什克腾旗、巴林左旗、巴林右旗、通辽等地。

【食用价值】幼苗焯水浸泡后可作野菜食用。

【药用功效】全草、种子入药，全草具有消积、解肉食中毒的功效，种子具有祛痰平喘、清热、利尿的功效。

糖芥属 Erysimum L.

小花糖芥 Erysimum cheiranthoides L.

【俗名】桂竹糖芥；野菜子

【异名】*Erysimum parviflorum* Pers.; *Erysimum japonicum* (H. Boissieu) Makino

【习性】一年生草本。生山坡、山谷、路旁及村旁荒地。

【东北地区分布】黑龙江省哈尔滨、伊春、呼玛；吉林省珲春；辽宁省大连；内蒙古根河、鄂伦春、鄂温克、科尔沁右翼前旗、科尔沁右翼中旗、扎赉特旗、克什克腾旗、喀喇沁旗、东乌珠穆沁旗、锡林浩特等地。

【食用价值】嫩苗焯水、浸泡后可炒食、凉拌、蘸酱或腌渍咸菜，也可用作馅料。

【药用功效】全草或种子入药，具有强心利尿、健脾和胃、消食的功效。

【附注】全草有小毒，其乙醇提取液对蛙、兔及猫心电图实验证明具有强心作用，性质与毒毛旋花苷相似。

山柳菊叶糖芥 Erysimum hieracifolium L.

【俗名】草地糖芥

【异名】*Erysimum marschallianum* Andrz. ex M. Bieb.

【习性】二年生草本。生山坡。

【东北地区分布】黑龙江省哈尔滨；内蒙古海拉尔、克什克腾旗等地。

【食用价值】嫩苗焯水、浸泡后可炒食、凉拌、蘸酱或腌渍咸菜，也可用作馅料。

【药用功效】种子入药，具有清湿热、镇咳、强心、解内毒的功效。

【附注】虽然未见本种的有毒报道，但同属某些植物有毒。

波齿糖芥 Erysimum macilentum Bunge

【俗名】华北糖芥；波齿叶糖芥；云南糖芥

【异名】*Erysimum cheiranthoides* L. var. *sinuatum* Franch.

【习性】一年生草本。生沙质地或海岛上。

【东北地区分布】辽宁省大连、长海等地。

【食用价值】嫩苗焯水、浸泡后可炒食、凉拌、蘸酱或腌渍咸菜，也可用作馅料。

【药用功效】种子入药，具有强心利尿、健脾和胃、消食的功效。

【附注】虽然未见本种的有毒报道，但同属某些植物有毒。

独行菜属 Lepidium L.

独行菜 Lepidium apetalum Willd.

【俗名】腺独行菜；腺茎独行菜；辣辣菜；拉拉罐；拉拉罐子；辣辣根

【异名】*Lepidium chitungense* Jacot Guill.

【习性】一、二年生草本。生路旁、沟边、草地、耕地旁、庭园等处。

【东北地区分布】黑龙江省各地；吉林省镇赉、永吉、桦甸；辽宁省彰武、建平、建昌、北镇、开原、铁岭、沈阳、抚顺、本溪、鞍山、凤城、丹东、瓦房店、普兰店、金州、大连；内蒙古各地。

【食用价值】嫩苗及嫩角果入开水中焯一下，然后用清水反复浸泡，去除苦味和辣味后有食用价值。

【药用功效】全草、种子入药，全草具有清热利尿通淋的功效，种子具有泻肺平喘、利水消肿的功效。

【附注】为有毒植物，种子含强心甙，对鸽静脉注射LD_{50}（半数致死量）为4.36克/千克。

绿独行菜 Lepidium campestre (L.) R. Br.

【俗名】不详

【异名】*Lepidium campestre* f. *glabratum* (Lej & Court.) Thell; *L. campestre* (L.) R. Br. var. *glabratum* Lej et Court.

【习性】一、二年生草本。生山坡上。

【东北地区分布】辽宁省大连、旅顺口、北镇等地。原产欧洲及小亚细亚，传播至美洲。

【食用价值】嫩苗、幼叶、嫩角果、种子有食用价值。

嫩苗入开水中焯一下，然后用清水反复浸泡，去除苦味和辣味后作为蔬菜烹饪。

幼叶可食，切碎后可加入沙拉中，用作装饰。

嫩角果具有辛辣的味道，可以生吃，也可以作为汤和炖菜的调味品。

种子辛辣，可作为辣椒的替代品。

【药用功效】不详。但可参考本书同属其他植物的药用价值开展研究。

【附注】为外来入侵植物，是潜叶蝇、跳甲、小菜蛾及十字花科根肿病的传播媒介，家畜食用后尿液带有怪味且颜色异常，奶牛食用后导致牛奶变成青绿色且带有辛辣味。

密花独行菜 Lepidium densiflorum Schrad.

【俗名】不详

【异名】*Lepidium neglectum* Thellung; *Leptaleum longisilquosum* Freyn et Sint.

【习性】一、二年生草本。生路旁、草地、耕地边。

【东北地区分布】黑龙江省哈尔滨、尚志；吉林省汪清、磐石、安图、长白；辽宁省大连、长海、庄河、沈阳、抚顺、清原、辽阳、鞍山、本溪、桓仁、盖州、丹东、东港、彰武等地。原产北美洲，现亚洲、欧洲等也有分布。

【食用价值】嫩苗及嫩角果入开水中焯一下，然后用清水反复浸泡，去除苦味和辣味后有食用价值。

【药用功效】种子入药，具有利尿、平喘的功效。

【附注】为外来入侵植物，是十字花科霜霉病菌的寄主，家畜食用后尿液有怪味且颜色异常，奶牛食用后导致牛奶变成青绿色且带有辛辣味。

臭荠 Lepidium didymum L.

【俗名】臭滨芥

【异名】*Coronopus didymus* (L.) J. E. Smith

【习性】一、二年生匍匐草本，全株有臭味。生路旁或荒地。

【东北地区分布】辽宁省大连、长海。

【食用价值】幼苗和茎尖焯水浸泡后可作野菜食用，凉拌、蘸酱、做汤等均可。

【药用功效】全草入药，具有清热、明目、利尿、消炎的功效。

【附注】为外来入侵植物。

群心菜 Lepidium draba L.

【俗名】不详

【异名】*Cardaria draba* (L.) Desv.

【习性】多年生草本。生路旁、山坡、田边。

【东北地区分布】辽宁省大连、旅顺口。

【食用价值】嫩苗、嫩茎、嫩叶、种子有食用价值。

嫩苗焯水、浸泡后可炒食、凉拌或蘸酱食，也可剁馅加猪肉包饺子或包子。

嫩茎、嫩叶在地中海地区和中亚地区用于沙拉。

种子具胡椒味，可作胡椒的代用品。

【药用功效】不详。但可参考本书同属其他植物的药用价值开展研究。

宽叶独行菜 Lepidium latifolium L.

【俗名】北独行菜；光果宽叶独行菜

【异名】*Lepidium latifolium* L. var. *affine* C. A. Mey.; *L. sibiricum* Schw; *L. latifolium* L. ssp. *affine* (Ledeb.) Kitag.

【习性】多年生草本。生河边、海边盐碱地、沙地或荒地。

【东北地区分布】黑龙江省孙吴；辽宁省沈阳、营口、凌海、大洼、大连、长海；内蒙古各地。

【食用价值】幼苗、根、茎尖、种子有食用价值。

根有辛辣味，磨成粉末可用作辣根替代品。

幼苗、茎尖可少量用作沙拉的调味品，焯水浸泡后凉拌、蘸酱、做汤等也可。

种子磨成粉末可用作调味品。

【药用功效】全草入药，具有清热燥湿的功效。

【附注】虽然未见本种的有毒报道，但是同属某些种为有毒植物，种子含强心苷。

抱茎独行菜 Lepidium perfoliatum L.

【俗名】穿叶独行菜

【异名】不详

【习性】一、二年生草本。生荒地、干燥沙滩上。

【东北地区分布】辽宁省大连。

【食用价值】嫩苗及嫩角果入开水中焯一下，然后用清水反复浸泡，去除苦味和辣味后有食用价值。

【药用功效】全草入药，具有利尿、抗坏血病的功效。

【附注】虽然未见本种的有毒报道，但是同属某些种为有毒植物，种子含强心苷。

柱毛独行菜 Lepidium ruderale L.

【俗名】柱腺独行菜；鸡积菜

【异名】不详

【习性】一、二年生草本。生荒地。

【东北地区分布】黑龙江省各地；吉林省磐石；辽宁省鞍山、旅顺口、大连等地。

【食用价值】嫩苗及嫩角果入开水中焯一下，然后用清水反复浸泡，去除苦味和辣味后有食用价值。

【药用功效】种子入药，具有止咳平喘、行水消肿的功效。

【附注】虽然未见本种的有毒报道，但是同属某些种为有毒植物，种子含强心苷。

北美独行菜 Lepidium virginicum L.

【俗名】琴叶葶苈；美洲独行菜

【异名】不详

【习性】一、二年生草本。生田边或荒地。

【东北地区分布】辽宁省长海、庄河。

【食用价值】幼叶、嫩角果、种子有食用价值。

幼叶可食，切碎后可加入沙拉中，用作装饰；焯水、浸泡后可作为蔬菜烹饪。

嫩角果具有辛辣的味道，可以生吃，也可以作为汤和炖菜的调味品。

种子辛辣，可作为辣椒的替代品。

【药用功效】全草入药，具有驱虫、消积的功效。

【附注】为外来入侵植物，是棉蚜、麦蚜和潜叶蝇等害虫寄主，野生甘蓝霜霉病和白菜病毒等病原体的中间寄主。

豆瓣菜属 Nasturtium R. Br.

豆瓣菜 Nasturtium officinale R. Br.

【俗名】水田芥；水蔊菜；水生菜；西洋菜

【异名】*Sisymbrium nasturtium-aquaticum* L.；*Rorippanasturtium-aquaticum* (L.) Hayek

【习性】多年生草本。喜生水中、水沟边、山涧河边、沼泽地或水田中。

【东北地区分布】黑龙江、吉林有记录。

【食用价值】嫩株、种子有食用价值。

嫩株为蔬菜，广东及广西部分地区常见栽培，称"西洋菜"，久负盛名。

种子可以像绿豆一样发芽后用在沙拉中食用，有类似芥末的味道；还可以磨成粉末用作芥末的代用品。

【药用功效】全草入药，具有清热解毒、凉血、止痛、助消化、利尿、强壮、抗坏血病、促进新陈代谢的功效。

【附注】本种为水生植物，污染水域不宜采食。

诸葛菜属 Orychophragmus Bunge

诸葛菜 Orychophragmus violaceus (L.) O. E. Schulz

【俗名】二月兰；紫金菜；菜子花；短梗南芥；毛果诸葛菜

【异名】Raphanus violaceus L.; O. sonchifolius Bunge; Moricandiasonchiifolia Hook. f.; Raphanuschanetii Levl.; R.courtoisii Levl.

【习性】一年生或二年生草本。生山坡杂木林缘或路旁。

【东北地区分布】辽宁省北镇、鞍山、金州、庄河、大连等地。各地常见栽培。

【食用价值】嫩苗、嫩花序焯水、浸泡后可炒食、凉拌或蘸酱食，也可剁馅加猪肉包饺子或包子，大量采集可以腌渍保存或制成什锦袋菜。

【药用功效】不详。

沙芥属 Pugionium Gaertn.

沙芥 Pugionium cornutum (L.) Gaertn.

【俗名】山萝卜

【异名】*Bunias cornuta* L.

【习性】一、二年生草本。生流动沙丘或丘间低地。

【东北地区分布】内蒙古科尔沁沙地、翁牛特旗、克什克腾旗等地。

【食用价值】嫩叶焯水、浸泡后可作野菜食用。

【药用功效】全草入药，具有行气、止痛、消食、解毒的功效。

萝卜属 Raphanus L.

野萝卜 Raphanus raphanistrum L.

【俗名】不详

【异名】*Raphanus raphanistrum* f. *carneus* Thell.

【习性】一年生草本。园林栽培，有逸生。

【东北地区分布】辽宁省新宾等地有栽培，金州等地有逸生。原产欧洲、亚洲北部及北美洲。

【食用价值】幼苗、嫩叶、花、花蕾、嫩角果、种子有食用价值。

幼苗和嫩叶可食，切细后可添加到沙拉中生食或直接蘸酱生食，也可以焯水、浸泡后食用，老叶变苦，不宜食用。

鲜花可拌沙拉食用。

花蕾轻轻焯水、浸泡后也可拌沙拉食用。

幼嫩的角果松脆多汁，可直接食用。

种子有非常刺激的味道，磨成粉末为芥末的极好替代品；发芽的种子有点辛辣的味道，是沙拉的美味调味品；还可提炼食用油。

【药用功效】意大利传统药。叶入药，用于风湿病。

【附注】本种与食用有关的内容均参考国外文献整理，初次食用者以少量尝试为宜。

蔊菜属 Rorippa Scop.

两栖蔊菜 Rorippa amphibia (L.) Besser

【俗名】不详

【异名】不详

【习性】多年生草本。喜生河岸边、河流冲积地、路边等地。

【东北地区分布】辽宁省大连、金州、旅顺口、鞍山、辽阳、铁岭、葫芦岛、北镇等地。原产北美洲。

【食用价值】嫩苗食用等级与我们熟悉的荠菜平级，所以，可参照荠菜的食用方法食用。

【药用功效】不详。但可参考本书同属其他植物的药用价值开展研究。

【附注】为外来入侵植物。

广州蔊菜 Rorippa cantoniensis (Lour.) Ohwi

【俗名】苞蔊菜；细籽蔊菜；广东葶苈

【异名】*Ricotia cantoniensis* Lour.; *Nasturtium microspermum* DC.; *N. sikokianum* Franch. et Savat; *N. sikokianum* Franch. et Savat var. *axillare* Hayata; *R. microsperma* (DC.) Hand.-Mazz.

【习性】一、二年生草本。生河滩、湿地或山坡路旁。

【东北地区分布】辽宁省辽阳、鞍山、庄河、大连、长海等地。

【食用价值】嫩苗焯水、浸泡后可食用。

【药用功效】全草入药，具有清热解毒、镇咳的功效。

风花菜 **Rorippa globosa** (Turcz.) Thell.

【俗名】球果蔊菜

【异名】*Nasturtium globosum* Turcz.; *Cochleaeriaglobosa* Ledeb.; *Nasturtiumcantoniense* Hance; *Rorippa globosa* (Turcz.) Thell.; *R. globosa* (Turcz.) Vass.

【习性】一、二年生草本。生湿地或河岸。

【东北地区分布】黑龙江省哈尔滨、虎林、密山、泰来、呼玛、齐齐哈尔；吉林省安图、珲春、吉林、辉南、长白；辽宁省彰武、沈阳、鞍山、西丰、岫岩、凤城、庄河、大连、长海、普兰店、瓦房店、旅顺口；内蒙古扎赉特旗、突泉、科尔沁右翼中旗、阿尔山等地。

【食用价值】嫩苗、种子有食用价值。

嫩苗焯水、浸泡后可食用。

种子富含油脂，可榨油食用。

【药用功效】全草入药，具有清热解毒、活血通经的功效。

蔊菜 **Rorippa indica** (L.) Hiern

【俗名】印度蔊菜

【异名】*Sisymbrium indicum* L.; *Nasturtiumindicum* (L.) DC.; *Rorippaindica* (L.) Bailey; *N.sinapis* (Burm.) O. E. Schulz; *R. sinapis* (Burm.) Ohwi et Hara; *R. sublyrata* (Franch. et Savat.) T. Y. Chen

【习性】一、二年生草本。生路旁、田边、园圃、河边、屋边墙脚等较潮湿处。

【东北地区分布】辽宁省大连、丹东等地。

【食用价值】幼苗及嫩茎叶焯水、浸泡后可食用。

【药用功效】全草、花入药，具有清热解毒、止咳化痰、消炎止痛、通经活血、消肿利尿、祛寒健胃的功效。

沼生蔊菜 **Rorippa palustris** (L.) Besser

【俗名】风花菜

【异名】*Rorippa islandica* auct. non (Oed.) Borb.

【习性】二年生或多年生草本。生潮湿环境或近水处、溪岸、路旁、田边、山坡草地及草场。

【东北地区分布】黑龙江省各地；吉林省吉林市、珲春、安图、磐石、靖宇、汪清、长白；辽宁省各地；内蒙古各地。

【食用价值】嫩苗被称为"假荠菜"，甚至有的地方把它当"荠菜"，为受欢迎的野菜，焯水、浸

泡后食用，也可以少量拌在沙拉中生食。

【药用功效】全草入药，具有清热解毒、利水消肿、活血通经的功效。

欧亚蔊菜 Rorippa sylvestris (L.) Bess.

【俗名】辽东蔊菜

【异名】*Rorippa liaotungensis* X. D. Cui et Y. L. Chang

【习性】一、二年生草本至多年生。生田边、水沟边及潮湿地。

【东北地区分布】辽宁省大连、旅顺口、金州、铁岭、沈阳等地。原产欧洲。

【食用价值】嫩苗焯水、浸泡后可以作为野菜食用。

【药用功效】不详。但可参考本书同属其他植物的药用价值开展研究。

【附注】为外来入侵植物。

白芥属 Sinapis L.

新疆白芥 Sinapis arvensis L.

【俗名】野欧白芥

【异名】*Rhamphospermum arvense* (L.) Andrz. ex Besser

【习性】一年生草本。生农田、路边。

【东北地区分布】辽宁省大连；内蒙古满洲里。原产地中海地区。

【食用价值】嫩叶、花茎、花、种子有食用价值。要注意其有毒报道，详见本种附注。

嫩叶可用作沙拉的调味品，为沙拉增加了一点辛辣的味道；老叶子有苦味，可以焯水、反复浸泡后食用。

花茎焯水、浸泡后可食，有甘蓝或者萝卜的宜人味道，可在开前花采摘。

花可以作为蔬菜烹调或用作菜品装饰。

种子可以像绿豆那样生芽后做菜吃，也可以添加到沙拉和三明治中；还可以磨成粉末，用作食品调味品，有辣芥末味；还可以提炼食用油。

【药用功效】土耳其、塞浦路斯药用植物。叶煎剂口服用于咳嗽；种子碾碎外用于湿疹、风湿病。

【附注】茎、叶、种子均有毒，家畜大量误食会引起中毒，甚至死亡，为此，加拿大联邦农业部在种子法中将其列为主要"毒草"，并将其在作物商品种子中的数量限制在最小范围。

本种与食用有关的内容均参考国外文献整理，初次食用者以少量尝试为宜。

大蒜芥属 Sisymbrium L.

大蒜芥 Sisymbrium altissimum L.

【俗名】田大蒜芥

【异名】*Crucifera altissima* (L.) E.H.L.Krause

【习性】一、二年生草本。生路边或草地。

【东北地区分布】辽宁省大连、宽甸；内蒙古翁牛特旗、阿鲁科尔沁旗、克什克腾旗、东乌珠穆沁旗、西乌珠穆沁旗、锡林浩特等地。

【食用价值】幼叶、嫩枝、种子有食用价值。

幼叶和嫩枝可以用作沙拉的调味品，或者焯水、浸泡后食用。

种子磨成粉末，可作辛辣调味品，代芥末用。

【药用功效】叶子、花入药，具有抗坏血病和收敛的功效。

【附注】本种与食用有关的内容均参考国外文献整理，初次食用者以少量尝试为宜。

钻果大蒜芥 Sisymbrium officinale (L.) Scop.

【俗名】不详

【异名】*Erysimum officinale* L.

【习性】一、二年生草本。生杂草地、路旁、居民区附近。

【东北地区分布】黑龙江省哈尔滨、绥芬河、海林、东宁、伊春；内蒙古扎兰屯、扎赉特旗等地。

【食用价值】幼苗、茎尖、种子有食用价值。

幼苗和茎尖有类似卷心菜的味道，但略感苦涩，可作沙拉的调味品或作为野菜烹饪。

种子可以磨成粉末，用作芥末类调味品。

【药用功效】全草为民族药，用于抗坏血病，也作碎石剂。

【附注】本种与食用有关的内容均参考国外文献整理，初次食用者以少量尝试为宜。

菥蓂属（遏蓝菜属）Thlaspi L.

菥蓂 Thlaspi arvense L.

【俗名】遏蓝菜

【异名】*Thlaspi arvense* L. var. *sinuatum* Levl.

【习性】一年生草本。生草地、路旁、沟边、村庄附近。

【东北地区分布】黑龙江省哈尔滨；吉林省吉林、

浑江、桦甸、磐石；辽宁省开原、沈阳、鞍山、抚顺、本溪、凤城、桓仁、丹东、东港、大连、长海、金州；内蒙古海拉尔、科尔沁右翼前旗、克什克腾旗等地。

【食用价值】幼苗、嫩叶、种子有食用价值。

幼苗和嫩叶具有苦味和芳香，可以少量添加到沙拉和其他食物中，焯水、浸泡后再做菜食用更受欢迎，味道有点像芥菜，还有少许洋葱味。

种子磨成粉末可作为芥末的替代品；也可以像绿豆一样发芽后食用，可添加到沙拉中，也可汤品等。

【药用功效】地上部分、种子入药，地上部分具有清肝明目、和中利湿、解毒消肿的功效，种子具有清热解毒、明目、利尿的功效。

山菥蓂 Thlaspi cochleariforme DC.

【俗名】山遏蓝菜

【异名】*Thlaspi thlaspidioides* auct. non (Pall.) Kitag.

【习性】多年生草本。生山坡草地。

【东北地区分布】黑龙江省哈尔滨、齐齐哈尔；吉林省临江、集安、通化；辽宁省宽甸、彰武；内蒙古海拉尔、牙克石、陈巴尔虎旗、鄂温克、科尔沁右翼前旗、科尔沁右翼中旗、翁牛特旗、阿鲁科尔沁旗、克什克腾旗、东乌珠穆沁旗、锡林浩特、阿巴嘎旗、正蓝旗、镶黄旗、太仆寺旗等地。

【食用价值】幼苗焯水、浸泡后可作野菜食用。

【药用功效】不详。但可参考本书同属其他植物的药用价值开展研究。

旗杆芥属 Turritis L.

旗杆芥 Turritis glabra L.

【俗名】赛南芥

【异名】*Arabis glabra* (L.) Bernh.

【习性】二年生直立草本。生江边沙地、山坡和灌丛间。

【东北地区分布】吉林省浑江市（鸭绿江边）；辽宁省旅顺口、本溪、丹东等地。

【食用价值】嫩苗和嫩茎叶焯水、浸泡后可炒食、凉拌、蘸酱或腌渍咸菜，也可用作馅料。这种植物的浸液还可用作饮料。

【药用功效】美国药用植物。全草入药，用于感冒、小儿疾病。

檀香科 Santalaceae

槲寄生属 Viscum L.

槲寄生 Viscum coloratum (Kom) Nakai

【俗名】冬青；寄生子；台湾槲寄生；北寄生；黄果槲寄生；橙红果槲寄生

【异名】*Viscum album* subsp. *coloratum* Komarov; *V. alni-formosanae* Hayata; *V. coloratum* var. *alni-formosanae* (Hayata) Iwata

【习性】常绿小灌木。寄生杨树、柳树、梨树、榆树等树枝上。

【东北地区分布】黑龙江省萝北、伊春、汤原等地；吉林省桦甸、临江、抚松、靖宇、长白、安图等地；辽宁省庄河、沈阳、鞍山、本溪、盖州、岫岩、开原、新宾等地；内蒙古扎兰屯、科尔沁右翼前旗、扎赉特旗、宁城等地。

【食用价值】枝叶和果含果胶质，鲜叶收胶率13.06%，红果收胶率10.56%，黄果收胶率17.81%。在食品工业，果胶可用于生产胶冻、果酱和软糖，也可用作乳化稳定剂和增稠剂。

【药用功效】干燥带叶的茎枝入药，具有补肝肾、强筋骨、祛风湿、安胎的功效。

桑寄生科 Loranthaceae

桑寄生属 Loranthus Jacq.

北桑寄生 Loranthus tanakae Franch.

【俗名】不详

【异名】*Hyphear tanakae* (Franchet & Savatier) Hosokawa

【习性】落叶小灌木。寄生栎树、桦树、榆树、苹果树等植物上。

【东北地区分布】辽宁省庄河、朝阳、凌源等地。

【食用价值】浆果中含果胶。在食品工业，果胶可用于生产胶冻、果酱和软糖，也可用作乳化稳定剂和增稠剂。

【药用功效】枝、叶入药，具有补肝肾、强筋骨、祛风湿、安胎的功效。

蓼科 Polygonaceae

拳参属 Bistorta (L.) Scop.

拳参 Bistorta officinalis Rafin.

【俗名】石生蓼；圆穗蓼

【异名】*Polygonum bistorta* L.

【习性】多年生草本。生山坡或干草地。

【东北地区分布】黑龙江省集贤等地；辽宁省凌源、北镇、法库、普兰店、金州、大连、桓仁、宽甸等地；内蒙古海拉尔、扎兰屯、科尔沁右翼前旗、扎赉特旗、敖汉旗、克什克腾旗、东乌珠穆沁旗、锡林浩特、正蓝旗、太仆寺旗、多伦等地。

【食用价值】根状茎、叶、种子有食用价值。

叶是维生素A和C的良好来源，在英格兰北部，叶子是"复活节莱杰布丁"的成分之一，在四旬斋期食用；嫩叶是菠菜的绝佳替代品，可参照菠菜食用。

种子可以煮食，但非常小，不好收集。

根状茎含淀粉12.35%～45.81%，可提炼淀粉，也可煮食或用于汤和炖菜中，或者干燥后磨成粉末用于制作面包。

【药用功效】干燥根状茎入药，具有清热解毒、消肿、止血的功效。

【附注】本种与食用有关的内容多参考国外文献整理，初次食用者以少量尝试为宜。

珠芽拳参 Bistorta vivipara (L.) S. F. Gray

【俗名】珠芽蓼

【异名】*Polygonum viviparum* L.

【习性】多年生草本。生森林中草地或高山冻原上。

【东北地区分布】黑龙江省呼玛、海林等地；吉林省抚松、安图、长白等地；内蒙古额尔古纳、根河、科尔沁右翼前旗、巴林右旗、克什克腾旗、宁城、东乌珠穆沁旗、锡林浩特等地。

【食用价值】瘦果含淀粉40.39%，根状茎也富含淀粉，均可煮食或酿酒。

【药用功效】干燥根状茎入药，具有清热解毒、散瘀滞血的功效。

荞麦属 Fagopyrum Mill.

苦荞麦 Fagopyrum tataricum (L.) Gaertn.

【俗名】苦荞

【异名】*Polygonum tataricum* L.

【习性】一年生草本。生村边、荒地及山地边。

【东北地区分布】辽宁省大连、金州、普兰店、瓦房店等地；内蒙古各地。黑龙江省哈尔滨郊区有栽培。

【食用价值】嫩苗、种子有食用价值。

嫩苗焯水、浸泡后可蔬菜食用。

种子可煮食或粉碎后做面食；也可榨油食用。

【药用功效】根、根状茎、苦荞皮入药，根及根状茎具有健脾顺气、除湿止痛的功效，苦荞皮具有明目的功效。

藤蓼属（蔓蓼属）Fallopia Adans.

卷茎蓼 Fallopia convolvulus (L.) A. Löve

【俗名】蔓首乌；卷旋蓼

【异名】*Polygonum convolvulus* L.; *Bilderdykia convolvulus* (L.) Dumort

【习性】一年生草本。生湿草地、沟边、耕地等处。

【东北地区分布】黑龙江省伊春、林口、齐齐哈尔、富裕、佳木斯、牡丹江、宁安、友谊、海伦、北安、克山、呼玛、哈尔滨等地；吉林省安图、吉林、双辽、大安、汪清等地；辽宁省彰武、铁岭、抚顺、瓦房店、大连等地；内蒙古海拉尔、额尔古纳、牙克石、陈巴尔虎旗、鄂温克、科尔沁右翼前旗、科尔沁右翼中旗、大青沟、敖汉旗、阿鲁科尔沁旗、克什克腾旗、喀喇沁旗、宁城、西乌珠穆沁旗、锡林浩特、正蓝旗等地。

【食用价值】幼苗和嫩茎叶焯水、浸泡后可炒食、凉拌或蘸酱食，也可剁馅加猪肉包饺子或包子。

【药用功效】全草、根入药，全草具有清热解毒、消肿、利湿止痒的功效，根具有健胃、止咳、镇痛、解毒的功效。

【附注】全草有毒。

齿翅蓼 Fallopia dentatoalata (Fr. Schm.) Holub.

【俗名】齿翅首乌

【异名】*Polygonum dentate-alatum* (Fr. Schm.) Holub

【习性】一年生草本。生河岸、山坡荒地及园地上。

【东北地区分布】黑龙江省爱辉、五常、尚志、哈尔滨、黑河、饶河、宁安等地；吉林省前郭尔罗斯、珲春、和龙、安图、长白、集安等地；辽宁省凌源、西丰、抚顺、本溪、桓仁、凤城、岫岩、鞍山、海城、营口、庄河、金州、瓦房店、大连、旅顺口

等地；内蒙古敖汉旗、宁城等地。

【食用价值】幼苗和嫩茎叶焯水、浸泡后可炒食、凉拌或蘸酱食，也可剁馅加猪肉包饺子或包子。

【药用功效】全草入药，具有清热解毒的功效。

【附注】虽然未见本种的有毒报道，但同属某些植物有毒。

篱蓼 Fallopia dumetorum (L.) Holub.

【俗名】篱首乌

【异名】*Polygonum dumetorum* L.

【习性】一年生草本。生耕地旁、河岸沙地或湿润的灌丛间。

【东北地区分布】黑龙江省饶河、伊春、密山、宁安等地；吉林省敦化、吉林、长白等地；辽宁省凌源、本溪、大连、海城、辽阳等地。

【食用价值】幼苗和嫩茎叶焯水、浸泡后可炒食、凉拌或蘸酱食，也可剁馅加猪肉包饺子或包子。

【药用功效】全草入药，用于通便。

【附注】虽然未见本种的有毒报道，但同属某些植物有毒。

西伯利亚蓼属 Knorringia (Czukav.) Tzvelev

西伯利亚蓼 Knorringia sibirica (Laxm.) Tzvel.

【俗名】西伯利亚神血宁

【异名】*Polygonum sibiricum* Laxm.

【习性】多年生草本。生盐碱地。

【东北地区分布】黑龙江省哈尔滨、龙江、杜尔伯特、大庆、肇东、安达等地；吉林省双辽、通榆、镇赉等地；辽宁省绥中、北镇、东港、大连、金州、长海等地；内蒙古满洲里、海拉尔、阿鲁科尔沁旗、新巴尔虎右旗、新巴尔虎左旗、牙克石、通辽、赤峰、扎鲁特旗等地。

【食用价值】嫩苗、种子有食用价值。

嫩苗焯水、浸泡后可炒食、凉拌、蘸酱或腌渍咸菜，也可用作馅料。

种子适合磨粉与面粉一起做面食。

【药用功效】全草、根入药，具有清热解毒、祛风除湿、利水、清肠胃积热、泻下的功效。

冰岛蓼属 Koenigia L.

高山蓼 Koenigia alpina (All.) T. M. Schust. & Reveal

【俗名】兴安蓼；高山神血宁；华北蓼

【异名】*Polygonum alpinum* All.; *Polygonum jeholense* (Kitag.) Baranov & Skvortsov

【习性】多年生草本。生山坡草地、林缘，海拔800～2400米。

【东北地区分布】黑龙江省龙江、尚志、漠河、呼玛等地；吉林省安图、长白等地；内蒙古额尔古纳、牙克石、扎兰屯、鄂温克、新巴尔虎左旗、新巴尔虎右旗、科尔沁右翼前旗、巴林右旗、阿鲁科尔沁旗、喀喇沁旗、锡林浩特、正蓝旗等地。

【食用价值】嫩叶、嫩茎、种子有食用价值。

嫩叶具有酸味，可用作酢浆草的替代品食用。

嫩茎也有酸味，可以切成薄片食用，也可以榨汁后加糖制作清爽饮料。

种子可煮食，但是太小，不好收集。

【药用功效】全草入药，具有收敛作用。

叉分蓼 Koenigia divaricata (L.) T. M. Schust. & Reveal

【俗名】分叉蓼；叉分神血宁

【异名】*Polygonum divaricatum* L.

【习性】多年生草本。生山坡。

【东北地区分布】黑龙江省哈尔滨、阿城、泰来、大庆、虎林、宁安、萝北、依兰、肇东、安达、北安、呼玛、伊春等地；吉林省镇赉、双辽、吉林、汪清、安图等地；辽宁省凌源、建平、葫芦岛、锦州、彰武、北镇、西丰、辽阳、鞍山、金州、庄河、瓦房店等地；内蒙古海拉尔、牙克石、鄂温克、新巴尔虎旗、满洲里、乌兰浩特、科尔沁左翼后旗、翁牛特旗、敖汉旗、巴林右旗、阿鲁科尔沁旗、克什克腾旗、喀喇沁旗、宁城、赤峰市红山区、东乌珠穆沁旗、锡林浩特、阿巴嘎旗、正蓝旗等地。

【食用价值】幼叶、嫩茎、种子有食用价值。

鲜叶及叶柄原汁含维生素C4.5毫克/100毫升，并含多种氨基酸、有机酸、挥发油、铁、锌、钾、钠、钙、镁、铝、磷等，味酸。幼叶或嫩茎去皮后作野菜食，或者榨汁制饮料、酿酒。

种子适合磨粉与面粉一起做面食。

【药用功效】全草、根入药，全草具有清热、消积、散瘿、止泻的功效，根具有祛寒、温肾的功效。

宽叶蓼 Koenigia jurii (A.K.Skvortsov) T. M. Schust. & Reveal

【俗名】宽叶神血宁

【异名】*Polygonum platyphyllum* Li et Chang; *Pleuropteropyrum plutyphyllum* (Li et Chang) Kitag.

【习性】多年生草本。生山坡草地。

【东北地区分布】吉林省洮南、集安、安图等地；辽宁省建昌、西丰、桓仁、鞍山、本溪、凤城、丹东、庄河、瓦房店、金州等地。模式标本采自辽宁省金州大黑山。

【食用价值】嫩茎、种子有食用价值。

嫩茎味酸，去皮后可作蔬菜用，或者榨汁制饮料、酿酒。

种子适合磨成与面粉一起做面食。

【药用功效】不详。但可参考本书同属其他植物的药用价值开展研究。

谷地蓼 Koenigia limosa T. M. Schust. & Reveal

【俗名】谷地神血宁

【异名】*Polygonum limosum* Kom.

【习性】多年生草本。生河岸或河谷地。

【东北地区分布】黑龙江省宁安等地；吉林省汪清、安图等地；辽宁省宽甸、桓仁、新宾等辽东山区。

【食用价值】幼苗、茎尖、种子有食用价值。

幼苗和茎尖可作为应急食品，在饥荒或没有其他食物的非常时期，焯水、反复浸泡后少量食用，或者蒸熟后晒干菜。

种子可煮食，但是小而难以收集。

【药用功效】不详。但可参考本书同属其他植物的药用价值开展研究。

【附注】本属很多种叶子含有草酸，不能大量食用，因为草酸可以与人体内的钙结合形成不溶性草酸钙，从而导致人体营养缺乏。加热后草酸的量将减少。有风湿病、关节炎、痛风、肾结石或多酸倾向的人，如果饮食中有这类植物，会加重病情。

山蓼属 Oxyria Hill.

山蓼 Oxyria digyna (L.) Hill.

【俗名】肾叶高山蓼；肾叶山蓼

【异名】*Rumex digynus* Linnaeus; *Oxyria digyna* f. *elatior* R. Brown; *O. elatior* R. Brown ex Meisner; *O. reniformis* Hooker; *O. reniformis* var. *elatior* Regel

【习性】多年生草本。生高山山坡及山谷砾石滩，海拔1700～4900米。

【东北地区分布】吉林省长白、抚松、安图等地。

【食用价值】幼苗焯水、浸泡后可炒食、凉拌或蘸酱食，大量采集可以腌渍保存或制成什锦袋菜。

【药用功效】全草入药，具有清热利湿、舒肝的功效。

【附注】叶子含有草酸，不能大量食用，因为草酸可以与人体内的钙结合形成不溶性草酸钙，从而导致人体营养缺乏。加热后草酸的量将减少。有风湿病、关节炎、痛风、肾结石或多酸倾向的人，如果饮食中有这类植物，会加重病情。

蓼属 Persicaria (L.) Mill.

两栖蓼 Persicaria amphibia S. F. Gray

【俗名】不详

【异名】*Polygonum amphibium* L.

【习性】多年生草本。生水泡及河流中。

【东北地区分布】黑龙江省各地；吉林省安图、洮南、镇赉、双辽、长白、抚松、敦化、和龙等地；辽宁省大连、旅顺口、长海、凌源、彰武、北镇、沈阳、宽甸等地；内蒙古各地。

【食用价值】嫩苗、嫩茎叶、种子有食用价值。

嫩苗、嫩茎叶焯水、浸泡后可炒食、凉拌、蘸酱或腌渍咸菜，也可用作馅料。

种子适合磨成粉与面粉一起做面食。

【药用功效】全草入药，具有清热解毒、利湿杀虫的功效。

【附注】虽然未见本种的有毒报道，但同属某些植物有毒。

柳叶刺蓼 Persicaria bungeana (Turcz.) Nakai ex Mori

【俗名】本氏蓼

【异名】*Polygonum bungeanum* Turcz.

【习性】一年生草本。生沙地、路旁湿地和水边。

【东北地区分布】黑龙江省萝北、嫩江、勃利、尚志、东宁、哈尔滨等地；吉林省洮南、汪清等地；辽宁省彰武、葫芦岛、北镇、新民、沈阳、抚顺、辽阳、盖州、盘锦等地；内蒙古扎兰屯、鄂温克、扎赉特旗、科尔沁左翼后旗、通辽、喀喇沁旗等地。

【食用价值】嫩苗、嫩茎叶、种子有食用价值。

嫩苗、嫩茎叶焯水、浸泡后可炒食、凉拌、蘸酱或腌渍咸菜，也可用作馅料。

种子适合磨成粉与面粉一起做面食。

【药用功效】根、果实、种子入药，根具有清热解毒、利尿、明目的功效，果实具有清热、软坚、活血止痛、散瘀破积、健脾利湿的功效，种子具有清热明目的功效。

【附注】虽然未见本种的有毒报道，但同属某些植物有毒。

辣蓼 Persicaria hydropiper (L.) Spach

【俗名】水蓼；朝鲜蓼

【异名】*Polygonum hydropiper* L.; *P. koreense* Nakai; *P. koreense* Nakai f. *viridiflorum* Li et Chang

【习性】一年生草本。生水边及路旁湿地。

【东北地区分布】黑龙江省哈尔滨、伊春、牡丹江、宁安、林口、克山、佳木斯、宝清、友谊、绥棱、海伦、萝北、逊克、尚志等地；吉林省安图、蛟河、吉林、和龙、抚松、长白等地；辽宁省彰武、凌源、西丰、新民、沈阳、新宾、清原、本溪、桓仁、岫岩、金州等地；内蒙古海拉尔、额尔古纳、陈巴尔虎旗、鄂温克、科尔沁右翼前旗、科尔沁左翼后旗、翁牛特旗、敖汉旗、巴林右旗、克什克腾旗、喀喇沁旗、宁城、东乌珠穆沁旗、锡林浩特等地。

【食用价值】嫩叶、种子有食用价值。

嫩叶焯水、反复浸泡后可少食，有辣味，咀嚼后更辣，作调料比较好。

种子可作胡椒的代用品。发芽的种子或嫩芽可作配菜或沙拉，日本市场普遍出售。

【药用功效】全草、根、地上部分、果实入药，其中，全草或地上部分具有祛风利湿、消滞、散瘀、止痛、杀虫的功效。

【附注】全草有小毒。

酸模叶蓼 Persicaria lapathifolia (L.) S. F. Gray

【俗名】马蓼

【异名】*Polygonum lapathifolium* L.

【习性】一年生草本。生沟渠边、废耕地或湿草地。

【东北地区分布】黑龙江省哈尔滨、阿城、杜尔伯特、大庆、克山、伊春、虎林、宁安、汤原、勃利、尚志等地；吉林省安图、珲春、和龙、镇赉、九台、大安、敦化、蛟河、临江、抚松、通化、汪清等地；辽宁省西丰、铁岭、沈阳、本溪、宽甸、桓仁、清原、绥中、彰武、锦州等地；内蒙古额尔古纳、新巴尔虎右旗、新巴尔虎左旗、扎兰屯、阿尔山、扎鲁特旗、克什克腾旗、海拉尔、翁牛特旗等地。

【食用价值】嫩苗、嫩茎叶、种子有食用价值。

嫩苗、嫩茎叶焯水、浸泡后可炒食、凉拌、蘸酱或腌渍咸菜，也可用作馅料。

种子适合磨成粉与面粉一起做面食。

【药用功效】全草、种子入药，全草具有清热解毒、除湿化滞、止痢、杀虫、消炎、利尿、消肿、止痒的功效，种子具有消瘀破积、健脾利湿的功效。

【附注】虽然未见本种的有毒报道，但同属某些植物有毒。

长鬃蓼 Persicaria longiseta (De Br.) Kitag.

【俗名】假长尾叶蓼；两色蓼；东北蓼

【异名】*Persicaria manshuricola* Kitag.; *Polygonum longisetum* DC.; *Polygonum roseoviride* (Kitag.) Li et Chang; *Polygonum manshuricola* Kitag.

【习性】一年生草本。生草地上。

【东北地区分布】黑龙江省哈尔滨、伊春、苇河、密山、宝清、阿城、依兰等地；吉林省汪清、敦化、珲春、集安、磐石、吉林、长春、和龙等地；辽宁省清原、桓仁、鞍山、金州等地；内蒙古翁牛特旗等地。

【食用价值】嫩苗、嫩茎叶、种子有食用价值。

嫩苗、嫩茎叶焯水、浸泡后可炒食、凉拌、蘸酱或腌渍咸菜，也可用作馅料。

种子适合磨成粉与面粉一起做面食，也可酿酒。

【药用功效】全草、种子入药，全草具有清热解毒、止痢、活血化瘀、利湿止痒、温中散寒、消肿止痛的功效，种子具有消瘀破积、健脾利湿的功效。

【附注】虽然未见本种的有毒报道，但同属某些植物有毒。

长戟叶蓼 Persicaria maackiana (Regel) Nakai ex Mori

【俗名】马氏蓼

【异名】*Polygonum maackianum* Regel

【习性】一年生草本。生山谷水边、山坡湿地。

【东北地区分布】黑龙江省萝北、阿城、哈尔滨等地；吉林省梨树、蛟河、敦化、珲春等地；辽宁省彰武、盖州、辽中、新宾等地；内蒙古科尔沁右翼前旗、扎赉特旗等地。

【食用价值】嫩苗、种子有食用价值。

嫩苗焯水、浸泡后可炒食、凉拌、蘸酱或腌渍咸菜，也可用作馅料。

种子适合磨成粉与面粉一起做面食。

【药用功效】不详。但可参考本书同属其他植物的药用价值开展研究。

【附注】虽然未见本种的有毒报道，但同属某些植物有毒。

蓼 Persicaria maculosa Gray

【俗名】桃叶蓼；宽叶桃叶蓼；春蓼

【异名】*Polygonum persicaria* L.; *Polygonum persicaria* f. *latifolium* Li et Chang

【习性】一年生草本。生山坡草地及路旁潮湿地及水旁岸边。

【东北地区分布】黑龙江省伊春、依兰、呼玛等地；吉林省安图、通化、珲春、镇赉、抚松、临江、长白、和龙等地；辽宁省大连、西丰、北镇、宽甸、本溪等地；内蒙古牙克石、鄂温克、新巴尔虎

左旗、满洲里、科尔沁右翼前旗、扎赉特旗、克什克腾旗、宁城、锡林浩特等地。

【食用价值】嫩苗、嫩茎叶、种子有食用价值。

嫩苗、嫩茎叶焯水、浸泡后可炒食、凉拌、蘸酱或腌渍咸菜，也可用作馅料。

种子适合磨成粉与面粉一起做面食。

【药用功效】全草入药，具有发汗除湿、消食止泻的功效。

【附注】全草有毒，绵羊、山羊和猪误食后常引起中毒，主要症状为胃及膀胱有炎症、血尿、痉挛、麻痹。

小蓼 **Persicaria minor** (Huds.) Opiz

【俗名】不详

【异名】*Polygonum minus* Huds.

【习性】一年生草本。生水边及水中浅滩处。

【东北地区分布】黑龙江省五常、伊春等地；吉林省敦化、蛟河、安图等地；辽宁省建平、桓仁等地。

【食用价值】嫩苗、嫩茎叶、种子有食用价值。

嫩苗、嫩茎叶焯水、浸泡后可炒食、凉拌、蘸酱或腌渍咸菜，也可用作馅料。

种子适合磨成粉与面粉一起做面食，也可酿酒。

【药用功效】全草入药，用于泄泻。

【附注】虽然未见本种的有毒报道，但同属某些植物有毒。

尼泊尔蓼 **Persicaria nepalensis** (Meisn.) H. Gross.

【俗名】头状蓼；头序蓼

【异名】*Polygonum nepalense* Meisn.; *P. alatum* Buch-Llam

【习性】一年生草本。生水边湿地。

【东北地区分布】黑龙江省尚志县帽儿山等地；吉林省抚松、蛟河、安图、长白等地；辽宁省桓仁、宽甸、本溪、凤城、庄河、岫岩、普兰店等地；内蒙古突泉、宁城、巴林右旗等地。

【食用价值】嫩苗、嫩茎叶、种子有食用价值。

嫩苗、嫩茎叶焯水、浸泡后可炒食、凉拌、蘸酱或腌渍咸菜，也可用作馅料。

种子适合磨成粉与面粉一起做面食。

【药用功效】全草入药，具有清热解毒、收敛固肠的功效。

【附注】虽然未见本种的有毒报道，但同属某些植物有毒。

红蓼 Persicaria orientalis (L.) Spach

【俗名】东方蓼；荭蓼；荭草

【异名】*Polygonum orientale* L.

【习性】一年生草本。生荒废处、沟旁及近水肥沃湿地。

【东北地区分布】黑龙江省哈尔滨、齐齐哈尔、泰来、双城、庆安、龙江、北安、嫩江、海伦、穆棱、富锦、饶河、虎林、呼兰、尚志等地；吉林省安图、和龙、珲春、通榆、抚松、靖宇、长白、临江、吉林等地；辽宁省西丰、铁岭、北镇、新民、沈阳、抚顺、辽阳、营口、大连、新宾、凤城、丹东等地；内蒙古科尔沁右翼前旗、敖汉旗等地。

【食用价值】嫩苗、嫩茎叶、种子有食用价值。

嫩苗、嫩茎叶焯水、浸泡后可炒食、凉拌、蘸酱或腌渍咸菜，也可用作馅料。

种子含淀粉及糖41%～51%，可制饴糖，也可作造酒原料。

【药用功效】根状茎、地上部分、花序、果实入药，其中，全草或地上部分具有祛风利湿、活血止痛的功效。

【附注】虽然未见本种的有毒报道，但同属某些植物有毒。

杠板归 Persicaria perfoliata (L.) H. Gross

【俗名】穿叶蓼；扛板归

【异名】*Polygonum perfoliatum* L.

【习性】一年生攀缘草本。生湿地、河边及路旁。

【东北地区分布】黑龙江省阿城、伊春、龙江、虎林、密山、宝清、尚志等地；吉林省蛟河、安图、珲春等地；辽宁省西丰、北镇、本溪、桓仁、丹东、岫岩、大连、长海、金州等地；内蒙古扎兰屯、科尔沁右翼前旗、大青沟、宁城等地。

【食用价值】嫩苗、果实、种子有食用价值。

嫩苗焯水、浸泡后可炒食、凉拌、蘸酱或腌渍咸菜，也可用作馅料。

成熟的果实可鲜食，尤其受小朋友喜欢。

种子也可食用，适合磨成粉，与面粉一起做面食。

【药用功效】全草、根、地上部分入药，其中，全草具有清热解毒、利湿消肿、散瘀止血的功效。

【附注】虽然未见本种的有毒报道，但同属某些植物有毒。

刺蓼 Persicaria senticosa (Meisn.) H. Gross ex Nakai

【俗名】廊茵

【异名】*Polygonum senticosum* (Meisn.) Franch et Sav.

【习性】一年生攀缘草本。生山沟、林内。

【东北地区分布】黑龙江省五常等地；吉林省镇赉、和龙、吉林、汪清、珲春、集安、安图、通化等地；辽宁省建昌、绥中、新宾、清原、桓仁、本溪、鞍山、庄河、大连等地。

【食用价值】嫩苗焯水、浸泡后可炒食、凉拌、蘸酱或腌渍咸菜，也可用作馅料。

【药用功效】全草入药，具有解毒消肿、利湿止痒的功效。

【附注】虽然未见本种的有毒报道，但同属某些植物有毒。

箭头蓼 Persicaria sieboldii (Meisn.) Ohwi

【俗名】箭叶蓼；雀翘

【异名】*Polygonum sagittatum*L.; *P. sieboldii* Meisn.

【习性】一年生草本。生山脚路旁、水边。

【东北地区分布】黑龙江省龙江、铁力、桦川、萝北、饶河、尚志、呼玛等地山区和半山区；吉林省九台、敦化、安图、抚松、集安、和龙、汪清、珲春、蛟河、长白等地；辽宁省凌源、沈阳、鞍山、本溪、宽甸、凤城、岫岩、庄河、普兰店、金州等地；内蒙古牙克石、扎兰屯、鄂温克、科尔沁右翼前旗、扎赉特旗、大青沟、敖汉旗、巴林右旗、喀喇沁旗、宁城、锡林浩特等地。

【食用价值】嫩苗焯水、浸泡后可炒食、凉拌、蘸酱或腌渍咸菜，也可用作馅料。

【药用功效】全草入药，具有祛风除湿、清热解毒、消肿止痛、止痒的功效。

【附注】虽然未见本种的有毒报道，但同属某些植物有毒。

戟叶蓼 Persicaria thunbergii (Sieb et Zucc.) H. Gross

【俗名】水麻

【异名】*Polygonum thunbergii* Sieb. et Zucc.

【习性】一年生草本。生湿草地及水边。

【东北地区分布】黑龙江省伊春、东宁、依兰、尚志等地；吉林省集安、桦甸、磐石、舒兰、安图、抚松、蛟河、通化、吉林、九台、长春、长白、和龙、汪清、珲春等地；辽宁省西丰、沈阳、鞍山、营口、桓仁、本溪、抚顺、宽甸、岫岩、普兰店、金州等地；内蒙古扎兰屯、新巴尔虎左旗、科尔沁左翼后旗等地。

【食用价值】嫩苗、种子有食用价值。

嫩苗焯水、浸泡后可炒食、凉拌、蘸酱或腌渍咸菜，也可用作馅料。

种子适合磨成粉与面粉一起做面食。

【药用功效】全草、根状茎入药，具有祛风镇痛、渗湿辟秽、利水消肿、清热解毒、活血止咳的

功效。

【附注】虽然未见本种的有毒报道，但同属某些植物有毒。

蓼蓝 Persicaria tinctorium (Ait.) Spach

【俗名】蓝蓼

【异名】*Polygonum tinctorium* Ait.

【习性】一年生草本。生近水湿地、荒地。

【东北地区分布】据记载，黑龙江省黑龙江一带有野生，现在仅见栽培。

【食用价值】嫩苗、嫩茎叶、种子有食用价值。

嫩苗、嫩茎叶焯水、浸泡后可炒食、凉拌、蘸酱或腌渍咸菜，也可用作馅料。

种子适合磨成粉与面粉一起做面食。

【药用功效】茎叶、果实入药，其中，茎叶具有清热解毒、凉血消斑的功效。

【附注】虽然未见本种的有毒报道，但同属某些植物有毒。

香蓼 Persicaria viscose (Buch.-Ham.) H. Gross ex Nakai

【俗名】粘毛蓼

【异名】*Polygonum viscosum* Buch-Ham. ex D. Don

【习性】一年生草本。生湿地、湿草地及水沟、水泡边。

【东北地区分布】黑龙江省尚志（帽儿山）；吉林省敦化、蛟河、吉林、安图、通化、集安等地；辽宁省新宾、桓仁、本溪、凤城、沈阳、辽阳、鞍山、金州、普兰店、瓦房店、庄河等地。

【食用价值】嫩苗有特殊气味，焯水、浸泡后可少量食用。

【药用功效】全草、根状茎、茎、叶入药，具有祛风除湿的功效。

【附注】虽然未见本种的有毒报道，但同属某些植物有毒。

萹蓄属 Polygonum L.

萹蓄 Polygonum aviculare L.

【俗名】萹蓄蓼；异叶蓼

【异名】*Polygonum monspeliense* Thieb. ex Pers.; *P. heterophyllum* Lindm.

【习性】一年生草本。生荒地、路旁及河边沙地上。

【东北地区分布】东北地区各地。

【食用价值】幼苗、嫩茎叶、种子有食用价值。

幼苗和嫩茎叶焯水、浸泡后可炒食、凉拌或蘸酱食，也可剁馅加猪肉包饺子或包子；炒制后可代茶。

种子整个或磨成粉后用于面食。

【药用功效】全草、根、地上部分、种子入药，具有利尿通淋、杀虫、止痒的功效。

【附注】虽然目前未见该种有毒的报道，但是该属某些种类会使敏感人群产生光敏反应，一些种类还含义草酸，所以，要谨慎食用，尤其不能生食。性寒味苦，脾胃虚寒者不宜食用。

酸模属 Rumex L.

酸模 Rumex acetosa L.

【俗名】遏蓝菜；酸溜溜

【异名】*Acetosa pratensis* Miller

【习性】多年生草本。生湿地、草地、山坡、路旁及林缘。

【东北地区分布】黑龙江省伊春、龙江、肇东、北安、东宁、尚志、牡丹江、林口、密山、鸡西、集贤、宝清、宁安、海林、方正、延寿、五常、虎林、饶河、勃利、桦南、汤原、嫩江、呼玛等地；吉林省安图、磐石、抚松、桦甸、汪清等地；辽宁省西丰、开原、昌图、沈阳、北镇、本溪、丹东、鞍山、金州、庄河等地；内蒙古额尔古纳、牙克石、鄂伦春、鄂温克、陈巴尔虎旗、新巴尔虎右旗、科尔沁右翼前旗、扎赉特旗、乌兰浩特、科尔沁左翼后旗、巴林右旗、阿鲁科尔沁旗、克什克腾旗、喀喇沁旗、宁城、锡林浩特等地。

【食用价值】根、嫩茎、叶、花、种子有食用价值。要注意其有毒报道，详见本种附注。

根可以煮食，也可以晒干后磨粉制面食。

嫩茎、嫩叶富含维生素C，可作提取维生素C的原料，可直接生食，也可以焯水、浸泡后食用。

叶子中的汁液可用作乳制品凝结剂。

花开水焯、清水浸泡后可作野菜食用或用于菜品装饰。

种子可磨粉与面粉一起制面食。

【药用功效】根、茎叶入药，根具有凉血、解毒、通便、杀虫的功效，茎叶具有泄热通便、利尿、凉血止血、解毒的功效。

【附注】全草有毒，常引起牛、马、羊等动物中毒。马中毒后的主要症状为：酒醉状、步态不稳、流涎、发绀、肌肉颤动、瞳孔扩大、尿频、脉搏慢而微弱，接着出现嘴唇阵挛、眼球下陷、呼吸急促、颈、背及四肢肌肉强直性痉挛，发汗、衰弱，最后惊厥死亡。

本种与食用有关的内容多参考国外文献整理，初次食用者以少量尝试为宜。

小酸模 Rumex acetosella L.

【俗名】不详

【异名】*Acetosa acetosella* (L.) Mill. Gard.; *Rumexacetosella* L. var. vulgaris Koch; *Acetosellavulgaris* (Koch) Fourr.

【习性】多年生草本。生山坡草地、林缘、山谷路旁。

【东北地区分布】黑龙江省泰来、依兰等地；吉林省靖宇、通化等地；辽宁省庄河、鞍山（千山）、抚顺等地；内蒙古海拉尔、额尔古纳、满洲里、扎兰屯、鄂温克、陈巴尔虎旗、新巴尔虎左旗、新巴尔虎右旗、克什克腾旗、东乌珠穆沁旗、锡林浩特、多伦等地。

【食用价值】幼苗、根、叶有食用价值。

苗期和嫩叶可食，但是酸味太浓，不宜大量食用，适合作为混合沙拉的调味品，味道极佳；晒干后磨成粉末可以用作汤等的增稠剂。

根煮熟后可以少食，也可以干燥后磨成粉末掺入面粉制面条食用。

叶子可以制饮料。

【药用功效】全草、根、叶入药，具有清热解毒、凉血活血、利尿通便、杀虫的功效。

【附注】植物体内含有相当高水平的草酸。有风湿病、关节炎、痛风、肾结石或胃酸过多倾向的人应特别小心，如果在饮食中包括这种植物它会加重病情。

本种与食用有关的内容均参考国外文献整理，初次食用者以少量尝试为宜。

皱叶酸模 Rumex crispus L.

【俗名】羊蹄叶

【异名】*Lapathum crispum* (L.) Scopoli

【习性】多年生草本。生湿地及河沟、水泡沿岸。

【东北地区分布】黑龙江省齐齐哈尔、哈尔滨等地；吉林省珲春、洮南、汪清、靖宇等地；辽宁省新民、沈阳、庄河、长海、大连、瓦房店等地；内蒙古新巴尔虎左旗、新巴尔虎右旗、科尔沁右翼前旗、扎赉特旗、乌兰浩特、大青沟、敖汉旗、巴林右旗、克什克腾旗、喀喇沁旗、赤峰市红山区、锡林浩特、阿巴嘎旗、正蓝白旗等地。

【食用价值】嫩叶、根、种子有食用价值。要注意其有毒报道，详见本种附注。

根含淀粉39.5%，捣碎制取淀粉，用其淀粉酿酒。

嫩叶可作为应急食品，在饥荒或没有其他食物的非常时期，焯水、浸泡后少食。

种子含淀粉21.73%，也可提取淀粉供酿酒。

【药用功效】全草、根、叶入药，具有清热解毒、凉血止血、杀虫、收敛、化痰止咳的功效。

【附注】全草有毒，常引起羊、马等动物中毒。人中毒后主要表现为胃肠炎、腹鸣、腹胀、恶心、呕吐、流涎等。此外尚有头痛、头晕、全身发软、食欲下降等症状。所以，要谨慎利用，不能直接食用

其叶，更不能直接食用其根，只能用根和种子提取的淀粉酿酒。

羊蹄 Rumex japonicus Houtt.

【俗名】锐齿酸模

【异名】*Rumex hadroocarpus* Rech. f.

【习性】多年生草本。生田边路旁、河滩、沟边湿地，海拔30～3400米。

【东北地区分布】黑龙江省阿城等地；内蒙古突泉、科尔沁右翼中旗、克什克腾旗等地。

【食用价值】根、嫩叶、种子有食用价值。要注意其有毒报道，详见本种附注。

根含淀粉22.2%，可以酿酒。

嫩叶焯水、浸泡后可以用作蔬菜或添加到汤中，也可以晒制干菜。

种子可与稻米一起煮熟后食用，也可以与稻米一起研磨成粉末用于制作馅饼。

【药用功效】根、叶、果实入药，其中，叶具有凉血止血、通便、解毒消肿、杀虫止痒的功效。

【附注】全草有毒，根部毒性较大。

长叶酸模 Rumex longifolius DC.

【俗名】直穗酸模

【异名】*Rumex domesticus* C. Hartm.

【习性】多年生草本。生山谷水边、山坡林缘。

【东北地区分布】黑龙江省哈尔滨、伊春等地；吉林省珲春、安图等地；辽宁省大连。

【食用价值】嫩叶、种子有食用价值。

嫩叶焯水、浸泡后可做汤、凉拌、蘸酱等。

种子磨成粉末可添加到稀饭或面包等食物中。

【药用功效】根入药，具有清热解毒、活血止血、通便、杀虫的功效。

【附注】植物体内含有高水平的草酸。食用或内服不宜超量。

刺酸模 Rumex maritimus L.

【俗名】长刺酸模

【异名】*Rumexrossicus* Murb.; *R. maritimus* L. subsp. *rossicus* (Murb.) Kryl.; *R. longisetus* Bar. et Skv.

【习性】多年生草本。生湿地及水泡、河岸边和路旁。

【东北地区分布】黑龙江省哈尔滨、伊春、呼玛、黑河、萝北、虎林、安达、大庆、北安、尚志、

宁安等地；吉林省敦化、和龙、扶余、双辽、安图等地；辽宁省沈阳、辽阳、新民、庄河、大连、长海、新宾、北镇等地；内蒙古海拉尔、额尔古纳、牙克石、鄂温克、科尔沁右翼前旗、突泉、乌兰浩特等地。

【食用价值】嫩叶、种子有食用价值。

嫩叶开水焯、清水浸泡后可作野菜食用。

种子可磨成粉，与面粉一起做面食食用。

【药用功效】全草入药，具有清热解毒、杀虫凉血的功效。

【附注】植物体内含有高水平的草酸。食用或内服不宜超量。

巴天酸模 Rumex patientia L.

【俗名】洋铁酸模

【异名】*Rumex patientia* var. *callosus* F. Schm. et Maxim.

【习性】多年生草本。生草甸和河、泡沿岸及湿荒地。

【东北地区分布】黑龙江省嘉荫、哈尔滨等地；吉林省和龙、长春、安图等地；辽宁省各地；内蒙古额尔古纳、牙克石、新巴尔虎左旗、东乌珠穆沁旗等地。

【食用价值】嫩叶可作为应急食品，在饥荒或没有其他食物的非常时期，焯水、浸泡后少食。

【药用功效】根、叶入药，根具有清热解毒、凉血止血、活血通便、杀虫的功效，叶具有祛风止痒、敛疮、清热解热的功效。

【附注】植物体内含有高水平的草酸。食用或内服不宜超量。

茅膏菜科 Droseraceae

茅膏菜属 Drosera L.

圆叶茅膏菜 Drosera rotundifolia L.

【俗名】毛毡苔；叉梗茅膏菜

【异名】*Drosera rotundifolia* var. *furcata* Y. Z. Ruan

【习性】多年生草本。生海拔900～1000米的山地湿草丛中。

【东北地区分布】黑龙江省靖宇、呼玛；吉林安图、抚松、靖宇、长白等地。

【食用价值】叶表面有透明黏液，叶与牛奶一起加热可制作牛奶凝乳。

【药用功效】全草入药，具有镇咳祛痰、止痢、祛风通络、活血止痛、解痉的功效。

【附注】本种与食用有关的内容参考国外文献整理，初次食用者以少量尝试为宜。

石竹科 Caryophyllaceae

麦仙翁属（麦毒草属）Agrostemma L.

麦仙翁 Agrostemma githago L.

【俗名】麦毒草

【异名】*Agrostemma githago* var. *macrospermum* (Levina) K.Hammer

【习性】一年生直立草本。生于麦田中或路旁草地。

【东北地区分布】黑龙江省呼玛、爱辉、逊克、北安、嫩江、集贤等地；吉林省汪清、珲春、抚松等地；辽宁省大连等地；内蒙古鄂伦春、莫力达瓦达斡尔旗、新巴尔虎左旗、宁城等地。

【食用价值】嫩苗可以作为应急食品，在饥荒或没有其他食物的非常时期，焯水、浸泡后少食。要注意其有毒报道，详见本种附注。

【药用功效】全草入药，具有止咳平喘、温经止血的功效。

【附注】全株有毒，种子毒性更大，混入粮食中，会对人、畜和家禽的机体健康造成损害，逸生的麦仙翁可直接对马、猪、小牛和鸟类构成威胁。人中毒后会造成腹痛、呕吐、腹泻、眩晕、低烧、脊柱剧烈疼痛和运动困难，有时昏迷或死亡。

本种与食用有关的内容参考国外文献整理，建议谨慎对待，初次食用者以少量尝试为宜。

卷耳属 Cerastium L.

卷耳 Cerastium arvense subsp. strictum Gaudin

【俗名】狭叶卷耳；细叶卷耳

【异名】*Cerastium arvense* var. *angustifolium* Fenzl; *C. arvense* var. *glabellum* (Turcz.) Fenzl

【习性】多年生草本。生高山草地、林缘或丘陵区。

【东北地区分布】黑龙江省大兴安岭呼中林业局等地；内蒙古海拉尔、根河、牙克石、鄂伦春、科尔沁右翼前旗、扎鲁特旗罕山、翁牛特旗、克什克腾旗、东乌珠穆沁旗、锡林浩特、正镶白旗等地。

【食用价值】嫩茎叶开水焯、清水浸泡后可炒食、凉拌、蘸酱或腌渍咸菜，也可作包子或饺子的馅料。

【药用功效】全草入药，具有滋补肝肾、滋阴补阳、退热的功效。

簇生泉卷耳 Cerastium fontanum subsp. vulgare (Hartm.) Greuter & Burdet

【俗名】簇生卷耳；腺毛簇生卷耳

【异名】*Cerastium fontanum* Baumg. subsp. *triviale* (E. H. L. Krause) Jalas; *C. holosteoides*Fr.; *C. vulgare* Hardb.; *C. caespitosum* Gilib. var. *glandulosum* Wirtgen

【习性】多年生或一、二年生草本。生疏林下、林缘草地及山沟、山坡、河滩沙地和沙质地及路旁草地。

【东北地区分布】黑龙江省爱辉、尚志等地；吉林省珲春、安图、抚松、桦甸、磐石、九台、浑江、吉林等地；辽宁省金州、普兰店、庄河、瓦房店、东港、岫岩、凤城、宽甸、本溪、西丰、丹东、沈阳、鞍山等地；内蒙古牙克石、鄂伦春、科尔沁右翼前旗、克什克腾旗、喀喇沁旗、东乌珠穆沁旗（宝格达山）等地。

【食用价值】嫩茎叶开水焯、清水浸泡后可炒食、凉拌、蘸酱或腌渍咸菜，也可作包子或饺子的馅料。

【药用功效】全草入药，具有清热解毒、发表、消肿止痛的功效。

缘毛卷耳 Cerastium furcatum Cham. et Schlecht.

【俗名】高山卷耳

【异名】*Cerastium rubescens* var. *ovatum* (Miyabe) M.Mizush.; *C. rigidum* Ledeb.

【习性】多年生草本。生高山林缘及草甸。

【东北地区分布】吉林省安图、抚松等地。

【食用价值】嫩茎叶开水焯、清水浸泡后可炒食、凉拌、蘸酱或腌渍咸菜，也可作包子或饺子的馅料。

【药用功效】全草入药，具有解毒消肿、祛风除湿、降血压的功效。

毛蕊卷耳 Cerastium pauciflorum var. **oxalidiflorum** (Makino) Ohwi

【俗名】寄奴花

【异名】*Cerastium pauciflorum* Stev. ex Ser. var. *amurense* (Regel) Mizush-Ima; *Cerastium oxalidiflorum* Makino

【习性】多年生草本。生林下、山区路旁湿润处及草甸中。

【东北地区分布】黑龙江省爱辉、虎林、饶河、富锦、阿城、尚志、伊春等地；吉林省浑江、蛟河等地；辽宁省本溪、抚顺、清原、新宾、西丰、本溪等地。

【食用价值】嫩茎叶开水焯、清水浸泡后可炒食、凉拌、蘸酱或腌渍咸菜，也可作包子或饺子的馅料。

【药用功效】全草入药，具有清热利湿的功效。

石竹属 Dianthus L.

长萼瞿麦 Dianthus longicalyx Miq.

【俗名】长筒瞿麦

【异名】*Dianthus superbus* var. *longicalycinum* (Maxim.) Williams

【习性】多年生草本。生山坡林缘草地、疏林下、沟谷等处。

【东北地区分布】辽宁省营口、本溪、大连、庄河、金州、丹东等地；内蒙古科尔沁左翼后旗、大青沟、赤峰市红山区等地。

【食用价值】嫩茎叶、花有食用价值。

嫩茎叶开水焯、清水浸泡后可炒食、凉拌、蘸酱或腌渍咸菜，也可作包子或饺子的馅料。

花有甜味，小朋友喜欢舔食。

【药用功效】全草入药，具有清热、通经、利尿功效。

【附注】植物体内含有少量皂苷。皂苷虽然有毒，但人体对其吸收率较低，而且加热后大多会分解。

石头花属（丝石竹属）Gypsophila L.

草原石头花 Gypsophila davurica Turcz. ex Fenzl

【俗名】北丝石竹；草原丝石竹；草原霞草

【异名】*Gypsophila gmelim* var. *dahurica* Turcz.

【习性】多年生草本。生草原、丘陵、固定沙丘及石砾质干山坡。

【东北地区分布】黑龙江省逊克、孙吴、富裕、泰来、肇东、肇源、安达、杜尔伯特等地；吉林省镇赉等地；内蒙古海拉尔、额尔古纳、满洲里、扎兰屯、陈巴尔虎旗、科尔沁右翼前旗、科尔沁右翼中旗、扎赉特旗、扎鲁特旗、翁牛特旗、锡林浩特、多伦、太仆寺旗等地。

【食用价值】幼苗、嫩叶用开水焯后可食用，常用来包包子、凉拌、下面条等。

【药用功效】根入药，具有清热凉血、逐水利尿的功效。

【附注】根含皂苷，水浸液可作杀虫剂，防治蚜虫、红蜘蛛、地老虎等；根还可作肥皂代用品。

麦蓝菜 Gypsophila hispanica Willk.

【俗名】王不留行；麦蓝子

【异名】*Vaccaria hispanica* (Mill.) Rauschert; *V. segetalis* (Neck.) Garcke; *V. pyramidata* Medic.

【习性】一、二年生草本。药用作物，常见园林栽培。

【东北地区分布】东北各地作为药用植物或观赏植物栽培，有逸生田边、铁路沿线附近及麦田间。

原产欧洲，现亚洲也有分布。

【食用价值】种子含淀粉53%，可酿酒和制醋。

【药用功效】干燥成熟种子入药，具有活血通经、下乳消肿、利尿通淋的功效。

【附注】本种与食用有关的内容参考国外文献整理，初次食用者以少量尝试为宜。

细小石头花 Gypsophila muralis L.

【俗名】兴凯丝石竹

【异名】*Psammophila muralis* (Linnaeus) Fourreau; *Psammophiliellamuralis* (Linnaeus) Ikonnikov

【习性】多年生草本。生田间路旁草地或墙上。

【东北地区分布】黑龙江兴凯湖东岸。

【食用价值】幼苗、嫩叶用开水焯后可食用，常用来包包子、凉拌、下面条等。

【药用功效】不详。但可参考本书同属其他植物的药用价值开展研究。

【附注】虽然未见本种的有毒报道，但同属植物体内常含有皂苷。皂苷虽然有毒，但人体对其吸收率很低，少量食用不会对人体造成伤害，但建议不要吃大量含有皂苷的食物。

长蕊石头花 Gypsophila oldhamiana Miq.

【俗名】长蕊丝石竹；霞草；山蚂蚱菜

【异名】不详

【习性】多年生草本。生向阳山坡、山顶及山沟旁多石质地、海滨荒山及沙坡地。

【东北地区分布】辽宁省各地。黑龙江省主要城市有引种。

【食用价值】嫩苗有食用价值。鲜菜涩而有淡淡的苦味，用开水焯一下，用清水反复浸泡后方可食用。一次性采集量比较多时，可揉去浆汁晒干，吃前泡发即可；也可水焯后冷冻保存，解冻后食用。食用方法很多，炒食、凉拌、做汤、作包子馅等均可。

【药用功效】根入药，具有清虚热、凉血、活血散淤、消肿止痛、化腐生肌、长骨的功效。

【附注】根含皂苷，水浸液可作杀虫剂，防治蚜虫、红蜘蛛、地老虎等；根还可制成洗涤剂，用于洗毛、丝织品。

大叶石头花 Gypsophila pacifica Kom.

【俗名】细梗丝石竹；细梗石头花

【异名】不详

【习性】多年生草本。生山坡、林缘草地。

【东北地区分布】黑龙江省萝北、勃利、依兰、富锦、桦川、宁安、东宁、密山、虎林、饶河、伊春等地；吉林省汪清、珲春、和龙、安图、九台、吉林、长春等地；辽宁省本溪、西丰、开原、铁岭等地。

【食用价值】嫩苗有食用价值。鲜菜涩而有淡淡的苦味，用开水焯一下，用清水反复浸泡后方可食用。一次性采集量比较多时，可揉去浆汁晒干，吃前泡发即可；也可水焯后冷冻保存，解冻后食用。食用方法很多，炒食、凉拌、做汤、作包子馅等均可。

【药用功效】根入药，具有活血散瘀、消肿止痛、化腐生肌、长骨的功效。

【附注】虽然未见本种的有毒报道，但同属植物体内常含有皂苷。皂苷虽然有毒，但人体对其吸收率很低，少量食用不会对人体造成伤害，但建议不要吃大量含有皂苷的食物。

鹅肠菜属 Myosoton Moench

鹅肠菜 Stellaria aquatica (L.) Scop.

【俗名】牛繁缕

【异名】*Myosoton aquaticum* (L.) Moench; *Malachium aquaticum* (L.) Fries

【习性】二年生或多年生草本。生林缘及山地潮湿地、河岸沙石地、山区耕地、路旁及沟旁湿地等地。

【东北地区分布】黑龙江省阿城、尚志等地；吉林省浑江、通化、舒兰、九台、桦甸、抚松、安图等地；辽宁省凤城、桓仁、本溪、清原、凌源、建昌、大连、庄河、普兰店、丹东、鞍山、沈阳、抚顺等地。

【食用价值】嫩茎叶开水焯、清水浸泡后可炒食、凉拌、蘸酱或腌渍咸菜，也可作包子或饺子的馅料。

【药用功效】全草入药，具有清热凉血、消肿止痛、消积通乳的功效。

孩儿参属（假繁缕属）Pseudostellaria Pax

蔓孩儿参 Pseudostellaria davidii (Franch.) Pax ex Pax et Hoffm.

【俗名】蔓假繁缕

【异名】*Krascheninnikowia davidii* Franch.; *Stellariadavidii* (Franch.) Hemsl.; *Kraschninnikowia maximowicziana* Franch. et Sav. var. *davidi* (Franch.) Maxim.

【习性】多年生草本。生阔叶林湿地、林下溪流旁及林缘向阳石质的坡地。

【东北地区分布】黑龙江省伊春、尚志、阿城等地；吉林省浑江、敦化、桦甸等地；辽宁省普兰

店、瓦房店、庄河、岫岩、凤城、宽甸、桓仁、本溪、鞍山、凌源、建昌、绥中等地；内蒙古赤峰（七老图山）等地。

【食用价值】嫩苗、根有食用价值。

嫩苗焯水、浸泡后可做汤或蘸酱食。

根可少量放入粥中煮食，也可蒸熟、干制后泡茶。

【药用功效】全草入药，具有清热解毒的功效。

【附注】虽然未见本种的不良反应报道，但同属某些植物有过量服用的不良报道。

孩儿参 Pseudostellaria heterophylla (Miq.) Pax. ex Pax et Hoffm.

【俗名】太子参；异叶假繁缕

【异名】*Krascheninnikowia heterophylla* Miq.; *Stellariaheterophylla* (Miq.) Hemsl.; *St.rhaphanorrhiza* Hemsl.; *Krascheninnikowia rhaphanorrhiza* (Hemsl.) Korsh.

【习性】多年生草本。生杂木林、阔叶林内及灌丛、林下岩石旁的阴湿地。

【东北地区分布】吉林省集安、长白、抚松、靖宇、临江等地；辽宁省金州、大连、普兰店、瓦房店、庄河、东港、岫岩、凤城、宽甸、桓仁、本溪、丹东、鞍山等地；内蒙古巴林右旗等地。

【食用价值】嫩苗、根有食用价值。

嫩苗焯水、浸泡后可做汤或蘸酱食。

根可少量放入粥中煮食，也可蒸熟、干制后泡茶。

【药用功效】干燥块根入药，具有益气健脾、生津润肺的功效。

【附注】大量或过量内服，可以发生胸闷、腹胀、口干、食少、心烦，甚至有食欲减退和血压下降等症状。

狭瓣孩儿参 Pseudostellaria palibiniana (Takeda) Ohwi

【俗名】不详

【异名】不详

【习性】多年生草本。生林缘。

【东北地区分布】辽宁省宽甸（白石砬子保护区）。

【食用价值】嫩苗、根有食用价值。

嫩苗焯水、浸泡后可做汤或蘸酱食。

根可少量放入粥中煮食，也可蒸熟、干制后泡茶。

【药用功效】不详。但可参考孩儿参*Pseudostellaria heterophylla* (Miq.) Pax. ex Pax et Hoffm.开展研究。

【附注】虽然未见本种的不良反应报道，但同属某些植物有过量服用的不良报道。

本种为我国近年发现的种，分布区窄，数量少，以保护为主。

蝇子草属（麦瓶草属）Silene L.

女娄菜 Silene aprica Turcz. ex Fisch. et Mey.

【俗名】桃色女娄菜

【异名】*Melandrium apricum* (Turcz. ex Fisch. et Mey.) Rohrb.

【习性】一、二年生草本。生向阳干山坡、石砬子坡地、林下、山坡草地等处。

【东北地区分布】黑龙江省伊春、哈尔滨、富锦、阿城、尚志等地；吉林省磐石、桦甸、双辽等地；辽宁省大连、金州、庄河、瓦房店、普兰店、东港、凤城、本溪、铁岭、彰武、北镇、丹东、鞍山、岫岩等地；内蒙古根河、牙克石、新巴尔虎右旗、海拉尔、科尔沁右翼前旗、扎鲁特旗、赤峰、乌兰浩特、通辽、宁城、扎赉特旗、巴林右旗等地。

【食用价值】嫩苗用开水焯后可食用，常用来包包子、凉拌、下面条等。

【药用功效】全草、根、果实入药，全草具有活血调经、健脾利水、下乳、解毒的功效，根或果实具有利尿、催乳的功效。

【附注】虽然未见本种的有毒报道，但同属植物体内常含有皂苷。皂苷虽然有毒，但人体对其吸收率很低，少量食用不会对人体造成伤害，但建议不要吃大量含有皂苷的食物。

狗筋蔓 Silene baccifera (L.) Roth

【俗名】筋骨草；抽筋草；白牛膝；大种鹅儿肠；被单草；铁栏杆；水筋骨

【异名】*Cucubalus baccifer* L.

【习性】多年生草本。生山沟溪流旁灌丛、草丛间及林缘、山坡路旁的灌丛等地。

【东北地区分布】黑龙江省阿城、哈尔滨等地；吉林省九台、桦甸、珲春、汪清、安图、抚松等地；辽宁省普兰店、瓦房店、庄河、大连、凤城、宽甸、桓仁、本溪、新宾、清原、抚顺、开原、铁岭、绥中、丹东、鞍山等地；内蒙古科尔沁左翼后旗。

【食用价值】嫩苗焯水、浸泡后可炒食、凉拌或蘸酱食，也可剁馅加猪肉包饺子或包子，大量采集可以腌渍保存或制成什锦袋菜。

【药用功效】全草、根入药，具有健胃理肠、接骨生肌、散瘀止痛、祛风除湿、利尿消肿的功效。

【附注】虽然未见本种的有毒报道，但同属植物体内常含有皂苷。皂苷虽然有毒，但人体对其吸收率很低，少量食用不会对人体造成伤害，但建议不要吃大量含有皂苷的食物。

浅裂剪秋罗 Silene cognata (Maxim.) H.Ohashi & H.Nakai

【俗名】浅裂剪秋萝

【异名】*Lychnis cognata* Maxim.

【习性】多年生草本。生林缘草地、灌丛间、山沟路旁及草甸子处。

【东北地区分布】黑龙江省伊春、尚志等地；吉林省和龙、汪清、安图、抚松、蛟河等地；辽宁省庄河、岫岩、凤城、本溪、桓仁、清原、铁岭、鞍山等地；内蒙古克什克腾旗、喀喇沁旗、宁城等地。

【食用价值】幼苗、嫩叶用开水焯后可食用，常用来包包子、凉拌、下面条等。

【药用功效】全草入药，具有解热镇痛、消炎、止泻的功效。

【附注】虽然未见本种的有毒报道，但同属植物体内常含有皂苷。皂苷虽然有毒，但人体对其吸收率很低，少量食用不会对人体造成伤害，但建议不要吃大量含有皂苷的食物。

坚硬女娄菜 Silene firma Sieb. et Zucc.

【俗名】光萼女娄菜；疏毛女娄菜；粗壮女娄菜

【异名】*Melandrium firmum* (Sieb et Zucc) Rohrb.

【习性】一、二年生草本。生山坡草地、林缘、灌丛间、河谷、草甸及山沟路旁。

【东北地区分布】黑龙江省虎林、饶河、依兰、尚志、伊春、哈尔滨等地；吉林省吉林、蛟河、珲春、和龙、汪清、安图、抚松、通化等地；辽宁省大连、长海、金州、瓦房店、普兰店、庄河、凤城、宽甸、桓仁、西丰、铁岭、丹东、鞍山、沈阳等地；内蒙古额尔古纳、鄂伦春、科尔沁右翼前旗、科尔沁左翼后旗、大青沟、敖汉旗、喀喇沁旗、宁城等地。

【食用价值】嫩苗用开水焯后可食用，常用来包包子、凉拌、下面条等。

【药用功效】全草、种子入药，全草具有清热解毒、凉血止血、散血消肿的功效，种子具有活血通经、消肿止痛的功效。

【附注】虽然未见本种的有毒报道，但同属植物体内常含有皂苷。皂苷虽然有毒，但人体对其吸收率很低，少量食用不会对人体造成伤害，但建议不要吃大量含有皂苷的食物。

剪秋罗 Silene fulgens E. H. L. Krause

【俗名】大花剪秋萝；大花剪秋罗

【异名】*Lychnis fulgens* Fisch.

【习性】多年生草本。生山坡草地、灌丛间、林缘、林下及山坡阴湿地。

【东北地区分布】黑龙江省呼玛、爱辉、萝北、嫩

江、虎林、饶河、富锦、集贤、阿城、尚志、伊春、鹤岗等地；吉林省安图、抚松、汪清、珲春、敦化、舒兰、蛟河等地；辽宁省庄河、岫岩、凤城、宽甸、本溪、桓仁、新宾、清原、开原等地；内蒙古额尔古纳、牙克石、扎兰屯、鄂伦春、莫力达瓦达斡尔等地。

【食用价值】幼苗、嫩叶用开水焯后可食用，常用来包包子、凉拌、下面条等。

【药用功效】全草、根入药，用于小儿疳积、失眠、小便不利、盗汗。

【附注】虽然未见本种的有毒报道，但同属植物体内常含有皂苷。皂苷虽然有毒，但人体对其吸收率很低，少量食用不会对人体造成伤害，但建议不要吃大量含有皂苷的食物。

山蚂蚱草 Silene jenisseensis Willd.

【俗名】旱生麦瓶草；旱麦瓶草；叶尼塞蝇子草

【异名】*Silenejenissea* Poir.; *S. jenissea* Steph. ex Bge.; *S. tennis* Willd. var. *jenissea* Rohrb., Monogr.; *S. jenisseensis* Willd. var. *vegetior* Popov

【习性】多年生草本。生多石质干山坡、石砬子缝间、林缘地。

【东北地区分布】黑龙江省萝北、密山、宝清、依兰、尚志、安达、杜尔伯特、哈尔滨等地；吉林省桦甸、乾安、前郭尔罗斯、扎赉特旗、安图等地；辽宁省宽甸、本溪、彰武等地；内蒙古海拉尔、根河、牙克石、鄂伦春、鄂温克、新巴尔虎左旗、新巴尔虎右旗、科尔沁右翼前旗、扎鲁特旗、翁牛特旗、克什克腾旗、喀喇沁旗、赤峰、宁城、东乌珠穆沁旗、西乌珠穆沁旗、锡林浩特、正蓝旗、多伦等地。

【食用价值】嫩苗有食用价值。鲜菜涩而有淡淡的苦味，用开水焯一下，用清水反复浸泡后方可食用。一次性采集量比较多时，可揉去浆汁晒干，吃前泡发即可；也可水焯后冷冻保存，解冻后食用。食用方法很多，炒食、凉拌、做汤、作包子馅等均可。

【药用功效】根入药，具有活血散瘀、消肿止痛、化腐生肌、长骨的功效。

【附注】虽然未见本种的有毒报道，但同属植物体内常含有皂苷。皂苷虽然有毒，但人体对其吸收率很低，少量食用不会对人体造成伤害，但建议不要吃大量含有皂苷的食物。

林奈蝇子草 Silene linnaeana Vorosch.

【俗名】狭叶剪秋萝；狭叶剪秋罗

【异名】*Lychnis sibirica* L.

【习性】多年生草本。生松林下、沙质草原或山麓多砾石草地。

【东北地区分布】内蒙古额尔古纳、根河、牙克石、海拉尔、鄂温克等地。黑龙江省哈尔滨市有引种。

【食用价值】幼苗、嫩叶用开水焯后可食用，常用来包包子、凉拌、下面条等。

【**药用功效**】不详。但可参考本书同属其他植物的药用价值开展研究。

【**附注**】虽然未见本种的有毒报道，但同属植物体内常含有皂苷。皂苷虽然有毒，但人体对其吸收率很低，少量食用不会对人体造成伤害，但建议不要吃大量含有皂苷的食物。

白玉草 Silene vulgaris (Moench.) Garcke

【**俗名**】狗筋麦瓶草

【**异名**】*Silene venosa* (Gilib.) Aschers.

【**习性**】多年生草本。生草甸、灌丛中、林下多砾石的草地或撂荒地，有时生农田中。

【**东北地区分布**】黑龙江省呼玛、爱辉、孙吴、逊克等地；内蒙古额尔古纳、根河、牙克石、鄂伦春、鄂温克、科尔沁右翼前旗、扎赉特旗等地。

【**食用价值**】嫩叶、嫩芽有食用价值。

嫩叶是甜的，拌在沙拉中非常美味。

嫩芽烹调后味道类似于青豆，但略带苦味。

【**药用功效**】全草入药，具有清热解毒、祛痰止咳的功效。

【**附注**】植物体中含有皂苷。皂苷虽然有毒，但人体对其吸收率很低，少量食用不会对人体造成伤害，但建议不要吃大量含有皂苷的食物。皂苷对某些生物（如鱼类）毒性很大，狩猎部落传统上将大量皂苷放入溪流、湖泊等中，以使鱼类昏迷或死亡。

本种与食用有关的内容参考国外文献整理，初次食用者以少量尝试为宜。

丝瓣剪秋罗 Silene wilfordii (Regel) H.Ohashi & H.Nakai

【**俗名**】丝瓣剪秋萝

【**异名**】*Lychnis wilfordii* (Regel) Maxim.

【**习性**】多年生草本。生湿草甸、河岸低湿地、林缘或疏林下。

【**东北地区分布**】黑龙江省完达山至老爷岭山地等地；吉林省汪清、珲春、安图、抚松、敦化、蛟河、桦甸、长白等地。

【**食用价值**】幼苗、嫩叶用开水焯后可食用，常用来包包子、凉拌、下面条等。

【**药用功效**】全草、根入药，具有发汗、生津的功效。

【**附注**】虽然未见本种的有毒报道，但同属植物体内常含有皂苷。皂苷虽然有毒，但人体对其吸收率很低，少量食用不会对人体造成伤害，但建议不要吃大量含有皂苷的食物。

大爪草属 Spergula L.

大爪草 Spergula arvensis L.

【俗名】不详

【异名】*Spergula linicola* Boreau ex Nyman; *S. maxima* Weihe; *S. sativa* Boenninghausen; *S. vulgaris* Boenninghausen

【习性】一年生小型草本植物。生河岸草地。

【东北地区分布】黑龙江省呼玛等地。

【食用价值】幼苗、种子可食，但仅作为应急食品，在饥荒或没有其他食物的非常时期食用，且要注意其有毒报道，详见本种附注。

幼苗或者植物体的幼嫩部分焯水、浸泡后可做汤、下面条等。

种子干燥后研磨成粉可与面粉一起用于制作面包等面食。

【药用功效】全草入药，用作利尿剂。

【附注】植物体含有皂苷。皂苷对某些生物（如鱼类）毒性更大，狩猎部落传统上将大量皂苷放入溪流、湖泊等中，以使鱼类昏迷或死亡。但人体对皂苷的吸收能力很差，少量摄入皂苷并不会造成伤害，而且在烹调时皂苷几乎被彻底破坏。

本种与食用有关的内容参考国外文献整理，建议谨慎对待，初次食用者以少量尝试为宜。

拟漆姑属（牛漆姑草属）Spergularia (Pers.) J. et C. Presl

拟漆姑 Spergularia marina (L.) Griseb.

【俗名】牛漆姑草；牛漆姑

【异名】*Spergularia salina* J. et C. Presl

【习性】一、二年生小草本。生海滨泥沙岸、盐碱地、河边、水塘等湿润沙质轻盐碱地。

【东北地区分布】黑龙江省富裕、哈尔滨等地；吉林省双辽、辽源等地；辽宁省大连、长海、金州、瓦房店、普兰店、绥中、兴城、北镇、铁岭、康平、沈阳等地；内蒙古新巴尔虎左旗、新巴尔虎右旗、科尔沁左翼中旗、科尔沁左翼后旗、东乌珠穆沁旗、锡林浩特等地。

【食用价值】种子可作为应急食品，在饥荒或没有其他食物的非常时期，干燥后研磨成粉与面粉一起制作面包等面食。

【药用功效】全草入药，具有清热解毒、祛风除湿的功效。

【附注】本种与食用有关的内容参考国外文献整理，建议谨慎对待，初次食用者以少量尝试为宜。

雀舌草属（繁缕属）Stellaria L.

禾叶繁缕 Stellaria graminea L.

【俗名】禾繁缕；草状繁缕

【异名】*Stellaria patentifolia* Kitag.

【习性】多年生草本。生海拔1400～3700米的山坡草地、林下或石隙中。

【东北地区分布】黑龙江省宝清；吉林省长白。

【食用价值】幼苗和嫩叶可用于沙拉，或者焯水、浸泡后炒食、凉拌、蘸酱或腌渍咸菜。要注意其有毒报道，详见本种附注。

【药用功效】全草入药，具有清热解毒、化痰、止痛、催乳的功效。

【附注】叶子含有皂苷。皂苷对某些生物（如鱼类）毒性更大，狩猎部落传统上将大量皂苷放入溪流、湖泊等中，以使鱼类昏迷或死亡。但人体对皂苷的吸收能力很差，少量摄入皂苷并不会造成伤害，而且在烹调时皂苷几乎被彻底破坏。

繁缕 Stellaria media (L.) Cyrillus

【俗名】鹅耳伸筋；鸡儿肠

【异名】*Alsine media* L.; *Stellaria media* (L.) Vill.

【习性】一、二年生草本。生山坡路旁、果园、住宅周围以及田间和林缘。

【东北地区分布】黑龙江省各地；吉林省珲春等地；辽宁省大连、丹东、桓仁等地；内蒙古额尔古纳、鄂伦春、科尔沁右翼前旗、阿尔山、白狼、伊尔施、东乌珠穆沁旗（宝格达山）等地。

【食用价值】幼苗和嫩茎尖焯水、浸泡后可炒食、凉拌、蘸酱或腌渍咸菜，也可作包子或饺子的馅料。

【药用功效】全草或茎叶入药，具有清热解毒、化痰止痛、活血祛瘀、下乳催生的功效。

【附注】种子、茎和叶含有有毒物质皂苷。牛、羊等家畜多量采食后植物在肠胃道内易发酵而结成团块，因此出现如腹胀和腹痛等一系列相应症状。

鸡肠繁缕 Stellaria neglecta Weihe

【俗名】赛繁缕；鹅肠繁缕

【异名】*Stellaria media* (L.) Vill. var. *decandra* Fenzl; *St. media* (L.) Vill. var. *procera* Klatt et Richt.; *St. octandra* Pobed.; *St. diversiflora* Maxim. var. *gymnandra* Franch.

【习性】一、二年生草本。生海拔900～1200米杂木

林内。

【东北地区分布】黑龙江省大兴安岭；内蒙古大兴安岭。

【食用价值】幼苗可作为应急食品，在饥荒或没有其他食物的非常时期，焯水、反复浸泡后少量食用，或者蒸熟后晒干菜。

【药用功效】全草入药，具有清热解毒、祛瘀、抗菌消炎、利尿、下乳的功效。

【附注】虽然未见本种的有毒报道，但同属植物体内常含有皂苷。皂苷虽然有毒，但人体对其吸收率很低，少量食用不会对人体造成伤害，但建议不要吃大量含有皂苷的食物。

缞瓣繁缕 Stellaria radians L.

【俗名】垂梗繁缕

【异名】*Cerastium fimbriatum* Ledeb.; *Stellariaradians* L. var. *ovato-oblonga* Koidz.; St. radians L. f. *fimbriata* (Ledeb.) Kitagawa

【习性】多年生草本。生海拔丘陵灌丛或林缘草地。

【东北地区分布】黑龙江省呼玛、爱辉、富裕、虎林、饶河、宝清、桦川、尚志、阿城、哈尔滨、伊春、佳木斯等地；吉林省珲春、汪清、和龙、安图、抚松、靖宇、敦化、磐石、蛟河等地；辽宁省桓仁、丹东等地；内蒙古海拉尔、额尔古纳、根河、牙克石、扎兰屯、鄂伦春、莫力达瓦达斡尔族、陈巴尔虎旗、新巴尔虎左旗、科尔沁右翼前旗、扎赉特旗等地。

【食用价值】幼苗和嫩茎尖焯水、浸泡后可炒食、凉拌、蘸酱或腌渍咸菜，也可作包子或饺子的馅料。

【药用功效】全草入药，具有清热解毒、祛瘀止痛、催乳的功效。

【附注】虽然未见本种的有毒报道，但同属植物体内常含有皂苷。皂苷虽然有毒，但人体对其吸收率很低，少量食用不会对人体造成伤害，但建议不要吃大量含有皂苷的食物。

苋科 Amaranthaceae

牛膝属 Achyranthes L.

牛膝 Achyranthes bidentata Blume

【俗名】牛磕膝；倒扣草；怀牛膝

【异名】不详

【习性】多年生草本。生山坡林下。

【东北地区分布】辽宁省大连、昌图、凤城、东港、丹东等地。

【食用价值】嫩茎叶、种子有食用价值。

嫩茎叶开水焯、清水浸泡后可炒食、凉拌、蘸酱或腌渍咸菜，也可作包子或饺子的馅料。

种子可作为应急食品，在饥荒或没有其他食物的非常时期，代谷物制面食。

【药用功效】根、根状茎、茎叶入药，根具有逐瘀通经、补肝肾、强筋骨、利尿通淋、引血下行的功效，茎叶具有祛寒湿、强筋骨、活血利尿的功效。

【附注】有报道说，本种的根有毒。

沙蓬属 Agriophyllum M. Bieb.

沙蓬 Agriophyllum squarrosum (L.) Moq.

【俗名】吉剌儿；沙米；蒺藜梗

【异名】*Agriophyllum arenarium* Bieb. ex C. A. Mey.; *A. pungens* (Vahl) Link ex A. Dietr.

【习性】一年生直立草本。喜生沙丘或流动沙丘之背风坡上。

【东北地区分布】黑龙江省齐齐哈尔、泰来、肇源、哈尔滨等地；辽宁省沈阳、锦州、北票、彰武等地；内蒙古海拉尔、新巴尔虎左旗、新巴尔虎右旗、巴林右旗、翁牛特旗等地。

【食用价值】种子富含淀粉，沙区农牧民常采收后加工成粉，人畜均有食用价值。

【药用功效】全草、种子入药，全草具有祛疫、清热、解毒、利尿的功效，种子具有利肠、消食、清热、消风、益气的功效。

苋属 Amaranthus L.

北美苋 Amaranthus blitoides S. Watson

【俗名】美苋

【异名】*Amaranthus blitoides* var. crassius Jeps.

【习性】一年生草本。生田园、路旁及杂草地上。

【东北地区分布】黑龙江省哈尔滨市有引植。辽宁省建平、西丰、普兰店、大连、庄河、长海、北镇等地及内蒙古额尔古纳、鄂温克、新巴尔虎左旗、新巴尔虎右旗、巴林右旗、乌兰浩特、克什克腾旗等地有自生。原产北美。

【食用价值】嫩苗、种子有食用价值。

嫩茎叶开水焯、清水反复浸泡后可作野菜食用，炒食、凉拌、蘸酱、做汤、包包子均可，大量采集可冷冻保存。

种子小，但易于收获，且营养丰富，可用作谷物的替代品，通常研磨成粉用于面包等食品中；也可整体烹饪，但这样会有一些种子未被吸收就直接通过消化系统排出体外了；也可以像爆米花一样爆花食用；还可以在温水中浸泡12小时，然后发芽约11天后，可以将它们加到沙拉中食用。

【药用功效】提取物入药，用于治疗炎症、痔疮、疱疹、尿道炎、前列腺炎。

【附注】本属植物对硝酸盐的吸收量较大，同时体内含有大量的草酸。草酸在人体内不易氧化分解，代谢产物呈酸性，可导致人体内酸碱度失衡。而且，草酸在人体内遇上钙和锌会生成因不能被人体吸收而被排出体外的草酸钙和草酸锌，从而造成钙和锌的流失。所以，吃苋菜用水焯是必要的，以除掉苋菜体内的硝酸盐和草酸。

本种与食用有关的内容多参考国外文献整理，初次食用者以少量尝试为宜。

凹头苋 Amaranthus blitum L.

【俗名】野苋

【异名】*Amaranthus lividus* L.; *A. ascenders* Loisel.

【习性】一年生草本。生田野及宅旁的杂草地上。

【东北地区分布】黑龙江省哈尔滨、大庆、萝北、安达、黑河等地；吉林省汪清、吉林等地；辽宁省沈阳、丹东、大连等地。原产热带美洲。

【食用价值】嫩苗、种子有食用价值。

嫩茎叶开水焯、清水反复浸泡后可作野菜食用，炒食、凉拌、蘸酱、做汤、包包子均可，大量采集可冷冻保存。

种子小，但易于收获，且营养丰富，可用作谷物的替代品，通常研磨成粉用于面包等食品中；也可整体烹饪，但这样会有一些种子未被吸收就直接通过消化系统排出体外了；也可以像爆米花一样爆花食用；还可以在温水中浸泡12小时，然后发芽约11天后，可以将它们加到沙拉中食用。

【药用功效】全草、种子入药，具有清热解毒的功效。

【附注】本属植物对硝酸盐的吸收量较大，同时体内含有大量的草酸。草酸在人体内不易氧化分解，代谢产物呈酸性，可导致人体内酸碱度失衡。而且，草酸在人体内遇上钙和锌会生成因不能被人体吸收而被排出体外的草酸钙和草酸锌，从而造成钙和锌的流失。所以，吃苋菜用水焯是必要的，以除掉苋菜体内的硝酸盐和草酸。

本种与食用有关的内容多参考国外文献整理，初次食用者以少量尝试为宜。

绿穗苋 Amaranthus hybridus L.

【俗名】台湾苋

【异名】*Amaranthus patulus* Bertoloni

【习性】一年生草本。生田野、旷地或山坡上。

【东北地区分布】辽宁省大连有分布；黑龙江省哈尔滨市有栽培，有逃逸。原产伊朗，现亚洲、欧洲、北美洲、南美洲均有分布。

【食用价值】嫩苗、种子有食用价值。

嫩茎叶开水焯、清水反复浸泡后可作野菜食用，炒食、凉拌、蘸酱、做汤、包包子均可，大量采集可冷冻保存。

种子小，但易于收获，且营养丰富，可用作谷物的替代品，通常研磨成粉用于面包等食品中；也可整体烹饪，但这样会有一些种子未被吸收就直接通过消化系统排出体外了；也可以像爆米花一样爆花食用；还可以在温水中浸泡12小时，然后发芽约11天后，可以将它们加到沙拉中食用。

【药用功效】全草入药，具有清热解毒、利湿止痒的功效。

【附注】本属植物对硝酸盐的吸收量较大，同时体内含有大量的草酸。草酸在人体内不易氧化分解，代谢产物呈酸性，可导致人体内酸碱度失衡。而且，草酸在人体内遇上钙和锌会生成因不能被人体吸收而被排出体外的草酸钙和草酸锌，从而造成钙和锌的流失。所以，吃苋菜用水焯是必要的，以除掉苋菜体内的硝酸盐和草酸。

本种与食用有关的内容多参考国外文献整理，初次食用者以少量尝试为宜。

长芒苋 Amaranthus palmeri S.Watson

【俗名】不详

【异名】*Amaranthus palmeri* var. *glomeratus* Uline & W.L.Bray

【习性】一年生草本。生荒地。

【东北地区分布】辽宁省金州有分布。原产美国西南部至加拿大北部。

【食用价值】嫩苗、种子有食用价值。

嫩茎叶开水焯、清水反复浸泡后可作野菜食用，炒食、凉拌、蘸酱、做汤、包包子均可，大量采集可冷冻保存。

种子小，但易于收获，且营养丰富，可用作谷物的替代品，通常研磨成粉用于面包等食品中；也可整体烹饪，但这样会有一些种子未被吸收就直接通过消化系统排出体外了；也可以像爆米花一样爆花食用；还可以在温水中浸泡12小时，然后发芽约11天后，可以将它们加到沙拉中食用。

【药用功效】不详。但可参考本书同属其他植物的药用价值开展研究。

【附注】本属植物对硝酸盐的吸收量较大，同时体内含有大量的草酸。草酸在人体内不易氧化分解，代谢产物呈酸性，可导致人体内酸碱度失衡。而且，草酸在人体内遇上钙和锌会生成因不能被人体吸收而被排出体外的草酸钙和草酸锌，从而造成钙和锌的流失。所以，吃苋菜用水焯是必要的，以除掉苋菜体内的硝酸盐和草酸。

本种与食用有关的内容多参考国外文献整理，初次食用者以少量尝试为宜。

合被苋 Amaranthus polygonoides L.

【俗名】泰山苋

【异名】*Amaranthus taishanensis* F. Z. Li & C. K. Ni

【习性】一年生草本。生荒地、路边、花园绿地等处。

【东北地区分布】辽宁省大连、金州、旅顺口等地有分布。原产加勒比海岛屿、美国、墨西哥，欧洲、埃及等已归化。

【食用价值】嫩苗、种子有食用价值。

嫩茎叶开水焯、清水反复浸泡后可作野菜食用，炒食、凉拌、蘸酱、做汤、包包子均可，大量采集可冷冻保存。

种子小，但易于收获，且营养丰富，可用作谷物的替代品，通常研磨成粉用于面包等食品中；也可整体烹饪，但这样会有一些种子未被吸收就直接通过消化系统排出体外了；也可以像爆米花一样爆花食用；还可以在温水中浸泡12小时，然后发芽约11天后，可以将它们加到沙拉中食用。

【药用功效】不详。但可参考本书同属其他植物的药用价值开展研究。

【附注】本属植物易富集亚硝酸盐，家畜大量采食会引起中毒症状。

本种外来入侵植物，与食用有关的内容多参考国外文献整理，初次食用者以少量尝试为宜。

鲍氏苋 Amaranthus powellii S.Watson

【俗名】直穗苋

【异名】不详

【习性】一年生草本。生被干扰过的荒地、农田、铁路、路旁、垃圾区、河岸、湖泊和溪流边。

【东北地区分布】吉林省；辽宁省大连；内蒙古。原产美洲。

【食用价值】嫩苗、种子有食用价值。

嫩茎叶开水焯、清水反复浸泡后可作野菜食用，炒食、凉拌、蘸酱、做汤、包包子均可，大量采集可冷冻保存。

种子小，但易于收获，且营养丰富，可用作谷物的替代品，通常研磨成粉用于面包等食品中；也可整体烹饪，但这样会有一些种子未被吸收就直接通过消化系统排出体外了；也可以像爆米花一样爆花食用；还可以在温水中浸泡12小时，然后发芽约11天后，可以将它们加到沙拉中食用。

【药用功效】不详。但可参考本书同属其他植物的药用价值开展研究。

【附注】本属植物对硝酸盐的吸收量较大，同时体内含有大量的草酸。草酸在人体内不易氧化分解，代谢产物呈酸性，可导致人体内酸碱度失衡。而且，草酸在人体内遇上钙和锌会生成因不能被人体吸收而被排出体外的草酸钙和草酸锌，从而造成钙和锌的流失。所以，吃苋菜用水焯是必要的，以除掉苋菜体内的硝酸盐和草酸。

本种与食用有关的内容多参考国外文献整理，初次食用者以少量尝试为宜。

反枝苋 Amaranthus retroflexus L.

【俗名】西风谷；苋菜

【异名】不详

【习性】一年生草本。生田间、农田旁、宅旁及杂草地。

【东北地区分布】东北地区各地。原产美洲热带地区，现传播并归化于世界各地。

【食用价值】嫩苗、种子有食用价值。

嫩茎叶开水焯、清水反复浸泡后可作野菜食用，炒食、凉拌、蘸酱、做汤、包包子均可，大量采集可冷冻保存。

种子小，但易于收获，且营养丰富，可用作谷物的替代品，通常研磨成粉用于面包等食品中；也可整体烹饪，但这样会有一些种子未被吸收就直接通过消化系统排出体外了；也可以像爆米花一样爆花食用；还可以在温水中浸泡12小时，然后发芽约11天后，可以将它们加到沙拉中食用。

【药用功效】全草、根、种子入药，全草或根具有清热解毒、利尿的功效，种子具有清肝明目、利尿的功效。

【附注】本属植物对硝酸盐的吸收量较大，同时体内含有大量的草酸。草酸在人体内不易氧化分解，代谢产物呈酸性，可导致人体内酸碱度失衡。而且，草酸在人体内遇上钙和锌会生成因不能被人体吸收而被排出体外的草酸钙和草酸锌，从而造成钙和锌的流失。所以，吃苋菜用水焯是必要的，以除掉苋菜体内的硝酸盐和草酸。

本种与食用有关的内容多参考国外文献整理，初次食用者以少量尝试为宜。

白苋 Amaranthus albus L.

【俗名】绿苋菜；细枝苋

【异名】*Amaranthus gracilentus* Kung

【习性】一年生草本。生居民区附近、路旁及杂草地上。

【东北地区分布】分布黑龙江省大庆、尚志、杜尔伯特等地；辽宁省金州等地；内蒙古新巴尔虎左旗、科尔沁右翼前旗等地。原产北美洲。

【食用价值】嫩苗、种子有食用价值。

嫩茎叶开水焯、清水反复浸泡后可作野菜食用，炒食、凉拌、蘸酱、做汤、包包子均可，大量采集可冷冻保存。

种子小，但易于收获，且营养丰富，可用作谷物的替代品，通常研磨成粉用于面包等食品中；也可整体烹饪，但这样会有一些种子未被吸收就直接通过消化系统排出体外了；也可以像爆米花一样爆花食用；还可以在温水中浸泡12小时，然后发芽约11天后，可以将它们加到沙拉中食用。

【药用功效】不详。但可参考本书同属其他植物的药用价值开展研究。

【附注】本属植物对硝酸盐的吸收量较大，同时体内含有大量的草酸。草酸在人体内不易氧化分

解，代谢产物呈酸性，可导致人体内酸碱度失衡。而且，草酸在人体内遇上钙和锌会生成因不能被人体吸收而被排出体外的草酸钙和草酸锌，从而造成钙和锌的流失。所以，吃苋菜用水焯是必要的，以除掉苋菜体内的硝酸盐和草酸。

本种与食用有关的内容多参考国外文献整理，初次食用者以少量尝试为宜。

刺苋 Amaranthus spinosus L.

【俗名】笋苋菜；勒苋菜

【异名】不详

【习性】一年生草本。生空旷地或园圃。

【东北地区分布】辽宁省朝阳有分布。可能原产美洲热带，现温带地区也有分布。

【食用价值】嫩苗、种子有食用价值。

嫩茎叶开水焯、清水反复浸泡后可作野菜食用，炒食、凉拌、蘸酱、做汤、包包子均可，大量采集可冷冻保存。

种子小，但易于收获，且营养丰富，可用作谷物的替代品，通常研磨成粉用于面包等食品中；也可整体烹饪，但这样会有一些种子未被吸收就直接通过消化系统排出体外了；也可以像爆米花一样爆花食用；还可以在温水中浸泡12小时，然后发芽约11天后，可以将它们加到沙拉中食用。

【药用功效】根或全草入药，具有清热、利湿、解毒、消肿的功效。

【附注】本属植物对硝酸盐的吸收量较大，同时体内含有大量的草酸。草酸在人体内不易氧化分解，代谢产物呈酸性，可导致人体内酸碱度失衡。而且，草酸在人体内遇上钙和锌会生成因不能被人体吸收而被排出体外的草酸钙和草酸锌，从而造成钙和锌的流失。所以，吃苋菜用水焯是必要的，以除掉苋菜体内的硝酸盐和草酸。

本种与食用有关的内容多参考国外文献整理，初次食用者以少量尝试为宜。

糙果苋 Amaranthus tuberculatus (Moq.) J.D.Sauer

【俗名】不详

【异名】*Amaranthus tuberculatus* var. rudis (J.D.Sauer) Costea & Tardif

【习性】一年生草本。生田野、旷地中。

【东北地区分布】辽宁省大连市金州有分布。原产北美洲。

【食用价值】嫩苗、种子有食用价值。

嫩茎叶开水焯、清水反复浸泡后可作野菜食用，炒食、凉拌、蘸酱、做汤、包包子均可，大量采集可冷冻保存。

种子小，但易于收获，且营养丰富，可用作谷物的替代品，通常研磨成粉用于面包等食品中；也可

整体烹饪，但这样会有一些种子未被吸收就直接通过消化系统排出体外了；也可以像爆米花一样爆花食用；还可以在温水中浸泡12小时，然后发芽约11天后，可以将它们加到沙拉中食用。

【药用功效】不详。但可参考本书同属其他植物的药用价值开展研究。

【附注】本属植物对硝酸盐的吸收量较大，同时体内含有大量的草酸。草酸在人体内不易氧化分解，代谢产物呈酸性，可导致人体内酸碱度失衡。而且，草酸在人体内遇上钙和锌会生成因不能被人体吸收而被排出体外的草酸钙和草酸锌，从而造成钙和锌的流失。所以，吃苋菜用水焯是必要的，以除掉苋菜体内的硝酸盐和草酸。

本种与食用有关的内容多参考国外文献整理，初次食用者以少量尝试为宜。

皱果苋 Amaranthus viridis L.

【俗名】绿苋

【异名】*Euxolus viridis* (L.) Moq.

【习性】一年生草本。生宅旁、杂草地或田野。

【东北地区分布】东北地区各地。原产热带非洲，现广布于两半球的温带、亚热带和热带地区。

【食用价值】嫩苗、种子有食用价值。

嫩茎叶开水焯、清水反复浸泡后可作野菜食用，炒食、凉拌、蘸酱、做汤、包包子均可，大量采集可冷冻保存。

种子小，但易于收获，且营养丰富，可用作谷物的替代品，通常研磨成粉用于面包等食品中；也可整体烹饪，但这样会有一些种子未被吸收就直接通过消化系统排出体外了；也可以像爆米花一样爆花食用；还可以在温水中浸泡12小时，然后发芽约11天后，可以将它们加到沙拉中食用。

【药用功效】全草或根入药，具有清热、利湿的功效。

【附注】本属植物对硝酸盐的吸收量较大，同时体内含有大量的草酸。草酸在人体内不易氧化分解，代谢产物呈酸性，可导致人体内酸碱度失衡。而且，草酸在人体内遇上钙和锌会生成因不能被人体吸收而被排出体外的草酸钙和草酸锌，从而造成钙和锌的流失。所以，吃苋菜用水焯是必要的，以除掉苋菜体内的硝酸盐和草酸。

本种与食用有关的内容多参考国外文献整理，初次食用者以少量尝试为宜。

轴藜属 Axyris L.

轴藜 Axyris amaranthoides L.

【俗名】不详

【异名】*Axyris amaranthoides* f. *dentata* (Bar.) Kitag.; *A. amaranthoides* var. *dentata* Bar.

【习性】一年生草本。生山坡、杂草地、路旁、河边等处。

【东北地区分布】黑龙江省各地；吉林省安图、临江、和龙、汪清、吉林、蛟河等地；辽宁省建昌、凌源、西丰、新宾、宽甸、本溪、营口、鞍山、海城、庄河等地；内蒙古海拉尔、牙克石、扎兰屯、鄂伦春、满洲里、科尔沁右翼前旗、科尔沁左翼后旗、敖汉旗、阿鲁科尔沁旗、克什克腾旗、喀喇沁旗、锡林浩特等地。

【食用价值】嫩茎叶开水焯、清水浸泡后可炒食、凉拌、蘸酱或腌渍咸菜，也可作包子或饺子的馅料。

【药用功效】果实入药，具有清肝明目、祛风消肿的功效。

杂配轴藜 Axyris hybrida L.

【俗名】不详

【异名】*Axyris amaranthoides* f. nana (W. Wang & P. Y. Fu) Kitag.; *A. amaranthoides* var. nana W. Wang & P. Y. Fu

【习性】一年生草本。生田边、路旁、河滩、草滩、山坡及沙丘上。

【东北地区分布】黑龙江省西部各地；辽宁省西部地区；内蒙古海拉尔、牙克石、鄂伦春、新巴尔虎右旗、科尔沁右翼前旗、巴林右旗、克什克腾旗、锡林浩特、太仆寺旗等地。

【食用价值】嫩茎叶开水焯、清水浸泡后可炒食、凉拌、蘸酱或腌渍咸菜，也可作包子或饺子的馅料。

【药用功效】不详。但可参考本书同属其他植物的药用价值开展研究。

沙滨藜属 Bassia All.

地肤 Bassia scoparia (L.) A.J.Scott

【俗名】碱地肤

【异名】*Kochia scoparia* (L.) Schrad.; *K. scoparia* (L.) Schrad.var.*sieversiana* (Pall.) Ulbr. ex Aschers. et Graebn.; *K. sieversiana* (Pall.) C. A. Mey.

【习性】一年生草本。生田边、路旁、荒漠、沙地等处。

【东北地区分布】东北地区各地。

【食用价值】嫩苗、种子有食用价值。

嫩苗开水焯、清水浸泡后可炒食、凉拌、蘸酱，也可作包子或饺子的馅料。

种子含蛋白质14.45%，油量达18%，可榨油，可作为食用及工业用油；还可以食用，晒干后磨成粉，与面粉混合可制作面食。

【药用功效】嫩枝叶、果实入药，嫩枝叶具有清热解毒、利尿通淋的功效，果实具有清热利湿、祛风止痒的功效。

藜属 Chenopodium L.

尖头叶藜 Chenopodium acuminatum Willd.

【俗名】绿珠藜

【异名】*Chenopodium acuminatum* Willd. var. *ovatum* Fenzl

【习性】一年生草本。生河岸沙地、杂草地、沙碱地等处。

【东北地区分布】黑龙江省哈尔滨、齐齐哈尔、肇源、肇东、泰康、伊春、牡丹江等地；吉林省镇赉、双辽、通榆、前郭尔罗斯、和龙、安图等地；辽宁省铁岭、沈阳、彰武、普兰店、旅顺口、大连、金州等地；内蒙古新巴尔虎左旗、新巴尔虎右旗、扎赉特旗、大青沟、西乌珠穆沁旗、锡林浩特、镶黄旗、苏尼特左旗、苏尼特右旗等地。

【食用价值】幼苗、嫩茎叶、种子有食用价值。

幼苗和嫩茎叶焯水、浸泡半日，挤干水分后炒食、凉拌、蘸酱、做汤或作馅，也可晒干待日后食用。

种子食前在清水中浸泡一晚上，然后漂洗几次，以去除大部分皂苷，以磨成粉后与面粉混合制面食为主。

【药用功效】全草入药，用于风寒头痛、四肢胀痛。

【附注】本属许多种类含有皂苷。皂苷虽然有毒，但人体对其吸收率较低，而且加热后大多会分解。有人食用本属植物后出现中毒，即在日照下，裸露的皮肤发生水肿及出血等炎症，局部有刺痒、肿胀及麻木感，少数重者还产生水疱，甚至并发感染和溃烂，患者伴有低热、头痛、疲乏无力、胸闷及食欲不振等轻微症状。所以，本属植物的食用量一次不宜太多。

藜 Chenopodium album L.

【俗名】灰条菜；灰藿

【异名】*Chenopodium album* f. *heterophyllum* Wangwei & P.Y.Fu

【习性】一年生草本。生路旁、荒地及田间。

【东北地区分布】东北地区各地。

【食用价值】幼苗、嫩茎叶、种子有食用价值。

幼苗和嫩茎叶焯水、浸泡半日，挤干水分后炒食、凉拌、蘸酱、做汤，也可晒干待日后食用。

种子食前在清水中浸泡一晚上，然后漂洗几次，以去除大部分皂苷，以磨成粉后与面粉混合制面食为主。

【药用功效】幼嫩全草、老茎、果实、种子入药，其中，幼嫩全草、地上部分具有清热解毒、退热、收敛、止痢、利湿、透疹止痒、杀虫的功效。

【附注】有人食后在日照下裸露皮肤部分即发生水肿及出血等炎症，局部有刺痒、肿胀及麻木感，少数重者可产生水疱，甚至并发感染和溃烂，患者有低热、头痛、疲乏无力、胸闷及食欲不振等轻微症状。

菱叶藜 Chenopodium bryoniifolium Bunge

【俗名】不详

【异名】*Chenopodium koraiense* Nakai

【习性】一年生草本。生林缘、草地。

【东北地区分布】黑龙江省带岭、伊春、牡丹江等地；吉林省和龙、珲春等地；辽宁省沈阳、鞍山（千山）、新宾、清原、宽甸等地；内蒙古额尔古纳、根河、海拉尔、牙克石、科尔沁右翼前旗等地。

【食用价值】幼苗、嫩茎叶、种子有食用价值。

幼苗和嫩茎叶焯水、浸泡半日，挤干水分后炒食、凉拌、蘸酱、做汤或作馅，也可晒干待日后食用。

种子食前在清水中浸泡一晚上，然后漂洗几次，以去除大部分皂苷，以磨成粉后与面粉混合制作面食为主。

【药用功效】不详。但可参考本书同属其他植物的药用价值开展研究。

【附注】本属许多种类含有皂苷。皂苷虽然有毒，但人体对其吸收率较低，而且加热后大多会分解。有人食用本属植物后出现中毒，即在日照下，裸露的皮肤发生水肿及出血等炎症，局部有刺痒、肿胀及麻木感，少数重者还产生水疱，甚至并发感染和溃烂，患者伴有低热、头痛、疲乏无力、胸闷及食欲不振等轻微症状。所以，本属植物的食用量一次不宜太多。

小藜 Chenopodium ficifolium Smith

【俗名】灰菜

【异名】*Chenopodium serotinum* auct. non L.:东北草本植物志2:95. 1959.

【习性】一年生草本。生撂荒地、河岸、沟谷。

【东北地区分布】黑龙江省各地；辽宁省沈阳、桓仁、本溪、营口、大连、北镇等地；内蒙古海拉尔等地。

【食用价值】幼苗、嫩茎叶、种子有食用价值。

幼苗和嫩茎叶焯水、浸泡半日，挤干水分后炒食、凉拌、蘸酱、做汤或作馅，也可晒干待日后食用。

种子食用前在清水中浸泡一晚上，然后漂洗几次，以去除大部分皂苷，以磨成粉后与面粉混合制作面食为主。

【药用功效】全草入药，具有清热解毒、祛湿、止痒透疹、杀虫的功效。

【附注】本属许多种类含有皂苷。皂苷虽然有毒，但人体对其吸收率较低，而且加热后大多会分解。有人食用本属植物后出现中毒，即在日照下，裸露的皮肤发生水肿及出血等炎症，局部有刺痒、肿胀及麻木感，少数重者还产生水疱，甚至并发感染和溃烂，患者伴有低热、头痛、疲乏无力、胸闷及食欲不振等轻微症状。所以，本属植物的食用量一次不宜太多。

灰绿藜 Chenopodium glaucum L.

【俗名】不详

【异名】*Oxybasis glauca* (L.) S. Fuentes, Uotila & Borsch; *Blitum glaucum* Koch

【习性】一年生草本。生盐碱地、河边、菜园及撂荒地或住宅附近。

【东北地区分布】黑龙江省各地；吉林省各地；辽宁省各地；内蒙古牙克石、鄂温克、陈巴尔虎旗、克什克腾旗、锡林浩特、镶黄旗等地。

【食用价值】幼苗、嫩茎叶、种子有食用价值。

幼苗和嫩茎叶焯水、浸泡半日，挤干水分后炒食、凉拌、蘸酱、做汤或作馅，也可晒干待日后食用。

种子食用前在清水中浸泡一晚上，然后漂洗几次，以去除大部分皂苷，以磨成粉后与面粉混合制作面食为主。

【药用功效】幼嫩全草入药，具有清热利湿、清肠止痢、健脾止泻的功效。

【附注】本属许多种类含有皂苷。皂苷虽然有毒，但人体对其吸收率较低，而且加热后大多会分解。有人食用本属植物后出现中毒，即在日照下，裸露的皮肤发生水肿及出血等炎症，局部有刺痒、肿胀及麻木感，少数重者还产生水疱，甚至并发感染和溃烂，患者伴有低热、头痛、疲乏无力、胸闷及食欲不振等轻微症状。所以，本属植物的食用量一次不宜太多。

杖藜 Chenopodium giganteum D. Don

【俗名】红心藜

【异名】*Chenopodium album* var. *centrorubrum* Makino

【习性】一年生草本。生田园、路旁。

【东北地区分布】辽宁省建平、岫岩、铁岭、大连等地。

【食用价值】幼苗、嫩茎叶、种子有食用价值。

幼苗和嫩茎叶焯水、浸泡半日，挤干水分后炒食、凉拌、蘸酱、做汤或作馅，也可晒干待日后食用。

种子食前在清水中浸泡一晚上，然后漂洗几次，以去除大部分皂苷，以磨成粉后与面粉混合制面食为主。

【药用功效】不详。但可参考本书同属其他植物的药用价值开展研究。

【附注】本属许多种类含有皂苷。皂苷虽然有毒，但人体对其吸收率较低，而且加热后大多会分解。有人食用本属植物后出现中毒，即在日照下，裸露的皮肤发生水肿及出血等炎症，局部有刺痒、肿胀及麻木感，少数重者还产生水疱，甚至并发感染和溃烂，患者伴有低热、头痛、疲乏无力、胸闷及食欲不振等轻微症状。所以，本属植物的食用量一次不宜太多。

杂配藜 Chenopodium hybridum L.

【俗名】大叶藜；血见愁

【异名】*Chenopodiastrum hybridum* (L.) S. Fuentes, Uotila & Borsch

【习性】一年生草本。生路边、住宅附近、水边、林缘、山坡灌丛等处。

【东北地区分布】黑龙江省伊春、肇东、密山、大庆等地；吉林省临江、蛟河、桦甸、安图、珲春等地；辽宁省沈阳、丹东、鞍山、大连、旅顺口、庄河等地；内蒙古根河、牙克石、鄂伦春、科尔沁右翼前旗、科尔沁左翼中旗、科尔沁左翼后旗、锡林浩特、正镶白旗等地。

【食用价值】幼苗和嫩茎叶焯水、浸泡半日，挤干水分后炒食、凉拌、蘸酱、做汤，也可晒干待日后食用。

【药用功效】全草或地上部分入药，具有解毒活血、通经、止血的功效。

【附注】本属许多种类含有皂苷。皂苷虽然有毒，但人体对其吸收率较低，而且加热后大多会分解。有人食用本属植物后出现中毒，即在日照下，裸露的皮肤发生水肿及出血等炎症，局部有刺痒、肿胀及麻木感，少数重者还产生水疱，甚至并发感染和溃烂，患者伴有低热、头痛、疲乏无力、胸闷及食欲不振等轻微症状。所以，本属植物的食用量一次不宜太多。

红叶藜 Chenopodium rubrum L.

【俗名】不详

【异名】*Blitum polymorphum* C. A. Mey.; *B. rubrum* Reichenb.; *Oxybasis rubra* (L.) S. Fuentes, Uotila & Borsch

【习性】一年生草本。生路旁、田边及轻度盐碱地。

【东北地区分布】黑龙江省西部；内蒙古锡林郭勒。

【食用价值】幼苗、嫩茎叶、种子有食用价值。

幼苗和嫩茎叶焯水、浸泡半日，挤干水分后炒食、凉拌、蘸酱、做汤或作馅，也可晒干待日后食用。

种子食用前在清水中浸泡一晚上，然后漂洗几次，以去除大部分皂苷，以磨成粉后与面粉混合制作

面食为主。

【药用功效】地上部分入药，外用于创伤。

【附注】本属许多种类含有皂苷。皂苷虽然有毒，但人体对其吸收率较低，而且加热后大多会分解。有人食用本属植物后出现中毒，即在日照下，裸露的皮肤发生水肿及出血等炎症，局部有刺痒、肿胀及麻木感，少数重者还产生水疱，甚至并发感染和溃烂，患者伴有低热、头痛、疲乏无力、胸闷及食欲不振等轻微症状。所以，本属植物的食用量一次不宜太多。

细叶藜 Chenopodium stenophyllum Koidz.

【俗名】不详

【异名】*Chenopodium album* var. *stenophyllum* Makino

【习性】一年生草本。生路旁、杂草地。

【东北地区分布】黑龙江省哈尔滨、汤原、伊春、虎林、大庆、杜尔伯特等地；吉林省抚松、临江等地；辽宁省沈阳、朝阳、彰武、北票等地；内蒙古海拉尔、新巴尔虎左旗、新巴尔虎右旗、赤峰、鄂温克等地。

【食用价值】幼苗、嫩茎叶、种子有食用价值。

幼苗和嫩茎叶焯水、浸泡半日，挤干水分后炒食、凉拌、蘸酱、做汤或作馅，也可晒干待日后食用。

种子食用前在清水中浸泡一晚上，然后漂洗几次，以去除大部分皂苷，以磨成粉后与面粉混合制作面包、蛋糕等为主。

【药用功效】不详。但可参考本书同属其他植物的药用价值开展研究。

【附注】本属许多种类含有皂苷。皂苷虽然有毒，但人体对其吸收率较低，而且加热后大多会分解。有人食用本属植物后出现中毒，即在日照下，裸露的皮肤发生水肿及出血等炎症，局部有刺痒、肿胀及麻木感，少数重者还产生水疱，甚至并发感染和溃烂，患者伴有低热、头痛、疲乏无力、胸闷及食欲不振等轻微症状。所以，本属植物的食用量一次不宜太多。

东亚市藜 Chenopodium urbicum subsp. sinicum Kung et G. L. Chu

【俗名】市藜

【异名】*Chenopodium urbicum* L. var. *intermedium* auct. non Koch.

【习性】一年生草本。生荒地、盐碱地、田边等处。

【东北地区分布】黑龙江省哈尔滨、安达、大庆、齐齐哈尔等地；吉林省双辽、扶余、通榆、前郭尔罗斯等地；辽宁省（地点不详）；内蒙古海拉尔、双辽、科尔沁右翼中旗、翁牛特旗、科尔沁左翼后旗等地。

【食用价值】幼苗、嫩茎叶、种子均有食用价值。

幼苗和嫩茎叶可以参考菠菜食用，焯水、浸泡后食用最安全。

种子食用前在清水中浸泡一晚上，然后漂洗几次，以去除大部分皂苷，以磨成粉后与面粉混合制作面包、蛋糕等为主。

【药用功效】全草入药，具有清热、利湿、杀虫的功效。

【附注】本属许多种类含有皂苷。皂苷虽然有毒，但人体对其吸收率较低，而且加热后大多会分解。有人食用本属植物后出现中毒，即在日照下，裸露的皮肤发生水肿及出血等炎症，局部有刺痒、肿胀及麻木感，少数重者还产生水疱，甚至并发感染和溃烂，患者伴有低热、头痛、疲乏无力、胸闷及食欲不振等轻微症状。所以，本属植物的食用量一次不宜太多。

虫实属 Corispermum L.

绳虫实 Corispermum declinatum Steph. ex Stev.

【俗名】蝇虫实

【异名】不详

【习性】一年生草本。生沙质荒地、田边、路旁和河滩中。

【东北地区分布】辽宁省朝阳等地；内蒙古翁牛特旗、西乌珠穆沁旗、锡林浩特、苏尼特右旗等地。

【食用价值】种子用作杜松子酒（金酒，最先由荷兰生产，在英国大量生产后闻名于世，是世界第一大类烈酒）的调味剂。

【药用功效】全草入药，具有降血压的功效。

【附注】本种与食用有关的内容参考国外文献整理。

腺毛藜属（刺藜属）Dysphania R. Br.

刺藜 Dysphania aristata (L.) Mosyakin & Clemants

【俗名】针尖藜；刺穗藜

【异名】*Teloxys aristata* (L.) Moq.; *Chenopodium aristatum* L.; *Chenopodium aristatum* var. *inerme* W.Z. Di.

【习性】一年生草本。生山坡、荒地或农田等处。

【东北地区分布】黑龙江省各地；吉林省蛟河、安图、和龙、珲春、扶余、通榆、抚松、通化、集安等地；辽宁省辽阳、清原、凤城、新民、朝阳、彰武等地；内蒙古根河、牙克石、鄂伦春、新巴尔虎左旗、新巴尔虎右旗、科尔沁右翼前旗、科尔沁左翼后旗、克什克腾旗、锡林浩特、正蓝旗、太仆寺旗、多伦等地。

【食用价值】幼苗和嫩茎叶焯水、浸泡半日，挤干水分后炒食、凉拌、蘸酱、做汤或作馅，也可晒干待日后食用。

【药用功效】全草入药，具有祛风止痒的功效。

【附注】虽然未见本种的有毒报道，但同属某些种有毒。

菊叶香藜 Dysphania schraderiana (Schult.) Mosyakin & Clemants

【俗名】菊叶刺藜

【异名】*Chenopodium schraderianum* Schult.; *Ch. foetidum* Schrad.; *Teloxys feotida* Kitag.

【习性】一年生草本。生林缘草地、沟岸、河沿、居民区附近。

【东北地区分布】辽宁省凌源、朝阳等地；内蒙古阿鲁科尔沁旗、克什克腾旗、喀喇沁旗、太仆寺旗、苏尼特旗等地。

【食用价值】幼苗、嫩茎叶、种子有食用价值。

幼苗和嫩茎叶可以参考菠菜食用，焯水、浸泡后食用最安全。

种子食用前在清水中浸泡一晚上，然后漂洗几次，以去除大部分皂苷，以磨成粉后与面粉混合制作面包、蛋糕等为主。

【药用功效】全草入药，具有祛风止痒、清热利湿、杀虫、平喘的功效。

【附注】虽然未见本种的有毒报道，但同属某些种有毒。

盐生草属 Halogeton C. A. Meyer

白茎盐生草 Halogeton arachnoideus Moq.

【俗名】蛛丝蓬

【异名】*Micropeplis arachnoidea* (Moq.) Bunge

【习性】一年生草本。生干旱山坡、沙地和河滩。

【东北地区分布】内蒙古新巴尔虎右旗等地。

【食用价值】将植物体烧灰可提取生物碱，在兰州周边地区群众早有利用提取的生物碱作为食品，特别是兰州牛肉拉面的添加剂，对改变食品风味和面条黏弹性具有良好的作用。

【药用功效】不详。

猪毛菜属 Kali Mill.

猪毛菜 Kali collinum (Pall.) Akhani & Roalson

【俗名】不详

【异名】*Salsola collina* Pall.; *Salsola chinensis* Gandoger

【习性】一年生草本。生路旁沟边、荒地、沙质地。

【东北地区分布】黑龙江省齐齐哈尔、泰来、肇源、哈尔滨、双城等地；吉林省通榆、镇赉、安图、延吉等地；辽宁省西丰、开原、阜新、建平、锦州、沈阳、抚顺、大连等地；内蒙古各地。

【食用价值】嫩苗焯水、浸泡后蘸酱、凉拌、炒食、入馅均可。

【药用功效】果期全草、地上部分入药，具有降血压、润肠通便的功效。

无翅猪毛菜 **Kali komarovii** (Iljin) Akhani & Roalson
【俗名】不详
【异名】*Salsola komarovii* Iljin
【习性】一年生草本。生海滨、河滩沙质土壤。
【东北地区分布】黑龙江省哈尔滨、齐齐哈尔、肇源等地；辽宁省大连、康平等地；内蒙古海拉尔、赤峰等地。

【食用价值】嫩苗焯水、浸泡后蘸酱、凉拌、炒食、入馅均可。
【药用功效】果期全草、地上部分入药，具有降血压、润肠通便的功效。

刺沙蓬 **Kali tragus** Scop.
【俗名】刺蓬；细叶猪毛菜
【异名】*Salsola ruthenica* Iljin; *Salsola ruthenica* Ijin var. *filifolia* A. J. Li
【习性】一年生草本。生沙丘、沙质草原、石砾质山坡或沙质土壤中。

【东北地区分布】原产俄罗斯东南部和西伯利亚西部。黑龙江省哈尔滨、安达、肇东、齐齐哈尔等地；吉林省通榆等地；辽宁省彰武、沈阳、新民、辽阳、瓦房店、长海、庄河、旅顺口等地；内蒙古新巴尔虎右旗、新巴尔虎左旗、海拉尔、根河、科尔沁右翼中旗、赤峰、巴林右旗、翁牛特旗、科尔沁左翼后旗等地。

【食用价值】嫩苗、种子有食用价值。
嫩苗焯水、浸泡后蘸酱、凉拌、炒食、入馅均可。
种子碾碎后可以作为汤的增稠剂，也可以和面粉混在一起制面食。
【药用功效】全草入药，具有平肝降压的功效。
【附注】为外来入侵植物，与食用有关的内容多参考国外文献整理，建议谨慎对待，初次食用者以少量尝试为宜。

盐爪爪属 Kalidium Moq.

盐爪爪 Kalidium foliatum (Pall.) Moq.

【俗名】小盐爪爪；灰碱柴

【异名】*Kalidium foliatum* var. *longifolium* Fenzl; *Salicornia foliata* Pall.

【习性】小灌木。生盐碱滩、盐湖边。

【东北地区分布】内蒙古新巴尔虎右旗、新巴尔虎左旗等地。

【食用价值】种子可磨粉食用。

【药用功效】不详。

盐角草属 Salicornia L.

盐角草 Salicornia europaea L.

【俗名】海蓬子

【异名】*Salicornia herbacea* L.

【习性】一年生直立草本。生盐碱地、海边。

【东北地区分布】辽宁省大连、营口、葫芦岛等地；内蒙古海拉尔、新巴尔虎左旗、新巴尔虎右旗、新巴尔虎左旗等地。

【食用价值】幼茎、种子有食用价值。要注意其有毒报道，详见本种附注。

幼茎多肉，有咸味，去掉髓部后可用于做汤，味道可口。

种子可提取高品质食用油，类似于红花油。

【药用功效】全草入药，具有止血、利尿的功效。

【附注】全草有毒，牲畜如啃食过量，易引起下泻。因含盐分高，有苦涩味，适口性差。

碱猪毛菜属 Salsola L.

浆果猪毛菜 Salsola foliosa Schrad.

【俗名】不详

【异名】*Anabasis foliosa* Linnaeus; *Caspia foliosa* (Linnaeus) Galushko; *Neocaspia foliosa* (Linnaeus) Tzvelev; *Salsola clavifolia* Pallas

【习性】一年生草本。生荒漠、半荒漠地区含盐质土壤。

【东北地区分布】内蒙古新巴尔虎右旗等地。

【食用价值】嫩苗焯水、浸泡后可食用，食用方法多种多样，蘸酱、凉拌、炒食、入馅均可。

【药用功效】不详。

碱蓬属 Suaeda Forsk. ex Scop.

角果碱蓬 Suaeda corniculata (C. A. Mey.) Bunge

【俗名】角碱蓬

【异名】*Schoberia corniculata* C. A. Mey.; *Suaeda corniculata* Bunge var. *microcarpa* Fu et Wang-Wei

【习性】一年生草本。生盐碱土荒漠、河滩等处。

【东北地区分布】黑龙江省安达、泰康、齐齐哈尔等地；吉林省通榆、前郭尔罗斯等地；辽宁省康平、普兰店等地；内蒙古除大兴安岭北部林区外几乎都产。

【食用价值】嫩苗、种子有食用价值。

嫩苗焯水、浸泡后可食用，食用方法多种多样，蘸酱、凉拌、炒食、入馅均可。

种子富含油脂，可榨油供食用或工业用。

【药用功效】不详。但可参考本书同属其他植物的药用价值开展研究。

碱蓬 Suaeda glauca Bunge

【俗名】海英菜；碱蒿；盐蒿

【异名】*Schoberia glauca* Bunge; *S. stanntonii* Moq.; *Chenopodina glauca* Moq.; *Suaedaasparagoides* Makino

【习性】一年生草本。生海边、河边、草甸、田边等含盐碱的土壤上。

【东北地区分布】黑龙江省齐齐哈尔、泰康、大庆、安达、肇东、肇州、绥化等地；吉林省镇赉、通榆、前郭尔罗斯等地；辽宁省葫芦岛、北票、丹东、大连、铁岭等地；内蒙古海拉尔、鄂温克、新巴尔虎左旗、新巴尔虎右旗、翁牛特旗、科尔沁右翼中旗、阿鲁科尔沁旗等地。

【食用价值】嫩苗、种子均有食用价值。

嫩苗焯水、浸泡后可食用，食用方法多种多样，蘸酱、凉拌、炒食、入馅均可。

种子含油25%左右，可榨油供食用或工业用。

【药用功效】全草入药，具有清热、消积的功效。

光碱蓬 Suaeda laevissima Kitag.

【俗名】不详

【异名】不详

【习性】一年生草本。生盐碱地。

【东北地区分布】吉林省长岭。

【食用价值】嫩苗、种子有食用价值。

嫩苗焯水、浸泡后可食用，食用方法多种多样，蘸酱、凉拌、炒食、入馅均可。

种子富含油脂，可榨油供食用或工业用。

【药用功效】不详。但可参考本书同属其他植物的药用价值开展研究。

辽宁碱蓬 Suaeda liaotungensis Kitag.

【俗名】不详

【异名】不详

【习性】一年生草本。生盐碱地。

【东北地区分布】黑龙江安达、大庆等地；辽宁省大连、营口、葫芦岛等地；内蒙古东南部（正蓝旗）。

【食用价值】嫩苗、种子有食用价值。

嫩苗焯水、浸泡后可食用，食用方法多种多样，蘸酱、凉拌、炒食、入馅均可。

种子富含油脂，可榨油供食用或工业用。

【药用功效】不详。但可参考本书同属其他植物的药用价值开展研究。

盐地碱蓬 Suaeda maritima subsp. salsa (L.) Soó

【俗名】翅碱蓬

【异名】*Suaeda salsa* (L.) Pall.; *S. salsa* var. *tenuiramea* (Fuh et WangWei) K. P. Ma; *S. heteroptera* Kitag.; *S. heteroptera* var. *tenuiramea* Fuh et WangWei

【习性】一年生草本。生海边、碱性草地及湿草地。

【东北地区分布】黑龙江省安达、泰康、齐齐哈尔、大庆、肇东、哈尔滨等地；吉林省乾安、通榆、镇赉、前郭尔罗斯、集安等地；辽宁省葫芦岛、兴城、营口、大连、金州、长海、旅顺口等地；内蒙古海拉尔、赤峰、新巴尔虎右旗、翁牛特旗、新巴尔虎左旗、阿鲁科尔沁旗、巴林右旗、科尔沁左翼后旗、鄂温克旗等地。

【食用价值】嫩苗、种子有食用价值。

嫩苗焯水、浸泡后可食用，食用方法多种多样，蘸酱、凉拌、炒食、入馅均可。

种子富含油脂，可榨油供食用或工业用。

【药用功效】不详。但可参考本书同属其他植物的药用价值开展研究。

粟米草科 Molluginaceae

粟米草属（毯粟草属）Mollugo L.

种棱粟米草 Mollugo verticillata L.

【俗名】轮生粟米草；毯粟草

【异名】*Mollugo costata* Y. T. Chang & C. F. Wei

【习性】一年生草本。生于草地瘠土或旱田中。

【东北地区分布】辽宁省金州。

【食用价值】幼苗焯水、浸泡后可做汤、凉拌等。

【药用功效】墨西哥药用植物。枝、叶、花的煎剂口服治疗小儿慢性腹泻。

马齿苋科 Portulacaceae

马齿苋属 Portulaca L.

马齿苋 Portulaca oleracea L.

【俗名】马苋；五行草；长命菜；瓜子菜；马苋菜；蚂蚱菜；马蛇子菜；蚂蚁菜

【异名】*Portulaca oleracea* f. *aurantia* Alef.

【习性】一年生草本。生田间、路旁及荒地，为常见杂草。

【东北地区分布】东北地区各地。

【食用价值】嫩株、种子有食用价值。

幼苗焯过之后炒食、凉拌、蘸酱、煮汤、做馅都可以。

种子可磨粉，与面粉一起做面食。

【药用功效】地上部分、种子入药，地上部分具有清热解毒、凉血止血、止痢的功效，种子具有明目的功效。

绣球科（绣球花科，八仙花科）Hydrangeaceae

山梅花属 Philadelphus L.

太平花 Philadelphus pekinensis Rupr.

【俗名】京山梅花；北京山梅花

【异名】*Deutzia chanetii* H. Léveillé；*Philadelphus coronarius* Linnaeus var. *pekinensis* (Ruprecht) Maximowicz；*P. rubricaulis* Carrière

【**习性**】落叶灌木。生山坡阔叶林中。

【**东北地区分布**】辽宁省北镇、义县、葫芦岛、朝阳、建昌、凌源；内蒙古宁城、翁牛特旗等地。黑龙江省哈尔滨市有栽培。

【**食用价值**】嫩叶焯水、反复浸泡后可凉拌、做汤等。

【**药用功效**】根入药，具有解热镇痛、截疟的功效。

东北山梅花 Philadelphus schrenkii Rupr.

【**俗名**】辽东山梅花；石氏山梅花

【**异名**】不详

【**习性**】落叶灌木。生山坡杂木林内。

【**东北地区分布**】黑龙江省伊春、尚志、哈尔滨、密山、集贤、嫩江、五大连池、黑河、虎林、富锦、绥芬河、饶河；吉林省通化、安图、临江、和龙、吉林、蛟河、汪清、抚松、珲春、桦甸、磐石；辽宁省西丰、清原、鞍山、瓦房店、普兰店、庄河、本溪、凤城、宽甸等地。

【**食用价值**】嫩叶焯水、反复浸泡后可凉拌、做汤等。

【**药用功效**】植物体内所含香兰素用于医药行业。

薄叶山梅花 Philadelphus tenuifolius Rupr. ex Maxim.

【**俗名**】堇叶山梅花

【**异名**】*Philadelphus coronarius* Linn. var. *tenuifolius* Maxim.

【**习性**】落叶灌木。生杂木林中。

【**东北地区分布**】黑龙江省哈尔滨、宁安、集贤、尚志、伊春、虎林、勃利、饶河；吉林省蛟河、珲春、通化、临江、抚松、安图、长白、汪清；辽宁省西丰、清原、新宾、鞍山、本溪、宽甸；内蒙古敖汉旗、喀喇沁旗、宁城等地。

【**食用价值**】嫩叶焯水、反复浸泡后可凉拌、做汤等。

【**药用功效**】根、果实入药，具有补虚强壮、利尿的功效。

千山山梅花 Philadelphus tsianschanensis Wang et Li

【**俗名**】不详

【**异名**】不详

【**习性**】落叶灌木。生山坡杂木林中。

【东北地区分布】辽宁省鞍山千山、岫岩、凤城、本溪、宽甸、辽阳等地。

【食用价值】嫩叶焯水、反复浸泡后可凉拌、做汤等。

【药用功效】不详。但可参考本书同属其他植物的药用价值开展研究。

山茱萸科 Cornaceae

八角枫属 Alangium Lam.

瓜木 Alangium platanifolium (Sieb. et Zucc.) Harmus

【俗名】三裂叶瓜木

【异名】*Alangium platanifolium* (Sieb. et Zucc.) Harmus var. *trilobum* (Miq.) Ohwi

【习性】落叶灌木或小乔木。生杂木林较阴处。

【东北地区分布】吉林省集安、辉南、临江、抚松、靖宇、长白；辽宁省西丰、庄河、北镇、鞍山、岫岩、凤城、宽甸、本溪、桓仁等地。

【食用价值】嫩叶焯水、反复浸泡后可凉拌、做汤等。要注意其有毒报道，详见本种附注。

【药用功效】侧根、须根、叶、花入药，具有祛风除湿、舒筋活络、散瘀止痛的功效。

【附注】根有毒，须根毒性最强。须根煎服一次超过15克，即可引起中毒；服后半小时左右感觉头昏、眼花、胸闷、口干、恶心、心率减慢，继而全身无力、困倦、思睡；重症者1小时左右出现手脚软瘫，但神志清楚。一般服后10余小时或数天后能自行恢复。严重中毒，则全身软瘫、脸色苍白、四肢不能活动，头不能抬举等肌肉松弛症状，严重时因呼吸抑制而死亡。

灯台树属 Bothrocaryum (Koehne) Pojark.

灯台树 Bothrocaryum controversum (Hemsl.) Pojark.

【俗名】六角树；瑞木

【异名】*Cornus controversa* Hemsl. ex Prain

【习性】落叶乔木。生杂木林内或溪流旁。

【东北地区分布】吉林省集安、珲春、安图；辽宁省铁岭、西丰、鞍山、清原、本溪、桓仁、丹东、凤城、宽甸、岫岩、庄河、金州等地。

【食用价值】有文献记载果实可食，但没有给出细节。

【药用功效】树皮、心材、果实、果皮入药，树皮具有祛风止痛、舒筋活络的功效，心材具有接骨

疗伤、破血养血、安胎、止痛、生肌的功效，果实具有清热利湿止血、驱蛔虫的功效，果皮具有润肠通便的功效。

【附注】本种与食用有关的内容参考国外文献整理，建议谨慎对待，初次食用者以少量尝试为宜。

草茱萸属 Chamaepericlymenum Hill

草茱萸 Chamaepericlymenum canadense (L.) Asch. et Graebn.

【俗名】加拿大山茱萸

【异名】*Cornus canadensis* L.

【习性】多年生草本。生海拔1200米左右的山区针叶林下。

【东北地区分布】黑龙江省伊春；吉林省安图（长白山）。

【食用价值】果实富含果胶，有点黏，略带甜味，可以添加到早餐谷物中，或用于制作果酱、馅饼、布丁等，是制作清蒸李子布丁的绝佳原料。

【药用功效】全草入药，具有清热解毒的功效。

【附注】本种与食用有关的内容参考国外文献整理，建议谨慎对待，初次食用者以少量尝试为宜。

紫花草茱萸 Chamaepericlymenum suecium (L.) Aseh. et Graebn.

【俗名】不详

【异名】*Cornus suecica* L.

【习性】多年生草本。生针叶林下。

【东北地区分布】产东北东部，待调查核实。

【食用价值】果实富含果胶，但味苦，单独不好吃，通常与其他浆果混合在一起吃，有增进食欲的作用。

【药用功效】不详。但可参考本书同属其他植物的药用价值开展研究。

【附注】本种与食用有关的内容参考国外文献整理，建议谨慎对待，初次食用者以少量尝试为宜。

凤仙花科 Balsaminaceae

凤仙花属 Impatiens L.

东北凤仙花 Impatiens furcillata Hemsl.

【俗名】长距凤仙花

【异名】不详

【习性】一年生草本。生山谷河边、林缘或草丛中。

【东北地区分布】黑龙江省尚志、宁安、桦川；吉林省集安、抚松、安图、珲春、汪清、蛟河、浑江、通化；辽宁省鞍山、本溪、宽甸、桓仁、岫岩、普兰店、庄河；内蒙古大青沟等地。

【食用价值】嫩苗开水焯、清水反复浸泡后可作蔬菜少量食用，凉拌、做汤等均可。

【药用功效】全草入药，具有活血散瘀、清热解毒的功效。

【附注】本属植物有一定的食用风险，一些种类草酸钙含量很高。随着加热和植物体干燥，毒性会降低或消失。

喜马拉雅凤仙花 Impatiens glandulifera Royle

【俗名】腺柄凤仙花；紫凤仙

【异名】不详

【习性】一年生草本。生路旁、荒地等处。

【东北地区分布】内蒙古根河市、呼伦贝尔市有栽培或逸生，有的地方已形成入侵。原产印度和巴基斯坦，克什米尔和哈扎拉到库曼的温带、西喜马拉雅山脉均有分布。

【食用价值】嫩苗、叶、种子有食用价值。

叶和嫩苗开水焯、清水反复浸泡后可作为应急食品，在饥荒或没有其他食物的非常时期，作蔬菜少量食用。

种子生食、熟食均可，但比较难采集，因为果实成熟后会自动爆开散失种子。

【药用功效】不详。

【附注】本种为外来植物，与食用有关的内容均参考国外文献整理，建议谨慎对待，初次食用者以少量尝试为宜。

本属植物有一定的食用风险，一些种类草酸钙含量很高。随着加热和植物体干燥，毒性会降低或消失。

水金凤 Impatiens noli-tangere L.

【俗名】辉菜花

【异名】*Balsamina lutea* Delarbre

【习性】一年生草本。生林下湿地或沟边。

【东北地区分布】黑龙江省爱辉、饶河、尚志、宁安、伊春、呼玛、密山；吉林省蛟河、敦化、安图、珲春、和龙、长白、抚松、靖宇、集安、浑江、通化、吉林；辽宁省清原、新宾、桓仁、本溪、鞍山、宽甸、岫岩、营口、葫芦岛、北镇、大连；内蒙古额尔古纳、根河、牙克石、科尔沁右翼前旗、科尔沁右翼中旗、大青沟、克什克腾旗、喀喇沁旗、宁城、宝格达山等地。

【食用价值】嫩苗、种子有食用价值。

嫩苗开水焯、清水反复浸泡后可作蔬菜少量食用，凉拌、做汤等均可。

种子可以生食，有坚果一样的美味。

【药用功效】根或全草入药，具有活血调经、舒筋活络的功效。

【附注】本属植物有一定的食用风险，一些种类草酸钙含量很高。随着加热和植物体干燥，毒性会降低或消失。

野凤仙花 Impatiens textori Miq.

【俗名】不详

【异名】*Impatiens japonica* Franch. et Sav.

【习性】一年生草本。生湿地、林下、沟边。

【东北地区分布】吉林省珲春；辽宁省庄河、宽甸、桓仁等地。

【食用价值】嫩苗开水焯、清水反复浸泡后可作蔬菜少量食用，凉拌、做汤等均可。

【药用功效】全草、块茎入药，全草具有清热解毒、祛腐的功效，块茎具有祛瘀消肿、解毒的功效。

【附注】本属植物有一定的食用风险，一些种类草酸钙含量很高。随着加热和植物体干燥，毒性会降低或消失。

花荵科 Polemoniaceae

花荵属 Polemonium L.

花荵 Polemonium caeruleum L.

【俗名】柔毛花荵；腺毛花荵

【异名】*Polemonium villosum* Rud. ex Georgi；*P. villosum* Rud. ex Georgi f. *glabrum* S. D. Zhao；*P. laxiflorum* Kitam.

【习性】多年生草本。生湿草甸子及草地、林下。

【东北地区分布】黑龙江省尚志、虎林、饶河、鹤岗、富锦、密山、北安、穆棱、呼玛、黑河、哈尔滨、伊春、嘉荫；吉林省安图、靖宇、抚松、长白、珲春、通化、前郭尔罗斯、磐石、舒兰；辽宁省彰武、清原、本溪、桓仁、凤城、铁岭、西丰、庄河；内蒙古额尔古纳、根河、牙克石、科尔沁右翼前旗、科尔沁左翼后旗、大青沟、克什克腾旗、翁牛特旗等地。

【食用价值】嫩苗焯水、浸泡后可炒食、凉拌、蘸酱或腌渍咸菜，也可用作馅料。

【药用功效】根及根状茎入药，具有止血、祛痰、镇静的功效。

中华花荵 Polemonium chinense (Brand) Brand

【俗名】小花葱

【异名】*Polemonium coeruleum* L. var. *chinense* Brand; *P. liniflorum* V. Vassil.

【习性】多年生草本。生海拔2000～3600米的潮湿草丛、河边、沟边林下、山谷密林或山坡路旁杂草间。

【东北地区分布】内蒙古额尔古纳、根河、牙克石、扎兰屯、鄂伦春、鄂温克、科尔沁右翼前旗、大青沟、克什克腾旗、翁牛特旗、喀喇沁旗、巴林右旗、锡林浩特等地。

【食用价值】嫩苗焯水、浸泡后可炒食、凉拌、蘸酱或腌渍咸菜，也可用作馅料。

【药用功效】根状茎或全草入药，具有祛痰、止血、镇静的功效。

报春花科 Primulaceae

海乳草属 Glaux L.

海乳草 Glaux maritima L.

【俗名】西尚

【异名】*Lysimachia maritima* (L.) Galasso, Banfi & Soldano

【习性】多年生草本。生海边及内陆河漫滩盐碱地和沼泽草甸中。

【东北地区分布】黑龙江省哈尔滨、齐齐哈尔、肇东；吉林省白城、双辽；辽宁省彰武、建平、阜新；内蒙古各地。

【食用价值】嫩枝生食或腌制后食用。

【药用功效】全草入药，具有清热解毒的功效。

黄连花属 Lysimachia L.

虎尾草 Lysimachia barystachys Bunge

【俗名】狼尾花；狼尾珍珠菜

【异名】不详

【习性】多年生草本。生山坡、路旁较潮湿处。

【东北地区分布】黑龙江省哈尔滨、鹤岗、黑河、伊春、安达、孙吴、爱辉、富裕、克山、萝北、集贤、密山、宁安；吉林省九台、白城、通榆、前郭尔罗斯、吉林、集安、通化、临江、和龙、汪清、珲春、抚松、靖宇、长白；辽宁省各地；内蒙古海拉尔、根河、鄂伦春、鄂温克、科尔沁右翼前旗、扎赉特旗、突泉、科尔沁左翼后旗、喀喇沁旗等地。

【食用价值】嫩苗焯水、浸泡后可炒食、凉拌、蘸酱或腌渍咸菜，也可用作馅料。

【药用功效】全草或根状茎入药，具有调经散瘀、清热消肿的功效。

矮桃 Lysimachia clethroides Duby

【俗名】珍珠菜；珍珠草；调经草；尾脊草；铡鸡尾；劳伤药；伸筋散；九节莲

【异名】不详

【习性】多年生草本。生杂木林下、林缘、山坡草地。

【东北地区分布】黑龙江伊春及完达山地区；吉林省安图、辉南、柳河、靖宇、长白；辽宁省法库、西丰、清原、新宾、本溪、桓仁、岫岩、凤城、宽甸、庄河、长海等地。

【食用价值】嫩苗、花序可作为应急食品，在饥荒或没有其他食物的非常时期，焯水、浸泡后少食。

【药用功效】根或全草入药，具有清热利湿、活血散瘀、解毒消痈的功效。

黄连花 Lysimachia davurica Ledeb.

【俗名】黄花珍珠菜；黄莲花

【异名】*Lysimachia vulgaris* var. *davurica* R. Knuth

【习性】多年生草本。生草甸、林缘和灌丛中。

【东北地区分布】黑龙江省安达、呼玛、塔河、北安、大庆、杜尔伯特、爱辉、饶河、密山、虎林、尚志、黑河、哈尔滨、伊春、萝北、集贤；吉林省白城、大安、通榆、蛟河、梅河口、集安、汪清、珲春、和龙、安图、敦化、靖宇、抚松、长白、辉南、浑江；辽宁省鞍山、海城、凤城、宽甸、丹东、大连、彰武、康平、清原、新宾、本溪、桓仁；内蒙古海拉尔、额尔古纳、根河、牙克石、扎兰屯、鄂伦春、鄂温克、科尔沁右翼前旗、扎赉特旗、乌兰浩特、科尔沁左翼后旗、扎鲁特旗、克什克腾旗、喀喇沁旗、东乌珠穆沁旗、西乌珠穆沁旗等地。

【食用价值】嫩苗焯水、浸泡后可炒食、凉拌、蘸酱或腌渍咸菜，也可用作馅料。

【药用功效】带根全草入药，具有镇静、降压的功效。

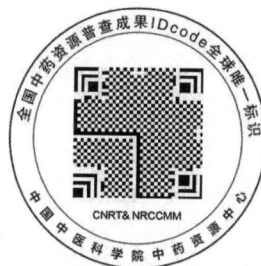

滨海珍珠菜 Lysimachia mauritiana Lam.

【俗名】滨海珍珠叶

【异名】*Lysimachia lineariloba* Hook. et Arn.; *Lysimachia nebeliana* Gilg.

【习性】多年生草本。生海滨。

【东北地区分布】辽宁省大连、长海。

【食用价值】嫩苗焯水、浸泡后可炒食、凉拌、蘸酱或腌渍咸菜，也可用作馅料。

【药用功效】不详。但可参考本书同属其他植物的药用价值开展研究。

球尾花属 Naumburgia Moench

球尾花 Naumburgia thyrsiflora (L.) Rchb.

【俗名】球尾珍珠菜

【异名】*Lysimachia thyrsiflora* L.

【习性】多年生草本。生水甸子和湿草地上。

【东北地区分布】黑龙江省爱辉、尚志、黑河、伊春、萝北、富锦、密山；吉林省浑江、汪清、靖宇、安图；辽宁省沈阳、彰武；内蒙古海拉尔、额尔古纳、根河、牙克石、鄂伦春、鄂温克、科尔沁右翼前旗、扎赉特旗、科尔沁左翼后旗、大青沟、锡林浩特等地。

【食用价值】嫩苗焯水、浸泡后可炒食、凉拌、蘸酱或腌渍咸菜，也可用作馅料。

【药用功效】不详。

报春花属 Primula L.

樱草 Primula sieboldii E. Morren

【俗名】翠南报春

【异名】*Primula patens* Turcz.; *Primuia patens* Turcz. var. *genuzna* Skvortzow et; *Primuia patens* Turcz. var. *manshurica* SkvortzoW; *Primula sieboldii* E. Morren f. *patens* (Turcz.) Kitag.

【习性】多年生草本。生林下湿处或山坡林缘。

【东北地区分布】黑龙江省哈尔滨、尚志、黑河、爱辉、伊春、嘉荫、萝北、密山；吉林省浑江、柳河、蛟河、集安、靖宇、长白、安图；辽宁省庄河、开原、丹东、凤城、宽甸、新宾、本溪、桓仁；内蒙古额尔古纳、牙克石、鄂伦春、科尔沁右翼前旗、大青沟等地。

【食用价值】嫩苗焯水、浸泡后可炒食、凉拌、蘸酱或腌渍咸菜，也可用作馅料。

【药用功效】根入药，具有止咳化痰、平喘的功效。

山矾科 Symplocaceae

山矾属 Symplocos Jacq.

白檀 Symplocos paniculata (Thunb.) Miq.

【俗名】白檀山矾；碎米子树；乌子树

【异名】*Prunus paniculata* Thunberg; *Prunus mairei* H. Léveillé; *Cotoneaster coreanus* H. Léveillé;

Myrtus chinensis Loureiro; *Palura chinensis* (Loureiro) Koidzumi

【习性】落叶灌木或小乔木。生山坡、林下或灌丛中。

【东北地区分布】吉林省集安；辽宁省本溪、桓仁、丹东、宽甸、凤城、岫岩、鞍山、海城、庄河、长海、金州、绥中等地。

【食用价值】嫩芽、花、种子有食用价值。

嫩芽、花炒制后代茶。

种子含油30%左右，可供制油漆、肥皂等用，也可食用。

【药用功效】全株、根、树皮、花入药，其中，全株具有消炎、软坚、理气的功效，根具有散风解毒、消肿止痛、祛瘀止血的功效。

猕猴桃科 Actinidiaceae

猕猴桃属 Actinidia Lindl.

软枣猕猴桃 Actinidia arguta (Sieb. et Zucc.) Planch. ex Miq.

【俗名】软枣子

【异名】*Trochostigma arguta* Sieb. & Zuc.; *Actinidia megalocarpa* Nakai ex Nakai & Kitagawa

【习性】大型落叶藤本。生阔叶林或针阔混交林中。

【东北地区分布】黑龙江省哈尔滨、尚志；吉林省集安、安图、抚松、临江、蛟河；辽宁省西丰、清原、桓仁、凤城、本溪、岫岩、庄河、瓦房店、绥中等地。

【食用价值】果实、树液有食用价值。

果实含维生素C、淀粉、果胶质等营养成分，可加工成果酱、果汁、果脯、罐头，也可酿酒或用于制作糕点、糖果等多种食品。

植物体内富含树液，春天时可采集饮用。

【药用功效】根、叶、果实入药，其中，果实具有止咳、解烦热、下石淋的功效。

【附注】2021年8月7日国务院批准的《国家重点保护野生植物名录》中，本种被列为二级保护植物。在做好保护的前提下，取得合法手续，方可利用。

狗枣猕猴桃 Actinidia kolomikta (Maxim. et Rupr.) Maxim.

【俗名】狗枣子；深山木天蓼；四川猕猴桃；深山木天蓼；海棠猕猴桃；薄叶猕猴桃；心叶海棠猕

猴桃

【异名】*Prunus kolomikta* Maximowicz & Ruprecht; *Actinidia gagnepainii* Nakai; *A. kolomikta* var. *gagnepainii* (Nakai) H. L. Li; *A. leptophylla* C. Y. Wu; *A. maloides* H. L. Li

【习性】大型落叶藤本。生阔叶林或针阔混交林中。

【东北地区分布】黑龙江省伊春、尚志、宁安、虎林、海林、哈尔滨；吉林省抚松、珲春、临江、敦化、桦甸、安图、和龙、长白；辽宁省宽甸、桓仁、凤城、本溪、西丰、鞍山、新宾、清原、庄河等地。

【食用价值】嫩叶、果实有食用价值。

嫩叶开水焯、清水浸泡后可作野菜食用。

果实成熟后可食，霜打后口感最好，可直接食用，也可用于酿酒。

【药用功效】果实入药，具有滋养强壮的功效。

【附注】虽然未见本种的有毒报道，但同属某些植物的果实有毒。

葛枣猕猴桃 Actinidia polygama (Sieb. et Zucc.) Planch ex Maxim.

【俗名】木天蓼；葛枣子

【异名】*Trochostigma polygamum* Siebold & Zuccarini; *Actinidia lecomtei* Nakai; *A. polygama* var. *lecomtei* (Nakai) H. L. Li

【习性】大型落叶藤本。生杂木林中。

【东北地区分布】黑龙江省老爷岭及张广才岭林区；吉林省安图、抚松、靖宇、长白、临江、集安；辽宁省凤城、本溪、宽甸、岫岩、鞍山、庄河；内蒙古宁城（黑里河林区）等地。

【食用价值】嫩叶、果实有食用价值。

嫩叶开水焯、清水浸泡后可作野菜食用；烘烤后可混于茶叶中泡茶饮。

果实成熟后口感麻辣，不宜生食，经过霜打后口感明显改善，可以少量生食，但要注意其毒性，详见附注。

【药用功效】根、枝叶、果实入药，其中，枝叶具有祛除风湿、温经止痛、症瘕的功效，带有虫瘿的果实具有祛风通络、活血行气、散寒止痛的功效。

【附注】果实有毒，猫及猫科动物爱吃，易引起中毒。叶、果主要含多种单萜衍生物，其中猕猴桃碱、9-苯乙醇和木天蓼内酯对猫及猫科动物有特异作用，如流涎、凝视、舐物、打滚、陶醉状态，并丧失敌意。木天蓼酸对动物有麻痹作用，其作用自大脑到脊髓，如使用量大则因呼吸麻痹而死亡。

杜鹃花科 Ericaceae

青姬木属（仙女越橘属）Andromeda L.

仙女越橘 Andromeda polifolia L.

【俗名】灰叶桤木

【异名】*Andromeda polifolia* var. *angustifolia* Aiton

【习性】常绿灌木。生湿地沼泽塔头之上。

【东北地区分布】吉林省安图。

【食用价值】嫩叶和茎尖可制芳香茶，据说十分美味。要注意其有毒报道，详见本种附注。

【药用功效】叶入药，浸剂用于风湿病。

【附注】本种在煎煮过程中或者被热水烫过后，会释放有毒化学物质"仙女毒素"（andromedotoxin），与食用有关的内容参考国外文献整理，建议谨慎对待。

北极果属（天栌属）Arctous (A. Gray) Niedenzu

北极果 Arctous alpina (L.) Nied.

【俗名】黑果天栌；黑北极果

【异名】*Arctous alpina* var. *japonica* (Nakai) Ohwi；*Arctous japonica* Nakai

【习性】垫状落叶小灌木。常生海拔1900～3000米的山坡上。

【东北地区分布】黑龙江省大兴安岭白卡鲁山。

【食用价值】有资料记载果实成熟后可以食用，但要注意其有毒报道，详见本种附注。

【药用功效】叶入药，具有利尿的功效。

【附注】《中国有毒植物》指出，果实有毒，误服后呕吐或胃痛。建议谨慎对待。

红北极果 Arctous ruber (Rehd. et Wils.) Nakai

【俗名】天栌；当年枯

【异名】*Arctostaphylos rubra* (Rehder et E. H. Wilson) Fernald

【习性】垫状落叶小灌木。生海拔2900～3800米的高山山坡上。

【东北地区分布】黑龙江省呼玛；吉林省抚松、长白、安图。

【食用价值】果实酸甜可口，可生食，也可制果酱、果汁、果酒等；还可提取食品用红色素。

【药用功效】不详。但可参考本书同属其他植物的药用价值开展研究。

【附注】虽然未见本种的有毒报道，但同属植物有的有不良反应报道。建议谨慎对待，初次食用者以少量尝试为宜。

喜冬草属（梅笠草属）Chimaphila Pursh

伞形喜冬草 Chimaphila umbellata (L.) Barton

【俗名】伞形梅笠草

【异名】*Pyrola umbellata* Linn.；*Chimaphila corymbosa* Pursh；*Ch. umbellata* (Linn.) Nutt.；*Ch.umbellata* (Linn.) DC. ex Hegi

【习性】小型草本状半灌木。生海拔1100米以下较干燥的阔叶林下。

【东北地区分布】吉林省安图等地。

【食用价值】叶可泡茶，也可用作啤酒的调味品，气味和口感都很好；提取物用于糖果和软饮料调味，在墨西哥则用于一种酒精饮料。要注意其不良反应报道，详见本种附注。

【药用功效】全草入药，具有利尿、滋补、收敛、抗菌、抗炎、抗癌、镇痛、补五脏虚俱损。

【附注】长期食用或药用，可能会导致腹泻、恶心和呕吐，从而导致影响肠道对矿物质的吸收。

本种与食用有关的内容均参考国外文献整理，初次食用者以少量尝试为宜。

岩高兰属 Empetrum L.

东北岩高兰 Empetrum nigrum var. **japonieum** K. Koch

【俗名】东亚岩高兰

【异名】*Empetrum asiaticum* Nakai

【习性】常绿匍匐小灌木。生海拔775～1460米的石山或林中。

【东北地区分布】黑龙江省呼玛；吉林省安图；内蒙古额尔古纳、根河、阿尔山。

【食用价值】果实、小枝有食用价值。

果实成熟后可以直接食用，霜冻后味道最好，主要用于制作饮料、馅饼、蜜饯等，因纽特人将果实干燥或冷冻以供冬季食用；果实还可提取紫色染料。

小枝可以制茶。

【药用功效】枝叶、果实入药，枝叶具有补脾和胃、助消化的功效，果实具有补阴、养肝、明目的功效。

【附注】本种为易危种（Vulnerable species，简称VU），在做好保护的前提下方可利用。

独丽花属 Moneses Salisb.ex S. F. Gray

独丽花 Moneses uniflora (L.) A. Gray

【俗名】不详

【异名】*Pyrola uniflora* Linn.; *Moneses grandiflora* Salisb.; *Bryophthalmum uniflorum* (Linn.) E. Mey. Preuss.; *Chimaphilarhombifolia Hayata*; *Moneses rhombifolia* (Hayata) H. Andr.

【习性】常绿草本状矮小半灌木。生海拔900～3800米山地满布苔藓的暗针叶林下。

【东北地区分布】黑龙江省伊春；吉林省安图、抚松等地。

【食用价值】有文献报道，蒴果和种子可食，但没有给出更多细节。

【药用功效】全草入药，国外用于咳嗽、感冒。

【附注】本种与食用有关的内容均参考国外文献整理，初次食用者以少量尝试为宜。

单侧花属 Orthilia Rafin.

单侧花 Orthilia secunda (L.) House

【俗名】不详

【异名】*Ramischia secunda* (L.) Garcke

【习性】常绿草本状小半灌木。生针阔叶混交林或暗针叶林下。

【东北地区分布】黑龙江省嘉荫；吉林省抚松、安图；辽宁省鞍山（千山）；内蒙古额尔古纳、根河、牙克石等地。

【食用价值】嫩叶、种子有食用价值。

嫩叶偶尔用作茶叶。

种子可以食用，但文献没有给出更多细节。

【药用功效】全草为内蒙古地区药用植物。

【附注】本种与食用有关的内容均参考国外文献整理，初次食用者以少量尝试为宜。

鹿蹄草属 Pyrola L.

短柱鹿蹄草 Pyrola minor L.

【俗名】不详

【异名】*Braxilia parvifolia* Raf.; *Erxlebeniarosea* Opiz; *Ameliaminor* (Linn.) Alef.; *Erxlebeniaminor* (Linn.) Rydb.; *Braxiliaminor* (Linn.) House

【习性】小型草本状小半灌木。生海拔1400米以上山地针叶林下或林缘。

【东北地区分布】吉林省抚松、长白、安图。

【食用价值】有文献报道，果实和叶子有食用价值，但没有给出更多细节。要注意食用安全，详见本种附注。

【药用功效】全草入药，具有祛风湿、强筋骨、止血的功效。

【附注】本种与食用有关的部分参考国外文献整理，初次食用者以少量尝试为宜。

杜鹃属（杜鹃花属）Rhododendron L.

牛皮杜鹃 Rhododendron aureum Georgi

【俗名】牛皮茶

【异名】*Rhododendron chrysanthum* Pallas

【习性】常绿矮小灌木。生高山草原地带或苔藓层上。

【东北地区分布】黑龙江省尚志（大秃顶子山）；吉林省抚松、长白、安图；辽宁省桓仁。

【食用价值】叶晒干或炒制后可代茶用。要注意其不良反应报道，详见本种附注。

【药用功效】叶入药，具有收敛、抗菌、发汗、强心、利尿、麻醉的功效。

【附注】本种为易危种（Vulnerable species，简称VU）。叶含麻醉性化合物，人食叶的煎液后会有发烧、剧渴、盗汗、昏迷、腹泻、酒醉样的不良反应。

兴安杜鹃 Rhododendron dauricum L.

【俗名】达子香

【异名】不详

【习性】半常绿灌木。生石灰质山坡、石砬子、灌丛中。

【东北地区分布】黑龙江省哈尔滨、嫩江、尚志、五常、黑河、伊春、嘉荫、萝北、集贤、饶河、鸡西、虎林、密山、鸡东、绥芬河、呼玛；吉林省蛟河、集安、临江、抚松、珲春、和龙、汪清、安图；辽宁省北票、桓仁；内蒙古额尔古纳、根河、牙克石、扎兰屯、满洲里、鄂伦春、阿尔山、科尔沁右翼前旗、西乌珠穆沁旗等地。

【食用价值】花瓣焯水后，反复换水浸泡半日后可少量食用。要注意其有毒报道，详见本种附注。

【药用功效】根、叶入药，根具有止痢的功效，叶具有止咳祛痰平喘的功效。

【附注】本种为易危种（Vulnerable species，简称VU），2021年8月7日国务院批准的《国家重点保护野生植物名录》中被列为二级保护植物。

人食叶的醇或水浸液，出现头晕、出汗、心悸以及胃肠道刺激等反应。果实的提取物有中枢抑制和

降压作用。

高山杜鹃 Rhododendron lapponicum (L.) Wahl.

【俗名】毛毡杜鹃；小叶杜鹃

【异名】*Rhododendron confertissimum* Nakai; *R. parvifolium* Adams

【习性】常绿矮小灌木。生高山草地。

【东北地区分布】黑龙江省呼玛；吉林省抚松、靖宇、长白、和龙、安图；辽宁省桓仁；内蒙古额尔古纳、根河、牙克石、鄂伦春、东乌珠穆沁旗（宝格达山）等地。

【食用价值】花瓣焯水后，反复换水浸泡半日后可少量食用。要注意其有毒报道，详见本种附注。

【药用功效】枝、叶入药，具有祛痰、止咳、平喘、收敛、抗菌、发汗、强心的功效。

【附注】杜鹃花类植物许多都有毒性，故此很少有食用的记录，但四川和云南一些地区有食用大白花杜鹃（Rhododendron decorum）的习惯，但往往因腌渍或漂洗煮沸除毒不够及食用过量而致中毒。牛和羊在春、冬两季迫于饥饿而采食其叶也能发生中毒。鉴于此，建议少食或者不食该类植物。如果食用，一定要先用开水焯，再用清水反复浸泡。千万不能生食！

迎红杜鹃 Rhododendron mucronulatum Turcz.

【俗名】映山红

【异名】*Rhododendron dauricum* var. *mucronulatum* (Turcz.) Maxim.

【习性】落叶灌木。生山坡灌丛中或石砬子上。

【东北地区分布】黑龙江省宁安；吉林省东部长白区各县区；辽宁省各地；内蒙古鄂温克、扎鲁特旗、喀喇沁旗、宁城、西乌珠穆沁旗等地。

【食用价值】花瓣焯水后反复换水浸泡半日后可少量食用。要注意其有毒报道，详见本种附注。

【药用功效】叶入药，具有解表、化痰、止咳、平喘的功效。

【附注】杜鹃花类植物许多都有毒性，故此很少有食用的记录，但四川和云南一些地区有食用大白花杜鹃（*Rhododendron decorum*）的习惯，但往往因腌渍或漂洗煮沸除毒不够及食用过量而致中毒。牛和羊在春、冬两季迫于饥饿而采食其叶也能发生中毒。鉴于此，建议少食或者不食该类植物。如果食用，一定要先用开水焯，再用清水反复浸泡。千万不能生食！

越桔属 Vaccinium L.

红果越桔 Vaccinium koreanum Nakai

【俗名】朝鲜越桔

【异名】*Vaccinium hirtum* auct. non Thunb.

【习性】落叶灌木。生山顶石砬上。

【东北地区分布】吉林省安图；辽宁省宽甸、凤城、岫岩等地。

【食用价值】果实成熟后食用，还可提取红色染料用于食品染色。

【药用功效】叶、果实入药，具有收敛、清热的功效。

【附注】虽然未见本种的不良反应报道，但同属某些植物有过量服用的不良报道。

小果红莓苔子 Vaccinium microcarpum (Turcz. ex Rupr.) Schmalh.

【俗名】毛蒿豆

【异名】*Oxycoccus microcarpus* Turcz. ex Rupr.

【习性】常绿亚灌木。生落叶松林下或苔藓植物生长的水湿台地。

【东北地区分布】黑龙江省呼玛；吉林省长白、安图；内蒙古额尔古纳、根河、满归。

【食用价值】叶、果实有食用价值。

叶可炒制茶叶。

果实富含糖和维生素C，可做果汁、酿酒等，还可提取红色染料用于食品染色。

【药用功效】果实入药，具有止血、抗菌、消炎的功效。

【附注】虽然未见本种的不良反应报道，但同属某些植物有过量服用的不良报道。

红莓苔子 Vaccinium oxycoccus L.

【俗名】大果毛蒿豆

【异名】*Oxycoccus palustris* Pers.; *Oxycoccus quadripetalus* Gilib.

【习性】常绿亚灌木。生有苔藓植物的水湿台地。

【东北地区分布】黑龙江省大兴安岭；吉林省抚松、靖宇、长白、安图；内蒙古大兴安岭。

【食用价值】叶、果实有食用价值。要注意食用安全，详见本种附注。

叶可炒制茶叶。

果实富含糖和维生素C，可做果汁、酿酒等，还可提取红色染料用于食品染色。

【药用功效】果实入药，具有止血、抗菌、消炎的功效。

【附注】国外文献指出，药用超量会引发腹泻和胃肠道紊乱，肾脏疾病患者请在专业医生指导下使用。

笃斯越桔 Vaccinium uliginosum L.

【俗名】笃斯越橘；蓝莓；笃斯；黑豆树；甸果；地果；龙果；蛤塘果

【异名】*Vaccinium uliginosum* var. *gaultherioides* (Bigelow) Bigelow

【习性】落叶灌木。生山坡。

【东北地区分布】黑龙江省黑河、伊春、嘉荫、萝北、呼玛；吉林省抚松、靖宇、长白、和龙、汪清、安图；辽宁省桓仁；内蒙古额尔古纳、根河、牙克石、阿尔山等地。

【食用价值】果实成熟后可生食，也可酿酒、制果汁等；果皮、果肉含红色色素，国外叫"蔓越桔色素"，水溶性，是适用于食品中的天然色素。一般利用渣汁后的鲜果残渣提取。要注意其不良反应报道，详见本种附注。

【药用功效】叶、果实入药，具有收敛、清热的功效。

【附注】如果大量食用果实会引起头痛，这可能是真菌侵染的结果。

越桔 Vaccinium vitis-idaea L.

【俗名】越橘；温普；红豆；牙疙瘩

【异名】*Vaccinium jesoense* Miq.; *V. vitisidaea* Linn. var. *genuinum* Herder

【习性】落叶灌木。常见于落叶松林下、白桦林下、高山草原或水湿台地。

【东北地区分布】黑龙江省尚志、伊春、呼玛、漠河；吉林省抚松、长白、和龙、安图；辽宁省宽甸；内蒙古额尔古纳、根河、牙克石、鄂伦春、科尔沁右翼前旗等地。

【食用价值】叶、果实有食用价值。

叶子可代茶饮用。要注意其有毒报道，详见本种附注。

成熟果实味道酸甜，霜后味道更好，可以鲜食，也可以干燥食用；果皮、果肉含红色色素，国外叫"蔓越桔色素"，水溶性，是适用于食品的天然色素，也可作紫色染料，一般利用榨汁后的鲜果残渣提取。

【药用功效】叶和果实入药，叶具有解毒、利湿的功效，果实具有止痛的功效。

【附注】茶不能长期饮用，因为它含有"熊果苷"（arbutin）毒素。

茜草科 Rubiaceae

茜草属 Rubia L.

金剑草 Rubia alata Roxb.

【俗名】披针叶茜草

【异名】*Rubia lanceolata* Hayata

【习性】多年生草本。生山坡林缘或灌丛中，亦见于村边和路边。

【东北地区分布】内蒙古新巴尔虎右旗、东乌珠穆沁旗、锡林浩特等地。

【食用价值】嫩苗、果实有食用价值。

嫩苗焯水、浸泡后可炒食、凉拌、蘸酱或腌渍咸菜。

果实成熟后味甜，可直接食用，但果肉薄。

【药用功效】不详。但可参考本书同属其他植物的药用价值开展研究。

中国茜草 Rubia chinensis Regel et Maack

【俗名】中华茜草；大砧草；木达地音—马日那（蒙古语）

【异名】*Rubia mitis* Miq.

【习性】多年生草本。常生林下、林缘。

【东北地区分布】黑龙江省虎林、萝北、密山、伊春、汤原、尚志；吉林省安图、抚松、汪清、靖宇、桦甸、长春、辽源、临江；辽宁省西丰、清原、鞍山、本溪、桓仁、凤城、宽甸、岫岩、庄河；内蒙古科尔沁左翼后旗、大青沟等地。

【食用价值】嫩苗可作为应急食品，在饥荒或没有其他食物的非常时期，焯水、浸泡后少食。

【药用功效】根、根状茎、茎、叶入药，根及根状茎具有凉血止血、活血化瘀、通经活络、止咳祛痰的功效，茎、叶具有止血、行瘀的功效。

茜草 Rubia cordifolia L.

【俗名】血茜草；血见愁

【异名】*Rubia cordifolia* Linn. var. *pratensis* Maxim.; *R. cordifolia* Linn. var. *rotundifolia* Franch.; *R. pratensis* (Maxim.) Nakai; *R. cordifolia* Linn. ssp. *pratensis* (Maxim.) Kitamura

【习性】多年生草本。常生疏林、林缘、灌丛或草地上。

【东北地区分布】黑龙江省伊春、汤原、尚志；吉林省安图、抚松；辽宁省大连、鞍山、铁岭、西丰、建平、建昌；内蒙古额尔古纳、海拉尔、牙克石、鄂伦春、鄂温克、陈巴尔虎旗、新巴尔虎左旗、科尔沁右翼前旗、科尔沁右翼中旗、扎赉特旗、大青沟、巴林右旗、巴林左旗、翁牛特旗、敖汉旗、克什克腾旗、喀喇沁旗、宁城、西乌珠穆沁旗、锡林浩特、镶黄旗、太仆寺旗等地。

【食用价值】嫩苗、果实有食用价值。

嫩苗焯水、浸泡后可炒食、凉拌、蘸酱或腌渍咸菜。

果实成熟后味甜，可直接食用，但果肉薄。

【药用功效】根、根状茎、地上部分、茎叶入药，根、根状茎具有凉血、祛瘀、止血、通经的功效，茎叶或地上部分具有活血消肿、止血、祛瘀的功效。

林生茜草 **Rubia sylvatica** (Maxim.) Nakai

【俗名】林茜草

【异名】*Rubia cordifolia* L. var. *sylvatica* Maxim.

【习性】多年生草本。生阔叶林下或灌丛中。

【东北地区分布】黑龙江省伊春、饶河、尚志、桦川、汤原、密山、宁安；吉林省蛟河、敦化、抚松、安图、长白、通化、汪清、和龙；辽宁省沈阳、铁岭、鞍山、本溪、桓仁、宽甸、凤城、丹东、凌源、法库、北镇等地。

【食用价值】嫩苗、果实有食用价值。

嫩苗焯水、浸泡后可炒食、凉拌、蘸酱或腌渍咸菜。

果实成熟后味甜，可直接食用，但果肉薄。

【药用功效】根及根状茎入药，具有凉血止血、祛瘀、通经的功效。

拉拉藤属 Galium L.

拉拉藤 Galium aparine var. echinospermum (Wallr.) Cuf

【俗名】刺果拉拉藤；毛果欧拉拉藤；刺果欧拉拉藤；爬拉秧

【异名】*Galium spurium* var. *echinospermum* (Wallr.) Hayek

【习性】多枝、蔓生或攀缘状草本。生路旁草地或沙地。

【东北地区分布】黑龙江省哈尔滨、尚志；吉林省洮南、抚松、长白；辽宁省沈阳、彰武、鞍山、本溪、庄河、大连、长海；内蒙古满洲里、阿尔山、宁城等地。

【食用价值】嫩苗有食用价值，焯水、浸泡后可炒食、凉拌、蘸酱或腌渍咸菜。

【药用功效】全草入药，具有清热解毒、消肿止痛、散瘀止血、利尿通淋的功效。

北方拉拉藤 Galium boreale L.

【俗名】砧草拉拉藤

【异名】*Galium boreale* Linn. var. *vulgare* Turcz.

【习性】多年生草本或一、二年生草本。生山坡及林缘。

【东北地区分布】黑龙江省伊春、鹤岗、呼玛、尚志；吉林省安图、敦化、抚松、靖宇、临江；

辽宁省本溪、凤城、庄河、桓仁、宽甸；内蒙古额尔古纳、根河、海拉尔、牙克石、鄂伦春、鄂温克、陈巴尔虎旗、科尔沁右翼前旗、巴林左旗、巴林右旗、阿鲁科尔沁旗、克什克腾旗、喀喇沁旗、林西、宁城、锡林浩特、宝格达山等地。

【食用价值】嫩苗、花茎有食用价值。

嫩苗焯水、浸泡后可炒食、凉拌、蘸酱或腌渍咸菜。

花茎晒干或炒制后可泡茶。

【药用功效】全草入药，具有清热解毒、利尿渗湿、活血止痛的功效。

小叶猪殃殃 Galium trifidum L.

【俗名】小叶拉拉藤；三瓣猪殃殃；细叶四叶葎；细叶猪殃殃

【异名】*Galium ruprechtii* Pobed.

【习性】多年生草本或一、二年生草本。生旷野、沟边、山地林下、草坡、灌丛、沼泽地。

【东北地区分布】黑龙江省黑河、呼玛、宁安、密山、萝北、伊春；吉林省安图（长白山）；内蒙古额尔古纳、根河、海拉尔、牙克石、鄂伦春、鄂温克、锡林浩特等地。

【食用价值】嫩苗、花茎有食用价值。

嫩苗焯水、浸泡后可炒食、凉拌、蘸酱或腌渍咸菜。

花茎晒干或炒制后可泡茶。

【药用功效】全草、根入药，具有清热解毒、通经活络、利尿消肿、安胎、抗癌的功效。

蓬子菜 Galium verum L.

【俗名】蓬子菜拉拉藤

【异名】*Galium luteum* Lam.; *G. verum* Linn. var. *leiocarpum* Ledeb.; *G. verum* Linn. var. *fructibusglabris* Turcz.

【习性】多年生直立草本。生山地、河滩、旷野、沟边、灌丛或林下。

【东北地区分布】黑龙江省哈尔滨、安达、大庆、齐齐哈尔、黑河、嘉荫、伊春、呼玛、宁安、萝北、阿城、依兰、密山；吉林省长春、吉林、双辽、九台、镇赉、汪清、永吉、安图、靖宇、抚松；辽宁省沈阳、法库、盖州、抚顺、清原、西丰、昌图、彰武、义县、北镇、建平、凌源、辽阳、鞍山、大连、庄河、丹东、凤城、本溪；内蒙古海拉尔、额尔古纳、根河、牙克石、满洲里、鄂伦春、鄂温克、陈巴尔虎旗、新巴尔虎左旗、科尔沁右翼前旗、科尔沁左翼后旗、大青沟、扎鲁特旗、巴林左旗、巴林

右旗、阿鲁科尔沁旗、翁牛特旗、宁城、东乌珠穆沁旗、锡林浩特、镶黄旗、多伦等地。

【食用价值】嫩苗、花期地上部分、花茎、种子有食用价值。

嫩苗焯水、浸泡后可炒食、凉拌、蘸酱或腌渍咸菜。

花期地上部分水提物可以制酸性饮料。

花茎可提取黄色染料，用作食品着色剂。

烤熟的种子可作咖啡代用品，也有报道称，种子可以食用。

【药用功效】全草、根入药，全草具有清热解毒、活血化瘀、利尿、通经、止痒的功效，根具有清热止血、活血祛瘀的功效。

【附注】本种与食用有关的部分内容参考国外文献整理，初次食用者以少量尝试为宜。

龙胆科 Gentianaceae

龙胆属 Gentiana L.

秦艽 Gentiana macrophylla Pall.

【俗名】秦纠；秦爪；秦胶；大叶龙胆；大叶秦艽；萝卜艽；左秦艽；西秦艽

【异名】*Gentian quinquenervia* Turrill

【习性】多年生草本。生河滩、路旁、水沟边、山坡草地、草甸、林下及林缘。

【东北地区分布】黑龙江省爱辉、黑河、嫩江、伊春、呼玛、漠河；吉林省安图；辽宁省建平、凌源；内蒙古额尔古纳、鄂伦春、鄂温克、科尔沁右翼前旗、科尔沁右翼中旗、克什克腾旗、宁城等地。

【食用价值】嫩苗可作为应急食品，在饥荒或没有其他食物的非常时期，焯水、反复浸泡后少量食用，蒸熟后晒干菜更加安全。

【药用功效】根入药，具有祛风湿、清湿热、止痹痛、退虚热的功效。

【附注】本种与食用有关的内容参考国外文献整理，建议谨慎对待，初次食用者以少量尝试为宜。

夹竹桃科 Apocynaceae

罗布麻属 Apocynum L.

罗布麻 Apocynum venetum L.

【俗名】茶叶花；野麻；泽漆麻；女儿茶；茶棵子；奶流；红麻；红花草；吉吉麻；羊肚拉角；牛茶；野茶；披针叶茶叶花

【异名】*Trachomitum venetum* (L.) Woodson; *T. venetum* (L.) Woodson var. *microphyllum* (Beg. et Bl.) Woodson

【习性】半灌木或多年生草本，有乳汁。生盐碱荒地、河流两岸等地。

【东北地区分布】黑龙江省南部；吉林省大安；辽宁省新民、彰武、阜新、凌源、北镇、台安、盘锦、大洼、康平、营口、岫岩、鞍山（千山）、金州、大连、长海；内蒙古科尔沁右翼前旗、巴林右旗、扎赉特旗、扎鲁特旗等地。

【食用价值】嫩叶炒制后可代茶。

【药用功效】全草入药，具有清火、降压、强心、利尿的功效。

鹅绒藤属（白前属）Cynanchum L.

白薇 Cynanchum atratum Bunge

【俗名】薇草；知微老；老瓜瓢根；山烟根子；百荡草；白马薇；白前；老君须

【异名】*Vincetoxicum atratum* Morr. et Decne.; *Anitoxicum atratum* Pobed.; *Alexitoxicon atratum* Pobed.

【习性】多年生草本。生河边、干荒地、草丛、山沟、林下。

【东北地区分布】黑龙江省安达、大庆、肇东、桦川、宝清、集贤、泰来、尚志、牡丹江、宁安、伊春、萝北、德都、北安；吉林省安图、通化、白城、临江、集安、吉林、汪清、双辽；辽宁省西丰、昌图、新民、北镇、义县、喀左、建平、建昌、绥中、清原、抚顺、沈阳、本溪、凤城、丹东、庄河、金州、大连；内蒙古扎兰屯、科尔沁右翼前旗、扎赉特旗等地。

【食用价值】嫩叶、嫩茎及嫩果可作应急食品，嫩叶开水焯、清水反复浸泡后可作蔬菜少量食用。要注意其有毒报道，详见本种附注。

【药用功效】干燥根及根状茎入药，具有清热凉血、利尿通淋、解毒疗疮的功效。

【附注】全株有毒，根含强心甙。

本种与食用有关的内容参考国外文献整理，建议谨慎对待，初次食用者以少量尝试为宜；不宜生食，食前需要开水焯、清水反复浸泡，晒干后食用更安全；也不要多食或经常性食用。

徐长卿 Cynanchum paniculatum (Bunge) Kitag.

【俗名】北陵白前

【异名】*Cynanchum dubium* Kitag.

【习性】多年生草本。生向阳山坡及草丛中。

【东北地区分布】黑龙江省安达、爱辉、密山、虎林、萝北、黑河；吉林省白城、通榆、镇赉；辽宁省各地；内蒙古额尔古纳、鄂伦春、扎兰屯、鄂伦春、科尔沁右翼前旗、扎赉特旗、科尔沁左翼后旗、科尔沁左翼中旗、西乌珠穆沁旗、锡林浩特、正镶白旗等地。

【食用价值】嫩苗可作为应急食品，在饥荒或没有其他食物的非常时期，焯水、浸泡后少食。

【药用功效】干燥根及根状茎入药，具有祛风、化湿、止痛、止痒的功效。

【附注】本种与食用有关的内容参考国外文献整理，建议谨慎对待，初次食用者以少量尝试为宜。

地梢瓜 Cynanchum thesioides (Freyn) K. Schum.

【俗名】地梢花；女青

【异名】*Vincetoxicum sibiricum* Decne.; *Vincetoxicum thesioides* Freyn in; *Antitoxicum sibiricum* Pobed.; *Alexitoxicon sibiricum* Pobed.

【习性】多年生草本。生山坡、沙丘或干旱山谷、荒地、田边等处。

【东北地区分布】黑龙江省杜尔伯特、肇东、五常、泰来、安达、大庆、哈尔滨；吉林省白城、双辽、镇赉、通榆；辽宁省各地；内蒙古各地。

【食用价值】幼果味甜而多汁，可以直接食用。

【药用功效】全草入药，具有清虚火、益气、生津、下乳的功效。

萝藦属 Metaplexis R. Br.

萝藦 Metaplex isjaponica (Thunb.) Makino

【俗名】老鸹瓢；哈喇瓢；鹤光飘；芄兰；斫合子；白环藤；羊婆奶；羊角；天浆壳、蔓藤草；浆罐头；奶浆藤

【异名】*Pergularia japonica* Thunb.; *Metaplexis stauntoni* Roem. et Schult.; *Urostelma chinensis* Bunge; *Metaplexis chinensis* Bunge

【习性】多年生草质藤本。生山坡、路旁、河边及灌丛中。

【东北地区分布】黑龙江省哈尔滨、孙吴、饶河、阿城、兴凯湖；吉林省吉林、靖宇、集安、双辽、安图、汪清；辽宁省清原、沈阳、本溪、桓仁、凤城、宽甸、丹东、大洼、盖州、大连、北镇、建昌、凌源；内蒙古科尔沁右翼前旗、扎赉特旗、扎鲁特旗、大青沟等地。

【食用价值】嫩叶、幼果有食用价值。要注意其有毒报道，详见本种附注。

嫩叶开水焯、清水反复浸泡后可作野菜食用。

幼果味甜而多汁，可以直接食用。

【药用功效】全草、根、果实、果壳、种毛、乳汁入药，其中，全草、根具有补精益气的功效，果实具有补益精气、生肌止血、解毒的功效，果壳具有补虚助阳、止咳化痰的功效。

【附注】根、茎有毒，小鼠腹腔注射其氯仿提取物1000毫克/千克，10余小时内全部死亡。有根煮熟后食用的报道，要谨慎对待。

杠柳属 Periploca L.

杠柳 Periploca sepium Bunge

【俗名】北五加皮；羊奶子；羊角条；羊奶条；羊角叶；臭加皮；香加皮；狭叶萝藦；羊角桃；羊角梢；立柳；阴柳；钻墙柳；狗奶子；桃不桃柳不柳

【异名】不详

【习性】木质藤本，有乳汁。生沿海石砾山坡及干燥沙质地。

【东北地区分布】黑龙江省哈尔滨；吉林省通榆、双辽；辽宁省彰武、北镇、葫芦岛、沈阳、抚顺、本溪、盖州、大洼、庄河、长海、金州、大连；内蒙古通辽、大青沟、科尔沁右翼中旗、翁牛特旗等地。

【食用价值】嫩茎叶焯水、反复浸泡后可食，凉拌、清炒、做汤均可。

【药用功效】根皮入药，具有利水消肿、祛风湿、强筋骨的功效。

【附注】皮有毒，曾代五加皮，用于制作五加皮酒，稍过量饮用即可引起中毒。杠柳皮煎剂有强心作用，并可引起血压上升，3～20分钟死亡。杠柳皮粗苷对各种心力衰竭有一定疗效，但有恶心、呕吐、腹泻等副作用，用量大时会引起心动过缓。

紫草科 Boraginaceae

山茄子属 Brachybotrys Maxim.

山茄子 Brachybotrys paridiformis Maxim. ex Oliv.

【俗名】假王孙；人参愧子

【异名】不详

【习性】多年生草本。生山坡灌丛及林下草地。

【东北地区分布】黑龙江省尚志、伊春；吉林省安图、通化、临江、集安、抚松、蛟河、汪清、桦甸、柳河；辽宁省瓦房店、普兰店、庄河、宽甸、凤城、鞍山、本溪、桓仁、新宾、清原、开原、西丰等地。

【食用价值】嫩苗为东北人喜食的山野菜，焯水、浸泡后可炒食、凉拌或蘸酱食，也可剁馅加猪肉包饺子或包子，大量采集可以腌渍保存或制成什锦袋菜。

【药用功效】全草有药用价值，能孕大鼠口服水提取物有避孕作用。

附地菜属 Trigonotis Stev.

附地菜 Trigonotis peduncularis (Trev.) Benth. ex Baker et Moore

【俗名】地胡椒；黄瓜香

【异名】*Myosotis peduncularis* Trev.; *Eritrichium pedunculare* DC.; *E. japonicum* Miq.; *T.clavata* Stev.

【习性】一、二年生草本。生平地、山坡草地、田间及路旁。

【东北地区分布】黑龙江省尚志、黑河、嘉荫、萝北、哈尔滨；吉林省蛟河、磐石、辉南、集安、安图；辽宁省大连、庄河、鞍山、清原、丹东、凤城、宽甸、东港、本溪、桓仁、北镇、建昌、绥中、沈阳、法库、西丰、盖州；内蒙古额尔古纳、海拉尔、牙克石、鄂伦春、科尔沁右翼前旗、科尔沁左翼后旗、大青沟、乌兰浩特、扎赉特旗、喀喇沁旗、西乌珠穆沁旗等地。

【食用价值】嫩苗焯水、浸泡后可炒食、凉拌、蘸酱或腌渍咸菜，也可作包子或饺子的馅料。

【药用功效】全草入药，具有温中健胃、消肿止痛、止血的功效。

北附地菜 Trigonotis radicans (Turcz.) Stev.

【俗名】不详

【异名】*Myosotis radicans* Turcz.; *O. aquatica* Brand; *Eritrichium radicans* (Turcz.) DC.; *T. sericea* (Maxim.) Ohwi; *T. sericea* (Maxim.) Johnst.

【习性】多年生草本。生山地阔叶林林缘、灌丛及溪边草地。

【东北地区分布】黑龙江省伊春、宝清、尚志、虎林、呼玛、嘉荫；吉林省抚松。

【食用价值】嫩苗焯水、浸泡后可炒食、凉拌、蘸酱或腌渍咸菜，也可作包子或饺子的馅料。

【药用功效】不详。但可参考本书同属其他植物的药用价值开展研究。

朝鲜附地菜 Trigonotis radicans subsp. sericea (Maxim.) Riedl

【俗名】森林附地菜

【异名】*Trigonotis coreana* Nakai; *T. nakaii* Hara

【习性】多年生草本。生森林、灌丛中湿地或河岸。

【东北地区分布】黑龙江省哈尔滨、阿城、嘉荫、牡丹江、尚志、宁安、伊春；吉林省蛟河、安图、长春、吉林、舒兰；辽宁省沈阳、法库、北镇、桓仁、本溪、西丰、清原、丹东、凤城、宽甸、东港、瓦房店、庄河、鞍山；内蒙古牙克石、扎赉特旗等地。

【食用价值】嫩苗焯水、浸泡后可炒食、凉拌、蘸酱或腌渍咸菜，也可作包子或饺子的馅料。

【药用功效】不详。但可参考本书同属其他植物的药用价值开展研究。

旋花科 Convolvulaceae

菟丝子属 Cuscuta L.

南方菟丝子 Cuscuta australis R. Br.

【俗名】女萝；金线藤；飞扬藤

【异名】*Cuscuta obtusiflora* H. B et K var. *australis* Engelm.; *C. hygrophilae* Pears.; *C.kawakamii* Hayata

【习性】缠绕草本。寄生田边、路旁的豆科、菊科蒿子属、唇形科牡荆属植物上。

【东北地区分布】辽宁省大连、绥中等地。

【食用价值】种子含有丰富的淀粉和其他营养物质，可以与大米等一起煮食。

【药用功效】全草、种子入药，其中，种子具有补益肝肾、固精缩尿、安胎、明目、止泻、消风祛斑的功效。

原野菟丝子 Cuscuta campestris Yuncker

【俗名】野地菟丝子；田野菟丝子

【异名】*Cuscuta arvensis* Beyrich ex Engelmann; *C. arvensis* var. *calycina* Engelmann; *C. pentagona* Engelmann var. *calycina* Engelmann; *C. pentagona* var. *subulata* Yuncker

【习性】缠绕草本。常见于田间、路旁，寄生在栽培植物葱、胡萝卜、苜蓿及其他杂草的植株上。

【东北地区分布】辽宁省阜新、大连等地。原产北美洲。

【食用价值】种子含有丰富的淀粉和其他营养物质，可以与大米等一起煮食。

【药用功效】全草入药，用于解热、镇痛、消炎的功效。

菟丝子 Cuscuta chinensis Lam.

【俗名】雷真子；无娘藤；无根藤；无叶藤；黄丝藤；金丝藤；无根草；山麻子；豆阎王；豆寄生

【异名】不详

【习性】缠绕草本。通常寄生豆科、菊科、藜科等多种植物上。

【东北地区分布】东北地区各地。

【食用价值】种子含有丰富的淀粉和其他营养物质，可以与大米等一起煮食。

【药用功效】全草、种子入药，其中，全草具有清热、凉血、利水、解毒的功效。

亚麻菟丝子 Cuscuta epilinum Weihe

【俗名】不详

【异名】不详

【习性】缠绕草本。寄生亚麻、苜蓿、大麻等植物上。

【东北地区分布】黑龙江省。原产亚洲西南部、欧洲、北美洲、非洲西南部。

【食用价值】种子含有丰富的淀粉和其他营养物质，可以与大米等一起煮食。

【药用功效】地上部分、种子入药，其中，种子具有补肝肾、益精明目的功效。

欧洲菟丝子 Cuscuta europaea L.

【俗名】大菟丝子；苜蓿菟丝子

【异名】*Cuscuta major* Bauhin

【习性】缠绕草本。寄生多种植物上，尤以豆科、菊科、藜科植物最多。

【东北地区分布】黑龙江省各地；吉林省梅河口、长白；辽宁省抚顺、铁岭、鞍山、大连；内蒙古科尔沁右翼前旗五岔沟、阿尔山、宝格达山等地。

【食用价值】种子含有丰富的淀粉和其他营养物质，可以与大米等一起煮食。

【药用功效】全草、种子入药，其中，种子具有滋补肝肾、固精缩水、安胎、明目、止泻的功效。

金灯藤 Cuscuta japonica Choisy

【俗名】日本菟丝子；大菟丝子；无娘藤；无根藤；飞来藤；大粒菟丝子；黄丝藤

【异名】*Cuscutacotorans* Maxim.; *C. japonica* Choisy var. thyrsoidea Engelm; *C. astyla* auct. non Engelm.: Maxim. Prim. Fl. Amur. 200. 1859.

【习性】缠绕草本。寄生草本或灌木上。

【东北地区分布】黑龙江省虎林、依兰、尚志、伊春、萝北、哈尔滨；吉林省集安、长白、敦化、通榆、蛟河、安图、珲春、汪清、和龙、长春、扶余；辽宁省北镇、沈阳、本溪、桓仁、凤城、岫岩、鞍山、营口、丹东、庄河、金州、大连；内蒙古满洲里、科尔沁右翼前旗、科尔沁右翼中旗、喀喇沁旗、翁牛特旗、宁城等地。

【食用价值】种子含有丰富的淀粉和其他营养物质，可以与大米等一起煮食。

【药用功效】全草、种子入药，其中，种子具有滋补肝肾、固精缩水、安胎、明目、止泻的功效。

啤酒花菟丝子 Cuscuta lupuliformis Krocker

【俗名】不详

【异名】*Cuscuta flava* Siev. ex Ledeb.

【习性】缠绕草本。寄生乔灌木或多年生草本植物上。

【东北地区分布】东北地区各地。

【食用价值】种子含有丰富的淀粉和其他营养物质，可以与大米等一起煮食。

【药用功效】全草或种子入药，具有补肝肾、明目益精、安胎的功效。

单柱菟丝子 Cuscuta monogyna Vahl

【俗名】榆树菟丝子

【异名】*Cuscuta astyla* Engelm.; *C. tianshanica* Palib.

【习性】缠绕草本。寄生乔木、灌木及多年生草本植物上。

【东北地区分布】内蒙古扎赉特旗等地。

【食用价值】种子含有丰富的淀粉和其他营养物质，可以与大米等一起煮食。

【药用功效】全草、种子入药，其中，种子具有滋补肝肾、固精缩水、安胎、明目、止泻的功效。

旋花属 Convolvulus L.

田旋花 Convolvulus arvensis L.

【俗名】中国旋花

【异名】*Convolvulus chinensis* Ker-Gawer

【习性】多年生草本。生耕地及荒坡草地上。

【东北地区分布】黑龙江省哈尔滨、齐齐哈尔；吉林省白城、镇赉、洮南、通榆；辽宁省大连、瓦房店、辽阳、凤城、凌源、彰武、喀左、建平、绥中、北镇；内蒙古扎兰屯、新巴尔虎右旗、海拉尔、满洲里、科尔沁右翼前旗、乌兰浩特、科尔沁左翼后旗、扎鲁特旗、赤峰、巴林右旗、克什克腾旗等地。

【食用价值】根、嫩茎叶有食用价值。

根富含淀粉，可以煮食。要注意其有毒报道，详见本种附注。

嫩茎叶焯水、反复浸泡后可炒食、凉拌、蘸酱等，也可作包子或饺子的馅料。

【药用功效】全草或花入药，具有活血调经、祛风、止痛、止痒的功效。

【附注】根有毒，不可生食。

打碗花 Convolvulus japonicus Thunb.

【俗名】旋花苦蔓；扶子苗；狗儿秧；小旋花；狗耳苗；狗耳丸；面根藤；走丝牡丹；兔儿苗；富

苗秧；兔耳草；盘肠参；蒲地参；篱打碗花

【异名】*Calystegia hederacea* Wall.; *Calystegia abyssinica* Engler; *C. acetosifolia* (Turczaninow) Turczaninow; *C.calystegioides* Choisy

【习性】多年生草本。为农田、荒地、路旁常见的杂草。

【东北地区分布】黑龙江省除大兴安岭及北部盐碱地外各地；吉林省汪清、双辽；辽宁省北镇、盘锦、大洼、建平、沈阳、长海、大连、营口、本溪；内蒙古各地。

【食用价值】根、嫩茎叶有食用价值。

根含淀粉10%～17%，可提取淀粉、酿酒，还能用根茎制作饴糖，出糖率45%～50%，也可以煮食。秋冬间采挖。要注意其有毒报道，详见本种附注。

嫩茎叶焯水、反复浸泡后可炒食、凉拌、蘸酱等，也可作包子或饺子的馅料。

【药用功效】全草、根入药，具有健脾、利湿、调经的功效。

【附注】根有毒，不可生食。

藤长苗 Convolvulus pellitus Ledeb.

【俗名】脱毛天剑；缠绕天剑；野山药；野兔子苗；兔耳苗；狗藤花；毛胡弯；狗儿秧；箭叶藤长苗；戟叶藤长苗

【异名】*Calystegia pellita* (Ledeb.) G. Don

【习性】多年生草本。常见于耕地、荒地或山坡草丛。

【东北地区分布】黑龙江省依兰、宁安、穆棱、集贤、密山、黑河、虎林、萝北；吉林省吉林、九台、通榆、珲春、汪清、长春、镇赉；辽宁省庄河、长海、大连、金州、营口、沈阳、锦州、建平、本溪、凤城、辽阳、凌源、法库、西丰、彰武；内蒙古鄂伦春、科尔沁右翼前旗、科尔沁右翼中旗、扎赉特旗、扎鲁特旗、大青沟、巴林右旗、喀喇沁旗等地。

【食用价值】根、嫩茎叶有食用价值。

根富含淀粉，可提取淀粉、酿酒，还能用根茎制作饴糖，出糖率45%～50%，也可以煮食。秋冬间采挖。要注意其有毒报道，详见本种附注。

嫩茎叶焯水、反复浸泡后可炒食、凉拌、蘸酱等，也可作包子或饺子的馅料。

【药用功效】全草入药，具有益气利尿、强筋壮骨、活血祛瘀的功效。

【附注】全草有小毒，不可生食。

柔毛打碗花 Convolvulus pubescens Sol.

【俗名】柔毛大碗花；缠枝牡丹；长裂旋花；日本打碗花；长裂打碗花

【异名】*Calystegia pubescens* Lindl.; *C. dahurica* (Herb.) Choisy f. *anestia* (Fernald) Hara; *C. sepium* (L.) R. Br. var. *japonica* (Choisy) Makino ap. Matsumura; *C. japonica* Choisy

【习性】多年生草本。生路旁至山坡。

【东北地区分布】黑龙江省哈尔滨、富裕、伊春、黑河、呼玛；吉林省通化、梅河口、辉南、抚松、靖宇、和龙、临江、长春、汪清、安图；辽宁省西丰、庄河、瓦房店、大洼、辽阳、沈阳、建平、普兰店、凌源、凤城、大连、法库、北镇、本溪；内蒙古额尔古纳、科尔沁右翼前旗、宁城等地。

【食用价值】根、嫩茎叶有食用价值。

根含淀粉10%～17%，可提取淀粉、酿酒，还能用根茎制作饴糖，出糖率45%～50%，也可以煮食。秋冬间采挖。要注意其有毒报道，详见本种附注。

嫩茎叶焯水、反复浸泡后可炒食、凉拌、蘸酱等，也可作包子或饺子的馅料。

【药用功效】带根全草入药，具有清热、滋阴、降血压、利尿的功效。

【附注】根有毒，不可生食。

旋花 Convolvulus sepium L.

【俗名】宽叶打碗花

【异名】*Calystegia sepium* (L.) R. Br.; *C. sepium* (L.) R. Br. var. *communis* (Tryon) Hara

【习性】多年生草本。生路旁、溪边草丛、农田边或山坡林缘。

【东北地区分布】黑龙江省伊春、富裕、饶河、宝清、宁安、尚志、黑河、哈尔滨、萝北；吉林省通化、临江、梅河口、辉南、集安、靖宇、安图、汪清、和龙、镇赉、敦化、磐石；辽宁省凌源、北镇、西丰、清原、本溪、桓仁、宽甸、岫岩、鞍山、瓦房店、庄河；内蒙古额尔古纳、宁城。

【食用价值】根、嫩茎叶有食用价值。

根含富含淀粉，可提取淀粉、酿酒，还能用根茎制作饴糖，出糖率45%～50%，也可以煮食。秋冬间采挖。要注意其有毒报道，详见本种附注。

嫩茎叶焯水、反复浸泡后可炒食、凉拌、蘸酱等，也可作包子或饺子的馅料。

【药用功效】全草、根、茎、叶、花入药，其中，全草具有清热、滋阴、降血压、利尿的功效。

【附注】根有毒，不可生食。

欧旋花 Convolvulus sepium subsp. **spectabilis** (Brummitt) S. M. Zhang

【俗名】毛打碗花

【异名】*Calystegia dahurica* (Herb.) Choisy

【习性】多年生草本。生路边、荒地、旱田或山坡路旁。

【东北地区分布】黑龙江省各地；辽宁省海城、瓦房店等地；内蒙古科尔沁右翼中旗。

【食用价值】根、嫩茎叶有食用价值。

根富含淀粉，可提取淀粉、酿酒，还能用根茎制作饴糖，出糖率45%～50%，也可以煮食。秋冬间采挖。要注意其有毒报道，详见本种附注。

嫩茎叶焯水、反复浸泡后可炒食、凉拌、蘸酱等，也可作包子或饺子的馅料。

【药用功效】全草、根入药，具有清热、滋阴、降压、利尿的功效。

【附注】根有毒，不可生食。

肾叶打碗花 Convolvulus soldanella Despr. ex Choisy

【俗名】滨旋花；扶子苗

【异名】*Calystegia soldanella* (L.) R. Br.; *Convolvulus soldanellus* Linnaeus; *Calystegia reniformis* R. Brown; *C. soldanelloides* Makino; *Convolvulus asarifolius* Salisbury

【习性】多年生草本。生海滨沙地或河岸岩石缝中。

【东北地区分布】辽宁省丹东、东港、兴城、绥中、瓦房店、庄河、长海、大连等地。

【食用价值】嫩茎叶焯水、反复浸泡后可炒食、凉拌、蘸酱等，也可作包子或饺子的馅料。

【药用功效】全草及根状茎入药，具有祛风利湿、化痰止咳的功效。

【附注】虽然未见本种的有毒报道，但同属某些植物的根有毒。

茄科 Solanaceae

枸杞属 Lycium L.

宁夏枸杞 Lycium barbarum L.

【俗名】中宁枸杞；津枸杞；山枸杞

【异名】*Lycium halimifolium* Mill.; *L. turbinatum* Veillard; *L. lanceolatum* Veillard; *L. vulgare* Dunal

【习性】落叶灌木。生沟岸、山坡、田埂和宅旁。

【东北地区分布】辽宁省沈阳、瓦房店、喀左等地。东北各地常有栽培。

【食用价值】嫩芽、果实、种子有食用价值。

嫩芽是一种带有清香苦味的佳蔬；炒制后可代茶。

鲜果和干果均可少量食用。

烘烤过的种子可作咖啡代用品。

【药用功效】根皮、嫩茎、叶、果实入药，其中，叶或嫩茎具有补虚益精、清热、止渴、祛风明目的功效，果实具有滋补肝肾、益精明目的功效。

枸杞 Lycium chinense Mill.

【俗名】狗奶子；狗牙根；狗牙子；牛右力；红珠仔刺；枸杞菜

【异名】*Lyciumbarbarum* var. *chinense* Aiton; *L. trewianum* Roerner et. Schultes; *L. sinense* Grenier et Godron; *L. megistocarpum* Dunal var. *ovatum* Dunal

【习性】落叶灌木。生山坡、荒地、路旁。

【东北地区分布】吉林省白城、洮南、大安；辽宁省沈阳、辽阳、鞍山、大连、金州、普兰店、长海、凌源；内蒙古巴林左旗、翁牛特旗、赤峰、科尔沁右翼中旗、科尔沁左翼后旗等地。黑龙江省松嫩平原、小兴安岭、完达山脉、张广才岭及东北其他地方常有栽培。

【食用价值】嫩芽、果实、种子有食用价值。

嫩芽是一种带有清香苦味的佳蔬；炒制后可代茶。

鲜果和干果均可少量食用。

烘烤过的种子可作咖啡代用品。

【药用功效】根皮、叶、果实入药，根皮具有凉血除蒸、清肺降火的功效，叶、果实同宁夏枸杞 Lycium barbarum L.。

假酸浆属 Nicandra Adans.

假酸浆 Nicandra physalodes (L.) Gaertn.

【俗名】鞭打绣球；冰粉；大千生

【异名】*Atropa physaloides* L.

【习性】一年生草本。生田边、荒地或住宅区。

【东北地区分布】辽宁省大连、沈阳、朝阳、庄河、丹东等地。黑龙江省有栽培。原产南美洲。

【食用价值】种子含有果胶质、多种维生素和微量元素等，将其外表所起的胶状物揉搓于清水中可制作南方特色小吃——冰粉。

【药用功效】全草、果实、种子入药，具有镇静、祛痰、清热、解毒的功效。

【附注】为外来入侵植物，是中国进境植物检疫三类危险性细菌辣椒斑点病菌和三类危险性病毒番茄斑萎病毒的寄主之一。

散血丹属 Physaliastrum Makino

日本散血丹 Physaliastrum echinatum (Yatabe) Makino

【俗名】不详

【异名】*Physaliastrum japonicum* auct. non (Franch. et Sav.) Honda:中国植物志67(1):47. 1978.

【习性】多年生草本。生山坡草丛中。

【东北地区分布】黑龙江省饶河；吉林省蛟河；辽宁省各地；内蒙古科尔沁左翼后旗等地。

【食用价值】果实成熟后可以直接食用。

【药用功效】根入药，具有活血散瘀、祛风散寒、收敛止痛的功效。

灯笼果属（酸浆属）Physalis L.

挂金灯 Physalis alkekengi var. **francheti** (Mast.) Makino

【俗名】挂金灯酸浆；酸浆；锦灯笼；红姑娘；泡泡草；天泡

【异名】*Physalis francheti* Mast.; *Ph. francheti* Mast. var. *bunyardii* Makino; *Ph. szechuensis* Pojark.; *Ph. praetermissa* Pojark.; *Ph. glabripes* Pojark.

【习性】多年生草本。常生田野、沟边、山坡草地、林下或路旁水边。

【东北地区分布】黑龙江省哈尔滨、尚志、五常、牡丹江、呼兰、集贤、密山；吉林省前郭尔罗斯、安图、临江、吉林、通化、柳河、辉南、抚松、靖宇、长白；辽宁省大连、庄河、沈阳、法库、抚顺、本溪、桓仁、鞍山、营口、海城、盖州、凤城、丹东、宽甸、岫岩、清原、铁岭、昌图、西丰、兴城、北镇、凌源、建昌、绥中、彰武；内蒙古翁牛特旗、新巴尔虎右旗等地。各地常见栽培。

【食用价值】嫩叶、果实有食用价值。要注意其有毒报道，详见本种附注。

嫩叶可作为应急食品，饥荒或非常时期，没有其他食物，用开水焯一下，用清水反复浸泡后作蔬菜少食。

果实味微苦，霜后酸甜有食用价值。

【药用功效】全草、根、宿萼或带果实的宿萼入药，其中，全草具有清热解毒、利尿消肿的功效，干燥宿萼或带果实的宿萼具有清热解毒、利咽化痰、利尿通淋的功效。

【附注】全草（除成熟果实外）有毒，根毒性较大。不熟的果实不能吃，嫩叶食前要先用开水焯，再用清水反复浸泡，焯完之后再晒干就更安全了。

苦蘵 Physalis angulata L.

【俗名】苦蘵酸浆

【异名】*Physalis esquirolii* H. Léveillé & Vaniot

【习性】一年生草本。生山谷林下及村边路旁。

【东北地区分布】原产热带美洲。吉林省双辽、前郭尔罗斯；辽宁省辽阳、法库、普兰店、旅顺口、大连；内蒙古鄂伦春等地。

【食用价值】嫩苗、果实有食用价值。

嫩苗焯水、反复浸泡后可作为野菜少食。

果实成熟后可以食用。

【药用功效】全草、根、叶、果实入药，其中，全草具有清热解毒、消肿散结的功效，果实具有清热解毒的功效。

【附注】虽然未见本种的有毒报道，但同属有的植物或者茎叶有毒、或者未成熟的果实有毒，建议谨慎对待。果萼有毒，不能食用。

小酸浆 Physalis minima L.

【俗名】灯笼草；毛苦蘵

【异名】*Physalis parviflora* R. Br.; *Physalis angulata* Linnaeus var. *villosa* Bonati; *P. lagascae* Roemer & Schultes

【习性】一年生草本。生海岸带荒地及农田。

【东北地区分布】吉林省（产地不详）；辽宁省大连市金州（九里）、甘井子（棋盘子村）等地。原产北美洲。

【食用价值】果实成熟后多汁、甜酸，可直接食用。要注意其有毒报道，详见本种附注。

【药用功效】全草、果实入药，具有清热利湿、祛痰止咳、软坚散结、杀虫的功效。

【附注】未熟的果实虽有报道可以作为蔬菜烹调，但同属有的植物或者茎叶有毒、或者未成熟的果实有毒，建议谨慎对待。果萼有毒，不能食用。

茄属 Solanum L.

少花龙葵 Solanum americanum Mill.

【俗名】紫少花龙葵

【异名】*Solanum photeinocarpum* Nakamura et Odashima; *S. photeinocarpum* Nakamura et Odashima var. *violaceum* (Chen) C. Y. Wu et S. C. Huang

【习性】一年生草本。生田边荒地。

【东北地区分布】辽宁省金州、辽阳等地。

【食用价值】嫩苗、果实有食用价值。要注意其有毒报道，详见本种附注。

嫩苗可作为应急食品，在饥荒或没有其他食物的非常时期，焯水、浸泡后作为野菜少食。

果实成熟后可直接食用，甜而多汁。

【药用功效】全草入药，具有清热、解毒、利尿、散血、消肿、抗癌的功效。

【附注】全株有毒，参考龙葵Solanumnigrum L.。

龙葵 Solanum nigrum L.

【俗名】黑天天；悠悠；滨藜叶龙葵；天茄菜；地泡子；小果果；野茄秧；山辣椒；石海椒；小苦菜；野梅椒；野辣虎；天星星；天天豆；黑狗眼

【异名】*Solanum nigrum* var. *atriplicifolium* (Desp.) G.Mey.

【习性】一年生草本。生田边、路旁、坡地阴湿肥沃的荒地上。

【东北地区分布】东北地区各地。

【食用价值】嫩苗、果实有食用价值。要注意其有毒报道，详见本种附注。

果实成熟后酸甜可口，可直接食用。

嫩苗可作为应急食品，在饥荒或没有其他食物的非常时期，焯水、浸泡后少食。

【药用功效】全草、根、地上部分、叶、种子入药，其中，全草具有清热解毒、活血消肿的功效。

【附注】全株有毒，以未成熟的浆果毒性较大。食叶中毒症状有喉干、口渴、恶心、视力模糊、瞳孔散大、心悸、头晕、全身无力、腹胀、腹泻，重者谵语。其水浸剂或煎剂服后开始有暂时性兴奋症状，而后转为抑制；小剂量使心跳加快，大剂量使心跳减慢、血压下降。

木樨科（木犀科）Oleaceae

北美流苏树属 Chionanthus L.

流苏树 Chionanthus retusus Lindl. et Paxt.

【俗名】茶叶树

【异名】*Chionanthus retusus* var. *mairei* H. Léveillé

【习性】落叶灌木或乔木。生山坡或河谷，喜生向阳处。

【东北地区分布】辽宁省凌源、大连、金州、旅顺口（蛇岛）、盖州等地。

【食用价值】嫩叶、花晒干或炒制后可代茶。

【药用功效】根、叶、果实入药，根用于疮疡，叶具有清热、止泻的功效，果实具有强壮、兴奋、益脑、健胃、活血脉的功效。

雪柳属 Fontanesia Labill.

雪柳 Fontanesia fortunei Carr.

【俗名】五谷树；挂梁青

【异名】*Fontanesia philliraeoides* subsp. *fortunei* (Carrière) Yaltirik

【习性】落叶灌木或小乔木。生山野、沟边、路旁。

【东北地区分布】辽宁省本溪、宽甸、凤城、岫岩、大连、庄河等地。

【食用价值】嫩叶、果实均可炒茶，尤其是果实炒制的茶，有大麦茶般的香味。

【药用功效】根入药，用于脚气病。

女贞属 Ligustrum L.

辽东水蜡树 Ligustrum obtusifolium Sieb. et Zucc.

【俗名】水蜡树

【异名】*Ligustrum obtusifolium* Sieb. & Zucc. subsp. *suave* (Kitag.) Kitag.; *L. suave* (Kitag.) Kitag.

【习性】落叶灌木或小乔木。生山坡。

【东北地区分布】辽宁省丹东、大连、长海、鞍山等地。黑龙江省哈尔滨市及辽宁省各地有栽培。

【食用价值】嫩芽、种子有食用价值。

嫩芽炒制后可代茶。

种子烘烤后可作咖啡的代用品。

【药用功效】树皮、叶入药，树皮用于烫伤，叶具有清热祛暑、消炎利尿、强壮、止血的功效。

丁香属 Syringa L.

紫丁香 Syringa oblata Lindl.

【俗名】华北丁香；紫丁白

【异名】*Syringavulgaris* Linn. var. *oblata* Franch.

【习性】落叶灌木或小乔木。生山地或山沟。

【东北地区分布】辽宁省朝阳、北票、凌源、喀左、义县、阜新、北镇、盖州、本溪、凤城等地。东北各地常见栽培。

【食用价值】嫩叶炒制后可代茶。

【药用功效】树皮、叶入药，树皮具有清热燥湿、止咳定喘的功效，叶具有清热、解毒、止咳、止

痢的功效。

朝阳丁香 Syringa oblata subsp. **dilatata** (Nakai) P. S. Green & M. C. Chang

【俗名】朝鲜丁香

【异名】*Syringa dilatata* Nakai; *S. dilatata* Nakai f. *alba* (Skv.) S. D. Zhao; *S. dilatata* Nakai f. *violacea* (Skv.) S. D. Zhao; *S. dilatata* Nakai f. *rubra* (Skv.) S. D. Zhao

【习性】落叶灌木或小乔木。生山坡灌丛。

【东北地区分布】吉林省集安；辽宁省北票、凌源、建昌、北镇、鞍山（千山）、海城、凤城等地。黑龙江省哈尔滨有栽培。

【食用价值】嫩叶炒制后可代茶。

【药用功效】叶入药，具有抗菌消炎、止痢的功效。

暴马丁香 Syringa reticulata subsp. **amurensis** (Rupr.) P. S. Green & M. C. Chang

【俗名】暴马子；荷花丁香

【异名】*Syringa reticulata* (Blume) Hara var. *mandschurica* (Maxim.) Hara; *S. reticulata* (Blume) Hara var. *amurensis* (Rupr.) Pringle

【习性】落叶小乔木或大乔木。生山坡混交林中或林缘。

【东北地区分布】常见栽培。产黑龙江省哈尔滨、尚志、黑河、五大连池、伊春、饶河、勃利；吉林省九台、桦甸、集安、通化、临江、抚松、靖宇、长白、敦化、珲春、和龙、汪清、安图；辽宁省各山区；内蒙古宁城（黑里河）等地。

【食用价值】嫩芽、花炒制后可代茶。

【药用功效】干燥干皮或枝皮入药，具有清肺祛痰、止咳平喘的功效。

北京丁香 Syringa reticulata subsp. **pekinensis** (Rupr.) P. S. Green & M. C. Chang

【俗名】臭多罗

【异名】*Syringa pekinensis* Rupr.

【习性】落叶灌木或小乔木。生山坡灌丛、山谷或沟边林下。

【东北地区分布】辽宁省凌源、北票、建平、喀左等地。黑龙江省及吉林省（长春）偶有栽培。

【食用价值】嫩芽、花炒制后可代茶。

【药用功效】不详。但可参考本书同属其他植物的药用价值开展研究。

车前科（车前草科）Plantaginaceae

水马齿属 Callitriche L.

沼生水马齿 Callitriche palustris L.

【俗名】水马齿

【异名】*Callitriche verna* L.

【习性】一年生草本。生静水中、沼泽地水中或湿地。

【东北地区分布】黑龙江省呼玛、汤原、伊春、萝北；吉林省靖宇、敦化、抚松、安图、扶余、珲春、汪清；辽宁省本溪、桓仁、清原、沈阳、鞍山、岫岩；内蒙古额尔古纳、根河、牙克石、鄂伦春、科尔沁右翼前旗、扎赉特旗、东乌珠穆沁旗、锡林浩特、宝格达山等地。

【食用价值】叶子煮熟后调味食用。

【药用功效】全草入药，具有清热解毒、利湿消肿的功效。

【附注】本种与食用有关的内容参考国外文献整理，建议谨慎对待，初次食用者以少量尝试为宜。

杉叶藻属 Hippuris L.

杉叶藻 Hippuris vulgaris L.

【俗名】螺旋杉叶藻

【异名】*Hippuris vulgaris* var. *ramificans* Dan Yu; *H. spiralis* D. Yu

【习性】多年生草本。生池沼、溪流、河岸、稻田等处。

【东北地区分布】黑龙江省哈尔滨、伊春、齐齐哈尔、呼玛；吉林省扶余、柳河、双辽、抚松；辽宁省新民、彰武、沈阳、本溪；内蒙古海拉尔、满洲里、牙克石、根河、新巴尔虎旗、科尔沁右翼前旗、乌兰浩特、科尔沁左翼后旗、克什克腾旗、敖汉旗等地。

【食用价值】叶子和嫩枝可用于做汤，最好在秋季至春季收获，甚至可以使用春季的棕色越冬茎。

【药用功效】全草入药，具有镇咳、舒肝、凉血、止血、养阴生津、透骨蒸的功效。

【附注】本种与食用有关的内容参考国外文献整理，建议谨慎对待，初次食用者以少量尝试为宜。

柳穿鱼属 Linaria Mill.

新疆柳穿鱼 Linaria vulgaris subsp. **acutiloba** (Fisch. ex Rchb.) Hong

【俗名】不详

【异名】*Linaria acutiloba* Fisch. ex Rchb.

【习性】多年生草本。生山谷草地及林下。

【东北地区分布】内蒙古大兴安岭。

【食用价值】幼苗可作为应急食品，在饥荒或没有其他食物的非常时期，焯水、反复浸泡后少量食用，或者蒸熟后晒干菜。要注意其有毒报道，详见本种附注。

【药用功效】全草或地上部分入药，具有清热解毒、散瘀消肿、利尿的功效。

【附注】植物体具有微毒，可制杀虫剂。

柳穿鱼 Linaria vulgaris subsp. sinensis (Bebeaux) Hong

【俗名】不详

【异名】*Linaria vulgaris* Mill. var. *sinensis* Bebeaux

【习性】多年生草本。生山坡草地、沙地及路旁。

【东北地区分布】黑龙江省哈尔滨、阿城、尚志、虎林、绥芬河、逊克、依兰、密山、黑河、呼玛、塔河、杜尔伯特、安达、齐齐哈尔；吉林省汪清、珲春、洮南、白城、大安、吉林；辽宁省新民、彰武、绥中、大连、瓦房店、普兰店、长海；内蒙古额尔古纳、根河、牙克石、鄂温克、陈巴尔虎旗、新巴尔虎左旗、科尔沁右翼前旗、科尔沁右翼中旗、扎赉特旗、扎鲁特旗、奈曼旗、翁牛特旗、敖汉旗、巴林左旗、巴林右旗、阿鲁科尔沁旗、克什克腾旗、宁城、东乌珠穆沁旗、西乌珠穆沁旗、锡林浩特、多伦、太仆寺旗等地。

【食用价值】幼苗可作为应急食品，在饥荒或没有其他食物的非常时期，焯水、反复浸泡后少量食用，或者蒸熟后晒干菜。要注意其有毒报道，详见本种附注。

【药用功效】全草或地上部分入药，具有清热解毒、散瘀消肿、利尿的功效。

【附注】植物体具有微毒，可制杀虫剂。

车前属 Plantago L.

车前 Plantago asiatica L.

【俗名】长柄车前

【异名】*Plantago hostifolia* Nakai et Kitag.

【习性】二年生或多年生草本。生草地、沟边、河岸湿地、田边、路旁或村边空旷处。

【东北地区分布】黑龙江省哈尔滨、安达、伊春、黑河、萝北、汤原、密山、鸡西、鸡东、尚志；吉林省安图、抚松、汪清、靖宇、九台、双辽、镇赉、通化、长春、和龙；辽宁省各地；内蒙古各地。

【食用价值】嫩苗、种子有食用价值。

嫩苗焯水、浸泡后可炒食、凉拌、蘸酱或腌渍咸菜，也可用作馅料。

种子含多糖黏胶质，用于食品加工中，作稳定剂。

【药用功效】全草、种子入药，全草具有清热利尿通淋、祛痰、凉血、解毒的功效，种子具有清热利尿通淋、渗湿止泻、明目、祛痰的功效。

海滨车前 Plantago camtschatica Link

【俗名】勘察加车前；绿豆菜

【异名】*Plantago villifera* Franch.; *P. depressa* Willd. ssp. *camtschatica* (Link) Pilger

【习性】多年生草本。生沿海沙质地。

【东北地区分布】辽宁省大连、长海、普兰店等地。

【食用价值】嫩苗焯水、浸泡后可炒食、凉拌、蘸酱或腌渍咸菜，也可用作馅料。

【药用功效】全草、种子入药，药用功效相似于车前*Plantago asiatica* L.。

湿车前 Plantago cornuti Gouan

【俗名】长柄车前

【异名】不详

【习性】多年生草本。生湿地、碱性湿地、林缘、草甸。

【东北地区分布】内蒙古扎赉特旗、宝格达山等地。

【食用价值】嫩苗焯水、浸泡后可炒食、凉拌、蘸酱或腌渍咸菜，也可用作馅料。

【药用功效】全草、种子入药，具有清热解毒、利尿消肿、止咳祛痰、止泻、明目的功效。

平车前 Plantago depressa Willd.

【俗名】桦甸车前；车前草；车串串

【异名】*Plantago huadianica* S. H. Li et Y. Yang

【习性】一、二年生草本。生草地、河滩、沟边、草甸、田间及路旁。

【东北地区分布】黑龙江省哈尔滨、安达、大庆、伊春、汤原、萝北、密山、鸡东、黑河、呼玛；吉林省桦甸、临江、吉林、通化、安图、抚松、长白、和龙、双辽、镇赉、通榆；辽宁省各地；内蒙古各地。

【食用价值】嫩苗、种子有食用价值。

嫩苗焯水、浸泡后可炒食、凉拌、蘸酱或腌渍咸菜，也可用作馅料。

种子含多糖黏胶质，在食品加工中用作稳定剂。

【药用功效】全草、种子入药，全草具有清热利尿通淋、祛痰、凉血、解毒的功效，种子具有清热利尿通淋、渗湿止泻、明目、祛痰的功效。

长叶车前 Plantago lanceolata L.

【俗名】披针叶车前；窄叶车前；欧车前

【异名】不详

【习性】多年生草本。生海滩、路边、荒地等处。

【东北地区分布】黑龙江省各地；辽宁省大连、旅顺口。原产地欧洲。

【食用价值】嫩叶、种子有食用价值。

嫩叶肥厚而多汁，焯水、浸泡后可炒食、凉拌、蘸酱、腌渍咸菜、晒干菜等。

种子富含维生素B_1，可以与谷物一起食用；还含多糖黏胶质，在食品加工中用作稳定剂。

【药用功效】全草、根、叶、种子入药，其中，根、叶具有止血疗伤、止咳解痉的功效，种子具有缓泻的功效。

【附注】为外来入侵植物，花粉是引起夏季型枯草热主要病源之一。

大车前 Plantago major L.

【俗名】钱贯草；大猪耳朵草

【异名】*Plantago sinuata* Lam.; *P. major* L. ssp. *intermedia* (Gilib.) Lange; *P. major* L. var. *salina* Wirtgen; *P. major* L. var. *paludosa* Beguinot; *P. gigas* Levl.

【习性】二年生或多年生草本。生田间路旁、草地、水沟等潮湿地。

【东北地区分布】黑龙江省呼玛、伊春、汤原、密山、鸡东；吉林省汪清、安图、抚松、靖宇；辽宁省旅顺口、长海、大连、营口、沈阳、康平、法库、西丰、开原、铁岭、建平、北镇、朝阳、凌源、彰武、清原、本溪、桓仁；内蒙古海拉尔、满洲里、新巴尔虎右旗、科尔沁右翼前旗、扎鲁特旗、翁牛特旗、通辽、阿尔山等地。

【食用价值】嫩根、嫩苗、种子有食用价值。

嫩根可煮食。

嫩苗焯水、浸泡后可炒食、凉拌、蘸酱或腌渍咸菜，也可用作馅料；炒制后可代茶。

种子富含维生素B_1，还含蛋白质18.8%、脂肪10.0%~20.0%，油中亚油酸含量25.0%，亚麻酸含量0.9%，可以与谷物一起煮食，以提高食物的营养价值。种子中还含有多糖黏胶质，可在食品加工中用作稳定剂。

【药用功效】全草、种子入药，全草具有清热利尿、祛痰、凉血、解毒的功效，种子具有清热利

尿、渗湿通淋、明目、祛痰的功效。

【附注】有报道称，大量食用会引起血压下降和腹泻，建议每次少食，且不要连续食用。

北车前 Plantago media L.

【俗名】中车前

【异名】*Plantago media* L. var. *urvilleana* Rapin; *P. stepposa* Kupr.

【习性】多年生草本。生草甸、河滩、沟谷、山坡台地。

【东北地区分布】黑龙江省哈尔滨、尚志、呼玛；内蒙古根河、牙克石、扎兰屯、扎赉特旗等地。

【食用价值】嫩叶、花序有食用价值。

嫩叶味道温和，仅有轻微的苦味，可以添加搭配混合沙拉中，也可以焯水、浸泡后食用。

花序是甜的，常有小朋友吸吮。

【药用功效】根、叶、花茎、种子、果壳入药，其中，种子具有清热利尿、渗湿通淋、明目、祛痰的功效。

【附注】本种与食用有关的内容均参考国外文献整理，初次食用者以少量尝试为宜。

盐生车前 Plantago salsa Pall.

【俗名】不详

【异名】*Plantago maritima* subsp. *cillata* Printz; *P. maritima* L. var. *salsa* (Pall.) Pilger

【习性】多年生草本。生戈壁、盐湖边、盐碱地、河漫滩、盐化草甸。

【东北地区分布】黑龙江省泰康、杜尔伯特；内蒙古新巴尔虎左旗、新巴尔虎右旗、克什克腾旗、锡林浩特、阿巴嘎旗、正蓝旗、太仆寺旗等地。

【食用价值】嫩苗、种子有食用价值。

嫩苗据说是车前属成员中味道更好的成员之一，纤维含量相当低，可以作为添加搭配混合沙拉中，也可以焯水、浸泡后食用；在阿拉斯加，被制成罐头以供冬季使用。

种子含多糖黏胶质，用于食品加工中，作稳定剂；也可以磨成粉末，用作面粉扩散剂。

【药用功效】种子、果壳入药，药用功效相似于车前Plantago asiatica L.。

【附注】本种与食用有关的内容均参考国外文献整理，初次食用者以少量尝试为宜。

婆婆纳属 Veronica L.

北水苦荬 Veronica anagallis-aquatica L.

【俗名】水苦荬婆婆纳；仙桃草

【异名】不详

【习性】多年生草本。生水边及沼泽地。

【东北地区分布】黑龙江省哈尔滨、尚志；吉林省长白山；辽宁省大连、瓦房店、本溪、彰武、西丰、兴城、凌源；内蒙古额尔古纳、扎兰屯、新巴尔虎右旗、莫力达瓦达斡尔旗、科尔沁右翼前旗、科尔沁右翼中旗、扎赉特旗、科尔沁左翼后旗、扎鲁特旗、翁牛特旗、巴林右旗、克什克腾旗、喀喇沁旗、多伦等地。

【食用价值】嫩苗焯水、浸泡后可炒食、凉拌、蘸酱或腌渍咸菜，也可用作馅料。

【药用功效】全草、根、果实入药，其中，有虫瘿果的全草具有活血止血、解毒消肿的功效。

石蚕叶婆婆纳 *Veronica chamaedrys* L.

【俗名】不详

【异名】不详

【习性】一年生草本。生草地或路边。

【东北地区分布】辽宁省沈阳、凤城。

【食用价值】嫩叶晒干或炒制后可作茶叶的替代品。

【药用功效】瑞典药用植物。全草用于内外伤。

细叶婆婆纳 *Veronica linariifolia* Pall. ex Link.

【俗名】细叶穗花；细叶水蔓菁

【异名】*Pseudolysimachion linariifolium* (Pall. ex Link) Holub

【习性】多年生草本。生山坡草地、林边、灌丛、草原、沙岗及路边。

【东北地区分布】黑龙江省大庆、哈尔滨、黑河、依兰、密山、呼玛、萝北、爱辉、海林、克山、安达、伊春、东宁、鸡西；吉林省双辽、汪清、九台、镇赉、通榆；辽宁省沈阳、大连、西丰、岫岩、本溪、鞍山、凤城、桓仁、铁岭、新民、阜新、盖州、凌源、长海；内蒙古海拉尔、额尔古纳、根河、牙克石、鄂温克、陈巴尔虎旗、新巴尔虎左旗、莫力达瓦达斡尔旗、科尔沁右翼前旗、扎赉特旗、扎鲁特旗、克什克腾旗、喀喇沁旗、林西、西乌珠穆沁旗、锡林浩特等地。

【食用价值】嫩苗焯水、浸泡后可炒食、凉拌、蘸酱或腌渍咸菜，也可用作馅料。

【药用功效】全草入药，具有祛风湿、解毒、止痛的功效。

兔儿尾苗 *Veronica longifolia* L.

【俗名】长尾婆婆纳；长叶婆婆纳；长叶水苦荬

【异名】*Pseudolysimachion longifolium* (L.) Opiz

【习性】多年生草本。生草甸、山坡草地、林缘草地、桦木林下。

【东北地区分布】黑龙江省伊春、呼玛、黑河、海林、集贤、密山、饶河、虎林；吉林省敦化、汪清、安图；辽宁省本溪、凤城、庄河；内蒙古海拉尔、额尔古纳、根河、牙克石、扎兰屯、鄂温克、陈巴尔虎旗、新巴尔虎左旗、新巴尔虎右旗、科尔沁右翼前旗、扎赉特旗、扎鲁特旗、巴林左旗、阿鲁科尔沁旗、克什克腾旗、东乌珠穆沁旗、西乌珠穆沁旗、锡林浩特等地。

【食用价值】幼苗可作为应急食品，在饥荒或没有其他食物的非常时期，焯水、反复浸泡后少量食用，或者蒸熟后晒干菜。

【药用功效】全草或地上部分入药，具有祛风除湿、解毒止痛的功效。

蚊母草 Veronica peregrina L.

【俗名】蚊母婆婆纳；仙桃草

【异名】不详

【习性】一年生草本。生潮湿的荒地、路边。

【东北地区分布】黑龙江省哈尔滨。内蒙古呼伦贝尔盟西部可能有分布。

【食用价值】嫩苗水焯去苦味后可炒食、凉拌、蘸酱或腌渍咸菜，也可用作馅料。

【药用功效】带虫瘿的全草入药，具有活血消肿、止血、止痛的功效。

婆婆纳 Veronica polita Fries

【俗名】不详

【异名】*Veronica didyma* Tenore; *V. didyma* Tenore var. *lilacina* Yamazaki

【习性】一年生草本。生荒地。

【东北地区分布】内蒙古赤峰丘陵（红山区植物园）。

【食用价值】嫩茎叶味甜有食用价值。

【药用功效】全草入药，具有补肾壮阳、凉血、止血、理气止痛的功效。

水苦荬 Veronica undulata Wall.

【俗名】水婆婆纳；芒种草；水莴苣；水菠菜

【异名】*Veronicasalina* auct. non Schur.

【习性】多年生草本。生水边及水稻田边。

【东北地区分布】黑龙江省哈尔滨、尚志；吉林省集安、汪清、临江；辽宁省大连、本溪、西丰、清原、建平、凌源、彰武、北镇；内蒙古科尔沁右翼中旗、克什克腾旗等地。

【食用价值】嫩苗焯水、浸泡后可炒食、凉拌、蘸酱或腌渍咸菜，也可用作馅料。

【药用功效】带虫瘿的全草入药，具有解热、利尿、活血、止血、止痛的功效。

腹水草属 Veronicastrum Heist. ex Farbic.

草本威灵仙 Veronicastrum sibiricum (L.) Pennell

【俗名】轮叶腹水草；轮叶婆婆纳

【异名】*Veronica sibirica* L.; *Veronicasibirica* var. *glabra* Nakai

【习性】多年生草本。生山坡草地、灌丛间及路旁草地。

【东北地区分布】黑龙江省黑河、北安、齐齐哈尔、集贤、密山、虎林、宁安、东宁、鹤岗、哈尔滨、阿城、尚志、呼玛、伊春；吉林省通化、梅河口、蛟河、汪清、珲春、和龙、安图、敦化、靖宇、抚松、长白、集安、吉林；辽宁省西丰、清原、岫岩、宽甸、桓仁、本溪、鞍山；内蒙古额尔古纳、根河、牙克石、扎兰屯、鄂伦春、鄂温克、陈巴尔虎右旗、新巴尔虎右旗、莫力达瓦达斡尔旗、科尔沁右翼前旗、扎鲁特旗、敖汉旗、巴林左旗、巴林右旗、阿鲁科尔沁旗、克什克腾旗、喀喇沁旗、东乌珠穆沁旗、西乌珠穆沁旗、锡林浩特等地。

【食用价值】根、嫩苗有食用价值。要注意其有毒报道，详见本种附注。

根富含淀粉，可食用或酿酒。

嫩苗焯水、浸泡后可炒食、凉拌、蘸酱或腌渍咸菜，也可用作馅料。

【药用功效】全草或根入药，具有祛风除湿、清热解毒、止血、止痛的功效。

【附注】小鼠腹腔注射植株地上部分的氯仿提取物1000毫克/千克，出现呼吸抑制、惊厥死亡。

紫葳科 Bignoniaceae

梓属（梓树属）Catalpa Scop.

梓 Catalpa ovata G. Don

【俗名】臭梧桐；梓树；楸；水桐；河楸；臭梧桐；黄花楸；水桐楸；木角豆

【异名】*Bignonia catalpa* Thunb.; *Catalpa kaempferi* Sieb. et Zucc.; *C. henryi* Lode

【习性】落叶乔木。生湿润地区。

【**东北地区分布**】辽宁省沈阳、鞍山、岫岩、抚顺、营口、凤城、丹东、普兰店、庄河、北镇、绥中、铁岭等地。黑龙江省及内蒙古有栽培。

【**食用价值**】嫩叶、嫩果可作为应急食品，在饥荒或没有其他食物的非常时期，焯水、反复浸泡后少量食用，或者蒸熟后晒干菜。要注意其有毒报道，详见本种附注。

【**药用功效**】根皮、树皮、木材、叶、果实入药，其中，叶具有清热解毒、杀虫止痒的功效，果实具有利水的功效。

【**附注**】树皮、果、叶有小毒，多量可使中枢神经麻痹、呼吸抑制、影响心脏而致死亡。

角蒿属 Incarvillea Juss.

角蒿 Incarvillea sinensis Lam.

【**俗名**】羊角蒿；莪篙；萝蒿；羊角蒿；羊角透骨草；羊角草

【**异名**】*Incarvillea veriabilis* Batalin; *I. sinensis* Lam. subsp. *variabilis* (Batalin) Grierson; *I. sinensis subsp.* variabilis Grierson

【**习性**】一年生至多年生草本。生山坡、路旁、荒地。

【**东北地区分布**】黑龙江省哈尔滨、泰康、富裕、林甸、齐齐哈尔；吉林省镇赉、通榆、前郭尔罗斯；辽宁省沈阳、辽阳、新民、盖州、本溪、岫岩、绥中、彰武、喀左、凌源、康平、营口、普兰店、瓦房店、建平；内蒙古扎鲁特旗、科尔沁左翼后旗、翁牛特旗、巴林特旗、喀喇沁旗、敖汉旗等地。

【**食用价值**】嫩苗可作为应急食品，在饥荒或没有其他食物的非常时期，焯水、浸泡后可少食。要注意其有毒报道，详见本种附注。

【**药用功效**】全草入药，具有散风祛湿、解毒止痛的功效。

【**附注**】本种有一定的毒性，与食用有关的内容参考国外文献整理，建议谨慎对待，初次食用者以少量尝试为宜。

狸藻科 Lentibulariaceae

狸藻属 Utricularia L.

狸藻 Utricularia vulgaris L.

【**俗名**】闸草

【**异名**】*Utricularia macrorrhiza* Le Conte; *U. vulgaris* L. subsp. *macrorrhiza* (Le Conte) Clausen

【**习性**】一年生或多年生草本。生水塘中、河边水中或沼泽地。

【东北地区分布】黑龙江省阿城、抚远、密山、萝北、虎林、汤原、哈尔滨、齐齐哈尔、伊春；吉林省安图、汪清、双辽、扶余、珲春、吉林；辽宁省旅顺口、金州、沈阳、新民、彰武、康平、北镇、彰武、辽阳、盖州；内蒙古海拉尔、牙克石、满洲里、科尔沁右翼前旗、扎赉特旗、科尔沁左翼后旗、奈曼旗、东乌珠穆沁旗、锡林浩特、正蓝旗、阿巴嘎旗等地。

【食用价值】植物体的汁液富含矿物质，可以饮用；根和叶可食，食法未见详细介绍。

【药用功效】全草入药，具有收敛、利尿、止血的功效。

【附注】本种为水生植物，污染水域不宜采食；与食用有关的内容均参考国外文献整理，初次食用者以少量尝试为宜。

弯距狸藻 Utricularia vulgaris subsp. macrorhiza (Le Conte) R. T. Clausen

【俗名】不详

【异名】*Utricularia macrorhiza* Le Conte

【习性】一年生或多年生草本。生森林带和草原带的河岸沼泽、湖泊、浅水中。

【东北地区分布】内蒙古额尔古纳、牙克石、海拉尔、鄂温克、满洲里、扎赉特、科尔沁右翼前旗、科尔沁右翼后旗、奈曼旗、科尔沁左翼中旗、科尔沁左翼后旗、锡林郭勒等地。黑龙江省、辽宁省和吉林省也有记载，待调查核实。

【食用价值】参狸藻*Utricularia vulgaris* L.。

【药用功效】不详。但可参考狸藻Utricularia vulgaris L.。

【附注】本种为水生植物，污染水域不宜采食。

唇形科 Lamiaceae（Labiatae）

藿香属 Agastache Clayt. et Gronov

藿香 Agastache rugosa (Fisch. et Meyer) O. Ktze.

【俗名】把蒿；猫巴蒿；猫巴虎；猫尾巴香；山猫巴；仁丹草；野苏子；拉拉香；八蒿

【异名】*Elsholtzia monostachya* Levl. et Vaniot

【习性】多年生草本。生河边、山坡草地。

【东北地区分布】黑龙江省哈尔滨、阿城、饶河、宁安、虎林；吉林省浑江、和龙、安图、汪清、集安、珲春、敦化；辽宁省清原、抚顺、海城、鞍山、

瓦房店、金州、大连、普兰店、庄河、岫岩、凤城、宽甸、桓仁、丹东；内蒙古宁城等地。各地常见栽培。

【食用价值】嫩苗、嫩叶、嫩花序有食用价值。

嫩苗焯水、浸泡后可作野菜食用，炒肉、炒鸡蛋酱、凉拌、做汤均可。

嫩叶晒干或炒制后可代茶。

花序可蘸酱生食或作调料。

【药用功效】根、地上部分入药，根具有和中止呕、发散表邪的功效，地上部分具有祛暑解表、化湿和中、理气开胃的功效。

水棘针属 Amethystea L.

水棘针 Amethystea caerulea L.

【俗名】土荆芥；细叶山紫苏

【异名】不详

【习性】一年生草本。生田间、田边、路旁、荒地、杂草地、山坡、灌丛等处。

【东北地区分布】黑龙江省密山、虎林、萝北、黑河、东宁、孙吴、阿城、尚志、哈尔滨、伊春；吉林省抚松、安图、长白、和龙、敦化、珲春、汪清、九台、通榆、双辽、前郭尔罗斯；辽宁省各地；内蒙古额尔古纳、牙克石、鄂伦春、新巴尔虎左旗、科尔沁右翼前旗、科尔沁左翼后旗、扎鲁特旗、敖汉旗、巴林右旗、阿鲁科尔沁旗、克什克腾旗、喀喇沁旗、宁城、林西、赤峰市红山区、东乌珠穆沁旗、锡林浩特、正蓝旗、镶黄旗、多伦等地。

【食用价值】嫩苗焯水、浸泡后可炒食、凉拌、蘸酱或腌渍咸菜，也可作包子或饺子的馅料。

【药用功效】全草、花、果实入药，具有止痢、止泻、健胃、消食、发表散寒的功效。

紫珠属 Callicarpa L.

日本紫珠 Callicarpa japonica Thunb.

【俗名】紫珠

【异名】*Callicarpa japonica* Thunb. f. *glabra* P'ei; *Callicarpa mimuraskai* Hassk.; *Callicarpa murasaki* Sieb.

【习性】落叶灌木。生山坡灌丛间。

【东北地区分布】辽宁省大连、庄河、旅顺口、长海等地。

【食用价值】嫩芽炒制后可代茶。要注意其有毒报道，详见本种附注。

【药用功效】根、叶、果实入药，具有清热、凉血、止血、消炎的功效，嫩叶代茶可治疗眼疾。

【附注】叶含黄酮及皂苷，对鱼有毒，不宜长期或大量饮用其茶。

大青属（赪桐属）Clerodendrum L.

海州常山 Clerodendrum trichotomum Thunb.

【俗名】臭梧桐；泡火桐；臭梧；追骨风；后庭花；香楸

【异名】*Clerodendron serotinum* Carr.; *Siphonanthus trichotomum* Nakai; *Clerodendron trichotomum* Thunb. var. *villosum* Hsu; *Clerodendron fargesii* Dode

【习性】落叶灌木或小乔木。生丘陵、山坡、路旁、林边、沟谷及溪边丛林中。

【东北地区分布】辽宁省丹东、东港、庄河、金州、大连等地。

【食用价值】嫩叶和嫩芽可作为应急食品，在饥荒或没有其他食物的非常时期，焯水、反复浸泡后可少食。要注意其有毒报道，详见本种附注。

【药用功效】根、枝、叶、花、果实入药，其中，叶具有祛风湿、降血压的功效，花具有下气平喘、祛风除湿、消肿定痛的功效，果实具有下气平喘、祛风除湿、消肿定痛的功效。

【附注】枝叶有小毒，人口服有口干、咽喉烧灼感、恶心、呕吐、便秘或稀便等症状。狗口服20克/千克的茎叶煎剂，引起呕吐；对小鼠有镇静和镇痛作用，静脉注射枝叶的浸剂与提出物的 LD_{50}（半数致死量）分别为19.4克/千克与0.98克/千克，主要因呼吸衰竭而死亡。其水煎剂对大鼠、兔、猫、犬等多种动物均有降压作用。

风轮菜属 Clinopodium L.

风轮菜 Clinopodium chinense (Benth.) O. Ktze.

【俗名】野凉粉藤；九层塔；山薄荷；野薄荷

【异名】*Calamintha chinensis* Benth.; *Calamintha clinopodium* var. *chinensis* Miq.; *Satureia chinensis* Briq.

【习性】多年生草本。生山坡、草丛、路边、沟边、灌丛、林下。

【东北地区分布】辽宁省凌源、大连、本溪等地。

【食用价值】嫩苗、嫩叶有食用价值。

嫩苗焯水、浸泡后可炒食、凉拌、蘸酱或腌渍咸菜，也可用作馅料。

嫩叶可制一种甜美的芳香药草茶。

【药用功效】全草、地上部分入药，具有清热解毒、疏风、消肿、凉血止血的功效。

麻叶风轮菜 Clinopodium chinense subsp. grandiflorum (Maxim.) H. Hara

【俗名】风车草

【异名】*Clinopodium chinense* var. *grandiflora* (Maxim.) Hara; *C. urticifolium* (Hance) C. Y. Wu et Hsuan

ex H. W. Li

【习性】多年生草本。生沟边、灌丛、林下。

【东北地区分布】黑龙江省牡丹江、宁安、鸡西、密山、依兰、哈尔滨、伊春、萝北、集贤、虎林、阿城；吉林省长春、吉林、浑江、九台、汪清、珲春、长白、安图、通化、抚松；辽宁省各地；内蒙古科尔沁右翼前旗、科尔沁左翼后旗、大青沟、敖汉旗、喀喇沁旗、宁城等地。

【食用价值】嫩苗、嫩叶有食用价值。

嫩苗焯水、浸泡后可炒食、凉拌、蘸酱或腌渍咸菜，也可用作馅料。

嫩叶可制一种甜美的芳香药草茶。

【药用功效】全草入药，具有疏风清热、解毒止痢、活血止血的功效。

青兰属 Dracocephalum L.

香青兰 Dracocephalum moldavica L.

【俗名】摩眼子；山薄荷；蓝秋花；玉米草；香花子；臭仙欢；臭蒿；野青兰

【异名】*Moldavica punctata* Moench

【习性】一年生草本。生干燥山地、山谷、河滩多石处。

【东北地区分布】黑龙江省齐齐哈尔、哈尔滨、泰来、龙江、甘南；吉林省洮南、双辽、白城、通榆、梅河口、集安、长白；辽宁省朝阳、喀左、建平、凌源、新民；内蒙古各地。

【食用价值】全草芳香，含芳香油0.1%～0.17%，可供制食用香精及药用。

【药用功效】全草或地上部分入药，具有泻火、清热、辛凉解表、止痛、止血的功效。

毛建草 Dracocephalum rupestre Hance

【俗名】岩青兰

【异名】*Dracocephalum imberbe* auct. non Bunge: Walker in Contr. U. S. Nat. Herb. 28 (4): 656. 1941.

【习性】多年生草本。生高山草原、草坡或疏林下阳处。

【东北地区分布】黑龙江省南部；辽宁省本溪、凤城、建平、凌源、朝阳、绥中、阜新；内蒙古喀喇沁旗、宁城等地。

【食用价值】全草具香气，晒干或炒制后可代茶用，故河北、山西一带土名"毛尖"。

【药用功效】全草入药，具有清热解毒、凉血止血的功效。

香薷属 Elsholtzia Willd.

香薷 **Elsholtzia ciliata** (Thunb.) Hyl.

【俗名】水芳花；山苏子

【异名】*Sideritis ciliata* Thunb.; *Menthapatrini* Lepech.; *Hyssopus ocymifolius* Lam.; *Elsholtzia cristata* Willd.

【习性】一年生草本。生路旁、山坡、荒地、林内、河岸。

【东北地区分布】黑龙江省哈尔滨、伊春、尚志、大庆、鸡西、安达、富裕、勃利、萝北、密山、虎林、呼玛；吉林省安图、和龙、敦化、长白、珲春；辽宁省各地；内蒙古额尔古纳、牙克石、鄂伦春、科尔沁右翼中旗、翁牛特旗、阿鲁科尔沁旗、克什克腾旗、喀喇沁旗、巴林右旗、林西、东乌珠穆沁旗等地。

【食用价值】嫩苗、种子有食用价值。

嫩苗焯水、浸泡后可炒食、凉拌、蘸酱或腌渍咸菜，也可用作馅料；也可作芳香调味料，用于沙拉或其他菜品。

种子碾碎后可作调味品。

【药用功效】全草入药，具有祛风、发汗、解暑、利尿的功效。

海州香薷 **Elsholtzia splendens** Nakai ex F. Maekawa

【俗名】铜草花

【异名】*Elsholtzia pseudo-cristata* auct. non Levl. et Vant.

【习性】一年生草本。生林缘、灌丛、草地、多石地、田边。

【东北地区分布】黑龙江省尚志、宁安、东宁；吉林省安图、集安；辽宁省本溪、宽甸、凤城、庄河、鞍山、岫岩等地。

【食用价值】嫩苗、种子有食用价值。

嫩苗焯水、浸泡后可炒食、凉拌、蘸酱或腌渍咸菜，也可用作馅料；也可作芳香调味料，用于沙拉或其他菜品。

种子碾碎后可作调味品。

【药用功效】地上部分入药，具有发汗解表、和中利湿的功效。

活血丹属（连钱草属）Glechoma L.

活血丹 Glechoma longituba (Nakai) Kupr

【俗名】连钱草

【异名】*Glechoma hederacea* L. var. *longituba* Nakai

【习性】多年生草本。生疏林下、溪边。

【东北地区分布】黑龙江省哈尔滨、尚志、宁安、虎林；吉林省永吉、蛟河、临江、长春、梅河口、柳河、辉南、抚松、靖宇、舒兰；辽宁省新宾、抚顺、鞍山、沈阳、法库、开原、瓦房店、大连、庄河、本溪、桓仁、丹东、宽甸、凤城、东港等地。

【食用价值】幼苗、叶有食用价值。

幼苗和嫩茎叶焯水、浸泡后可作野菜食用，凉拌、蘸酱、做汤等均可。

干叶或鲜叶均可代茶。

【药用功效】全草入药，具有利湿清热、散瘀消肿的功效。

【附注】有报道称，本种可能对牲畜有毒。中医则提醒，凡阴疽诸毒、脾虚泄泻者，忌捣汁生服。

香茶菜属 Isodon (Schrader ex Bentham) Spach

尾叶香茶菜 Isodon excisus (Maxim.) Kudô

【俗名】龟叶草；狗日草；高丽花；野苏子

【异名】*Plectranthus excisus* Maxim.; *Rabdosia excisa* (Maxim.) Hara

【习性】多年生草本。生林缘、路旁、杂木林下和草地。

【东北地区分布】黑龙江省饶河、绥芬河、萝北、宁安、海林、阿城、尚志、伊春、哈尔滨；吉林省吉林、长春、桦甸、蛟河、汪清、珲春、和龙、安图、敦化、抚松、前郭尔罗斯、浑江；辽宁省鞍山、抚顺、清原、新宾、本溪、桓仁、宽甸、凤城、岫岩、庄河等地。

【食用价值】嫩苗焯水、浸泡后可炒食、凉拌、蘸酱或腌渍咸菜，也可用作馅料。

【药用功效】全草入药，用于跌打损伤、瘀血肿痛、骨折、创伤出血，还有一定的抗肿瘤作用。

内折香茶菜 Isodon inflexus (Thunb.) Kudô

【俗名】山薄荷；山薄荷香茶菜

【异名】*Plectranthus inflexus* (Thunb.) Vahl ex Benth.; *Rabdosia inflexa* (Thunb.) Hara

【习性】多年生草本。生山坡草丛及林间旷地。

【东北地区分布】黑龙江省牡丹江、宁安、尚志、

哈尔滨、阿城；吉林省吉林、九台、集安、临江；辽宁省凌源、西丰、丹东、桓仁、鞍山、金州、普兰店、大连；内蒙古宁城等地。

【食用价值】嫩苗焯水、浸泡后可炒食、凉拌、蘸酱或腌渍咸菜，也可用作馅料。

【药用功效】全草入药，具有清热解毒、祛湿、止痛的功效。

毛叶香茶菜蓝萼变种 Isodon japonicus var. glaucocalyx (Maxim.) H. W. Li

【俗名】蓝萼香茶菜

【异名】*Plectranthus japonicus* (Burm. f.) Koidz. var. *glaucocalyx* (Maxim.) Koidz.; *P. glaucocalyx* Maxim.; *Rabdosia japonica* (Burm. f.) Hara var. *glaucocalyx* (Maxim.) Hara

【习性】多年生草本。生山谷、林下、草丛中。

【东北地区分布】黑龙江省宁安、鸡西、伊春、萝北、密山、阿城、兴凯湖；吉林省长春、浑江、吉林、九台、安图、通化、抚松、前郭尔罗斯、双辽、和龙、珲春；辽宁省各地；内蒙古额尔古纳、牙克石、翁牛特旗、敖汉旗、巴林左旗、巴林右旗、阿鲁科尔沁旗、喀喇沁旗、林西、宁城等地。

【食用价值】嫩苗焯水、浸泡后可炒食、凉拌、蘸酱或腌渍咸菜，也可用作馅料。

【药用功效】全草入药，具有清热解毒、活血化瘀、健脾的功效。

溪黄草 Isodon serra (Maxim.) Kudô

【俗名】毛果香茶菜

【异名】*Plectranthus serra* Maxim.; *Rabdosia serra* (Maxim.) Hara

【习性】多年生草本。生山坡、路旁、沟边及草地。

【东北地区分布】黑龙江省萝北、哈尔滨；吉林省九台、吉林、珲春、抚松；辽宁省彰武、沈阳、桓仁、鞍山、岫岩、庄河；内蒙古科尔沁左翼后旗等地。

【食用价值】嫩苗焯水、浸泡后可炒食、凉拌、蘸酱或腌渍咸菜，也可用作馅料。

【药用功效】全草入药，具有清热解毒、利湿消炎、凉血、散瘀消肿的功效。

辽宁香茶菜 Isodon websteri (Hemsl.) Kudô

【俗名】不详

【异名】*Plectranthus websteri* Hemsl.; *Rabdosia websteri* (Hemsl.) Hara

【习性】多年生草本。生山沟路边。

【东北地区分布】辽宁省沈阳（模式标本产地为北

陵）、鞍山等地。

【食用价值】嫩苗焯水、浸泡后可炒食、凉拌、蘸酱或腌渍咸菜，也可用作馅料。

【药用功效】不详。但可参考本书同属其他植物的药用价值开展研究。

野芝麻属 Lamium L.

野芝麻 **Lamium album** L.

【俗名】短柄野芝麻

【异名】*Lamium barbatum* Siebold & Zucc.

【习性】多年生草本。生路边、溪旁、荒地上。

【东北地区分布】黑龙江省哈尔滨、伊春、尚志、阿城、宁安、汤原、密山、虎林、嘉荫、呼玛；吉林省蛟河、安图、珲春、抚松、临江、梅河口、通化、柳河、辉南、集安、靖宇、长白、桦甸；辽宁省鞍山、本溪、桓仁、凤城、宽甸、东港、瓦房店、庄河、新宾、清原、西丰；内蒙古额尔古纳、根河、牙克石、扎兰屯、鄂伦春、鄂温克、科尔沁右翼前旗、扎赉特旗、阿鲁科尔沁旗、宝格达山等地。

【食用价值】嫩苗、花有食用价值。

嫩苗焯水、浸泡后可炒食、凉拌、蘸酱或腌渍咸菜，也可用作馅料。

花晒干或炒制后可泡茶。

【药用功效】地上部分、花冠入药，地上部分具有活血散瘀、消炎止痛的功效，花冠具有收敛、止血、安眠的功效。

宝盖草 **Lamium amplexicaule** L.

【俗名】珍珠莲；接骨草；莲台夏枯草

【异名】*Pollichia amplexicaulis* Willd.; *Galeobdolonamplexicaule* Moench.; *Lamiopsisamplexicaulis* (Linn.) Opiz

【习性】一年生或二年生草本。生路旁、林缘、宅旁、荒地。

【东北地区分布】辽宁省旅顺口、大连、庄河。

【食用价值】嫩株可用于沙拉，也可开水焯、清水浸泡后炒食、凉拌、蘸酱或腌渍咸菜。

【药用功效】全草入药，具有清热利湿、活血祛风、解毒消肿的功效。

益母草属 Leonurus L.

兴安益母草 **Leonurus deminutus** V. Kreczetovicz ex Kuprianova

【俗名】不详

【异名】*Leonurus tataricus* auct. non L.:中国植物志65(2):519. 1977.

【习性】二年生或多年生草本。生山坡林下，海拔750～850米。

【东北地区分布】黑龙江省黑河；内蒙古额尔古纳、根河、牙克石、鄂伦春。

【食用价值】嫩苗焯水、浸泡后可炒食、凉拌、蘸酱或腌渍咸菜，也可用作馅料。

【药用功效】全草入药，具有活血调经、利尿消肿的功效。

【附注】虽然未见本种的有毒报道，但同属植物有的种子有毒。

灰白益母草 *Leonurus glaucescens* Bunge

【俗名】粉绿益母草

【异名】*Leonurus glaucescens* var. *latifolius* Bunge

【习性】二年生或多年生草本。生灌丛、冲刷沟谷及草原上。

【东北地区分布】内蒙古鄂伦春、扎赉特旗、喀喇沁旗。

【食用价值】嫩苗焯水、浸泡后可炒食、凉拌、蘸酱或腌渍咸菜，也可用作馅料。

【药用功效】全草、幼苗、地上部分、花、果实入药，其中，全草或地上部分具有活血调经、利尿消肿、祛瘀生新的功效。

【附注】虽然未见本种的有毒报道，但同属植物有的种子有毒。

益母草 *Leonurus japonicus* Houtt.

【俗名】益母夏枯；地母草；玉米草；益母艾；红花益母草；爱母草；益母蒿

【异名】*Leonurus artemisia* (Lour.) S. Y. Hu

【习性】一、二年生草本。生多种生境，尤以阳处为多。

【东北地区分布】黑龙江省黑河、哈尔滨、阿城、伊春、北安、克山、尚志、肇东、肇源、宁安、汤原、虎林、密山；吉林省长春、临江、吉林、九台、镇赉、安图、长白、和龙、汪清、珲春、抚松；辽宁省各地；内蒙古额尔古纳、海拉尔、鄂温克、扎赉特旗、科尔沁左翼后旗、喀喇沁旗、巴林右旗、宁城等地。

【食用价值】嫩苗焯水、浸泡后可炒食、凉拌、蘸酱或腌渍咸菜，也可用作馅料。

【药用功效】幼株、地上部分、花、果实入药，其中，幼株具有补血、祛瘀生新的功效，花具有养血、活血、利水的功效，果实具有活血调经、清肝明目的功效。

【附注】种子名茺蔚子，有毒，中国有些地区，如江苏常熟一带，习惯将茺蔚子炒熟研粉烙饼或掺

入炒米粉中作为补药食，易引起中毒。据25例中毒报道，一次食20～30克，于4～10小时发病，也有在10天内连续食500克而开始发病。症状为突然全身无力、下肢不能活动、瘫痪，周身酸麻疼痛、胸闷。

大花益母草 Leonurus macranthus Maxim.

【俗名】不详

【异名】*Leonurus japonicus* Miq.

【习性】多年生草本。生草坡及灌丛中。

【东北地区分布】黑龙江省依兰、哈尔滨、鸡西、东宁；吉林省吉林、长春、通化、汪清、和龙、珲春、长白、九台、梅河口、辉南、集安、抚松、靖宇、临江；辽宁省凌源、北镇、西丰、铁岭、鞍山、本溪、桓仁、抚顺、新宾、清原、凤城、宽甸、普兰店、金州、长海、大连、沈阳、法库；内蒙古喀喇沁右翼中旗、喀喇沁旗、宁城等地。

【食用价值】嫩苗焯水、浸泡后可炒食、凉拌、蘸酱或腌渍咸菜，也可用作馅料。

【药用功效】全草、幼苗、茎、叶入药，其中，全草具有破瘀、调经、利尿的功效。

【附注】虽然未见本种的有毒报道，但同属植物有的种子有毒。

錾菜 Leonurus pseudomacranthus Kitag.

【俗名】假大花益母草；白花益母草；山玉米膏

【异名】*Leonurus hetcrophyllus* auct. non Sweet: Baranov. in Jour n. Jap. Bot. 34 (12): 375. f. 2. 1959.

【习性】多年生草本。生山坡、丘陵地。

【东北地区分布】黑龙江省哈尔滨、东宁；辽宁省沈阳、法库、盖州、桓仁、大连（模式标本产地）、庄河、金州、普兰店、瓦房店、营口、北镇、锦州、阜新、喀左、建昌、建平、凌源等地。

【食用价值】嫩苗焯水、浸泡后可炒食、凉拌、蘸酱或腌渍咸菜，也可用作馅料。

【药用功效】全草入药，具有破瘀破血、调经利尿的功效。

【附注】虽然未见本种的有毒报道，但同属植物有的种子有毒。

细叶益母草 Leonurus sibiricus L.

【俗名】四美草；风葫芦草

【异名】*Leonurus sibiricus* Linn. var. *grandiflora* Benth.；*Leonurusmanshuricus* Yabe

【习性】一、二年生草本。生石质及砂质草地上及松林中。

【东北地区分布】黑龙江省泰来、鸡东、伊春；吉林省通榆、安图、镇赉；辽宁省北镇、彰武、

鞍山、清原、庄河、大连、西丰、康平、新民、桓仁；内蒙古额尔古纳、海拉尔、满洲里、鄂温克、陈巴尔虎旗、新巴尔虎右旗、科尔沁右翼前旗、扎赉特旗、科尔沁左翼后旗、扎鲁特旗、克什克腾旗、林西、西乌珠穆沁旗、锡林浩特、阿巴嘎旗、镶黄旗、多伦等地。

【食用价值】嫩苗焯水、浸泡后可炒食、凉拌、蘸酱或腌渍咸菜，也可用作馅料。

【药用功效】全草、地上部分、幼株、花、果实入药，其中，全草或地上部分具有活血调经、利尿、消肿的功效，幼株具有补血、祛瘀生新的功效。

【附注】虽然未见本种的有毒报道，但同属植物有的种子有毒。

地笋属（地瓜苗属）Lycopus L.

欧地笋 Lycopus europaeus L.

【俗名】不详

【异名】不详

【习性】多年生草本。生田边、沟边、潮湿草地。

【东北地区分布】辽宁省彰武、康平。

【食用价值】根状茎可作为应急食品，在饥荒或没有其他食物的非常时期，煮熟后可以少食。要注意其不良报道，详见本种附注。

【药用功效】全草、根部、地上部分、叶入药，具有活血化瘀、行水消肿的功效。

【附注】孕妇或甲状腺功能减退患者不应使用本种。

地笋 Lycopus lucidus Turcz.

【俗名】地瓜苗；地参；提娄；地瓜儿苗；蚕蛹子；地藕；泽兰

【异名】*Lycopuslucidus* Turcz. var. *typicus* Korsh.

【习性】多年生草本。生沼泽地、水边、沟边等潮湿处。

【东北地区分布】黑龙江省哈尔滨、伊春、富锦、集贤、依兰、密山、虎林、阿城、宁安、大庆、安达、黑河、尚志；吉林省汪清、珲春、和龙、安图、通化、抚松、镇赉、临江、梅河口、柳河、辉南、靖宇、长白；辽宁省西丰、彰武、沈阳、新宾、清原、本溪、桓仁、鞍山、凤城、丹东、营口、长海、大连；内蒙古额尔古纳、科尔沁右翼前旗、扎赉特旗、多伦等地。

【食用价值】嫩苗和嫩根状茎有食用价值。

嫩苗、嫩叶用沸水焯、用清水反复浸泡一天，去掉苦味后炒食、做汤或腌酸菜。

嫩根茎一般盐渍咸菜。

【药用功效】干燥根状茎入药，具有化瘀止血、益气利水的功效。

硬毛地笋 Lycopus lucidus var. **hirtus** Regel

【俗名】地笋硬毛变种；毛叶地瓜苗

【异名】*Lycopus lucidus* Turcz. var. *formosanus* Hayata; *Lycopuslucidus* Turcz. var. *genuinus* Hayata; *Lycopusformosanus* Sasaki

【习性】多年生草本。生水边潮湿处。

【东北地区分布】辽宁省大连；内蒙古喀喇沁旗、多伦等地。

【食用价值】嫩苗和嫩根状茎有食用价值。

嫩苗、嫩叶用沸水焯、用清水反复浸泡一天，去掉苦味后炒食、做汤或腌酸菜。

根状茎含地笋糖、蔗糖、棉子糖、水苏糖、葡萄糖和果糖等，还含有氨基酸及黄酮苷与有机酸，嫩时可盐渍咸菜。

【药用功效】全草、根部、地上部分入药，其中，干燥地上部分具有活血调经、祛瘀消痈、利水消肿的功效。

【附注】本种根状茎肥大，且具节，酷似天麻，见不法商贩用来冒充天麻欺骗百姓。

小花地笋 Lycopus uniflorus Michx.

【俗名】小花地瓜苗；朝鲜地瓜苗；小叶地笋

【异名】*Lycopus coreanus* Levl.; *L. parviflorus* Maxim.; *L. cavaleriei* auct. non H.Lév.:Fl. China 17:239. 1994.

【习性】多年生草本。生路边、草地。

【东北地区分布】黑龙江省黑河、伊春；吉林省吉林、蛟河、抚松、靖宇、安图；辽宁省本溪、长海。

【食用价值】根状茎是一些北美土著印第安部落的主食，可放在沙拉中生吃，也可以在汤中炖食。

【药用功效】全草、根状茎、茎、叶入药，其中，根状茎具有活血益气、消水肿的功效，茎、叶或者地上部分具有活血化瘀、行水消肿、利尿通经的功效。

【附注】本种与食用有关的内容参考国外文献整理，建议谨慎对待，初次食用者以少量尝试为宜。

龙头草属 Meehania Britt. ex Small et Vaill.

荨麻叶龙头草 Meehania urticifolia (Miq.) Makino

【俗名】美汉草；美汉花；芝麻花

【异名】*Dracocephalum sinense* S. Moore; *Cedronella urticifolia* Maxim.; *Meehania urticaefolic* (Miq.) Komarov; *Glechoma urticaefolia* Makino

【习性】多年生草本。生林下。

【东北地区分布】黑龙江省嘉荫；吉林省浑江、安图、蛟河、靖宇、通化、柳河、集安、抚松、长白、桦甸、五常、宁安；辽宁省清原、鞍山、庄河、岫岩、法库、西丰、开原、凤城、本溪、桓仁、宽甸、丹东等地。

【食用价值】嫩苗焯水、浸泡后可炒食、凉拌、蘸酱或腌渍咸菜，也可用作馅料。

【药用功效】全草、根、叶入药，全草具有清热解毒、消肿止痛的功效，根、叶具有补血的功效。

薄荷属 Mentha L.

薄荷 Mentha canadensis L.

【俗名】野薄荷；南薄荷；夜息香；野仁丹草；见肿消；水薄荷；水益母；接骨草；土薄荷；鱼香草；香薷草

【异名】*Mentha haplocalyx* Briq.; *Mentha arvensis* Linn. var. *haplocalyx* Briq.; *Mentha arvensis* Linn. ssp. *haplocalyx* Briq.; *Mentha pedunculata* Hu et Tsai

【习性】多年生草本。生水旁潮湿地。

【东北地区分布】黑龙江省大庆、肇东、依兰、杜尔伯特、呼玛、东宁、密山、安达、萝北、虎林、宁安、尚志、哈尔滨、伊春；吉林省长春、大安、扶余、九台、蛟河、长白、珲春、安图、抚松、通化、临江、梅河口、柳河、辉南、靖宇、和龙、龙井、汪清；辽宁省沈阳、新民、清原、新宾、本溪、桓仁、铁岭、西丰、康平、北镇、彰武、凌源、建平、丹东、鞍山、庄河、普兰店、大连、长海；内蒙古额尔古纳、根河、海拉尔、牙克石、鄂伦春、陈巴尔虎旗、新巴尔虎左旗、科尔沁右翼前旗、扎赉特旗、大青沟、扎鲁特旗、赤峰、巴林左旗、巴林右旗、翁牛特旗、阿鲁科尔沁旗、克什克腾旗、喀喇沁旗、宁城、西乌珠穆沁旗、正蓝旗、多伦等地。

【食用价值】茎叶有食用价值。要注意其不良报道，详见本种附注。

幼嫩茎尖焯水后可作菜食，也是不错的生菜色拉材料，拌上色拉酱吃起来非常清新爽口。

晒干的薄荷茎叶亦常用作食品的矫味剂和作清凉食品饮料。

茎叶含油0.5%～0.8%，主要成分为L-薄荷脑，含量77%～87%。薄荷脑和油用于牙膏、口腔卫生、食品、糖果、烟草、饮料、酒及化妆品与香皂加香中，在医药上作祛风、消炎、防腐、镇痛、止痒和健胃药物或添加原料。

【药用功效】地上部分入药，具有疏散风热、清利头目、利咽透疹、疏肝行气的功效。

【附注】全草有小毒，气味大。

兴安薄荷 Mentha dahurica Fisch. ex Benth.

【俗名】不详

【异名】*Calamintha ussuriensis* Regel & Maack

【习性】多年生草本。生水湿草地、湿草甸子及路旁。

【东北地区分布】黑龙江省伊春、虎林、呼玛；吉林省蛟河、安图；辽宁省沈阳；内蒙古额尔古纳、根河、鄂伦春、鄂温克、扎赉特旗等地。

【食用价值】薄荷油和薄荷脑的含量均比薄荷低。嫩枝、叶常作调味香料。

【药用功效】全草或叶入药，具有疏风、散热、辟秽、解毒、清醒头目的功效。

【附注】虽然未见本种的有毒报道，但同属植物多有小毒。

东北薄荷 Mentha sachalinensis (Briq.) Kudo

【俗名】野薄荷

【异名】*Mentha arvensis* Linn. ssp. *haplocalyx* Briq. var. *sachalinensis* Briq.; *Mentha haplocalyx* Briq. var. *sachalinensis* Briq. ex Kudo

【习性】多年生草本。生河旁、潮湿草地。

【东北地区分布】辽宁省各地。

【食用价值】茎叶有食用价值。要注意其不良报道，详见本种附注。

幼嫩茎尖焯水后可作菜食，也是不错的生菜色拉材料，拌上色拉酱吃起来非常清新爽口。

晒干的薄荷茎叶亦常用作食品的矫味剂和作清凉食品饮料。

茎叶薄荷油和薄荷脑，可用于牙膏、口腔卫生、食品、糖果、烟草、饮料、酒及化妆品与香皂加香中，在医药上作祛风、消炎、防腐、镇痛、止痒和健胃药物或添加原料。

【药用功效】全草入药，具有清热解毒、清利头目、解表通窍、疏肝利胆、清咽辟秽的功效。

【附注】全草有小毒，气味大。

石荠苎属（荠苎属）Mosla Buch. -Ham. ex Maxim.

小鱼荠苎 Mosla dianthera (Hamilton) Maxim.

【俗名】荠苎；小鱼仙草

【异名】*Mosla grosseserrata* Maxim.

【习性】一年生草本。生河边草地及灌丛间。

【东北地区分布】黑龙江省虎林、宁安、东宁；吉林省敦化；辽宁省桓仁、凤城、宽甸、鞍山、沈阳、大连、普兰店、金州等地。

【食用价值】嫩叶或嫩芽焯水浸泡后可作野菜，但食用体验不是特别好。

【药用功效】全草、根、茎、叶入药，其中，全草具有祛风发表、利湿止痒的功效，茎和叶具有利水消肿、和胃制酸的功效。

石荠苎 Mosla scabra (Thunb.) C. Y. Wu et H. W. Li

【俗名】痱子草；紫花草；小苏金；野苏叶；野蕾香；干汗草；土荆芥；野薄荷

【异名】*Ocymnm punctulatum* J. E. Gmelin; *O. punctatum* Thunb.; *O. scabrum* Thunb.; *Perillalanceolata* Benth.; *Orthodonpunctulatum* (J. E. Gmelin) Ohwi; *Moslascabra* (Thunb.) C. Y. Wu et H. W. Li.

【习性】一年生草本。生山坡、路旁或灌丛下。

【东北地区分布】吉林省集安；辽宁省本溪、桓仁、宽甸、凤城、丹东、岫岩、庄河、长海等地。

【食用价值】嫩叶或嫩芽焯水浸泡后可作野菜，但食用体验不是特别好。

【药用功效】全草入药，具有疏风清暑、行气理血、利湿止痒的功效。

糙苏属 Phlomoides Moench

大叶糙苏 Phlomoides maximowiczii (Regel) Kamelin & Makhm.

【俗名】大叶草糙苏

【异名】*Phlomis maximowiczii* Regel

【习性】多年生草本。生林缘或河岸。

【东北地区分布】吉林省安图、珲春、和龙、集安、抚松、长白；辽宁省清原、岫岩、本溪、桓仁、凤城、庄河、沈阳；内蒙古宁城等地。

【食用价值】嫩苗、果实有食用价值。

嫩苗焯水、浸泡后可炒食、凉拌、蘸酱或腌渍咸菜，也可用作馅料。

果含油20%~34%，可榨油。

【药用功效】全草、根入药，全草具有祛风、清热解毒的功效，根具有清热解毒的功效。

糙苏 Phlomoides umbrosa (Turcz.) Kamelin & Makhm.

【俗名】草糙苏

【异名】*Phlomis umbrosa* Turcz.

【习性】多年生草本。生疏林下或草地上。

【东北地区分布】辽宁省凌源、建昌、朝阳、庄河、金州、普兰店、大连、长海、宽甸、凤城、东港、本溪、桓仁；内蒙古科尔心右翼前旗、翁牛特旗、敖汉旗、巴林左旗、巴林右旗、阿鲁科尔沁旗、克什克腾旗、宁城、锡林浩特等地。

【食用价值】嫩苗焯水、浸泡后可炒食、凉拌、蘸酱或腌渍咸菜，也可用作馅料。

【药用功效】全草、根入药，具有祛风活络、强筋壮骨、消肿、生肌、续筋接骨、补肝肾、强腰

膝、安胎的功效。

夏枯草属 Prunella L.

山菠菜 Prunella asiatica Nakai

【俗名】夏枯草；东北夏枯草；长冠夏枯草

【异名】*Prunella asiatica* var. *albiflora* (Koidz.) Nakai; *Prunella vulgaris* auct. non Linn.: Thunb. Fl. Jap. 250. 1784.

【习性】多年生草本。生林下、林缘、灌丛、山坡、路旁湿草地。

【东北地区分布】黑龙江省黑河；吉林省通化、抚松、安图、珲春、汪清、长白；辽宁省清原、铁岭、西丰、沈阳、鞍山、岫岩、丹东、凤城、本溪、桓仁、庄河等地。

【食用价值】嫩苗焯水、浸泡后可炒食、凉拌、蘸酱或腌渍咸菜，也可用作馅料；炒制后可代茶饮。

【药用功效】全草、花、果穗入药，具有清肝明目、清热、散郁结、强心利尿、降血压的功效。

鼠尾草属 Salvia L.

荔枝草 Salvia plebeia R. Br.

【俗名】小花鼠尾草；蛤蟆草

【异名】*Ocimum virgatum* Thunb.; *Ocimum fastigiatum* Roth; *Lumnitzera fastigiata* Spreng.; *Salvia brachiata* Roxb.; *Salvia minutiflora* Bunge; Salvia *plebeia* R. Br. var. *latifolia* Stib.

【习性】一、二年生草本。生山坡、路旁、沟边、田野潮湿的土壤上。

【东北地区分布】辽宁省绥中、兴城、沈阳、盖州、瓦房店、大连、长海、庄河、岫岩、丹东、凤城、本溪等地。

【食用价值】叶、花、种子有食用价值。

叶、花可食，食法不详。

种子可用作调味品。

【药用功效】全草入药，具有凉血、利水、解毒、杀虫的功效。

【附注】本种与食用有关的内容均参考国外文献整理，初次食用者以少量尝试为宜。

矛叶鼠尾草 Salvia reflexa Hornem.

【俗名】岩山鼠尾草；毒苏草

【异名】*Salvia aspidophylla* Schult.

【习性】一年生草本。生路旁、河边。

【东北地区分布】辽宁省凌源、建平、喀左、朝阳、北票、阜蒙等地。原产北美洲和中美洲。

【食用价值】种子可食，可制作冷饮、稀粥或布丁；可磨成粉制作面包、饼干和蛋糕等食品；可像绿豆那样生芽，用于沙拉、三明治、汤、炖菜等食品。

【药用功效】美国、墨西哥药用植物。全草用作强壮剂、收敛剂。

【附注】本种为外来入侵植物，与食用有关的内容均参考国外文献整理，建议谨慎对待，初次食用者以少量尝试为宜。

黄芩属 Scutellaria L.

黄芩 Scutellaria baicalensis Georgi

【俗名】香水水草；黄筋子

【异名】*Scutellaria macrantha* Fisch.; *Scutellaria lanceolaria* Miq.

【习性】多年生草本。生向阳草地及休荒地。

【东北地区分布】黑龙江省大庆、安达、哈尔滨、呼玛、肇东、肇州、林甸、明水、青岗、讷河、富裕、杜尔伯特、甘南、萝北、汤原、东宁、黑河、逊克等地：吉林省镇赉、双辽、通榆、前郭尔罗斯；辽宁省法库、本溪、凤城、营口、盖州、普兰店、长海、金州、大连、北镇、葫芦岛、兴城、绥中、建平、建昌、凌源；内蒙古海拉尔、额尔古纳、牙克石、鄂伦春、鄂温克、扎赉特旗、扎鲁特旗、巴林左旗、巴林右旗、喀喇沁旗、宁城、东乌珠穆沁旗、西乌珠穆沁旗、锡林浩特、太仆寺旗、多伦等地。

【食用价值】嫩叶炒制后可代茶。要注意其不良报道，详见本种附注。

【药用功效】根、果实入药，根具有清热燥湿、泻火解毒、止血、安胎的功效，果实具有清热解毒的功效。

【附注】国外报道称，本种含有肝毒素。鉴于此，不宜长期饮用其茶。

并头黄芩 Scutellaria scordifolia Fisch. ex Schrank

【俗名】山麻子；头巾草

【异名】*Scutellaria galericulata* Linn. var. *scordifolia* Regel; *Scutellaria scordifolia* Fisch. ex Schrank var. *subglabra* Komarov

【习性】多年生草本。生草地、住宅附近、田边、沙地等处。

【东北地区分布】黑龙江省五大连池、北安、伊春、哈尔滨、佳木斯、安达、密山、阿城、大庆、

尚志、虎林、呼玛、黑河、嘉荫、鹤岗、萝北、爱辉等地；吉林省通愉、长春、白城、汪清；辽宁省桓仁、昌图、新民、彰武、凌源、庄河、长海；内蒙古海拉尔、额尔古纳、根河、牙克石、扎兰屯、满洲里、鄂温克、陈巴尔虎旗、新巴尔虎左旗、科尔沁右翼前旗、科尔沁左翼后旗、赤峰、克什克腾旗、巴林右旗、喀喇沁旗、宁城、阿荣旗、扎鲁特旗、翁牛特旗、扎赉特旗、乌兰浩特、东乌珠穆沁旗、西乌珠穆沁旗、锡林浩特、苏尼特左旗、正蓝旗、多伦等地。

【食用价值】嫩叶炒制后可代茶。要注意其不良报道，详见本种附注。

【药用功效】全草入药，具有清热、解毒、利尿的功效。

【附注】虽然未见本种的毒性报道，但同属植物有的含有肝毒素。鉴于此，不宜长期饮用其茶。

沙滩黄芩 Scutellaria strigillosa Hemsl.

【俗名】瓜子兰

【异名】*Scutellaria scordifolia* var. *hirta* Fr. Schmidt; *Scutellaria schmidtii* Kudo; *Scutellaria taquetii* Levl. et Vaniot

【习性】多年生草本。生海边沙地。

【东北地区分布】黑龙江省密山；辽宁省大连、长海、瓦房店、绥中、东港等地。

【食用价值】嫩叶炒制后可代茶。要注意其不良报道，详见本种附注。

【药用功效】全草入药，具有清热利尿、消肿的功效。

【附注】虽然未见本种的毒性报道，但同属植物有的含有肝毒素。鉴于此，不宜长期饮用其茶。

水苏属 Stachys L.

甘露子 Stachys affinis Bunge

【俗名】甘露儿；罗汉菜；益母膏；地蚕；宝塔菜；螺蛳菜

【异名】*Stachys sieboldii* Miq.

【习性】多年生草本。蔬菜作物，也见山坡岩石缝间野生。

【东北地区分布】辽宁省本溪、桓仁，其他地方有栽培。

【食用价值】嫩苗、块茎有食用价值。

地下块茎肥大，脆嫩无纤维，可做酱菜或泡菜。

嫩苗焯水、浸泡后可炒食、凉拌、蘸酱或腌渍咸菜，也可用作馅料。

【药用功效】全草及块茎入药，具有祛风热、利湿、活血散瘀的功效。

华水苏 Stachys chinensis Bunge ex Benth.

【俗名】水苏

【异名】*Stachys aspera* Michx. var. *chinensis* (Bunge) Maxim.; *Stachys baicalensis* Fisch. ex Benth. var. *chinensis* (Bunge) Komarov; *Stachys chanetii* Levl.

【习性】多年生草本。生湿草地、河边及水甸子边等处。

【东北地区分布】黑龙江省呼玛、齐齐哈尔、虎林、大庆、密山、安达、哈尔滨、黑河、伊春；吉林省安图、通化、前郭尔罗斯、镇赉、汪清、抚松、长白；辽宁省凤城、彰武、普兰店、抚顺、盘锦、凌源、丹东、大连、瓦房店、新民、法库、新宾、本溪；内蒙古额尔古纳、科尔沁右翼前旗、扎赉特旗、乌兰浩特、扎鲁特旗、突泉、通辽、巴林右旗、翁牛特旗、宁城等地。

【食用价值】嫩苗焯水、浸泡后可炒食、凉拌、蘸酱或腌渍咸菜，也可用作馅料。

【药用功效】全草、根入药，全草具有疏风理气、解表化瘀、止血消炎的功效，根具有消炎、平肝、补阴的功效。

水苏 Stachys japonica Miq.

【俗名】鸡苏；望江青；还精草；玉葜草；银脚鹭鸶；血见愁；天芝麻；宽叶水苏

【异名】*Stachys aspera* Michx. var. *chinensis* (Bunge) Maxim. f. *glabrata* Nakai; *Stachys japonica* Miq. f. *glabrata* Matsum. et Kudo ex Kudo

【习性】多年生草本。生水沟边、河旁湿地。

【东北地区分布】吉林省靖宇、汪清；辽宁省凤城、瓦房店、庄河、沈阳、抚顺、宽甸、本溪、铁岭；内蒙古海拉尔等地。

【食用价值】嫩苗焯水、浸泡后可炒食、凉拌、蘸酱或腌渍咸菜，也可用作馅料。

【药用功效】全草、根、根状茎入药，具有清热解毒、止咳利咽、止血消肿的功效。

毛水苏 Stachys riederi Cham.

【俗名】水苏草

【异名】*Stachys baicalensis* Fisch. ex Benth.

【习性】多年生草本。湿草地及河岸上。

【东北地区分布】黑龙江省哈尔滨、尚志、密山、集贤、嫩江、黑河、伊春、爱辉、呼玛、虎林、萝北、宝清、安达；吉林省靖宇、抚松、安图、珲春、汪清、长春、和龙、蛟河；辽宁省沈阳；内蒙古海拉尔、额尔古纳、根河、牙克石、鄂伦春、鄂温克、满洲里、科尔沁右翼前旗、通辽、克什克腾旗、喀喇沁旗、东乌珠穆沁旗、锡林浩特、多伦、太仆寺旗等地。

【食用价值】嫩苗焯水、浸泡后可炒食、凉拌、蘸酱或腌渍咸菜，也可用作馅料。

【药用功效】全草、根入药，具有疏风理气、止血消炎的功效，根具有清火、平肝、补阴的功效。

百里香属 Thymus L.

地椒 Thymus quinquecostatus Celak.

【俗名】五脉百里香；五脉地椒

【异名】不详

【习性】矮小半灌木。生山坡、海边低丘上。

【东北地区分布】辽宁省北镇、建平、营口、大连、普兰店、瓦房店、金州等地。

【食用价值】茎、叶为作食品调味品的精油的来源，应在初夏和夏末花朵开放前收获，并迅速干燥；煮肉时也可以直接用作调料。要注意其有毒报道，详见本种附注。

【药用功效】地上部分入药，具有祛风解表、行气止痛的功效。

【附注】本种有小毒，不能大量使用，宜作调味料少量使用。

牡荆属（黄荆属）Vitex L.

荆条 Vitex negundo var. heterophylla (Franch.) Rehd.

【俗名】不详

【异名】*Vitex incisa* Lamk. var. *heterophylla* Franch.; *Vitexincise* Lank.; *Vitex negundo* Linn. var. *incise* (Lank.) C. B. Clarke

【习性】落叶灌木。生山坡或灌丛中。

【东北地区分布】辽宁省本溪、凌源、建平、朝阳、建昌、喀左、北镇、锦州、兴城、绥中、沈阳、瓦房店、大连、金州；内蒙古库伦旗、敖汉旗等地。

【食用价值】嫩芽、嫩叶、种子有食用价值。

嫩芽和嫩叶炒制后可代茶。

种子可作调味品使用，是胡椒的替代品；还可作为应急食品，在饥荒或没有其他食物的非常时期，磨粉与面粉一起做馒头、饼等食物。

【药用功效】全株、茎汁、叶、果实入药，其中，全株具有清热止咳、化湿截疟的功效，茎汁具有除风热、化痰涎、通经络、行气血的功效，叶具有清热解表的功效。

通泉草科 Mazaceae

通泉草属 Mazus Lour.

弹刀子菜 Mazus stachydifolius (Turcz.) Maxim.

【俗名】不详

【异名】*Tittmannia stachydifolia* Turcz.; *Vandellia stachydifolia* Walp.; *M. villosus* Hemsl.; *M. simada* Masamune

【习性】多年生草本。生山坡草地及路旁、潮湿地。

【东北地区分布】黑龙江省黑河、哈尔滨、集贤、安达、大庆、富锦、密山、萝北；吉林省双辽、临江、梅河口、镇赉、辉南、柳河、前郭尔罗斯；辽宁省沈阳、鞍山、盖州、丹东、桓仁、庄河、瓦房店、长海、大连、昌图、北镇、义县、绥中；内蒙古额尔古纳、牙克石、扎兰屯、鄂伦春、科尔沁右翼前旗、扎赉特旗、突泉、乌兰浩特等地。

【食用价值】嫩苗可作为应急食品，在饥荒或没有其他食物的非常时期，焯水、浸泡后少食。

【药用功效】全草入药，具有清热、解毒、消肿的功效。

透骨草科 Phrymaceae

狗面花属（沟酸浆属）Mimulus L.

沟酸浆 Mimulus tenellus Bunge

【俗名】不详

【异名】*Erythranthe tenella* (Bunge) G. L. Nesom

【习性】一年生匍匐草本。生水边及潮湿地。

【东北地区分布】黑龙江省各林区；吉林省珲春、汪清、安图、蛟河；辽宁省凌源、北镇、新宾、清原、桓仁、本溪、宽甸、盖州、大连；内蒙古科尔沁左翼后旗、大青沟等地。

【食用价值】嫩苗焯水、浸泡后可炒食、凉拌、蘸酱或腌渍咸菜。

【药用功效】全草入药，具有收敛、止泻、止痛、解毒的功效。

列当科 Orobanchaceae

山罗花属（山萝花属）Melampyrum L.

山罗花 Melampyrum roseum Maxim.

【俗名】山萝花

【异名】*Melampyrum esquirolii* (Levl. et Vant.) Hand.-Mazz.; *M. henryanum* (Beauv.) Soo; *M. roseum* subsp. *hirsutum* Soo

【习性】一年生直立草本。生疏林下及林缘草地。

【东北地区分布】黑龙江省黑河、萝北、伊春、密山、虎林、呼玛、依兰、宁安、绥芬河、鹤岗、北安、宝清、饶河；吉林省长春、吉林、珲春、辉南、临江、通化、集安、抚松、安图、汪清；辽宁省凌源、喀左、沈阳、鞍山、营口、盖州、普兰店、铁岭、西丰、抚顺、清原、新宾、本溪、桓仁；内蒙古莫力达瓦达斡尔、鄂伦春、扎赉特旗、科尔沁左翼右旗、扎鲁特旗、喀喇沁旗、宁城等地。

【食用价值】根具有清凉的功效，可代茶。

【药用功效】全草入药，具有清热解毒的功效。

马先蒿属 Pedicularis L.

鸡冠子花 Pedicularis mandshurica Maxim.

【俗名】鸡冠马先蒿

【异名】不详

【习性】多年生草本。生海拔1000米左右的湿润的腐殖土中及岩上。

【东北地区分布】吉林省安图；辽宁省本溪、宽甸、凤城、沈阳等地。

【食用价值】幼苗开水焯、清水浸泡后可炒食、凉拌、蘸酱或腌渍咸菜，也可作包子或饺子的馅料。

【药用功效】全草入药，具有清热利尿、祛风除湿的功效。

返顾马先蒿 Pedicularis resupinata L.

【俗名】不详

【异名】*Pedicularis resupinata* var. *typica* H. L. Li

【习性】多年生草本。生草地、林缘、针叶林下、山坡灌丛、山沟、杂木林中。

【东北地区分布】黑龙江省嫩江、呼玛、密山、绥

芬河、尚志、萝北、伊春；吉林省永吉、长白、安图、蛟河、珲春、汪清、吉林、通化、抚松；辽宁省本溪、桓仁、凤城、宽甸、东港、鞍山、岫岩、庄河、开原、西丰；内蒙古额尔古纳、根河、牙克石、扎兰屯、鄂温克、陈巴尔虎旗、科尔沁右翼前旗、克什克腾旗、喀喇沁旗、东乌珠穆沁旗等地。

【食用价值】嫩苗焯水、浸泡后可炒食、凉拌、蘸酱或腌渍咸菜，也可用作馅料。

【药用功效】根、茎叶入药，具有清热解毒、祛风、胜湿、利水的功效。

地黄属 Rehmannia Libosch. ex Fisch. et Mey.

地黄 Rehmannia glutinosa (Gaertn.) Libosch. ex Fisch. et Mey.

【俗名】生地；怀庆地黄

【异名】*Digitalis glutinosa* Gaertn.; *Rehmannia chinensis* Libosch. ex Fisch. et Mey.; *Rehmannia glutinosa* Libosh. var. *hemsleyana* Diels

【习性】多年生草本。生砂质壤土、荒山坡、山脚、墙边、路旁等处。

【东北地区分布】吉林省靖宇；辽宁省朝阳、义县、黑山、北票、凌源、建平、兴城、绥中、北镇、盖州、大连、宽甸、凤城；内蒙古敖汉旗大黑山、赤峰、敖汉旗、喀喇沁旗、宁城、通辽等地。

【食用价值】嫩苗、根有食用价值。要注意其有毒报道，详见本种附注。

嫩苗可作为应急食品，在饥荒或没有其他食物的非常时期，焯水、浸泡后少食。

根在唐朝之前是受欢迎的野菜，但是唐朝以后基本退出野菜行列了。

【药用功效】块根、叶、花、种子入药，其中，新鲜块根具有清热生津、凉血、止血的功效，干燥块根具有清热凉血、养阴生津的功效。

【附注】全草有毒，牲畜食后引起呕吐和腹泻，大剂量可使心脏中毒。

阴行草属 Siphonostegia Benth.

阴行草 Siphonostegia chinensis Benth.

【俗名】北刘寄奴

【异名】不详

【习性】一年生草本。生向阳山坡与草地。

【东北地区分布】黑龙江省杜尔伯特、安达、双城、尚志、伊春、穆棱、哈尔滨、桦川、勃利、通河、依兰、东宁、宁安、萝北、密山、拜泉、鸡西；吉林省长春、吉林、舒兰、九台、伊通、安图、镇赉、前郭尔罗斯；辽宁省沈阳、彰武、新民、大连、瓦房店、海城、凤城、丹东、东港、营口、本溪、抚顺、鞍山、辽阳、盖州、铁岭、西丰、开原、阜新、凌源、建昌；内蒙古鄂伦春、鄂温克、阿荣旗、科尔沁右翼前旗、扎赉特旗、扎鲁特旗、科尔沁右翼后旗、翁牛特旗、喀喇沁旗、宁城、西乌珠穆沁旗等地。

【食用价值】国外文献报道称，果实可食，食法不详。

【药用功效】全草入药，具有活血祛瘀、通经止痛、凉血止血、清热利湿的功效。

桔梗科 Campanulaceae

沙参属 Adenophora Fisch.

阿穆尔沙参 Adenophora amurica C. X. Fu et M. Y. Liou

【俗名】不详

【异名】不详

【习性】多年生草本。生多石质山坡。

【东北地区分布】黑龙江省大兴安岭地区有记载，
待调查核实。

【食用价值】根、嫩苗有食用价值。

根富含淀粉，可作副食或用于酿酒。

嫩苗开水焯、清水反复浸泡后可作野菜食用，凉拌、炒菜、蘸酱均可，大量采集可以腌渍保存或制
什锦袋菜。

【药用功效】沙参属数种植物的根均入药，具有养阴清热、润肺化痰、益胃生津的功效。

【附注】中医提醒，风寒咳嗽禁服本品。

二型叶沙参 Adenophora biformifolia Y. Z. Zhao

【俗名】不详

【异名】不详

【习性】多年生草本。生森林带和森林草原带的山
地灌丛。

【东北地区分布】内蒙古阿鲁科尔沁旗、巴林左
旗、巴林右旗、克什克腾旗、西乌珠穆沁旗、大青沟、赤峰市红山区、敖汉旗等地。

【食用价值】根、嫩苗有食用价值。

根富含淀粉，可作副食或用于酿酒。

嫩苗开水焯、清水反复浸泡后可作野菜食用，凉拌、炒菜、蘸酱均可，大量采集可以腌渍保存或制
什锦袋菜。

【药用功效】根入药，具有养阴清肺、祛痰止咳的功效。

【附注】中医提醒，风寒咳嗽禁服本品。

北方沙参 Adenophora borealis Hong et Zhao Ye-zhi

【俗名】不详

【异名】不详

【习性】多年生草本。生山坡草地。

【东北地区分布】辽宁省北镇；内蒙古克什克腾旗、喀喇沁旗、巴林右旗、锡林浩特、正蓝旗、太仆寺旗等地。

【食用价值】根、嫩苗有食用价值。

根富含淀粉，可作副食或用于酿酒。

嫩苗开水焯、清水反复浸泡后可作野菜食用，凉拌、炒菜、蘸酱均可，大量采集可以腌渍保存或制什锦袋菜。

【药用功效】沙参属数种植物的根均入药，具有养阴清热、润肺化痰、益胃生津的功效。

【附注】中医提醒，风寒咳嗽禁服本品。

细叶沙参 Adenophora capillaris subsp. paniculata (Nannfeldt) D. Y. Hong & S. Ge

【俗名】紫沙参

【异名】Adenophora paniculata Maxim.

【习性】多年生草本。生较干旱的山坡草地、灌丛及林缘。

【东北地区分布】黑龙江省呼玛、伊春、虎林、海林；辽宁省大连、金州、凌源；内蒙古科尔沁右翼前旗、巴林右旗、宁城、敖汉旗、阿鲁科尔沁旗、喀喇沁旗、锡林浩特等地。

【食用价值】根、嫩苗有食用价值。

根富含淀粉，可作副食或用于酿酒。

嫩苗开水焯、清水反复浸泡后可作野菜食用，凉拌、炒菜、蘸酱均可，大量采集可以腌渍保存或制什锦袋菜。

【药用功效】根入药，具有清热养阴、润肺、祛痰止咳的功效。

【附注】中医提醒，风寒咳嗽禁服本品。

缢花沙参 Adenophora contracta (Kitag.) J. Z. Qiu & D. Y. Hong

【俗名】缢花石沙参

【异名】Adenophora polyantha Nakai var. contracta Kitag.

【习性】多年生草本。生山沟丘陵地及山野较干燥的阳坡。

【东北地区分布】辽宁省朝阳、凌源、北镇、沈阳

（模式标本产北陵）等地。

【食用价值】根、嫩苗有食用价值。

根富含淀粉，可作副食或用于酿酒。

嫩苗开水焯、清水反复浸泡后可作野菜食用，凉拌、炒菜、蘸酱均可，大量采集可以腌渍保存或制什锦袋菜。

【药用功效】沙参属数种植物的根均入药，具有养阴清热、润肺化痰、益胃生津的功效。

【附注】中医提醒，风寒咳嗽禁服本品。

展枝沙参 Adenophora divaricata Franch. et Sav.

【俗名】不详

【异名】*Adenophora divaricata* var. *manshurica* (Nakai) Kitagawa; *A. manshurica* Nakai

【习性】多年生草本。生山地草甸及林缘。

【东北地区分布】黑龙江省哈尔滨、阿城、密山、黑河、伊春、虎林、鸡西、宁安、绥芬河、北安、依兰、呼玛、萝北、克山、东宁、鸡东、饶河；吉林省安图、汪清、临江、通化、珲春、吉林、九台、和龙、敦化、长春；辽宁省建昌、沈阳、辽阳、鞍山、丹东、宽甸、庄河、大连、瓦房店、本溪、桓仁、法库、北镇、新宾、岫岩、凌源、西丰、铁岭；内蒙古根河、牙克石、扎兰屯、鄂伦春、科尔沁右翼前旗、奈曼旗（青龙山）、翁牛特旗、克什克腾旗、喀喇沁旗、宁城等地。

【食用价值】根、嫩苗有食用价值。

根富含淀粉，可作副食或用于酿酒。

嫩苗开水焯、清水反复浸泡后可作野菜食用，凉拌、炒菜、蘸酱均可，大量采集可以腌渍保存或制什锦袋菜。

【药用功效】根入药，具有养阴清热、润肺止咳、养胃生津的功效。

【附注】中医提醒，风寒咳嗽禁服本品。

狭叶沙参 Adenophora gmelinii (Spreng.) Fisch.

【俗名】二裂沙参

【异名】*Adenophora biloba* Y. Z. Zhao

【习性】多年生草本。生草甸草原、山坡草地或林缘。

【东北地区分布】黑龙江省克山、呼玛、富裕、哈尔滨、黑河、大庆、萝北、安达、宁安、杜尔伯特、逊克、通河；吉林省扶余、乾安、通榆、安图、镇赉、大安、洮南；辽宁省彰武、沈阳、本溪、大连、旅顺口、喀左、丹东；内蒙古额尔古纳、牙克石、满洲里、鄂伦春、鄂温克、陈巴尔虎旗、科尔沁右翼前旗、科尔沁右翼中旗、扎赉特旗、扎鲁特旗、翁

牛特旗、敖汉旗、巴林右旗、阿鲁科尔沁旗、克什克腾旗、喀喇沁旗、宁城、西乌珠穆沁旗、锡林浩特等地。

【食用价值】根、嫩苗有食用价值。

根富含淀粉29%，可作副食或用于酿酒。

嫩苗开水焯、清水反复浸泡后可作野菜食用，凉拌、炒菜、蘸酱均可，大量采集可以腌渍保存或制什锦袋菜。

【药用功效】根入药，具有清热养阴、润肺止咳、祛痰的功效。

【附注】中医提醒，风寒咳嗽禁服本品。

大花沙参 Adenophora grandiflora Nakai

【俗名】不详

【异名】不详

【习性】多年生草本。生林间草地。

【东北地区分布】黑龙江省尚志（帽儿山）；吉林省安图；辽宁省桓仁、凤城、旅顺口、鞍山（千山）等地。

【食用价值】根、嫩苗有食用价值。

根富含淀粉，可作副食或用于酿酒。

嫩苗开水焯、清水反复浸泡后可作野菜食用，凉拌、炒菜、蘸酱均可，大量采集可以腌渍保存或制什锦袋菜。

【药用功效】沙参属数种植物的根均入药，具有养阴清热、润肺化痰、益胃生津的功效。

【附注】中医提醒，风寒咳嗽禁服本品。

小花沙参 Adenophora micrantha Hong

【俗名】不详

【异名】Adenophora suolunensis P. F. Tu et X. F. Zhao

【习性】多年生草本。生山丘。

【东北地区分布】内蒙古科尔沁右翼中旗、扎赉特旗、科尔沁右翼前旗、扎鲁特旗、巴林左旗等地。

【食用价值】根、嫩苗有食用价值。

根富含淀粉，可作副食或用于酿酒。

嫩苗开水焯、清水反复浸泡后可作野菜食用，凉拌、炒菜、蘸酱均可，大量采集可以腌渍保存或制什锦袋菜。

【药用功效】根入药，在内蒙古地区作沙参用。

【附注】中医提醒，风寒咳嗽禁服本品。

沼沙参 Adenophora palustris Kom.

【俗名】不详

【异名】不详

【习性】多年生草本。生沼泽、草甸。

【东北地区分布】黑龙江省尚志（帽儿山）等地。
吉林省及辽宁省东部有记载，待调查核实。

【食用价值】根、嫩苗有食用价值。

根富含淀粉，可作副食或用于酿酒。

嫩苗开水焯、清水反复浸泡后可作野菜食用，凉拌、炒菜、蘸酱均可，大量采集可以腌渍保存或制什锦袋菜。

【药用功效】根入药，具有清热养阴、祛痰止咳的功效。

【附注】中医提醒，风寒咳嗽禁服本品。

长白沙参 Adenophora pereskiifolia (Fisch.) G. Don

【俗名】不详

【异名】*Adenophora latifolia* Fisch.; *A. communis* var. *latifolia* Trautv.; *A. polymorpha* var. *verticillata* Franch. et Sav.; *A. curvidens* Nakai; *A. pereskiifolia* var. *curvidens* (Nakai) Kitagawa

【习性】多年生草本。生山坡、林缘、森林灌丛或林间草地。

【东北地区分布】黑龙江省伊春、虎林、塔河、鸡西、佳木斯、牡丹江、绥芬河、宁安、黑河、尚志、饶河、密山、海林、呼玛、嫩江、萝北；吉林省辉南、长白、靖宇、安图、汪清、抚松、和龙、珲春、临江；辽宁省凌源、建昌、义县、北镇、鞍山、本溪、桓仁、庄河、普兰店、瓦房店、凤城、宽甸、新宾、西丰；内蒙古额尔古纳、根河、牙克石、满洲里、鄂伦春、科尔沁右翼前旗、宁城、东乌珠穆沁旗（宝格达山）等地。

【食用价值】根、嫩苗有食用价值。

根富含淀粉，可作副食或用于酿酒。

嫩苗开水焯、清水反复浸泡后可作野菜食用，凉拌、炒菜、蘸酱均可，大量采集可以腌渍保存或制什锦袋菜。

【药用功效】根入药，具有清热养阴、祛痰止咳的功效。

【附注】中医提醒，风寒咳嗽禁服本品。

松叶沙参 Adenophora pinifolia Kitag.

【俗名】不详

【异名】不详

【习性】多年生草本。生干旱向阳的石质山坡草地。

【东北地区分布】辽宁省大连、金州、阜新、连山、黑山。

【食用价值】根、嫩苗有食用价值。

根富含淀粉，可作副食或用于酿酒。

嫩苗开水焯、清水反复浸泡后可作野菜食用，凉拌、炒菜、蘸酱均可，大量采集可以腌渍保存或制什锦袋菜。

【药用功效】根入药，具有润肺止咳、益气生津的功效。

【附注】中医提醒，风寒咳嗽禁服本品。

石沙参 Adenophora polyantha Nakai

【俗名】光萼石沙参

【异名】*Adenophora polyantha* var. *glabricalyx* Kitag.

【习性】多年生草本。生山沟丘陵地及山野较干燥的阳坡。

【东北地区分布】黑龙江省呼玛、塔河、密山、宁安；吉林省辉南、长白、靖宇、汪清、安图、珲春、通榆、通化；辽宁省鞍山、岫岩、营口、盖州、丹东、庄河、普兰店、本溪、大连、瓦房店、沈阳、凌源、锦州、北镇、葫芦岛、新民、兴城、凤城、长海、法库、西丰、铁岭、建平、建昌、喀左、阜蒙；内蒙古额尔古纳、扎兰屯、牙克石、阿尔山、科尔沁右翼前旗、阿鲁科尔沁旗等地。

【食用价值】根、嫩苗有食用价值。

根富含淀粉，可作副食或用于酿酒。

嫩苗开水焯、清水反复浸泡后可作野菜食用，凉拌、炒菜、蘸酱均可，大量采集可以腌渍保存或制什锦袋菜。

【药用功效】根入药，具有清热养阴、祛痰止咳的功效。

【附注】中医提醒，风寒咳嗽禁服本品。

多歧沙参 Adenophora potaninii subsp. **wawreana** (Zahlbr.) S. Ge & D. Y. Hong

【俗名】

【异名】*Adenophora wawreana* A. Zahlbr.; *A. wawreana* f. *oligotricha* Kitagawa; *A. wawreana* f. *polytricha* Kitagawa

【习性】多年生草本。生阴坡草丛或灌木林中。

【东北地区分布】辽宁省建平、凌源、建昌、锦

州、法库；内蒙古科尔沁右翼前旗、科尔沁右翼中旗、扎赉特旗、科尔沁左翼后旗（大青沟）、翁牛特旗、敖汉旗、巴林左旗、阿鲁科尔沁旗、克什克腾旗、喀喇沁旗、宁城、赤峰市红山区、西乌珠穆沁旗等地。

【食用价值】根、嫩苗有食用价值。

根富含淀粉，可作副食或用于酿酒。

嫩苗开水焯、清水反复浸泡后可作野菜食用，凉拌、炒菜、蘸酱均可，大量采集可以腌渍保存或制什锦袋菜。

【药用功效】根入药，具有养阴清肺、祛痰止咳的功效。

【附注】中医提醒，风寒咳嗽禁服本品。

薄叶荠苨 Adenophora remotiflora (Sieb. ex Zucc.) Miq.

【俗名】不详

【异名】*Adenophora remotiflora* f. *longifolia* Kom.; *Campanula remotiflora* Sieb. et Zucc.

【习性】多年生草本。生山坡林缘。

【东北地区分布】黑龙江省尚志、宁安、海林；吉林省临江、通化、柳河、梅河口、珲春、和龙、蛟河、集安、辉南、抚松、靖宇、长白、安图、敦化、汪清；辽宁省本溪、桓仁、海城、盖州、宽甸、凤城、凌源、北镇、大连、庄河、瓦房店、鞍山、法库；内蒙古鄂伦春、科尔沁左翼后旗、大青沟等地。

【食用价值】根、嫩苗有食用价值。

根富含淀粉，可作副食或用于酿酒。

嫩苗开水焯、清水反复浸泡后可作野菜食用，凉拌、炒菜、蘸酱均可，大量采集可以腌渍保存或制什锦袋菜。

【药用功效】幼苗、根入药，幼苗用于腹脏风壅、咳嗽上气，根具有化痰、清热、解毒的功效。

【附注】中医提醒，风寒咳嗽禁服本品。

长柱沙参 Adenophora stenanthina (Ledeb.) Kitag.

【俗名】不详

【异名】*Adenophora marsupiiflora* Fisch.; *A. coronata* A. DC.; *A. crispata* Turcz. ex Ledeb.; *A. marsupiiflora* f. *crispata* Korsh.; *Floerkea marsupiiflora* Spreng.

【习性】多年生草本。生山地草甸草原。

【东北地区分布】黑龙江省富裕、齐齐哈尔、伊春、五营；吉林省珲春；辽宁省朝阳、新宾；内蒙古海拉尔、额尔古纳、鄂温克、陈巴尔虎旗、新巴尔虎左旗、新巴尔虎右旗、科尔沁右翼前旗、敖汉旗、巴林右旗、阿鲁科尔沁旗、克什克腾旗、东乌珠穆沁旗、西乌珠穆沁旗、锡林浩特、阿巴嘎旗、正

蓝旗等地。

【食用价值】根、嫩苗有食用价值。

根富含淀粉，可作副食或用于酿酒。

嫩苗开水焯、清水反复浸泡后可作野菜食用，凉拌、炒菜、蘸酱均可，大量采集可以腌渍保存或制什锦袋菜。

【药用功效】根入药，具有清热养阴、利肺止咳、生津的功效。

【附注】中医提醒，风寒咳嗽禁服本品。

扫帚沙参 Adenophora stenophylla Hemsl.

【俗名】细叶沙参；蒙古沙参

【异名】*Adenophora mongolica* Baran.; *A. stenophylla* var. *denudata* Kitagawa

【习性】多年生草本。生干草地。

【东北地区分布】黑龙江省黑河、大庆、哈尔滨、齐齐哈尔、安达；吉林省镇赉、洮南、双辽、乾安、前郭尔罗斯、长岭、通榆；辽宁省沈北、彰武、庄河；内蒙古满洲里、海拉尔、额尔古纳、鄂伦春、扎赉特旗、科尔沁右翼前旗、乌兰浩特、科尔左翼中旗等地。

【食用价值】根、嫩苗有食用价值。

根富含淀粉，可作副食或用于酿酒。

嫩苗开水焯、清水反复浸泡后可作野菜食用，凉拌、炒菜、蘸酱均可，大量采集可以腌渍保存或制什锦袋菜。

【药用功效】根入药，具有清热养阴、祛痰止咳的功效。

【附注】中医提醒，风寒咳嗽禁服本品。

轮叶沙参 Adenophora tetraphylla (Thunb.) Fisch.

【俗名】南沙参；四叶沙参

【异名】*Adenophora verticillata* Fisch.; *A. triphylla* (Thunb.) A. DC.; *A. radiatifolia* Nakai; *A. obtusifolia* Merr.; *Campanula verticillata* Pall.; *C. tetraphylla* Thunb.; *C. triphylla* Thunb.

【习性】多年生草本。生山地林缘、山坡草地以及河滩草甸等处。

【东北地区分布】黑龙江省伊春、密山、大庆、阿城、黑河、虎林、萝北、饶河、依兰、哈尔滨、友谊、勃利、塔河、牡丹江、呼玛、安达、宁安；吉林省长白、临江、通化、珲春、和龙、梅河口、集安、辉南、抚松、靖宇、白山、汪清、安图、柳河、镇赉；辽宁省各地；内蒙古额尔古纳、海拉尔、牙克石、扎兰屯、鄂伦春、阿荣旗、陈巴尔虎旗、科尔沁右翼前旗、扎赉特旗、科尔沁左翼后旗、翁牛特

旗、敖汉旗、巴林右旗、阿鲁科尔沁旗、喀喇沁旗、宁城、东乌珠穆沁旗、西乌珠穆沁旗、锡林浩特等地。

【食用价值】根、嫩苗有食用价值。

根含淀粉28%，可作副食或用于酿酒。

嫩苗开水焯、清水反复浸泡后可作野菜食用，凉拌、炒菜、蘸酱均可，大量采集可以腌渍保存或制什锦袋菜。

【药用功效】干燥根入药，具有养阴清肺、益胃生津、化痰、益气的功效。

【附注】中医提醒，风寒咳嗽禁服本品。

荠苨 Adenophora trachelioides Maxim.

【俗名】心叶沙参；杏叶菜；老母鸡肉

【异名】*Adenophora isabellae* Hemsl

【习性】多年生草本。生山坡草地或林边。

【东北地区分布】黑龙江省东部地区；吉林省长白、安图；辽宁省各地；内蒙古牙克石、科尔沁右翼中旗、科尔沁左翼后旗、大青沟、翁牛特旗、敖汉旗、喀喇沁旗等地。

【食用价值】根、嫩苗有食用价值。

根富含淀粉，可作副食或用于酿酒，出酒率10%～15%。

嫩苗开水焯、清水反复浸泡后可作野菜食用，凉拌、炒菜、蘸酱均可，大量采集可以腌渍保存或制什锦袋菜。

【药用功效】苗、根、叶入药，苗、叶具有消壅解毒、止咳退黄的功效，根具有清热解毒、化痰的功效。

【附注】中医提醒，风寒咳嗽禁服本品。

锯齿沙参 Adenophora tricuspidata (Fisch. ex Roem. et Schult.) A. DC.

【俗名】不详

【异名】*Adenophora denticulata* Fisch.; *Campanula tricuspidata* Fisch. ex Roem. et Schult.; *C.denticulata* Spreng.; *C. richteri* Borb.

【习性】多年生草本。生向阳草坡。

【东北地区分布】黑龙江省黑河、伊春、嫩江、萝北、克山、呼玛、逊克；辽宁省鞍山；内蒙古额尔古纳、根河、牙克石、扎兰屯、鄂伦春、鄂温克、莫力达瓦达斡尔、科尔沁右翼前旗、突泉、扎鲁特旗、阿鲁科尔沁旗、克什克腾旗、东乌珠穆沁旗、西乌珠穆沁旗等地。

【食用价值】根、嫩苗有食用价值。

根富含淀粉，可作副食或用于酿酒。

嫩苗开水焯、清水反复浸泡后可作野菜食用，凉拌、炒菜、蘸酱均可，大量采集可以腌渍保存或制什锦袋菜。

【药用功效】沙参属数种植物的根均入药，具有养阴清热、润肺化痰、益胃生津的功效。

【附注】中医提醒，风寒咳嗽禁服本品。

雾灵沙参 Adenophora wulingshanica Hong

【俗名】不详

【异名】*Adenophoraelata* f. *verticillata* Kitagawa

【习性】多年生草本。生海拔1200～1700米的石灰岩山沟灌丛或草地中，少数生路边林下。

【东北地区分布】内蒙古喀喇沁旗。

【食用价值】根、嫩苗有食用价值。

根富含淀粉，可作副食或用于酿酒。

嫩苗开水焯、清水反复浸泡后可作野菜食用，凉拌、炒菜、蘸酱均可，大量采集可以腌渍保存或制什锦袋菜。

【药用功效】根入药，具有养阴清肺、祛痰止咳的功效。

【附注】中医提醒，风寒咳嗽禁服本品。

牧根草属 Asyneuma Griseb. et Schenk

牧根草 Asyneuma japonicum (Miq.) Briq.

【俗名】山生菜

【异名】*Phyteuma japonicum* Miq.

【习性】多年生草本。生山地阔叶林下或林缘草地。

【东北地区分布】黑龙江省哈尔滨、宁安、桦川；吉林省和龙、安图、汪清、珲春、抚松、靖宇、通化；辽宁省各地。

【食用价值】幼苗可以生食，也可焯水、浸泡后炒食、凉拌、蘸酱等，也可作馅料。

【药用功效】根入药，具有养阴清肺、清虚火、止咳的功效。

风铃草属 Campanula L.

聚花风铃草 Campanula glomerata L.

【俗名】北疆风铃草

【异名】*Campanula glomerata* subsp. *cephalotes* (Fisch. ex Schrank) D. Y. Hong

【习性】多年生草本。生山坡、林缘、湿草地。

【东北地区分布】黑龙江省漠河、饶河、呼玛、嘉荫、萝北、尚志、塔河、孙吴、通河、集贤、富锦、伊春、哈尔滨、阿城、密山、虎林、黑河、绥芬河、宁安；吉林省白山、临江、通化、梅河口、辉南、集安、珲春、敦化、和龙、九台、安图、汪清、长白、柳河、永吉、抚松、靖宇；辽宁省沈阳、抚顺、本溪、桓仁、鞍山、北镇、营口、开原、大连、庄河、辽阳、宽甸、凤城、岫岩、西丰；内蒙古额尔古纳、根河、鄂伦春、鄂温克、陈巴尔虎旗、新巴尔虎左旗、科尔沁右翼前旗、东乌珠穆沁旗（宝格达山）等地。

【食用价值】幼苗、花可食。

嫩苗开水焯、清水反复浸泡后可作野菜食用，凉拌、炒菜、蘸酱均可，大量采集可以腌渍保存或制什锦袋菜。

花用于沙拉或菜品装饰。

【药用功效】全草入药，具有清热解毒、止痛的功效。

紫斑风铃草 Campanula punctata Lam.

【俗名】吊钟花；灯笼花；山萤袋

【异名】*Campanula nobilis* Lindley

【习性】多年生草本。生林缘、灌丛或草丛中。

【东北地区分布】黑龙江省呼玛、嘉荫、集贤、阿城、伊春、萝北、尚志、密山、黑河、虎林、富锦、宁安、哈尔滨；吉林省临江、通化、珲春、磐石、梅河口、辉南、集安、柳河、抚松、靖宇、长白、安图；辽宁省凌源、义县、北镇、彰武、西丰、本溪、宽甸、桓仁、鞍山、岫岩、庄河、瓦房店、大连；内蒙古额尔古纳、根河、牙克石、鄂伦春、科尔沁左翼后旗、大青沟、翁牛特旗、克什克腾旗、喀喇沁旗、宁城、赤峰市红山区、锡林浩特等地。

【食用价值】幼苗、花可食。

嫩苗开水焯、清水反复浸泡后可作野菜食用，凉拌、炒菜、蘸酱均可，大量采集可以腌渍保存或制什锦袋菜。

花用于沙拉或菜品装饰。

【药用功效】全草和根入药，全草用于咽喉痛、头痛、难产，根具有清热解毒、祛风除湿、止痛、平喘的功效。

党参属 Codonopsis Wall.

羊乳 Codonopsis lanceolata (Sieb. et Zucc.) Traut.

【俗名】轮叶党参；羊奶；羊奶参；四叶参；山海螺

【异名】*Glossocomia hortensis* Rupr.; *G. lanceolata* Rgl.; *Campanumoea lanceolata* Sieb. et Zucc.

【习性】多年生草本。生山地灌木林下沟边阴湿地区或阔叶林内。

【东北地区分布】黑龙江省阿城、宁安、尚志、鸡西、虎林；吉林省吉林、白山、通化、梅河口、集安、辉南、珲春、靖宇、抚松、长白、安图、柳河；辽宁省西丰、清原、桓仁、宽甸、建昌、凤城、鞍山、丹东、抚顺、本溪、庄河、凌源、阜新、瓦房店、北镇、朝阳；内蒙古科尔沁左翼后旗、大青沟等地。

【食用价值】根、幼苗有食用价值。

根含淀粉23.65%、葡萄糖4.81%，可提取淀粉或用于酿酒；也可炒食、煮食、凉拌或腌渍。

幼苗开水焯、清水浸泡后可炒食、凉拌、蘸酱或腌渍咸菜，也可作包子或饺子的馅料。

【药用功效】根入药，具有滋补强壮、补虚通乳、排脓解毒、祛痰的功效。

【附注】辽宁、吉林东部山区及大兴安岭漠河一带以本品作党参使用。

党参 Codonopsis pilosula (Franch.) Nannf.

【俗名】缠绕党参；素花党参

【异名】*Campanumoea pilosula* Franch.; *C. silvestris* Kom.

【习性】多年生草本。生山地灌木丛间及林缘。

【东北地区分布】黑龙江省阿城、伊春、五常、密山、尚志、海林；吉林省白山、通化、梅河口、集安、敦化、辉南、抚松、靖宇、柳河、汪清、安图、长白；辽宁省桓仁、新宾、抚顺、庄河、瓦房店、沈阳、凤城、本溪、宽甸、清原、岫岩；内蒙古科尔沁左翼后旗、赤峰、敖汉旗、宁城、喀喇沁旗等地。

【食用价值】根、幼苗有食用价值。

根含有淀粉、蔗糖、葡萄糖、菊糖、果糖、多种氨基酸及一些苷类和酯类化合物等，可提取淀粉或用于酿酒；也可炒食、煮食、凉拌或腌渍。

幼苗开水焯、清水浸泡后可炒食、凉拌、蘸酱或腌渍咸菜，也可作包子或饺子的馅料。

【药用功效】干燥根入药，具有补脾益肺、养血生津的功效。

【附注】本种药用时忌食萝卜、绿豆及强碱性食物，如葡萄、茶叶、葡萄酒、海带等。

雀斑党参 Codonopsis ussuriensis (Rupr. et Maxim.) Hemsl.

【俗名】乌苏里党参

【异名】*Codonopsis lanceolata* var. *ussuriensis* Trautv.; *Glossocomia ussuriensis* Rupr. et Maxim.; *G. lanceolata* Rgl.; *G. lanceolata* var. *obtusa* Rgl.; *G. lanceolata* var. *ussuriensis* Rgl.

【习性】多年生草本。生林缘、林内或林下。

【东北地区分布】黑龙江省黑河、伊春、虎林、密山、萝北、嫩江、依兰、哈尔滨；吉林省安图、汪清、珲春、梅河口、通化；辽宁省西丰、绥中、铁岭、开原、抚顺、海城、盖州、丹东、庄河、本溪、桓仁、岫岩等地。

【食用价值】根、幼苗有食用价值。

根含淀粉28%，可提取淀粉或用于酿酒；也可食用，炒食、煮食、凉拌或腌渍。

幼苗开水焯、清水浸泡后可炒食、凉拌、蘸酱或腌渍咸菜，也可作包子或饺子的馅料。

【药用功效】根入药，具有补气生津、健脾下乳的功效。

【附注】本种在辽宁省种群小，产量低。要以保护为主。

半边莲属 Lobelia L.

山梗菜 Lobelia sessilifolia Lamb.

【俗名】不详

【异名】*Lobelia camtschatica* Pall. ex Roem. et Schult.; *Rapuntium kamtschaticum* Presl; *Lobelia saligna* Fisch.

【习性】多年生草本。生湿草地、沼泽地或草甸。

【东北地区分布】黑龙江省虎林、伊春、勃利、黑河、佳木斯、密山、尚志、东宁、萝北、嘉荫、孙吴；吉林省白山、临江、通化、集安、敦化、蛟河、梅河口、珲春、柳河、辉南、抚松、靖宇、长白、安图；辽宁省庄河、彰武；内蒙古鄂伦春、莫力达瓦达斡尔、扎兰屯、牙克石、科尔沁左翼后旗、大青沟等地。

【食用价值】幼苗、嫩叶、花蕾开水焯、清水反复浸泡后可作蔬菜少量食用。要注意其有毒报道，详见本种附注。

【药用功效】根、叶或带花全草入药，具有宣肺化痰、清热解毒、利尿消肿的功效。

【附注】植物体含有有毒生物碱。牲畜食入过多，可使呼吸兴奋、肌肉麻痹，重则发生痉挛。

桔梗属 Platycodon A. DC.

桔梗 Platycodon grandiflorus (Jacq.) A. DC.

【俗名】铃铛花；包袱花

【异名】*Platycodon grandiflorus* var. *glaucus* Sieb. et Zucc.; *P. glaucus* Nakai; *P. chinensis* Lindl. et Paxton; *P. autumnalis* Decaisne; *Campanula grandiflora* Jacq.; *C. glauca* Thunb.

【习性】多年生草本。生山坡草地、山地林缘、灌丛、草甸、草原。

【东北地区分布】黑龙江省密山、黑河、宁安、北安、伊春、齐齐哈尔、鹤岗、鸡西、大庆、阿

城、安达、克山、呼玛、依兰、鸡东；吉林省白山、通化、集安、珲春、梅河口、辉南、抚松、靖宇、长白、镇赉、汪清、柳河、安图、敦化、九台、长春、和龙；辽宁省大连、普兰店、瓦房店、庄河、本溪、桓仁、抚顺、新宾、清原、营口、阜新、锦州、绥中、葫芦岛、建平、兴城、凌源、北镇、建昌、鞍山、丹东、东港、法库、沈阳、新民、铁岭、西丰、开原；内蒙古额尔古纳、牙克石、扎兰屯、鄂伦春、鄂温克、科尔沁右翼前旗、扎赉特旗、科尔沁左翼后旗、扎鲁特旗、敖汉旗、巴林左旗、巴林右旗、阿鲁科尔沁旗、喀喇沁旗、宁城、西乌珠穆沁旗等地。

【食用价值】根、幼苗有食用价值。

根含淀粉14%，是朝鲜族小菜狗宝咸菜的主要原料。

幼苗开水焯、清水浸泡后可炒食、凉拌、蘸酱或腌渍咸菜，也可作包子或饺子的馅料。

【药用功效】根、根状茎入药，具有宣肺、利咽、祛痰、排脓的功效。

【附注】桔梗科植物一般都无毒，但有报道称，本种的基生叶有毒，根也有毒。

睡菜科 Menyanthaceae

睡菜属 Menyanthes L.

睡菜 Menyanthes trifoliata L.

【俗名】绰菜；暝菜

【异名】不详

【习性】多年生草本。生沼泽中。

【东北地区分布】黑龙江省哈尔滨、伊春、黑河、萝北、集贤、密山、嘉荫；吉林省浑江、敦化、梅河口、辉南、靖宇、抚松、长白；辽宁省彰武、清原；内蒙古额尔古纳、科尔沁左翼后旗、科尔沁右翼前旗、大青沟等地。

【食用价值】根、叶有食用价值。

根富含淀粉，有辛辣味，可作为应急食品，在饥荒或没有其他食物的非常时期，干燥后磨成粉末，再用流水反复洗涤后食用，在洗涤过程中会损失一些维生素和矿物质，但可以大大改善适口性。

叶子具有强烈苦味，被用作啤酒花的替代品来制造啤酒。

【药用功效】全草、根状茎、叶入药，具有清热利尿、健胃消食、安心养神的功效。

【附注】大剂量使用可能导致腹痛、恶心、腹泻和呕吐，有红细胞损伤的报告（溶血）。影响可能由水杨酸成分造成。

本种为水生植物，污染水域不宜采食。

莕菜属（荇菜属）Nymphoides Seguier

莕菜 Nymphoides peltata (S. G. Gmel.) O. Kuntze

【俗名】荇菜

【异名】*Limnanthemum peltatum* S. G. Gmelin；
Menyanthes nymphoides Linnaeus

【习性】多年生草本。生池塘或不甚流动的河中。

【东北地区分布】黑龙江省哈尔滨、北安、萝北、呼玛、鸡东、依兰、阿城、齐齐哈尔；吉林省白城、敦化、安图；辽宁省沈阳、新民、铁岭、彰武、盘锦、凌海、丹东、庄河、鞍山；内蒙古各地。

【食用价值】嫩叶、嫩叶柄、花蕾均有食用价值，开水焯、清水反复浸泡后可作野菜食用。

【药用功效】全草入药，具有清热解毒、消肿利尿、发汗透疹的功效。

【附注】本种为水生植物，污染水域不宜采食。

菊科 Asteraceae (Compositae)

蓍属 Achillea L.

高山蓍 Achillea alpina L.

【俗名】不详

【异名】*Achillea mongolica* Fischer ex Sprengel；*A. sibirica* Ledebour；*A. sibirica* subsp. *mongolica* (Fischer ex Sprengel) Heimerl；*A. sinensis* Heimerl

【习性】多年生草本。生山坡湿草地、林缘、沟旁、路旁等地。

【东北地区分布】黑龙江省哈尔滨、密山、友谊、伊春、虎林、萝北、克山、汤原、塔河、呼玛；吉林省临江、通化、梅河口、集安、长春、安图、柳河、辉南、抚松、靖宇、长白；辽宁省沈阳、新民、鞍山、凤城、大连、朝阳、锦州、本溪、桓仁、抚顺、西丰、凌源、朝阳、锦州、彰武；内蒙古海拉尔、额尔古纳、根河、牙克石、鄂温克、科尔沁右翼前旗、扎赉特旗、扎鲁特旗、科尔沁左翼后旗、大青沟、克什克腾旗、巴林右旗、东乌珠穆沁旗、西乌珠穆沁旗等地。

【食用价值】幼苗焯水、浸泡后可炒食、凉拌、蘸酱、腌渍咸菜、晒干菜等。要注意其有毒报道，详见本种附注。

【药用功效】全草、地上部分、瘦果入药，其中，全草具有解毒消肿、止血、止痛的功效。

【附注】全草有毒，小鼠腹腔注射10～20毫克/克全草水煎剂，抽搐死亡；腹腔注射氯仿提取物1000毫克/千克时，出现活动减少、共济失调、呼吸深而慢，加大剂量则出现阵挛性惊厥、呼吸抑制、死亡。

蓍 Achillea millefolium L.

【俗名】千叶蓍；蚰蜒草

【异名】*Achillea millefolium* f. *albiflora* Dabrowska

417

【习性】多年生草本。生山坡草地、林缘、草甸。

【东北地区分布】黑龙江省呼玛；吉林省通化、梅河口、辉南、长白；内蒙古额尔古纳、牙克石等地。辽宁省沈阳、大连等地有栽培。

【食用价值】叶、头状花序有食用价值。要注意其有毒报道，详见本种附注。

叶可少量用于沙拉，味道相当苦；炒制后可代茶；也作啤酒花的代用品，用作啤酒防腐剂。

头状花序炒制后可代茶；提炼出的香精油可用作软饮料的调味剂。

【药用功效】全草入药，具有解毒消肿、止血、止痛的功效。

【附注】全草有毒，少量能引起消化不良，大量则刺激肠胃，并使耳聋。

本种与食用有关的内容均参考国外文献整理，初次食用者以少量尝试为宜。

短瓣蓍 Achillea ptarmicoides Maxim.

【俗名】不详

【异名】*Ptarmica ptarmicoides* (Maximowicz) Voroschilov

【习性】多年生草本。生河谷草甸、山坡路旁、灌丛间。

【东北地区分布】黑龙江省海林、塔河、哈尔滨、尚志、依兰、黑河、伊春；吉林省安图、抚松、长白、和龙、延吉、汪清、珲春、蛟河、通化；辽宁省各地；内蒙古海拉尔、额尔古纳、牙克石、鄂温克、陈巴尔虎旗、新巴尔虎左旗、科尔沁右翼前旗、科尔沁左翼后旗、敖汉旗、巴林右旗、阿鲁科尔沁旗、克什克腾旗、喀喇沁旗、东乌珠穆沁旗、锡林浩特、正蓝旗等地。

【食用价值】幼苗焯水、浸泡后有食用价值。

【药用功效】全草入药，具有解毒消肿、活血止血、健胃的功效。

【附注】全草有小毒，建议谨慎食用。

和尚菜属（腺梗菜属）Adenocaulon Hook.

和尚菜 Adenocaulon himalaicum Edgew.

【俗名】腺梗菜

【异名】*Adenocaulon adhaerescens* Maximowicz; *A. bicolor* Hooker var. *adhaerescens* (Maximowicz) Makino

【习性】多年生直立草本。生林缘路旁、林下、灌丛中、林下溪流旁、河谷湿地。

【东北地区分布】黑龙江省伊春、阿城、尚志；吉林省白山、梅河口、抚松、敦化、蛟河、珲春、通化、集安、靖宇、柳河、安图、汪清、长白；辽宁省瓦房店、庄河、西丰、新宾、沈阳、铁岭、鞍

山、本溪、凤城、桓仁；内蒙古海拉尔、宁城等地。

【食用价值】幼苗焯水、浸泡后可炒食、凉拌或蘸酱食，大量采集可以腌渍保存或制成什锦袋菜或晒制干菜。

【药用功效】根及根状茎入药，具有止咳平喘、利水散瘀的功效。

兔儿风属 Ainsliaea DC.

槭叶兔儿风 Ainsliaea acerifolia Sch.-Bip.

【俗名】深裂槭叶兔儿风

【异名】*Ainsliaea affinis* Miq.; *Ainsliaea acerifolia* Sch.-Bip. var. *subapoda* Nakai; *Ainsliaea acerifolia* Sch.-Bip. var. *affinis* (Miq.) Kitamura

【习性】多年生直立草本。生林下。

【东北地区分布】辽宁省本溪、凤城、宽甸、新宾、岫岩等地。

【食用价值】幼苗、嫩叶、茎尖可食，食法不详。

【药用功效】韩国传统药用植物，用法不详。

【附注】本种与食用有关的内容参考国外文献整理，初次食用者以少量尝试为宜。

豚草属 Ambrosia L.

豚草 Ambrosia artemisiifolia L.

【俗名】豕草

【异名】*Ambrosia etatior* L.; *Ambrosia artemisiifolia* var. *elatior* (L.) Decne

【习性】一年生直立草本。生路旁、河岸湿草地。

【东北地区分布】黑龙江省哈尔滨、牡丹江、阿城；吉林省长春、德惠、长白；辽宁省各地。

【食用价值】种子含油量高，且油中含有少量人体非常需要的亚麻酸，已有用于提炼食用油。

【药用功效】美洲药用植物。全草、叶汁具有消炎的功效，用于治疗风湿性关节炎。

【附注】本种为恶性外来入侵杂草，花粉是人类过敏反应症（枯草热，又称花粉热）的主要致病原，对人体健康产生危害，病人眼耳鼻发痒，阵发性打喷嚏、流眼泪及大量清水样鼻涕，还有咳嗽憋气、哮喘等病症，部分病人并发肺气肿、肺心病，甚至导致死亡，有的病人则表现为皮炎、荨麻疹、湿疹等病症，每年成季节性发作。

本种与食用有关的内容参考国外文献整理。

三裂叶豚草 Ambrosia trifida L.

【俗名】三裂豚草；豚草；大破布草

【异名】不详

【习性】一年生直立草本。常见于山坡、田园、宅旁、路边、铁路沿线及沟渠沿岸。

【东北地区分布】黑龙江省哈尔滨、阿城；吉林省长白；辽宁省各地；内蒙古赤峰。

【食用价值】瘦果含油24.0%，且油中含有少量亚麻酸。亚麻酸在人体内不能合成，必须从体外摄取。人体一旦缺乏，即会引起机体脂质代谢紊乱，导致免疫力降低、健忘、疲劳、视力减退、动脉粥样硬化等症状的发生；婴幼儿、青少年如果缺乏亚麻酸，就会严重影响智力正常发育。

鉴于瘦果含油量高，且油中含有人体必须摄取的亚麻酸，故此，专家建议将其用于提炼食用油。

【药用功效】北美洲药用植物。全草用作收敛剂、清洁剂。

【附注】本种为恶性外来入侵杂草，花粉是人类过敏反应症（枯草热，又称花粉热）的主要致病原，对人体健康产生危害，患者眼耳鼻发痒，阵发性打喷嚏、流眼泪及大量清水样鼻涕，还有咳嗽憋气、哮喘等病症，部分患者并发肺气肿、肺心病，甚至导致死亡，有的患者则表现为皮炎、荨麻疹、湿疹等病症，每年成季节性发作。

本种与食用有关的内容参考国外文献整理。

牛蒡属 Arctium L.

牛蒡 Arctium lappa L.

【俗名】恶实；大力子

【异名】*Arctium leiospermum* Juzepczuk & Ye. V. Sergievskaja; *A. majus* Bernhardi, nom. illeg. superfl.; *Lappa major* Gaertner, nom. illeg. superfl.; *L. vulgaris* Hill

【习性】二年生直立草本。生林下、林缘、山坡、村落、路旁。

【东北地区分布】黑龙江省逊克、黑河、讷河、拜泉、克山、绥棱、庆安、通河、木兰、巴彦、依兰、望奎、鸡西、林口、虎林、密山、勃利、东宁、穆棱、宁安、方正、尚志、延寿、五常、阿城、哈尔滨、双城、绥化、青岗、富锦、桦南、萝北；吉林省临江、抚松、和龙、汪清、安图；辽宁省各地；内蒙古赤峰、大青沟、敖汉旗、巴林右旗、喀喇沁旗、赤峰市红山区等地。

【食用价值】根、嫩叶、嫩叶柄、花柄、种子有食用价值。

肉质根是主要食用部位，营养价值可以与人参相媲美，有"东洋人参"之美称。

嫩叶及嫩叶柄焯水、浸泡后凉拌、炒菜、蘸酱均可，大量采集可以腌渍保存或制什锦袋菜。

花柄的髓部可以食用，食法同嫩叶柄。

种子含油18.2%～19.3%，为油脂植物资源；发芽后也可以像豆芽一样食用。

【药用功效】根、茎叶、瘦果入药，根具有清热解毒、疏风利咽、消肿的功效，茎叶具有清热除

烦、消肿止痛的功效，瘦果具有疏散风热、宣肺透疹、解毒利咽的功效。

【附注】本种的种子的冠毛有毒，吸入人体会使一些人产生过敏反应。另外，中医提醒，牛蒡性寒味苦，脾胃虚寒者不宜多食。

蒿属 Artemisia L.

黄花蒿 Artemisia annua L.

【俗名】臭蒿；草蒿；青蒿；犹蒿；黄蒿；臭黄蒿

【异名】*Artemisia wadei* Edgew.; *A. stewartii* C. B. Clarke; *A. chamomilla* C. Winkl.

【习性】一年生草本。生路旁草地、杂草地及荒地。

【东北地区分布】东北三省各地；内蒙古额尔古纳、海拉尔、满洲里、新巴尔虎左旗、翁牛特旗、突泉、扎赉特旗等地。

【食用价值】植株有浓烈的挥发性香气，民间有用幼苗煮出来的水制糯米团子。

【药用功效】全草、根、地上部分、瘦果入药，其中，全草具有清热解暑、除蒸、截疟的功效。

【附注】虽然未见本种的有毒报道，但是，敏感人群直接接触该属的一些种类会产生皮肤不适等过敏反应。提醒敏感人群注意。

艾 Artemisia argyi Level et Vant.

【俗名】艾蒿；白蒿；医草；甜艾；灸草；海艾；白艾；蕲艾；家艾

【异名】*Artemisia vulgaris* Linn. var. *incana* Maxim.; *A. vulgaris* Linn. var. *incanescens* Franch.; *A. nutantiflora* Nakai

【习性】多年生草本。生山坡草地、荒地及山野低平地。

【东北地区分布】黑龙江省虎林、密山、哈尔滨、大庆、富裕、杜尔伯特、宁安、安达、伊春、萝北；吉林省双辽、九台、长春、和龙、珲春；辽宁省各地；内蒙古科尔沁右翼前旗、科尔沁右翼中旗、扎鲁特旗、赤峰、翁牛特旗、突泉、巴林右旗、喀喇沁旗等地。

【食用价值】鲜茎叶花期含粗蛋白18.31%，粗纤维19.12%，钙0.98%，磷0.26%。我国南方地区有很多种用艾草制作的传统食品，而且受到很多人的喜爱。其中有一种糍粑就是使用艾草作为主要原料做成的，采用清明前后鲜嫩的艾草和糯米粉按1∶2的比例和在一起，包上花生、芝麻及白糖等馅料，蒸熟即可。在广东东江流域，当地人在冬季和春季采摘鲜嫩的艾草叶子和芽作野菜食用。每到立春的时候，赣州的客家人都要采集艾草制作艾米果，这已经成为当地的一种习俗了。南方的艾草是否就是艾蒿？作者未实地考察南方的艾草为何物，建议读者不要盲目效仿，可以少量使用，且要注意其有毒报道，详见本种附注。

【**药用功效**】叶、瘦果入药，叶具有温经止血、散寒止痛、祛湿止痒的功效，瘦果具有明目、壮阳、助水藏、利腰膝、暖子宫的功效。

【**附注**】全草含挥发油，对皮肤有刺激，可使局部发热、潮红，皮肤吸收后则使肢体末梢神经麻痹；口服对咽喉及肠胃道有刺激，产生咽喉部干燥、胃肠不适、恶心、呕吐等反应，并有头晕、耳鸣、四肢震颤、痉挛、谵妄、惊厥，甚至瘫痪。中毒后能引起肝脏细胞的代谢障碍，出现黄疸型肝炎。艾叶药用不得超过10克，对人致死量为100克。孕妇服用不当，可造成子宫出血及流产。

茵陈蒿 Artemisia capillaris Thunb.

【**俗名**】因尘；因陈；茵陈；绵茵陈；白茵陈；日本茵陈

【**异名**】*Artemisia sacchalinensis* Tiles ex Bess.; *A. capillaris* Thunb. var. *arbuscula* Miq.; *A. hallaisanensis* Nakai var. *formosana* Pamp.; *A. hallaisanensis* Nakai var. *philippinensis* Pamp.

【**习性**】亚灌木状草本。生荒野草地。

【**东北地区分布**】黑龙江省塔河、哈尔滨；吉林省公主岭、临江、通化、白山、梅河口、集安、通榆、抚松、靖宇、柳河、辉南、长白；辽宁省凌源、葫芦岛、营口、大连、庄河、丹东、开原、朝阳、西丰、建平、阜蒙、宽甸；内蒙古海拉尔、鄂伦春等地。

【**食用价值**】幼苗洗净，表面撒上干面粉，入锅蒸熟了可以食用。

【**药用功效**】地上部分入药，具有清利湿热、利胆退黄的功效。

【**附注**】虽然未见本种的有毒报道，但是，敏感人群直接接触该属的一些种类会产生皮肤不适等过敏反应。提醒敏感人群注意。

青蒿 Artemisia carvifolia Buch.-Ham. ex Roxb.

【**俗名**】香蒿

【**异名**】*Artemisia apiacea* Hance

【**习性**】一年生草本。生草地、撂荒地及沙质地。

【**东北地区分布**】黑龙江省安达；吉林省白山、临江、通化、梅河口、集安、柳河、辉南、抚松、靖宇、长白；辽宁省大连、抚顺、辽阳、丹东、营口、宽甸、桓仁；内蒙古科尔沁左翼后旗等地。

【**食用价值**】植株有香气，幼苗煮出来的水可制糯米团子。

【**药用功效**】全草、根、茎、叶、果实入药，其中，全草具有清热、解暑、除蒸的功效。

【**附注**】虽然未见本种的有毒报道，但是，敏感人群直接接触该属的一些种类会产生皮肤不适等过敏反应。提醒敏感人群注意。

龙蒿 Artemisia dracunculus L.

【俗名】狭叶青蒿；蛇蒿；椒蒿

【异名】*Oligosporus dracunculus* (Linn.) Poljak.

【习性】亚灌木状草本。生碱性草地、山坡、撂荒地。

【东北地区分布】黑龙江省大庆、漠河、肇东、泰来、齐齐哈尔；辽宁省沈阳、桓仁、宽甸、凤城；内蒙古海拉尔、牙克石、满洲里、陈巴尔虎旗、鄂温克、新巴尔虎左旗、新巴尔虎右旗、科尔沁右翼前旗、扎鲁特旗、巴林右旗、阿鲁科尔沁旗、克什克腾旗、喀喇沁旗、西乌珠穆沁旗、锡林浩特、苏尼特左旗、正蓝旗、太仆寺旗等地。

【食用价值】根有辣味，可代辣椒作调味品。

【药用功效】全草入药，具有清热凉血、退虚热、解暑的功效。

【附注】虽然未见本种的有毒报道，但是，敏感人群直接接触该属的一些种类会产生皮肤不适等过敏反应。提醒敏感人群注意。

五月艾 Artemisia indica Willd.

【俗名】艾；野艾蒿

【异名】*Artemisia grata* Wall. ex Bess.; *A. wallichiana* Bess.; *A. moxa* DC.; *A. nilagirica* (C. B. Clarke) Pamp.

【习性】亚灌木状草本。生路旁、林缘、坡地、灌丛、岩石壁。

【东北地区分布】辽宁省大连；内蒙古扎兰屯、牙克石等地。

【食用价值】幼苗作菜蔬或腌制酱菜。

【药用功效】全草、叶入药，全草具有利膈、开胃、温经的功效，叶具有理气血、逐寒湿、止血、温经、安胎的功效。

【附注】虽然未见本种的有毒报道，但是，敏感人群直接接触该属的一些种类会产生皮肤不适等过敏反应。提醒敏感人群注意。

牡蒿 Artemisia japonica Thunb.

【俗名】日本牡蒿；齐头蒿；水辣菜；土柴胡；油蒿；花等草；布菜；铁菜子

【异名】*Artemisia cuneifolia* DC.; *A. morrisonensis* Hayata var. *minima* Pamp; *A. subintegra* Kitam.

【习性】多年生草本。生河岸沙地、山坡砾石地、山坡灌丛及杂木林间。

【东北地区分布】黑龙江省哈尔滨、大庆、密山、绥芬河、宁安、尚志、阿城、克山、肇东、双

城、友谊、兴凯湖、安达；吉林省九台、临江、通化、白山、梅河口、珲春、柳河、镇赉、集安、安图、辉南、抚松、靖宇、长白、永吉；辽宁省锦州、葫芦岛、沈阳、丹东、大连、抚顺、本溪、凤城、西丰、清原、桓仁、新宾、宽甸；内蒙古科尔沁左翼后旗、翁牛特旗、宁城等地。

【食用价值】幼苗可作野菜，参考茵陈蒿，也可焯水、浸泡后可凉拌、腌渍咸菜、晒干菜等。

【药用功效】全草、根入药，全草具有清热、凉血、解毒的功效，根具有祛风、补虚、杀虫截疟的功效。

【附注】虽然未见本种的有毒报道，但是，敏感人群直接接触该属的一些种类会产生皮肤不适等过敏反应。提醒敏感人群注意。

蒌蒿 Artemisia selengensis Turcz. ex Besser

【俗名】水蒿；芦蒿；黄蒿

【异名】*Artemisia vulgaris* Linn.; *A. vulgaris* Linn. var. *selegensis* (Turcz. ex Bess.) Maxim.; *A.vulgaris* Linn. var. *integerima* Komar.; *A. cannabifolia* Levl.

【习性】多年生草本。生林缘、草甸、水甸子边湿地。

【东北地区分布】黑龙江省哈尔滨、齐齐哈尔、虎林、尚志、密山、孙吴、萝北、宁安、伊春、汤原、勃利、漠河；吉林省九台、双辽、长春、蛟河、珲春、和龙、集安、白山、通化、梅河口、敦化、安图、柳河、辉南、抚松、靖宇、镇赉、长白；辽宁省开原、西丰、营口、彰武、朝阳、大连、鞍山、抚顺、凤城、丹东、清原；内蒙古额尔古纳、根河、扎兰屯、牙克石、鄂温克、新巴尔虎左旗、科尔沁右翼后旗、科尔沁右翼前旗、喀喇沁旗、东乌珠穆沁旗等地。

【食用价值】嫩叶、茎尖、地下肉质茎有食用价值。

嫩茎叶用开水焯、用凉水浸泡后凉拌或炒食。南方一些地区常用它作为清明节前后必食的传统时令菜。

地下肉质茎肥大，富含淀粉，还含有蛋白质、矿物质、维生素等营养成分，一般腌渍后食用。

【药用功效】全草入药，具有破血行瘀、下气通络、利膈开胃的功效。

【附注】虽然未见本种的有毒报道，但是，敏感人群直接接触该属的一些种类会产生皮肤不适等过敏反应。提醒敏感人群注意。

中医提醒，全草性凉、味苦辛，脾胃虚寒者忌食。

本种常出现在湿地环境，不要在污染水域采摘。

大籽蒿 Artemisia sieversiana Ehrhart ex Willd.

【俗名】山艾；白蒿；大白蒿；臭蒿子；大头蒿；苦蒿

【异名】*Artemisiamoxa* DC.; *A. koreana* Nakai; *A. chrysolepis* Kitag.; *A. sparsa* Kitag.; *Absinthium sieversianum* Bess.

【习性】一、二年生草本。生路旁、沙质河岸、山坡草地。

【东北地区分布】黑龙江省哈尔滨、齐齐哈尔、安达、伊春、孙吴、萝北、富裕；吉林省双辽、长春、九台、集安、白山、通化、梅河口、珲春、镇赉、和龙、安图、柳河、辉南、抚松、靖宇、长白；辽宁省大连、抚顺、西丰、岫岩、本溪、桓仁、宽甸、东港、北镇、凌源、建昌、彰武、沈阳；内蒙古海拉尔、额尔古纳、根河、满洲里、新巴尔虎左旗、科尔沁右翼前旗、科尔沁右翼中旗、乌兰浩特、突泉、扎鲁特旗、科尔沁左翼后旗、翁牛特旗、巴林右旗、克什克腾旗等地。

【食用价值】幼苗蒸熟了可以食用，也可焯水、浸泡后食用。

【药用功效】全草、花蕾入药，全草具有清热利湿、凉血止血的功效，花蕾具有消炎止痛的功效。

【附注】虽然未见本种的有毒报道，但是，敏感人群直接接触该属的一些种类会产生皮肤不适等过敏反应。提醒敏感人群注意。

宽叶山蒿 Artemisia stolonifera (Maxim.) Kom.

【俗名】天目蒿

【异名】*Artemisia stolonifera* var. *laciniata* G. Y. Zhang

【习性】多年生草本。生林缘、林下、路旁、撂荒地及山坡。

【东北地区分布】黑龙江省带岭、五营、五大连池、饶河、阿城、东宁、鸡西、鸡东、汤原、海林、宁安、萝北、逊克、勃利、嘉荫、虎林、密山、尚志、伊春、呼玛、加格达奇、碧水；吉林省磐石、蛟河、安图、敦化、抚松、珲春、汪清、和龙；辽宁省北镇、鞍山、凤城、本溪、沈阳、西丰、新宾、岫岩、桓仁；内蒙古额尔古纳、根河、牙克石、满洲里、鄂温克、科尔沁右翼前旗、阿尔山、巴林右旗、翁牛特旗、克什克腾旗、宁城等地。

【食用价值】嫩叶可食，还可用作粽子的调味品，具体方法不详。

【药用功效】不详。但可参考本书同属其他植物的药用价值开展研究。

【附注】本种与食用有关的内容有的参考国外文献整理，初次食用者以少量尝试为宜。

野艾蒿 Artemisia umbrosa (Bess.) Turcz. ex DC.

【俗名】大叶艾蒿

【异名】*Artemisia lavandulaefolia* DC.

【习性】多年生草本。生山谷、山坡草地、灌丛及路旁。

【东北地区分布】黑龙江省哈尔滨、安达、伊春、

呼玛、尚志、宁安、勃利；吉林省九台、吉林、珲春、敦化、和龙、安图、汪清；辽宁省葫芦岛、大连、普兰店、凤城、鞍山、抚顺、营口、宽甸、桓仁、建平、西丰；内蒙古海拉尔、额尔古纳、鄂伦春、鄂温克、科尔沁右翼前旗、科尔沁右翼中旗、扎赉特旗、乌兰浩特、突泉、大青沟、克什克腾旗、西乌珠穆沁旗、锡林浩特、正蓝旗、太仆寺旗等地。

【食用价值】幼苗焯水、浸泡后可凉拌、腌渍咸菜、晒干菜等。

【药用功效】叶入药，具有散寒除湿、温经止血、安胎的功效。

【附注】虽然未见本种的有毒报道，但是，敏感人群直接接触该属的一些种类会产生皮肤不适等过敏反应。提醒敏感人群注意。

紫菀属 Aster L.

三脉紫菀 Aster ageratoides Turcz.

【俗名】三褶脉紫菀

【异名】*Aster trinervius* subsp. *ageratoides* (Turcz.) Grierson

【习性】多年生草本。生山坡、草地、林缘等处。

【东北地区分布】黑龙江省哈尔滨、阿城、呼玛、绥芬河、富锦、尚志、密山、宁安、伊春、虎林、鸡西、饶河；吉林省蛟河、敦化、珲春、和龙、磐石、白山、通化、梅河口、集安、安图、抚松、汪清、前郭尔罗斯、辉南、靖宇、长白；辽宁省凌源、凌海、北镇、阜蒙、建平、建昌、营口、大连、普兰店、鞍山、抚顺、桓仁、本溪、东港、丹东、凤城、宽甸、法库、西丰；内蒙古科尔沁左翼后旗、克什克腾旗、敖汉旗、巴林右旗、林西等地。

【食用价值】幼苗焯水、浸泡后可炒食、凉拌或蘸酱食，也可剁馅加猪肉包饺子或包子，大量采集可以腌渍保存或制成什锦袋菜。

【药用功效】全草、根入药，具有清热解毒、止咳祛痰、利尿、止血的功效。

狗娃花 Aster hispidus Thunberg

【俗名】不详

【异名】*Heteropappus hispidus* (Thunb.) Less.

【习性】一、二年生草本。生山坡草地、河岸草地、海边石质地、林下等处。

【东北地区分布】黑龙江省尚志、东宁、哈尔滨、密山、伊春、宁安、东宁、呼玛；吉林省蛟河、安图、扶余、吉林、临江；辽宁省大连、普兰店、庄河、葫芦岛、营口、抚顺、西丰、法库、本溪、桓仁、凤城、北镇、兴城、宽甸、建平、建昌、凌源、彰武；内蒙古额尔古纳、根河、海拉尔、陈巴尔虎旗、新巴尔虎右旗、科尔沁右翼前旗、巴林右旗、阿鲁科尔沁旗、克什克腾旗、喀喇沁旗、宁城等地。

【食用价值】幼苗焯水、浸泡后可炒食、凉拌或蘸酱食，也可剁馅加猪肉包饺子或包子，大量采集

可以腌渍保存或制成什锦袋菜。

【药用功效】全草、根入药，全草用于小儿慢惊风，根用于疮痈肿毒、蛇咬伤。

裂叶马兰 Aster incisus Fischer

【俗名】不详

【异名】*Kalimeris incisa* (Fisch.) DC.

【习性】多年生草本。生河岸、林阴处、灌丛中及山坡草地。

【东北地区分布】黑龙江省肇东、哈尔滨、尚志、虎林、宁安、萝北、密山、伊春、依兰、勃利、孙吴、呼玛；吉林省蛟河、九台、吉林、和龙、敦化、延吉、汪清、珲春、临江、长白、通化、抚松、安图；辽宁省西丰、新民、法库、葫芦岛、沈阳、普兰店、瓦房店、抚顺、清原、本溪、桓仁、宽甸、凤城、凌源、建昌、喀左、绥中；内蒙古额尔古纳、鄂温克、科尔沁右翼前旗、科尔沁左翼后旗、大青沟等地。

【食用价值】幼苗焯水、浸泡后可炒食、凉拌或蘸酱食，也可剁馅加猪肉包饺子或包子，大量采集可以腌渍保存或制成什锦袋菜。

【药用功效】全草入药，具有消食、除湿热、利小便的功效。

马兰 Aster indicus L.

【俗名】北马兰

【异名】*Kalimeris indica* (L.) Sch.-Bip.

【习性】多年生草本。生河岸、林内、灌丛、山间草地。

【东北地区分布】黑龙江省大兴安岭、黑河、逊克、伊春、萝北、虎林、尚志、双城等地。辽宁省大连市区及长海县等有栽培，也见草坪或绿篱中自生。

【食用价值】幼苗俗称"马兰头"，为百姓喜爱的野菜，焯水、浸泡后可炒食、凉拌或蘸酱食，也可剁馅加猪肉包饺子或包子，大量采集可以腌渍保存或制成什锦袋菜。

【药用功效】全草或根入药，具有清热、凉血、利湿、解毒的功效。

山马兰 Aster lautureanus (Debeaux) Franchet

【俗名】山鸡儿肠

【异名】*Kalimeris lautureana* (Debeaux) Kitam.; *Aster mangtaoensis* Kitag.; *Boltonia lautureana* Debx. var. *holophylla* Chen; *Aster. Associatus* Kitag.

【习性】多年生草本。生山坡草地、杂木林或灌

丛中。

【东北地区分布】黑龙江省密山、虎林、哈尔滨、牡丹江、伊春、尚志、萝北、逊克、孙吴、依兰、饶河；吉林省长春、吉林、通化、汪清、珲春、敦化、抚松、安图；辽宁省凌源、凌海、锦州、北镇、彰武、喀左、抚顺、本溪、桓仁、丹东、东港、宽甸、凤城、西丰、新宾、岫岩、瓦房店、大连、普兰店、长海；内蒙古根河、科尔沁左翼后旗、大青沟、喀喇沁旗、宁城等地。

【食用价值】幼苗焯水、浸泡后可炒食、凉拌或蘸酱食，也可剁馅加猪肉包饺子或包子，大量采集可以腌渍保存或制成什锦袋菜。

【药用功效】全草、根入药，具有清热解毒、凉血、利湿、理气消热的功效。

【附注】脾胃虚寒者禁用。

圆苞紫菀 Aster maackii Regel

【俗名】马氏紫菀；肥后紫菀

【异名】*Aster horridifolius* Levl. et Vant.; *Aster Koidzumianus* Makino

【习性】多年生草本。生湿草甸、灌丛、河岸林下及路旁。

【东北地区分布】黑龙江省尚志、虎林、哈尔滨、伊春、安达、阿城、肇东、黑河、逊克、密山、呼玛、海林、汤原、绥芬河、齐齐哈尔、饶河、肇源、勃利、宁安、萝北、富裕、孙吴；吉林省长春、通化、抚松、蛟河、梅河口、和龙、珲春、临江、集安、安图、敦化、吉林、汪清、镇赉、前郭尔罗斯；辽宁省本溪、桓仁、清原、宽甸、丹东、东港；内蒙古科尔沁左翼后旗、大青沟、宁城等地。

【食用价值】幼苗焯水、浸泡后可炒食、凉拌或蘸酱食，也可剁馅加猪肉包饺子或包子，大量采集可以腌渍保存或制成什锦袋菜。

【药用功效】全草入药，用于风湿关节痛、牙痛。

蒙古马兰 Aster mongolicus Franchet

【俗名】北方马兰

【异名】*Kalimeris mongolica* (Franch.) Kitam.

【习性】多年生草本。生河岸、路旁草地、山坡灌丛中。

【东北地区分布】黑龙江省哈尔滨、阿城、密山、宁安、虎林、黑河、孙吴、萝北；吉林省敦化、吉林、汪清、长春、安图、和龙、集安；辽宁省凌源、葫芦岛、喀左、建昌、绥中、新民、沈阳、抚顺、普兰店、本溪、桓仁；内蒙古额尔古纳、牙克石、鄂温克、科尔沁左翼后旗、巴林右旗、敖汉旗、克什克腾旗、喀喇沁旗、宁城等地。

【食用价值】幼苗焯水、浸泡后可炒食、凉拌或蘸酱食，也可剁馅加猪肉包饺子或包子，大量采集可以腌渍保存或制成什锦袋菜。

【药用功效】全草和根入药，具有清热解毒、利湿、凉血止血的功效。

全叶马兰 Aster pekinensis (Hance) F. H. Chen

【俗名】全叶鸡儿肠

【异名】*Kalimeris integrifolia* Turcz. ex DC.

【习性】多年生草本。生山坡、路旁草地、林缘、灌丛间。

【东北地区分布】黑龙江省佳木斯、哈尔滨、齐齐哈尔、大庆、伊春、集贤、萝北、依兰、克山、黑河、孙吴、尚志、肇东、勃利、虎林、宁安、呼玛、密山、安达；吉林省白城、长春、珲春、和龙、桦甸、九台、汪清、镇赉、延吉；辽宁省锦州、朝阳、葫芦岛、沈阳、抚顺、辽阳、盖州、本溪、瓦房店、大连、凤城、庄河、营口、阜蒙、建昌、彰武、宽甸、桓仁；内蒙古额尔古纳、海拉尔、牙克石、扎兰屯、根河、科尔沁右翼前旗、科尔沁左翼后旗、扎鲁特旗、翁牛特旗、敖汉旗、喀喇沁旗等地。

【食用价值】幼苗焯水、浸泡后可炒食、凉拌或蘸酱食，也可剁馅加猪肉包饺子或包子，大量采集可以腌渍保存或制成什锦袋菜。

【药用功效】全草、根、花序入药，具有清热解毒、止血消肿、利湿的功效。

东风菜 Aster scaber Thunberg

【俗名】大耳毛；毛铧尖；铧尖子菜；山蛤芦；钻山狗；白云草；疙瘩药；草三七

【异名】*Doellingeria scaber* (Thunb.) Ness

【习性】多年生草本。生阔叶林下、灌丛中及林缘草地。

【东北地区分布】黑龙江省伊春、尚志、密山、哈尔滨、东宁、鸡东、鸡西、虎林、阿城、黑河、安达、桦川、萝北、逊克、孙吴；吉林省吉林、通化、蛟河、集安、和龙、临江、梅河口、柳河、抚松、安图、汪清、辉南、靖宇、长白；辽宁省开原、西丰、沈阳、鞍山、营口、庄河、大连、北镇、丹东、宽甸、本溪、桓仁、清原；内蒙古额尔古纳、根河、牙克石、鄂伦春、科尔沁右翼前旗，扎赉特旗、科尔沁左翼后旗、克什克腾旗、阿鲁科尔沁旗、敖汉旗、喀喇沁旗、阿荣旗、宁城等地。

【食用价值】幼苗焯水、浸泡后可炒食、凉拌或蘸酱食，也可剁馅加猪肉包饺子或包子，大量采集可以腌渍保存或制成什锦袋菜。

【药用功效】全草、根入药，全草具有清热解毒、祛风止痛、行气活血的功效，根具有祛风、行气、活血、止痛的功效。

紫菀 Aster tataricus L. f.

【俗名】青牛舌头花；山白菜；驴夹板菜；驴耳朵菜；青菀；还魂草

【异名】*Aster nakai* Levl. et Vant.; *Aster tataricus* Linm. var. *minor.* Makino; *Aster tataricus* Linn. var. *vernalis* Nakai; *Aster tataricus* Linn. var. *robustus* Nakai

【习性】多年生草本。生林下、林缘及灌丛间草地。

【东北地区分布】黑龙江省黑河、嫩江、德都、大庆、北安、铁力、桦南、勃利、方正、牡丹江、杜尔伯特、呼兰、尚志、哈尔滨、伊春、安达、阿城、肇东、密山、齐齐哈尔、饶河、肇源、萝北、富裕、孙吴；吉林省长春、通化、蛟河、梅河口、和龙、珲春、抚松、安图、临江、集安、汪清、镇赉、前郭尔罗斯、柳河、辉南、靖宇、长白；辽宁省沈阳、抚顺、新宾、本溪、桓仁、凤城、宽甸、大连、凌海、北镇、彰武、凌源、喀左、绥中、法库、西丰；内蒙古额尔古纳、海拉尔、牙克石、新巴尔虎左旗、鄂伦春、鄂温克、科尔沁右翼前旗、扎鲁特旗、科尔沁左翼后旗、阿鲁科尔沁旗、巴林右旗、巴林左旗、赤峰、克什克腾旗、敖汉旗、喀喇沁旗、宁城、西乌珠穆沁旗、锡林浩特、正蓝旗等地。

【食用价值】幼苗焯水、浸泡后可炒食、凉拌或蘸酱食，也可剁馅加猪肉包饺子或包子，大量采集可以腌渍保存或制成什锦袋菜。

【药用功效】干燥根及根状茎入药，具有润肺下气、消痰止咳的功效。

鬼针草属 Bidens L.

婆婆针 Bidens bipinnata L.

【俗名】鬼针草

【异名】*Bidens pilosa* var. *bipinnata* (Linnaeus) J. D. Hooker

【习性】一年生草本。生路边湿地、水边及海边湿地。

【东北地区分布】黑龙江省各地；吉林省临江、通化、梅河口、集安、柳河、辉南、抚松、靖宇、长白；辽宁省凌源、朝阳、锦州、葫芦岛、大连、丹东、东港、宽甸；内蒙古科尔沁左翼后旗、大青沟等地。

【食用价值】幼苗可作为应急食品，在饥荒或没有其他食物的非常时期，焯水、浸泡后少食。

【药用功效】全草入药，具有清热解毒、活血祛风的功效。

【附注】本种与食用有关的内容参考国外文献整理，初次食用者以少量尝试为宜。

金盏银盘 Bidens biternata (Lour.) Merr. et Sherff

【俗名】不详

【异名】*Coreopsis biternata* Lour.; *B. robertianifolia* Levl. et Van.

【习性】一年生草本。生山坡路旁、沟边、荒地。

【东北地区分布】辽宁省建昌、北镇、鞍山、大连、金州、旅顺口、庄河、宽甸、桓仁、东港、凤城等地。

【食用价值】幼苗可作为应急食品，在饥荒或没有其他食物的非常时期，焯水、浸泡后少食。

【药用功效】全草入药，具有清热解毒、活血散瘀的功效。

【附注】本种与食用有关的内容参考国外文献整理，初次食用者以少量尝试为宜。

大狼杷草 Bidens frondosa L.

【俗名】大狼把草；接力草；外国脱力草

【异名】*Bidens melanocarpa* Wiegand

【习性】一年生草本。生田野湿润处及荒地。

【东北地区分布】辽宁省各地；黑龙江省、吉林省也有分布。

【食用价值】幼苗可作为应急食品，在饥荒或没有其他食物的非常时期，焯水、浸泡后少食。

【药用功效】全草入药，具有强壮、清热解毒的功效。

【附注】本种为外来入侵植物，与食用有关的内容参考国外文献整理，初次食用者以少量尝试为宜。

小花鬼针草 Bidens parviflora Willd.

【俗名】细叶刺针草；小刺叉；小鬼叉；锅叉草；一包针

【异名】不详

【习性】一年生草本。生山坡湿地、多石质山坡、沟旁、耕地旁、荒地及盐碱地。

【东北地区分布】黑龙江省哈尔滨、齐齐哈尔、密山、宁安、东宁；吉林省临江、白城、大安、吉林、梅河口、白山、集安、和龙、抚松、安图、汪清、永吉、辉南、靖宇；辽宁省北镇、朝阳、锦州、庄河、大连、丹东、东港、凤城、建平、本溪、抚顺、开原、普兰店、宽甸；内蒙古新巴尔虎左旗、新巴尔虎右旗、科尔沁右翼前旗、科尔沁右翼中旗、扎赉特旗、乌兰浩特、突泉、扎鲁特旗、科尔沁左翼后旗、翁牛特旗等地。

【食用价值】幼苗可作为应急食品，在饥荒或没有其他食物的非常时期，焯水、浸泡后少食。

【药用功效】全草入药，具有清热解毒、活血散瘀之效。

【附注】本种与食用有关的内容参考国外文献整理，初次食用者以少量尝试为宜。

三叶鬼针草 Bidens pilosa L.

【俗名】鬼针草；虾钳草；蟹钳草；对叉草；黏人草；一包针；引线包；豆渣草；豆渣菜；盲肠草

【异名】*Bidens chilensis* Candolle

【习性】一年生草本。生村旁、路边及荒地中。

【东北地区分布】辽宁省大连、金州等地；黑龙江省也有报道。

【食用价值】嫩叶或茎尖可添加到沙拉中，也可焯水、浸泡后做汤、炖菜或干燥后备日后使用，还可炒制后代茶。要注意其不良报道，详见本种附注。

【药用功效】全草入药，具有疏表清热、解表散瘀的功效。

【附注】根、叶和花具有强烈的光毒性，瘦果具有弱光毒性。从叶中分离出的物质在阳光下浓度低至10毫克/千克时会杀死人体皮肤。

本种为危害严重的外来入侵植物，与食用有关的内容均参考国外文献整理，建议谨慎对待，初次食用者以少量尝试为宜。

南美鬼针草 Bidens subalternans DC.

【俗名】近互生鬼针草

【异名】不详

【习性】一年生草本。生荒地。

【东北地区分布】辽宁省大连、金州、葫芦岛等。原产南美洲。

【食用价值】幼苗可作为应急食品，在饥荒或没有其他食物的非常时期，焯水、浸泡后少食。

【药用功效】南非、阿根廷传统药用植物。全草入药，用于风湿、腹泻、肠绞痛。

【附注】本种为外来入侵植物，与食用有关的内容参考国外文献整理，初次食用者以少量尝试为宜。

狼杷草 Bidens tripartita L.

【俗名】狼杷草；狼巴草；鬼叉；鬼针；鬼刺；夜叉头

【异名】*Bidens tripartite* L. f. *limosa* Komarov.; *B. shimadai* Hayata; *B. tripartite* var. *cerrtuifolia* Sherff; *B. tripartita* var. *shimadai* Yamamoto

【习性】一年生草本。生湿草地、沟旁、稻田边等地。

【东北地区分布】黑龙江省密山、勃利、尚志、宁安、哈尔滨、齐齐哈尔；吉林省安图、蛟河、和龙、九台、吉林、临江、通化、柳河、梅河口、辉南、集安、抚松、靖宇、长白；辽宁省凌源、建平、喀左、葫芦岛、锦州、新民、凤城、桓仁、新宾、宽甸、大连、本溪、抚顺、沈阳、清原、西丰、辽

阳、鞍山、营口；内蒙古扎鲁特旗、翁牛特旗、通辽、科尔沁左翼后旗等地。

【食用价值】幼苗可作为应急食品，在饥荒或没有其他食物的非常时期，焯水、浸泡后少食。要注意其有毒报道，详见本种附注。

【药用功效】全草、根入药，具有清热解毒、养阴敛汗、透汗发表、利尿的功效。

【附注】全草有毒，与食用有关的内容参考国外文献整理，不宜生食，焯水、浸泡、晒干后食用更安全；也不要多食或经常性食用，初次食用者以少量尝试为宜。

多苞狼杷草 Bidens vulgata Greene

【俗名】多苞狼杷草

【异名】不详

【习性】一年生草本。常生水边、山沟、荒地、田间或路边。

【东北地区分布】吉林省和辽宁省各地。

【食用价值】幼苗可作为应急食品，在饥荒或没有其他食物的非常时期，焯水、浸泡后少食。

【药用功效】本种长期被各级植物志处理为大狼杷草Bidens frondosa L.，因而实际上已经混作大狼杷草入药。

【附注】本种为外来入侵植物，与食用有关的内容参考国外文献整理，初次食用者以少量尝试为宜。

菊属 Chrysanthemum L.

野菊 Chrysanthemum indicum L.

【俗名】葫芦岛野菊

【异名】*Dendranthema indicum* var. *huludaoensis* G.Y. Zhang; *Chrysanthemum indicum* var. *acutum* auct.non Uyeki

【习性】多年生草本。生山坡、石质地、灌丛、河边。

【东北地区分布】辽宁省兴城、北镇、普兰店、抚顺、凤城、沈阳、铁岭、法库、阜新、本溪、朝阳、大连、建昌、葫芦岛、丹东、鞍山等地。

【食用价值】茎叶、头状花序有食用价值。

嫩茎叶焯水、浸泡后可炒食、凉拌、蘸酱、腌渍咸菜、晒干菜等。

头状花序晒干或炒制后可泡茶；含有黄色素，浸提后可浓缩为浸膏，用于食品和饮料染色。

【药用功效】全草、根、头状花序入药，具有清热解毒、泻火平肝的功效。

甘菊 Chrysanthemum lavandulifolium (Fisch. et Trantv.) Makino

【俗名】野菊

【异名】*Chrysanthemum lavandulifolium* var. *acutum* (Uyeki) C. Y. Li; *Dendranthema lavandulifolium*

(Fisch. ex Trautv.) Ling et Shih

【习性】多年生草本。生石质山坡及山坡路旁。

【东北地区分布】吉林省集安；辽宁省凌海、凌源、朝阳、葫芦岛、锦州、北镇、阜新、建平、建昌、庄河、鞍山、抚顺、桓仁、丹东、宽甸；内蒙古科尔沁左翼后旗、大青沟、翁牛特旗、宁城、敖汉旗等地。

【食用价值】茎叶、头状花序有食用价值。

嫩茎叶焯水、浸泡后可炒食、凉拌、蘸酱、腌渍咸菜、晒干菜等。

头状花序晒干或炒制后可泡茶；含有黄色素，浸提后可浓缩为浸膏，用于食品和饮料染色。

【药用功效】全草、根、地上部分、花序入药，具有清热解毒、凉血降压的功效。

甘野菊 Chrysanthemum seticuspe (Maxim.) Hand.-Mazz.

【俗名】甘菊甘野菊变种；北野菊

【异名】*Dendranthema lavandulifolium* (Fisch. ex Trautv.) Ling et Shih var. *seticuspe* (Maxim.) Shih; *Ch. boreale* (Makino) Makino

【习性】多年生草本。生丘陵地、山坡、荒地等处。

【东北地区分布】吉林省通化；辽宁省锦州、西丰、沈阳、法库、大连、旅顺口、金州、铁岭、抚顺、清原、凤城、丹东、宽甸、鞍山、本溪、桓仁等地。

【食用价值】茎叶、头状花序有食用价值。

嫩茎叶焯水、浸泡后可炒食、凉拌、蘸酱、腌渍咸菜、晒干菜等。

头状花序晒干或炒制后可泡茶；含有黄色素，浸提后可浓缩为浸膏，用于食品和饮料染色。

【药用功效】全草、根、花序入药，具有清热解毒、平肝的功效。

菊苣属 Cichorium L.

菊苣 Cichorium intybus L.

【俗名】蓝花菊苣

【异名】*Cichorium intybus* f. *alba* Farw.

【习性】多年生草本。生山脚湿地、滨海荒山。

【东北地区分布】分布黑龙江省饶河；辽宁省大连、鞍山、沈阳等地。

【食用价值】根、叶、花有食用价值。要注意其不良报道，详见本种附注。

根可代咖啡；含菊糖及芳香族物质，可作制糖原料。

叶可调制生菜。

花可用于沙拉点缀，味道很苦。

【药用功效】全草、根、地上部分入药，具有清肝利胆、健胃消食、利尿消肿的功效。

【附注】有报道称，本种超量或连续食用可能会损害视网膜。

野茼蒿属 Crassocephalum Moench

野茼蒿 Crassocephalum crepidioides (Benth.) S. Moore

【俗名】假茼蒿；革命菜

【异名】*Gynura crepidioides* Benth.

【习性】一年生直立草本。常见于山坡路旁、水边、灌丛中。

【东北地区分布】辽宁省旅顺口、庄河、丹东等地。原产热带非洲，现热带地区广泛分布。

【食用价值】幼苗、嫩叶、茎尖焯水、浸泡后可炒食、凉拌或蘸酱食，也可剁馅加猪肉包饺子或包子，大量采集可以腌渍保存或制成什锦袋菜。

【药用功效】全草、叶入药，具有清热解毒、利尿消肿、行气健脾的功效。

假还阳参属 Crepidiastrum Nakai

黄瓜假还阳参 Crepidiastrum denticulatum (Houttuyn) Pak & Kawano

【俗名】黄瓜菜；羽裂黄瓜菜；苦荬菜

【异名】*Paraixeris denticulata* (Houtt.) Nakai; *Paraixeris pinnatipartita* (Makino) Tzvel.; *Ixeris denticulata* (Houtt) Stebb.

【习性】一、二年生草本。生路旁、山坡草地、田野等地。

【东北地区分布】黑龙江省尚志、伊春、安达、铁力、密山、海林、东宁、宁安、鸡东、哈尔滨、虎林、鸡西、萝北、饶河；吉林市珲春、白山、集安、和龙、梅河口、九台、磐石、蛟河、敦化、安图、抚松、柳河、辉南、靖宇、镇赉、长白、前郭尔罗斯；辽宁省鞍山、海城、东港、北镇、普兰店、本溪、大连、庄河、凤城、宽甸、桓仁、西丰；内蒙古科尔沁右翼前旗、科尔沁左翼后旗等地。

【食用价值】幼苗味苦，洗净后可直接蘸酱食用，也可以开水焯、清水反复浸泡后凉拌、炒菜、蘸酱、作包子馅料等，大量采集可以腌渍保存或制什锦袋菜。

【药用功效】全草、根入药，具有清热解毒、散瘀止痛、止血、止带的功效。

尖裂假还阳参 Crepidiastrum sonchifolium (Maxim.) Pak & Kawano

【俗名】抱茎小苦荬；抱茎苦荬菜；晚抱茎苦荬菜；苦碟子

【异名】*Ixeridium sonchifolium* (Maxim.) Shih; *Ixeris sonchifolia* Hance; *I. sonchifolia* var. *serotina*

(Maxim.) Kitag.; *Ixeris serotina* (Maxim.) Kitag.

【习性】多年生草本。生山坡路旁、河边、荒野及疏林下。

【东北地区分布】黑龙江省龙江、带岭、尚志、哈尔滨、双城、安达、伊春、齐齐哈尔；吉林省磐石、桦甸、临江、通化、柳河、梅河口、辉南、集安、抚松、靖宇、长白、通榆、长春、吉林、九台、安图；辽宁省各地；内蒙古额尔古纳、牙克石、鄂温克、新巴尔虎左旗、科尔沁右翼前旗、科尔沁左翼后旗、敖汉旗、巴林右旗、阿鲁科尔沁旗、克什克腾旗、赤峰市红山区、锡林浩特、正蓝旗、太仆寺旗等地。

【食用价值】幼苗味苦，洗净后可直接蘸酱食用，也可以开水焯、清水反复浸泡后凉拌、炒菜、蘸酱、作包子馅料等，大量采集可以腌渍保存或制什锦袋菜。

【药用功效】幼苗或全草入药，具有清热解毒、排脓、止痛的功效。

还阳参属 Crepis L.

屋根草 Crepis tectorum L.

【俗名】还阳参

【异名】*Hieracioides tectorum* (L.) O. Ktze.

【习性】一、二年生草本。生山地林缘、河谷草地、田间或撂荒地。

【东北地区分布】黑龙江省哈尔滨、伊春、密山、虎林、五大连池、黑河、呼玛、尚志、萝北、孙吴、集贤；吉林省通化、临江、抚松；辽宁省大连、辽阳、沈阳、抚顺、铁岭、新宾；内蒙古海拉尔、额尔古纳、根河、牙克石、阿尔山、科尔沁右翼前旗、科尔沁右翼中旗、克什克腾旗等地。

【食用价值】幼苗焯水、浸泡后可炒食、凉拌、蘸酱或腌渍咸菜等。

【药用功效】全草入药，水煎服用于老年性咳嗽痰喘。

天名精属（金挖耳属）Carpesium L.

天名精 Carpesium abrotanoides L.

【俗名】地菘；天蔓青；鹤虱；野烟叶；野烟；野叶子烟

【异名】*Carpesium thunbergianum* Siebold & Zuccarini

【习性】多年生草本。生村旁、路边荒地、溪边及林缘。

【东北地区分布】辽宁省大连，栽培和野生均有。

【食用价值】嫩叶煮熟了可以食用，据说有一种甜味，尽管闻起来味道并不好。要注意其有毒报道，详见本种附注。

【药用功效】全草、果实入药，具有祛痰、清热、破血、止血、解毒、杀虫的功效。

【附注】全草有小毒，对人皮肤能引起过敏性皮炎、疮疹；动物试验有中枢麻痹作用。

金挖耳 Carpesium divaricatum Sieb. et Zucc.

【俗名】除州鹤虱

【异名】*Carpesium atkinsonianum* Hemsley

【习性】多年生草本。生路旁及山坡灌丛中。

【东北地区分布】黑龙江省东部地区；吉林省抚松、临江、通化、柳河、辉南、集安、靖宇、长白等地。辽宁省长海县广鹿岛有记载。

【食用价值】嫩叶煮熟了可以食用，据说有一种甜味，尽管闻起来味道并不好。要注意其有毒报道，详见本种附注。

【药用功效】全草、根、茎基部入药，具有清热解毒、消肿止痛的功效。

【附注】全草有小毒，对人皮肤能引起过敏性皮炎、疮疹；动物试验有中枢麻痹作用。

暗花金挖耳 Carpesium triste Maxim.

【俗名】东北金挖耳

【异名】*Carpesium triste* var. *manshuricum* (Kitam.) Kitam.

【习性】多年生草本。生林下及溪边。

【东北地区分布】黑龙江省伊春、勃利；吉林省抚松、蛟河、安图、敦化、集安、辉南、长白；辽宁省新宾、清原、本溪、桓仁、宽甸、凤城等地。

【食用价值】嫩叶煮熟了可以食用，据说有一种甜味，尽管闻起来味道并不好。要注意其有毒报道，详见本种附注。

【药用功效】全草及花入药，具有凉血、散瘀、止血的功效。

【附注】虽然未见本种的有毒报道，但同属植物有的有毒。建议谨慎对待，初次食用者以少量尝试为宜。

苍术属 Atractylodes DC.

关苍术 Atractylodes japonica Koidz. ex Kitam.

【俗名】不详

【异名】*Atractylis japonica* (Koidz.) Kitag.

【习性】多年生草本。生干山坡草地、疏林下、灌丛间。

【东北地区分布】黑龙江省伊春、尚志、密山、虎林、黑河、鸡西、饶河、嘉荫、呼玛、孙吴、萝北、佳木斯、勃利、宁安、鹤岗、哈尔滨、东宁；吉林省临江、通化、柳河、梅河口、集安、辉南、抚松、靖宇、长白、珲春、和龙、敦化、吉林、安图、蛟河、汪清；辽宁省沈阳、新宾、抚顺、清原、本溪、桓仁、铁岭、西丰、凌源、宽甸；内蒙古鄂伦春、巴林右旗等地。

【食用价值】幼苗焯水、浸泡后可炒食、凉拌或蘸酱食，大量采集可以腌渍保存或制成什锦袋菜。要注意其有毒报道，详见本种附注。

【药用功效】根状茎入药，具有健脾燥湿、祛风胜湿的功效。

【附注】全草有毒，根状茎毒性较大。家畜误食少量有镇静作用，大量则麻痹中枢神经系统，最后因呼吸麻痹而死亡；小鼠腹腔注射根状茎的氯仿提取物400毫克/千克，出现高步态、驼背、拖尾、惊厥，最后因呼吸抑制而死亡。

朝鲜苍术 Atractylodes koreana (Nakai) Kitam.

【俗名】不详

【异名】*Atractylis koreana* Nakai; *A. chinensis* (Bunge) DC. var. *koreana* (Nakai) Chu

【习性】多年生草本。生山坡草地及灌丛间草地。

【东北地区分布】黑龙江省宁安；吉林省长白；辽宁省鞍山、抚顺、凤城、辽阳、盖州、普兰店、丹东、大连、营口、庄河、长海、岫岩、桓仁；内蒙古科尔沁右翼前旗、科尔沁右翼中旗等地。

【食用价值】幼苗焯水、浸泡后可炒食、凉拌或蘸酱食，大量采集可以腌渍保存或制成什锦袋菜。要注意其同属植物的有毒报道，详见本种附注。

【药用功效】根状茎入药，具有健脾、燥湿、解郁、辟秽的功效。

【附注】虽然未见本种的有毒报道，但是本属有的种类全草有毒，根状茎毒性较大。家畜误食少量有镇静作用，大量则麻痹中枢神经系统，最后因呼吸麻痹而死亡。鉴于此，建议谨慎食用其根，尤其不能生食。

苍术 Atractylodes lancea (Thunb.) DC.

【俗名】北苍术；辽东苍术；茅苍术

【异名】*Atractylodes chinensis* (Bunge) Koidz.; *A. chinensis* (Bunge) DC. var. *liaotungensis* Kitag.

【习性】多年生草本。生干山坡、灌丛。

【东北地区分布】黑龙江甘南、龙江、泰来、林甸、依安、富裕、杜尔伯特、齐齐哈尔、泰康、讷河；吉林省抚松；辽宁省大连、普兰店、盖州、抚顺、法库、凌源、北镇、葫芦岛、锦州、兴城、绥中、朝阳、彰武、建平、建昌、北票、义县、喀左、

阜蒙；内蒙古牙克石、扎兰屯、科尔沁右翼前旗、科尔沁右翼中旗、扎赉特旗、突泉、乌兰浩特、扎鲁特旗、翁牛特旗、巴林左旗、巴林右旗、阿鲁科尔沁旗、阿荣旗、克什克腾旗、喀喇沁旗、赤峰、宁城、多伦等地。

【食用价值】幼苗、根状茎有食用价值。要注意其同属植物的有毒报道，详见本种附注。

幼苗焯水、浸泡后可炒食、凉拌或蘸酱食，大量采集可以腌渍保存或制成什锦袋菜。

根状茎平卧或斜升，粗长或通常呈疙瘩状，富含维生素A，嫩时可以少量煮食。

【药用功效】干燥根状茎入药，具有燥湿健脾、祛风散寒、明目的功效。

【附注】虽然未见本种的有毒报道，但是本属有的种类全草有毒，根状茎毒性较大。家畜误食少量有镇静作用，大量则麻痹中枢神经系统，最后因呼吸麻痹而死亡。鉴于此，建议谨慎食用其根，尤其不能生食。

本种与食用有关的部分内容参考国外文献整理，初次食用者以少量尝试为宜，尤其是根状茎。

飞廉属 Carduus L.

节毛飞廉 Carduus acanthoides L.

【俗名】刺飞廉

【异名】不详

【习性】二年生或多年生草本。生山坡、草地、林缘、灌丛中或田间。

【东北地区分布】辽宁省各地。

【食用价值】幼苗可作为应急食品，在饥荒或没有其他食物的非常时期，焯水、浸泡后可少食。要注意其可能有不良反应，详见本种附注。

【药用功效】全草、根、果实入药，全草、根具有散瘀止血、清热利尿的功效，果实具有利胆的功效。

【附注】本种质地粗糙，根还可能有小毒，只限于饥荒等非常时期食用。

丝毛飞廉 Carduus crispus L.

【俗名】飞廉；飞簾

【异名】不详

【习性】二年生或多年生草本。生山坡草地、田间、荒地、河旁及林下。

【东北地区分布】黑龙江省呼玛、黑河、饶河、尚志、哈尔滨、萝北；吉林省珲春、和龙、汪清、安图；辽宁省沈阳；内蒙古额尔古纳、科尔沁右翼前旗、扎鲁特旗、科尔沁右翼中旗、扎赉特旗、突泉、乌兰浩特等地。

【食用价值】幼苗可作为应急食品，在饥荒或没有其他食物的非常时期，焯水、浸泡后可少食。要注意其有毒报道，详见本种附注。

【药用功效】全草、根入药，具有散瘀止血、清热利湿的功效。

【附注】本种质地粗糙，根还可能有小毒，只限于饥荒等非常时期食用。

蓟属 Cirsium Mill.

刺儿菜 Cirsium arvense var. **integrifolium** Wimm. & Grab.

【俗名】小蓟

【异名】*Cirsium segetum* Bunge; *Cephalonoplos segetum* (Bunge) Kitam.; *Cirsium integrifolium* (Wimm. & Grab.) L. Q. Zhao et Y. Z. Zhao

【习性】多年生草本。生山坡、荒地、路旁及田边等地。

【东北地区分布】黑龙江省安达、齐齐哈尔、绥芬河、哈尔滨、虎林、密山、孙吴；吉林省临江、通化、柳河、辉南、集安、抚松、靖宇、长白、镇赉、双辽、珲春、蛟河、桦甸；辽宁省本溪、桓仁、宽甸、凤城、沈阳、大连、丹东、营口、建平、北镇、普兰店、兴城、盖州、东港、瓦房店、庄河、西丰、朝阳；内蒙古科尔沁右翼前旗、科尔沁右翼中旗、扎赉特旗、突泉、乌兰浩特、海拉尔、科尔沁左翼后旗、宁城等地。

【食用价值】幼苗每百克含蛋白质4.8克，脂肪1.1克，碳水化合物5克，钙216毫克，磷93毫克，铁10.2毫克，胡萝卜素7.35毫克，维生素B_2 0.39毫克，维生素C47毫克，开水焯、清水浸泡漂去碱性后可凉拌、炒食、做汤或制馅，也可煮粥或腌制咸菜。

【药用功效】根状茎、地上部分入药，其中，地上部分具有凉血止血、祛瘀消肿的功效。

【附注】本种性凉，脾胃虚寒而无瘀滞者忌食。茎、叶有毛或刺，食用前要在开水中多焯一会儿，以软化毛或刺。

大刺儿菜 Cirsium arvense var. **setosum** (Willd.) Ledeb.

【俗名】大蓟；刺儿菜；白花大刺儿菜；刻叶刺儿菜

【异名】*Cirsium setosum* (Willd.) Bieb.; *Cephalonoplos setosum* (Willd.) Kitam.; *Cirsium setosum* f. *albiflora* (Kitag.) Kitag.

【习性】多年生草本。生山坡、荒地及田间路旁。

【东北地区分布】黑龙江省安达、齐齐哈尔、哈尔滨、尚志、宁安、汤原、虎林、密山、孙吴、伊春、萝北；吉林省临江、通化、柳河、梅河口、长春、九台、吉林、通榆、辉南、集安、抚松、靖宇、长白、安图、和龙、敦化、延吉、珲春、蛟河；辽宁省本溪、凤城、宽甸、桓仁、清原、昌图、彰武、绥中、开原、营口、沈阳、丹东、大连、抚顺；内蒙古科尔沁右翼前旗、扎赉特旗、突泉、乌兰浩特、科尔沁左翼后旗、海拉尔、扎鲁特旗、翁牛特旗、巴林右旗等地。

【食用价值】幼苗每百克含蛋白质4.8克，脂肪1.1克，碳水化合物5克，钙216毫克，磷93毫克，铁

10.2毫克，胡萝卜素7.35毫克，维生素B$_2$0.39毫克，维生素C47毫克，开水焯、清水浸泡漂去碱性后可凉拌、炒食、做汤或制馅，也可煮粥或腌制咸菜。

【药用功效】根状茎、地上部分入药，其中，地上部分具有凉血止血、散瘀解毒消痈的功效。

【附注】本种性凉，脾胃虚寒而无瘀滞者忌食。茎、叶有毛或刺，食用前要在开水中多焯一会儿，以软化毛或刺。

绿蓟 Cirsium chinense Gardn. et Champ.

【俗名】崂山单脉蓟；崂山蓟

【异名】*Cirsium uninervium* Nakai var. *laushanense* (Yabe) Kitag.

【习性】多年生草本。生山沟及山坡草丛中。

【东北地区分布】辽宁省大连、旅顺口、长海；内蒙古翁牛特旗、敖汉旗、喀喇沁旗、阿鲁科尔沁旗、克什克腾旗、宁城等地。

【食用价值】幼苗、嫩根有食用价值。

幼苗焯水、浸泡后可凉拌、炒食、做汤或制馅，也可煮粥或腌制咸菜。

嫩根细腻、多汁，略带甜味，炖排骨、炖鸡、蒸食均可以。

【药用功效】全草入药，具有清热、凉血、活血、解毒的功效。

【附注】茎、叶有毛或刺，食用前要在开水中多焯一会儿，以软化毛或刺。

蓟 Cirsium japonicum Fisch. ex DC.

【俗名】大刺介芽；地萝卜；大蓟；山萝卜；条叶蓟；大蓟草；大蓟根；刺蓟；蓟蓟芽

【异名】*Carduus japonicus* (Candolle) Franchet; *Cirsium belingschanicum* Petrak; *C. bodinieri* (Vaniot) H. Léveillé; *C. cerberus* (Vaniot) H. Léveillé; *C. hainanense* Masamune

【习性】多年生草本。生山坡林中、林缘、灌丛中、草地、荒地、田间、路旁或溪旁。

【东北地区分布】辽宁省长海县大耗子岛；内蒙古正蓝旗。

【食用价值】幼苗、嫩根有食用价值。

幼苗焯水、浸泡后可凉拌、炒食、做汤或制馅，也可煮粥或腌制咸菜。

嫩根细腻、多汁，略带甜味，炖排骨、炖鸡、蒸食均可以。

【药用功效】地上部分入药，具有凉血止血、散瘀解毒消痈的功效。

【附注】茎、叶有毛或刺，食用前要在开水中多焯一会儿，以软化毛或刺。

线叶蓟 Cirsium lineare (Thunb.) Sch.-Bip

【俗名】线叶绒背蓟

【异名】*Cirsium vlassovianum* Fisch. ex DC. var. *lineare* (Thunb.) C. Y. Li

【习性】多年生草本。生山坡、林下、草甸湿地及路旁。

【东北地区分布】辽宁省凌源、彰武、葫芦岛、抚顺、鞍山、普兰店、旅顺口、大连等地。

【食用价值】幼苗、嫩根有食用价值。

幼苗焯水、浸泡后可凉拌、炒食、做汤或制馅，也可煮粥或腌制咸菜。

嫩根细腻、多汁，略带甜味，炖排骨、炖鸡、蒸食均可以。

【药用功效】全草、根、花序入药，具有活血散瘀、解毒消肿的功效。

【附注】茎、叶有毛或刺，食用前要在开水中多焯一会儿，以软化毛或刺。

野蓟 Cirsium maackii Maxim.

【俗名】牛戳口

【异名】*Cirsium asperum* Nakai; *C. japonicum* Candolle var. *amurense* Kitamura; *C. japonicum* subsp. *maackii* (Maximowicz) Nakai

【习性】多年生草本。生林下、林缘湿草地、山坡草地、撂荒地。

【东北地区分布】黑龙江省哈尔滨、齐齐哈尔、北安、伊春、密山、虎林、汤原、集贤、萝北；吉林省珲春、汪清；辽宁省清原、沈阳、盖州、大连、金州、庄河、瓦房店、长海、岫岩、凤城、宽甸、本溪、义县；内蒙古新巴尔虎右旗、科尔沁左翼后旗、大青沟、克什克腾旗、巴林右旗、敖汉旗、喀喇沁旗、宁城等地。

【食用价值】幼苗可作为应急食品，在饥荒或没有其他食物的非常时期，焯水、浸泡后可少食。

【药用功效】全草、根、地上部分入药，具有行瘀消肿、凉血止血、破血的功效。

【附注】茎、叶有毛或刺，食用前要在开水中多焯一会儿，以软化毛或刺。

烟管蓟 Cirsium pendulum Fisch. ex DC.

【俗名】不详

【异名】*Cnicus pendulus* (Fisch. ex DC.) Maxim.; *Cnicus helgendorfii* Franch. et Sav.; *C. provostii* Franch.; *Cirsium helgendorfii* (Franch. et Sav.) Makino; *C. provostii* (Franch.) Petrak

【习性】多年生草本。生河岸、潮湿地、林缘等地。

【东北地区分布】黑龙江省呼玛、依兰、集贤、桦川、宁安、肇东、阿城、安达、尚志、虎林、伊春、孙吴、哈尔滨、萝北；吉林省大安、九台、和龙、珲春、敦化、白山、通化、安图、梅河口、集安、汪清、辉南、柳河、靖宇、抚松、长白；辽宁省沈阳、葫芦岛、大连、凤城、丹东、西丰、阜蒙、彰武、北镇、宽甸、本溪、桓仁；内蒙古海拉尔、额尔古纳、根河、牙克石、鄂伦春、鄂温克、陈巴尔虎旗、新巴尔虎左旗、新巴尔虎右旗、科尔沁右翼前旗、扎赉特旗、科尔沁左翼后旗、克什克腾旗、喀喇沁旗、东乌珠穆沁旗、锡林浩特等地。

【食用价值】幼苗可作为应急食品，在饥荒或没有其他食物的非常时期，焯水、浸泡后可少食。

【药用功效】全草、根、地上部分入药，具有凉血止血、祛瘀消肿、止痛的功效。

【附注】茎、叶有毛或刺，食用前要在开水中多焯一会儿，以软化毛或刺。

块蓟 Cirsium viridifolium (Handel-Mazzetti) C. Shih

【俗名】不详

【异名】*Cirsium salicifolium* (Kitag.) Shih; *Cirsium vlassovianum* Fischer ex Candolle var. *viridifolium* Handel-Mazzetti; *C. vlassovianum* var. *salicifolium* Kitagawa

【习性】多年生草本。生湿地、溪旁、路边或山坡。

【东北地区分布】吉林省乾安、通榆；辽宁省鞍山、凤城、辽阳；内蒙古科尔沁左翼后旗、克什克腾旗、正蓝旗等地。

【食用价值】幼苗、嫩根有食用价值。

幼苗焯水、浸泡后可凉拌、炒食、做汤或制馅，也可煮粥或腌制咸菜。

嫩根细腻、多汁，略带甜味，炖排骨、炖鸡、蒸食均可以。

【药用功效】根入药，具祛风、除湿、止痛的功效。

【附注】茎、叶有毛或刺，食用前要在开水中多焯一会儿，以软化毛或刺。

绒背蓟 Cirsium vlassovianum Fisch. ex DC.

【俗名】猫腿姑

【异名】*Cirsium vlassovianum* var. *bracteatum* Ledebour; *Cnicus vlassovianus* (Fischer ex Candolle) Maximowicz

【习性】多年生草本。生河岸、山坡草地及潮湿地。

【东北地区分布】黑龙江省安达、伊春、尚志、密山、萝北、虎林、大庆、鸡东、呼玛、林口、宁安、饶河、孙吴；吉林省蛟河、吉林、敦化、和龙、临江、通化、梅河口、柳河、辉南、集安、抚松、靖宇、安图、汪清、长白；辽宁省抚顺、清原、鞍山、辽阳、大连、庄河、普兰店、凤城、本溪、

西丰、桓仁、宽甸、丹东；内蒙古满洲里、额尔古纳、根河、牙克石、鄂伦春、鄂温克、科尔沁右翼前旗、科尔沁右翼中旗、扎赉特旗、突泉、乌兰浩特、扎鲁特旗、科尔沁左翼后旗、阿鲁科尔沁旗、巴林右旗、克什克腾旗、东乌珠穆沁旗等地。

【食用价值】幼苗、嫩根有食用价值。

幼苗焯水、浸泡后可凉拌、炒食、做汤或制馅，也可煮粥或腌制咸菜。

嫩根细腻、多汁，略带甜味，炖排骨、炖鸡、蒸食均可以。

【药用功效】块根入药，具有温经通络、祛风、除湿、止痛的功效。

【附注】茎、叶有毛或刺，食用前要在开水中多焯一会儿，以软化毛或刺。

翼蓟 Cirsium vulgare (Savi) Ten.

【俗名】欧洲蓟

【异名】*Carduus vulgaris* Savi; *C. lanceolatus* L.; *Ascalea lanceolata* (L.) Hill; *Cirsium lanceolatum* (L.) Scop.

【习性】多年生草本。生于潮湿草地或荒地。

【东北地区分布】辽宁省大连、旅顺口。

【食用价值】幼苗、嫩根有食用价值。

幼苗焯水、浸泡后可凉拌、炒食、做汤或制馅，也可煮粥或腌制咸菜。

嫩根细腻、多汁，略带甜味，炖排骨、炖鸡、蒸食均可以。

【药用功效】智利、美国药用植物。根用于胃痉挛、风湿病，叶用于膀胱和肾脏疾病。

【附注】茎、叶有毛或刺，食用前要在开水中多焯一会儿，以软化毛或刺。

鳢肠属 Eclipta L.

鳢肠 Eclipta prostrata (L.) L.

【俗名】凉粉草；墨汁草；墨旱莲；墨菜；旱莲草；野万红；黑墨草

【异名】*Verbesina prostrata* L.; *Verbesinaalba* L.; *Ecliptaereta* L.; *Eclipta thermalis* Bunge; *Eclipta alba* (L.) Haask

【习性】一年生草本。生河边、田边或路旁。

【东北地区分布】辽宁省旅顺口、大连、金州、普兰店、瓦房店、庄河、长海、东港等地。

【食用价值】幼苗开水焯、清水浸泡后可炒食、凉拌、蘸酱或腌渍咸菜，也可作包子的馅料。

【药用功效】地上部分入药，具有滋补肝肾、凉血止血的功效。

【附注】不宜与强心苷类药物同用，以免引起血钾过高，降低强心苷类药物的疗效。脾肾虚寒者忌服。

菊芹属 Erechtites Rafin

梁子菜 Erechtites hieracifolia (L.) Raf. ex DC.

【俗名】菊芹

【异名】*Senecio hieraciifolius* L.

【习性】一年生直立草本。生山坡、林下、灌木丛中或湿地上。

【东北地区分布】分布辽宁省丹东、大连等地。原产墨西哥。

【食用价值】幼苗、嫩叶、茎尖焯水、浸泡后可炒食、凉拌或蘸酱食，也可剁馅加猪肉包饺子或包子，大量采集可以腌渍保存或制成什锦袋菜。

【药用功效】全草入药，具有清热解毒、杀虫的功效。

【附注】为外来入侵植物。

飞蓬属 Erigeron L.

飞蓬 Erigeron acris L.

【俗名】狼尾巴棵

【异名】*Erigeron acer* L.

【习性】二年生草本。常生山坡草地、牧场及林缘。

【东北地区分布】黑龙江省黑河、桦川、依兰、尚志、安达、呼玛、嘉荫、克山、北安、哈尔滨、海林、克东、嫩江；吉林省安图、集安、抚松、靖宇、临江、长白、和龙；辽宁省大连、丹东、宽甸、本溪、桓仁、新宾、清原、西丰、彰武；内蒙古海拉尔、牙克石、额尔古纳、新巴尔虎右旗、新巴尔虎左旗、鄂温克、科尔沁右翼前旗、扎赉特旗、克什克腾旗、巴林右旗、巴林左旗、阿鲁科尔沁旗、喀喇沁旗、东乌珠穆沁旗、西乌珠穆沁旗、锡林浩特等地。

【食用价值】幼苗可作为应急食品，在饥荒或没有其他食物的非常时期，焯水、浸泡后可少食。

【药用功效】全草、花、花序、种子入药，具有祛风利湿、散瘀消肿的功效。

【附注】本种与食用有关的内容参考了国外文献，初次食用者以少量尝试为宜，且仅作为应急食品。

一年蓬 Erigeron annuus (L.) Pers.

【俗名】治疟草；野蒿；千层塔

【异名】*Aster annuus* L.; *Erigeronheterophyllus* Muhl. ex Willd.; *Stenactisannua* Cass.

【习性】一年生草本。生林下、林缘、路旁等处。

【东北地区分布】黑龙江省东部；吉林省通化、抚松、安图、靖宇、柳河、珲春、辉南、集安；辽宁省本溪、凤城、鞍山、抚顺、新民、丹东、桓仁、宽甸、清原、西丰等地。原产北美洲。

【食用价值】幼苗开水焯、清水反复浸泡后可作野菜食用。

【药用功效】全草及根入药，具有消食止泻、清热解毒、截疟的功效。

【附注】为外来入侵植物，花粉会引发部分人群过敏。

小蓬草 Erigeron canadensis L.

【俗名】小飞蓬；小白酒草

【异名】*Conyza canadensis* (L.) Cronq.

【习性】一年生草本。生路旁、田野、荒地及宅旁附近。

【东北地区分布】东北地区各地；内蒙古海拉尔、牙克石、额尔古纳、鄂温克、新巴尔虎左旗、新巴尔虎右旗、科尔沁右翼前旗、扎赉特旗、科尔沁左翼后旗、克什克腾旗、巴林左旗、喀喇沁旗、阿鲁科尔沁旗等地。原产北美洲，现世界各地广布。

【食用价值】幼苗开水焯、清水反复浸泡后也可作野菜食用。要注意食用安全，详见本种附注。

【药用功效】全草、叶入药，具有清热利湿、散瘀消肿的功效。

【附注】为恶性入侵杂草，体内的液汁和捣碎的叶对皮肤有刺激作用。

泽兰属 Eupatorium L.

白头婆 Eupatorium japonicum Thunb.

【俗名】泽兰；单叶佩兰；三裂叶白头婆

【异名】*Eupatorium chinense* Linnaeus var. simplicifolium (Makino) Kitamura; *E. chinense* var. *tozanense* (Hayata) Kitamura; *E. wallichii* Candolle

【习性】多年生草本。生山坡草地、路旁、林下或灌丛间。

【东北地区分布】吉林省通化、柳河、梅河口、临江、集安、辉南、抚松、靖宇、长白；辽宁省抚顺、鞍山、丹东、凤城、宽甸、庄河、朝阳、沈阳、本溪、桓仁等地。

【食用价值】嫩苗、根状茎、叶有食用价值。要注意其有毒报道，详见本种附注。

嫩苗开水焯、清水反复浸泡后可炒食、凉拌、蘸酱或腌渍咸菜，也可作包子馅料。

嫩根状茎可以煮食。

茎叶含芳香油0.3%～0.4%，供调香与药用；还含泽兰亭，类似甜味菊苷的化合物，属二萜糖苷类，甜度为蔗糖的150～300倍。

【药用功效】全草、地上部分、根入药，具有祛暑发表、化湿和中、理气活血、解毒的功效。

【附注】喂饲兔，能引起慢性中毒，主要损害肾和肝组织，并引起糖尿病；叶的醇浸物0.3克给予兔，引起全身麻醉、呼吸抑制、体温下降、血糖增高。

林泽兰 Eupatorium lindleyanum DC.

【俗名】毛泽兰；轮叶泽兰；尖佩兰

【异名】*Eupatorium lindleyanum* f. *trisectifolium* (Makino) Hiyama

【习性】多年生草本。生山坡草地及向阳地和沙地。

【东北地区分布】黑龙江省萝北、密山、伊春、克东、牡丹江、尚志、依兰、孙吴、呼玛、肇源、大庆、黑河、哈尔滨、肇东、阿城、安达、林口、双城、五大连池、虎林、齐齐哈尔；吉林省抚松、大安、和龙、安图、汪清、珲春、临江、吉林、蛟河、集安、梅河口、靖宇、前郭尔罗斯、长白；辽宁省庄河、营口、普兰店、大连、丹东、开原、抚顺、本溪、凌源、彰武、西丰、新宾；内蒙古牙克石、科尔沁右翼前旗、突泉、科尔沁左翼后旗、大青沟、扎鲁特旗、敖汉旗、巴林右旗、阿鲁科尔沁旗等地。

【食用价值】嫩叶开水焯、清水反复浸泡后可炒食、凉拌、蘸酱或腌渍咸菜，也可作包子馅料。

【药用功效】地上部分、根入药，具有祛痰定喘、降压的功效。

【附注】虽然未见本种的有毒报道，但同属某些植物的叶有毒。

牛膝菊属 Galinsoga Ruiz et Pav.

牛膝菊 Galinsoga parviflora Cav.

【俗名】辣子草；向阳花；珍珠草；铜锤草

【异名】*Wiborgia parviflora* H. B. et K. Nov.

【习性】一年生草本。生杂草地、荒坡、路旁、果园、农田等处。

【东北地区分布】黑龙江省哈尔滨；吉林省珲春、长春；辽宁省各地；内蒙古扎兰屯等地。原产南美洲。

【食用价值】幼苗、茎叶有食用价值。

幼苗焯水、浸泡后可炒食、凉拌、蘸酱，也作馅包饺子、包子。

花期茎叶含粗蛋白18.8%，粗脂肪3.48%，粗纤维21.59%，钙2.79%，磷0.42%，晒干后磨粉可作汤等的调料，味道柔和，非常受欢迎。

【药用功效】全草、花序入药，全草具有消肿、止血的功效，花序具有清肝明目的功效。

【附注】本种为严重入侵类外来植物，与食用有关的部分内容参考国外文献整理，初次食用者以少量尝试为宜。

粗毛牛膝菊 Galinsoga quadriradiata Ruiz et Pav.

【俗名】睫毛牛膝菊

【异名】*Galinsoga ciliata* (Rafinesque) S. F. Blake

【习性】一年生草本。生杂草地、荒坡、路旁、果园、农田等处。

【东北地区分布】辽宁省大连等地。原产中美洲和南美洲。

【食用价值】幼苗、茎叶有食用价值。

幼苗焯水、浸泡后可炒食、凉拌、蘸酱，也可作馅包饺子、包子。

茎叶晒干后磨粉可作汤等的调料，味道柔和，非常受欢迎。

【药用功效】印度、智利、秘鲁药用植物。全草入药，具有止血、消炎的功效。

【附注】本种为严重入侵类外来植物，与食用有关的部分内容参考国外文献整理，初次食用者以少量尝试为宜。

胶菀属 Grindelia Willdenow

胶菀 Grindelia squarrosa (Pursh) Dunal

【俗名】卷苞胶草

【异名】*Donia squarrosa* Pursh; *Grindelia* aphanactis Rydberg; *G. nuda* Alph. Wood; *G. serrulata* Rydberg

【习性】多年生草本。生路边、溪流边。

【东北地区分布】辽宁省大连市。原产美国和墨西哥，乌克兰等有引种。

【食用价值】叶、体表黏液有食用价值。要注意其有毒报道，详见本种附注。

新鲜或干燥的叶片可以用来制作一种芳香但是略苦的茶。

体表的黏性汁液可以作为口香糖的替代品。

【药用功效】北美洲药用植物。叶、花用于解痉、祛痰、气喘、肺部疾病、漆中毒。

【附注】植物体含有致癌物质黄樟素。不宜长期泡茶饮，也不宜长期嚼其黏质液。

本种为外来入侵植物，与食用有关的内容均参考国外文献整理，初次食用者以少量尝试为宜。

泥胡菜属 Hemistepta Bunge

泥胡菜 Hemisteptia lyrata (Bunge) Fisch. & C.A.Mey.

【俗名】猪兜菜

【异名】*Hemistepta lyrata* (Bunge) Bunge

【习性】二年生直立草本。生路旁、林下、荒地、海滨沙质地。

【东北地区分布】东北地区各地；内蒙古东部各地区。中国除新疆、西藏外，各地广布。朝鲜、日本、中南半岛、南亚及澳大利亚等有分布。

【食用价值】花蕾和幼苗焯水、反复换水浸泡后，可拌食、蘸酱食，也可腌制咸菜、晒干菜等。

【药用功效】全草、根入药，具有清热解毒、利尿、消肿祛瘀、止咳、止血、活血的功效。

【附注】味道非常苦，焯水后需要反复换水浸泡，10个小时以后方可达到可以接受的味道。

山柳菊属 Hieracium L.

山柳菊 Hieracium umbellatum L.

【俗名】伞花山柳菊；九里明；黄花母

【异名】*Hieracium umbellatum* L. subsp. *umbellatum* (L.) Zahn. var. *commune* Fries; *H.umbellatum* L. var. *mongolicum* Fries; *H.sinense* Vaniot

【习性】多年生草本。生林下、林缘、路旁、山坡等处。

【东北地区分布】黑龙江省呼玛、塔河、加格达奇、伊春、克山、克东、绥棱、绥芬河、哈尔滨、集贤、富锦、虎林、密山、宁安、穆棱、汤原、东宁、尚志（帽儿山）；吉林省长春、延吉、珲春、和龙、集安、白山、通化、梅河口、蛟河、安图、汪清、柳河、辉南、抚松、靖宇、长白；辽宁省沈阳、西丰、朝阳、鞍山、大连、新宾、抚顺、清原、丹东、宽甸、东港、本溪、桓仁；内蒙古海拉尔、牙克石、额尔古纳、根河、莫力达瓦达斡尔、鄂温克、陈巴尔虎旗、新巴尔虎左旗、新巴尔虎右旗、科尔沁右翼前旗、科尔沁左翼后旗、赤峰市红山区、喀喇沁旗、克什克腾旗、阿鲁科尔沁旗、东乌珠穆沁旗、西乌珠穆沁旗等地。

【食用价值】幼苗焯水、浸泡后可炒食、凉拌、蘸酱或腌渍咸菜等。

【药用功效】根或全草入药，具有清热解毒、利湿消积的功效。

全光菊属 Hololeion Kitamura

全光菊 Hololeion maximowiczii Kitamura

【俗名】全缘叶山柳菊；全缘山柳菊

【异名】*Hieracium hololeion* Maxim.

【习性】多年生直立草本。生草甸、沼泽草甸及近溪流低湿地。

【东北地区分布】黑龙江省哈尔滨、呼玛、漠河、虎林、萝北；吉林省珲春、通化、梅河口、蛟河、汪清；辽宁省彰武、沈阳；内蒙古海拉尔、新巴尔虎右旗、科尔沁右翼前旗、阿尔山、科尔沁右翼中旗、扎鲁特旗、科尔沁左翼后旗、翁牛特旗等地。

【食用价值】嫩叶和嫩根煮熟后可以食用。

【药用功效】全草、根、花序入药，具有利尿除湿、活血止血的功效。

旋覆花属 Inula L.

欧亚旋覆花 Inula britannica L.

【俗名】欧洲旋覆花；大花旋覆花

【异名】*Inula britannica* var. *chinensis* (Ruor.) Regel

【习性】多年生草本。生湿地、田边、林缘或盐碱地上。

【东北地区分布】黑龙江省伊春、密山、安达、哈尔滨、齐齐哈尔、萝北、依兰、佳木斯、牡丹江、宁安、尚志、北安、黑河、克山、呼玛；吉林省镇赉、长白、通榆、长春、安图、抚松、汪清、蛟河、磐石；辽宁省新民、沈阳、铁岭、盖州、大连、普兰店、凤城、宽甸、丹东、东港、清原、本溪、桓仁、岫岩；内蒙古海拉尔、牙克石、满洲里、新巴尔虎右旗、鄂温克、科尔沁左翼后旗、敖汉旗、巴林右旗、阿鲁科尔沁旗、克什克腾旗、喀喇沁旗、赤峰市红山区、东乌珠穆沁旗、锡林浩特等地。

【食用价值】幼苗焯水、浸泡后可炒食、凉拌或蘸酱食，大量采集可以腌渍保存或制成什锦袋菜或晒制干菜。

【药用功效】根、茎、叶、头状花序入药，其中，茎、叶具有散风寒、化痰饮、消肿毒的功效，头状花序具有降气、化痰、行水、止呕的功效。

【附注】虽然未见本种的有毒报道，但同属植物有的有不良报道，初次食用者以少量尝试为宜。

旋覆花 Inula japonica Thunb.

【俗名】金佛花；金佛草；六月菊

【异名】*Inula britanica* L. var. *japonica* (Thunb.) Franch. et Savat.

【习性】多年生草本。生山坡、路旁、湿润草地、河岸及田旁。

【东北地区分布】黑龙江省伊春、尚志、虎林、呼玛、安达、大庆、哈尔滨、齐齐哈尔、逊克、黑河、萝北、饶河；吉林省通化、白山、梅河口、集安、蛟河、珲春、和龙、长春、柳河、辉南、抚松、靖宇、长白、镇赉；辽宁省法库、新宾、沈阳、鞍山、铁岭、普兰店、大连、凌源、彰武、本溪、凤城、宽甸；内蒙古额尔古纳、海拉尔、牙克石、新巴尔虎右旗、扎鲁特旗、阿鲁科尔沁旗、巴林右旗、赤峰市红山区、敖汉旗、喀喇沁旗、宁城、克什克腾旗等地。

【食用价值】幼苗焯水、浸泡后可炒食、凉拌或蘸酱食，大量采集可以腌渍保存或制成什锦袋菜或晒制干菜。

【药用功效】根、地上部分、头状花序入药，其中，地上部分具有降气、消痰、行水的功效，头状

花序具有降气、化痰、行水、止呕的功效。

　　【附注】虽然未见本种的有毒报道，但同属植物有的有不良报道，初次食用者以少量尝试为宜。

线叶旋覆花 Inula linariifolia Turcz.

　　【俗名】条叶旋覆花；窄叶旋覆花；驴耳朵；蚂蚱膀子

　　【异名】*Inula britannica* Linnaeus subsp. *linariifolia* (Turczaninow) Kitamura；*I.britannica* var. *linariifolia* (Turczaninow) Regel

　　【习性】多年生草本。生湿地、路旁及山沟等处。

　　【东北地区分布】黑龙江省密山、虎林、宁安、哈尔滨、齐齐哈尔、安达、大庆、黑河、塔河、依兰、集贤、萝北；吉林省珲春、白城、汪清、镇赉、靖宇、长白；辽宁省长海、金州、瓦房店、西丰、清原、沈阳、鞍山、抚顺、绥中、葫芦岛、北镇、本溪、凤城、宽甸、新宾、桓仁、东港；内蒙古扎兰屯、科尔沁右翼前旗、科尔沁左翼后旗、扎赉特旗、翁牛特旗、巴林右旗等地。

　　【食用价值】幼苗焯水、浸泡后可炒食、凉拌或蘸酱食，大量采集可以腌渍保存或制成什锦袋菜或晒制干菜。

　　【药用功效】根、地上部分、花入药，其中，根具有平喘镇咳、祛风胜湿的功效，地上部分具有降气、消痰、行水的功效。

　　【附注】虽然未见本种的有毒报道，但同属植物有的有不良报道，初次食用者以少量尝试为宜。

苦荬菜属 Ixeris (Cass.) Cass.

中华苦荬菜 Ixeris chinensis (Thunb.) Nakai

　　【俗名】山苦菜；山苦荬菜；苦菜；中华小苦荬

　　【异名】*Ixeridium chinense* (Thunb.) Tzvel.

　　【习性】多年生草本。生山坡路旁、干草地、田边、河滩沙质地等处。

　　【东北地区分布】东北地区各地；内蒙古额尔古纳、根河、海拉尔、扎兰屯、新巴尔虎左旗、新巴尔虎右旗、科尔沁右翼前旗、阿尔山、科尔沁右翼中旗、扎赉特旗、突泉、乌兰浩特、赤峰、科尔沁左翼后旗、巴林右旗、扎鲁特旗等地。

　　【食用价值】嫩苗洗净后可直接蘸酱食用，也可炒肉食。

　　【药用功效】全草或根入药，具有清热解毒、泻火、凉血、止血、止痛、调经、活血、祛腐生肌的功效。

　　【附注】本种性寒味苦，脾胃虚寒者忌食。

多色苦荬 Ixeris chinensis subsp. versicolor (Fischer ex Link) Kitamura

【俗名】丝叶苦菜；丝叶山苦菜；狭叶山苦菜；丝叶小苦荬；窄叶小苦荬；变色苦荬菜；丝叶苦荬菜

【异名】*Ixeris chinensis* (Thunb.) Nakai var. *graminifolia* (Ledeb.) H. C. Fu; *Ixeridium graminifolium* (Ledeb.) Tzvel.; *Ixeridium gramineum* (Fisch.) Tzvel.

【习性】多年生草本。生路旁、田野、河岸、沙丘或草甸上。

【东北地区分布】黑龙江省安达、哈尔滨；吉林省白城、双辽、洮南、镇赉、通榆；辽宁省彰武、新民；内蒙古海拉尔、牙克石、满洲里、新巴尔虎左旗、新巴尔虎右旗、赤峰、翁牛特旗、科尔沁右翼前旗、克什克腾旗、科尔沁左翼后旗等地。

【食用价值】嫩苗洗净后可直接蘸酱食用，也可炒肉食。

【药用功效】全草、根入药，全草具有清热解毒、凉血、拔脓的功效，根具有清热退蒸的功效。

苦荬菜 Ixeris polycephala Cass.

【俗名】多头苦荬菜

【异名】*Lactuca polycephala* (Cass.) Benth.; *L. matsumurae* Makino; *L. biauriculata* Levl. et Vaniot; *Ixeris matsumurae* (Makino) Nakai i; *Crepisbonii* Gagnep

【习性】一年生草本。生山坡林缘、灌丛、草地、田野路旁。

【东北地区分布】黑龙江省东宁；吉林省临江；辽宁省沈阳、铁岭、辽阳；内蒙古大青沟。

【食用价值】叶和嫩茎焯水、浸泡后可炒食、凉拌、蘸酱或腌渍咸菜等。

【药用功效】全草入药，具有清热解毒、利湿消痞的功效。

沙苦荬菜 Ixeris repens (L.) A. Gray

【俗名】沙苦卖菜；匍匐苦荬菜

【异名】*Chorisis repens* (L.) DC.; *Prenanthes repens* L.; *Nabalus repens* (L.) Ledeb.; *Ixeris repens* (L.) A. Gray; *Lactucarepens* (L.) Benth. ex Maxim.; *Lactuca brachyrhyncha* Hayata

【习性】多年生草本。生海滨沙地。

【东北地区分布】辽宁省绥中、兴城、盖州、大连、庄河、长海等地。

【食用价值】幼苗、叶有食用价值。

幼苗焯水、浸泡后可凉拌、蘸酱、做汤等。

叶晒干或炒制后可代茶。

【药用功效】全草入药，具有解热消毒、活血排脓的功效。

麻花头属 Klasea Cassini

麻花头 Klasea centauroides (L.) Cassini ex Kitag.

【俗名】菠菜帘子；菠叶麻花头；草地麻花头

【异名】*Serratula centauroides* L.; *S. yamatsutana* Kitag.

【习性】多年生草本。生山坡草地、林下、荒地与田间。

【东北地区分布】黑龙江省呼玛、孙吴、鹤岗、集贤、林甸、大庆、杜尔伯特、肇东、五常、双城、克东、塔河、克山、孙吴、安达、哈尔滨、鹤岗、黑河、林甸、萨尔图、喇嘛甸子、肇州、双城；吉林省通榆、长春、镇赉；辽宁省凌源、葫芦岛、新民、建平、绥中、彰武、新民、大连、普兰店；内蒙古海拉尔、满洲里、牙克石、额尔古纳、根河、新巴尔虎左旗、新巴尔虎右旗、陈巴尔虎旗、鄂伦春、科尔沁右翼前旗、科尔沁左翼后旗、克什克腾旗、巴林右旗、翁牛特旗、阿鲁科尔沁旗、敖汉旗、喀喇沁旗、东乌珠穆沁旗、西乌珠穆沁旗、锡林浩特、正蓝旗、镶黄旗、太仆寺旗、多伦等地。

【食用价值】幼苗开水焯、清水反复浸泡后可作野菜食用，凉拌、炒菜、蘸酱均可，大量采集可以腌渍保存或制什锦袋菜。

【药用功效】全草、根入药，具有清热解毒、止血、止泻的功效。

多花麻花头 Klasea centauroides subsp. **polycephala** (Iljin) L. Martins

【俗名】多头麻花头；筒苞麻花头

【异名】*Serratula polycephala* Iljin; *S. ortholepis* Kitag.

【习性】多年生草本。生山坡路旁、干草地、耕地及荒地。

【东北地区分布】黑龙江省安达；吉林省通榆；辽宁省凌源、北镇、建平、喀左、阜蒙、彰武、大连、金州、沈阳、法库；内蒙古海拉尔、陈巴尔虎旗、新巴尔虎左旗、科尔沁右翼前旗、巴林右旗、赤峰市红山区、宁城、喀喇沁旗等地。

【食用价值】幼苗开水焯、清水反复浸泡后可作野菜食用，凉拌、炒菜、蘸酱均可，大量采集可以腌渍保存或制什锦袋菜。

【药用功效】不详。但可参考本书同属其他植物的药用价值开展研究。

莴苣属（山莴苣属）Lactuca L.

翅果菊 Lactuca indica L.

【俗名】山莴苣；多裂翅果菊

【异名】*Pterocypsela indica* (L.) Shih; *P. laciniata* (Houtt.) Shih; *P. indica* var. *laciniata* (Houtt.) H. C. Fu

【习性】一、二年生草本。生山谷、林缘、林下、灌丛中、水沟边、荒地等处。

【东北地区分布】黑龙江省哈尔滨、齐齐哈尔、尚志、安达、密山、虎林、伊春、五大连池、孙吴、萝北、依兰、大庆、宁安、黑河、逊克、双城；吉林省长春、大安、镇赉、和龙、集安、吉林、珲春、临江、通化、白山、梅河口、抚松、柳河、辉南、靖宇、安图、延吉、长白；辽宁省沈阳、盖州、庄河、大连、东港、宽甸、桓仁、抚顺、凌源、北镇、葫芦岛、彰武、西丰；内蒙古新巴尔虎右旗、大青沟、科尔沁右翼中旗、通辽、喀喇沁旗、多伦等地。

【食用价值】根、嫩叶、茎尖有食用价值。

根粗厚，分枝成萝卜状，去苦味后可食用。

嫩叶和茎尖焯水、浸泡后可凉拌、蘸酱，也可直接像油麦菜一样炒食。

【药用功效】全草、根入药，具有清热解毒、活血、止血的功效。

野莴苣 Lactuca serriola L.

【俗名】毒莴苣；欧野莴苣；锯齿莴苣；银齿莴苣

【异名】*Lactuca scariola* L.

【习性】二年生草本。生荒地、路旁、河滩等处。

【东北地区分布】吉林省延边；辽宁省大连、旅顺口、金州、鞍山、丹东、朝阳等地。原产欧洲。

【食用价值】幼苗、种子油有食用价值。要注意其有毒报道，详见本种附注。

幼苗味苦，焯水、反复浸泡后可以少量食用。

种子油可进一步提炼成食用油。

【药用功效】全草、种子、汁液入药，全草具有清热解毒、活血化瘀的功效，种子具有活血、祛瘀、通乳的功效。

【附注】为外来入侵植物，茎能分泌乳汁样、含有麻醉物质的成分，叶含有莨菪碱以及其他类似的微量物质，可直接毒害家畜；叶背面沿中脉有刺毛，人或动物触碰易刺伤皮肤。

山莴苣 Lactuca sibirica (L.) Benth. ex Maxim.

【俗名】北山莴苣

【异名】*Lagedium sibiricum* (L.) Sojak

【习性】多年生草本。生林缘、林下、草甸、河岸或湿地。

【东北地区分布】黑龙江省哈尔滨、伊春、密山、五大连池、拜泉、尚志、肇东、虎林、海林、黑河、萝北、呼玛、泰来、嘉荫、集贤、杜尔伯特；吉林省长春、吉林、抚松、汪清、珲春；辽宁省宽甸、大连、辽阳；内蒙古海拉尔、牙克石、扎兰屯、额尔古纳、鄂温克、新巴尔虎右旗、新巴尔虎左旗、扎鲁特旗、科尔沁左翼后旗、赤峰、克什克腾旗、巴林右旗、巴林左旗、阿鲁科尔沁旗、锡林浩特、正蓝旗等地。

【食用价值】幼苗可作为应急食品，在饥荒或没有其他食物的非常时期，焯水、反复浸泡后可少食。

【药用功效】全草、根入药，全草具有清热解毒、理气、止血的功效，根具有消肿、止血的功效。

翼柄翅果菊 Lactuca triangulata Maxim.

【俗名】翼柄山莴苣

【异名】*Pterocypsela triangulata* (Maxim.) Shih

【习性】二年生或多年生草本。生山坡林下及路旁草地。

【东北地区分布】黑龙江省伊春；吉林省集安、汪清、安图、抚松、辉南、集安、珲春；辽宁省本溪、宽甸、桓仁；内蒙古赤峰、喀喇沁旗等地。

【食用价值】嫩苗焯水、浸泡后可凉拌、蘸酱、炒食等。

【药用功效】根、全草入药，具有清热解毒、活血祛瘀、消炎止血、健脾和胃、润肠通便的功效。

大丁草属 Leibnitzia Cass.

大丁草 Leibnitzia anandria (L.) Turcz.

【俗名】翼齿大丁草；多裂大丁草

【异名】*Gerbera anandria* (L.) Turcz.; *Tussilago anandria* Linn.; *Perdicium tomentosum* Thunb.; *Gerbera eavaleriei* Vaniot et Levl.

【习性】多年生草本，植株有春型和秋型。生山坡草地、林缘、路旁。

【东北地区分布】黑龙江省五大连池、尚志（帽儿山）、宁安（镜泊湖）、安达、萝北、伊春、密山、哈尔滨、阿城、大庆、玉泉、密山（兴凯湖）；吉林省白城、长春、吉林、前郭尔罗斯、镇赉、抚松、安图、汪清、珲春；辽宁省各地；内蒙古额尔古纳、根河、牙克石、阿荣旗、鄂温克、科尔沁右翼前旗、科尔沁左翼后旗、扎鲁特旗、奈曼旗、敖汉旗、乌兰浩特、巴林左旗、巴林右旗、阿鲁科尔沁旗、克什克腾旗、喀喇沁旗、宁城、西乌珠穆沁旗等地。

【食用价值】嫩叶焯水、浸泡后可炒食、凉拌、蘸酱、腌渍咸菜、晒干菜等。

【药用功效】全草入药，具有清热利湿、解毒消肿、止咳、止血的功效。

【附注】本种与食用有关的内容参考国外文献整理，初次食用者以少量尝试为宜。味苦，焯水后需要反复换水浸泡数小时，直至达到可以接受的口感。

橐吾属 Ligularia Cass.

乌苏里橐吾 Ligularia calthifolia Maxim.

【俗名】不详

【异名】*Ligularia hodgsonii* J. D. Hooker var. *calthifolia* (Maximowicz) Koidzumi; *Senecillis calthifolia* (Maximowicz) Kitamura; *Senecio calthifolius* (Maximowicz) Maximowicz

【习性】多年生直立草本。生山坡草地及草甸。

【东北地区分布】黑龙江省南部（模式标本产地）

【食用价值】嫩叶开水焯、清水反复浸泡后可作野菜食用，凉拌、炒菜、蘸酱、包饭、做汤均可，大量采集可以腌渍保存或制什锦袋菜。

【药用功效】不详。但可参考本书同属其他植物的药用价值开展研究。

蹄叶橐吾 Ligularia fischeri (Ledeb.) Turcz.

【俗名】肾叶橐吾

【异名】*Cineraria fischeri* Ledebour,; *C.speciosa* Schrader ex Link; *Hoppea speciosa* (Schrader ex Link) Reichenbach

【习性】多年生直立草本。生湿草地、灌丛、林下、草甸。

【东北地区分布】黑龙江省呼玛、黑河、伊春、塔河、海林、宝清、饶河、勃利、宁安、北安、密山、萝北；吉林省抚松、安图、汪清、珲春；辽宁省北镇、营口、庄河、抚顺、新宾、清原、宽甸、桓仁、岫岩、本溪；内蒙古额尔古纳、根河、牙克石、科尔沁右翼前旗、克什克腾旗、扎鲁特旗、巴林右旗、宁城、东乌珠穆沁旗、西乌珠穆沁旗等地。

【食用价值】嫩叶开水焯、清水反复浸泡后可作野菜食用，凉拌、炒菜、蘸酱、包饭、做汤均可，大量采集可以腌渍保存或制什锦袋菜。

【药用功效】全草、根及根状茎入药，具有理气活血、消肿止痛、止咳、祛痰、宣肺平喘的功效。

狭苞橐吾 Ligularia intermedia Nakai

【俗名】不详

【异名】*Ligularia intermedia* var. *oligantha* Nakai; *L. sibirica* (Linnaeus) Cassini subsp. *intermedia* (Nakai) Kitamura; *L. sinica* Kitagawa; *Senecillis intermedia* (Nakai) Kitamura

【习性】多年生直立草本。生水边、山坡、林缘、林下。

【东北地区分布】黑龙江省伊春、尚志、海林、宁安；吉林省延吉、珲春、安图、抚松、长白；辽宁省北镇、凌源、本溪、桓仁；内蒙古宁城等地。

【食用价值】嫩叶开水焯、清水反复浸泡后可作野菜食用，凉拌、炒菜、蘸酱、包饭、做汤均可，大量采集可以腌渍保存或制什锦袋菜。

【药用功效】根及根状茎入药，具有温肺下气、消炎、祛痰止咳、平喘、滋阴的功效。

复序橐吾 Ligularia jaluensis Kom.

【俗名】三角叶橐吾

【异名】*Ligularia deltoidea* Nakai

【习性】多年生直立草本。生海拔450～1000米的草甸子及林缘。

【东北地区分布】黑龙江省尚志（帽儿山）；吉林省通化、梅河口、敦化、临江、珲春、抚松、安图、柳河、辉南、靖宇、长白等地。

【食用价值】嫩叶开水焯、清水反复浸泡后可作野菜食用，凉拌、炒菜、蘸酱、包饭、做汤均可，大量采集可以腌渍保存或制什锦袋菜。

【药用功效】根及根状茎入药，具有温肺、下气、消痰、止咳的功效。

长白山橐吾 Ligularia jamesii (Hemsl.) Kom.

【俗名】单花橐吾；单头橐吾

【异名】*Senecia jamesii* Hemsl.; *Senecillis jamestii* (Hemsl.) Kitam.

【习性】多年生直立草本。生高山草地。

【东北地区分布】吉林省安图、抚松、长白（模式标本采自长白山）；内蒙古额尔古纳、根河等地。

【食用价值】嫩叶开水焯、清水反复浸泡后可作野菜食用，凉拌、炒菜、蘸酱、包饭、做汤均可，大量采集可以腌渍保存或制什锦袋菜。

【药用功效】根及根状茎入药，具有宣肺、下气、消痰、止咳的功效。

全缘橐吾 Ligularia mongolica (Turcz.) DC.

【俗名】大舌花

【异名】*Cineraria mongolica* Turczaninow; *Ligularia mongolica* var. *taquetii* (H. Léveillé & Vaniot) H. Koyama; *L. putjatae* (C. Winkler) Handel-Mazzetti

【习性】多年生直立草本。生沼泽草甸、山坡、林间及灌丛。

【东北地区分布】黑龙江省伊春、哈尔滨、五大连池、克山、拜泉、林甸、安达、大庆、黑河、富裕、克东、肇州、呼玛、孙吴、嫩江；吉林省通化、梅河口、临江、集安、乾安、柳河、辉南、靖宇、前郭尔罗斯、长白；辽宁省建平；内蒙古扎兰屯、通辽、科尔沁右翼前旗、扎鲁特旗、巴林右旗、巴林左旗、翁牛特旗、克什克腾旗、宁城等地。

【食用价值】嫩叶开水焯、清水反复浸泡后可作野菜食用，凉拌、炒菜、蘸酱、包饭、做汤均可，大量采集可以腌渍保存或制什锦袋菜。

【药用功效】全草、根、根状茎入药，全草具有止血的功效，根及根状茎具有宣肺利气、镇咳祛痰、除湿利水的功效。

黑龙江橐吾 Ligularia sachalinensis Nakai

【俗名】多毛蹄叶橐吾

【异名】*Ligularia fischeri* f. *diabolica* Kitam.

【习性】多年生直立草本。生草甸子、山坡草地及水甸子。

【东北地区分布】内蒙古大兴安岭、鄂温克、扎赉特旗等地。黑龙江省西部也有记载。

【食用价值】嫩叶开水焯、清水反复浸泡后可作野菜食用，凉拌、炒菜、蘸酱、包饭、做汤均可，大量采集可以腌渍保存或制什锦袋菜。

【药用功效】不详。但可参考本书同属其他植物的药用价值开展研究。

箭叶橐吾 Ligularia sagitta (Maxim.) Mattf. ex Rehder & Kobuski

【俗名】兴安橐吾

【异名】*Ligularia ovato-oblonga* (Kitam.) Kitam.

【习性】多年生直立草本。生海拔1270～4000米的水边、草坡、林缘、林下及灌丛。

【东北地区分布】内蒙古海拉尔、科尔沁右翼中旗、多伦等地。

【食用价值】嫩叶开水焯、清水反复浸泡后可作野菜食用，凉拌、炒菜、蘸酱、包饭、做汤均可，

大量采集可以腌渍保存或制什锦袋菜。

【药用功效】根、叶、花序入药，根具有润肺化痰、止咳的功效，幼叶具有催吐的功效，花序具有清热利湿、利胆退黄的功效。

合苞橐吾 Ligularia schmidtii (Maxim.) Makino

【俗名】含苞橐吾

【异名】*Senecillis schmidtii* Maxim.; *Senecio schmidtii* (Maxim.) Francb. et Sav.; *Cyathocephalum schmidtii* (Maxim.) Nakai

【习性】多年生直立草本。生山坡草地、灌丛及林下。

【东北地区分布】黑龙江省伊春；吉林省和龙。

【食用价值】嫩叶开水焯、清水反复浸泡后可作野菜食用，凉拌、炒菜、蘸酱、包饭、做汤均可，大量采集可以腌渍保存或制什锦袋菜。

【药用功效】根及根状茎入药，具有宣肺、下气、消痰、止咳的功效。

橐吾 Ligularia sibirica (L.) Cass.

【俗名】西伯利亚橐吾；北橐吾

【异名】不详

【习性】多年生直立草本。生沼地、湿草地、河边、山坡及林缘。

【东北地区分布】黑龙江省伊春、海林、呼玛；吉林省珲春、通化、集安、梅河口、抚松、靖宇；内蒙古额尔古纳、根河、牙克石、鄂温克、科尔沁右翼前旗、扎鲁特旗、翁牛特旗、锡林浩特、正蓝旗等地。

【食用价值】嫩叶开水焯、清水反复浸泡后可作野菜食用，凉拌、炒菜、蘸酱、包饭、做汤均可，大量采集可以腌渍保存或制什锦袋菜。

【药用功效】全草、根、根状茎入药，具有润肺、化痰、定喘、止咳、止血、止痛的功效。

母菊属 Matricaria L.

母菊 Matricaria chamomilla L.

【俗名】洋甘菊

【异名】*Matricaria recutita* L.

【习性】一年生草本。生河谷旷野、田边。

【东北地区分布】黑龙江省伊春、带岭、哈尔滨等地。

【食用价值】嫩枝叶、芳香油有食用价值。要注意其不良报道，详见本种附注。

嫩枝叶可用作调味品。

干花含芳香油0.3%～0.7%，可用于制作药草茶，虽然有芳香味，但味道很苦。

全草可提炼精油用作调味品和香料。

【药用功效】全草、头状花序入药，具有祛风解表、镇静、抗痉挛、通经、消炎止血的功效。

【附注】据报道，偶尔会有敏感人群产生过敏反应，出现舌头增厚、喉咙紧绷、嘴唇肿胀、眼睛肿胀、全身发痒等症状。对豚草严重过敏者应警惕。

同花母菊 **Matricaria matricarioides** (Less.) Porter ex Britton

【俗名】不详

【异名】*Artermisia matricarioides* Less.; *Matricaria discoidea* DC.

【习性】一年生草本。生旷野、路边、宅旁。

【东北地区分布】黑龙江省尚志、虎林；吉林省珲春、安图；辽宁省宽甸、桓仁；内蒙古牙克石等地。

【食用价值】头状花序可生食，也可熟食；干花用以制作药草茶，浸泡在热水中时有类似菠萝的香味。要注意其不良报道，详见本种附注。

【药用功效】加拿大、美国、墨西哥传统药。花序具有驱虫、解表的功效；种子煎剂内服治疗发热、胃痛等。

【附注】有的人对这种植物过敏，建议谨慎使用。

本种与食用有关的内容均参考国外文献整理，初次食用者以少量尝试为宜。

蟹甲草属 **Parasenecio** W. W. Smith et J. Small

耳叶蟹甲草 **Parasenecio auriculatus** (DC.) J. R.Grant

【俗名】耳叶山尖子；耳叶兔儿伞

【异名】*Cacalia auriculata* DC.; *Cacalia auriculata* Candolle

【习性】多年生草本。生林下或林缘，海拔1400～1600米。

【东北地区分布】黑龙江省伊春、饶河、宁安、尚志、海林、五常、宾县、哈尔滨、密山；吉林省敦化、和龙、集安、安图、长白、抚松、汪清；辽宁省桓仁、凤城；内蒙古大兴安岭。

【食用价值】幼苗、嫩叶、茎尖可作野菜，焯水、浸泡后凉拌、炒食、做汤、作馅均可。

【药用功效】全草入药，具有祛风除湿、舒筋活血的功效。

大叶蟹甲草 Parasenecio firmus (Komar.) Y. L. Chen

【俗名】大叶鞘柄菊

【异名】*Cacalia firma* Kom.; *Taimingasa firma* (Kom.) C. Ren & Q. E. Yang

【习性】多年生草本。生密林下或林缘和林中空地。

【东北地区分布】吉林省抚松、安图、临江；辽宁省桓仁。

【食用价值】幼苗、嫩叶、茎尖可作野菜，焯水、浸泡后凉拌、炒食、做汤、作馅均可。

【药用功效】不详。但可参考本书同属其他植物的药用价值开展研究。

山尖子 Parasenecio hastatus (L.) H. Koyama

【俗名】戟叶兔儿伞；山尖菜

【异名】*Cacalia hastata* L.

【习性】多年生草本。生林缘、灌丛或草地。

【东北地区分布】黑龙江省伊春、密山、逊克、德都、五大连池、绥芬河、穆棱、宁安、尚志、海林、五常、虎林、饶河、哈尔滨、嘉荫、呼玛、黑河；吉林省敦化、和龙、珲春、梅河口、通化、集安、安图、抚松、汪清、靖宇、辉南、长白、临江；辽宁省丹东、抚顺、清原、鞍山、铁岭、凤城、本溪、宽甸、北镇；内蒙古额尔古纳、根河、海拉尔、牙克石、鄂温克、扎鲁特旗、科尔沁右翼前旗、阿鲁科尔沁旗、克什克腾旗、敖汉旗等地。

【食用价值】幼苗、嫩叶、茎尖可作野菜，焯水、浸泡后凉拌、炒食、做汤、作馅均可。

【药用功效】全草或叶入药，具有消炎、泻下的功效。

长白蟹甲草 Parasenecio praetermissus (Poljark.) Y. L. Chen

【俗名】大耳叶蟹甲草

【异名】*Cacalia auriculata* DC. var. *praetermissa* (Pojark.) W. Wang et C. Y. Li

【习性】多年生草本。生针阔混交林下或河岸边。

【东北地区分布】黑龙江省伊春、带岭；吉林省安图、抚松、汪清等地。

【食用价值】幼苗、嫩叶、茎尖可作野菜，焯水、浸泡后凉拌、炒食、做汤、作馅均可。

【药用功效】不详。但可参考本书同属其他植物的药用价值开展研究。

毛连菜属 Picris L.

毛连菜 Picris hieracioides L.

【俗名】兴安毛连菜；沿海毛连菜

【异名】*Picris davurica* Fisch. ex Hornem.; *P. davurica* Fisch. ex Hornem. var. *koreana* (Kitam.) Kitag.

【习性】二年生直立草本。生山坡草地、林下、沟边、田间、撂荒地或沙滩地。

【东北地区分布】东北地区各地；内蒙古海拉尔、额尔古纳、牙克石、陈巴尔虎旗、鄂温克、新巴尔虎左旗、科尔沁左翼后旗、敖汉旗、巴林左旗、巴林右旗、阿鲁科尔沁旗、克什克腾旗、喀喇沁旗、宁城、东乌珠穆沁旗等地。

【食用价值】幼苗叶子较粗糙，味道很苦，焯水浸泡后晒干菜为宜。

【药用功效】全草、根、花序入药，其中，全草具有泻火、解毒、祛瘀止痛的功效，根具有利小便的功效。

云南毛连菜 Picris junnanensis V. Vassil.

【俗名】单毛毛连菜；褐毛毛连菜

【异名】*Picris hieracioides* subsp. *fuscipilosa* Hand.-Mazz.

【习性】二年生直立草本。生山坡草地及林下。

【东北地区分布】辽宁省宽甸。

【食用价值】幼苗叶子较粗糙，味道很苦，焯水浸泡后晒干菜为宜。

【药用功效】花序入药，具有理肺止咳、化痰平喘、宽胸的功效。

新疆毛连菜 Picris nuristanica Bornmüller

【俗名】丽江毛连菜

【异名】*Picris similis* V. Vassil.

【习性】二年生直立草本。生山坡草地。

【东北地区分布】辽宁省大连。

【食用价值】幼苗叶子较粗糙，味道很苦，焯水浸泡后晒干菜为宜。

【药用功效】不详。但可参考本书同属其他植物的药用价值开展研究。

漏芦属 Rhaponticum Ludwig

漏芦 Rhaponticum uniflorum (L.) DC.

【俗名】祁州漏芦

【异名】Stemmacantha uniflora (L.) Dittrich

【习性】多年生草本。生草原、林下、山坡、山坡砾石地、沙质地等处。

【东北地区分布】黑龙江省黑河、呼玛、萝北、密山；吉林省通化、临江、双辽；辽宁省各地；内蒙古海拉尔、额尔古纳、牙克石、满洲里、陈巴尔虎旗、鄂温克、新巴尔虎左旗、科尔沁左翼后旗、敖汉旗、巴林右旗、扎鲁特旗、克什克腾旗、喀喇沁旗、宁城、东乌珠穆沁旗、西乌珠穆沁旗等地。

【食用价值】幼苗、花托有食用价值。

幼苗可作为应急食品，在饥荒或没有其他食物的非常时期，焯水、浸泡后可少食。

花托有甜味，可以直接食用。

【药用功效】干燥根入药，具有清热解毒、消痈、下乳、舒筋通脉的功效。

【附注】本种与食用有关的内容参考国外文献整理，初次食用者以少量尝试为宜。味道非常苦，焯水后需要反复换水浸泡，10个小时以后方可达到可以接受的味道。

风毛菊属 Saussurea DC.

草地风毛菊 Saussurea amara (L.) DC.

【俗名】驴耳风毛菊

【异名】Saussurea glomerata Poir.

【习性】多年生直立草本。生荒地、湿草地、耕地边、沙质地。

【东北地区分布】黑龙江省泰康、齐齐哈尔、大庆、萨尔图、安达、杜尔伯特、肇源、肇东、林甸、双城、密山、虎林、哈尔滨、碧水、海林；吉林省蛟河、临江、和龙、白山、双辽、安图、通榆、扶余、镇赉；辽宁省凌源、彰武、建平、北镇、新民、沈阳、铁岭、西丰、大连、本溪、桓仁、新宾；内蒙古海拉尔、额尔古纳、根河、满洲里、新巴尔虎右旗、新巴尔虎左旗、科尔沁左翼后旗、赤峰、翁牛特旗等地。

【食用价值】幼苗开水焯、清水反复浸泡后可作野菜食用，凉拌、炒菜、蘸酱均可，大量采集可以腌渍保存或制什锦袋菜。

【药用功效】全草入药，具有清热、解毒、消肿的功效。

大叶风毛菊 Saussurea grandifolia Maxim.

【俗名】卵叶风毛菊；大花风毛菊

【异名】*Saussurea grandifolia* Maxim. var. *tenuior* Herd.; *S. grandifolia* Maxim. var. *asperifolia* Herd.; *S. grandifolia* Maxim. var. *coarctata* Herd.

【习性】多年生直立草本。生灌丛及林缘草地。

【东北地区分布】黑龙江省伊春、带岭、苇河、帽儿山、尚志、哈尔滨；吉林省安图、抚松、珲春、敦化、汪清、蛟河、临江；辽宁省抚顺、清原、沈阳、西丰、鞍山、庄河、凤城、宽甸、岫岩、本溪、桓仁等地。

【食用价值】幼苗开水焯、清水反复浸泡后可作野菜食用，凉拌、炒菜、蘸酱均可，大量采集可以腌渍保存或制什锦袋菜。

【药用功效】不详。但可参考本书同属其他植物的药用价值开展研究。

风毛菊 Saussurea japonica (Thunb.) DC.

【俗名】海滨风毛菊

【异名】*Saussurea japonica* (Thunb.) DC. var. *maritima* Kitag.

【习性】多年生直立草本。生山坡灌丛间、林下、沙质地。

【东北地区分布】黑龙江省加格达奇、黑河、五大连池、饶河、虎林、穆棱、东宁、兴凯湖、哈尔滨、安达、双城；吉林省长春、敦化、蛟河、临江、通化、白山、梅河口、集安、柳河、安图、抚松、靖宇、长白；辽宁省凌源、凤城、葫芦岛、新民、瓦房店、大连、普兰店、庄河、建昌、建平、彰武、长海、宽甸；内蒙古额尔古纳、根河、科尔沁右翼前旗、突泉、赤峰市红山区、宁城、翁牛特旗、阿鲁科尔沁旗、东乌珠穆沁旗、锡林浩特、正蓝旗、太仆寺旗、多伦、苏尼特右旗等地。

【食用价值】幼苗开水焯、清水反复浸泡后可作野菜食用，凉拌、炒菜、蘸酱均可，大量采集可以腌渍保存或制什锦袋菜。

【药用功效】全草入药，具有祛风活血、散瘀止痛的功效。

东北风毛菊 Saussurea manshurica Kom.

【俗名】不详

【异名】*Saussurea manshurica* Kom. var. *pinnatifida* Nakai; *S. triangulate* Trautv. subsp. *manshurica* (Kom.) Kitam.; *S. triangulate* Trautv. var. *pinnatifida* (Nakai) Kitam.

【习性】多年生直立草本。生针阔混交林、杂木林及岩石上。

【东北地区分布】黑龙江省伊春、带岭、五营、凉水、尚志、依兰、宁安（镜泊湖）、苇河；吉林

省抚松、安图；辽宁省桓仁、本溪、庄河、凤城、沈阳、建平等地。

【食用价值】幼苗开水焯、清水反复浸泡后可作野菜食用，凉拌、炒菜、蘸酱均可，大量采集可以腌渍保存或制什锦袋菜。

【药用功效】不详。但可参考本书同属其他植物的药用价值开展研究。

羽叶风毛菊 Saussurea maximowiczii Herd.

【俗名】不详

【异名】*Saussurea maximowiczii* Herd. var. *serrata* Nakai; *S. maximowiczii* Herd. f. *serrata* (Nakai) Kitam.; *S. hakoensis* Franch. et Sav.; *S. triceps* Levl. et Vaniot

【习性】多年生直立草本。生山坡、林下、灌丛中。

【东北地区分布】黑龙江省呼玛、新林、孙吴、五大连池、虎林、富锦、佳木斯、鸡西、密山、依兰、萝北、安达、伊春；吉林省安图、汪清、珲春、蛟河；辽宁省宽甸、瓦房店、普兰店、大连、鞍山；内蒙古额尔古纳、根河、牙克石、阿荣旗、阿鲁科尔沁旗、巴林右旗、巴林左旗、科尔沁右翼前旗等地。

【食用价值】幼苗开水焯、清水反复浸泡后可作野菜食用，凉拌、炒菜、蘸酱均可，大量采集可以腌渍保存或制什锦袋菜。

【药用功效】不详。但可参考本书同属其他植物的药用价值开展研究。

美花风毛菊 Saussurea pulchella Fisch. ex DC.

【俗名】球花风毛菊；美丽风毛菊

【异名】*Heterotrichum pulchelltun* Fisch.; *Serratula pulchella* (Fisch.) Sims.; *Theodorea pulchella* (Fisch.) Cass.

【习性】多年生直立草本。生山坡、灌丛、林缘、林下、沟边、路旁。

【东北地区分布】黑龙江省密山、虎林、尚志、安达、逊克、萝北、饶河、漠河、宁安、哈尔滨、肇东、大庆、鸡西；吉林省和龙、集安、九台、长春、敦化、汪清、珲春、蛟河、临江、通化、前郭尔罗斯、辉南、抚松、安图、靖宇；辽宁省鞍山、庄河、大连、营口、东港、凤城、本溪、抚顺、西丰、法库、宽甸、岫岩、桓仁；内蒙古额尔古纳、牙克石、鄂温克、新巴尔虎左旗、科尔沁右翼前旗、科尔沁右翼中旗、科尔沁左翼后旗、东乌珠穆沁旗等地。

【食用价值】幼苗开水焯、清水反复浸泡后可作野菜食用，凉拌、炒菜、蘸酱均可，大量采集可以腌渍保存或制什锦袋菜。

【药用功效】全草入药，具有解热、祛湿、止泻、止血、止痛等功效。

乌苏里风毛菊 **Saussurea ussuriensis** Maxim.

【俗名】不详

【异名】*Saussurea ussuriensis* Maxim. var. *incisa* Maxim.; *S. ussuriensis* Maxim. var. *pinnatifida* Maxim.

【习性】多年生直立草本。生山坡草地、林下及河岸边。

【东北地区分布】黑龙江省加格达奇、虎林、尚志（帽儿山）、萝北、鸡西、宁安、密山；吉林省汪清；辽宁省宽甸、东港、丹东、桓仁、西丰、凤城；内蒙古额尔古纳、牙克石、扎兰屯、阿荣旗、鄂温克、鄂伦春、新巴尔虎左旗、新巴尔虎右旗、扎鲁特旗、克什克腾旗等地。

【食用价值】幼苗开水焯、清水反复浸泡后可作野菜食用，凉拌、炒菜、蘸酱均可，大量采集可以腌渍保存或制什锦袋菜。

【药用功效】根入药，具有祛寒、散瘀、镇痛的功效。

鸦葱属 Scorzonera L.

华北鸦葱 **Scorzonera albicaulis** Bunge

【俗名】笔管草；白茎鸦葱

【异名】*Piptopogon macrospermus* C. A. M. ex Turcz.; *Scorzonera macrosperma* Turcz.; *S. macrosperma* Turcz. f. *angustifolia* Debeaux; *S. radiata* Fisch. var. *linearifolia* Levl.

【习性】多年生草本。生山坡、干草地、固定沙丘、荒地、林缘。

【东北地区分布】黑龙江省哈尔滨、齐齐哈尔、伊春、尚志、阿城、北安、虎林、嫩江、讷河、肇东、肇源、安达、绥芬河、牡丹江、宁安、萝北、杜尔伯特；吉林省白城、通化、梅河口、辽源、双辽、长春、安图、辉南、镇赉、和龙、延吉、汪清、珲春；辽宁省沈阳、辽阳、盖州、大连、瓦房店、长海、本溪、桓仁、西丰、建平、彰武、绥中、北镇、义县、大洼；内蒙古额尔古纳、根河、牙克石、海拉尔、扎兰屯、陈巴尔虎旗、鄂伦春、鄂温克、扎赉特旗、科尔沁右翼前旗、扎鲁特旗、科尔沁左翼后旗、翁牛特旗、巴林左旗、巴林右旗、克什克腾旗、宁城、东乌珠穆沁旗等地。

【食用价值】根、嫩叶、花序有食用价值。

根去皮后可以少量生食，也可炒菜食。

嫩叶开水焯、清水反复浸泡后可炒食、凉拌或蘸酱食。

花序味甜，洗净后可少量生食。

【药用功效】根入药，具有清热解毒、祛风除湿、活血消肿、通乳、理气平喘的功效。

【附注】虽然未见本种的有毒报道，但同属某些植物有毒。

鸦葱 Scorzonera austriaca Willd.

【俗名】羊奶子

【异名】*Scorzonera ruprechtiana* Lipsch. et Krasch;
S. glabra Rupr.; *Takhtajaniantha austriaca* (Willd.) Zaika,
Sukhor. & N. Kilian

【习性】多年生草本。生山坡草地、林下、路旁、石砾质地。

【东北地区分布】黑龙江省泰来、哈尔滨、尚志、安达、宁安、龙江；吉林省长春、双辽、通榆；辽宁省各地；内蒙古额尔古纳、海拉尔、满洲里、牙克石、陈巴尔虎旗、新巴尔虎左旗、新巴尔虎右旗、科尔沁右翼前旗、扎赉特旗、科尔沁左翼后旗、乌兰浩特、巴林左旗、巴林右旗、阿鲁科尔沁旗、翁牛特旗、东乌珠穆沁旗、西乌珠穆沁旗、锡林浩特、阿巴嘎旗、正蓝旗、正镶白旗、镶黄旗、太仆寺旗、多伦等地。

【食用价值】根、嫩叶、花序有食用价值。

根去皮后可以少量生食，也可炒菜食。

嫩叶开水焯、清水反复浸泡后可炒食、凉拌或蘸酱食。

花序味甜，洗净后可少量生食。

【药用功效】根入药，具有清热解毒、祛风除湿、活血消肿、通乳、理气平喘的功效。

【附注】虽然未见本种的有毒报道，但同属某些植物有毒。

丝叶鸦葱 Scorzonera curvata (Popl.) Lipsch.

【俗名】不详

【异名】*Scorzonerahumilis* L. var. *linearifolia* DC.; *S. angustifolia* Thom.

【习性】多年生草本。生丘陵坡地及山燥山坡。

【东北地区分布】内蒙古新巴尔虎左旗、新巴尔虎右旗、满洲里、科尔沁右翼前旗、阿巴嘎旗、苏尼特左旗、苏尼特右旗等地。

【食用价值】根、嫩叶、花序有食用价值。

根去皮后可以少量生食，也可炒菜食。

嫩叶开水焯、清水反复浸泡后可炒食、凉拌或蘸酱食。

花序味甜，洗净后可少量生食。

【药用功效】不详。但可参考本书同属其他植物的药用价值开展研究。

【附注】虽然未见本种的有毒报道，但同属某些植物有毒。

毛果鸦葱 Scorzonera ikonnikovii Lipsch. et Krasch. ex Lipsch.

【俗名】不详

【异名】*Takhtajaniantha ikonnikovii* (Lipsch. & Krasch.) Zaika

【习性】多年生草本。生干山坡。

【东北地区分布】辽宁省大连、金州等地。

【食用价值】根、嫩叶、花序有食用价值。

根去皮后可以少量生食，也可炒菜食。

嫩叶开水焯、清水反复浸泡后可炒食、凉拌或蘸酱食。

花序味甜，洗净后可少量生食。

【药用功效】不详。但可参考本书同属其他植物的药用价值开展研究。

【附注】虽然未见本种的有毒报道，但同属某些植物有毒。

东北鸦葱 Scorzonera manshurica Nakai

【俗名】不详

【异名】*Scorzonera glabra* Rupr. var. *manshurica* (Nakai) Kitag.

【习性】多年生草本。生干山坡、石砾地、沙丘上或干草原。

【东北地区分布】黑龙江省黑河、五大连池、萝北、五常、安达、肇东；辽宁省沈阳、盖州、大连、抚顺、新宾、桓仁、凤城、丹东、东港、北镇、西丰；内蒙古海拉尔、满洲里、科尔沁右翼前旗、阿尔山、乌兰浩特、通辽等地。

【食用价值】根、嫩叶、花序有食用价值。

根去皮后可以少量生食，也可炒菜食。

嫩叶开水焯、清水反复浸泡后可炒食、凉拌或蘸酱食。

花序味甜，洗净后可少量生食。

【药用功效】根入药，具有清热解毒、祛风除湿、活血消肿、平喘、通乳的功效。

【附注】虽然未见本种的有毒报道，但同属某些植物有毒。

蒙古鸦葱 Scorzonera mongolica Maxim.

【俗名】不详

【异名】*Scorzoneramongolica* Maxim. var. *putjatae* C. Winkl.; *S. fengtienensis* Nakai; *Takhtajaniantha mongolica* (Maxim.) Zaika, Sukhor. & N. Kilian

【习性】多年生草本。生盐碱地、海滨草地及沙质地。

【东北地区分布】黑龙江省宁安；辽宁省大连、营口、兴城、盖州、大洼；内蒙古苏尼特左旗、苏

尼特右旗等地。

【食用价值】根、嫩叶、花序有食用价值。

根去皮后可以少量生食，也可炒菜食。

嫩叶开水焯、清水反复浸泡后可炒食、凉拌或蘸酱食。

花序味甜，洗净后可少量生食。

【药用功效】根入药，具有清热解毒、消肿散结的功效。

【附注】全草有毒，中毒症状先有无力、头晕、食欲减退、发烧，进而眼胀痛、刺痛、视力模糊、减退至失明，下肢无力、酸痛、麻木至瘫痪。主要损伤视神经和脊髓运动神经。症状出现较慢，急性中毒在数小时至2天内，亚急性多在1月内。

花可少量生食，其他部位不宜生食，食前需要开水焯、清水反复浸泡。

毛梗鸦葱 Scorzonera radiata Fisch. ex Ledeb.

【俗名】狭叶鸦葱

【异名】*Scorzonera rebuensis* Tatewaki et Kitam. ex Kitam.; *S. radiata* Fisch. var. *rebuensis* (Tatewaki et Kitam. ex Kitam.) Nakai

【习性】多年生草本。生山坡林缘、林下、草地及河滩砾石地。

【东北地区分布】黑龙江省伊春、呼玛、五大连池、五常、肇东、萝北、安达、齐齐哈尔、黑河、嘉荫；吉林省白山、临江、通化、集安、柳河、辉南、抚松、靖宇、长白；辽宁省大连、长海、铁岭、法库；内蒙古海拉尔、根河、额尔古纳、牙克石、鄂伦春、阿荣旗、科尔沁右翼前旗、乌兰浩特、阿巴嘎旗等地。

【食用价值】根、嫩叶、花序有食用价值。

根去皮后可以少量生食，也可炒菜食。

嫩叶开水焯、清水反复浸泡后可炒食、凉拌或蘸酱食。

花序味甜，洗净后可少量生食。

【药用功效】根入药，具有发表散寒、祛风除湿、止痛的功效。

【附注】虽然未见本种的有毒报道，但同属某些植物有毒。

桃叶鸦葱 Scorzonera sinensis Lipsch. & Krasch.

【俗名】不详

【异名】*Scorzonera austriaca* Willd. ssp. *sinensis* Lipsch. et Krasch

【习性】多年生草本。生干山坡、丘陵地及灌丛间。

【东北地区分布】辽宁省凌源、北镇、建平、建昌、绥中等地；内蒙古科尔沁右翼前旗等地。

【食用价值】根、嫩叶、花序有食用价值。

根去皮后可以少量生食，也可炒菜食。

嫩叶开水焯、清水反复浸泡后可炒食、凉拌或蘸酱食。

花序味甜，洗净后可少量生食。

【药用功效】根入药，具有清热解毒、活血消肿的功效。

【附注】虽然未见本种的有毒报道，但同属某些植物有毒。

千里光属 Senecio L.

额河千里光 Senecio argunensis Turcz.

【俗名】羽叶千里光；大蓬蒿

【异名】*Jacobaea argunensis* (Turczaninow) B. Nordenstam

【习性】多年生草本。生灌丛、林缘、山坡草地、河岸湿地及撂荒地。

【东北地区分布】黑龙江省呼玛、逊克、萝北、勃利、友谊、尚志、东宁、宁安、密山、虎林、安达、大庆、肇东、双城、哈尔滨；吉林省抚松、蛟河、安图、吉林、临江、梅河口、永吉、东丰、汪清、珲春；辽宁省各地；内蒙古额尔古纳、扎兰屯、牙克石、莫力达瓦达斡尔旗、阿荣旗、新巴尔虎右旗、科尔沁左翼后旗、大青沟、东乌珠穆沁旗（宝格达山）等地。

【食用价值】幼苗可作为应急食品，在饥荒或没有其他食物的非常时期，焯水、反复浸泡后少量食用，或者蒸熟后晒干菜。要注意其有毒报道，详见本种附注。

【药用功效】全草、地上部分入药，具有清热解毒、清肝明目的功效。

【附注】全草有毒。

麻叶千里光 Senecio cannabifolius Less.

【俗名】宽叶返魂草

【异名】*Jacobaea cannabifolia* (Lessing) E. Wiebe; *Solidago palmata* Pall.; *Senecio palmatus* (Pall.) Ledeb.

【习性】多年生草本。生草地、林下或林缘。

【东北地区分布】黑龙江省碧水、加格达奇、伊春、带岭、五营、新青、东宁、宁安、海林、五常、尚志、密山、桦甸、桦川；吉林省敦化、蛟河、安图、抚松、靖宇、长白、汪清；内蒙古额尔古纳、牙克石、鄂伦春、科尔沁右翼前旗、东乌珠穆沁旗（宝格达山）等地。

【食用价值】嫩叶和嫩茎焯水、反复换水浸泡后可少量食用。要注意其有毒报道，详见本种附注。

【药用功效】全草入药，具有清热解毒、散瘀消肿、下气通经、止血、镇痛的功效。

【附注】植株地上部分含有肝毒性生物碱千里光菲灵，建议谨慎食用。

林荫千里光 Senecio nemorensis L.

【俗名】林阴千里光；黄菀

【异名】*Senecio sarracenius* L.; *Senecio octoglossus* DC.; *Senecio nenwrensis* L. var. *octoglossus* (DC.) Koch ex Ledeb.; *Senecio kematogensis* Vant.

【习性】多年生草本。生林中开阔处、草地或溪边。

【东北地区分布】黑龙江省碧水、新林、加格达奇、伊春、海林、呼玛、五大连池；吉林省安图、抚松、靖宇、长白；辽宁省建昌；内蒙古额尔古纳、根河、牙克石、鄂伦春、扎赉特旗、翁牛特旗、敖汉旗、巴林右旗、巴林左旗、阿鲁科尔沁旗、克什克腾旗、喀喇沁旗、宁城、东乌珠穆沁旗等地。

【食用价值】嫩茎腌制后可食用。要注意其有毒报道，详见本种附注。

【药用功效】全草入药，具有清热解毒的功效。

【附注】植物体含有大叶千里光碱（macrophylline）和瓶千里光碱（sarracine），对肝脏具有累积毒性作用的植物，建议谨慎食用。药用时，禁止用于孕妇、哺乳期妇女和12岁以下儿童，且建议仅外用，但不适用于破损皮肤。

欧洲千里光 Senecio vulgaris L.

【俗名】不详

【异名】不详

【习性】一年生草本。生草地、山坡、路旁等处。

【东北地区分布】黑龙江省呼玛、萝北、密山、虎林；吉林省珲春、图们；辽宁省各地；内蒙古牙克石、额尔古纳等地。

【食用价值】嫩苗开水焯、清水反复浸泡后可作蔬菜少量食用。要注意其有毒报道，详见本种附注。

【药用功效】全草入药，具有清热解毒、祛瘀消肿的功效。

【附注】植物体各个部分均含有对多种哺乳动物有毒的物质，这种有毒物质影响肝脏，兔子等动物不受本种的伤害，很多鸟也吃本种植物的叶子和种子。

本种为外来入侵植物，与食用有关的内容参考国外文献整理，初次食用者以少量尝试为宜。

苦苣菜属 Sonchus L.

花叶滇苦菜 Sonchus asper (L.) Hill

【俗名】续断菊；大叶苣荬菜；断续菊；花叶滇苦荬菜

【异名】*Sonchus oleraceus* var. asper L.; *Sonchus spinosus* Lam.

【习性】一、二年生草本。生路旁、林缘、水边、绿化区等地。

【东北地区分布】黑龙江省伊春；吉林省安图、长白；辽宁省大连、旅顺口、金州等地。

【食用价值】幼苗、茎有食用价值。

幼苗和茎尖可以添加到沙拉中，也可以参照菠菜食用。

茎去皮后可以生吃。

【药用功效】全草入药，具有消肿止痛、祛瘀解毒的功效。

【附注】本种为外来入侵植物，与食用有关的内容有的参考国外文献整理，初次食用者以少量尝试为宜。

长裂苦苣菜 **Sonchus brachyotus** DC.

【俗名】苣荬菜

【异名】*Sonchus arvensis* auct. non L.:内蒙古植物志(第二版)4:817. 1993.

【习性】多年生草本。生山地草坡、河边或碱地。

【东北地区分布】东北地区各地；内蒙古海拉尔、新巴尔虎右旗、赤峰、阿鲁科尔沁旗、巴林右旗、扎鲁特旗、翁牛特旗、科尔沁右翼前旗、科尔沁右翼中旗等地。

【食用价值】嫩叶微苦，是广受欢迎的野菜，各地食法不一，东北多蘸酱食，西北多作包子、饺子馅或者拌面、加工酸菜，华北多为凉拌、和面蒸食。

【药用功效】全草入药，具有清热解毒、凉血利湿的功效。

【附注】用量过大可致缓泻。

苦苣菜 **Sonchus oleraceus** L.

【俗名】滇苦荬菜

【异名】*Sonchus ciliatus* Lam.; *S. mairei* Levl.

【习性】一、二年生草本。生耕地、沙质地及空地上。

【东北地区分布】东北地区各地；内蒙古科尔沁右翼中旗、克什克腾旗等地。原产欧洲和非洲北部，现已广布全球。

【食用价值】幼苗、根、茎、乳汁有食用价值。

幼苗焯水、浸泡后可凉拌、蘸酱、炒食等，也可作为馅料包包子。

嫩根可以煮食，但是有点木质化，不太受欢迎。

茎去皮后可以像芦笋一样作野菜食用。

乳汁被新西兰毛利人用来制口香糖。

【药用功效】全草、根、花序、种子入药，全草具有清热解毒、凉血止血的功效，根具有散瘀止血的功效，花序、种子具有安神的功效。

【附注】本种与食用有关的内容有的参考国外文献整理，初次食用者以少量尝试为宜。

全叶苦苣菜 Sonchus transcaspicus Nevski

【俗名】全缘苣荬菜

【异名】*Sonchus brachyotus* var. *glabrescens* (Kirp.) G. Y. Zhang

【习性】多年生草本。生于山坡草地、水边湿地或田边。

【东北地区分布】黑龙江省新青、虎林、哈尔滨、密山；吉林省延边；辽宁省桓仁、海城；内蒙古赤峰（昭乌达盟）。

【食用价值】嫩叶微苦，食法同长裂苦苣菜*Sonchus brachyotus* DC.。

【药用功效】不详。但可参考本书同属其他植物的药用价值开展研究。

【附注】用量过大可致缓泻。

兔儿伞属 Syneilesis Maxim.

兔儿伞 Syneilesis aconitifolia (Bunge) Maxim.

【俗名】七星麻

【异名】*Cacalia aconititolia* Bge.; *Senecio aconitifolius* (Bge.) Turcz.

【习性】多年生直立草本。生向阳干山坡草地、林缘、路旁。

【东北地区分布】黑龙江省萝北、密山、尚志、黑河、集贤、大庆、宁安、呼玛、虎林、依兰、德都、克东、安达、呼兰、哈尔滨；吉林省汪清、永吉、长春、大安、九台、吉林、抚松；辽宁省各地；内蒙古额尔古纳、牙克石、扎兰屯、鄂伦春、喀喇沁旗、宁城、扎鲁特旗等地。

【食用价值】幼苗和嫩叶开水焯、清水反复浸泡后可作野菜食用，凉拌、炒菜、蘸酱、包饭、做汤均可，大量采集可以腌渍保存或制什锦袋菜。

【药用功效】全草或根入药，具有祛风湿、舒筋活血、止痛的功效。

山牛蒡属 Synurus Iljin

山牛蒡 Synurus deltoides (Aiton) Nakai

【俗名】裂叶山牛蒡

【异名】*Onopordum dekoides* Ait.; *Cirsium ficifolium* Fisch.; *Carduus atriplicifolius* Trev.; *Silybum atriplicifolium* (Trev.) Fisch.; *Rhaponticum* atriplicifolium (Trev.) DC.

【习性】多年生直立草本。生山坡草地、林缘草地及灌丛间。

【东北地区分布】黑龙江省哈尔滨、鸡东、东宁、呼玛、虎林、饶河、伊春、萝北、密山、尚志、勃利、黑河、绥芬河；吉林省临江、抚松、安图、和龙、敦化、汪清、蛟河；辽宁省各地；内蒙古额尔古纳、牙克石、陈巴尔虎旗、鄂温克、新巴尔虎左旗、科尔沁右翼前旗、巴林右旗、阿鲁科尔沁旗、克什克腾旗、喀喇沁旗、宁城、东乌珠穆沁旗等地。

【食用价值】幼苗焯水、浸泡后凉拌、炒菜、蘸酱均可，大量采集可以腌渍保存或制什锦袋菜。

【药用功效】根、果实入药，具有清热解毒、消肿、利水散结的功效。

万寿菊属 Tagetes L.

印加孔雀草 Tagetes minuta L.

【俗名】小万寿菊

【异名】*Tagetes riojana* M. Ferraro; *Tagetes glandulifera* Schrank; *Tagetes porophyllum* Vellozo; *Tagetes bonariensis* Persoon

【习性】一年生直立草本。生荒地。

【东北地区分布】辽宁省大连开发区双D港周边及大连湾一带。

【食用价值】叶、花有食用价值。

干叶具有苹果般的味道，被用作汤和蔬菜的芳香调味品。

花可提取精油，用作冰激凌、烘焙食品、软饮料等的调味品。

【药用功效】乌干达、肯尼亚、巴西、阿根廷、巴拉圭药用植物。全草、茎、叶具有健胃、驱虫、强心等功效。

【附注】为外来入侵植物，汁液有刺激性作用，会引起皮肤瘙痒，也可能引起光皮炎。

本种与食用有关的内容均参考国外文献整理，初次食用者以少量尝试为宜。

菊蒿属 Tanacetum L.

菊蒿 Tanacetum vulgare L.

【俗名】艾菊

【异名】*Tanacetum umbeltatum* Gilib.; *Chrysanthemum vulgare* (L.) Bernh.; *Tanacetum crispum* Steud.; *Chrysanthemum tanacetum* Vis.; *Pyrethrum vulgare* (L.) Boiss.

【习性】多年生草本。生山坡、河滩、草地、丘陵地及桦木林下。

【东北地区分布】黑龙江省尚志、富锦、漠河、呼玛、加格达奇；内蒙古额尔古纳、牙克石、鄂伦春、新巴尔虎左旗等地。

【食用价值】叶、花茎、花有食用价值。要注意其有毒报道，详见本种附注。

嫩叶可以少量添加到沙拉中用于调味或装饰，也可代替肉豆蔻和肉桂作调味品用于烹调，不论哪种，均不能食用。

花有独特的味道，可以用于食品装饰。

叶子、花茎可制茶，这种茶苦而有点柠檬味。

【药用功效】茎、花序入药，具有驱虫、利胆退黄的功效。

【附注】全草有毒，不宜大量摄入，在北美，有因饮用此种植物的浓茶而死亡的案例。牲畜误食也可中毒。人畜中毒症状为震颤、口吐白沫、强烈痉挛、扩瞳、脉搏频数而微弱、呼吸困难，最后心脏麻痹而死亡。叶子提炼出的精油也有毒，只要0.5盎司（1盎司=28.35克）就能杀死成年人。大剂量使用本种可导致流产。即使外部使用该植物也有毒性风险。

蒲公英属 Taraxacum Wigg.

丹东蒲公英 Taraxacum antungense Kitag.

【俗名】卷苞蒲公英

【异名】*Taraxacum urbanum* Kitag.

【习性】多年生草本。生山坡杂草地。

【东北地区分布】辽宁省丹东、大连、桓仁等地。

【食用价值】全株、根、嫩苗、花可食。

全株晒干后可代茶。

根晒干后烘烤，可作咖啡代用品。

嫩苗可生食、凉拌、做汤、炒食或盐渍咸菜，也可以开水焯、清水浸泡后做包子或饺子馅。

花可生食，也可熟食。

【药用功效】全草入药，具有清热解毒、消肿散结、利湿通淋的功效。

【附注】用量过大可致缓泻。

亚洲蒲公英 Taraxacum asiaticum Dahlst.

【俗名】戟片蒲公英；兴安蒲公英

【异名】*Taraxacum asiaticum* Dahlst. var. *lonchophyllum* Kitag.; *T. falcilobum* Kitag.

【习性】多年生草本。生山坡林下、路旁、村舍附近、湿草地。

【东北地区分布】黑龙江省呼玛、尚志、安达、黑河、哈尔滨、虎林、大庆、密山、齐齐哈尔、集贤；吉林省长春、白城、珲春、双辽、镇赉、安图；辽宁省沈阳、法库、铁岭、辽阳、鞍山、大连、新宾、清原、丹东、抚顺、本溪、桓仁、绥中、葫芦岛；内蒙古额尔古纳、海拉尔、满洲里、新巴尔虎左旗、新巴尔虎右旗、乌兰浩特、科尔沁右翼前旗、阿尔山等地。

【食用价值】全株、根、嫩苗、花可食。

全株晒干后可代茶。

根晒干后烘烤，可作咖啡代用品。

嫩苗可生食、凉拌、做汤、炒食或盐渍咸菜，也可以开水焯、清水浸泡后做包子或饺子馅。

花可生食，也可熟食。

【药用功效】全草入药，具有清热解毒、消肿散结、利湿通淋的功效。

【附注】用量过大可致缓泻。

华蒲公英 Taraxacum borealisinense Kitam.

【俗名】碱地蒲公英

【异名】*Taraxacum sinicum* Kitag.; *T. sinicum* f. *alba* (Sato) C. Y. Li

【习性】多年生草本。生海边湿地、河边沙质地、山坡路旁。

【东北地区分布】黑龙江省哈尔滨、大庆、齐齐哈尔、安达、杜尔伯特；吉林省集安、通榆、镇赉、白城、长岭、乾安、安图、珲春、前郭尔罗斯；辽宁省凌源、建平、绥中、北镇、彰武、沈阳、瓦房店、大连、长海；内蒙古海拉尔、额尔古纳、满洲里、新巴尔虎右旗、乌兰浩特、科尔沁左翼后旗、翁牛特旗、突泉、赤峰、通辽等地。

【食用价值】全株、根、嫩苗、花可食。

全株晒干后可代茶。

根晒干后烘烤，可作咖啡代用品。

嫩苗可生食、凉拌、做汤、炒食或盐渍咸菜，也可以开水焯、清水浸泡后做包子或饺子馅。

花可生食，也可熟食。

【药用功效】全草入药，具有清热解毒、消肿散结、利湿通淋的功效。

【附注】用量过大可致缓泻。

芥叶蒲公英 Taraxacum brassicifolium Kitag.

【俗名】不详

【异名】不详

【习性】多年生草本。生河边、林缘及路旁。

【东北地区分布】黑龙江省穆棱、哈尔滨、尚志、伊春、虎林、呼玛、密山；吉林省白山、通化、梅河口、珲春、集安、辉南、抚松、靖宇、柳河、安图、长白；辽宁省沈阳、鞍山、彰武、建平、凤城、铁岭；内蒙古海拉尔、牙克石、额尔古纳、满洲里、科尔沁右翼前旗、阿尔山、克什克腾旗、宁城等地。

【食用价值】全株、根、嫩苗、花可食。

全株晒干后可代茶。

根晒干后烘烤，可作咖啡代用品。

嫩苗可生食、凉拌、做汤、炒食或盐渍咸菜，也可以开水焯、清水浸泡后做包子或饺子馅。

花可生食，也可熟食。

【药用功效】全草入药，具有清热解毒、消肿散结、利湿通淋的功效。

【附注】用量过大可致缓泻。

朝鲜蒲公英 Taraxacum coreanum Nakai

【俗名】白花蒲公英

【异名】*Taraxacum pseudo-albidum* Kitag.; *T. pseudo-albidum f. lutescens* (Kitag) Kitag.

【习性】多年生草本。生山坡草地、路旁及河边等地。

【东北地区分布】黑龙江省哈尔滨、虎林、密山、穆棱；吉林省白山、通化、梅河口、长春、磐石、珲春、集安、安图、柳河、辉南、抚松、靖宇、长白；辽宁省沈阳、鞍山、瓦房店、大连、庄河、抚顺、新宾、清原、凤城、丹东、北镇、西丰、建昌、绥中、桓仁；内蒙古海拉尔、满洲里、新巴尔虎右旗等地。

【食用价值】全株、根、嫩苗、花可食。

全株晒干后可代茶。

根晒干后烘烤，可作咖啡代用品。

嫩苗可生食、凉拌、做汤、炒食或盐渍咸菜，也可以开水焯、清水浸泡后做包子或饺子馅。

花可生食，也可熟食。

【药用功效】全草入药，具有清热解毒、消肿散结、利湿通淋的功效。

【附注】用量过大可致缓泻。

多裂蒲公英 Taraxacum dissectum (Ledeb.) Ledeb.

【俗名】不详

【异名】*Leontodon dissectus* Ledeb.; *Taraxacum baicalense* Schischk.

【习性】多年生草本。生高山湿草甸。

【东北地区分布】内蒙古科尔沁右翼中旗、东乌珠穆沁旗、苏尼特左旗等地。

【食用价值】全株、根、嫩苗、花可食。

全株晒干后可代茶。

根晒干后烘烤，可作咖啡代用品。

嫩苗可生食、凉拌、做汤、炒食或盐渍咸菜，也可以开水焯、清水浸泡后做包子或饺子馅。

花可生食，也可熟食。

【药用功效】全草入药，具有清热解毒、消肿散结、利湿通淋的功效。

【附注】用量过大可致缓泻。

淡红座蒲公英 Taraxacum erythropodium Kitag.

【俗名】红梗蒲公英

【异名】不详

【习性】多年生草本。生草地、路边、山坡、轻盐碱地。

【东北地区分布】黑龙江省尚志、哈尔滨、大庆、海林等地；吉林省双辽、白山、长春、通化、梅河口、集安、抚松、靖宇、辉南、长白、柳河、安图等地；辽宁省大连、庄河、本溪、凤城、沈阳、清原、建昌、彰武等地；内蒙古海拉尔、额尔古纳、科尔沁右翼前旗、扎鲁特旗、科尔沁左翼后旗。

【食用价值】全株、根、嫩苗、花可食。

全株晒干后可代茶。

根晒干后烘烤，可作咖啡代用品。

嫩苗可生食、凉拌、做汤、炒食或盐渍咸菜，也可以开水焯、清水浸泡后做包子或饺子馅。

花可生食，也可熟食。

【药用功效】全草入药，具有清热解毒、消肿散结、利湿通淋的功效。

【附注】用量过大可致缓泻。

异苞蒲公英 Taraxacum heterolepis Nakai et Koidz. ex Kitag.

【俗名】不详

【异名】*Taraxacum heterolepis* Nakai et Koidz. ex Kitag.

【习性】多年生草本。生山坡、路旁及湿地。

【东北地区分布】黑龙江省哈尔滨、呼玛、牡丹江；吉林省临江、白山、通化、长春、吉林、梅河口、集安、辉南、抚松、柳河、靖宇、安图、长白；辽宁省沈阳、抚顺、鞍山、本溪、凤城、丹东、瓦房店、大连、建昌、西丰、桓仁、宽甸；内蒙古海拉尔、牙克石、新巴尔虎右旗、锡林浩特等地。

【食用价值】全株、根、嫩苗、花可食。

全株晒干后可代茶。

根晒干后烘烤，可作咖啡代用品。

嫩苗可生食、凉拌、做汤、炒食或盐渍咸菜，也可以开水焯、清水浸泡后做包子或饺子馅。

花可生食，也可熟食。

【药用功效】全草入药，具有清热解毒、消肿散结、利湿通淋的功效。

【附注】用量过大可致缓泻。

光苞蒲公英 Taraxacum lamprolepis Kitag.

【俗名】不详

【异名】不详

【习性】多年生草本。生林缘、向阳山坡草地。

【东北地区分布】黑龙江省哈尔滨、黑河；吉林省临江、柳河、安图；辽宁省沈阳；内蒙古科尔沁右翼前旗等地。

【食用价值】全株、根、嫩苗、花可食。

全株晒干后可代茶。

根晒干后烘烤，可作咖啡代用品。

嫩苗可生食、凉拌、做汤、炒食或盐渍咸菜，也可以开水焯、清水浸泡后做包子或饺子馅。

花可生食，也可熟食。

【药用功效】全草入药，具有清热解毒、消肿散结、利湿通淋的功效。

【附注】用量过大可致缓泻。

蒲公英 Taraxacum mongolicum Hand.-Mazz.

【俗名】蒙古蒲公英；台湾蒲公英；辽东蒲公英；凸尖蒲公英

【异名】*Taraxacum formosanum* Kitam.; *T. liaotungense* Kitag.; *T. sinomongolicum* Kitag.

【习性】多年生草本。生田野、路旁、荒草地。

【东北地区分布】东北三省各地；内蒙古海拉尔、额尔古纳、新巴尔虎右旗、科尔沁左翼后旗、科尔沁右翼前旗、阿尔山、乌兰浩特等地。

【食用价值】全株、根、嫩苗、花可食。

全株晒干后可代茶。

根晒干后烘烤,可作咖啡代用品。

嫩苗可生食、凉拌、做汤、炒食或盐渍咸菜,也可以开水焯、清水浸泡后做包子或饺子馅。

花可生食,也可熟食。

【药用功效】全草入药,具有清热解毒、消肿散结、利湿通淋的功效。

【附注】用量过大可致缓泻。

药用蒲公英 Taraxacum officinale F. H. Wigg.

【俗名】西洋蒲公英;药蒲公英

【异名】*Lontodon taraxacum* L.; *Taraxacum al-maatense* Schischk.

【习性】多年生草本。生低山草原、森林草甸或田间与路边。

【东北地区分布】黑龙江省(地点不详);辽宁省大连、庄河、东港、海城、桓仁等地;内蒙古(地点不详)。原产欧洲,现亚洲、北美洲也有分布。

【食用价值】全株、根、嫩苗、花可食。

全株晒干后可代茶。

根晒干后烘烤,可作咖啡代用品。

嫩苗可生食、凉拌、做汤、炒食或盐渍咸菜,也可以开水焯、清水浸泡后做包子或饺子馅。

花可生食,也可熟食。

【药用功效】全草入药,具有清热解毒、消肿散结、利湿通淋的功效。

【附注】用量过大可致缓泻。

东北蒲公英 Taraxacum ohwianum Kitam.

【俗名】长春蒲公英

【异名】*Taraxacum junpeianum* Kitam.

【习性】多年生草本。生山坡、路旁、荒野等地。

【东北地区分布】黑龙江省哈尔滨、大庆、安达、齐齐哈尔、伊春;吉林省长春、临江、延吉、集安、白山、通化、梅河口、柳河、辉南、抚松、靖宇、长白;辽宁省沈阳、鞍山、建平、凌源、义县、抚顺、新宾、凤城、丹东、大连、铁岭、西丰、本溪、桓仁;内蒙古额尔古纳、海拉尔、科尔沁右翼中旗、科尔沁右翼前旗、阿尔山等地。

【食用价值】全株、根、嫩苗、花可食。

全株晒干后可代茶。

根晒干后烘烤，可作咖啡代用品。

嫩苗可生食、凉拌、做汤、炒食或盐渍咸菜，也可以开水焯、清水浸泡后做包子或饺子馅。

花可生食，也可熟食。

【药用功效】全草入药，具有清热解毒、消肿散结、利湿通淋的功效。

【附注】用量过大可致缓泻。

白缘蒲公英 Taraxacum platypecidum Diels

【俗名】山西蒲公英

【异名】*Taraxacum licentii* V. Soest

【习性】多年生草本。生山坡草地或路旁。

【东北地区分布】黑龙江省嘉荫、密山；吉林省长春、安图；辽宁省沈阳、鞍山、本溪、凤城、丹东、大连、北镇、义县；内蒙古科尔沁右翼前旗等地。

【食用价值】全株、根、嫩苗、花可食。

全株晒干后可代茶。

根晒干后烘烤，可作咖啡代用品。

嫩苗可生食、凉拌、做汤、炒食或盐渍咸菜，也可以开水焯、清水浸泡后做包子或饺子馅。

花可生食，也可熟食。

【药用功效】全草入药，具有清热解毒、消肿散结、利湿通淋的功效。

【附注】用量过大可致缓泻。

斑叶蒲公英 Taraxacum variegatum Kitag.

【俗名】不详

【异名】不详

【习性】多年生草本。生向阳地、路旁、林边山脚下、山沟路旁。

【东北地区分布】黑龙江省尚志、哈尔滨等地；吉林省长春（模式标本产地）、抚松、磐石、安图等地；辽宁省葫芦岛、沈阳、辽阳、清原等地；内蒙古海拉尔、额尔古纳、新巴尔虎左旗、乌兰浩特、科尔沁右翼前旗、阿尔山、扎鲁特旗、科尔沁左翼后旗、锡林浩特等地。

【食用价值】全株、根、嫩苗、花可食。

全株晒干后可代茶。

根晒干后烘烤，可作咖啡代用品。

嫩苗可生食、凉拌、做汤、炒食或盐渍咸菜，也可以开水焯、清水浸泡后做包子或饺子馅。花可生食，也可熟食。

【药用功效】全草入药，具有清热解毒、消肿散结、利湿通淋的功效。

【附注】用量过大可致缓泻。

狗舌草属 Tephroseris (Rchb.) Rehb.

狗舌草 Tephroseris kirilowii (Turcz. ex DC.) Holub

【俗名】不详

【异名】*Tephroseris campestris* (Retz.) Rchb.; *Senecio integrifolius* (L.) Clairv.; *Senecio campestris* subsp. kirilowii (Turcz.) Kitag.

【习性】多年生草本。生河岸湿草地、沟边、林下。

【东北地区分布】黑龙江省呼玛、泰来、肇东、安达、呼兰、哈尔滨、尚志、阿城、宁安、五大连池、齐齐哈尔；吉林省长春、吉林、蛟河、安图、靖宇、柳河、桦甸；辽宁省沈阳、鞍山、法库、盖州、大连、庄河、瓦房店、丹东、凤城、东港、本溪、桓仁、抚顺、清原、新宾；内蒙古海拉尔、牙克石、根河、扎兰屯、鄂伦春、阿荣旗、科尔沁右翼前旗、扎赍特旗、科尔沁左翼后旗、克什克腾旗、翁牛特旗、喀喇沁旗、东乌珠穆沁旗、西乌珠穆沁旗、锡林浩特等地。

【食用价值】幼苗可作为应急食品，在饥荒或没有其他食物的非常时期，焯水、反复浸泡后可少食。要注意其有毒报道，详见本种附注。

【药用功效】全草、根入药，具有清热解毒、利尿、活血、杀虫的功效。

【附注】全草有小毒，服用过量引起肝肾损害。

湿生狗舌草 Tephroseris palustris (L.) Four.

【俗名】湿地千里光；湿生千里光

【异名】*Senecio arcticus* Rupr.; *Othonna palustris* L.; *Cineraris palustris* (L.) L.; *Cineraris congesta* R. Br.; *Senecio palustris* (L.) Hook.; *Senecio gracillimus* C. Winkl.

【习性】一、二年生草本。生沼泽及潮湿地或水池边。

【东北地区分布】黑龙江省兰西、呼玛、密山、逊克、尚志、五大连池、阿城、哈尔滨；辽宁省凤城；内蒙古海拉尔、牙克石、扎兰屯、额尔古纳、根河、鄂温克、新巴尔虎右旗、科尔沁右翼前旗、克什克腾旗、锡林浩特等地。

【食用价值】幼叶和嫩花茎可食，生吃可拌在沙拉中，熟食需要焯水、浸泡后再烹饪，或者腌制泡菜食用。

【药用功效】全草入药，用于支气管哮喘、痉挛性结肠炎、神经性高血压、耳鸣、头痛等。

【附注】虽然未见本种的毒性报道，但是，狗舌草属包含许多对肝脏具有累积毒性作用的植物，建议谨慎食用。

婆罗门参属 Tragopogon L.

霜毛婆罗门参 Tragopogon dubius Scop.

【俗名】长喙婆罗门参；拟婆罗门参

【异名】*Tragopogon dubius* subsp. *campestris* (Besser) Hayek

【习性】二年生草本。生沙质地、干山坡、路旁、荒地。

【东北地区分布】辽宁省大连、鞍山、盖州等地。原产欧洲。

【食用价值】嫩根、幼苗可采食。

根去皮后可直接食用，也可作蔬菜炒食。

嫩茎开水焯、清水反复浸泡后可作野菜食用，凉拌、炒菜、蘸酱均可，大量采集可以腌渍保存或制什锦袋菜。

【药用功效】根入药，具有补肺降火、养胃生津的功效。

【附注】为外来入侵植物。

黄花婆罗门参 Tragopogon orientalis L.

【俗名】远东婆罗门参；东方婆罗门参

【异名】不详

【习性】二年生草本。生山地林缘及草地。

【东北地区分布】黑龙江省哈尔滨、伊春；辽宁省沈阳；内蒙古牙克石等地。

【食用价值】嫩根、幼苗可采食。

根去皮后可直接食用，也可作蔬菜炒食。

嫩茎开水焯、清水反复浸泡后可作野菜食用，凉拌、炒菜、蘸酱均可，大量采集可以腌渍保存或制什锦袋菜。

【药用功效】根入药，具有补肺降火、养胃生津的功效。

碱菀属 Tripolium Nees

碱菀 Tripolium pannonicum (Jacquin) Dobroczajeva

【俗名】竹叶菊；铁杆蒿；金盏菜

【异名】*Tripolium vulgare* Nees; *Aster tripolium* L.

【**习性**】一年生草本。生海岸、湖滨、沼泽及盐碱地。

【**东北地区分布**】黑龙江省肇东、安达、大庆、哈尔滨、富裕、呼玛、逊克；吉林省通榆、大安；辽宁省葫芦岛、彰武、新民、沈阳、营口、普兰店、庄河、长海、东港、铁岭；内蒙古海拉尔、新巴尔虎左旗、新巴尔虎右旗、科尔沁左翼后旗、赤峰市红山区、敖汉旗、阿鲁科尔沁旗、克什克腾旗等地。

【**食用价值**】嫩茎、嫩叶有食用价值。

嫩叶略呈肉质，有甜味，可用来制作泡菜，也可作其他烹饪。

嫩茎食法与嫩叶基本相同。

【**药用功效**】据国外文献，本种用于眼科疾病。

【**附注**】本种与食用、药用有关的内容均参考国外文献整理，初次食用者以少量尝试为宜。

款冬属 Tussilago L.

款冬 Tussilago farfara L.

【**俗名**】九尽草；虎须；冬花；款冬花

【**异名**】*Cineraria farfara* Bernh.

【**习性**】多年生草本。常生山谷湿地或林下。

【**东北地区分布**】吉林省柳河、辉南、临江、通化、和龙、安图等地；内蒙古锡林郭勒。

【**食用价值**】根状茎、叶、花蕾、花有食用价值。要注意其有毒报道，详见本种附注。

细长的根状茎可制成蜜饯类食品。

幼叶虽有苦味，但可以少量拌入沙拉中生食，也可以焯水浸泡后添加到汤中或作为蔬菜烹饪。

干燥和烧焦的叶子可用作盐的替代物。

叶子、花晒干或者炒制后可制芳香茶，新鲜时也可泡茶，据说有甘草般的味道。

花蕾和初开的花可拌入沙拉中生食，也可以熟食，有令人愉悦的芳香味道。

【**药用功效**】花蕾入药，具有润肺下气、止咳化痰的功效。

【**附注**】植物体内含有微量影响肝脏的吡咯利嗪生物碱，大剂量使用可能有毒。妊娠和哺乳期妇女禁用。

本种与食用有关的内容多参考国外文献整理，初次食用者以少量尝试为宜。

黄鹌菜属 Youngia Cass.

黄鹌菜 Youngia japonica (L.) DC.

【**俗名**】黄鸡婆；三枝香；苦菜药

【**异名**】*Prenanthes japonica* L.; *P. multiflora* Thunb.; *Chondrilla japonica* (L.) Lam.; *Ch.lyrata* Poir.;

Prenanthes stricta Blume; *P. fastigiata* Blume; *Youngia lyrata* (Poir.) Cass.

【习性】一年生草本。生山坡、林缘、林下、潮湿地、河边沼泽地、田间与荒地上。

【东北地区分布】辽宁省大连、沈阳等地。

【食用价值】嫩茎叶、花蕾有食用价值。

嫩茎叶焯水、浸泡后可以与鱼干、肉丝一起炒食，也可以凉拌、蘸酱；台湾原住民的吃法通常为：将嫩茎叶煮熟后，菜和汤分开享用，汤头味苦，台湾原住民很喜欢喝，而菜则蘸盐巴吃。

花蕾洗净蘸面粉或蛋汁炸成甜不辣也别有一番风味。

【药用功效】根或全草入药，具有清热解毒、利尿消肿、止痛的功效。

五福花科 Adoxaceae

接骨木属 Sambucus L.

接骨木 Sambucus williamsii Hance.

【俗名】东北接骨木；钩齿接骨木；长尾接骨木；宽叶接骨木

【异名】*Sambucus foetidissima* Nakai; *S. foetidissima* Nakai f. *flava* Skv. et Wang Wei; *S. manshurica* Kitag.; *S. latipinna* Nakai

【习性】落叶灌木或小乔木。生山坡、路旁。

【东北地区分布】黑龙江省伊春、呼玛、尚志、宁安、海林、依兰、爱辉、哈尔滨、塔河、黑河、新林；吉林省安图、抚松、吉林、双辽、临江、桦甸；辽宁省建昌、凌源、彰武、义县、北镇、沈阳、开原、抚顺、清原、鞍山、本溪、桓仁、凤城、丹东、营口、盖州、庄河、瓦房店、大连；内蒙古额尔古纳、根河、满洲里、牙克石、鄂伦春、满归、科尔沁右翼前旗、扎赉特旗、扎鲁特旗、大青沟、库伦旗、巴林左旗、克什克腾旗、喀喇沁旗等地。

【食用价值】嫩叶有异味，开水焯、清水反复浸泡后可作蔬菜少量食用。要注意其同属植物的不良报道，详见本种附注。

【药用功效】全株、根、根皮、茎枝、叶、花入药，其中，叶具有活血、舒筋、止痛、利湿的功效。

【附注】尽管未见该种的有毒报道，但是该属有些种类的叶和茎有毒，一些种类的果实会使一些人食后肚子痛。

荚蒾属 Viburnum L.

修枝荚蒾 Viburnum burejaeticum Regel et Herd.

【俗名】暖木条荚蒾；暖木条子；河朔绣球花

【异名】*V. davulicum* Maxim.; *V. burejanum* Herd.; *V. arcuatum* Kom.

【习性】落叶灌木。生阔叶混交林中、林缘。

【东北地区分布】黑龙江省呼玛、哈尔滨、伊春、尚志、宝清、勃利、饶河、宁安；吉林省安图、抚松、临江、长白、和龙、汪清、珲春、舒兰、蛟河、桦甸、通化、集安；辽宁省庄河、旅顺口、凌源、朝阳、鞍山、盖州、本溪、桓仁、宽甸、凤城、新宾；内蒙古翁牛特旗等地。

【食用价值】果实可直接食用，也可做果酒、果酱、果汁、蜜饯、饮料等。要注意其同属植物的不良报道，详见本种附注。

【药用功效】不详。但可参考本书同属其他植物的药用价值开展研究。

【附注】虽然未见本种的不良报道，但是，同属植物有大量食用成熟果实或食用少量未成熟果实后产生轻微腹痛、呕吐、腹泻等不良反应。建议谨慎对待。

朝鲜荚蒾 Viburnum koreanum Nakai

【俗名】不详

【异名】不详

【习性】落叶灌木。生针叶林中或林缘，海拔约1400米。

【东北地区分布】黑龙江省牡丹江、林口、尚志；吉林长白、敦化、安图、抚松等地。

【食用价值】果实可直接食用，也可做果酒、果酱、果汁、蜜饯、饮料等。要注意其同属植物的不良报道，详见本种附注。

【药用功效】嫩枝、叶、果实入药，具有通经活络、祛风止痒的功效。

【附注】虽然未见本种的不良报道，但是，同属植物有大量食用成熟果实或食用少量未成熟果实后产生轻微腹痛、呕吐、腹泻等不良反应。建议谨慎对待。

鸡树条 Viburnum sargentii Koehne

【俗名】鸡树条荚蒾；天目琼花

【异名】*Viburnum opulus* L. var. *calvescens* (Rehd.) Hara; *V. opulus* subsp. *calvescens* (Rehder) Sugimoto

【习性】落叶灌木。生林下、山坡和山谷。

【东北地区分布】黑龙江省伊春、饶河、虎林、勃利、宝清、鸡西、海林、宁安、哈尔滨、尚志、呼玛、萝北、逊克、嘉荫；吉林省桦甸、通化、和龙、靖宇、珲春、汪清、蛟河、临江、安图、敦化、抚松；辽宁省西丰、新宾、抚顺、凌源、建昌、绥中、朝阳、义县、北镇、沈阳、鞍山、盖州、本溪、桓仁、宽甸、凤城、丹东、岫岩、庄河；内蒙古牙克石、鄂伦春、扎兰屯、乌兰浩特、索伦、科尔沁左翼后旗、大青沟、克什克腾旗、喀喇沁旗、阿荣旗、宁城等地。

【食用价值】果实可直接食用，也可做果酒、果酱、果汁、蜜饯、饮料等。要注意其同属植物的不良报道，详见本种附注。

【药用功效】根、嫩枝、叶、果入药，其中，果实具有止咳的功效。

【附注】虽然未见本种的不良报道，但是，同属植物有大量食用成熟果实或食用少量未成熟果实后产生轻微腹痛、呕吐、腹泻等不良反应。建议谨慎对待。

忍冬科 Caprifoliaceae

川续断属 Dipsacus L.

日本续断 Dipsacus japonicus Miq.

【俗名】川续断；天目续断

【异名】*Dipsacus lushanensis* C. Y. Cheng & Ai; *D. tianmuensis* C. Y. Cheng & Z. T. Yin

【习性】多年生或二年生草本。生山坡、路旁和草坡。

【东北地区分布】黑龙江省南部地区；辽宁省大连、建昌、凌源；内蒙古喀喇沁旗等地。

【食用价值】饥荒时候，在没有其他食物可以食用的情况下，嫩叶可以焯水、浸泡后少食。

【药用功效】根入药，具有补肝肾、续筋骨、调血脉的功效。

【附注】本种与食用有关的内容参考国外文献整理，建议谨慎对待，初次食用者以少量尝试为宜。

北极花属（林奈草属）Linnaea Gronov. ex L.

北极花 Linnaea borealis L.

【俗名】北极林奈草；林奈木；林奈花

【异名】*Linnaea borealis* f. *arctica* Witrock

【习性】常绿蔓生小灌木。生山地针叶林下苔藓地上。

【东北地区分布】黑龙江省呼玛、塔河、海林、尚志、伊春；吉林省安图、抚松、长白；辽宁省桓仁；内蒙古额尔古纳、根河、牙克石、鄂伦春、满归、

科尔沁右翼前旗等地。

【食用价值】果实成熟后可做果酒、果酱、果汁等。

【药用功效】据国外文献报道，本种被用作孕期补药，也用于疼痛或月经不调。

忍冬属 Lonicera L.

蓝果忍冬 Lonicera caerulea L.

【俗名】蓝靛果忍冬；蓝锭果忍冬

【异名】*Lonicera caerulea* var. *edulis* Turcz. ex Herd.; *L. edulis* Turcz.; *L. edulis* var. *turczaninowii* (Pojark.) Kitag.

【习性】落叶灌木。生落叶林下或林缘阴处灌丛中。

【东北地区分布】黑龙江省尚志、呼玛、海林、伊春；吉林省安图、抚松、汪清、珲春、靖宇、长白、临江；辽宁省凤城蒲石河；内蒙古根河、额尔古纳、科尔沁右翼前旗、阿鲁科尔沁旗、巴林右旗、克什克腾旗、赤峰等地。

【食用价值】果实成熟后味道酸甜可口，含有多种氨基酸、维生素，可直接生食，也可酿酒、做饮料、做果酱。

【药用功效】嫩枝、叶、花蕾、果实入药，具有清热解毒、散痛消肿的功效。

金花忍冬 Lonicera chrysantha Turcz.

【俗名】黄花忍冬

【异名】*Loniceraxylosteum* Linn. var. *chrysantha* Regel; Caprifolium *chrysanthum* O. Ktze.; *L. chrysantha* Turcz. var. *longipes* Maxim.

【习性】落叶灌木或小乔木。生沟谷、林下或灌丛中。

【东北地区分布】黑龙江省呼玛、宁安、密山、尚志、虎林、伊春、哈尔滨、穆棱、安达、嘉荫、饶河；吉林省汪清、安图、抚松、吉林、蛟河、敦化、集安、珲春、长白、和龙、临江；辽宁省桓仁、本溪、宽甸、凤城、沈阳、鞍山、清原、岫岩、凌源、建昌、朝阳；内蒙古牙克石、满洲里、科尔沁右翼中旗、白狼、克什克腾旗、喀喇沁旗、宁城、锡林浩特、宝格达山、太仆寺旗、正蓝旗等地。

【食用价值】嫩叶、花炒制后可代茶。

【药用功效】嫩枝、叶、花、果实入药，嫩枝、叶、花蕾具有清热解毒、消散痈肿、消炎的功效，果实具有清肠化湿的功效。

【附注】食用报道较少，生食不宜多。

北京忍冬 Lonicera elisae Franch.

【俗名】破皮袄；四月红；狗骨头；毛母娘

【异名】*Caprifolium elisae* (Franchet) Kuntze; *C. praecox* Kuntze; *Lonicera infundibulum* Franchet; *L. infundibulum* var. *rockii* Rehder; *L. pekinensis* Rehder

【习性】落叶灌木或小乔木。生沟谷或山坡丛林或灌丛中。

【东北地区分布】辽宁省凌源。

【食用价值】果实成熟后多汁而味甜，可直接食用。

【药用功效】同属植物的果实入药，具有清肠化湿的功效。

【附注】性寒痢下腹痛者忌用果实入药。

忍冬 Lonicera japonica Thunb.

【俗名】金银花；鸳鸯藤；老翁须；金银藤

【异名】*Caprifolium Japonicum* Dum.; *Nintooa japonica* Sweet; *L. fauriei* Levl. et Vant.; *L. japonaca* Thunb. var. *sempervillosa* Hayara.; *T. shintenensis* Hayata

【习性】半常绿藤本。生山坡灌丛或疏林中、乱石堆等地。

【东北地区分布】辽宁省北镇、绥中、鞍山、宽甸、大连、金州、普兰店、旅顺口、长海等地。辽宁省各地有栽培。

【食用价值】嫩叶、花有食用价值。

嫩叶晒干或炒制后可代茶。

花可代茶，是配制清凉饮料的佳品，还可用来做饮料、冲鸡蛋、做粥。

【药用功效】茎枝、茎叶、花蕾、果实入药，其中，叶具有清热解毒、通经活络的功效，花具有清热解毒、疏散风热的功效。

金银忍冬 Lonicera maackii (Rupr.) Maxim.

【俗名】小花金银花；王八骨头；金银木

【异名】*Xylosteum maackii* Rupr.; *Caprifolium maackii* O. Ktze.; *L. maackii* (Rupr.) Maxim. f. *podocarpa* Franch. ex Rehd.; *L. maackii* (Rupr.) Maxim. var. *typica* Nakai

【习性】落叶灌木或小乔木。生林中或林缘溪流附近的灌木丛中。

【东北地区分布】黑龙江省伊春、尚志、哈尔滨、依兰、宁安、萝北；吉林省安图、蛟河、吉林、

桦甸、前郭尔罗斯、珲春、临江、长白、和龙、敦化；辽宁省西丰、彰武、北镇、新宾、桓仁、本溪、抚顺、沈阳、鞍山、宽甸、凤城、盖州、岫岩、庄河、大连；内蒙古科尔沁左翼后旗、大青沟等地。

【食用价值】花、果实有食用价值。

花晒干或炒制后可冲茶。

果实味苦，未见直接食用报道，但有提取食品色素的报道。

【药用功效】全草、根、叶、花、果实入药，其中，叶具有祛风解毒、活血祛瘀的功效，花蕾具有清热解毒、祛风解表、消肿止痛的功效。

早花忍冬 Lonicera praeflorens Batalin

【俗名】不详

【异名】不详

【习性】落叶灌木或小乔木。生山坡林内及灌丛中。

【东北地区分布】黑龙江省伊春、宁安、哈尔滨、尚志；吉林省安图、集安；辽宁省凌源、沈阳、本溪、桓仁、盖州、鞍山、宽甸、凤城、庄河等地。

【食用价值】果实成熟后多汁而味甜，可直接食用。

【药用功效】同属植物的果实入药，具有清肠化湿的功效。

【附注】性寒痢下腹痛者忌用果实入药。

长白忍冬 Lonicera ruprechtiana Regel

【俗名】辽吉金银花；扁旦胡子；王八骨头；短萼忍冬

【异名】*Caprifolium ruprechtianum* (Regel) Kuntze; *Lonicera brevisepala* P. S. Hsu & H. J. Wang; *L. chrysantha* Turczaninow ex Ledebour var. *subtomentosa* (Ruprecht) Maximowicz

【习性】落叶灌木或小乔木。生沟谷、林下或灌丛中。

【东北地区分布】黑龙江省宁安、哈尔滨、尚志、孙吴、依兰、长春、宝清、虎林、密山、黑河；吉林省汪清、抚松、安图、临江、长春、桦甸、靖宇；辽宁省开原、黑山、清原、抚顺、沈阳、本溪、桓仁、凤城、宽甸、盖州等地。

【食用价值】嫩叶、花炒制后可代茶。

【药用功效】同属植物的果实入药，具有清肠化湿的功效。

【附注】性寒痢下腹痛者忌用果实入药。

败酱属 Patrinia Juss.

少蕊败酱 Patrinia monandra C. B. Clarke.

【**俗名**】单蕊败酱；无心草；马竹霄；细样苦斋；山芥花；黄凤仙；介头草；萌菜；大样苦斋；斑花败酱；大斑花败酱；台湾败酱

【**异名**】*Patrinia formosana* Kitamura; *P. monandra* var. *formosana* (Kitamura) H. J. Wang; *P. monandra* var. *sinensis* Batalin; *P. punctiflora* P. S. Hsu & H. J. Wang

【**习性**】多年生草本。生山坡草丛、灌丛中、林下及林缘、田野溪旁、路边。

【**东北地区分布**】黑龙江省萝北；辽宁省大连、旅顺口、长海、宽甸等地。

【**食用价值**】幼苗焯水、浸泡后可炒食、凉拌、蘸酱、腌渍咸菜、晒干菜等。要注意同属植物的不良报道，详见本种附注。

【**药用功效**】全草入药，具有清热解毒、消肿消炎、宁心安神、利湿祛瘀、排脓、止血止痛的功效。

【**附注**】虽然未见本种的有毒报道，但是同属植物有的根有小毒。

岩败酱 Patrinia rupestris (Pall.) Juss.

【**俗名**】不详

【**异名**】*Valeriana rupestris* Pallas

【**习性**】多年生草本。生山丘顶部、石质山坡岩缝等处。

【**东北地区分布**】黑龙江省伊春、黑河、绥芬河、尚志、五大连池、萝北、饶河、宝清、汤原、密山、鸡西、宁安、呼玛；吉林省吉林、汪清、长白、通化、珲春、安图；辽宁省沈阳、抚顺、开原、彰武、鞍山、庄河、宽甸、凤城、本溪、桓仁；内蒙古额尔古纳、海拉尔、牙克石、满洲里、鄂伦春、鄂温克、新巴尔虎左旗、科尔沁右翼前旗、科尔沁右翼中旗、扎赉特旗、克什克腾旗、林西、锡林浩特、镶黄旗、太仆寺旗、多伦等地。

【**食用价值**】幼苗焯水、浸泡后可炒食、凉拌、蘸酱、腌渍咸菜、晒干菜等。要注意同属植物的不良报道，详见本种附注。

【**药用功效**】全草、根入药，全草具有清热解毒、活血排脓的功效，根具有镇静的功效。

【**附注**】虽然未见本种的有毒报道，但是同属植物有的根有小毒。

败酱 Patrinia scabiosifolia Fisch. ex Trevir.

【**俗名**】黄花龙芽；黄花龙牙；野芹；野黄花；将军草；麻鸡婆；山芝麻；苦菜；黄花苦菜；女郎花；苦益

【异名】*Fedia scabiosifolia* Treviranus; *F. serratulifolia* Treviranus; *Patriniahispida* Bunge

【习性】多年生草本。生山坡林下、林缘和灌丛中以及路边、田埂边的草丛中。

【东北地区分布】黑龙江省大庆、伊春、黑河、北安、孙吴、逊克、萝北、集贤、汤原、伊兰、密山、虎林、鸡西、尚志、阿城、克山、呼玛；吉林省吉林、临江、九台、汪清、珲春、安图、和龙、镇赉、前郭尔罗斯；辽宁省鞍山、盖州、瓦房店、普兰店、大连、庄河、新宾、清原、桓仁、北镇、绥中、岫岩、凤城、丹东、沈阳、开原、西丰、喀左、建平、凌源、建昌；内蒙古额尔古纳、根河、牙克石、扎兰屯、鄂温克、莫力达瓦达斡尔旗、科尔沁右翼前旗、科尔沁右翼中旗、扎赉特旗、大青沟、克什克腾旗、宝格达山等地。

【食用价值】幼苗或嫩叶可以食用，山东、江西、福建等省民间采摘并作为山野菜销售。要注意其有毒报道，详见本种附注。

【药用功效】全草、根、花枝入药，具有清热解毒、利湿排脓、活血化瘀的功效。

【附注】根有小毒，小鼠腹腔注射根的氯仿和甲醇提取物400毫克/千克，出现呼吸困难，惊厥死亡。根中尚含有挥发油，具有镇静和催眠的作用。

攀倒甑 Patrinia villosa (Thunb.) Juss.

【俗名】白花败酱；苦益菜；萌菜

【异名】*Valeriana villosa* Thunb.; *Patriniaovate* Bunge; *P. graveolens* Hance; *P. dielsii* Graebn.; *P. dielsii* var. *erosa* Graebn.

【习性】多年生草本。生林下、林缘、灌丛中、草丛中。

【东北地区分布】黑龙江省哈尔滨、伊春；吉林省通化、临江；辽宁省新宾、西丰、本溪、桓仁、丹东、宽甸、凤城、北镇、鞍山、庄河等地。

【食用价值】幼苗、花蕾有食用价值。要注意其有毒报道，详见本种附注。

幼苗焯水、浸泡后可炒食、凉拌、蘸酱、腌渍咸菜、晒干菜等。

花蕾也可作野菜食用，食法与叶基本相同。

【药用功效】根状茎、带根全草入药，具有清热利湿、解毒排脓、活血祛瘀的功效。

【附注】全草有小毒。

蓝盆花属 Scabiosa L.

日本蓝盆花 Scabiosa japonica Miq.

【俗名】山萝卜

【异名】*Scabiosa comosa* fisch. var. *japonica* (Nakai) Tatewaki; *S. tschiliensis* Grun. var. *japonica* (Miq.) Hurusawa

【习性】多年生草本。生山顶草甸。

【东北地区分布】辽宁省本溪、桓仁、宽甸等地。

【食用价值】幼苗焯水、浸泡后可炒食、凉拌、蘸酱、腌渍咸菜、晒干菜等。

【药用功效】不详。但可参考本书同属其他植物的药用价值开展研究。

华北蓝盆花 Scabiosa tschiliensis Grun.

【俗名】不详

【异名】*Scabiosa japonica* Miq. subsp. *tschiliensis* (Grun.) Hurusawa

【习性】多年生草本。生山坡草地、灌丛或油松林下。

【东北地区分布】黑龙江省伊春、肇东、肇源、安达、黑河、萝北、依兰、密山、宁安、大庆、逊克、鸡东、鸡西、哈尔滨、呼玛；吉林省九台、吉林、延吉、汪清、珲春、和龙、安图、抚松、乾安、通榆、洮南、镇赉；辽宁省沈阳、鞍山、抚顺、新宾、本溪、桓仁、凤城、岫岩、北镇、彰武、朝阳、建昌、建平、凌源、开原、法库、西丰、营口；内蒙古额尔古纳、牙克石、扎兰屯、鄂温克、科尔沁右翼前旗、扎赉特旗、扎鲁特旗、翁牛特旗、克什克腾旗、喀喇沁旗、锡林浩特、宝格达山等地。

【食用价值】幼苗焯水、浸泡后可炒食、凉拌、蘸酱、腌渍咸菜、晒干菜等。

【药用功效】根、花入药，具有清热泻火的功效。

缬草属 Valeriana L.

黑水缬草 Valeriana amurensis P. Smirn. ex Kom.

【俗名】不详

【异名】*Valeriana amurensis* f. *leiocarpa* H. Hara; *V. officinalis* Linnaeus var. *incisa* Nakai ex Mori

【习性】多年生草本。生林缘。

【东北地区分布】黑龙江省密山、集贤、汤原、宝清、北安、尚志、伊春、呼玛；吉林省珲春、安图；辽宁省昌图、鞍山等地。

【食用价值】幼苗焯水、浸泡后可炒食、凉拌、蘸酱、腌渍咸菜、晒干菜等。

【药用功效】根及根状茎入药，具有安神镇静、祛风解痉、生肌止痛、止痛的功效。

缬草 Valeriana officinalis L.

【俗名】北缬草；毛节缬草；宽叶缬草；欧缬草

【异名】*Valeriana alternifolia* Bunge; *V. alternifolia* Bunge var. *angustifolia* (Kom.) S. H. L.; *V. alternifolia* Bunge f. *angustifolia* (Kom.) Kitag.

【习性】多年生草本。生山坡草地、林下、沟边。

【东北地区分布】黑龙江省孙吴、宝清、密山、宁安、尚志、阿城、北安、富锦、呼玛、哈尔滨、海林、伊春、鹤岗；吉林省汪清、珲春、磐石、安图、浑江、通化、桦甸；辽宁省大连、庄河、沈阳、鞍山、岫岩、铁岭、法库、西丰、本溪、新宾、桓仁、宽甸、凤城、义县、彰武；内蒙古额尔古纳、根河、海拉尔、牙克石、扎兰屯、鄂温克、科尔沁右翼前旗、科尔沁左翼后旗、大青沟、扎鲁特旗、克什克腾旗、通辽、宝格达山等地。

【食用价值】根、幼苗有食用价值。

根状茎和根含油0.5%~2%，供调配烟、酒、食品、化妆品、香水香精使用，也可供药用。

幼苗焯水、浸泡后可炒食、凉拌、蘸酱、腌渍咸菜、晒干菜等。

【药用功效】根及根状茎入药，具有安神镇静、祛风解痉、生肌止痛、止痛的功效。

五加科 Araliaceae

楤木属 Aralia L.

东北土当归 Aralia continentalis Kitag.

【俗名】长白楤木；香秸颗

【异名】*Aralia cordata* var. *continentalis* (Kitag.) Y. C. Zhu

【习性】多年生草本。生山地林边或灌丛中。

【东北地区分布】吉林省集安、临江、抚松、靖宇、长白、珲春、和龙、汪清、安图；辽宁省桓仁、本溪、凤城、新宾、清原、岫岩、鞍山、北镇、普兰店、庄河等地。

【食用价值】嫩芽开水焯、清水浸泡后可炒食、凉拌、蘸酱、腌渍咸菜等。要注意其有毒报道，详见本种附注。

【药用功效】根及根状茎入药，具有散风寒、祛湿、通经活络、止痛的功效。

【附注】根有毒，小鼠腹腔注射根的氯仿提取物200毫克/千克，出现肌张力增加、竖尾、眼睑下垂、呼吸加快；500毫克/千克，共济失调、死亡。

楤木 Aralia elata (Miq.) Seem.

【俗名】辽东楤木；刺龙牙

【异名】*Aralia mandshurica* Rupr. & Maxim.

【习性】落叶灌木或乔木。生阔叶林及针阔叶混交林内、林缘、林下以及山阴坡、沟边等处。

【东北地区分布】黑龙江省哈尔滨、尚志、伊春、饶河、勃利、穆棱；吉林省蛟河、集安、通化、临江、抚松、长白、珲春、汪清、安图；辽宁省西丰、抚顺、鞍山、本溪、桓仁、宽甸、庄河、普兰店、金州等地。

【食用价值】幼嫩叶芽为上等食用野菜，用沸水焯后，再换清水浸泡，挤干水分后炒食、做汤、蘸酱、炸食均可。要注意其有毒报道，详见本种附注。

【药用功效】根皮、树皮、嫩叶、嫩芽、果实入药，其中，嫩叶、嫩芽具有清热利湿的功效。

【附注】根皮有毒，小鼠腹腔注射10～20毫克/克根皮的水提取物，抽搐死亡。

五加属 Eleutherococcus Maximowicz

刺五加 Eleutherococcus senticosus (Rupr. & Maxim.) Maxim.

【俗名】短蕊刺五加；刺拐棒

【异名】*Acanthopanax senticosus* (Rupr. et Maxim.) Harms; *Acanthopanax senticosus* var. *brevistamineus* S. F. Gu

【习性】落叶灌木。生山地林下及林缘。

【东北地区分布】黑龙江省哈尔滨、尚志、黑河、伊春、萝北、宝清、饶河、虎林、密山、海林、宁安；吉林省吉林、蛟河、通化、临江、抚松、长白、敦化、珲春、和龙、汪清、安图；辽宁省西丰、新宾、清原、桓仁、本溪、鞍山、宽甸、凤城、岫岩、庄河；内蒙古大青沟、克什克腾旗、喀喇沁旗、宁城等地。

【食用价值】嫩叶、嫩芽、果实有食用价值。

嫩叶和嫩芽味道清香，营养丰富，焯水、浸泡后可食，炒菜、做汤、蘸酱、凉拌、油炸均可；还可炒制后代茶。

成熟果实可酿酒或制饮料。

【药用功效】干燥根和根状茎或茎入药，具有益气健脾、补肾安神的功效。

【附注】本种曾是东北东部山坡红松阔叶混交林的主要灌木，但因长期以来的森林过度采伐和资源过度开发，使得资源遭到严重破坏，分布面积和种群数量均呈现大幅度下降。

无梗五加 Eleutherococcus sessiliflorus (Rupr. & Maxim.) S. Y. Hu

【俗名】短梗五加

【异名】*Acanthopanax sessiliflorus* (Rupr. et Maxim.) Seem.

【习性】落叶灌木。生山坡、溪流附近、林下、林边及灌木丛间。

【东北地区分布】黑龙江省尚志、伊春、宝清、密山、海林、宁安；吉林省蛟河、临江、抚松、靖宇、长白、珲春、安图；辽宁省西丰、清原、新宾、桓仁、宽甸、本溪、凤城、岫岩、庄河、大连、沈阳、鞍山；内蒙古宁城等地。

【食用价值】嫩叶、嫩芽、果实有食用价值。要注意其有毒报道，详见本种附注。

嫩叶和嫩芽焯水、浸泡后可食，炒菜、做汤、蘸酱、凉拌、油炸均可；还可炒制后代茶。

成熟果实可酿酒或制饮料。

【药用功效】根皮、茎皮、叶、果实入药，其中，叶具有散风除湿、活血止痛、清热解毒的功效，果实具有祛风湿、强筋骨的功效。

【附注】根皮有毒，小鼠腹腔注射根皮的氯仿提取物400毫克/千克，惊厥死亡。

刺楸属 Kalopanax Miq.

刺楸 Kalopanax septemlobus (Thunb.) Koidz.

【俗名】辣枫树；茨楸；云楸；刺桐；刺枫树；鼓钉刺；毛叶刺楸

【异名】*Acer septemlobum* Thunberg; *Acanthopanax ricinifolius* (Siebold & Zuccarini) Seemann; *A. septemlobus* (Thunberg) Koidzumi ex Rehder; *Acer pictum* Thunberg

【习性】落叶乔木。生山地疏林中、林缘或山坡上。

【东北地区分布】辽宁省本溪、桓仁、岫岩、丹东、凤城、宽甸、东港、盖州、庄河、金州、大连等地。

【食用价值】嫩芽焯水、浸泡后可食用，炒菜、做汤、蘸酱、凉拌、油炸均可。

【药用功效】根、根皮、树皮入药，具有凉血散瘀、祛风除湿、解毒杀虫的功效。

【附注】茎、叶有强心苷和蒽苷反应。

刺参属 Oplopanax Miq.

刺参 Oplopanax elatus Nakai

【俗名】东北刺人参；刺人参

【异名】*Echinopanax elatum* Nakai

【习性】落叶灌木。生海拔1000米以上的落叶阔叶林下。

【东北地区分布】吉林省集安、通化、临江、抚松、长白、安图；辽宁省本溪、桓仁、宽甸等地。

【食用价值】嫩芽焯水、浸泡后可食用，炒菜、做汤、蘸酱、凉拌、油炸均可。

【药用功效】根及根状茎入药，具有滋补强壮、解热、镇咳、兴奋中枢神经、调整血压的功效。

【附注】本种在我国仅分布吉林和辽宁高海拔山区，且为珍贵的药用植物，其药效与驰名国内外的人参相仿，为此曾被大量采伐，致使资源遭到严重破坏，需要加强保护。

伞形科 Apiaceae（Umbelliferae）

羊角芹属 Aegopodium L.

东北羊角芹 Aegopodium alpestre Ledeb.

【俗名】小叶芹

【异名】*Aegopodium alpestre* f. *scabrum* Kitag.

【习性】多年生草本。生林下、林缘、溪流旁、山顶草地。

【东北地区分布】黑龙江省尚志、穆棱、伊春、呼玛；吉林省安图、通化、抚松、长白、汪清、珲春、敦化、浑江；辽宁省开原、西丰、新宾、清原、本溪、桓仁、宽甸、鞍山、庄河；内蒙古额尔古纳、牙克石、鄂伦春、科尔沁右翼前旗、阿尔山、喀喇沁旗、宝格达山等地。

【食用价值】嫩茎叶开水焯、清水浸泡后可炒食、凉拌、蘸酱等，也可作包子或饺子的馅料。

【药用功效】全草、根、茎叶入药，全草用于眩晕，根具有镇痛的功效，茎叶具有祛风止痛的功效。

当归属 Angelica L.

黑水当归 Angelica amurensis Schischk.

【俗名】黑龙江当归

【异名】*Angelica cincta* auct. non Boiss.

【习性】多年生草本。生山坡、草地、林下、林缘、灌丛及河岸溪流旁。

【东北地区分布】黑龙江省尚志、黑河、嫩江、爱辉、虎林、伊春、呼玛；吉林省抚松、安图；辽宁省本溪、桓仁、宽甸、凤城；内蒙古牙克石、根河、鄂伦春等地。

【食用价值】嫩叶柄、嫩茎用开水焯一下，用凉水过一下，挤干后炒食、凉拌、制馅或腌渍。要注意食用安全，详见本种附注。

【药用功效】根入药，具有祛风燥湿、消肿止痛的功效。

【附注】虽然未见本种的不良报道，但本属有的种含有呋喃香豆素（Furocoumarin），会增加皮肤对阳光的敏感性，并可能导致皮炎。

柳叶芹 Angelica czernaevia (Fisch. & C.A.Mey.) Kitag.

【俗名】纤弱当归；小叶独活；鸡爪芹；叉子芹

【异名】*Czernaevia laevigata* Turcz.

【习性】二年生草本。生阔叶林下、林缘、灌丛、林区草甸子及湿草甸子处。

【东北地区分布】黑龙江省尚志、呼玛、漠河、依兰、萝北、桦川、虎林、伊春、哈尔滨；吉林省敦化、安图、汪清、珲春、和龙、吉林、通化、浑江；辽宁省西丰、抚顺、本溪、桓仁、凤城、绥中、沈阳、鞍山、辽阳、庄河、大连；内蒙古额尔古纳、根河、牙克石、扎兰屯、科尔沁右翼前旗、扎鲁特旗、克什克腾旗、东乌珠穆沁旗、西乌珠穆沁旗、多伦等地。

【食用价值】幼苗、嫩茎用开水焯一下，用凉水过一下，挤干后炒食、凉拌、制馅或腌渍。要注意食用安全，详见本种附注。

【药用功效】不详。但可参考本书同属其他植物的药用价值开展研究。

【附注】虽然未见本种的不良报道，但本属有的种含有呋喃香豆素（Furocoumarin），会增加皮肤对阳光的敏感性，并可能导致皮炎。

白芷 Angelica dahurica (Fisch. ex Hoffm.) Benth. et Hook. f. ex Franch. et Sav.

【俗名】大活；雾灵当归；兴安白芷

【异名】*Angelica porphyrocaulis* Nakai et Kitag.

【习性】多年生草本。生林下、林缘、溪旁、灌丛及山谷草地。

【东北地区分布】黑龙江省呼玛、漠河、爱辉、饶河、宁安、尚志、黑河、伊春；吉林省和龙、抚松、靖宇、安图、汪清、敦化、通化、浑江；辽宁省西丰、清原、新宾、桓仁、本溪、凤城、宽甸、岫岩、绥中、北镇、建昌、沈阳、辽阳、海城、营口、盖州；内蒙古额尔古纳、根河、鄂伦春、鄂温克、科尔沁右翼前旗、大青沟、扎鲁特旗、克什克腾旗、西乌珠穆沁旗等地。

【食用价值】嫩茎剥皮后用开水焯一下，用凉水过一下，挤干后炒食、凉拌、制馅或腌渍。要注意食用安全，详见本种附注。

【药用功效】根入药，具有解表散寒、祛风止痛、宣通鼻窍、燥湿止带、消肿排脓的功效。

【附注】小鼠腹腔注射根的氯仿提取物600毫克/千克，出现安静、后肢外展、翻正反射消失，2/5小鼠死亡。

紫花前胡 Angelica decursiva (Miq.) Franch. et Sav.

【俗名】前胡；射香菜

【异名】*Porphyroscias decursiva* Miq.

【习性】多年生草本。生山地林下溪流旁、林缘湿草甸、灌丛间。

【东北地区分布】吉林省安图；辽宁省凤城、庄河、宽甸、本溪等地。

【食用价值】幼苗、嫩茎用开水焯一下，用凉水过一下，挤干后炒食、凉拌、制馅或腌渍。要注意食用安全，详见本种附注。

【药用功效】干燥根入药，具有降气化痰、散风清热的功效。

【附注】虽然未见本种的不良报道，但本属有的种含有呋喃香豆素（Furocoumarin），会增加皮肤对阳光的敏感性，并可能导致皮炎。

朝鲜当归 Angelica gigas Nakai

【俗名】大当归；大独活；土当归；野当归；大野芹；紫花芹

【异名】*Angelica megaphylla* auct. non Diels: Komarov in Act. Hort. Petrop. 25: 168. 1907 (Fl. Mansh. 3. 1907).

【习性】多年生草本。生山地林中溪流旁和林缘。

【东北地区分布】黑龙江省尚志；吉林省安图、抚松、蛟河、敦化；辽宁省本溪、桓仁、宽甸、凤城、庄河等地。

【食用价值】幼苗、嫩茎用开水焯一下，用凉水过一下，挤干后炒食、凉拌、制馅或腌渍。要注意食用安全，详见本种附注。

【药用功效】根入药，具有祛风、活血、调经、润燥的功效。

【附注】虽然未见本种的不良报道，但本属有的种含有呋喃香豆素（Furocoumarin），会增加皮肤对阳光的敏感性，并可能导致皮炎。鉴于此，要谨慎食用该种，非饥荒等非常情况不要食用，如果食用，一定要先用开水焯、再用清水反复浸泡，晒干后再食更加安全；食量要少，且不宜连续食用。

大齿山芹 Angelica grosseserrata Maxim.

【俗名】碎叶山芹；大齿当归；朝鲜独活；朝鲜羌活；大齿独活

【异名】*Ostericum grosseserratum* (Maxim.) Kitag.

【习性】多年生草本。生山坡、草地、溪沟旁、林缘灌丛中。

【东北地区分布】吉林省长春、九台、通化、安图、和龙、珲春；辽宁省各地。

【食用价值】幼苗、嫩茎用开水焯一下，用凉水过一下，挤干后炒食、凉拌、制馅或腌渍。要注意

食用安全，详见本种附注。

【药用功效】根入药，具有补中益气、温脾散寒的功效。

【附注】虽然未见本种的不良报道，但本属有的种含有呋喃香豆素（Furocoumarin），会增加皮肤对阳光的敏感性，并可能导致皮炎。

拐芹 Angelica polymorpha Maxim.

【俗名】拐芹当归；拐子芹；倒钩芹；紫杆芹；山芹菜；独活；白根独活

【异名】*Selinum coreanum* de Boiss.; *Rompelia polymorpha* (Maxim.) K. -Pol.; *Angelica sinuata* Wolff

【习性】多年生草本。生山区溪旁、林内、山间阴湿地。

【东北地区分布】辽宁省西丰、本溪、桓仁、宽甸、凤城、丹东、岫岩、凌源、绥中、鞍山、庄河；内蒙古宁城等地。

【食用价值】幼苗、嫩茎用开水焯一下，用凉水过一下，挤干后炒食、凉拌、制馅或腌渍。要注意食用安全，详见本种附注。

【药用功效】根入药，具有祛风散寒、散湿、消肿、排脓、止痛的功效。

【附注】虽然未见本种的不良报道，但本属有的种含有呋喃香豆素（Furocoumarin），会增加皮肤对阳光的敏感性，并可能导致皮炎。

山芹 Angelica sieboldii Miq.

【俗名】山芹当走归；山芹独活；小芹当归；背翅当归；秦陇当归；米格当归；望天芹；山芹菜

【异名】*Ostericum sieboldii* (Miq.) Nakai

【习性】多年生草本。生海拔较高的山坡、草地、山谷、林缘和林下。

【东北地区分布】辽宁省凌源、北镇、义县、抚顺、本溪、桓仁、宽甸、凤城、东港、岫岩、庄河、鞍山、普兰店、大连；内蒙古牙克石、大青沟、阿鲁科尔沁旗、喀喇沁旗、多伦等地。

【食用价值】幼苗、嫩茎用开水焯一下，用凉水过一下，挤干后炒食、凉拌、制馅或腌渍。要注意食用安全，详见本种附注。

【药用功效】全草、根入药，全草具有解毒消肿的功效，根具有发表散风、祛湿止痛的功效。

根具有祛风除湿、散寒、止痛的功效。

【附注】虽然未见本种的不良报道，但本属有的种含有呋喃香豆素（Furocoumarin），会增加皮肤对阳光的敏感性，并可能导致皮炎。

绿花山芹 Angelica viridiflora (Turcz.) Benth. ex Maxim.

【俗名】二角芹

【异名】*Ostericum viridiflorum* (Turcz.) Kitag.

【习性】多年生草本。生林缘、路旁和草地。

【东北地区分布】黑龙江省虎林、饶河、勃利、宁安、哈尔滨、呼玛、漠河；吉林省蛟河；辽宁省绥中、沈阳、清原、桓仁、鞍山；内蒙古海拉尔、额尔古纳（三河）、扎赉特旗（保安沼）等地。

【食用价值】幼苗、嫩茎用开水焯一下，用凉水过一下，挤干后炒食、凉拌、制馅或腌渍。要注意食用安全，详见本种附注。

【药用功效】根入药，具有祛风胜湿、散寒止痛的功效。

【附注】虽然未见本种的不良报道，但本属有的种含有呋喃香豆素（Furocoumarin），会增加皮肤对阳光的敏感性，并可能导致皮炎。

峨参属 Anthriscus (Pers.) Hoffm.

峨参 Anthriscus sylvestris (L.) Hoffm.

【俗名】不详

【异名】*Anthriscus aemula* (Woron.) Schischk.; *Chaerophyllum sytvestre* L.; *Myrrhis sytvestris* Spreng.; *Myrrhodes syvestris* Ktze.

【习性】多年生草本。生山区湿地、草甸子、河边及灌丛间。

【东北地区分布】黑龙江省尚志、五常、伊春、虎林、宁安；吉林省安图、靖宇、抚松、浑江、磐石、蛟河、通化；辽宁省沈阳、开原、本溪、桓仁、凤城、宽甸、庄河、大连；内蒙古科尔沁右翼前旗、扎鲁特旗、克什克腾旗、喀喇沁旗、东乌珠穆沁旗、西乌珠穆沁旗等地。

【食用价值】嫩芽焯水、浸泡后可食用，炒菜、做汤、蘸酱、凉拌、油炸均可。

【药用功效】根、叶入药，根具有补中益气、祛瘀生新、滋补强壮的功效，叶具有止血、消肿的功效。

柴胡属 Bupleurum L.

北柴胡 Bupleurum chinense DC.

【俗名】柴胡；竹叶柴胡；硬苗柴胡；韭叶柴胡

【异名】*Bupleurumfalcatum* Shan

【习性】多年生草本。生干燥山坡、林缘、灌丛。

【东北地区分布】黑龙江省哈尔滨、伊春、鸡西、宁安、虎林、呼玛；吉林省吉林、九台、长春、蛟河、永吉、长白、敦化、汪清、珲春、安图；辽宁省各地；内蒙古克什克腾旗、喀喇沁旗、宁城等地。

【食用价值】幼苗、根、嫩叶有食用价值。

根可以煮食。

幼苗、嫩叶开水焯、清水反复浸泡后可作野菜少量食用。

【药用功效】干燥根入药，具有疏散退热、疏肝解郁、升举阳气的功效。

【附注】本种与食用有关的内容均参考国外文献整理，仅作为应急食品，在饥荒或没有其他食物的非常时期食用。

大叶柴胡 Bupleurum longiradiatum Turcz.

【俗名】不详

【异名】*Bupleurum longiradiatum* var. *genuinum* Wolff; *B. leveillei* Boiss.; *B. longiradiatum* subsp. *longiradiatum* f. *leveillei* (Boiss.) Kitagawa

【习性】多年生草本。生林下、林缘、灌丛中、山坡草地、草甸子中。

【东北地区分布】黑龙江省哈尔滨、黑河、伊春、尚志、虎林、密山、饶河、汤原、宝清、萝北、嘉荫、爱辉、绥芬河、宁安、呼玛；吉林省通化、浑江、抚松、安图、敦化、和龙、珲春；辽宁省清原、新宾、本溪、桓仁、宽甸、凤城、岫岩、海城、东港、营口、庄河；内蒙古牙克石、根河、额尔古纳、鄂伦春等地。

【食用价值】幼株嫩尖可作应急食品，在非饥荒等非常情况下，焯水、反复浸泡后可少量食用，晒干后再食更加安全。要注意其有毒报道，详见本种附注。

【药用功效】根入药，但也有文献指出，干燥根状茎表面密生环节，有毒，不可当柴胡用。

【附注】全草有毒。人服用由该植物制成的丸药，有恶心、呕吐等副作用，还曾发生过严重中毒、死亡事故。蛙、啄鼠、小鼠的急性中毒均表现为痉挛等中枢兴奋症状，与临床急性中毒表现相似。

葛缕子属 Carum L.

葛缕子 Carum carvi L.

【俗名】（贡）蒿

【异名】*Carum gracile* Lindl.

【习性】多年生草本。生河滩草丛中、林下或高山草甸。

【东北地区分布】黑龙江省齐齐哈尔；内蒙古扎兰屯、牙克石、陈巴尔虎旗、阿尔山、克什克腾旗、喀喇沁旗、锡林浩特等地。

【食用价值】根、幼叶、果实有食用价值。要注意食用安全，详见本种附注。

根煮熟后可作蔬菜。

幼叶可拌入沙拉食用，也可用作汤等的调味剂。

果实含挥发油3% ~ 7%，用作香料的历史悠久，具有开胃、去腥、解油腻作用。

【药用功效】根、果实入药，根具有发表祛风、除湿止痛的功效，果实具有理气开胃、散寒止痛的功效。

【附注】植物体中含有肉豆蔻烯，过量摄入会导致肾和肝损伤。

蛇床属 Cnidium Cuss.

滨蛇床 Cnidium japonicum Miq.

【俗名】不详

【异名】*Selinum japonicum* (Miq.) Franch. et Sav.

【习性】二年生草本。生海滨。

【东北地区分布】辽宁省大连沿海各岛屿。

【食用价值】幼苗开水焯、清水反复浸泡后可炒食、凉拌、蘸酱或腌渍咸菜。要注意食用安全，详见本种附注。

【药用功效】不详。但可参考本书同属其他植物的药用价值开展研究。

【附注】虽然目前未见该种有毒的报道，但是该属某些种类有毒。所以，要谨慎食用，尤其不能生食，食前要先用沸水焯，再用清水反复浸泡。一次食量要少，且不宜连续食用。

蛇床 Cnidium monnieri (L.) Cuss.

【俗名】山胡萝卜；蛇米；蛇粟；蛇床子

【异名】*Selium monnieri* L.

【习性】一年生草本。生河边草地、碱性草地、田间杂草地。

【东北地区分布】黑龙江省哈尔滨、齐齐哈尔、安达、萝北、饶河、虎林、密山、东宁、安达、呼玛；吉林省九台、镇赉、双辽；辽宁省法库、昌图、西丰、清原、黑山、义县、辽阳、营口、本溪、桓仁、宽甸、凤城、沈阳、丹东、庄河、瓦房店、长海、大连；内蒙古海拉尔、根河、巴尔虎右旗、科尔沁左翼后旗、克什克腾旗等地。

【食用价值】叶和嫩芽可作调味品。要注意食用安全，详见本种附注。

【药用功效】干燥成熟果实入药，具有燥湿祛风、杀虫止痒、温肾壮阳的功效。

【附注】有报道称，本种有轻微毒性，不宜作蔬菜大量食用，只能少量用作调料。

鸭儿芹属 Cryptotaenia DC.

鸭儿芹 Cryptotaenia japonica Hassk.

【俗名】鸭脚板；鸭脚芹；深裂鸭儿芹

【异名】*Cryptotaenia canadensis* (L.) DC. var. *japonica* (Hassk.) Makino; *Cyptotaenia canadensis* (L.) DC. subsp. *japonica* (Hassk.) Hand. -Mazz.

【习性】多年生草本。生山地、山沟及林下较阴湿的地区。

【东北地区分布】辽宁省抚顺、本溪、新宾等地。

【食用价值】幼苗、嫩叶、嫩茎、嫩根、种子有食用价值。

幼苗可拌入沙拉生食，也可以代替香菜作为调味品使用。

嫩叶可拌入沙拉生食，也可以代替香菜作为调味品使用。

嫩茎焯水、浸泡后炒菜、蘸酱、凉拌、做馅均可。

嫩根也可食用，食法不详。

种子可用作调味品。

【药用功效】全草、根、茎叶、果实入药，其中，根具有发表散寒、止咳化痰、活血止痛的功效，茎叶具有祛风止咳、利湿解毒、化瘀止痛的功效。

【附注】本种与食用有关的内容多参考国外文献整理，初次食用者以少量尝试为宜。

珊瑚菜属 Glehnia Fr. Schmidt ex Miq.

珊瑚菜 Glehnia littoralis (A. Gray) Fr. Schmidt ex Miq.

【俗名】辽沙参；海沙参；莱阳参；北沙参

【异名】*Phellopterus littoralis* Benth.

【习性】多年生草本。生海边沙滩。

【东北地区分布】辽宁省凌海、葫芦岛、兴城、绥中、盖州、瓦房店、普兰店、金州、长海、大连等地。

【食用价值】根药用为主，磨粉后也可以食用。

【药用功效】干燥根入药，具有养阴润肺、益胃生津的功效。

【附注】本种为极危种（Critical specise，简称CR），1999年8月4日和2021年8月7日国务院批准的《国家重点保护野生植物名录》中，均被列为二级保护植物。在做好保护的前提下，取得合法手续，方可利用。

独活属（牛防风属）Heracleum L.

兴安独活 Heracleum dissectum Ledeb.

【俗名】兴安牛防风；老山芹

【异名】*Heracleum barbatum* auct. non. Ledeb: Kitagawa in Rep. Inst. Sci. Res. Manch. 2: 276. 1938; 东北植物检索表260. 1959.

【习性】多年生草本。生湿草地、草甸子、山坡林下及林缘。

【东北地区分布】黑龙江省伊春、密山、虎林、黑河、爱辉、嫩江、呼玛；吉林省汪清、珲春；内蒙古额尔古纳、海拉尔、牙克石、科尔沁右翼中旗、宁城等地。

【食用价值】嫩苗焯水、浸泡后可炒食、凉拌、蘸酱、腌渍咸菜等。

【药用功效】根入药，具有发表、祛风除湿、活血止痛、排脓的功效。

【附注】虽然未见本种毒性报告，但本属的许多成员含有呋喃香豆素，而呋喃香豆素具有致癌、致突变和光毒性。

短毛独活 Heracleum moellendorffii Hance

【俗名】东北牛防风；大叶芹；老山芹；毛羌；臭独活；水独活

【异名】*Heracleum. microcarpum* Franch.; *Heracleum morifolium* Wolff

【习性】多年生草本。生林下、林缘、灌丛、溪旁、草丛间等处。

【东北地区分布】黑龙江省哈尔滨、阿城、尚志、伊春；吉林省长白、敦化、靖宇、安图、抚松、汪清；辽宁省各地；内蒙古根河、牙克石、鄂伦春、克什克腾旗、喀喇沁旗、宁城、东乌珠穆沁旗、西乌珠穆沁旗等地。

【食用价值】幼苗、嫩茎开水焯、清水反复浸泡后可作野菜食用，凉拌、炒菜、蘸酱、做馅均可，大量采集可以腌渍保存、冷冻保存或制什锦袋菜。要注意食用安全，详见本种附注。

【药用功效】根入药，具有祛风除湿、发表散寒、止痛的功效。

【附注】《中国有毒植物》记载，本种全草有毒。国外文献报道，未见本种毒性报告，但本属的许多成员含有呋喃香豆素，而呋喃香豆素具有致癌、致突变和光毒性。

藁本属 Ligusticum L.

辽藁本 Ligusticum jeholense (Nakai et Kitag.) Nakai et Kitag.

【俗名】北藁本；热河藁本

【异名】*Cnidium jeholense* Nakai et Kitagawa

【习性】多年生草本。生山坡、林下多石质地。

【东北地区分布】吉林省抚松；辽宁省各地；内蒙古克什克腾旗、喀喇沁旗等地。

【食用价值】嫩茎叶可食，直接剁馅包饺子或者焯水后包饺子均可。

【药用功效】根状茎和根入药，具有祛风、散寒、除湿、止痛的功效。

【附注】藁本醇提取物小鼠腹腔注射的LD_{50}（半数致死量）为42.5克（生药）/千克。藁本中性油小鼠灌胃的LD_{50}（半数致死量）为70.17克（生药）/千克。

中医提醒：本品辛温香燥，凡阴血亏虚、肝阳上亢、火热内盛之头痛者忌服。

水芹属 Oenanthe L.

水芹 Oenanthe javanica (Blume) DC.

【俗名】水芹菜；野芹菜

【异名】*Phellandricm stoloniferum* Roxb.; *Siumjavanicum* Blume; *Dasyloma subbipinntatum* Miq.; *Oenanthe decumbeens* K.-Pol.

【习性】多年生草本。多生浅水低洼地或池沼、水沟旁。

【东北地区分布】黑龙江省哈尔滨、依兰、尚志、双城；吉林省长春、九台、汪清、珲春；辽宁省开原、铁岭、西丰、法库、沈阳、新宾、清原、丹东、本溪、桓仁、台安、营口、大连；内蒙古科尔沁右翼前旗、乌兰浩特、突泉、大青沟、科尔沁左翼后旗等地。

【食用价值】嫩株焯水、浸泡后炒肉、炒土豆丝、包饺子、包包子等均可。

【药用功效】全草、根、花入药，具有清热解毒、利湿、止血、凉血降压的功效。

【附注】本种为水生植物，污染水域不宜采食。

香根芹属 Osmorhiza Rafin.

香根芹 Osmorhiza aristata (Thunb.) Makino et Yabe

【俗名】水芹三七；野胡萝卜

【异名】*Chaerophyllum aristatum* Thunb.; *Myrrhis aristata* Spreng.; *Uraspermum aristatum* Kuntze; *Osmorhiza japonica* Sieb. et Zucc.; *Osmorhiza montana* Makino

【习性】多年生草本。生山坡林下、溪边及路旁草丛中。

【东北地区分布】黑龙江省饶河、虎林；吉林省安图、珲春、抚松、长白、浑江；辽宁省本溪、桓

仁、清原、宽甸、鞍山等地。

【食用价值】嫩根、嫩叶柄可食。

嫩根去皮后可生吃，也可煮熟后食用，有芳香味。

嫩叶柄焯水、浸泡后可食用，炒菜、蘸酱、凉拌、做馅均可。

【药用功效】全草、根、根状茎入药，具有发汗、祛风、除湿、通经络、止痛的功效。

疆前胡属（前胡属、石防风属）Peucedanum L.

石防风 Peucedanum terebinthaceum (Fisch.) Fisch. ex Turcz.

【俗名】小芹菜；山香菜

【异名】*Kitagawia terebinthacea* (Fisch. ex Treviranus) Pimenov; *Selinum terebinthaceum* Fisch. ex Trevir.; *Peucedanum terebinthaceum* Fisch. ex Turcz. var. *paishanense* (Nakai) Huang

【习性】多年生草本。生干山坡、山坡草地、林缘、林下、林间路旁。

【东北地区分布】黑龙江省伊春、哈尔滨、五常、黑河、伊春、密山、宁安、呼玛；吉林省安图、长春、九台、蛟河、临江、珲春、和龙；辽宁省各地；内蒙古根河、牙克石、科尔沁右翼左旗、喀喇沁旗、宁城、多伦等地。

【食用价值】幼苗开水焯、清水浸泡后可炒食、凉拌等，也可作包子或饺子的馅料。

【药用功效】根入药，具有散风清热、降气祛痰的功效。

【附注】尽管未见该种的有毒报道，但是一些人接触该属某些种类的汁液产生皮炎等不良反应。

棱子芹属 Pleurospermum Hoffm.

棱子芹 Pleurospermum uralense Hoffm.

【俗名】黑瞎子芹；乌拉棱子芹

【异名】*Pleurospermum camtschaticum* Hoffm.

【习性】多年生草本。生山坡杂木林下、针阔混交林下、林缘、林间草地及山沟溪流旁。

【东北地区分布】黑龙江省尚志；吉林省抚松、长白、敦化、安图、珲春、浑江；辽宁省辽中、清原、新宾、凤城、本溪、桓仁；内蒙古西乌珠穆沁旗等地。

【食用价值】嫩叶柄可以生拌大酱食用，也可以焯水或不焯水炒猪肉，还可以生炒土豆条、摊鸡蛋等。

【药用功效】根、茎叶入药，具有清热解毒的功效。

【附注】本种味道重，不被多数人接受，初次食用者以少量尝试为宜。

变豆菜属 Sanicula L.

变豆菜 Sanicula chinensis Bunge

【俗名】鸭掌芹；蓝布正；鸭脚板

【异名】*Sanicula europaea* var. *chinensis* Diels；
S.europaea Sensu Hemsl. & Forbes.

【习性】多年生草本。生山沟、路旁、林缘、灌丛间、林下等处。

【东北地区分布】吉林省九台、吉林、安图；辽宁省法库、开原、抚顺、本溪、西丰、清原、沈阳、鞍山、桓仁、宽甸、凤城、丹东、庄河、普兰店、瓦房店；内蒙古大青沟等地。

【食用价值】幼苗焯水、浸泡后可食用，炒菜、蘸酱、凉拌、做馅均可。

【药用功效】全草入药，具有清热解毒、散寒止咳、行血通经、杀虫的功效。

【附注】叶含香豆素、挥发油和皂苷。皂苷虽然有毒，但人体对其吸收率较低，而且加热后大多会分解。

红花变豆菜 Sanicula rubriflora Fr. Schmidt

【俗名】紫花变豆菜

【异名】不详

【习性】多年生草本。生林缘、灌丛、山坡草地、山沟湿润地。

【东北地区分布】黑龙江省尚志、哈尔滨、嘉荫、宝清、伊春；吉林省九台、吉林、蛟河、桦甸、安图、珲春、抚松、浑江、通化、柳河；辽宁省西丰、开原、抚顺、本溪、桓仁、鞍山、凤城、东港、岫岩、庄河等地。

【食用价值】幼苗焯水、浸泡后，炒菜、蘸酱、凉拌、做馅均可。

【药用功效】根入药，具有利尿的功效。

【附注】叶含香豆素、挥发油和皂苷。皂苷虽然有毒，但人体对其吸收率较低，而且加热后大多会分解。

瘤果变豆菜 Sanicula tuberculata Maxim.

【俗名】不详

【异名】不详

【习性】多年生草本。生长在山涧路旁、水边及沼泽草地。

【东北地区分布】黑龙江省鹤岗、饶河、桦南、哈尔滨，主要分布于黑龙江省东南林区。

【食用价值】幼苗焯水、浸泡后，炒菜、蘸酱、凉拌、做馅均可。

【药用功效】不详。但可参考本书同属其他植物的药用价值开展研究。

【附注】虽然没有本种的毒性报告，但本属植物有的种叶含香豆素、挥发油和皂苷。皂苷虽然有毒，但人体对其吸收率较低，而且加热后大多会分解。

防风属 Saposhnikovia Schischk.

防风 Saposhnikovia divaricata (Turcz.) Schischk.

【俗名】北防风；关防风

【异名】*Stenocoelium divaricatum* Turcz.; *Siler divarscatum* (Turcz.) Benth. et Hook. f.

【习性】多年生草本。生山坡、草原、丘陵、干草甸子、多石质山坡。

【东北地区分布】黑龙江省哈尔滨、富裕、密山、宁安、安达、呼玛、黑河、大庆、嫩江、爱辉、齐齐哈尔；吉林省汪清、靖宇、九台、通化、镇赉、前郭尔罗斯；辽宁省各地；内蒙古额尔古纳、牙克石、扎兰屯、满洲里、新巴尔虎右旗、鄂伦春、科尔沁右翼前旗、大青沟、扎鲁特旗、巴林左旗、巴林右旗、克什克腾旗、喀喇沁旗等地。

【食用价值】幼苗焯水、浸泡后可炒食、凉拌、蘸酱或腌渍咸菜。

【药用功效】根、叶、花入药，根具有发表、祛风、胜湿、止痛的功效，叶具有解表祛风的功效，花具有理气通络止痛的功效。

【附注】本品药性偏温，阴血亏虚、热病动风者不宜使用。

泽芹属 Sium L.

泽芹 Sium suave Walt.

【俗名】山藁本

【异名】*Sium cicutifolium* Schrenk; *Apium cicutaefolium* (Gmel.) Benth. et Hook. ex Forb. et Hemsl. i; *Sium nipponicum* Maxim.

【习性】多年生草本。生湿地。

【东北地区分布】黑龙江省哈尔滨、伊春、密山、萝北、阿城；吉林省敦化、珲春、和龙、汪清、蛟河；辽宁省彰武、法库、铁岭、葫芦岛、北镇、沈阳、新宾、长海；内蒙古额尔古纳、海拉尔、鄂伦春、科尔沁右翼前旗、乌兰浩特、大青沟、宁城、东乌珠穆沁旗、锡林浩特、正蓝旗、多伦等地。

【食用价值】嫩根、嫩叶有食用价值。要注意食用安全，详见本种附注。

嫩根可食，口感脆且有坚果味。

嫩叶芳香，可用作调味品。

【药用功效】全草、地上部分、根、根状茎入药，具有散风寒、止头痛、降血压的功效。

【附注】本种的根、茎、叶和花均有毒性报道，也有牲畜中毒的报道。

本种与食用有关的内容参考国外文献整理，初次食用者以少量尝试为宜。

大叶芹属 Spuriopimpinella (H. Boissieu) Kitag.

大叶芹 Spuriopimpinella brachycarpa (Kom.) Kitag.

【俗名】短果茴芹；小叶芹

【异名】*Pimpinella brachycarpa* (Komar.) Nakai

【习性】多年生草本。生混交林下。

【东北地区分布】黑龙江省完达山地区；吉林省安图、抚松、长白、和龙、通化、浑江；辽宁省新宾、清原、鞍山、本溪、桓仁、宽甸、凤城、岫岩、海城、庄河；内蒙古科尔沁左翼后旗等地。

【食用价值】嫩茎叶用开水焯一下，用凉水过一下，挤干后炒食、凉拌、做馅或腌渍。

【药用功效】全草、根状茎入药，全草用于胃寒痛，根状茎具有祛风散寒、理气止痛的功效。

短柱大叶芹 Spuriopimpinella brachystyla (Hand.-Mazz.) Kitag.

【俗名】短柱茴芹

【异名】*Pimpinella brachystyla* Hand.

【习性】多年生草本。生潮湿谷地、沟边或坡地上。

【东北地区分布】吉林省抚松、安图；辽宁省本溪、桓仁、清原、鞍山、岫岩、凤城、宽甸、庄河等地。

【食用价值】嫩茎叶用开水焯一下，用凉水过一下，挤干后炒食、凉拌、做馅或腌渍。

【药用功效】不详。但可参考本书同属其他药用植物开展研究。

吉林大叶芹 Spuriopimpinella calycina (Maxim.) Kitag.

【俗名】具萼茴芹

【异名】*Pimpinella calycina* Maxim.

【习性】多年生草本。生灌木丛、草坡。

【东北地区分布】吉林省，地点不详；辽宁省鞍山。朝鲜、日本也有分布。

【食用价值】嫩茎叶用开水焯一下，用凉水过一下，挤干后炒食、凉拌、做馅或腌渍。

【药用功效】不详。但可参考本书同属其他植物的药用价值开展研究。

辽冀大叶芹 Spuriopimpinella komarovii Kitag.

【俗名】辽冀茴芹

【异名】*Pimpinella komarovii* (Kitag.) Shan et Pu

【习性】多年生草本。生河边或坡地草丛中。

【东北地区分布】辽宁省凤城、辽阳、本溪。

【食用价值】嫩茎叶用开水焯一下，用凉水过一下，挤干后炒食、凉拌、做馅或腌渍。

【药用功效】不详。但可参考本书同属其他植物的药用价值开展研究。

黑水芹属（岩茴香属）Tilingia Regel & Tiling

黑水岩茴香 Tilingia ajanensis Regel

【俗名】不详

【异名】*Tilingia tachiroei* (Franch. et Sav.) Kitag.; *Ligusticum ajanense* (Regel & Tiling) Koso-Poljansky

【习性】多年生草本。生高山多石质草地。

【东北地区分布】黑龙江省呼玛（大兴安岭北部小白蛤喇山）。

【食用价值】叶子和幼嫩植株煮熟后有食用价值。

【药用功效】不详。

【附注】本种与食用有关的内容参考国外文献整理，初次食用者以少量尝试为宜。

窃衣属 Torilis Adans.

小窃衣 Torilis japonica (Houtt) DC.

【俗名】窃衣；大叶山胡萝卜；破子草

【异名】*Caucalis japonica* Houtt.; *Torilisanthriscus* var. *japonica* de Boiss.; *Tordytiumtanthriscus* L.

【习性】一年生草本。生山坡、路旁、林缘草地、草丛荒地、杂木林下。

【东北地区分布】吉林省吉林、通化、浑江、九台、靖宇、长白、和龙、安图；辽宁省沈阳、阜新、西丰、本溪、桓仁、新宾、凤城、辽阳、海城、鞍山、瓦房店、庄河、长海、大连；内蒙古大青沟等地。

【食用价值】根、幼苗有食用价值。

幼苗开水焯、清水反复浸泡后可作野菜食用，炒菜、蘸酱、凉拌、做馅均可。

根含有16%～21%蛋白质、10%～23%脂肪，去皮后可以直接食用。要注意食用安全，详见本种附注。

【药用功效】全草、果实入药，具有杀虫止泻、收湿止痒的功效。

【附注】本种根部的食用方法根据国外文献整理，初次食用者以少量尝试为宜。

参考文献

［01］李书心. 辽宁植物志: 上册[M]. 沈阳: 辽宁科学技术出版社, 1988.

［02］李书心. 辽宁植物志: 下册[M]. 沈阳: 辽宁科学技术出版社, 1992.

［03］周一良. 黑龙江省植物志: 4～11卷[M]. 哈尔滨: 东北林业大学出版社, 1992—2003.

［04］马毓泉. 内蒙古植物志: 第一版1～8卷[M]. 呼和浩特: 内蒙古人民出版社, 1977—1985.

［05］马毓泉. 内蒙古植物志: 第二版1～5卷[M]. 呼和浩特: 内蒙古人民出版社, 1989—1998.

［06］赵一之, 赵利清, 曹瑞. 内蒙古植物志: 第三版1～6卷[M]. 呼和浩特: 内蒙古人民出版社, 2020.

［07］刘慎谔等. 东北木本植物图志[M]. 北京: 科学出版社, 1955.

［08］刘慎谔. 东北植物检索表[M]. 北京: 科学出版社, 1959.

［09］傅沛云. 东北植物检索表: 第二版[M]. 北京: 科学出版社, 1995.

［10］中国科学院中国植物志编辑委员会. 中国植物志: 1～80卷[M]. 北京: 科学出版社, 1959—2004.

［11］中国科学院沈阳应用生态研究所. 东北草本植物志: 1～12卷[M]. 北京: 科学出版社, 1958—2005.

［12］曹伟. 东北植物分布图集[M]. 北京: 科学出版社, 2019.

［13］张淑梅. 辽宁植物(上中下)[M]. 沈阳: 辽宁科学技术出版社, 2021.

［14］张淑梅, 许亮. 东北维管植物考[M]. 沈阳: 辽宁科学技术出版社, 2021.

［15］张淑梅, 李宏博, 孙文松, 等. 辽宁植物检索表[M]. 沈阳: 辽宁科学技术出版社, 2022.

［16］汪纪武. 世界药用植物速查辞典[M]. 北京: 中国中医药出版社, 2015.

［17］本书编委会. Flora of China[M]. 北京: 科学出版社, 圣路易斯: 密苏里植物园出版社, 1989—2013.

［18］马金双. 中国外来入侵植物志: 1～5卷[M]. 上海: 上海交通大学出版社, 2021.

［19］陈冀胜, 郑硕. 中国有毒植物[M]. 北京: 科学出版社, 1987.

［20］国家药典委员会. 中华人民共和国药典（2020年版）[M]. 北京: 中国医药科技出版社, 2020.

［21］傅立国. 中国植物红皮书——稀有濒危植物[M]. 北京: 科学出版社, 1992.

［22］朱太平, 刘亮, 朱明. 中国资源植物[M]. 北京: 科学出版社, 2007.

［23］中国药材公司. 中国中药资源志要[M]. 北京: 科学出版社, 1994.

［24］谢宗万, 余友芩. 全国中草药名鉴[M]. 北京: 人民卫生出版社, 1996.

［25］覃海宁. 中国种子植物多样性名录与保护利用[M]. 石家庄: 河北科学技术出版社, 2020.